ÉLÉMENTS DE STATISTIQUE

Directeur de la collection
"Statistique et mathématiques appliquées":
Jean-Jacques Droesbeke

Dans la même collection

L'aide multicritère à la décision,
Philippe Vincke, 1989
Le modèle euclidien en analyse des données,
Jacques Pontier, Anne-Béatrice Dufour, Myriam Normand, 1990
Méthodes de prévision à court terme,
Guy Mélard, 1991
Programmation linéaire,
Jacques Teghem, 1996
Représentations parlementaires. Méthodes mathématiques biproportionnelles
de répartition des sièges, Marjorie Gassner, 2000
La population étudiante. Description, évolution, perspectives,
édité par Jean-Jacques Droesbeke, Ignace Hecquet et Christine Wattelar, 2001

STATISTIQUE ET MATHÉMATIQUES APPLIQUÉES

ÉLÉMENTS DE STATISTIQUE

JEAN-JACQUES DROESBEKE

PRÉFACE DE GEORGES LE CALVÉ
QUATRIÈME ÉDITION REVUE

SMA

ÉDITIONS
DE L'UNIVERSITÉ
DE BRUXELLES

ÉDITIONS
ELLIPSES

Du même auteur

La programmation linéaire par l'exemple (avec M. Hallin et Cl. Lefèvre).
Editions Ellipses, 1986.
Les graphes par l'exemple (avec M. Hallin et Cl. Lefèvre).
Editions Ellipses, 1987.
Les méthodes de prévision (avec B. Coutrot), Presses universitaires de France,
3e édition corrigée, Que sais-je ? 2157, 1995.
Histoire de la statistique (avec Ph. Tassi), Presses universitaires de France,
2e édition corrigée, Que sais-je ? 2527, 1996.
Modèles de diffusion en marketing (avec A. de Palma et Cl. Lefèvre)
Presses universitaires de France, Gestion, 1991.

Editeur scientifique

Les sondages (avec B. Fichet et Ph. Tassi), Economica, 1987.
Séries chronologiques : théorie et pratique des modèles Arima
(avec B. Fichet et Ph. Tassi), Economica, 1988.
Analyse statistique des durées de vie
(avec B. Fichet et Ph. Tassi), Economica, 1988.
Au royaume des sondages (avec G. Thoveron),
Editions de l'Université de Bruxelles, 1990.
Modèles pour l'analyse des données multidimensionnelles
(avec B. Fichet et Ph. Tassi), Economica, 1992.
Modélisation ARCH. Théorie statistique et applications dans le domaine de la finance
(avec B. Fichet et Ph. Tassi), Editions de l'Université de Bruxelles, Editions Ellipses, 1994.
Inférence non paramétrique. Les statistiques de rangs
(avec J. Fine), Editions de l'Université de Bruxelles, Editions Ellipses, 1996.

Avenue Paul Héger 26 - 1000 Bruxelles (Belgique)
D/2001/0171/22
ISBN 2-8004-1273-9

Ellipses
Édition Marketing
32, rue Bargue - 75015 Paris (France)
IBSN 2-7298-0908-2

Imprimé en Belgique

À Claire,
À Françoise et Benoît,
À Laurence et Alain,
À Juliette, Loïc et Tom.

Comme à mon seul ami je veux bien vous l'apprendre.
L'allégresse du cœur s'augmente à la répandre ;
Et goûtât-on cent fois un bonheur trop parfait,
On n'en est pas content, si quelqu'un ne le sait.

Molière, *l'École des femmes*
Horace, Acte IV, Scène VI

PRÉFACE DE LA PREMIÈRE ÉDITION

Écrire une préface est un honneur redoutable. Il y faut présenter une oeuvre que l'on aurait désiré réaliser et que l'on n'a eu ni le courage ni le talent d'écrire. Il y faut souligner l'apport et l'originalité de l'auteur, développer ses idées et non les siennes propres ; encore que cette tâche soit facilitée quand elles coïncident, ce qui est le cas ici.

La statistique n'est pas une science récente (bien que certains soient prêts à discuter le terme même de « science » appliqué à cette discipline). En revanche, son utilisation intensive dans de très nombreux domaines l'est davantage. Tout le monde connaît les instituts de sondage, si prisés des formations politiques. Mais ce n'est pas, et de loin, l'utilisation la plus répandue de la statistique. À l'heure actuelle on peut dire que, dans le milieu industriel, elle intervient aux niveaux successifs de la définition du produit à créer, de sa fabrication, du contrôle de sa qualité, de sa distribution. Ceci n'a pas été sans apporter quelques changements dans ces milieux.

Mais le plus grand bouleversement est incontestablement son apparition dans les sciences humaines. Nous voulons dire son utilisation quasi systématique. Elle s'est intégrée au niveau du protocole expérimental — au point que celui-ci est souvent construit en fonction de celle-là — et au niveau même de la préhension de la problématique étudiée. On lui connaissait quelques domaines privilégiés, comme l'économie, la démographie ou la psychométrie. Mais elle a fait depuis quelques décades une entrée fracassante que ce soit en critique des textes, dans les domaines des sciences du comportement, en musique ou en histoire.

Un des grands responsables de ce changement est indiscutablement l'avènement de l'informatique, voire même des micro-ordinateurs qui permettent à chacun d'avoir accès à des moyens puissants de calcul pour le coût d'une machine à écrire. Les logiciels de traitement statistique s'étant développés de la même façon, quoique plus tardivement, il est devenu possible pour tous d'envisager et de réaliser des traitements totalement inenvisageables auparavant ; le cas des analyses statistiques en linguistique en est un exemple frappant.

Mais, à notre avis, ceci n'est pas la seule raison. S'il y eut récemment mise à disposition d'outils nouveaux de traitement, il y eut aussi, nous semble-t-il, apport de nouveaux regards, beaucoup plus que création, sur la statistique. Conçue initialement pour dénombrer (recensement), puis utilisée pour étendre des résultats et dégager des lois (inférence), elle est à l'heure actuelle un des moyens d'analyse et de compréhension du phénomène.

En effet, remplacer des données nombreuses, résultant des diverses « mesures » effectuées par l'expérimentateur en fonction de sa problématique et de ses connaissances *a priori*, par quelques mots porteurs d'information, n'est pas une opération si simple qu'il y paraît. S'il y a, en apparence, perte de richesse par le fait que beaucoup d'items sont remplacés par peu, il y a en fait enrichissement en ce sens que les premiers ne sont que potentiellement porteurs d'information, à l'inverse des seconds où elle est explicite. Déterminer parmi les 47 analyses réalisées sur un patient quelles sont les 3 ou 4 qui permettent de porter un diagnostic, et le formuler, est une démarche caractéristique de ce nouveau type de statistique.

La situation est donc la suivante. Un public important est demandeur de la discipline. Il a des problèmes concrets à résoudre et dispose des outils de calcul suffisants pour y parvenir. Il n'a pas, en revanche, la formation mathématique nécessaire pour maîtriser l'aspect théorique, d'une haute technicité, de la statistique. Le problème de l'enseignement de cette dernière devient donc un problème fondamental.

Ce problème, certes, n'est pas nouveau. L'enseignement d'une discipline à des non-spécialistes, est, depuis longtemps, le cauchemar de très nombreux collègues. Il est vrai que nous avons connu des époques, pas très lointaines ni révolues pour tout le monde, où l'opinion communément admise était qu'il suffisait de diviser le nombre d'heures d'enseignement par deux ou trois. Comme, d'autre part, il n'était pas question de diminuer le programme, qui forme un tout à la logique fortement structurée, on obtenait les résultats que tout un chacun peut deviner. Il va de soi que le corollaire écrit de cette opinion engendrait des manuels squelettiques, dénués d'exemples mais bourrés de théorie !

Une solution, possible pour certains, consistait en le contre-pied : sur quelques exemples on appliquait une formule, imposée par voie d'autorité, l'enseignement consistant en l'apprentissage des techniques calculatoires nécessitées par ladite formule. Cette méthode, appelée souvent « recette de cuisine » — ce qui nous semble diffamatoire pour cet art qu'est la cuisine —, a encore quelques adeptes.

Mais la situation nouvelle —étudiants motivés et aptes à comprendre l'intérêt de la méthode, d'une part, et moyens de calculs, d'autre part—, fait que la problématique s'est déplacée. Un étudiant n'a plus besoin de savoir calculer l'application numérique d'une formule, ou presque : il suffit qu'il sache sur quel bouton appuyer. Il a néanmoins besoin de savoir quelle formule il doit utiliser, la façon dont il doit l'interpréter et dans quelles conditions il a droit de le faire.

Ceci a comme conséquence qu'il est nécessaire de replacer les divers chapitres de la statistique dans un cadre général sur lequel il faut insister, puisque c'est lui qui sous-tend toute la démarche. Qu'il faut bien faire comprendre les idées générales et les techniques qui en découlent. Que les démonstrations n'offrent en général aucun intérêt, sauf si elles apportent quelque compréhension supplémentaire. Que si on ne démontre pas les résultats, il faut cependant les justifier, les expliquer, dans leurs tenant et aboutissant, les commenter, les mettre en oeuvre. Il ne vient plus à l'idée de qui que ce soit, je l'espère, d'enseigner l'utilisation des tables de logarithme ; ce qui permet enfin de passer du temps pour expliquer que cet outil a été construit pour travailler dans des milieux où les phénomènes sont multiplicatifs —le taux d'accroissement par exemple.

Pour toutes ces raisons, le livre de Jean-Jacques Droesbeke nous paraît remarquable. Il est vrai que son auteur était l'homme désigné pour écrire un tel texte. Statisticien renommé, président actuel de l'*European Courses in Advanced Statistics,* aussi à l'aise en analyse des données qu'en statistique inférentielle et passionné d'histoire de la statistique, le professeur J.-J. Droesbeke a une carte de visite impressionnante qui fait de lui l'un des statisticiens européens les plus en vue. Ceci pour la partie scientifique. Enseignant d'autre part, depuis longtemps, en sciences économiques, en sociologie, en sciences humaines auteur d'un rapport sur l'enseignement des mathématiques en sciences sociales en Europe, il sait de quoi il parle. Voilà pour la connaissance du public. D'une très grande culture, passionné de musique et de littérature, curieux d'histoire scientifique et du cheminement de la pensée, et voilà qui explique le plaisir que l'on a à lire son texte.

Le contenu de celui-ci est classique, quant à la table des matières. Il contient tout ce, ou presque, qui pourra être utile, en termes de statistique, à un spécialiste de sciences sociales dans l'exercice de son art.

Mais si le contenu est classique, ce n'est pas le cas de la forme. Introduit par de très nombreux exemples —et de « vrais exemples », pas des exemples d'école—, chaque chapitre voit naître une problématique et sa solution. Pas de démonstrations inutiles. Les notions mathématiques qui pourraient rebuter certains sont renvoyées en annexe. Chaque résultat est commenté, analysé, appliqué. De très nombreux exercices terminent chaque chapitre et permettent à l'étudiant de vérifier ses connaissances. Le style est agréable à lire, simple, pédagogique, jamais ésotérique et certainement adapté au but poursuivi : l'ouvrage est lisible pour tous. De très nombreux commentaires historiques montrent bien que la statistique est une science vivante et replace chaque notion dans son contexte.

Je pense sincèrement que Jean-Jacques Droesbeke a écrit là le livre que nous étions très nombreux à espérer et qu'il rendra les plus grands services, tant aux étudiants de sciences humaines qu'à leurs enseignants.

Je lui souhaite le succès qu'il mérite.

Georges Le Calvé
Professeur à l'Université de Haute Bretagne-Rennes
mai 1988

PRÉFACE DE LA QUATRIÈME ÉDITION

Treize ans. Cela fait treize ans que Jean-Jacques Droesbeke me demandait d'écrire une préface. Les premiers étudiants qui ont eu cet ouvrage comme compagnon d'étude et qui sont maintenant dans la vie professionnelle, ont eu le loisir d'en vérifier la qualité pédagogique et le bien-fondé de ses orientations théoriques. Et l'auteur a eu celui d'affiner son texte, en tenant compte de leurs réactions.

Au cours de cette décennie, on pourrait penser que les choses ont peu évolué sur le plan de la Statistique. Si ceci est à peu près vrai sur le plan de la méthodologie, encore que des progrès significatifs aient été enregistrés en théorie des processus et dans le domaine de l'approximation, il n'en est pas de même sur le plan de sa diffusion et de son utilisation quotidienne. Elle est quasiment tombée dans le domaine public, et est utilisée, de manière courante, pour analyser et communiquer de l'information. Toute page d'informations générales d'un quotidien comporte au moins un sondage, un taux de croissance ou de chômage, une prévision, une analyse en terme de composantes ou de « facteurs », une tendance d'évolution, une estimation, par exemple du nombre de personnes atteintes de telle maladie, un indicateur de la vie économique ou une comparaison entre pays, etc. Ce qui est réellement nouveau, c'est la manière intensive dont on l'utilise. On peut dire maintenant que la Statistique fait partie de la culture de l'« Honnête Homme ».

Il s'en est suivi une demande accrue dans l'enseignement, bien que l'on puisse regretter la lenteur avec laquelle elle est mise en place dans les enseignements primaires et secondaires. Mais dans l'Enseignement Supérieur, où la flexibilité des programmes est beaucoup plus grande, on a, depuis peu, instauré, sous forme obligatoire ou optionnelle, une diffusion de la culture statistique dans quasiment toutes les filières, depuis l'histoire jusqu'à la linguistique en passant par le droit. Cet accroissement s'est également fait sentir dans le volume horaire qui lui est consacré et dans l'importance qui lui est accordée dans chaque formation.

Mais enfin, et surtout, les demandes se sont modifiées dans leur nature. Alors que, dans certains cas, on pouvait antérieurement se contenter d'une « information sur » plutôt qu'une « formation à » la Statistique, ce n'est plus le cas à l'heure actuelle. Il s'agit maintenant de former des étudiants aptes à mettre en oeuvre les techniques et méthodes enseignées, et ce dans leurs propres disciplines. Ils sont exigeants sur les exemples et sur leur portée, leur niveau mathématique n'étant pas, la plupart du temps, suffisant pour appréhender sans embûches les subtilités de la théorie statistique abstraite.

C'est pour répondre à cette demande accrue et diversifiée que Jean-Jacques Droesbeke s'est efforcé d'améliorer encore son texte, pour le rendre encore plus vivant et complet, et accessible au plus grand nombre.

S'il a gardé la même forme d'écriture, à savoir un texte clair illustré d'exemples utiles pour la compréhension, et des exercices, il a beaucoup augmenté le volume de ceux-ci. Il les a, de plus, séparés en exercices théoriques destinés à approfondir ou à compléter les méthodes, et en exercices pratiques orientés vers la maîtrise de celles-ci. Cette séparation originale est particulièrement intéressante et utile pour l'étudiant.

Quelques chapitres ont été redécoupés et un autre, sur les séries chronologiques, a été ajouté, ouvrant ainsi l'accès aux méthodes de prévision. Le chapitre sur les sondages a été étoffé.

Ces transformations montrent bien l'esprit dans lequel travaille Jean-Jacques Droesbeke : écrire un ouvrage clair et utile. Il est évident qu'il y parvient. Je terminais la préface de la première édition en lui souhaitant le succès qu'il méritait. Ce succès est une réalité et je ne doute pas que d'autres rééditions suivront.

Georges Le Calvé
Professeur émérite à l'Université de Rennes
3 septembre 2001

AVANT-PROPOS DE LA QUATRIÈME ÉDITION

> « Tirer profit le meilleur de ce qui est ; s'ingénier à l'améliorer plutôt que de chercher à le changer ».
>
> A. Gide, *Journal*.

La statistique concerne tout le monde. Ou du moins, tous ceux qui doivent relever, présenter, analyser ou utiliser une information dont la masse est parfois très importante.

Il existe de nombreuses façons de présenter la méthodologie statistique. Elles vont d'une présentation mathématisée et abstraite à un ensemble de recettes non justifiées. Celle que nous avons adoptée dans cet ouvrage se situe entre ces extrêmes et répond à deux objectifs. Tout d'abord, il s'adresse principalement à des lecteurs qui n'ont pas nécessairement reçu une formation mathématique poussée. Bien que les concepts de base soient relativement universels, nous avons privilégié le domaine des sciences sociales, politiques, économiques, de gestion... et des sciences humaines en général. Néanmoins, nous avons veillé à ne pas tomber dans le piège des recettes, en justifiant un grand nombre de propriétés et de résultats. Selon l'objectif poursuivi, le lecteur pourra se contenter de mesurer l'importance des différentes notions présentées en évitant, par exemple, d'approfondir des résultats ou démonstrations souvent mentionnés en note de bas de page ou dans des paragraphes dont la lecture peut être évitée.

Le contenu de la première édition de cet ouvrage, datée de 1988, est né de deux enseignements. Le premier dispensé à des étudiants de l'Université Libre de Bruxelles qui effectuent des études dans des domaines tels que l'économie, les sciences commerciales, la sociologie, l'anthropologie, les sciences politiques, la science de l'information, l'histoire, l'urbanisme et l'aménagement du territoire, les sciences du travail, la criminologie, le journalisme... Le second concerne les étudiants en sciences commerciales de l'Institut d'enseignement supérieur Lucien Cooremans, intégré dans la Haute École Francisco Ferrer de la Ville de Bruxelles. C'est grâce à eux, à leurs questions et leurs remarques que nous avions adopté une structure et une démarche pédagogique qui se sont maintenues dans la deuxième édition de 1992 et prolongées dans la troisième édition de 1997 ainsi que dans la quatrième qui paraît aujourd'hui. Nous avons renforcé davantage l'illustration de la matière par de nombreux exemples et exercices. Parmi ces derniers, nous avons encore repris un certain nombre de problèmes élaborés, alors que nous étions assistant de Simone Huyberechts, en compagnie de Marianne Petitfrère et complétés par la suite avec Marc Hallin, Claude Lefèvre, Jean Lemaire et Guy Mélard.

Toujours dans l'esprit de la phrase de Gide présentée en exergue et qui nous animait déjà en 1992, nous nous sommes efforcé de poursuivre nos objectifs : faciliter encore la lecture de l'ouvrage, tenter d'éliminer les coquilles existantes, diminuer les difficultés de compréhension que nous avons constatées, introduire quelques méthodes et concepts supplémentaires intéressants. Nous pensons en particulier au chapitre 1 complété par des aspects méthodologiques, au chapitre 11 portant sur le traitement élémentaire des séries chronologiques et au chapitre 12 qui sert en quelque sorte de conclusion provisoire. Nous avons bien sûr conservé et amplifié la bibliographie et le glossaire indiquant la traduction anglaise des mots les plus courants.

Pour les troisième et quatrième éditions, Georges Le Calvé nous a fait le cadeau d'une nouvelle préface qui complète la précédente : son geste d'amitié nous honore tout autant que la première fois. Par ailleurs, les Éditions de l'Université de Bruxelles, et tout particulièrement sa directrice, Michèle Mat, nous aident de façon efficace à gérer la collection *Statistique* et *Mathématiques Appliquées* à laquelle ce livre appartient.

Enfin, cet ouvrage n'aurait pas existé sans l'aide précieuse de plusieurs personnes. Thérèse Lekeux-Sonck a réalisé et mis en forme avec efficacité les deux premières éditions. Elle a aussi vérifié les troisième et quatrième avec sa gentillesse et sa capacité de trouver des coquilles là où on ne les attendait plus. Antonio Canedo a réalisé la maquette, les graphiques et la mise en page de cet ouvrage, n'hésitant pas à nous suggérer de temps en temps certains changements de forme afin de mieux assurer la cohérence de la présentation. Le résultat obtenu est un apport substantiel aux deux dernières éditions. Nous voulons enfin citer les membres de notre équipe, Aristote Benetatos, Ider Boulghemane, Eduardo Crivisqui, Catherine Dehon, Mohammed El Haj Tirari, Franck Fidegnon, Mohamed Selmouni, Marius Stefan et Abdelilah Yadine dont les remarques ont toujours été les bienvenues. À tous, nous adressons nos remerciements chaleureux.

Jean-Jacques Droesbeke
septembre 2001

TABLE DES MATIÈRES

CHAPITRE 1

LA STATISTIQUE : SON HISTOIRE, SON RÔLE, SON INTÉRÊT

> « [. . .] Javert était l'effroi de toute cette classe que la statistique annuelle du ministère de la Justice désigne sous la rubrique : *Gens sans aveu*».
>
> V. Hugo, *Les misérables*, I, V, V.

> « On a pu évaluer la population de la Gaule, vers le neuvième siècle, à cinq millions d'habitants. . . En avril 1988, à moins d'un mois du premier tour des élections présidentielles françaises, le dernier sondage attribuait 38% des intentions de vote en faveur de François Mitterrand. . . On a pu prouver statistiquement que les fumeurs sont plus enclins à développer un cancer du poumon que les autres. . . Il est presque certain que cette entreprise doublera son chiffre d'affaires dans quatre ans. . . »

Pas un jour ne se passe sans que des phrases de ce type soient lancées dans une conversation, au cours d'un exposé magistral ou durant un journal télévisé. Nous vivons à une époque où les individus, les groupes et les associations, les entreprises et les nations sont de plus en plus confrontés à la nécessité de s'informer pour connaître une situation, construire une stratégie ou prendre une décision. Est-ce un bien ? Est-ce un mal ? C'est en tout cas une évidence ! Et devoir gérer toute cette information est une réalité, sinon une nécessité. La statistique y contribue. Notre objectif, dans cet ouvrage, est de fournir quelques éléments qui permettront de voir son usage et son intérêt.

1.1 QU'EST-CE QUE LA STATISTIQUE ?

Définir un terme peut se réaliser de diverses façons. On peut, comme tout un chacun, consulter un dictionnaire. On apprendra ainsi qu'on reconnaît généralement au terme ***statistique*** deux acceptions distinctes. La première est probablement la plus courante. Lorsqu'on vous parle des statistiques liées à la criminalité, des statistiques de l'emploi ou du commerce extérieur, tout le monde voit poindre un ensemble d'informations plus ou moins rébarbatives « que seuls les spécialistes sont capables de comprendre ». Dans ce premier sens, on désigne par ce vocable un ensemble de *données* (1) souvent numériques dont on devra analyser les caractéristiques principales afin de traduire la réalité qu'elles représentent. À la limite, une observation fournira une statistique. Ce sera cependant quand les données seront nombreuses, qu'il faudra tenter de les organiser, de les synthétiser en créant d'autres statistiques plus faciles à interpréter.

La statistique revêt une autre signification, qui nous intéresse davantage. Elle désigne l'ensemble des *méthodes* ayant notamment pour but de *traiter* les données mentionnées ci-dessus. Il s'agit plus précisément de savoir comment recueillir ces informations, auprès de qui et sous quelle forme. Il faut définir la façon de les organiser, d'en décrire les principales caractéristiques. Il faut encore pouvoir les interpréter et fournir à l'économiste, au sociologue, au physicien, à l'historien, à l'ingénieur... le moyen de les apprécier à leur juste valeur. « Non seulement les chiffres gouvernent le monde, mais encore ils montrent comment le monde est gouverné », a dit Goethe. Encore faut-il être à même de voir ce qu'ils montrent !

Ces deux sens du mot *statistique* ont bien sûr entre eux des liens très forts. On n'imagine pas de recueillir des statistiques sans vouloir les traiter afin de contribuer à l'amélioration de la connaissance et de la compréhension des situations ou phénomènes qui les ont engendrées. De même, les méthodes de traitement et d'analyse sont fonction des caractéristiques des observations dont on dispose et de la manière dont elles ont été recueillies. Nous devrons nous en souvenir dans la suite.

1.2 UN PEU D'HISTOIRE...

« Si l'on a admiré ou décrié de tout temps l'histoire, on ne peut se passer d'elle : la condition humaine se définit par l'histoire », a écrit P. Salmon (2). Il en va de même pour la statistique. Les germes des méthodes utilisées de nos jours s'apprécient mieux en les replaçant dans le contexte qui les a vues naître et grandir. C'est pourquoi nous tenterons de présenter quelques éléments de l'histoire de la statistique en nous limitant aux épisodes les plus significatifs (3).

(1) Nous reviendrons sur la signification précise de ce terme un peu plus loin.

(2) Dans son excellent ouvrage *Histoire et critique* [1987].

(3) Pour plus de détails, nous renvoyons le lecteur à Desrosières [1993], Droesbeke et Tassi [1996], Bedarida *et al.* [1987], Kendall et Plackett [1969], Owen [1976], Pearson et Kendall [1977], Stigler [1986], Westergaard [1969], etc.

1.2.1 La préhistoire

Au commencement était l'idée de *dénombrement*, d'*inventaire* et même de *recensement*. On trouve trace, jusqu'aux plus anciennes civilisations connues, du souci des princes et des gouvernants de maîtriser la connaissance de leurs biens et richesses, de leurs administrés, de leurs armées. On dispose ainsi de tablettes d'argile datant de la civilisation de Sumer (5e - 2e siècle avant J.C.) et contenant des listes de biens et d'hommes. La Mésopotamie, l'Égypte nous ont aussi livré des témoignages de leur souci de procéder à des relevés de personnes et de leurs richesses. L'histoire des Hébreux est un autre exemple de l'importance du dénombrement. La Bible et le Talmud le soulignent sous des aspects divers. Parfois les recensements sont ordonnés par Dieu, parfois ils sont interdits. Une autre civilisation antique pratique le recensement : la Chine. Dans un passage du Tchong Yong, on découvre tout le respect que l'on avait pour *l'homme portant les tablettes du cens* (4). L'Inde, le Japon, la Grèce, Rome : autant d'empires, de royaumes et de républiques qui attribuèrent une place importante au dénombrement (5). Comment ne pas citer aussi — mais beaucoup plus tard — le système adopté par les Incas basé sur l'usage des *quipos*, qui suscite encore de nos jours des débats.

Au cours de cette première période, la statistique se contente de rassembler, de compter et, parfois, de classer des données. Il ne s'agit pas encore de les traiter.

1.2.2 Jusqu'au 18e siècle

L'antiquité, nous l'avons vu, a proposé les prémisses d'une méthodologie du dénombrement. Jusqu'au 13e siècle, nous n'avons pas d'avancée intéressante, surtout en Europe occidentale, en proie à une léthargie peu productive. Le centre de la réflexion scientifique est gréco-sassanide, école que l'on qualifie d'arabe eu égard à l'écriture utilisée. Il se déplacera vers l'occident à la fin du Moyen Âge.

Déjà en 1086, l'Angleterre produit les *Domesday Books* qui vont au-delà du simple dénombrement, relevant notamment le nombre d'occupants des maisons — en distinguant les hommes libres et les serfs — l'existence de moulins, d'étangs, de pâturages... En 1328, l'*État des paroisses et des feux des bailliages et sénéchaussées de France* va dans le même sens. Le 14e siècle voit aussi les premiers enregistrements des actes d'état civil. La tenue obligatoire de registres des naissances (sous François Ier), des mariages et des décès (sous Henri III) constituent les débuts de notre statistique administrative. Ces initiatives confirment le besoin d'élaborer des statistiques pour des objectifs précis : payer des frais d'expéditions militaires, contrôler le comportement religieux de la population (baptêmes, décès), etc. Ces objectifs ne sont pas nécessairement du goût

(4) Voir Hecht [1987] et Gay Sterboul [1974].
(5) Voir Hecht [1987].

des personnes interrogées qui, confrontées à la conscription, au fisc ou aux gens d'armes feront preuve, dans des proportions difficiles à évaluer, de réticences voire de fausses réponses. Dès cette époque, on voit apparaître des problèmes méthodologiques qui sont encore très actuels.

Au 17e siècle, en France, deux hommes vont influencer le cours des choses : Colbert (1619-1683) et Vauban (1633-1707). Colbert est à l'origine de nombreuses enquêtes, parmi lesquelles des recensements quasi annuels au Canada à partir de 1666 ; Vauban, quant à lui, développe une approche à la fois théorique et pratique dans sa *Méthode généralle et facille pour faire le dénombrement des peuples* (1686). Les autres pays ne sont pas en reste. L'Allemagne voit se développer une école descriptive fondée par Conring (1606-1681) et dont les représentants les plus célèbres sont Achenwall (1719-1772) et Schlösser (1735-1809). Malheureusement, le mouvement se contente de rassembler tout ce qui permet d'apprécier la composition d'un État et de comparer ensuite plusieurs États entre eux. En outre, Achenwall est allergique aux chiffres et aux tableaux ; Schlöser, un peu moins. Cette vision de la statistique va provoquer jusqu'au 19e siècle des polémiques avec d'autres écoles.

Il faut accorder une plus grande importance à l'*arithmétique politique anglaise* représentée principalement par Graunt (1620-1674) et Petty (1623-1687). Ce dernier écrivit un ouvrage, *Political Arithmetic*, qui a donné son nom à cette école. La description statistique constitue aussi l'un de ses objectifs. Mais, contrairement à l'école allemande, elle est essentiellement *numérique*, principalement développée dans un contexte démographique et économique. Son originalité réside surtout dans son souci de mettre en évidence certaines permanences ou *lois* statistiques, qui peuvent même conduire à des *prévisions*. C'est ainsi que Graunt, en 1662, aborde dans son ouvrage intitulé *Natural and political observations upon the bills of mortality*, des thèmes aussi importants que fécondité, longévité... C'est lui qui note pour la première fois une différence entre le taux de naissance des filles et des garçons, ces derniers étant un peu plus nombreux à venir au monde. Avec Petty, il est à l'origine de la technique du *multiplicateur* dont le rôle est d'estimer la taille d'une population en se fondant sur des informations auxiliaires : le nombre de baptisés, le nombre de décès et le nombre de feux (maisons). Cette technique qui consiste à estimer la taille d'une population en multipliant une information plus aisément contrôlable par un facteur multiplicatif aura beaucoup de succès jusqu'à la fin du 18e siècle. Citons en particulier les travaux de la Michodière, Messance ou l'abbé Expilly qui raffineront la méthode en travaillant par département et en incluant des variabilités dans le temps. Le problème de la validation de cette technique par le calcul des probabilités sera même envisagé par Laplace en 1785, dans un mémoire présenté à l'Académie des Sciences. Le caractère raisonné de cette méthode explique pourquoi Kendall [1960] fixe à 1600 l'origine de la statistique telle qu'elle est conçue actuellement.

1.2.3 La probabilité : un fleuron des 17ᵉ et 18ᵉ siècles

Cette période de notre petite histoire de la statistique voit l'éclosion d'un outil très important, appelé ***probabilité***. Nous aurons l'occasion de définir ce concept et d'en décrire les propriétés dans le chapitre 4. Il nous semble cependant important d'évoquer son développement dans cette introduction.

À l'origine, la probabilité est liée aux jeux de hasard. Parmi les plus anciens, il faut citer le jeu de l'astragale, ancêtre de notre jeu de dés. Ce petit os du talon présente une structure qui possède des qualités semblables au dé, tout particulièrement chez le mouton. On relève des témoignages de ce jeu dans l'antiquité, notamment dans la civilisation égyptienne, sous la première dynastie [(6)]. Le dé le plus ancien que nous connaissions provient de Mésopotamie et remonte au début du troisième millénaire. Ces jeux ont aussi des fins religieuses. Ne devaient-ils pas, en effet, permettre de deviner les volontés des dieux ? La naissance du christianisme allait également influencer leur évolution. Ils n'étaient pas compatibles avec l'idée de la toute-puissance divine et furent sévèrement rejetés par l'Église. On y fera à nouveau discrètement allusion vers la fin du Moyen Âge [(7)].

Plusieurs écrits auraient pu provoquer le développement de la théorie des probabilités. Il en est ainsi pour le *Liber de ludo aleae* de Cardano (écrit vers 1526 mais publié à Lyon en 1663) et *Sulla scoperta dei dadi* de Galilée (qui ne fut publié qu'en 1656). Par ailleurs, en 1606, Képler se livra à des spéculations sur l'apparition d'une nouvelle étoile. Mais les difficultés de diffusion et les barrières religieuses ne permirent pas encore de développer à la fin du 16ᵉ siècle ce que certains ont appelé « les lois de la chance ». L'idée était cependant dans l'air.

C'est à Pascal (1623-1662) et Fermat (1601-1665) que l'on attribue la naissance de la probabilité. Nous évoquerons leur correspondance dans le chapitre 4, à propos du célèbre *problème des partis* (1654). Au cours de sa période mondaine, Pascal rencontre le chevalier de Méré (1607-1684), grand amateur de jeux de hasard. Ce dernier lui soumet un problème : lorsqu'on lance plusieurs fois deux dés, « combien faut-il de coups au moins pour qu'on puisse parier avec avantage que, après avoir joué ces coups, on aura amené *sonnez* [(8)] ? » On doute de la qualité de l'usage que fit le chevalier de la réponse de Pascal si l'on se réfère au jugement mitigé de ce dernier sur son interlocuteur [(9)].

Attribuer la paternité d'un concept est parfois une tâche malaisée. En ce qui concerne la probabilité, nous avons déjà mentionné l'existence de premières tentatives avant 1654. Par ailleurs, d'autres travaux voient le jour vers la même époque. Huyg(h)ens (1629-1695) rédige entre 1650 et 1660 un ouvrage intitulé

(6) 3500 avant J.C. (cf. David, [1955]).

(7) Par exemple dans *le jeu de Saint-Nicolas* de Bodel.

(8) C'est-à-dire double six.

(9) « Il a très bon esprit, mais il n'est pas géomètre ; c'est, comme vous le savez, un très gros défaut », cité par Boursin [1986].

De ratiociniis in aleae ludo. Sa réflexion sur le concept de probabilité semble avoir eu plus d'influence dans le siècle qui suivra que celle de Pascal et de Fermat. Elle marque notamment (Jacques) Bernoulli et de Moivre dont nous parlerons dans la suite. Nous devons aussi citer les travaux de Leibniz (1646-1716).

Jusqu'au 19e siècle, la théorie des probabilités a connu un essor important grâce à ceux que nous avons cités et à quelques autres : Bayes, Bernoulli, Gauss, Laplace... Nous ne pouvons mentionner ici tous les savants qui participèrent à ces progrès. Il nous semble en effet plus intéressant de les présenter lorsque nous introduirons les concepts qui portent leur nom (voir chapitre 5). Une petite exception à ce principe : elle concerne la famille des Bernoulli.

Les Bernoulli sont originaires de Bâle. La première génération qui fait parler d'elle, dans le domaine qui nous occupe, est composée de quatre frères dont l'aîné se prénomme *Jacques* (1654-1705). Suivant la volonté de son père, il fait des études de théologie, mais complète ensuite sa formation en se tournant vers les mathématiques. Son frère *Jean* (1667-1748) suit un chemin analogue, après avoir étudié la médecine — toujours selon la volonté de leur père. En ce qui concerne la théorie des probabilités, Jacques obtient des résultats plus importants que son frère. On lui doit un traité essentiel intitulé *Ars conjectandi*, dans la lignée du travail de Huyghens, et le premier théorème limite : *la loi des grands nombres*.

Leur neveu *Nicolas* (1687-1759), ainsi que le fils de Jean, *Daniel* (1700-1782), sont les points forts de la deuxième génération. Guidé par ses oncles, Nicolas applique certains de leurs principes dans le domaine juridique. Il est surtout connu par sa correspondance prolifique, notamment avec de Moivre, Euler, Leibniz et Montmort. Daniel, quant à lui, se spécialise dans la botanique et la physique. Son traité essentiel concerne l'hydrodynamique, rédigé à Saint-Pétersbourg. En probabilité, il est surtout connu par le problème de l'espérance mathématique infinie qui le conduira à formuler le paradoxe qui porte le nom de cette ville (voir chapitre 5). Il développe aussi sa recherche dans une théorie probabiliste des erreurs d'observations en astronomie. Un dernier membre de cette famille contribuera, mais dans une moindre mesure, à la théorie des probabilités. Il s'agit de *Jean* (1744-1807), neveu de Daniel. Une telle famille méritait qu'on la citât !

1.2.4 Quelques faits marquants du 19e siècle

Dans le cadre de cette introduction, nous ne pouvons que limiter notre propos. Nous nous en tiendrons donc à quelques faits dont l'importance et l'influence sur nos comportements actuels devraient apparaître dans cet ouvrage. Le lecteur intéressé par une vision plus large pourra toujours consulter d'autres livres[(10)].

---

(10) Par exemple : Desrosières [1993], Droesbeke et Tassi [1996], Stigler [1986].

Nous avons brièvement évoqué le développement des probabilités au 18ᵉ siècle. C'est dans le domaine de l'astronomie —et plus particulièrement dans celui des mesures et des erreurs de mesure— qu'on va tenter d'utiliser cette nouvelle théorie. La détermination d'une loi des erreurs, qu'on appellera plus tard *loi normale* (cf. chapitre 5), va marquer le début du 19ᵉ siècle, tout particulièrement par les travaux de Gauss et Laplace. C'est aussi dans ce cadre que la moyenne arithmétique va acquérir un statut privilégié. Nous aurons l'occasion de voir dans la suite le rôle joué par cette loi.

Le développement de la statistique administrative et descriptive constitue un deuxième point fort de ce siècle. Les recensements vont en particulier s'affirmer comme un instrument essentiel de la connaissance des populations. Dans ce domaine, Quetelet (1796-1874) va réaliser un recensement de Bruxelles (1842) qui sera souvent cité comme un exemple à suivre. Malheureusement, on verra aussi poindre de nombreux travaux de dénombrements plus ou moins ridicules, caricaturés notamment par l'extrait suivant des *Vivacités du capitaine Tic* de Labiche :

> « La statistique est une science moderne et positive. Elle met en lumière les faits les plus obscurs. Ainsi, dernièrement, grâce à des recherches laborieuses, nous sommes arrivés à connaître le nombre exact de veuves qui ont passé le Pont Neuf pendant le cours de l'année 1860 : il y en avait 13 453... dont une douteuse ». [11]

Une troisième composante importante est le souci d'appliquer aux *sciences humaines* des méthodes réservées auparavant aux sciences expérimentales. Ce souci avait déjà été exprimé à la fin du 18ᵉ siècle par Condorcet (1743-1794), dans son *Essai sur l'application de l'analyse de la probabilité des décisions rendues à la pluralité des voix*, publié en 1785 :

> « [...] les vérités des sciences morales et politiques sont susceptibles de la même certitude que celles qui forment le système des sciences physiques ».

Ce principe sera retenu par Laplace, Poisson et Quetelet. Ce dernier reprendra les travaux de Laplace pour souligner les régularités statistiques des populations. Il créera ainsi le concept d'*homme moyen* [1835] qui va secouer les scientifiques de son temps.

Quatrième source de travaux féconds, la biométrie va provoquer la création de concepts aussi importants que la *corrélation* et la *régression* que nous retrouverons au chapitre 10. Ces découvertes, introduites par Galton, un cousin de Darwin, vont aussi influencer le début du siècle suivant.

Notre cinquième exemple semblera plus futile. Il constitue cependant un outil de communication très important : il s'agit des graphiques (cf. chapitre 2). Les principaux graphiques de la statistique de base sont nés au 19ᵉ siècle. Leur

---

(11) Propos tenus par l'honorable Magis, secrétaire général de la Société de Statistique de Vierzon.

usage sera parfois naïf ou critiquable, mais on peut mentionner de petits chefs-d'œuvre en la matière (12).

La fin du siècle est le témoin de l'ouverture de deux voies qui vont passionner les scientifiques du siècle suivant. D'une part, apparaissent les fondements de l'*analyse des séries chronologiques* dont le but est d'étudier l'évolution des phénomènes au cours du temps (13). D'autre part, en 1895, se pose le problème de la *représentativité d'un échantillon* (14). Tout est prêt —ou presque— pour s'engager dans une ère de développement.

1.2.5 Le 20e siècle

L'histoire de la statistique du 20e siècle est d'une richesse remarquable, tant par la qualité et la diversité des hommes qui vont la construire que par celle des développements de ce qui allait devenir une discipline en elle-même. En résumant à l'extrême, nous voyons apparaître quatre sous-périodes. La première va de 1890 à 1920. Elle est particulièrement marquée par (Karl) Pearson, Yule et Gosset en Angleterre, Borel, Fréchet et Poincaré en France, Chuprov et Markov en Russie. Nous sommes ici dans le domaine de la *statistique mathématique* de base. La deuxième époque couvre les années 1921 à 1932. On y étudie notamment le *problème de l'estimation*, où Fisher joue un rôle essentiel. La période qui s'étend de 1933 à la fin de la guerre 1940-1945 est celle des *tests d'hypothèses* (Neyman et Egon Pearson), du début de la *théorie moderne de l'échantillonnage* (Neyman), des *plans d'expériences* (Fisher), de l'*analyse séquentielle* (Wald)... Puis viennent les années 50, marquées par une prolifération d'articles et d'ouvrages, qui se comptent actuellement par plusieurs milliers chaque année. Les publications statistiques officielles se font aussi de plus en plus nombreuses. De nouvelles écoles se créent pour compléter des travaux antérieurs... ou réagir à leur égard. Elles ont pour noms *inférence non paramétrique, robustesse, analyse des données* (selon la conception française du terme)... et bien d'autres encore. La diversité des méthodes développées explique la naissance d'encyclopédies consacrées à la statistique comme l'*International Encyclopedia of Statistics* [1978], en deux volumes, et l'*Encyclopedia of Statistical Sciences* [1982 à 1988] publiée en neuf volumes. Elles témoignent de l'activité intense de cette discipline dans tous les domaines d'application qui ont pour noms l'actuariat, l'agriculture, l'anthropologie, l'archéologie, l'audit, la biologie, la chimie, la climatologie, le contrôle de qualité, la criminologie, la cristallographie, la démographie, la dentisterie, le droit, l'écologie, l'économie, l'économétrie, l'éducation, l'épidémiologie, les finances, la génétique, la géographie, la géologie, l'histoire, l'hydrologie, l'industrie, l'ingénierie, les jeux, la linguistique, la littérature, le management, le

(12) Cf. Droesbeke [1994].

(13) Cf. par exemple Coutrot et Droesbeke [1995] et Mélard [1995].

(14) Cf. Droesbeke et Tassi [1996].

marketing, la médecine, la météorologie, l'ophtalmologie, la pharmacologie, la physique, la planification, la politologie, la psychologie, la sociologie, les sondages, la taxonomie, la théologie, la zoologie et tous les domaines des sciences expérimentales et humaines qui ont pris de plus en plus conscience de l'intérêt de la démarche statistique.

1.3 ... ET D'ÉTYMOLOGIE

L'origine du mot statistique n'est pas très précise. Bien sûr, on le rattache au vocable latin *status* « état » en raison de sa finalité première — comme le recensement est dérivé de *censare* « évaluer, estimer et, par extension, taxer ». Pour ce qui est du mot lui-même, il est considéré (15) comme un emprunt au latin moderne *statisticus* « relatif à l'état » (1672) formé à partir de l'italien *statistica* (1633) dérivé de *statista* « l'homme d'état », lui-même de *stato*, du latin classique *status*. C'est ainsi qu'on possède un *Microscopium Statisticum* de 1672 et une *Biblioteca Statistica* datant de 1701. L'italien *statista* (16e siècle) a été emprunté en français au 17e siècle (vers 1660, *statiste*, n.m.). On peut ainsi mentionner l'existence d'une *Déclaration des biens, charges, dettes et statistiques des communautés de la généralité de Bourgogne* établie par Claude Bouchu, intendant de Bourgogne, de 1666 à 1669. L'allemand *Statistik*, de même origine que le français, apparaît vers 1750, introduit par Achenwall. Il est attaché à la notion de *Staatskunde*. En Angleterre, le mot *Statistics* n'apparaît qu'en 1798, en remplacement du *Political Arithmetic* évoqué plus haut.

Le mot statistique a servi à former quelques dérivés. Le *statisticien* — et plus tard la *statisticienne* — a d'abord désigné un spécialiste qui élabore et construit des statistiques (1805). Il a ensuite désigné toute personne qui traite non seulement de problèmes pratiques mais également de développements théoriques, en particulier dans les centres de recherche universitaires. Il y a aussi bien sûr, l'adverbe *statistiquement* « par des méthodes statistiques » apparu vers 1838 et, dans un usage non technique, vers 1980 avec le sens de « dans l'ensemble », en opposition à *isolément*, *individuellement*. Citons enfin, à titre d'anecdote, le verbe *statistiquer* employé par plaisanterie au milieu du 19e siècle (Balzac, 1830) qui sert essentiellement à créer des refrains de banquet.

1.4 LA PRODUCTION ET LE TRAITEMENT DE DONNÉES

1.4.1 La démarche scientifique

Il n'est pas dans notre intention de développer en détail ce thème, mais plutôt de définir le contexte général dans lequel se situe la méthodologie statistique.

(15) Voir Rey *et al.* [1992].

Il est bien connu que la recherche a pour objectif de mieux cerner la réalité, de comprendre davantage l'univers qui est le nôtre. Elle s'appuie sur un bagage plus ou moins important de connaissances : le *savoir*. Ce dernier n'est pas inné. Il s'acquiert de diverses manières : par la pratique et l'expérience, mais aussi par l'observation. Son élaboration est facilitée si l'on fait preuve d'intuition et d'imagination. Mais elle sera davantage structurée grâce à des raisonnements inductifs ou déductifs.

Dans ce cadre, la démarche scientifique de construction du savoir repose souvent — mais pas exclusivement — sur l'utilisation de ***données***, c'est-à-dire de faits, numériques ou non, porteurs d'informations à exploiter. Ces données devront être traitées et analysées. Un processus de vérification et d'interprétation en fonction des objectifs poursuivis débouchera alors sur des conclusions, des validations d'hypothèses ou des décisions à prendre. Les étapes de cette démarche sont synthétisées dans la figure 1.1.

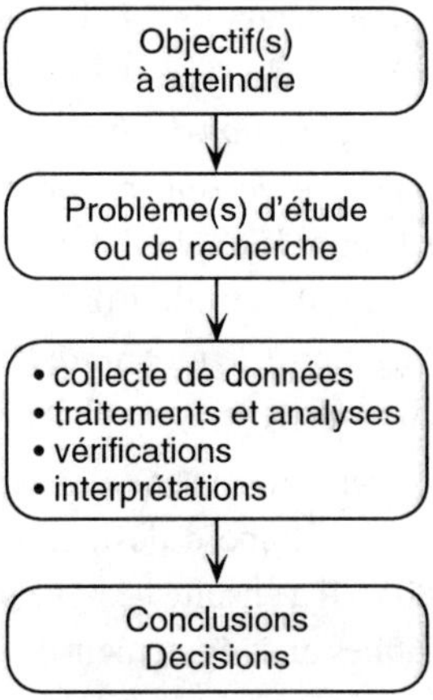

Figure 1.1 *La démarche scientifique*

1.4.2 La production des données

Des données peuvent être recueillies ou produites quand on désire répondre à des questions spécifiques. Plusieurs méthodes permettent de réaliser cette opération. Nous les présentons succinctement.

a) L'observation ou le relevé

On désigne par ***observation*** toute constatation concernant une situation ou un phénomène, sans que ce dernier ne soit modifié par le regard de l'observateur. C'est ainsi qu'on peut observer le temps qu'il fait, le nombre de personnes présentes à la réception que vous organisez, la couleur de la voiture du voisin...

Beaucoup de données sont récoltées de cette façon car elle constitue la manière la plus simple de procéder, dans la mesure où on se contente de relever ce qui est observable directement.

b) L'enquête

Une ***enquête*** consiste à interroger des individus d'une population, objet de notre étude. Cette manière d'opérer permet de construire des données qu'on n'observe pas directement ou qu'il serait difficile d'obtenir autrement. Ainsi rencontre-t-on fréquemment des analyses d'*enquêtes sociologiques* ; « comment vivent les jeunes ? », « que lisons-nous ? », « comment occupons-nous nos loisirs ? », etc. Il y a aussi de nombreuses *études de marchés* destinées à savoir ce que nous mangeons, comment nous achetons, quels produits nous intéressent... Ajoutons à cela des *enquêtes d'opinion* (en particulier, *d'opinion politique*) ou des *enquêtes professionnelles* (médecins, agriculteurs...) et nous aurons une vue sur quelques domaines d'application courants. Ici, le problème est plus élaboré que dans le cas précédent. Il nécessite de réaliser plusieurs étapes parfois relativement complexes. Il suffit pour s'en rendre compte de considérer les premières phases du processus.

1. Un commanditaire est toujours à l'origine d'une enquête. Il faut déterminer l'information dont il a besoin et sa nature en fonction d'objectifs à préciser, des moyens dont il dispose, des délais qu'il impose...

2. Une enquête s'adresse aux individus d'une population qu'il faut définir avec précision. Si cette population est nombreuse, le problème se pose, compte tenu des contraintes de temps et de moyens évoquées ci-dessus, de faire une enquête exhaustive incluant tous les individus de la population — c'est le cas d'un ***recensement***, par exemple — ou au contraire si l'on décide d'interroger uniquement quelques individus qui constitueront alors un ***échantillon***. Dans ce cas — le plus fréquent en pratique — cet échantillon ne doit pas être sélectionné de façon arbitraire. En fonction des objectifs, des contraintes et des informations dont on dispose sur la population, cette sélection est opérée selon une *méthode de sondage*. Nous examinerons ce problème dans le chapitre 7.

3. Une interrogation consiste à poser des questions. Ces dernières peuvent être sollicitées à l'aide d'un questionnaire en présence d'un enquêteur (*face à face*), ou bien au moyen d'un questionnaire envoyé par la poste, ou encore d'un contact par téléphone... ce qui implique des problèmes méthodologiques distincts à résoudre[16].

---

[16] Cf. par exemple Droesbeke et Lavallée [2002], Ghiglione et Matalon [1992] ou Javeau [1992].

4. Il faut ensuite dépouiller les réponses obtenues avant de les traiter, de les analyser et de les interpréter.

Ici non plus, on ne doit avoir aucune intention de modifier la situation par le processus d'enquête. La réalité peut cependant s'écarter de cet objectif vu la complexité des opérations.

EXEMPLE 1.1

Le directeur d'une maison d'édition — le commanditaire — s'interroge sur les qualités diverses d'une revue mensuelle *Je comprends tout* qu'il édite depuis plus de vingt ans. Il se pose un certain nombre de questions sur la viabilité de cette publication et pour tenter d'y répondre, contacte un organisme d'études dont on lui a dit le plus grand bien [17].

La première entrevue qu'il aura avec le spécialiste contacté devra permettre de cerner plusieurs problèmes. Nous pouvons imaginer un certain nombre de questions posées à notre directeur á cette occasion :

> *Tentons de définir ce que vous voulez savoir avec le plus de précision possible. Et tout d'abord, parlez-moi de cette revue. Quelle est son histoire ? Quel public visiez-vous au départ ? Et maintenant ? Quels sont vos critères de publication ? Pouvez-vous me donner des informations sur la fabrication : coûts, ventes, réalisations techniques... ? Avez-vous déjà commandité des enquêtes antérieures... ? Parlons à présent d'aujourd'hui. Pourquoi voulez-vous faire cette enquête ? S'agit-il de connaître les caractéristiques des lecteurs, leur nationalité, leur lieu de résidence, leur âge, leur profession... ? Voulez-vous vous intéresser aux abonnés, aux acheteurs réguliers ou occasionnels, à ceux qui lisent cette revue sans l'acheter, à ceux qui ne la connaissent pas encore... ? Avez-vous une idée derrière la tête dont vous voudriez tester la validité ? Voulez-vous une enquête succincte mais rapide ou au contraire plus élaborée mais qui risque de durer plus longtemps ? Désirez-vous nous la confier, nous qui sommes les meilleurs sur le marché [18] ? Nous devrons aussi parler de sous ! Mais c'est encore trop tôt. Tout dépend du cahier des charges que nous allons devoir définir dans lequel on précisera vos objectifs, les caractéristiques des personnes qui seront soumises à l'enquête, comment les contacter (un bon questionnaire, il n'y a rien de tel !), le mode de dépouillement, la manière de traiter les informations reçues, la forme du rapport... Plusieurs versions peuvent être envisagées en fonction du budget disponible. À ce propos, il est trop tôt pour être précis, bien sûr, mais avez-vous déjà une petite idée sur ce que vous pensez... ?*

Refermons par discrétion la porte du bureau et prenons rendez-vous pour les entretiens qui suivront et qui devraient, si le contrat est passé entre les intéressés, conduire au processus lancé ce jour-là ! Mais que de travail il reste à fournir !

---

[17] En bon gestionnaire, il se doit cependant de vérifier ce genre d'information sous peine de s'en mordre ultérieurement les doigts...

[18] Cette idée est rarement exprimée sous cette forme, mais plutôt suggérée en faisant état de son expérience, sa renommée...

c) L'expérimentation

Dans son *Introduction à l'étude de la médecine expérimentale*, publiée en 1865, le célèbre physiologiste français Claude Bernard écrivait :

« [...] l'homme ne se borne pas à voir ; il pense et veut connaître la signification des phénomènes dont l'observation lui a révélé l'existence. Pour cela il raisonne, compare les faits, les interroge, et, par les réponses qu'il en tire, les contrôle les uns par les autres. C'est ce genre de contrôle, au moyen du raisonnement et des faits, qui constitue, à proprement parler, l'expérience et c'est le seul procédé que nous ayons pour nous instruire sur la nature des choses qui sont en dehors de nous ».

Dans le même ouvrage, il nous dit :

« [...] *l'expérimentation*, ou l'art d'obtenir des expériences rigoureuses et bien déterminées est la base pratique et en quelque sorte la partie exécutive de la méthode expérimentale [...] ».

Le fait de provoquer une observation dans l'intention d'étudier certains phénomènes, de comparer des situations ou de vérifier des hypothèses, en réalisant de façon systématique des expériences et en contrôlant de la façon la plus rigoureuse la manière de procéder, s'est développé relativement tôt dans le domaine de la médecine et des sciences expérimentales. Pensons en particulier aux écoles de médecine d'Alexandrie et au renouveau foisonnant de la science à la Renaissance.

Dans le domaine de la statistique, l'*experimentation* est née essentiellement dans le secteur agronomique, à la suite des travaux consacrés aux ***plans d'expérience*** et réalisés par R.A. Fisher, en 1919, en Angleterre[19]. Ces méthodes ont ensuite été introduites dans le secteur industriel dans les années 1930-1940, en vue de contrôler la qualité de la production ou de la fabrication des pièces. Elles se sont aussi implantées dans la recherche médicale et pharmaceutique et, peut-être de façon moins spectaculaire, dans les sciences de l'éducation, la sociologie et le marketing.

Comme l'écrit Dagnelie [1997] :

« Toute expérience digne de ce nom devrait être l'objet d'une planification précise, qui se concrétise sous la forme d'un plan d'expérience ou protocole expérimental. Le plan ou le protocole doit être présenté sous forme écrite, et comporte normalement les éléments suivants : la définition du ou des *buts* et des *conditions* de l'expérience ; la définition du ou des *facteurs* dont on désire étudier l'influence, de ses ou de leurs *modalités* et des combinaisons de modalités, auxquelles nous associerons la notion d'*objet* ; la définition des *individus* ou, d'une manière plus générale, des unités expérimentales qu'on se propose d'observer ; la définition des *observations* qui devront être réalisées ; la manière dont les différents objets devront être affectés aux différentes unités expérimentales, en constituant le *dispositif expérimental* ; des informations générales relatives à l'analyse des résultats [...] ».

Afin de permettre au lecteur de comprendre la manière de procéder, nous illustrerons cette méthode par un petit exemple très simple[20].

---

(19) Cf. Dagnelie [1997] et, plus généralement, Droesbeke *et al.* [1997].

(20) Extrait de Droesbeke et Lavallée [2002].

EXEMPLE 1.2

Un jury de dégustation demande à Monsieur A. Quecébon, patissier de son état, de préparer deux gâteaux utilisant les mêmes ingrédients mais fabriqués dans chacune des situations suivantes :

A : sans blancs d'œufs (–) / avec blancs d'œufs (+) ;

B : durée de cuisson de 10 minutes (–) / durée de cuisson de 20 minutes (+).

Monsieur Quecébon propose huit gâteaux réalisés dans les situations qui sont présentées dans le tableau ci-dessous et se voit attribuer par le jury les notes (sur 20) suivantes :

	A	B	Notes
1°	–	–	9.2
2°	–	–	8.8
3°	–	+	10.4
4°	–	+	11.6

	A	B	Notes
5°	+	–	17.4
6°	+	–	16.6
7°	+	+	11.2
8°	+	+	10.8

Désignons par y la note reçue. Elle dépend manifestement des conditions de fabrication. A et B sont appelés des *facteurs* et ont deux *niveaux* chacun (–, +). y est dite la *réponse*. L'expérimentation s'est déroulée selon un *plan complet avec répétition* (2 expériences par niveau des facteurs croisés).

Quelques remarques découlent immédiatement de ce tableau. La moyenne[21] totale des notes vaut 12. Par niveau de chaque facteur, les moyennes sont :

A– : 10	A+ : 14
B– : 13	B+ : 11

L'*effet du facteur* A est +2 (par rapport à la moyenne) s'il est au niveau + (avec les blancs d'œufs) et –2 s'il est au niveau – (sans les blancs d'œufs). De même l'effet du facteur B est +1 s'il est au niveau – (durée de cuisson 10 mn) et –1 s'il est au niveau + (durée de cuisson 20 mn). Il semble donc que les conditions optimales de fabrication du gâteau sont A+ et B–.

Les moyennes par niveau des facteurs croisés confirment ce résultat :

A	B	Moyennes
–	–	9
–	+	11
+	–	17
+	+	11

On peut même remarquer qu'au niveau A+ et B–, alors qu'on pouvait s'attendre à une note moyenne de 15 [(moyenne = 12) + (effet du niveau + de A = 2) + (effet du niveau- de B = 1)], on a une moyenne de 17 ; on a donc une *interaction* de +2 lorsque le facteur A est au niveau + et le facteur B au niveau –.

Si l'on veut tenter de mettre en évidence des effets significatifs dans l'appréciation du jury, on peut utiliser des méthodes confirmatoires parmi lesquelles nous devons citer l'*analyse de la variance*. Nous présenterons cette technique dans le chapitre 9.

(21) Nous reviendrons dans le chapitre 3 sur la notion de moyenne obtenue en divisant la somme des notes observées par leur nombre.

Nous ne développerons pas la méthode des plans d'expériences dans cet ouvrage, renvoyant le lecteur intéressé à d'autres références (22). Mais les résultats des expériences réalisées étant, par essence même, des *données*, leur traitement aura, dans sa partie descriptive et éventuellement dans une approche confirmatoire, des points communs avec celui des données d'enquête.

d) L'étude de traces

On peut regrouper dans cette catégorie un ensemble de méthodes diverses dont la caractéristique commune est qu'on n'analyse pas directement une situation mais plutôt certaines de ses conséquences. Il en est ainsi des documents historiques, des statistiques relevées périodiquement dans le passé ou encore de véritables traces matérielles. Le chercheur n'intervient pas dans le phénomène étudié. Si la forme des informations recueillies peut être comparable à celle des autres types de données évoquées ci-dessus, leur analyse devra, plus qu'ailleurs, s'interroger sur les processus de production et de conservation des données dont on dispose. La façon de mesurer la position d'une étoile ne s'est pas réalisée de façon identique à toutes les époques. La mesure d'audience de la télévision n'est pas la même en 1956 qu'en 1996 ! L'analyse des phénomènes évoluant dans le temps ne doit pas oublier ce facteur.

1.4.3 Le traitement des données

À la lumière de ce qui précède, il peut sembler évident que le traitement des données devra tenir compte de la méthode utilisée pour les recueillir. Il n'est pas moins vrai que ces procédures distinctes fournissent des informations qui ont de nombreux points en commun et qui seront donc traitées de façon semblable.

Nous invitons dès lors le lecteur à garder en mémoire cette diversité des sources d'information afin qu'il considère les différentes méthodes de traitement en rapport avec le contexte des problèmes qu'il aura à traiter.

Le schéma de la figure 1.2 nous permettra de comprendre globalement la structure d'un traitement en soulignant les opérations principales à réaliser.

Ce schéma fait tout d'abord apparaître trois phases de traitement qui ne doivent néanmoins pas toujours être présentes.

a) Première phase : l'analyse exploratoire

Comme son nom l'indique, il s'agit de faire connaissance avec les données. Elle consiste à utiliser des opérations très simples (le rangement, la représentation graphique, ...) pour nous donner une idée générale sur la manière dont ces données se situent les unes par rapport aux autres.

---

(22) Par exemple Droesbeke *et al.* [1997].

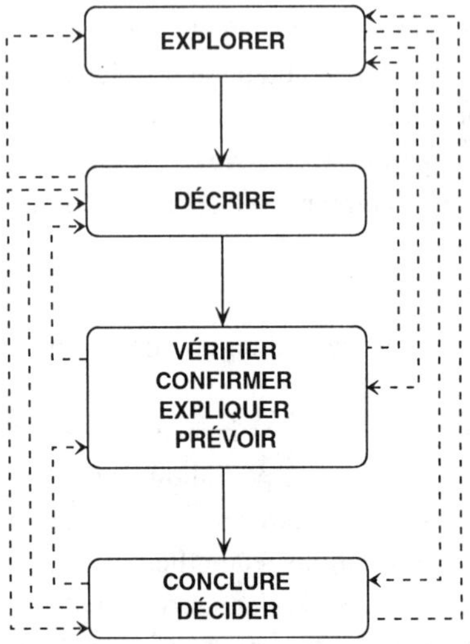

Figure 1.2 *Le traitement des données*

EXEMPLE 1.3

Vous avez six amis (ceux qui sont nommés ci-dessous). Pour chacun d'eux, vous écrivez leur nom suivi du nombre de leurs enfants :

Alain Congru :	5 enfants
Henri Goland :	2 enfants
Ilse Mard :	4 enfants
Guy Niol :	1 enfant
Jean Sérien :	0 enfant
Marie Tournel :	2 enfants

Si vous voulez décrire le nombre d'enfants de vos amis, vous pouvez procéder à quelques constatations immédiates :

- ils ont tous entre 0 et 5 enfants ;
- on peut ordonner la série des valeurs observées par ordre croissant : 0, 1, 2, 2, 4, 5 ;
- on peut représenter ces nombres sur un axe :

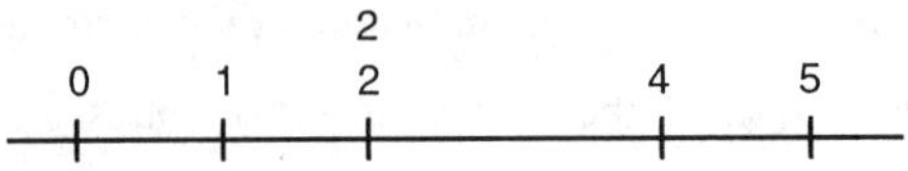

et ainsi de suite.

Nous verrons d'autres manières d'opérer un peu plus tard.

Remarquons qu'il ne faut pas confondre cette première partie du traitement avec l'*analyse exploratoire qualitative* que l'on peut utiliser au début d'une procédure de recherche comme par exemple des recherches documentaires, des discussions de groupes [23], etc.

[23] Cf. par exemple Evrard *et al.* [1993] ou Lambin [1993].

b) Deuxième phase : l'analyse descriptive

Elle complète généralement la première. Elle a pour objet de décrire l'ensemble des données dont on dispose au moyen de tableaux divers et de représentations graphiques, mais aussi en construisant des *paramètres* ou *indicateurs* représentatifs de caractéristiques bien spécifiques.

EXEMPLE 1.3 (suite)

Reprenons notre groupe de six amis et le nombre de leurs enfants.

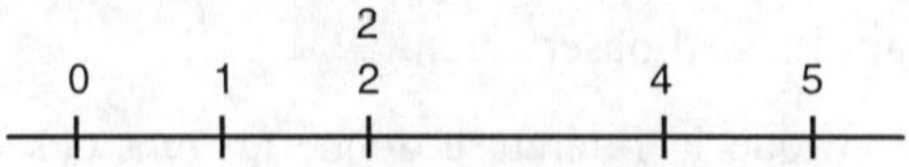

En examinant le dessin repris ici, nous pouvons repérer une *valeur centrale* (par exemple, 2) autour de laquelle les observations se situent. Nous pouvons aussi mentionner que toutes les observations sont dans un intervalle de longueur égale à 5 (*mesure de dispersion*). Là aussi les procédés de synthèse sont nombreux (cf. chapitre 3).

Comme on peut déjà s'en rendre compte, les mots-clés de ces deux étapes ont pour noms *classement*, *visualisation*, *synthèse*...

c) Troisième phase : l'analyse confirmatoire

Nous l'avons déjà souligné auparavant. Un processus de recherche fait souvent apparaître des hypothèses de comportement du phénomène étudié. Ainsi, quand on étudie l'évolution des bénéfices d'une entreprise, on peut émettre l'hypothèse que cette dernière se trouve dans une phase de croissance. Le recours à des données doit dès lors permettre, si possible, de tester la validité d'une telle hypothèse. Nous verrons que cette démarche peut être empirique ou basée sur une méthodologie plus élaborée qu'on appelle *inférence statistique*. Ce type d'analyse est souvent dit ***confirmatoire*** incluant dans ses divers aspects un principe de *généralisation*. Il fera également l'objet d'un examen attentif.

1.5 LA SIGNIFICATION DU MOT OBSERVATION

Dans le domaine des sciences humaines comme dans celui des sciences expérimentales, on recourt souvent à des observations. Si ce dernier mot est souvent compris de tous, il existe cependant un risque de confondre ses divers sens. Le Littré de 1877 recensait onze significations distinctes de ce mot. Actuellement, on en retient encore couramment trois principales.

a) Une procédure de collecte de données

Nous avons indiqué dans le paragraphe précédent qu'une première manière de recueillir des données consiste à observer directement une situation.

b) Le résultat de la collecte

Toute donnée recueillie prend souvent le nom d'observation quelle que soit la méthode de recueil utilisée. Nous tâcherons d'éviter cet usage tout en sachant que le choix du mot « donnée » n'est pas nécessairement meilleur si l'on sait que cette dernière est rarement offerte !

c) Le processus d'observation

Il s'agit ici de l'ensemble des opérations techniques et psychologiques mises en œuvre dans l'acte d'observation.

Notons encore que la littérature donne au mot observation le sens de *stratégie d'action* ou de *lieu* dans lequel se fait un diagnostic (24). Tout ceci doit nous inciter à la prudence quand on recourt à ce terme.

1.6 LA NOTION DE VARIABLE

Qu'il s'agisse de poser des questions à des individus, de réaliser des expériences ou d'observer des situations, le résultat d'une collecte de données se présente souvent sous la forme d'un ensemble de « valeurs » émanant d'un processus de ***mesure***. Pour simplifier la présentation et introduire la notation, nous nous placerons dans le cas d'une enquête (25).

On interroge un certain nombre d'individus d'une population ou d'un échantillon. Les questions sont destinées à étudier certaines caractéristiques de ces individus que l'on désigne généralement par le mot ***variable***.

Quand on interroge quelqu'un sur son âge, sa taille, sa profession, son revenu ou son opinion, sur l'usage d'un vélo... ce sont ces variables qu'on désire analyser. Elles seront directement *mesurées* sur chaque individu. Par contre, on sera aussi amené à s'interroger sur des styles de vie, des attitudes, des comportements, des niveaux de satisfaction... qui eux ne sont pas directement accessibles. Il faudra alors utiliser des variables intermédiaires dont l'étude conjointe et les relations qui les unissent devront nous éclairer sur le problème concerné. Ces variables agissent alors en tant qu'***indicateur*** des concepts étudiés sans pouvoir en exprimer à elles seules tous les aspects. Un exemple bien connu est fourni par la mesure de l'« intelligence » au moyen du « quotient intellectuel (Q.I.) ». L'interprétation de ces variables construites doit se faire avec beaucoup d'attention (26).

(24) Cf. par exemple Blanchet *et al.* [1992].

(25) Le lecteur pourra aisément établir un raisonnement analogue dans les autres cas.

(26) Cf. par exemple Ghiglione et Matalon [1992].

1.7 LES ÉCHELLES DE MESURE

Nous voulons donc *mesurer* des variables sur des individus, c'est-à-dire faire correspondre, à chacun d'eux, pour chaque variable, une ***modalité*** ou ***valeur*** située sur une ***échelle de mesure***, qui peut être assimilée à un système de notations des individus. Ainsi, à la question « quel est votre âge (en années *révolues*) ? », va correspondre pour chaque personne interrogée, un nombre entier compris entre 0 et 100 (maximum raisonnable pour beaucoup). Par contre, si la question est « quel est votre sexe ? », la modalité recueillie sera l'un des deux mots *féminin* ou *masculin*. Cette échelle de mesure se distingue de la précédente par les opérations logiques et mathématiques qu'elles autorisent chacune.

En règle générale, on distingue quatre types d'échelles. Nous les présenterons de la plus générale à la plus restrictive. Les opérations autorisées seront rares dans les premières et plus nombreuses dans les suivantes.

1.7.1 L'échelle nominale

Il s'agit de répartir les individus en ***catégories***. Les modalités jouent le rôle d'étiquettes. Elles permettent d'identifier les individus selon leur appartenance à l'une des catégories. L'exigence de base est que chaque individu doit pouvoir recevoir une affectation et une seule.

L'échelle peut présenter deux échelons comme, par exemple pour la variable *sexe* : *femme*, *homme*. On dit dans ce cas que la variable est ***dichotomique***. Elle peut aussi comporter plusieurs échelons, comme les variables « nationalité », « commune de résidence », « état civil », etc.

En dehors de dénombrements, il est clairement impossible d'effectuer des opérations mathématiques avec les catégories d'une telle échelle.

1.7.2 L'échelle ordinale

Il s'agit toujours de répartir les individus dans des catégories mais, contrairement au premier cas, ces dernières sont *comparables*. Une échelle ordinale permet en effet d'établir un *ordre* entre les données qui peut aller du plus faible au plus élevé (ordre croissant) ou inversement (ordre décroissant). Dans ces conditions, si a et b sont deux individus, on pourra énoncer des affirmations du type « a est meilleur que b », ou encore « a est au moins aussi bon que b ».

Ce type d'échelle est particulièrement utilisé lorsqu'il s'agit d'évaluer une situation, une performance, une satisfaction. . .

Un exemple qu'on rencontre souvent lorsqu'il s'agit d'émettre une appréciation est une échelle définie par les modalités suivantes :

très mauvais - mauvais - moyen - bon - très bon.

1.7.3 L'échelle d'intervalles

Elle permet de tenir compte de la *différence* entre deux valeurs d'une variable. Ceci implique que les valeurs observables sont ici *numériques*. L'exemple classique qu'on présente généralement dans ce cas est l'échelle des températures, comme l'échelle Celsius. Si la température d'un individu est de 36 ° C et celle de son voisin de 38 ° C, leur différence de température vaut 2 ° C. *Mais le rapport entre ces deux valeurs n'a pas de sens.* Cette constatation résulte du *caractère* « arbitraire » *du choix de l'origine* d'une telle échelle. Le zéro ne représente pas une absence du phénomène étudié mais correspond à un choix lié à une réalité physique : le passage de l'état solide à l'état liquide pour l'eau. D'autres échelles de température ont d'ailleurs été imaginées, comme l'échelle Fahrenheit. Il faut reconnaître que, en dehors de l'exemple cité et de quelques autres, l'usage de ce type d'échelle est assez limité.

1.7.4 L'échelle de rapports

Elle est sans conteste l'échelle la plus riche en propriétés. Elle possède un zéro « naturel » qui indique l'absence du phénomène étudié. *Différences et rapports entre valeurs y ont un sens précis.* De nombreuses variables utilisent une telle échelle pour exprimer leurs valeurs : durée de vie, poids, taille, vitesse, prix, nombre d'enfants... Cette échelle est aussi souvent appelée ***échelle métrique***.

1.7.5 Remarques

On peut aisément constater que les opérations logiques et mathématiques sont réalisables dans les dernières échelles et non dans les premières (figure 1.3).

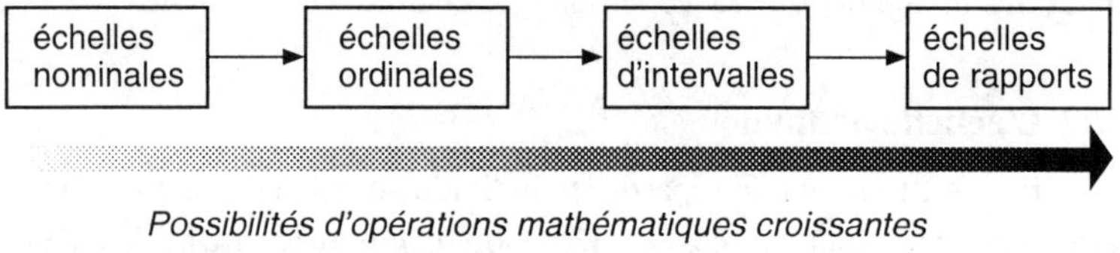

Figure 1.3 *Classement selon les possibilités d'opérations mathématiques*

En outre, comme on le constate sur le schéma de la figure 1.4, on peut aisément passer d'une échelle riche à une échelle plus pauvre, le contraire étant plus difficile.

L'usage de ces échelles suscite quelques réflexions intéressantes.

- *Le choix d'une échelle n'est pas unique* : un âge peut, par exemple, être mesuré sur une échelle de rapports (âge exact), une échelle ordinale (enfance, adolescence, ..., vieillesse) ou sur une échelle nominale (actif, passif).

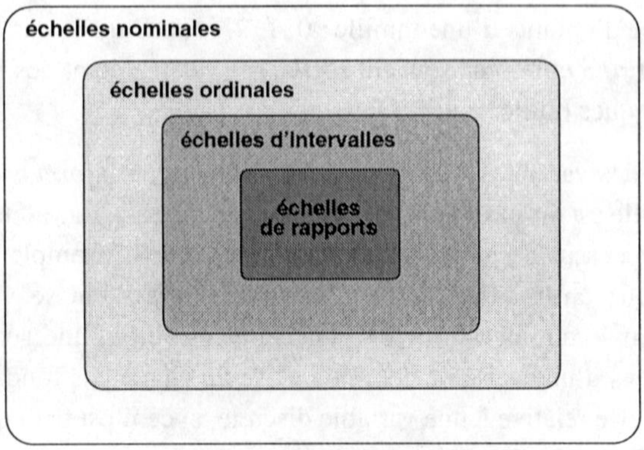

Figure 1.4 *Relations d'inclusion*

- Une variable mesurée sur une échelle d'un type particulier portera souvent le nom de cette dernière (on parlera ainsi de ***variable nominale***, ***variable ordinale***. . .)
- Une grande partie des mesures d'un phénomène consiste à attribuer à une variable une modalité (ou valeur) appartenant à une *catégorie*. On parle alors souvent de ***variable catégorielle***. Une catégorie peut être *qualitative* (être un homme, apprécier beaucoup un film) ou définie numériquement, soit par des *classes* (les enfants de 5 à 10 ans) soit par des *valeurs isolées* (j'ai 2 enfants). On parle dans ces deux derniers cas d'une *information quantitative*. Par extension, nous serons amenés à parler de ***variable quantitative*** (mesurable par un nombre) ou ***qualitative*** (le contraire).
- Le recours à l'informatique pour faciliter le traitement des données a répandu l'usage des ***codes*** qui consiste à attribuer à des informations qualitatives des étiquettes numériques — les codes — plus faciles à manipuler. Ainsi, la plupart des documents administratifs représentent les modalités *homme* et *femme* par les codes respectifs 1 et 2. Ces derniers ne sont cependant que des ***identificateurs*** dont le caractère numérique est purement conventionnel. Ils n'impliquent pas que la modalité 2 soit plus « grande » ou « meilleure » que la modalité 1 !
- Le nombre de catégories distinctes peut être fonction de la qualité de l'information recueillie, mais aussi des objectifs définis *a priori*. C'est ainsi que dans beaucoup d'enquêtes, l'état matrimonial comporte quatre modalités proposées explicitement : « célibataire – marié – veuf – divorcé ». On pourrait cependant se contenter dans certaines études d'une dichotomie : « marié – non marié ».
- Une variable *quantitative* sera ***discrète*** si elle prend des valeurs isolées

(nombre d'enfants d'une famille : 0, 1, 2, ...). Dans le cas contraire, elle est ***continue*** et le plus souvent ***réelle***, ses valeurs étant des nombres réels quelconques (taille, poids...).

- Le cas des variables réelles pose le problème de la *précision de mesure* (une taille est mesurée en centimètres ou en mètres). La valeur résulte alors d'un processus de *discrétisation* selon lequel, par exemple, tout individu ayant une taille située entre 174.5 cm et 175.5 cm se verra attribuée la valeur « centrale » 175 [27]. Par cette opération, une série de valeurs observées d'une variable continue ne se distingue pas fondamentalement d'une série relative à une variable discrète, si ce n'est par certains aspects (caractère non nécessairement entier des valeurs, nombre important de valeurs distinctes...). Nous reviendrons sur ce problème dans le chapitre 2.

1.8 EN GUISE DE CONCLUSION

Si l'on devait énoncer quelques conseils élémentaires destinés à favoriser un bon comportement de l'utilisateur de données, on pourrait proposer qu'il applique le plus souvent possible les quelques principes suivants que nous érigeons en règles.

Règle 1 : Rien ne sert d'analyser un problème que vous ne comprenez pas. Tâchez aussi de savoir d'où viennent les données à traiter et pourquoi elles ont été choisies. Recherchez toutes les informations complémentaires susceptibles de mieux vous les faire comprendre.

Règle 2 : Penchez-vous sur la manière dont les données ont été recueillies : la méthode de recueil a une influence non négligeable sur le traitement des données.

Règle 3 : Regardez avec attention la structure des données : de quelles variables s'agit-il ? Mesurent-elles une réalité ou servent-elles d'indicateur d'une situation ? Ces variables jouent-elles un rôle symétrique ou non ? S'agit-il de variables à interpréter ou de variables de contrôle ? Quelles échelles de mesures a-t-on utilisées... ?

Règle 4 : Il ne faut jamais faire l'impasse sur une analyse exploratoire où les moyens les plus élémentaires sont utilisés pour voir et sentir les données. Pensez en particulier à l'usage de (bons) graphiques pour vous aider dans cette voie [28].

---

(27) En langage courant, on dira que 175 est une valeur *arrondie*.

(28) Nous y reviendrons dans le chapitre 2.

Règle 5 : Méfiez-vous des méthodes de traitement « recettes ». Le recours à des logiciels empêche très souvent l'utilisateur de se pencher sur la pertinence des méthodes utilisées.

Règle 6 : Du début de l'analyse jusqu'au rapport final qui devra être clair et facile à lire, utilisez la technique du va-et-vient. Des retours en arrière permettent souvent de mesurer la cohérence de la démarche.

Règle 7 : Utilisez constamment un outil dont nous n'avons jamais parlé de façon explicite : le *bon sens* !

1.9 EXERCICES PROPOSÉS

E.1.1 Donnez cinq exemples de collecte d'informations pour chaque méthode présentée dans le paragraphe 1.4.2.

E.1.2 Voici quelques thèmes d'intérêt. Construisez un projet simple de questionnaire pour l'un d'eux en précisant les objectifs que vous visez :

(a) le choix des études universitaires ;
(b) l'achat d'une voiture ;
(c) la fréquentation d'une bibliothèque ;
(d) la criminalité chez les adolescents ;
(e) la manière de prendre des vacances ;
(f) la recherche d'un emploi ;
(g) la qualité d'un service après vente ;
(h) la pratique d'un sport.

E.1.3 Le chapitre 2 traitera notamment de la représentation graphique d'une série statistique ou d'une distribution observée. Comment pourriez-vous mesurer l'importance accordée par l'auteur à ce problème, sur la base de ce chapitre ?

E.1.4 Vous souhaitez apprécier votre compréhension de la matière contenue dans ce premier chapitre. Définissez des variables qui vous permettent d'atteindre cet objectif.

E.1.5 « Faire des études coûte cher ». Citez quelques variables qui puissent vous permettre d'apprécier la validité de cette affirmation.

E.1.6 Recherchez quelques variables destinées à caractériser les concepts suivants :

(a) la classe sociale ;
(b) l'intelligence ;
(c) la performance d'un employé ;
(d) l'état de santé d'une entreprise ;
(e) la gestion de son travail.

E.1.7 Un dossier administratif est établi pour chaque étudiant d'une année terminale contenant les informations suivantes : sexe, nationalité, âge, résultat obtenu l'année précédente, nombre de cours inscrits au programme... Pouvez-vous spécifier les caractéristiques de ces variables ?

E.1.8 En vous référant à votre vie personnelle, définissez un certain nombre de variables qui peuvent être mesurées sur les différents types d'échelles présentés dans le paragraphe 1.7.

E.1.9 Montrez par des exemples que le salaire d'un employé d'une entreprise peut donner lieu à une variable nominale, ordinale ou quantitative.

E.1.10 Sur quel type d'échelle pouvez-vous émettre un avis pédagogique à l'égard d'un professeur ?

E.1.11 Quelle est la nature des variables qui vous permettent de « mesurer » :

- l'âge d'un individu ;
- la gentillesse d'un individu ;
- la température dans un local ;
- le prix du pain ;
- la couleur des yeux de votre mère ;
- la puissance d'un son ;
- l'intelligence d'une personne ;
- la situation d'un appartement dans un immeuble ;
- la situation socio-professionnelle de votre père ;
- la compréhension de cette question ?

E.1.12 Comparer le style de deux écrivains est un exercice plaisant. Prenons un exemple au travers de deux portraits.

Le premier est dû à Balzac[29] :

> « Entre ces deux personnes et les autres, Vautrin, l'homme de quarante ans, à favoris peints, servait de transition. Il était un de ces gens dont le peuple dit : Voilà un fameux gaillard ! Il avait les épaules larges, le buste bien développé, les muscles apparents, des mains épaisses, carrées et fortement marquées aux phalanges par des bouquets de poils touffus et d'un roux ardent. Sa figure rayée par des rides prématurées, offrait des signes de dureté que démentaient ses manières souples et liantes. Sa voix de basse-taille, en harmonie avec sa grosse gaieté, ne déplaisait point. Il était obligeant et rieur. Si quelque serrure allait mal il l'avait bientôt démontée, rafistolée, huilée, limée, remontée, en disant : *ça me connaît.* Il connaissait tout d'ailleurs, les vaisseaux, la mer, la France, l'étranger, les affaires, les hommes, les événements, les lois, les hôtels et les prisons. Si quelqu'un se plaignait par trop, il lui offrait aussitôt ses services. Il avait prêté plusieurs fois de l'argent à Madame Vauquer et à quelques pensionnaires ; mais ses obligés seraient morts plutôt que de ne pas le lui rendre, tant, malgré son air bonhomme, il imprimait de crainte par un certain regard profond et plein de résolution. À la manière dont il lançait un jet de salive, il annonçait un sang-froid imperturbable qui ne devait pas le faire reculer devant un crime pour sortir d'une position équivoque. »

Le second est de Stendhal[30] :

> « En passant, il regarda tristement le ruisseau où était tombé son livre ; c'était celui de tous qu'il affectionnait le plus, le Mémorial de Sainte-Hélène.
>
> Il avait les joues pourpres et les yeux baissés. C'était un petit jeune homme de dix-huit à dix-neuf ans, faible en apparence, avec des traits irréguliers, mais délicats, et un nez aquilin. De grands yeux noirs, qui, dans les moments tranquilles, annonçaient de la réflexion et du feu, étaient animés en cet instant de l'expression de la haine la plus féroce. Des cheveux châtain foncé, plantés fort bas, lui donnaient un petit front, et, dans les moments de colère, un air méchant. Parmi les innombrables variétés de la physionomie humaine, il n'en est peut-être point qui se soit distinguée par une spécialité plus saisissante. Une taille svelte et bien prise annonçait plus de légèreté que de vigueur. Dès sa première jeunesse, son air extrêmement pensif et sa grande pâleur avaient donné l'idée à son père qu'il ne vivrait pas, ou qu'il vivrait pour être une charge à sa famille. Objet des mépris de tous à la maison, il haïssait ses frères et son père ; dans les jeux du dimanche, sur la place publique, il était toujours battu. Il n'y avait pas un an que sa jolie figure commençait à lui donner quelques voix amies parmi les filles. Méprisé de tout le monde, comme un être faible, Julien avait adoré ce vieux chirurgien-major qui un jour osa parler au maire au sujet de platanes. »

Quelles variables pouvez-vous définir qui pourraient aider à comparer le style des écrivains ?

---

(29) BALZAC, *Le Père Goriot*, texte repris de la collection Folio, n° 8, pp. 37 et 38, Paris, Gallimard, 1971.

(30) STENDHAL, *Le Rouge et le Noir*, Livre premier, chapitre 4, extrait de la collection Folio, n° 17, p. 40, Paris, Gallimard, 1972.

CHAPITRE 2

L'ORGANISATION ET LA TRANSFORMATION DES DONNÉES

> « Le graphique des progrès de la peste, avec sa montée incessante, puis le long plateau qui lui succédait, paraissait tout à fait réconfortant au docteur Richard, par exemple. *C'est un bon, c'est un excellent graphique*, disait-il ».
>
> A. Camus, *La Peste*, IV.

2.1 INTRODUCTION

Que ce soit à l'issue d'une enquête, par observation directe, à la suite d'une expérimentation ou en consultant des informations élaborées par autrui, on se trouve à présent devant un ensemble de *données*. Elles nous sont généralement fournies de façon brute (premier observé → première observation), sauf, bien sûr, si ces informations ont déjà été traitées par ailleurs. Nous n'allons pas considérer ce dernier cas dans ce chapitre mais nous situer plutôt à l'issue de la collecte et de la saisie des données. À ce moment-là, normalement, nous avons déjà franchi un certain nombre d'étapes. En principe, nous savons pourquoi les données ont été recueillies, à quelles variables elles correspondent, quelles échelles de mesure et quels codages ont été utilisés. Nous nous sommes posé qualitativement la question de savoir si ces données sont pertinentes, fiables et porteuses d'informations. Il faut à présent les *traiter*.

Tout naturellement, cela commence par les organiser, les regarder, regrouper celles qui se ressemblent, élaborer les moyens de rassembler l'information sous une forme aisée à manipuler et à communiquer... C'est ce que nous allons faire à présent.

2.2 TABLEAU INDIVIDUS × CARACTÈRES

La situation la plus simple devant laquelle on peut se trouver est la suivante. Nous avons sélectionné un certain nombre de variables dont on a déterminé les valeurs sur des individus(1), en utilisant des échelles de mesure et des codes choisis *a priori*. Si l'opération concerne p variables et porte sur n individus, son résultat peut s'exprimer sous la forme d'un ***tableau individus*** × ***caractères*** à n lignes et p colonnes(2) dans lequel les individus et les variables (caractères) sont représentés par des ***identificateurs*** (nom, numéro de matricule, lettre de l'alphabet...). Ainsi, on peut identifier tous les individus par un nombre entier i compris entre 1 et n $(i = 1, \ldots, n)$ et toutes les variables (caractères) par un nombre entier j compris entre 1 et p $(j = 1, \ldots, p)$. Il est alors commode de représenter la valeur observée sur l'individu i pour la variable j au moyen de la notation x_{ij}. Le tableau I.C. se présentera dès lors sous la forme du tableau 2.1.

Tableau 2.1 *Tableau individus × caractères*

Individus	**Variables**				
	1	...	j	...	p
1	x_{11}	...	x_{1j}	...	x_{1p}
⋮	⋮	⋮	⋮	⋮	⋮
i	x_{i1}	...	x_{ij}	...	x_{ip}
⋮	⋮	⋮	⋮	⋮	⋮
n	x_{n1}	...	x_{nj}	...	x_{np}

Chaque ligne de ce tableau correspond à un *individu* pour lequel on dispose de p valeurs observées. Chaque colonne correspond à une *variable* dont on effectue n mesures. Le double indice (i, j) utilisé dans la notation x_{ij} nous indique directement dans quelle ligne et quelle colonne se situe cette information.

Un tableau I.C. peut être construit aussi bien pour étudier le comportement d'une population que d'un échantillon. Le nombre d'individus n sera appelé l'***effectif total*** ou la ***taille*** de l'une ou de l'autre. Nous ne ferons une distinction entre les deux possibilités qu'à partir du chapitre 7.

(1) C'est-à-dire, des personnes, des familles, des entreprises, des objets... chargés de fournir l'information ; ils sont aussi appelés *unités statistiques*.

(2) Ce tableau sera dit I.C. dans la suite, par souci de simplification.

EXEMPLE 2.1

Un jury de délibération désire analyser les résultats (sous forme de notes sur un total de 100 points) obtenus par 10 étudiants dans 7 matières distinctes. Le tableau 2.2 est le tableau I.C. $(n = 10; p = 7)$ contenant ces résultats.

Tableau 2.2 *Résultats obtenus par 10 étudiants*

Étudiants	Matières						
	C_1	C_2	C_3	C_4	C_5	C_6	C_7
E_1	52	47	51	69	83	76	24
E_2	23	44	19	67	24	75	23
E_3	83	58	63	77	85	83	27
E_4	75	51	43	85	86	80	30
E_5	04	46	25	33	27	14	19
E_6	35	56	31	47	77	77	21
E_7	67	49	27	75	79	78	29
E_8	92	57	73	83	87	84	93
E_9	12	42	23	59	21	79	18
E_{10}	46	54	48	73	29	81	25

Remarque: Nous supposons bien sûr que ces notes sont suffisamment fiables pour représenter valablement les performances des étudiants dans ces matières !

Au cas où toutes les variables étudiées sont *quantitatives*, on peut aussi présenter l'ensemble des valeurs observées au moyen d'une ***matrice de données***[3] de dimension $n \times p$:

$$\mathbf{X} = \begin{pmatrix} x_{11} & x_{12} & \dots & x_{1p} \\ x_{21} & x_{22} & \dots & x_{2p} \\ \vdots & \vdots & \ddots & \vdots \\ x_{n1} & x_{n2} & \dots & x_{np} \end{pmatrix} = (x_{ij})$$

Si certaines des variables sont *qualitatives*, le tableau I.C. fait apparaître des modalités non numériques. Cette situation peut nous inciter, dans certains cas, à effectuer une *transformation des données* pour construire des tableaux numériques. Nous reprendrons ce problème ultérieurement.

Si une seule variable est considérée $(p = 1)$, on utilise souvent une *notation simplifiée*. Elle consiste à désigner cette variable par une lettre (généralement x) et à représenter la valeur prise par x pour l'individu i par x_i $(i = 1, \dots, n)$. Dans ce cas, le tableau I.C. est composé de deux colonnes : la première permet d'identifier les individus, l'autre contient les valeurs observées x_i. Par souci

[3] Cf. Annexe 5.

d'économie de place, on présente aussi le tableau sous forme de *lignes* :

i	1	...	i	...	n
x_i	x_1	...	x_i	...	x_n

Cette notation a l'avantage de ne faire apparaître qu'un seul indice. Elle est aussi fréquemment utilisée dans les cas *bivariés*, *trivariés*... en utilisant pour chaque variable une lettre de l'alphabet $(x, y, z, \ldots)$. Cette possibilité est cependant limitée par le nombre de lettres disponibles et la tradition qui s'est instaurée depuis fort longtemps dans le choix des lettres (*variables* : $x, y, z, u, v, \ldots$; *constantes* : a,b,c,. . .).

EXEMPLE 2.2

Reprenons le groupe des amis de l'exemple 1.3 et intéressons-nous aux tailles (exprimées en mètres) et aux poids (exprimés en kilos) des 6 personnes. Pour chacune d'elles, on possède donc deux valeurs observées, ce qui donne lieu au tableau (I.C.) 2.3 :

Tableau 2.3 *Tableau des tailles et des poids*

Individus		**Caractères**	
		taille (m) x_i	poids (kg) y_i
Alain Congru	$(i = 1)$	1.80	82
Henri Goland	$(i = 2)$	1.75	91
Ilse Mard	$(i = 3)$	1.67	57
Guy Niol	$(i = 4)$	1.90	83
Jean Sérien	$(i = 5)$	1.77	77
Marie Tournel	$(i = 6)$	1.75	67

2.3 SÉRIE STATISTIQUE ET SÉRIE CHRONOLOGIQUE

L'ensemble des lignes d'un tableau I.C. à p colonnes définit une ***série statistique p-variée***. Si $p = 1$, la série est dite ***univariée***. En utilisant les notations simplifiées introduites dans le paragraphe 2.2, elle est souvent représentée sous la forme $\{x_1, \ldots, x_i, \ldots, x_n\}$ ou encore $\{x_i; i = 1, \ldots, n\}$. Par abus de notation et souci de simplification à l'extrême, la série statistique est aussi représentée par $\{x_i\}$. Par analogie, une série ***bivariée*** $(p = 2)$ donne lieu à l'écriture $\{x_1, y_1), \ldots, (x_n, y_n)\}$ ou encore $\{(x_i, y_i); i = 1, \ldots, n\}$ — ou même $\{(x_i, y_i)\}$. Si $p = 3$, la série est qualifiée de ***trivariée***, etc.

La lecture d'un tableau I.C. est aisée, mais ne permet pas de se faire une idée précise sur la manière selon laquelle les individus se situent les uns par rapport aux autres. Afin d'étudier la *structure* de l'information recueillie, on peut, dans un premier temps, procéder à un certain nombre de constructions et de représentations graphiques offrant un aspect visuel souvent très utile. Nous allons le constater dans les paragraphes qui vont suivre. Mais une remarque préalable importante mérite d'être formulée.

L'ordre dans lequel les individus se présentent dans le tableau I.C. est souvent arbitraire (ordre de prise en considération, ordre alphabétique. . .). Permuter les lignes du tableau I.C. a alors peu d'influence sur son traitement, sauf, peut-être, que cela risque de rendre plus difficile la lecture du tableau. Il peut cependant arriver que cet ordre soit *fixé* par le contexte. C'est notamment le cas si les observations correspondent à des *dates d'observation* successives. On se trouve alors devant une ***série chronologique***. Nous examinerons ce problème spécifique dans le chapitre 11.

EXEMPLE 2.3

Considérons la série relative à la population (en millions de personnes) d'un pays entre 1910 et 1980 :

Année	1910	1920	1930	1940	1950	1960	1970	1980
Population	1.1	1.3	2.2	4.0	6.6	8.3	9.3	9.6

Les dates d'observation ne peuvent être permutées sous peine de perdre la chronologie des événements. Cette situation a l'avantage, par rapport à une série statistique, de permettre une *représentation graphique* intuitive que nous présentons dans la figure 2.1. Nous reviendrons ultérieurement sur son usage.

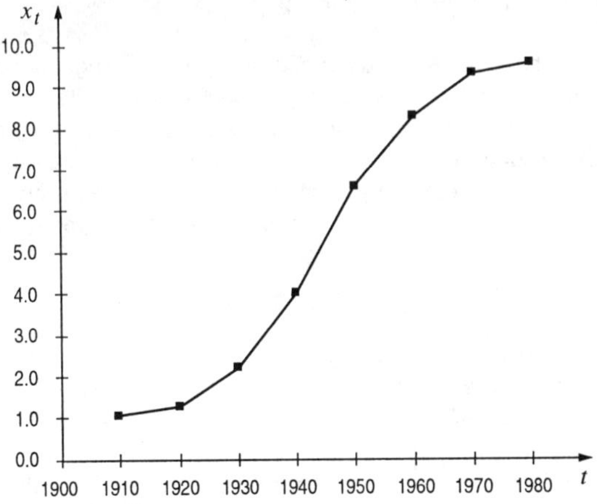

Figure 2.1 *Représentation graphique d'une série chronologique*

2.4 ORGANISATION D'UNE SÉRIE STATISTIQUE UNIVARIÉE

2.4.1 Série observée et série ordonnée

La saisie des données nous a fourni une suite de valeurs observées $\{x_1, x_2, \ldots, x_n\}$ de la variable x. C'est la ***série observée***.

Si x est mesurée sur une échelle ordinale ou quantitative, une manière naturelle d'organiser les données consiste à *ordonner* les valeurs observées, généralement de la plus petite (la moins bonne...) à la plus grande (la meilleure...)[4]. On obtient ainsi la ***série ordonnée***, que nous notons $\{x_{(1)}, x_{(2)}, \ldots, x_{(n)}\}$ ou $\{x_{(i)}; i = 1, \ldots, n\}$ — ou même $\{x_{(i)}\}$ sous forme très simplifiée. Elle est obtenue en permutant les valeurs observées de façon telle que

$$x_{(i)} \leqslant x_{(j)} \quad \text{si } i \leqslant j.$$

Dans le cas d'une variable ordinale, le symbole $\leqslant$ représente la relation d'ordre — par exemple, $x_{(i)}$ est *moins bon ou de même qualité* que $x_{(j)}$.

EXEMPLE 2.4

Une enquête a relevé le nombre de voitures (variable x) possédées par des familles d'un quartier d'une ville. En considérant les familles du type « mère, père, 3 enfants d'âge inférieur à 18 ans », on isole dix observations. En identifiant chaque famille par un entier compris entre 1 et 10, le tableau I.C. observé est le suivant :

i	1	2	3	4	5	6	7	8	9	10
x_i	2	0	1	1	2	3	1	1	1	0

Les valeurs observées sont numériques. On peut les ranger par ordre croissant : il y a d'abord 2 valeurs nulles (les familles sans voiture : la deuxième et la dixième) ; viennent ensuite les familles ayant une voiture (elles portent les numéros d'identification 3,4,7,8 et 9), suivies de deux familles avec deux voitures (la première et la cinquième) et finalement de la sixième famille qui possède trois véhicules. Nous avons ainsi permuté les valeurs de la série observée $\{x_i\}$ pour en faire une série ordonnée

$$\{x_{(i)}\} = \{0, 0, 1, 1, 1, 1, 1, 2, 2, 3\}.$$

La relation entre les deux séries est évidente. Ainsi, par exemple, $x_{(1)} = x_2$, $x_{(3)} = x_3$ ou encore $x_{(8)} = x_1$.

Nous avons placé l'indice de la valeur ordonnée entre parenthèses pour le distinguer de celui qui définit la donnée observée. Cet indice (i) est appelé le

(4) Nous nous placerons toujours dans ce cas-là.

rang de l'observation correspondante. La plus petite observation est donc celle *de rang* 1 (elle est parfois aussi notée $x_{\min}$). La plus grande est *de rang* n (autre notation : $x_{\max}$).

Ordonner une série d'observations permet, quand c'est possible, de mieux apprécier la répartition des valeurs observées et de faciliter la construction des *distributions observées* que nous présentons dans le paragraphe suivant. D'autre part, il peut être intéressant de représenter graphiquement $x_{(i)}$ en fonction de (i). Nous reviendrons sur l'intérêt d'une telle représentation dans le paragraphe 3.4.

2.4.2 Distribution observée (D.O.1)

a) Définition

Une ***distribution observée à une dimension*** (que nous noterons plus brièvement par **D.O.1**) est définie par les *valeurs distinctes* qui apparaissent dans la série observée (ou la série ordonnée) et *le nombre de fois que chacune d'elles apparaît*.

Introduisons les notations qui vont nous permettre de définir une D.O.1 de façon formelle. On désigne par J le *nombre de valeurs distinctes observées*. Chacune de celles-ci est représentée par la notation x_j, où j est un nombre entier compris entre 1 et J [5]. La distribution observée (D.O.1) qui résulte de la série observée (ou de la série ordonnée) est alors définie par l'ensemble des couples $\{(x_j, n_j); j = 1, \ldots, J)\}$ — que nous noterons aussi, par abus d'écriture, $\{(x_j, n_j)\}$ — où n_j est l'***effectif*** associé à x_j (nombre de fois que x_j a été observé).

EXEMPLE 2.4 (suite 1)

L'examen de la série observée (et surtout celui de la série ordonnée) nous indique l'existence de 4 valeurs distinctes (0,1,2 et 3) apparaissant respectivement 2,5,2 et 1 fois. On peut dès lors rassembler toutes les observations identiques en indiquant le nombre de fois que la valeur commune a été observée.

Tableau 2.4 *Décompte des valeurs distinctes*

0	×	×			
1	×	×	×	×	×
2	×	×			
3	×				

Cette opération peut être obtenue par un décompte simple (voir tableau 2.4) quand le nombre de valeurs distinctes est faible, comme dans cet exemple. Nous analyserons le cas contraire dans le paragraphe 2.4.5.

---

(5) La lettre x rappelle le nom de la variable. L'indice est représenté par la lettre j pour distinguer la valeur x_j de l'observation x_i.

La D.O.1 qui résulte de cette opération est présentée dans le ***tableau des effectifs*** 2.5.

Tableau 2.5 *Tableau des effectifs*

x_j	0	1	2	3
n_j	2	5	2	1

Lorsque la variable est ordinale ou quantitative, on prend l'habitude de présenter les valeurs distinctes observées de « la plus petite » jusqu'à « la plus grande » d'entre elles. Le tableau des effectifs *résume* l'information statistique en précisant par exemple, que parmi les dix familles, deux d'entre elles possèdent 2 voitures. Cette opération de synthèse nous a cependant fait perdre l'information du nom de ces familles (nous ne savons plus qu'il s'agit des première et cinquième familles !). Il faut bien sûr retourner aux données initiales pour obtenir ce renseignement.

Une relation importante unit les effectifs n_j. Leur somme correspond au nombre total d'observations : $n_1 + n_2 + \cdots + n_J = n$, ce qu'on peut encore écrire sous la forme[(6)], [(7)] :

$$\sum_{j=1}^{J} n_j = n. \tag{2.1}$$

b) Diagramme en bâtons

Lorsque la variable est quantitative, on peut visualiser une D.O.1 en associant au tableau des effectifs un ***diagramme en bâtons*** qui en constitue la représentation graphique. Cette opération consiste à construire, dans un système d'axes orthogonaux, une suite de segments de droites parallèles à l'axe des ordonnées, élevés à partir des points de l'axe des abscisses définis par les valeurs x_j et dont la hauteur est égale à l'effectif correspondant n_j $(j = 1, \ldots, J)$.

EXEMPLE 2.4 (suite 2)

Reprenons notre D.O.1 du tableau 2.5. Le diagramme en bâtons qui lui correspond est présenté dans la figure 2.2.

On peut, pour faciliter la lecture, indiquer la valeur des effectifs au-dessus de chaque « bâton ». Par ailleurs, le choix des unités joue un rôle important dans l'impression qui se dégage d'un tel graphique. Il est recommandé d'éviter de construire des représentations trop effilées ou trop aplaties, comme celles

(6) Le lecteur qui n'a pas une pratique suffisante du signe de sommation $\sum$ en trouvera définition et exemples dans l'annexe 3.

(7) La notation $\sum_{j=1}^{J}$ est parfois remplacée par $\sum_j$ pour simplifier l'écriture, ce qui n'est pas gênant si l'on sait que j varie de 1 à J par valeurs entières successives.

présentées dans les figures 2.3 et 2.4, de crainte d'en tirer des impressions fausses.

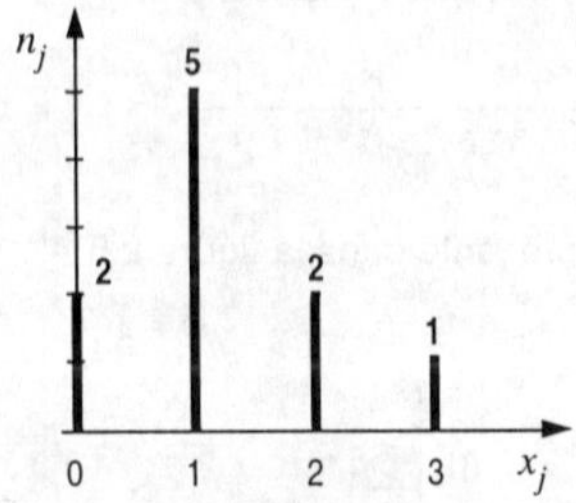

Figure 2.2

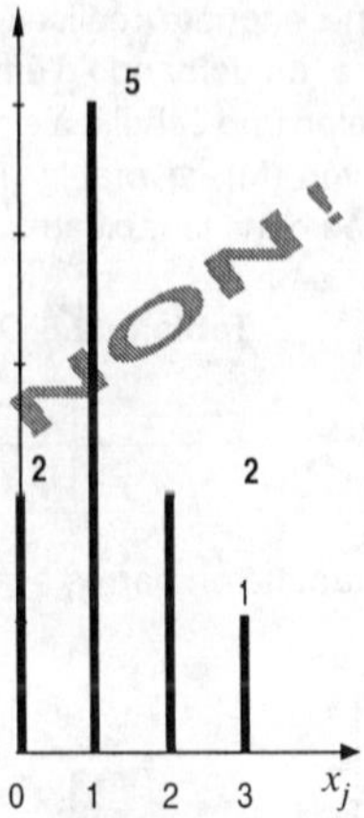

Figure 2.3

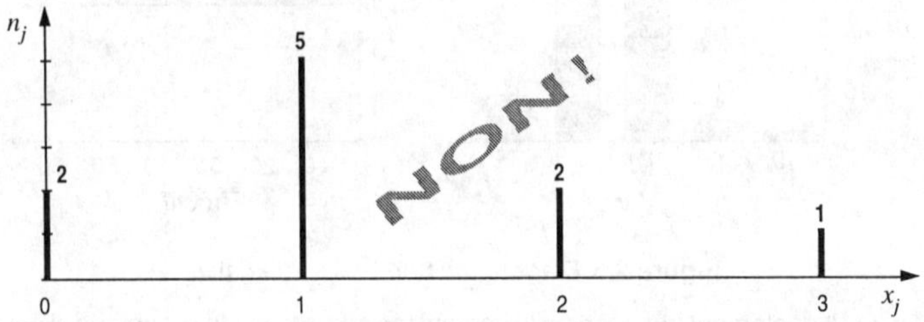

Figure 2.4

Nous reviendrons sur les qualités d'une représentation graphique dans le paragraphe 2.4.6.

---

c) Diagramme en barres et représentation en secteurs

Lorsque la variable est *qualitative*, la distance entre deux valeurs ne signifie plus rien. Si la notion de D.O.1 a toujours un sens, la représentation graphique au moyen d'un diagramme en bâtons n'est plus concevable. On procède alors comme suit.

1°) *Diagramme en barres (ou en tuyaux)*

Pour construire un ***diagramme en barres*** (ou en ***tuyaux***), on associe à chaque valeur distincte observée un rectangle de base fixée *a priori* (dont la longueur n'a pas de signification) et de hauteur égale à l'effectif correspondant.

EXEMPLE 2.5

Dans une enquête réalisée auprès de 100 étudiants d'une université européenne, on demande d'émettre un avis pédagogique à l'égard d'un enseignant selon une échelle à cinq modalités : très défavorable (TD), défavorable (D), moyen (M), favorable (F) et très favorable (TF). La D.O.1 obtenue est présentée dans le tableau 2.6.

Tableau 2.6 *Distribution des avis pédagogiques*

x_j	TD	D	M	F	TF
n_j	2	4	54	31	9

Le diagramme en barres associé est présenté dans la figure 2.5 A.

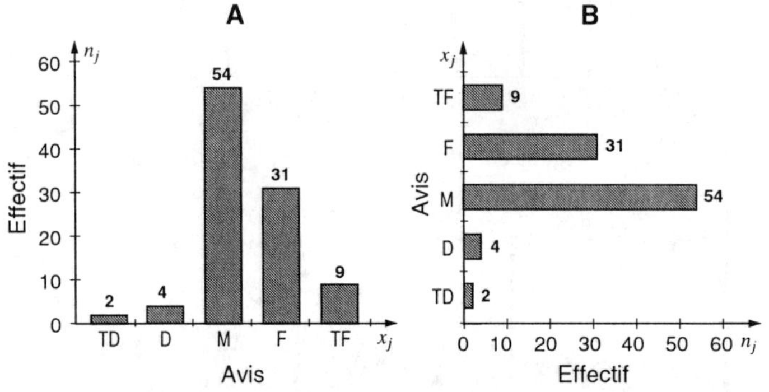

Figure 2.5 *Diagrammes en barres des avis*

On peut également indiquer explicitement les effectifs sur le graphique si cela s'avère utile. On rencontre aussi des diagrammes en barres *horizontales* : les valeurs de x sont en ordonnée, les effectifs en abscisse (figure 2.5 B).

Si l'échelle de mesure est ordinale, l'ordre de présentation des modalités est évident (cf. exemple 2.5). Dans le cas nominal, le choix est plus arbitraire.

EXEMPLE 2.6

Dans l'enquête réalisée auprès des 100 étudiants de l'exemple 2.5, une question porte sur l'origine géographique des individus. La D.O.1 décrivant les réponses obtenues à cette question est contenue dans le tableau 2.7 (8).

Tableau 2.7 *Distribution des origines géographiques (I)*

x_j	AFR	AME	ASI	EUR	OCE
n_j	21	6	10	62	1

Nous avons présenté les continents par ordre alphabétique. Le diagramme en barres qui correspond à cette présentation se trouve dans la figure 2.6. Le

(8) La signification des codes AFR, AME, ASI, EUR et OCE du tableau 2.7 est suffisamment explicite pour ne pas écrire les noms des continents en entier.

lecteur risque cependant d'interpréter la hauteur des rectangles en fonction de leur position sur l'axe des abscisses, ce qui n'a pas de sens. Il est souvent préférable —si l'ordre des modalités n'est pas imposé pour des raisons diverses— de ranger les modalités par ordre d'effectifs décroissants de manière à faciliter la comparaison entre ces derniers. Le tableau 2.8 et la figure 2.7 correspondent à cette situation.

Tableau 2.8 *Distribution des origines géographiques (II)*

x_j	EUR	AFR	ASI	AME	OCE
n_j	62	21	10	6	1

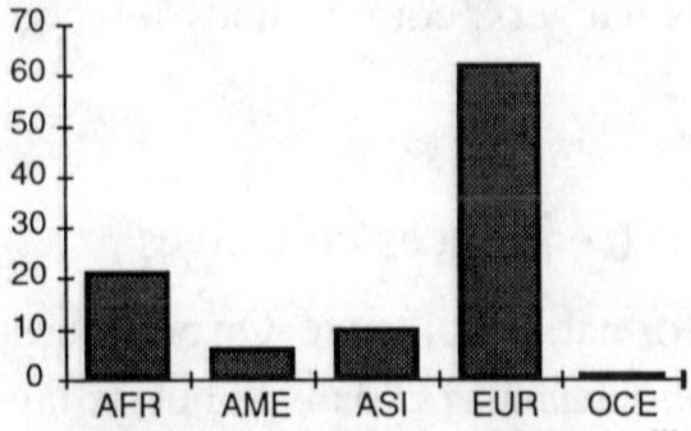

Figure 2.6 *Diagramme en barres (I)*

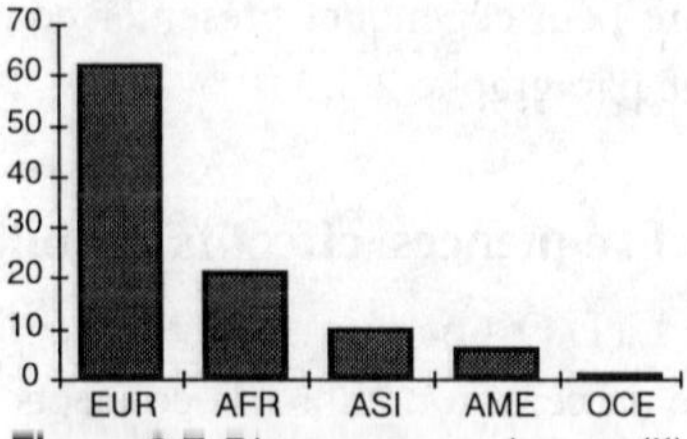

Figure 2.7 *Diagramme en barres (II)*

2°) *Diagramme en secteurs (ou camembert)*

Le ***diagramme en secteurs*** —dit ***camembert***— s'obtient en découpant un cercle (de surface fixée *a priori* comme valant l'effectif total n) en *parties* dont les surfaces sont égales aux effectifs n_j. Cette construction est facilitée si on introduit au préalable le concept de *fréquence*, que nous présentons dans le paragraphe 2.4.3.

EXEMPLE 2.6 (suite)

Reprenons notre D.O.1 présentée dans le tableau 2.8.

Pour la représenter au moyen d'un camembert, nous devons découper un cercle en secteurs en associant à chaque modalité une part proportionnelle à son effectif. C'est ainsi que EUR occupera 62% de la surface totale. Par analogie nous aurons 21% pour AFR, 10% pour ASI, 6% pour AME et 1% pour OCE.

L'utilisation d'un cercle fait moins apparaître l'ordre dans lequel les modalités sont présentées.

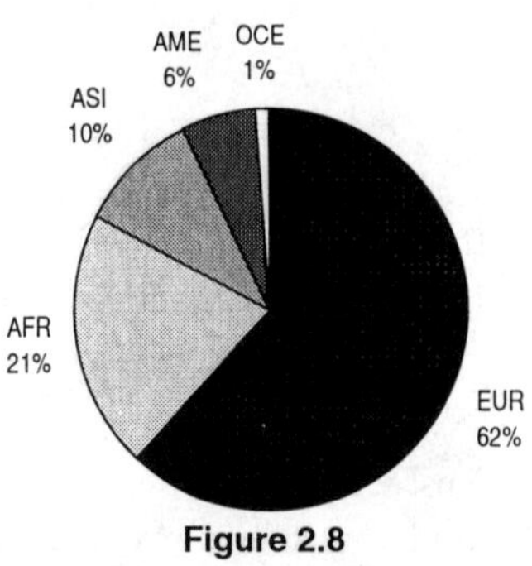

Figure 2.8
Diagramme en secteurs

d) Remarques

On peut toujours utiliser un graphique associé à une échelle, même si les valeurs de la variable sont mesurées sur une échelle plus riche. C'est ainsi qu'on voit parfois des diagrammes en barres dans le cas quantitatif, des camemberts pour une variable ordinale ou quantitative... Il est cependant conseillé d'utiliser la représentation adéquate afin de ne pas trop perdre d'information.

Par ailleurs, l'utilisation des graphiques par les médias est fréquente. Dans ce contexte, on a vu naître un certain nombre de sophistications dans les logiciels : le recours à la couleur, à des représentations à trois dimensions,... Cette façon de faire peut cependant présenter certains dangers, comme nous l'évoquerons dans le paragraphe 2.4.6.

2.4.3 Fréquences, effectifs cumulés et fréquences cumulées

La D.O.1 permet de synthétiser l'information collectée. On peut aussi construire un certain nombre de concepts *complémentaires* dans le but de faire apparaître cette D.O.1 sous des aspects quelque peu différents. Nous les présenterons pour une variable *quantitative*. Nous évoquerons le cas contraire sous forme de commentaires, s'il n'est pas semblable.

a) La fréquence

À chaque valeur x_j d'une variable, on peut associer une ***fréquence*** f_j définie à partir de l'effectif n_j comme suit :

$$f_j = \frac{n_j}{n} \quad , \quad j = 1, \ldots, J. \tag{2.2}$$

Cette quantité exprime l'importance relative de la valeur x_j dans la série observée. Les fréquences sont bien sûr reliées entre elles par la relation

$$\sum_{j=1}^{J} f_j = 1. \tag{2.3}$$

L'ensemble des couples $\{(x_j, f_j)\}$ définit une ***distribution de fréquences*** dont la représentation graphique est analogue à celle décrite à partir des effectifs. Il suffit en effet de multiplier par n la longueur de « l'unité » choisie en ordonnée pour qu'un diagramme des effectifs soit identique à un diagramme des fréquences.

b) L'effectif cumulé

L'idée est ici de s'intéresser non pas à une seule valeur x_j, mais plutôt à toutes celles qui sont inférieures ou égales[(9)] à x_j.

[(9)] On s'intéresse donc à un ensemble de valeurs : celles qui sont au *maximum* égales à x_j.

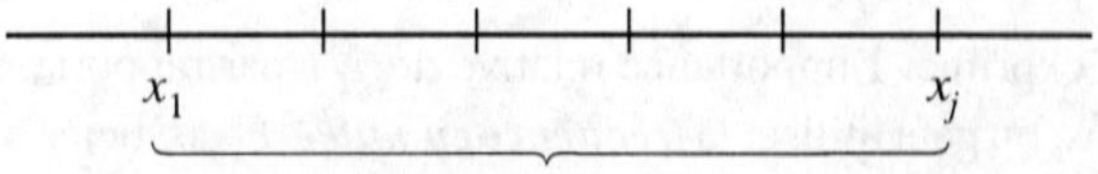

À chaque valeur x_j, on associe alors un ***effectif cumulé*** N_j représentant *le nombre d'observations inférieures ou égales* à x_j et défini par

$$N_j = n_1 + n_2 + \cdots + n_j = \sum_{k=1}^{j} n_k. \tag{2.4}$$

Il est évident que ce concept n'a pas de sens pour une variable nominale. Dans le cas ordinal, la relation d'ordre définit l'expression « inférieur ou égal » [10]. Par ailleurs, on peut aisément établir les relations suivantes entre effectifs et effectifs cumulés :

$$N_1 = n_1; \; N_j = N_{j-1} + n_j \; (j = 2, \ldots, J-1), \; N_J = n. \tag{2.5}$$

Ces dernières expressions vont nous permettre de visualiser l'intérêt d'un effectif cumulé au moyen de la figure 2.9. On construit une *courbe en escalier* dans un système d'axes orthogonaux, à partir des points du plan dont l'abscisse est la valeur x_j observée et l'ordonnée l'effectif cumulé N_j. Pour chacun de ces points, on trace un segment de droite horizontal jusqu'à atteindre la verticale passant par la valeur observée suivante x_{j+1}.

On peut — mais ce n'est pas vraiment nécessaire — représenter le passage d'un palier de la courbe au suivant par un trait vertical en pointillé. Cette manière d'agir fait mieux apparaître le caractère cumulatif de la construction : si la hauteur d'un palier correspond à N_j, celle de la contremarche qui précède représente n_j.

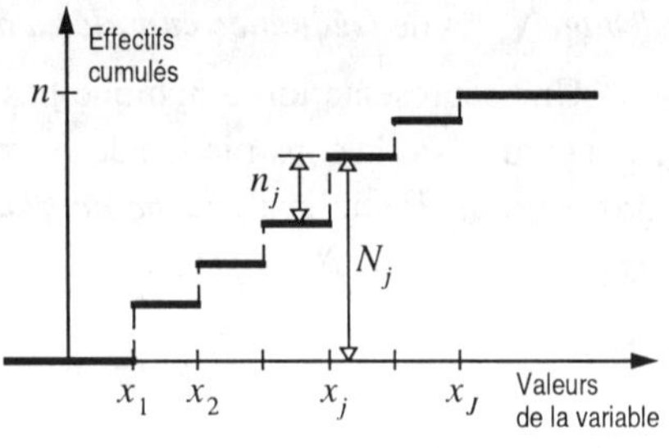

Figure 2.9 *Courbe cumulative*

Cette courbe est appelée ***courbe cumulative***. Si x et y désignent les variables correspondant aux axes d'abscisse et d'ordonnée, cette courbe peut être définie par une équation [11] du type $y = N(x)$, où $N(x)$ nous indique le nombre d'observations inférieures ou égales à x, pour toute valeur x quelconque, observée ou non. $N(x)$ est appelée la ***fonction cumulative***.

(10) On parlera ainsi, dans l'exemple 2.5, du nombre d'étudiants ayant émis au plus un avis moyen.

(11) Cf. Exercice T.2.1.

c) La fréquence cumulée

Afin d'exprimer l'importance relative de N_j par rapport au nombre total d'observations, on peut utiliser la ***fréquence cumulée*** F_j associée à chaque valeur x_j et définie comme suit :

$$F_j = \frac{N_j}{n} \quad , \quad j = 1, \ldots, J. \tag{2.6}$$

Elle nous indique la *proportion d'observations inférieures ou égales* à x_j. Son rôle vis-à-vis de N_j est analogue à celui de la fréquence f_j par rapport à l'effectif n_j. Par ailleurs, on peut aisément établir des relations analogues à (2.5) :

$$F_1 = f_1; \; F_j = \sum_{k=1}^{j} f_k = F_{j-1} + f_j \; (j = 2, \ldots, J-1); \; F_J = 1. \tag{2.7}$$

De même, la représentation graphique associée aux fréquences cumulées F_j sera semblable à celle associée aux N_j, si l'on multiplie l'unité choisie en ordonnée par n.

d) Effectifs et fréquences cumulés à droite

N_j et F_j concernent l'ensemble des valeurs inférieures ou égales à x_j (par rapport à une représentation graphique traditionnelle, on pourrait dire « *à gauche* de x_j ou en x_j »). Il peut aussi être intéressant de regarder l'importance absolue ou relative de l'ensemble des observations *supérieures ou égales* à x_j (« *à droite* de x_j ou en x_j »), ce qui nous conduit aux notions d'***effectif cumulé à droite*** N_j^* et de ***fréquence cumulée à droite*** F_j^*.

Une représentation graphique basée sur le même principe que celui qui nous a guidé dans la construction de $N(x)$, mais appliquée aux effectifs cumulés à droite, nous donne une ***courbe cumulative à droite*** définie par une ***fonction cumulative à droite*** $N^*(x)$ (12).

EXEMPLE 2.4 (suite 3)

Reprenons notre D.O.1 décrivant le nombre de voitures possédées par 10 familles et présentée dans le tableau 2.5. Nous pouvons compléter ce dernier de manière à présenter tous les concepts introduits dans le paragraphe 2.4.3. Nous obtenons ainsi le tableau 2.9.

Ce tableau nous indique, par exemple, en prenant la valeur $x_3 = 2$:

- qu'il y a 2 familles possédant 2 voitures, qui représentent 20% de l'ensemble des familles étudiées ;
- que 9 familles possèdent au maximum 2 voitures, soit 90% de l'ensemble des familles étudiées ;
- que 3 familles possèdent au minimum 2 voitures, soit 30% de l'ensemble des familles étudiées.

(12) Cf. Exercice T.2.2.

Tableau 2.9 *Tableau associé à la distribution du nombre de voitures*

x_j	n_j	f_j	N_j	F_j	N_j^*	F_j^*
0	2	0.2	2	0.2	10	1
1	5	0.5	7	0.7	8	0.8
2	2	0.2	9	0.9	3	0.3
3	1	0.1	10	1	1	0.1

En outre, on peut ajouter au diagramme en bâtons déjà construit auparavant, les graphiques cumulés de la figure 2.10.

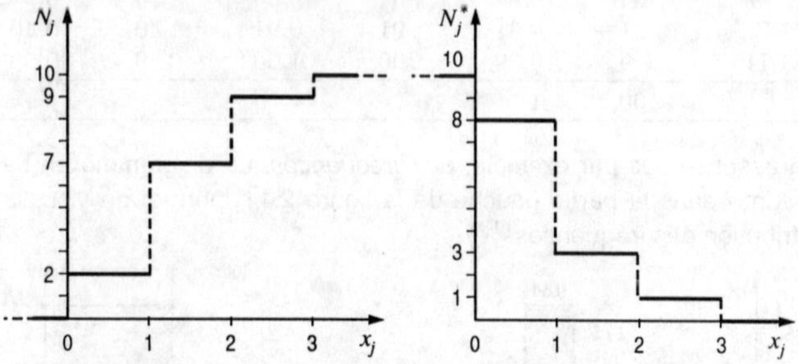

Figure 2.10 *Courbes cumulatives représentant* $N(x)$ *et* $N^*(x)$

Le lecteur est invité à modifier les légendes de ces graphiques s'il veut représenter des proportions (fréquences et fréquences cumulées).

À partir de l'exemple 2.5 ci-dessus, on peut aisément vérifier les relations suivantes :

$$\begin{aligned} N(x) + N^*(x) &= n && \text{si } x \neq x_j \\ N(x) + N^*(x) &= n + n_j && \text{si } x = x_j. \end{aligned}$$

La première d'entre elles est évidente étant donné les définitions de $N(x)$ et $N^*(x)$. La seconde est due au fait que les valeurs égales à x_j sont à la fois inférieures *ou égales* à x_j et supérieures *ou égales* à x_j, c'est-à-dire que les valeurs *égales* à x_j sont comptées deux fois, ce qui explique la présence du terme n_j dans le second membre de l'égalité. On peut résumer ces deux expressions en disant que

$$N(x) + N^*(x) \geqslant n, \quad \forall x. \tag{2.8}$$

Considérons à présent le cas d'une *variable ordinale*. Les représentations graphiques (diagramme en bâtons, courbes cumulatives) n'ont plus de sens puisque les modalités placées en abscisse ne sont pas des nombres réels. On peut cependant introduire une représentation en barres que nous évoquerons à partir de notre exemple 2.5.

EXEMPLE 2.5 (suite)

Reprenons notre D.O.1 d'avis pédagogiques, présentée dans le tableau 2.6. Nous pouvons compléter ce dernier de manière à utiliser les différents concepts introduits dans le paragraphe 2.4.3, ce qui nous donne le tableau 2.10.

Tableau 2.10 *Tableau associé à la distribution des avis pédagogiques*

x_j	n_j	f_j	N_j	F_j	N_j^*	F_j^*
TD	2	0.02	2	0.02	100	1.00
D	4	0.04	6	0.06	98	0.98
M	54	0.54	60	0.60	94	0.94
F	31	0.31	91	0.91	40	0.40
TF	9	0.09	100	1.00	9	0.09
	100	1				

Intéressons-nous par exemple, aux *fréquences*. Le diagramme en barres, présenté dans la partie gauche de la figure 2.11, permet de visualiser la distribution des fréquences[13].

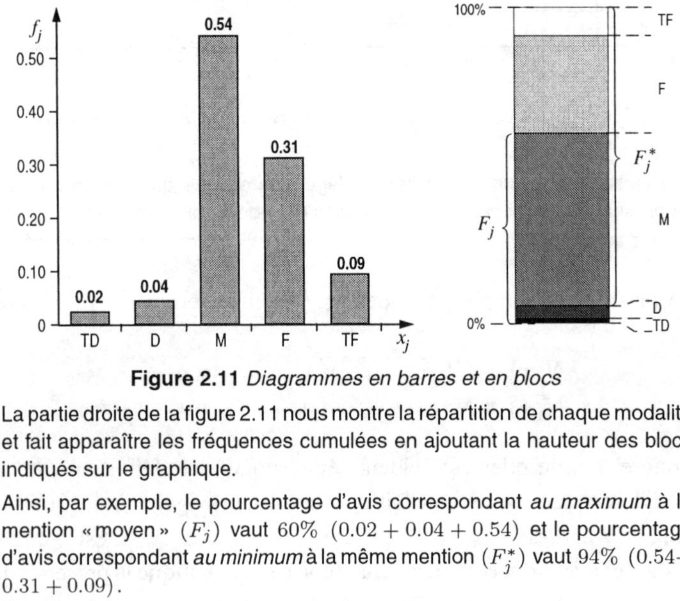

Figure 2.11 *Diagrammes en barres et en blocs*

La partie droite de la figure 2.11 nous montre la répartition de chaque modalité et fait apparaître les fréquences cumulées en ajoutant la hauteur des blocs indiqués sur le graphique.

Ainsi, par exemple, le pourcentage d'avis correspondant *au maximum* à la mention « moyen » (F_j) vaut 60% $(0.02 + 0.04 + 0.54)$ et le pourcentage d'avis correspondant *au minimum* à la même mention (F_j^*) vaut 94% $(0.54+0.31+0.09)$.

Remarquons enfin que les concepts cumulés n'ont pas de sens dans le cas d'une variable *nominale*. Nous pouvons évidemment construire une répartition en barres comme dans l'exemple ci-dessus, mais l'ordre des rectangles superposés est alors arbitraire. Dans certains cas, on préconise de placer en bas de ces graphiques les modalités les plus fréquentes, dans le même esprit que la remarque énoncée dans l'exemple 2.6 (voir tableau 2.8).

(13) Il est analogue à celui construit dans le paragraphe 2.4.2.

2.4.4 Distribution groupée

Lorsque la variable est réelle (taille, poids, durée, salaire...), nous avons signalé que l'instrument de mesure utilisé fournit souvent des valeurs *arrondies*. La précision d'une mesure dépend des caractéristiques de l'instrument utilisé. Ainsi, un poids peut être exprimé en milligrammes, grammes, kilos ou tonnes selon l'objectif et les moyens de l'étude. Si la précision de la mesure est fine et que le nombre d'observations est grand, il peut arriver que le nombre de valeurs distinctes observées soit relativement élevé. La distribution qui en découle peut alors présenter les caractéristiques suivantes :

- un grand nombre de lignes dans le tableau des effectifs ;
- de nombreux effectifs de faible amplitude.

Cette situation ne permet pas de dégager facilement les caractéristiques essentielles de la distribution.

a) Un exemple en guise d'introduction

EXEMPLE 2.7

Une étude réalisée auprès de 175 étudiants d'une université pratiquant le volley comporte une question sur leur taille. Les valeurs de cette variable, arrondies au centimètre le plus proche, ont été saisies dans l'ordre du dépouillement de l'enquête. On dispose ainsi d'une série statistique d'effectif total 175 de nombres à trois chiffres : {176, 166, 177, 150, 181, 169,..., 161, 179}.

Afin de ne pas élaborer un tableau I.C. de 175 lignes et 2 colonnes qui prendrait beaucoup de place, nous omettrons d'indiquer l'identificateur de l'individu i, ce qui permet de construire le tableau 2.11 présentant les valeurs x_i sur 12 colonnes successives. Il suffit de lire les colonnes l'une à la suite de l'autre, de haut en bas et de gauche à droite, pour reconstruire la série. C'est ainsi, par exemple, que le vingtième individu mesuré possède une taille égale à 176 cm.

Tableau 2.11 *Série observée des tailles*

176	155	184	173	185	176	180	185	196	177	185	156
166	186	170	182	158	172	187	189	179	184	176	183
177	163	189	172	192	186	183	165	198	178	172	182
150	184	178	184	196	180	164	175	151	190	157	160
181	176	187	175	151	192	185	176	197	153	176	174
169	180	198	185	187	179	161	184	163	198	165	181
175	188	180	178	178	184	177	155	190	175	171	179
173	178	176	183	177	170	165	181	154	169	174	180
184	169	155	174	190	150	167	175	174	164	194	161
162	177	165	181	175	170	174	177	171	170	175	179
169	175	177	168	162	171	190	169	189	181	166	
171	152	164	176	181	177	178	183	176	177	195	
193	160	182	177	163	169	182	170	182	167	180	
154	168	170	161	172	175	173	186	171	183	191	
170	171	175	166	168	191	188	169	183	179	180	

Tableau 2.12 *Série ordonnée des tailles*

150	160	165	169	172	175	177	178	181	184	187	192
150	161	165	170	172	175	177	179	181	184	187	193
151	161	166	170	172	175	177	179	181	184	187	194
151	161	166	170	173	175	177	179	181	184	188	195
152	162	166	170	173	175	177	179	182	184	188	196
153	162	167	170	173	175	177	179	182	184	189	196
154	163	167	170	174	176	177	180	182	184	189	197
154	163	168	170	174	176	177	180	182	185	189	198
155	163	168	171	174	176	177	180	182	185	190	198
155	164	168	171	174	176	177	180	183	185	190	198
155	164	169	171	174	176	178	180	183	185	190	
156	164	169	171	175	176	178	180	183	185	190	
157	165	169	171	175	176	178	180	183	186	191	
158	165	169	171	175	176	178	181	183	186	191	
160	165	169	172	175	176	178	181	183	186	192	

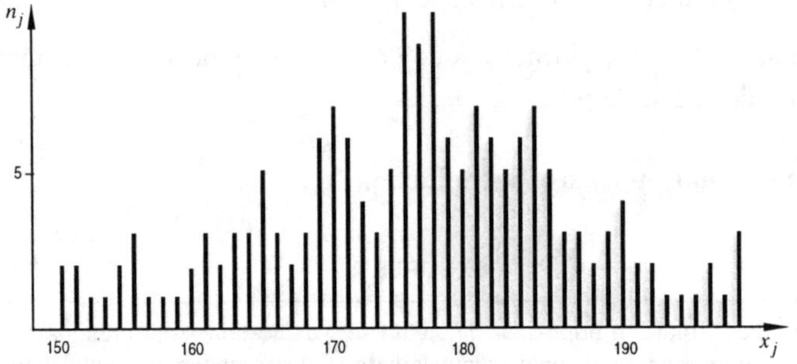

Figure 2.12 *Diagramme en bâtons*

Si on se réfère à la manière de procéder telle que nous l'avons proposée plus haut, nous pouvons mieux apprécier la structure des observations en construisant *la série ordonnée.* Le tableau 2.12 nous permet de construire aisément la distribution observée que nous avons représentée graphiquement dans la figure 2.12.

b) Le groupement des données en classes

Le graphique de la figure 2.12 est assez « chahuté ». On voit bien sûr apparaître des effectifs plus importants au centre du graphique, mais la comparaison des bâtons situés les uns à côté des autres n'est pas très instructive. On peut tenter de favoriser une approche plus globale de cette série en réalisant un ***groupement des données***. Il s'agit en fait de rassembler dans une même catégorie (qui sera appelée une ***classe***) des valeurs relativement proches les unes des autres.

Plusieurs méthodes permettent d'opérer de tels regroupements. Les classes peuvent être définies par nos traditions de dénombrement (cf. ci-dessous). On peut aussi recourir à des règles plus ou moins empiriques. On peut même utiliser des critères liés aux techniques d'analyse qui seront appliquées aux données rassemblées [14].

(14) Par exemple, construire des classes comportant approximativement le même nombre d'observations.

Une manière simple de procéder a été proposée par Tukey [15] sous la forme d'un ***diagramme en tiges et feuilles*** (encore appelé en ***branches et rameaux***). Ce procédé généralise le décompte habituel tel que nous l'avons utilisé dans le cas où le nombre de valeurs distinctes observées est faible (voir tableau 2.4). Nous le présentons à partir de notre exemple.

EXEMPLE 2.7 (suite 1)

Les nombres contenus dans le tableau I.C. possèdent tous trois chiffres. Les *deux premiers* d'entre eux sont identiques pour plusieurs valeurs, par exemple 150,151,152,. . . ,158. On peut donc différencier ces observations vis-à-vis de cette propriété commune (qui constitue la **tige**) par l'intermédiaire du troisième chiffre (que l'on dénomme la **feuille**).

15	04525810514376
16	69253908548162389415759939475601
17	67531068751086705325846787526290017574835657094161785079626145499
18	14640849702245315716040735285941369234135003210
19	38260210687008451

Figure 2.13 *Diagramme en tiges et feuilles*

C'est ainsi, par exemple, que la première observation 176 se situe sur la tige 17 et est représentée par la première feuille 6. La deuxième observation 166 est attachée à la tige 16 et est représentée par la feuille 6, et ainsi de suite. En procédant de la sorte pour toutes les valeurs du tableau I.C., on obtient le diagramme en tiges et feuilles de la figure 2.13, dans lequel on indique la tige à gauche de la barre verticale et les feuilles à sa droite.

Cette construction nous a amenés à grouper les observations dans des *classes* qui découlent de notre système décimal de notation :

150 à 159 ; 160 à 169 ; 170 à 179 ; 180 à 189 ; 190 à 199.

Le diagramme en tiges et feuilles nous permet de calculer aisément les nombres de feuilles par tige (nombre d'observations par classe) qui valent respectivement 14, 32, 65, 47 et 17.

Remarquons que nous pouvons encore mieux nous rendre compte de la répartition des feuilles sur chaque tige en ordonnant les valeurs observées, comme dans la figure 2.14.

15	00112344555678
16	00111223334445555566677888999999
17	00000001111122223334444455555555555666666666677777777778888889999
18	00000001111122222333333444444455555666777788999
19	00001122345667888

Figure 2.14 *Diagramme en tiges et feuilles ordonnées*

c) La construction d'une distribution groupée (D.G.1)

L'ensemble des couples formés, d'une part, des *classes* que nous avons construites et, d'autre part, des ***effectifs de classe*** associés — qui représentent les

(15) Cf. par exemple, Tukey [1977], Erickson et Nosanchuk [1992], etc.

nombres d'observations appartenant à ces classes — est qualifié de ***distribution groupée***, que nous notons brièvement par **D.G.1**.

EXEMPLE 2.7 (suite 2)

Nous pouvons représenter la D.G.1 par le schéma suivant :

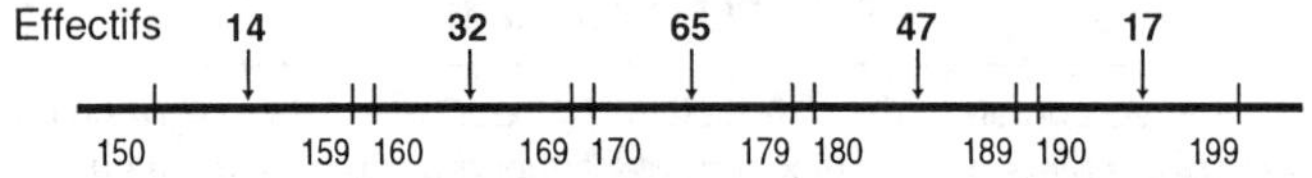

Les classes ont été définies ci-dessus par la plus petite et la plus grande valeur observable qu'elles peuvent contenir. Il est souvent plus judicieux de définir les classes par des ***limites de classes*** communes. Ainsi, la valeur 159.5 peut servir de limite supérieure à la première classe et de limite inférieure à la deuxième. Les classes peuvent dès lors être définies comme suit :

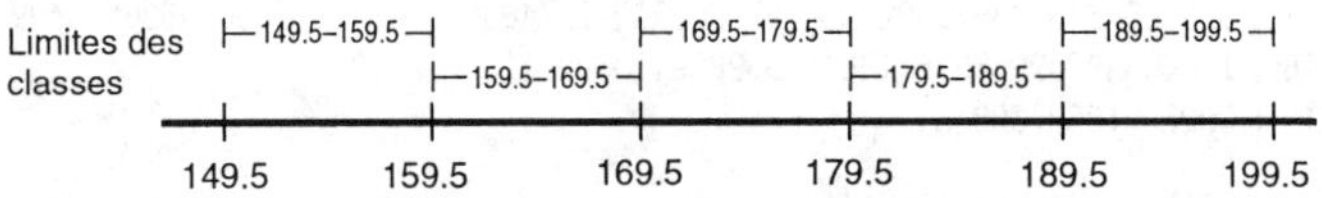

Nous pouvons remarquer qu'en procédant de la sorte, on fait mieux apparaître le caractère décimal qui a justifié le choix des classes : ces dernières sont toutes de longueur égale à 10.

Une autre façon de procéder consiste à définir une classe par deux éléments : son centre (154.5; 164.5; ... ; 194,5) et sa longueur (10). Nous allons formaliser quelque peu cette approche.

Comment va-t-on construire une D.G.1 ?

1. On doit d'abord choisir un nombre de classes, que nous désignons par J (16).
2. Chaque classe est alors identifiée par un nombre entier j compris entre 1 et J (on effectue habituellement cette numérotation selon l'ordre croissant des valeurs).

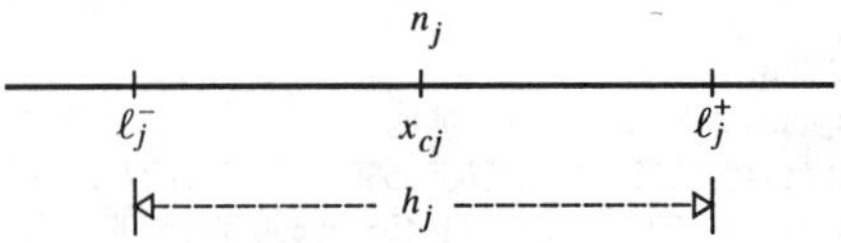

Figure 2.15 *Caractérisation d'une classe*

3. Chaque classe j est définie ou caractérisée par les éléments suivants qu'on peut repérer dans la figure 2.15 : son centre x_{cj}, sa longueur h_j, sa limite inférieure ℓ_j^-, sa limite supérieure ℓ_j^+ et son effectif n_j.

(16) Nous allons utiliser ici certaines notations semblables à celles introduites dans l'étude d'une D.O.1. Nous verrons cependant qu'aucune confusion n'est possible et que cette manière de procéder est très intéressante pour le traitement des données.

Remarquons que $h_j = \ell_j^+ - \ell_j^-$ et $x_{cj} = (\ell_j^- + \ell_j^+)/2$.

La manière de présenter une D.G.1 est inspirée de celle suivie pour une D.O.1. À chaque classe j, on associe un ***effectif de classe*** n_j ou l'un des concepts suivants :

- ***fréquence de classe*** : $f_j = n_j/n$
- ***effectif cumulé de classe*** : $N_j = n_1 + n_2 + \cdots + n_j$
- ***fréquence cumulée de classe*** : $F_j = f_1 + f_2 + \cdots + f_j$
- ***effectif cumulé à droite de classe*** : $N_j^* = n_j + n_{j+1} + \cdots + n_J$
- ***fréquence cumulée à droite de classe*** : $F_j^* = f_j + f_{j+1} + \cdots + f_J$

EXEMPLE 2.7 (suite 3)

En reprenant le groupement réalisé à partir de la figure 2.13, les différents concepts associés à la D.G.1 sont contenus dans le tableau 2.13.

Tableau 2.13 *Tableau associé à la D.G.1*

$(\ell_j^-;\ell_j^+)$	x_{cj}	n_j	f_j	N_j	F_j	N_j^*	F_j^*
149.5–159.5	154.5	14	0.080	14	0.080	175	1
159.5–169.5	164.5	32	0.183	46	0.263	161	0.920
169.5–179.5	174.5	65	0.371	111	0.634	129	0.737
179.5–189.5	184.5	47	0.269	158	0.903	64	0.366
189.5–199.5	194.5	17	0.097	175	1	17	0.097
		n= 175	1				

L'interprétation des éléments du tableau 2.13 est aisée. Remarquons, en particulier, que N_j représente le nombre d'observations *appartenant aux* j *premières classes* ou encore *inférieures ou égales à* ℓ_j^+. De façon analogue, N_j^* est le nombre d'observations *appartenant aux (J-j+1) dernières classes*, ou encore *supérieures ou égales à* ℓ_j^-.

d) La représentation graphique d'une D.G.1

1°) *Histogramme des effectifs ou des fréquences*

Il s'agit de construire, dans un système d'axes coordonnés, une suite de rectangles associés à chacune des classes j et dont la *surface* est égale à n_j. Si h_j est la longueur de la classe j, la hauteur du rectangle associé est n_j/h_j. Cette quantité représente donc un ***effectif par unité de longueur de classe***.

Le graphique présenté dans la figure 2.16 est appelé un ***histogramme des effectifs***. Il est important de préciser que cette construction n'est pas équivalente à celle qui définit la *hauteur* des rectangles par l'effectif, sauf évidemment quand toutes les classes sont de même longueur. Si on décide par exemple de regrouper les deux premières classes de la D.G.1 présentée dans la figure 2.16, on obtient les deux graphiques de la figure 2.17, selon que l'effectif de classe est pris égal à la *surface* (premier graphique) ou à la *hauteur* (second graphique) du rectangle. On constate aisément que la seconde représentation surévalue l'importance de la « nouvelle première classe ».

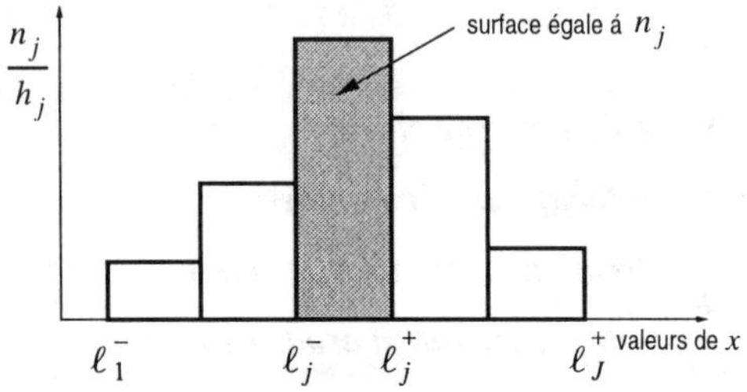

Figure 2.16 *Histogramme des effectifs*

Remarquons aussi que la surface totale des rectangles constituant l'histogramme des effectifs est égale à l'effectif total n.

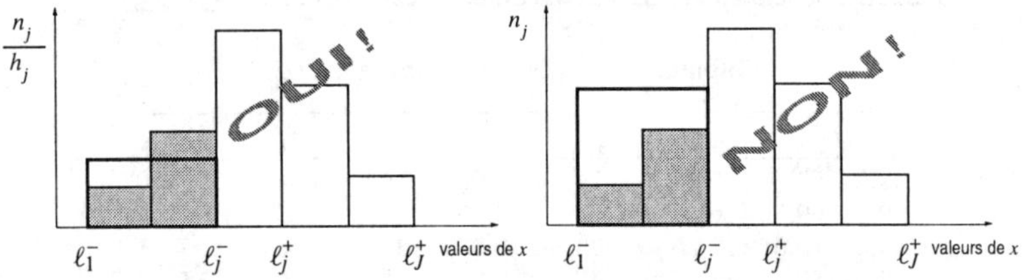

Figure 2.17 *Deux façons de regrouper les classes*

Pour donner de la distribution une image « plus continue », certains auteurs préconisent de tracer une ligne brisée reliant les points d'abscisse x_{cj} (centres de classe) et d'ordonnée n_j/h_j qui, sur l'histogramme des effectifs présenté dans la figure 2.18, sont situés au milieu des côtés supérieurs des rectangles. Deux points complètent le schéma aux extrémités de façon à ce que le graphique possède la même propriété que l'histogramme des effectifs : la surface délimitée par cette courbe et l'axe des abscisses doit valoir n. Cette représentation porte le nom de ***polygone des effectifs***.

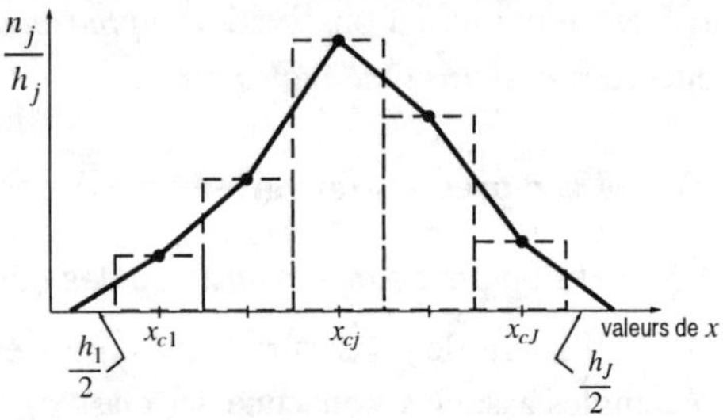

Figure 2.18 *Polygone des effectifs*

Notons encore la possibilité de construire des ***histogrammes de fréquences*** en associant aux classes des fréquences de classes. Les représentations qui en découlent sont analogues à celles que nous avons considérées à partir des effectifs, à un changement d'unité près en ordonnée.

Enfin, lorsque les longueurs de classes h_j sont relativement petites, le polygone des fréquences est parfois appelé « *graphe de densité locale* ».

2°) *Histogramme des effectifs cumulés et courbe cumulative*

Si on associe à chaque classe j un rectangle de *hauteur* égale à N_j, l'ensemble des rectangles ainsi construits porte le nom d'***histogramme des effectifs cumulés*** (figure 2.19).

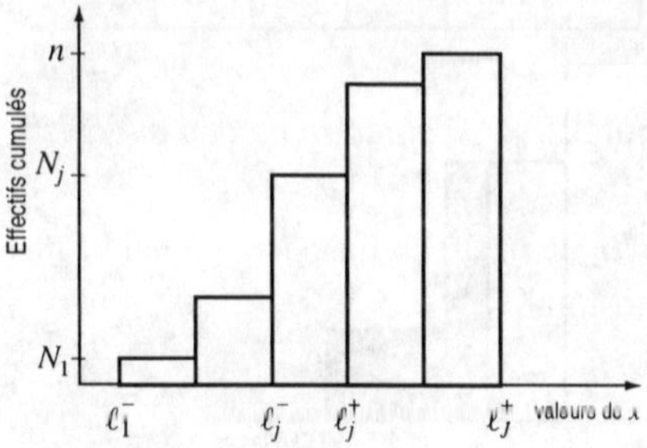

Figure 2.19
Histogramme des effectifs cumulés

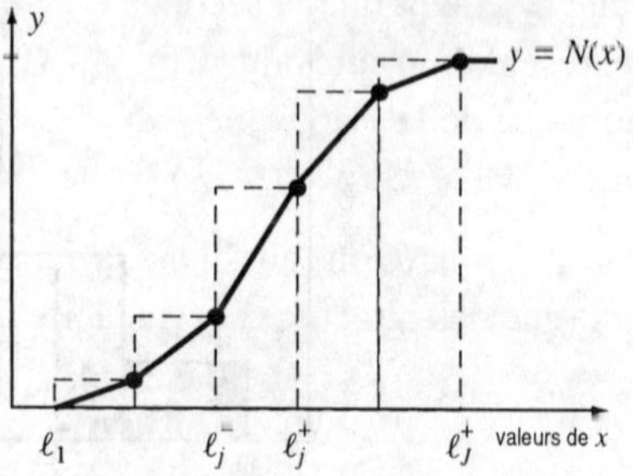

Figure 2.20
Courbe cumulative

On peut compléter cette représentation en définissant la ***courbe cumulative*** (figure 2.20) comme étant la ligne brisée joignant, par des segments de droite, tous les points d'abscisse ℓ_j^+ et d'ordonnée N_j $(j = 1, \ldots, J)$, à partir d'un point initial $(\ell_1^-, 0)$. Cette courbe est définie par une équation $y = N(x)$, où $N(x)$ est appelée ***courbe cumulative*** (17).

Si on émet l'hypothèse que les observations sont réparties *uniformément* au sein de chaque classe, $N(x)$ nous permet d'estimer alors le *nombre d'observations inférieures ou égales à* x $(x \in \mathbb{R})$.

Comme dans le cas précédent, on introduit un ***histogramme des fréquences cumulées*** en remplaçant les effectifs cumulés N_j par les fréquences cumulées F_j.

3°) *Courbe cumulative à droite*

À partir des effectifs cumulés à droite N_j^*, on peut, de façon analogue, définir un ***histogramme des effectifs cumulés à droite*** et une ***courbe cumulative à droite*** définie par la fonction cumulative à droite $N^*(x)$ (18). Nous présenterons ce cas à partir de l'exemple 2.7. Notons encore la possibilité de prendre en compte des fréquences plutôt que des effectifs.

(17) Cf. Exercice T.2.3.
(18) Cf. Exercice T.2.4.

En utilisant la même hypothèse de répartition uniforme des observations dans chaque classe, on peut estimer le *nombre d'observations supérieures ou égales à* x par $N^*(x)$ $(x \in \mathbb{R})$.

Mentionnons encore la relation qui existe entre $N(x)$ et $N^*(x)$:

$$N(x) + N^*(x) = n\,. \tag{2.9}$$

Cette relation peut être illustrée à partir de la figure 2.21 et de l'exemple 2.7.

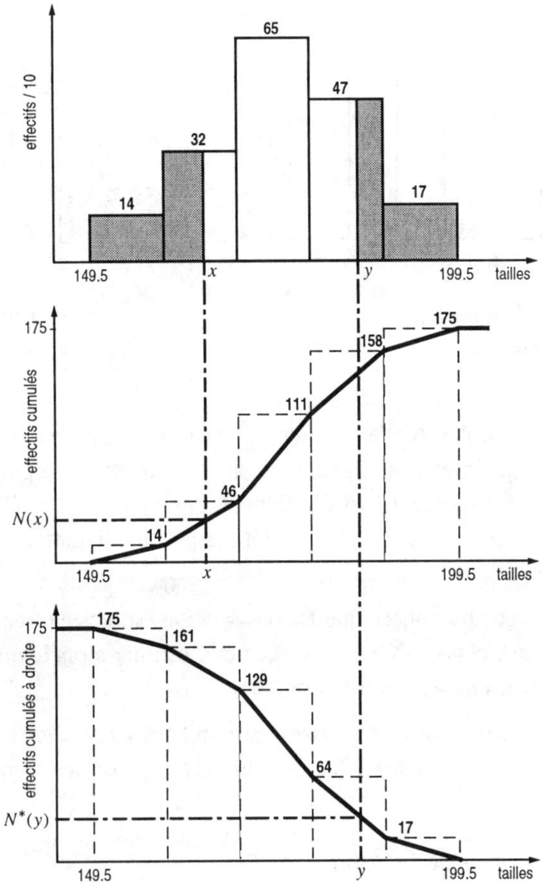

Figure 2.21 *Liaison entre graphiques*

EXEMPLE 2.7 (suite 4)

Considérons les trois graphiques de la figure 2.21, relatifs à notre D.G.1 (histogramme des effectifs et courbes cumulatives). Les hauteurs des rectangles qui constituent l'histogramme sont égales aux effectifs, à un facteur constant près (1/10). La juxtaposition des trois graphiques nous permet de mettre en évidence une relation intéressante : si x est une valeur quelconque, $N(x)$ est égale à la surface située au-dessous de l'histogramme, à gauche de x. De même si y est une autre valeur, $N^*(y)$ est égale à la surface située au-dessous de l'histogramme, à droite de y.

2.4.5 Quelques réflexions sur le groupement en classes

Le groupement en classes est une opération qui présente *a priori* une certaine part de subjectivité tant au niveau du nombre de classes choisi que de leur longueur.

a) Choix de la longueur de classe

Dans l'exemple 2.7 relatif aux tailles d'étudiants, nous avons choisi 5 classes de longueur égale à 10 cm en nous basant sur les diagrammes en tiges et feuilles. Le fait de choisir une longueur de classes constante peut simplifier l'analyse de la D.G.1 (cf. chapitre 3). Plaçons-nous tout d'abord dans ce cas-là. Nous aurions pu aussi retenir un nombre de classes différent, par exemple 6 classes de longueur $h = 9$ cm ou encore 7 classes de longueur $h = 7$ cm. Pour déterminer la longueur h (supposée ici constante), une manière aisée de procéder consiste à appliquer le dispositif suivant :

1. on choisit un nombre de classes, désigné ici par J ;
2. on détermine l'écart entre la plus grande et la plus petite observation : $x_{(n)} - x_{(1)}$;
3. on retient pour longueur h (qui s'exprime généralement avec la même précision que les observations) la valeur la plus proche de $[x_{(n)} - x_{(1)}]/J$ *par excès*, c'est-à-dire telle que : $h > [x_{(n)} - x_{(1)}]/J$. La longueur h est ainsi choisie de façon à ce que toutes les observations puissent être affectées à une classe.

EXEMPLE 2.7 (suite 5)

Dans notre exemple, les deux branches de l'alternative conduisent aux choix suivants :

1. $J = 6 : x_{(n)} - x_{(1)} = 198 - 150 = 48$; $\Rightarrow h$ est le plus petit entier supérieur à 8, c'est-à-dire 9.
2. $J = 7 : x_{(n)} - x_{(1)} = 198 - 150 = 48$; $\Rightarrow h$ est le plus petit entier supérieur à 48/7, c'est-à-dire 7.

En répartissant « équitablement » [19] l'excès entre hJ et $[x_{(n)} - x_{(1)}]$ de part et d'autre de la série observée, nous obtenons les groupements en classe suivants :

[19] Il peut y avoir plusieurs façons d'effectuer cette répartition « équitable ».

1. $J = 6$: $(146.5; 155.5)$, $(155.5; 164.5)$, $(164.5; 173.5)$, $(173.5; 182.5)$, $(182.5; 191.5)$, $(191.5; 200.5)$.
2. J= 7 : $(149.5; 156.5)$, $(156.5; 163.5)$, $(163.5; 170,5)$, $(170.5; 177.5)$, $(177.5; 184.5)$, $(184.5; 191.5)$, $(191.5; 198.5)$.

Il suffit alors de compter le nombre d'observations au sein de chaque classe pour obtenir les D.G.1 de la figure 2.22.

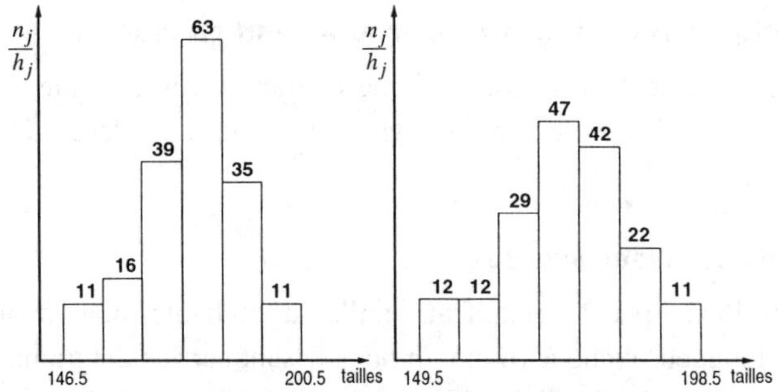

Figure 2.22 *D.G.1 sur 6 et 7 classes*

Il peut arriver aussi qu'il soit préférable d'utiliser des classes de longueurs différentes. Il en est ainsi, par exemple, pour la distribution de salaires (exprimés en centaines d'euros) présentée dans la figure 2.23.

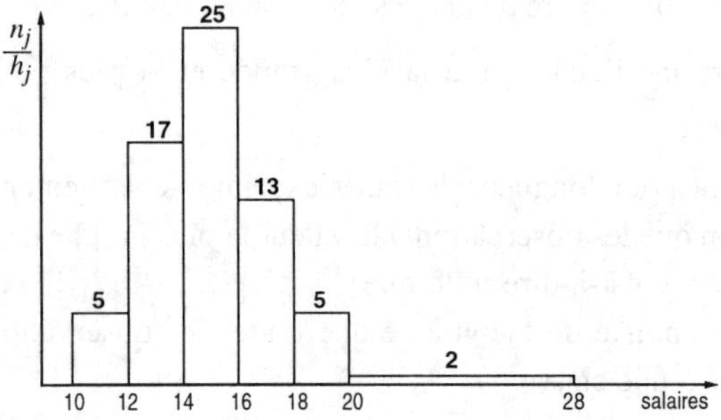

Figure 2.23 *Distribution de salaires (en centaines d'euros)*

La dernière classe a été choisie quatre fois plus longue que les précédentes de manière à pouvoir y inclure des observations élevées sans devoir créer des classes intermédiaires vides.

Certaines méthodes de traitement statistique préconisent aussi de construire des classes de même effectif[20]. Nous ne traiterons pas ce cas ici.

En outre, lorsqu'on analyse des séries contenant des valeurs qui sont très différentes de la majorité des autres observations, on voit parfois apparaître des

(20) Cf. par exemple Lebart *et al.* [1995].

classes ouvertes. Ainsi la dernière classe de la D.G.1 considérée dans la figure 2.23 aurait pu être remplacée par « l'ensemble des salaires supérieurs à 2 000 euros ». Il n'est cependant plus possible de représenter alors graphiquement la partie de l'histogramme correspondant à une telle classe.

Signalons enfin qu'il n'est pas toujours nécessaire de construire des limites de classe comportant une décimale de plus que les observations. C'est le cas de la distribution des salaires ci-dessus pour laquelle les classes ont des valeurs observables pour limites : $1\,000, \ldots, 2\,800$. Dans ce cas, les classes correspondent aux intervalles $1\,000 \leqslant x < 1\,200$; $1\,200 \leqslant x < 1\,400$; etc. La longueur des classes est telle qu'il serait absurde de faire intervenir des limites exactes telles que $1\,199.5$ ou $1\,399.5$.

b) Choix du nombre de classes

Le choix du nombre de classes est souvent guidé par le bon sens et la pratique. Il dépend aussi des objectifs du groupement. S'il s'agit seulement de se faire une idée sur la répartition générale des observations, on peut effectuer ce choix de façon relativement souple. Il ne faut évidemment pas trop peu de classes ; un nombre élevé est aussi critiquable (surtout si n n'est pas grand). Rappelons que notre objectif est de « montrer » la distribution observée.

EXEMPLE 2.7 (suite 6)

Voici, à titre d'illustration, la superposition de l'histogramme basé sur 5 classes de même longueur (cf. figure 2.21) et de ceux construits respectivement avec 3 classes de longueur 17 (figure 2.24) et 17 classes de longueur 3 (figure 2.25). Au lecteur de définir quel choix il ferait !

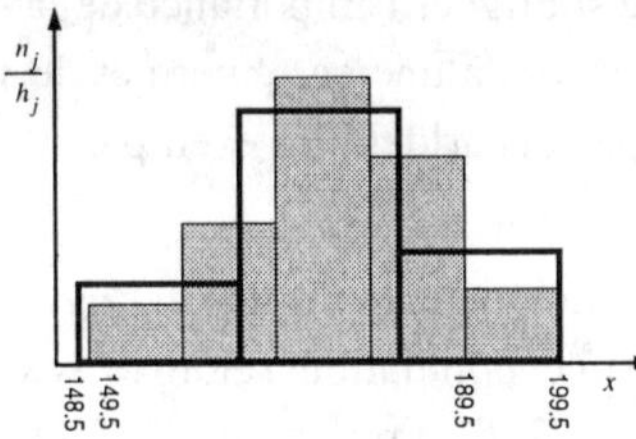

Figure 2.24
Groupement en 3 classes

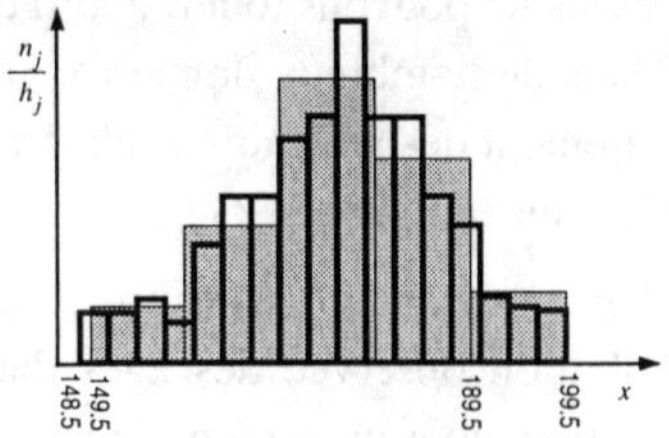

Figure 2.25
Groupement en 17 classes

Il existe dans la littérature statistique des règles empiriques pour aider le praticien, telle la règle de Sturges, selon laquelle il est conseillé que le nombre de classes soit proche de la valeur k fournie par l'équation[21]

$$k = 1 + 10/3 \log_{10} n. \tag{2.10}$$

[21] Le lecteur qui n'est pas familiarisé avec les *logarithmes* peut se référer à l'Annexe 4.

Il n'y a cependant aucune obligation à suivre ce genre de règle.

c) Transformation des variables

Remarquons enfin que le groupement en classes peut aussi constituer une *transformation de variables*, un *changement d'échelle de mesure*. L'attribution d'une mention de réussite d'examen (qualitative) à partir de résultats moyens (quantitatifs) en est un exemple. De même, la classe d'âge (12–18) peut définir le concept d'adolescent.

2.4.6 Quelques commentaires sur les représentations graphiques

Nous avons vu dans les paragraphes précédents les façons les plus courantes de représenter une série statistique univariée, une D.O.1 ou une D.G.1. Il est parfois utile de compléter ces représentations par d'autres, en fonction des objectifs poursuivis. Il n'est pas dans notre intention de développer ici toutes les catégories de graphiques susceptibles d'être utilisés : ils sont bien trop nombreux et, pour beaucoup d'entre eux, spécifiques de disciplines ou de problèmes particuliers. Notre objectif sera plus modeste(22) ; nous nous contenterons de mentionner quelques réalisations spécifiques et d'aborder les problèmes méthodologiques que l'usage des graphiques soulève.

Notons encore que le graphique est un outil précieux lors de la phase d'*analyse* et d'*interprétation* des données. Il est aussi un outil de *communication* très important(23).

a) Quelques autres graphiques courants

Nous ne pouvons tout d'abord que souligner l'importance de la ***cartographie***. Dans de nombreux domaines, le recours à une carte permet de visualiser très facilement des tableaux de chiffres parfois arides. Un exemple(24) nous est présenté dans la figure 2.26.

Un autre exemple concerne l'utilisation de la ***pyramide des âges*** décrivant la distribution observée des âges dans une population selon le sexe. À titre d'illustration, nous présentons dans la figure 2.27 la pyramide(25) correspondant à la population française en 1995.

Il est aussi d'usage courant de mettre sur un même graphique des informations relatives à des enquêtes distinctes ou de répartir les données en catégories. À titre d'exemple, nous présentons les graphiques 2.28 et 2.29 décrivant, pour le

---

(22) Nous renvoyons le lecteur intéressé par des développements plus poussés à Bertin [1977], Cox [1978], Droesbeke [1994] et [1997] ou Tufte [1993].

(23) Cf. Droesbeke [1997].

(24) Cf. Prioux [1995], p. 840.

(25) Cf. Festy [1995], p. 740.

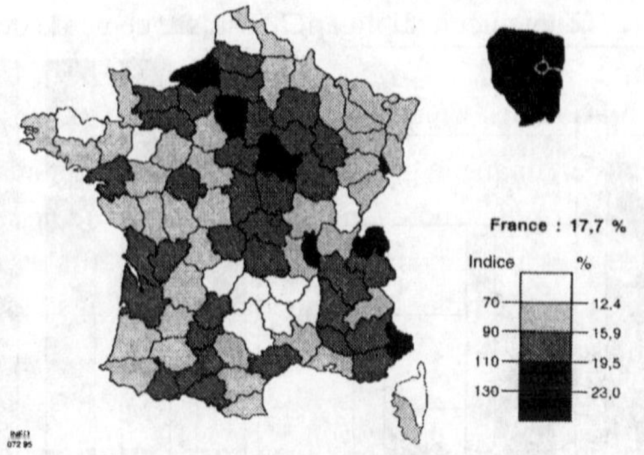

Figure 2.26

France : pourcentage de couples non mariés parmi les couples où l'homme est employé

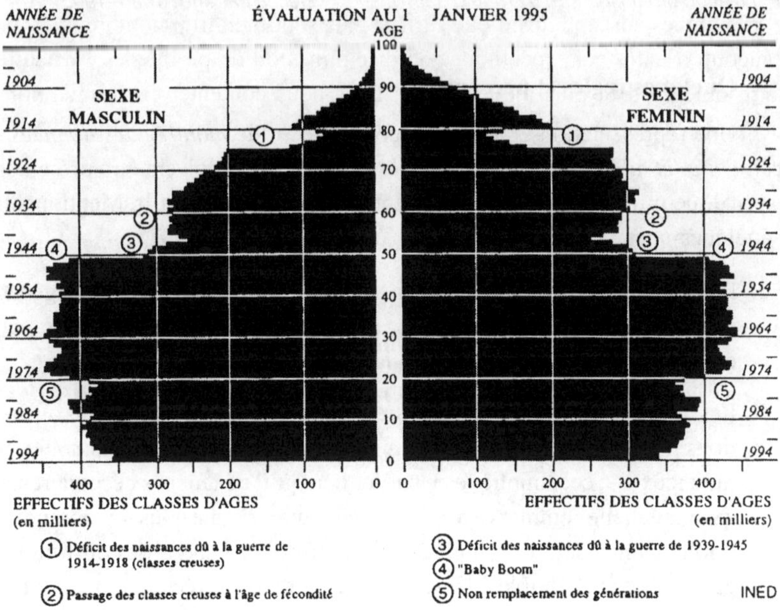

Figure 2.27 *Pyramide des âges de la population française en 1995*

premier[26] la population mondiale urbanisée (années 1970 et 1990) et la projection pour l'an 2025, et, pour le second, les proportions de décès par âge entre 1990 et 1995 dans les différentes parties du monde[27]. Ces graphiques doivent faciliter des *comparaisons* entre des situations distinctes.

---

[26] Cf. Nations Unies, [1995a], p. 36.

[27] Cf. Nations Unies [1995b], p. 13.

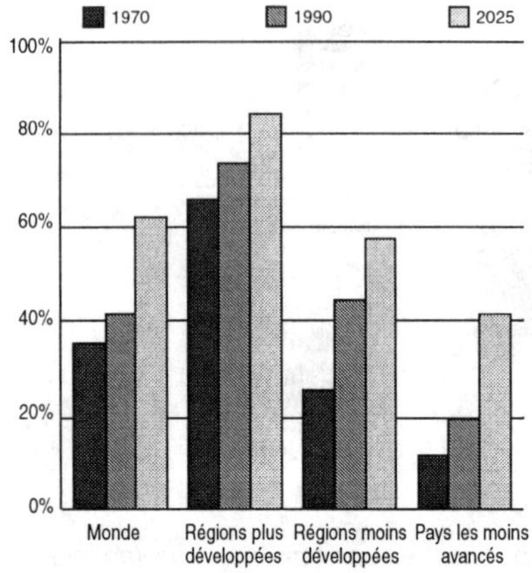

Figure 2.28
Population urbanisée (1970, 1990, 2025)

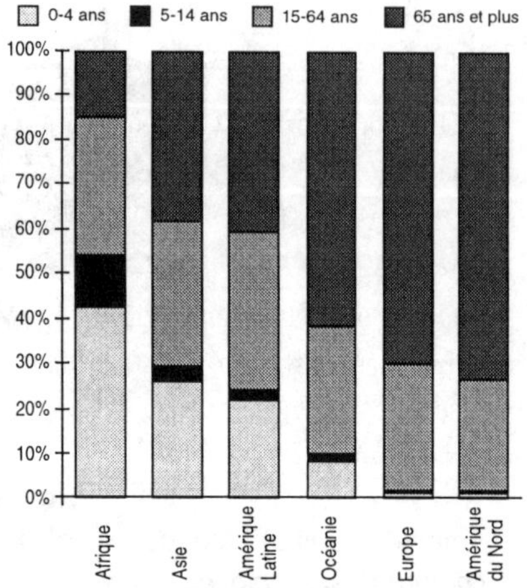

Figure 2.29
Décès par âge : 1990–1995

b) Quelques règles et précautions

Une représentation graphique a pour objectif de *montrer des données de façon claire et adéquate*. Plusieurs règles et précautions doivent être présentes à l'esprit de ceux qui construisent, analysent et utilisent de tels outils. Mentionnons-en quelques-unes.

1. Le graphique doit contenir le maximum *d'informations utiles* (légendes, sources, valeurs numériques. . .) ; il doit être compris par lui-même, sans que l'on soit obligé de recourir à la lecture d'un texte d'explication.

2. Les informations ne doivent pas être cachées par des lignes, dessins ou mentions inutiles — ou encore déformées en raison d'un choix des unités peu judicieux — ; ceci implique en particulier, qu'il ne faut pas nécessairement qu'une échelle commence à zéro ! Par ailleurs, comme nous l'avons indiqué implicitement dans l'exemple 2.4, on s'efforce en général de construire des graphiques inscriptibles dans un carré ou dans un rectangle peu allongé par rapport à l'un des axes afin de ne pas influencer l'utilisateur.

3. Il n'est pas nécessaire de vouloir représenter des situations simples par des graphiques sophistiqués (valeur d'une monnaie représentée par un billet de banque, population d'un pays symbolisée par une figure humaine. . .).

4. Il ne faut pas interrompre une échelle sans le signaler explicitement et être certain que cela n'a pas d'influence sur l'interprétation du graphique.

5. La façon de présenter graphiquement un phénomène statistique doit mettre en évidence ses caractéristiques essentielles.

6. Il ne faut comparer des graphiques que si l'on a choisi des unités communes sur les axes et que les graphiques sont situés les uns à côté des autres.

Un esprit critique et une pratique minimale permettent d'éviter les écueils d'un mauvais graphique.

c) Quelques termes courants

On trouve, dans la pratique, des représentations graphiques dont *l'allure générale* est semblable. Il est commode d'utiliser des dénominations qui caractérisent les formes souvent rencontrées. Nous présentons dans la figure 2.30 les plus courantes.

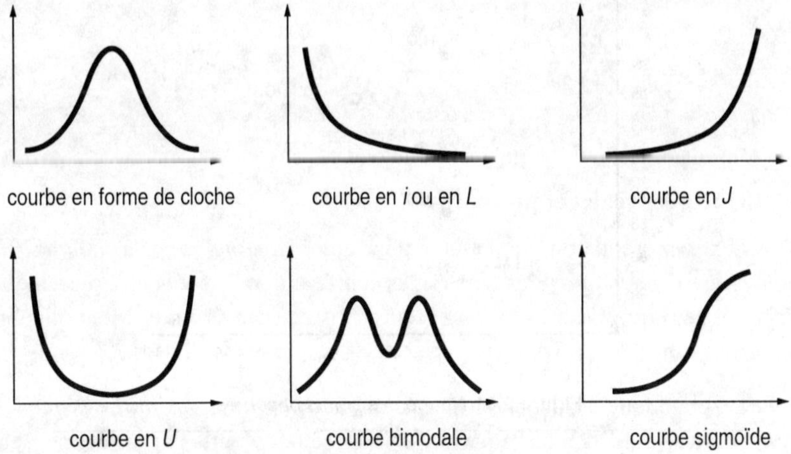

Figure 2.30 *Quelques formes courantes*

2.5 ORGANISATION D'UNE SÉRIE STATISTIQUE BIVARIÉE

Considérons à présent la manière d'explorer et de décrire un tableau I.C. résultant de la mesure de deux variables x et y sur n individus. Rappelons que la série statistique bivariée est définie par l'ensemble des couples $\{(x_i, y_i); i = 1, \ldots, n\}$.

2.5.1 Représentations graphiques et tableau de contingence

Si les deux variables x et y sont *quantitatives*, une manière simple de visualiser les données consiste à représenter chaque individu i par un point défini dans un système d'axes orthogonaux au moyen de ses coordonnées x_i et y_i.

EXEMPLE 2.2 (suite)

Le tableau 2.14. décrit la taille (x_i) et le poids (y_i) de nos six amis.

Tableau 2.14 *Distribution des tailles et des poids*

Variables	Noms					
	Alain Congru	Henri Goland	Ilse Mard	Guy Niol	Jean Sérien	Marie Tournel
x_i	1.80	1.75	1.67	1.90	1.77	1.75
y_i	82	91	57	83	77	67

On peut lui associer la figure 2.31 où chaque individu est représenté par un point dont les coordonnées valent respectivement x_i et y_i.

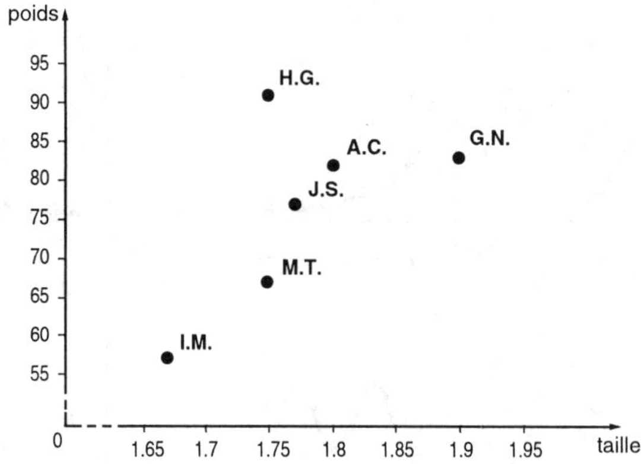

Figure 2.31 *Nuage des points observés*

Il est convenu de dire que les éléments représentés dans la figure 2.31 constituent un ***nuage de points***. Le graphique nous indique donc la façon dont les points se dispersent dans le plan. C'est pourquoi on l'appelle le ***graphique de dispersion***. L'impression qu'on peut retirer d'un tel graphique dépend bien sûr des unités choisies le long de chaque axe : nous ne devons pas omettre de penser aux règles de construction évoquées dans le paragraphe précédent.

L'exemple 2.2 se caractérise par le faible nombre de valeurs recueillies. Dans le cas où n est plus élevé, chaque couple d'observations peut apparaître à plusieurs reprises. Cette situation se présente surtout quant les variables sont discrètes (ou continues, mais donnant lieu à des arrondis importants) et que le nombre de valeurs distinctes de chaque variable est faible. On peut alors effectuer une opération similaire à celle que nous avons menée en construisant une D.O.1 : on associe à chaque couple de valeurs distinctes observées un effectif représentant le nombre de fois qu'il est apparu.

Représentons les valeurs distinctes de x et y par $x_1, \ldots, x_J$ d'une part, $y_1, \ldots, y_K$ d'autre part. Désignons par n_{jk} l'***effectif*** associé au couple

(x_j, y_k). Nous pouvons dès lors définir une ***distribution observée à deux dimensions*** (brièvement notée **D.O.2**) par l'ensemble des triplets $\{(x_j, y_k, n_{jk}); j = 1, \ldots, J; k = 1, \ldots, K\}$. Cette D.O.2 est alors représentée par l'intermédiaire du ***tableau de contingence*** 2.15.

Tableau 2.15 *Tableau de contingence*

Valeurs de x	Valeurs de y				
	y_1	$\ldots$	y_k	$\ldots$	y_K
x_1	n_{11}	$\ldots$	n_{1k}	$\ldots$	n_{1K}
$\vdots$	$\vdots$	$\vdots$	$\vdots$	$\vdots$	
x_j	n_{j1}	$\ldots$	n_{jk}	$\ldots$	n_{jK}
$\vdots$	$\vdots$	$\vdots$	$\vdots$	$\vdots$	
x_J	n_{J1}	$\ldots$	n_{Jk}	$\ldots$	n_{JK}

La représentation graphique devient ici plus difficile à construire. On peut par exemple associer un « point » de coordonnées (x_j, y_k) au couple défini par la j-ème valeur de x et la k-ème valeur de y, en le dotant d'une *surface* égale à n_{jk}.

EXEMPLE 2.8

Une enquête réalisée auprès des femmes d'une ville comporte les deux questions suivantes :

- Combien avez-vous eu d'enfants jusqu'à ce jour ? $\rightarrow$ variable x.
- Combien de frères et soeurs (vivants ou décédés) avez-vous ? $\rightarrow$ variable y.

En ne considérant que les 80 femmes âgées de plus de 40 ans et ayant au moins un enfant, on construit le tableau de contingence 2.16 résumant les réponses données à ces deux questions.

Tableau 2.16 *Tableau de contingence observé*

x_j	y_k				
	0	1	2	3	4
1	4	4	2	0	0
2	9	16	4	0	0
3	4	12	9	2	0
4	1	6	1	1	2
5	0	1	0	1	1

On peut lui associer le graphique présenté dans la figure 2.32.

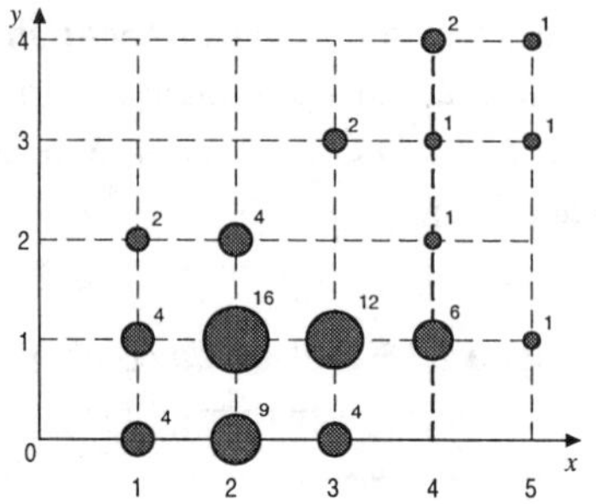

Figure 2.32 *Représentation graphique du tableau de contingence*

Par ailleurs, on peut aussi recourir à des groupements en classes pour l'une ou l'autre variable si cela s'avère nécessaire. Dans ce cas, plusieurs représentations graphiques ont été proposées. Nous en citons trois en particulier.

1. On construit un nuage de points où ces derniers sont définis à partir des centres de classe (mais on ne fait pas apparaître explicitement le caractère continu des classes).

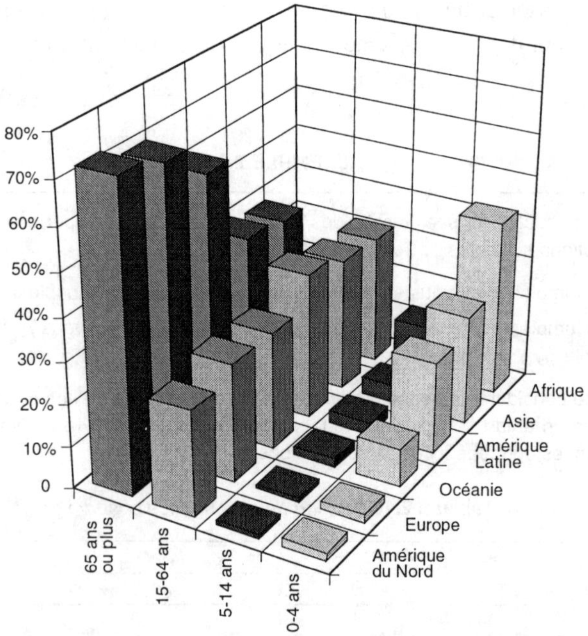

Figure 2.33 *Stéréogramme des décès par âge : 1990–1995* (Source : figure 2.29)

2. On élabore un diagramme à trois dimensions, appelé ***stéréogramme*** et composé de parallélipipèdes rectangles dont la base est définie par les

couples de classes et le volume par l'effectif (ou la fréquence) qui leur correspond. Cette représentation est parfois utilisée quand les variables sont qualitatives ; les classes sont alors des représentations des modalités et ne doivent plus être contiguës. On se heurte bien sûr à la difficulté d'interpréter un diagramme à trois dimensions, ce qui demande une certaine pratique. Illustrons cela par la figure 2.33.

3. On effectue un découpage du plan à partir des classes en affectant aux rectangles ainsi constitués une couleur ou un ombrage d'autant plus sombre que l'effectif (la fréquence) est grand. On peut aussi symboliser les observations par des points : l'effectif n_{jk} est alors défini par le nombre de points par rectangle.

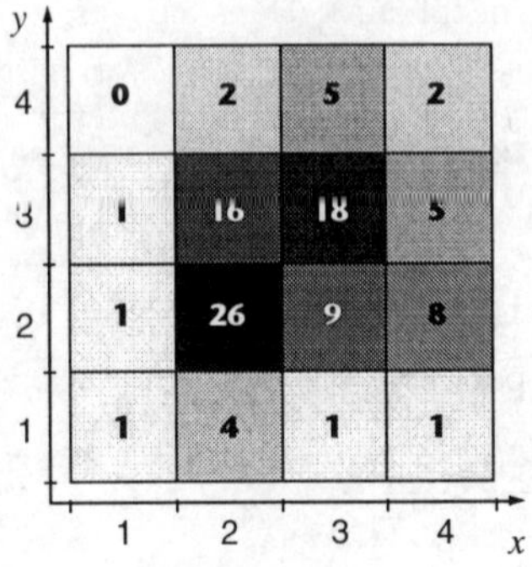

Figure 2.34

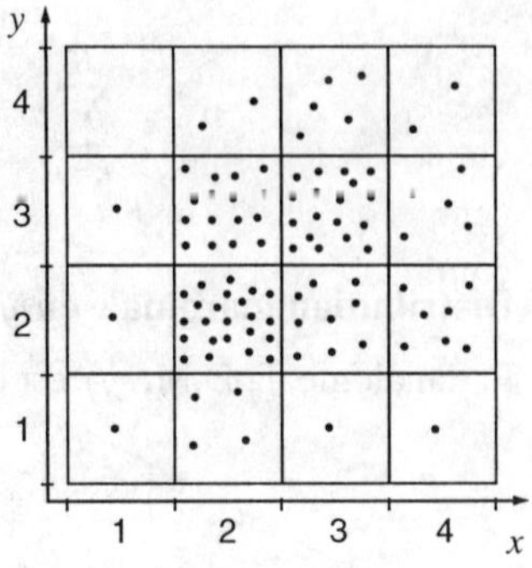

Figure 2.35

Nous avons indiqué dans chaque case de la figure 2.34 l'effectif associé. Nous pouvons aussi y mentionner les fréquences :

$$f_{jk} = n_{jk}/n \quad , \quad j = 1, \ldots, J; k = 1, \ldots K \tag{2.11}$$

La manière de découper un plan en régions et de représenter des fréquences par des ombrages d'intensités différentes est semblable aux procédés cartographiques que nous avons évoqués dans le paragraphe 2.4.6.

Remarquons encore que si les variables sont nominales, la construction d'un graphique associé à un tableau de contingence peut devenir critiquable, en raison du caractère arbitraire de la disposition des valeurs les unes par rapport aux autres. Une manière adéquate de procéder peut résulter d'une analyse exploratoire bien conduite.

2.5.2 Séries et distributions marginales

L'étude d'une série bivariée $\{(x_i; y_i); i = 1, \ldots, n\}$ comporte en premier lieu l'analyse des *séries marginales* univariées obtenues en ne considérant qu'une variable à la fois dans le tableau I.C. :

- ***Série marginale en x*** : $\{x_i; i = 1, \ldots, n\}$;
- ***Série marginale en y*** : $\{y_i; i = 1, \ldots, n\}$.

Si l'on dispose d'une D.O.2 sous forme d'un tableau de contingence $\{(x_j, y_k, n_{jk}); j = 1, \ldots, J; k = 1, \ldots, K\}$, on peut, par une démarche analogue, définir des ***distributions marginales***.

a) Distribution marginale en x [D.M. (x)]

La D.M. (x) est définie par l'ensemble des couples

$$\{(x_j, n_{j.}); j = 1, \ldots, J\}$$

où l'on associe aux valeurs x_j les ***effectifs marginaux*** définis par

$$n_{j.} = \sum_{k=1}^{K} n_{jk} \quad , \quad j = 1, \ldots, J. \tag{2.12}$$

b) Distribution marginale en y [D.M. (y)]

Par analogie, la D.M. (y) est définie par

$$\{(y_k, n_{.k}); k = 1, \ldots, K\}$$

où nous associons aux valeurs y_k les ***effectifs marginaux***

$$n_{.k} = \sum_{j=1}^{J} n_{jk} \quad , \quad k = 1, \ldots, K. \tag{2.13}$$

EXEMPLE 2.8 (suite 1)

Les distributions marginales s'obtiennent aisément à partir du tableau de contingence 2.17.

Tableau 2.17 *Tableau de contingence et distributions marginales*

	y_k					
x_j	0	1	2	3	4	$n_{j.}$
1	4	4	2	0	0	10
2	9	16	4	0	0	29
3	4	12	9	2	0	27
4	1	6	1	1	2	11
5	0	1	0	1	1	3
$n_{.k}$	18	39	16	4	3	$n = 80$

Ces distributions sont univariées et donnent lieu aux deux diagrammes en bâtons présentés dans la figure 2.36.

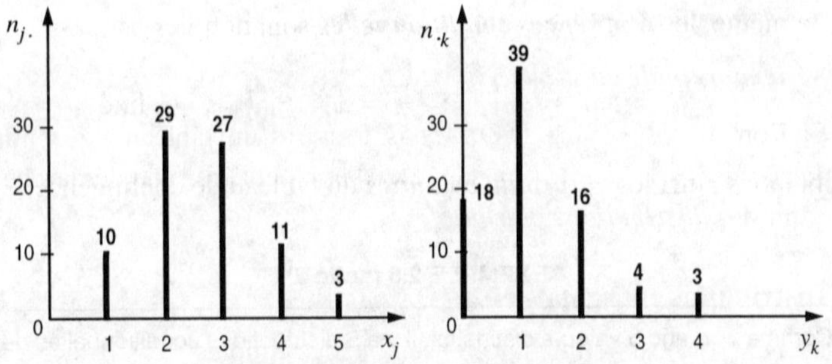

Figure 2.36 *Distributions marginales*

On peut aussi introduire des ***fréquences marginales*** :

$$f_{j.} = \frac{n_{j.}}{n}\ , \ j = 1, \ldots, J \quad ; \quad f_{.k} = \frac{n_{.k}}{n}\ , \ k = 1, \ldots, K \tag{2.14}$$

ainsi que des ***effectifs cumulés marginaux***, des ***fréquences cumulées marginales***, etc.

2.5.3 Distributions conditionnelles et profils

Une distribution conditionnelle consiste à fixer *a priori* la valeur d'une variable et à décrire la répartition des valeurs de l'autre.

a) Distributions conditionnelles de y en x

On se fixe une valeur de x, par exemple $x = x_j$. Si on prend tous les couples observés (x_j, y_k) — $k = 1, \ldots, K$ —, ils définissent une distribution observée univariée appelée ***distribution conditionnelle de y en x***, où x est fixé à la valeur x_j, que nous désignerons plus brièvement par la notation **D.C.** $(\boldsymbol{y} \mid \boldsymbol{x} = \boldsymbol{x_j})$: $\{(y_k, n_{jk}); j \text{ fixé}; k = 1, \ldots, K\}$.

Remarquons que cette distribution comporte $n_{j.}$ observations. Les ***fréquences conditionnelles*** auront donc pour valeurs :

$$f_{y_k|x_j} = f_{k|j} = \frac{n_{jk}}{n_{j.}} \quad , \quad j \text{ fixé}; \ k = 1, \ldots, K. \tag{2.15}$$

Les J distributions de fréquences ainsi définies sont encore appelées les ***profils-lignes*** du tableau de contingence.

b) Distributions conditionnelles de x en y

Par analogie, on se fixe une valeur de y, par exemple $y = y_k$. La *distribution conditionnelle de x en y*, où y est fixé à la valeur y_k — notée encore **D.C.** $(\boldsymbol{x} \mid \boldsymbol{y} = \boldsymbol{y_k})$ — est alors définie par : $\{(x_j, n_{jk}); j = 1, \ldots, J; k \text{ fixé}\}$.

De même, les ***fréquences conditionnelles*** sont définies par :

$$f_{x_j|y_k} = f_{j|k} = \frac{n_{jk}}{n_{.k}} \quad ; \quad j = 1, \ldots, J \quad ; \quad k \text{ fixé.} \qquad (2.16)$$

Nous obtenons ainsi les K ***profils-colonnes*** du tableau de contingence.

EXEMPLE 2.8 (suite 2)

Comme x prend 5 valeurs distinctes, il y a 5 distributions conditionnelles de y en x. De même, à chacune des 5 valeurs possibles de y correspond une distribution conditionnelle de x en y. Nous pourrions analyser chacune de ces 10 distributions univariées selon la procédure suivie dans le paragraphe 2.4.2. Ainsi, par exemple, la distribution de y étant donné que $x = 2$ et celle de x étant donné que $y = 1$ sont présentées respectivement dans les tableaux 2.18 et 2.19. Remarquons que leurs effectifs respectifs valent 29 et 39.

Tableau 2.18 *D.C.* $(y|x = 2)$

y_k	0	1	2	3	4
n_{jk}	9	16	4	0	0

Tableau 2.19 *D.C.* $(x|y = 1)$

x_j	1	2	3	4	5
n_{jk}	4	16	12	6	1

Comme on peut le constater, les distributions ont des effectifs totaux différents, ce qui rend difficile leur comparaison. C'est pourquoi il est souvent plus judicieux de considérer les distributions de fréquences ou profils. Nous présentons dans les figures 2.37 et 2.38 les diagrammes des profils correspondant aux distributions conditionnelles des tableaux 2.18 et 2.19.

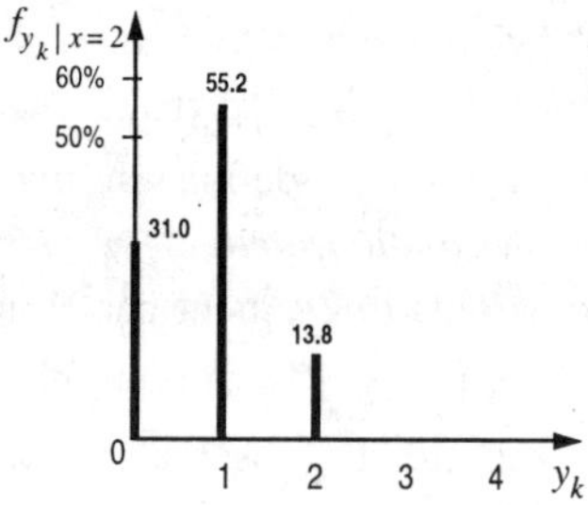

Figure 2.37 D.C.$(y|x = 2)$

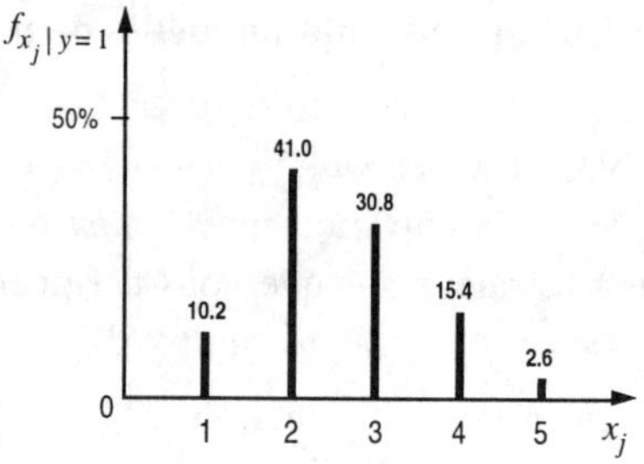

Figure 2.38 D.C.$(x|y = 1)$

2.6 ORGANISATION D'UNE SÉRIE STATISTIQUE MULTIVARIÉE

Plaçons-nous tout d'abord dans le cas d'une *série trivariée.* Si x, y et z sont trois variables d'intérêt, une série trivariée est définie par un ensemble de n triplets $\{x_i, y_i, z_i); i = 1, \ldots, n\}$ qui peuvent être figurés chacun par un point dans $\mathbb{R}^3$, si les variables considérées sont quantitatives. Globalement, la série est alors représentée par un *nuage de points* dans $\mathbb{R}^3$ dont l'interprétation se heurte à nouveau à la difficulté de voir sur une feuille un objet à trois dimensions.

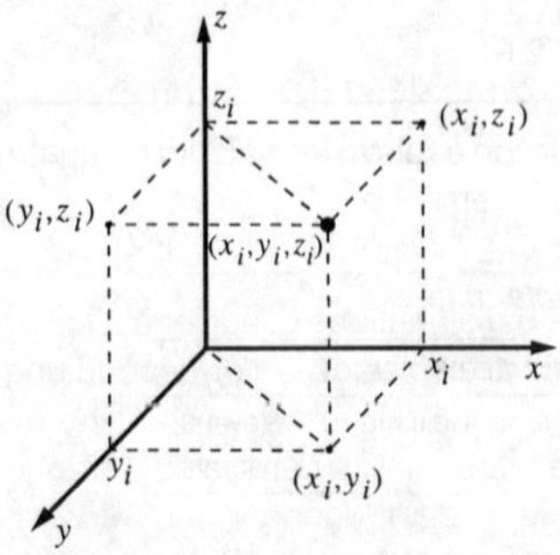

Figure 2.39 *Nuage de points dans* $\mathbb{R}^3$

Il est évident qu'une série p-variée, où $p \geqslant 4$, ne peut plus donner lieu à représentation graphique. Seules les séries marginales univariées (portant sur une seule variable x, y, $z\ldots$) et bivariées ((x,y), (x,z), (y,z), etc.) peuvent être visualisées aisément. Ceci explique pourquoi de nombreuses études se contentent de ces analyses partielles. Et pourtant il existe actuellement des logiciels relativement nombreux qui permettent de traiter globalement une série p-variée.

Il n'est pas dans notre intention de présenter ici ce type de traitement qui dépasse les objectifs de l'ouvrage[(28)]. Nous pouvons cependant en évoquer le principe de base, relativement simple. Si on dispose d'une série p-variée où toutes les variables sont *quantitatives*, chaque observation peut être représentée (théoriquement) dans l'espace $\mathbb{R}^p$. Devant l'impossibilité de *voir* le nuage de points observés, on effectue une opération de réduction par *projection dans un espace de dimension plus petite*. Cette manière d'agir est à comparer avec celle qui consiste à prendre une photographie d'un paysage ou d'un personnage. Ces derniers se situent dans un espace à trois dimensions dont on réalise une photo qui, elle, est à deux dimensions. Il s'agit d'une *réduction* de l'information — nous avons perdu la troisième dimension —, mais cela ne nous empêche pas de reconnaître, et éventuellement d'apprécier, le sujet photographié. Le tout est de choisir la meilleure prise de vue et d'interpréter ce que l'on voit en fonction du taux de réduction observé. Cette méthode porte le nom d'***analyse en composantes principales***.

Lorsque les variables sont *qualitatives*, on recourt à des méthodes d'***analyses factorielles***, *simples ou multiples*, que nous ne présenterons pas davantage[(29)]. D'une certaine manière, les techniques peuvent être considérées comme des analyses en composantes principales appliquées sur des *données transformées*, ce qui nous amène à souligner l'intérêt du paragraphe 2.7.

De même qu'un tableau I.C. bivarié peut engendrer un tableau de contingence décrivant une D.O.2, un tableau I.C. multivarié peut donner lieu à une

(28) Nous renvoyons plutôt le lecteur à Bouroche et Saporta [1994], Escofier et Pagès [1990] ou encore Lebart *et al.* [1995].

(29) Voir la bibliographie citée dans la note 28.

synthèse au moyen d'un ***tableau de Burt***. Nous présenterons ce dernier dans le cadre d'un exemple.

EXEMPLE 2.9

Considérons le tableau I.C. 2.20 dans lequel on a relevé les valeurs de quatre variables pour 10 étudiants d'une faculté universitaire [30].

Tableau 2.20 *Tableau I.C.*

Indiv.	**Caractères**			
	Sexe	Section secondaire	Diplôme	Revenu parents
1	F	S	N	B
2	M	C	N	H
3	M	P	N	I
4	M	S	T	I
5	F	C	N	H
6	F	E	N	I
7	M	P	T	B
8	M	C	N	H
9	F	E	N	I
10	F	C	N	I

Le tableau de Burt qui en découle est une matrice carrée symétrique [31] $\mathbf{B}$ dont le nombre de lignes (colonnes) est égal au nombre total de modalités des différentes variables (ici : 2 + 4 + 2 + 3 = 11). Chaque ligne et chaque colonne correspondent à une valeur d'une des variables :

$$\mathbf{B} = \begin{pmatrix} 5 & 0 & 2 & 2 & 0 & 1 & 5 & 0 & 1 & 3 & 1 \\ 0 & 5 & 2 & 0 & 2 & 1 & 3 & 2 & 1 & 2 & 2 \\ 2 & 2 & 4 & 0 & 0 & 0 & 4 & 0 & 0 & 1 & 3 \\ 2 & 0 & 0 & 2 & 0 & 0 & 2 & 0 & 0 & 2 & 0 \\ 0 & 2 & 0 & 0 & 2 & 0 & 1 & 1 & 1 & 1 & 0 \\ 1 & 1 & 0 & 0 & 0 & 2 & 1 & 1 & 1 & 1 & 0 \\ 5 & 3 & 4 & 2 & 1 & 1 & 8 & 0 & 1 & 4 & 3 \\ 0 & 2 & 0 & 0 & 1 & 1 & 0 & 2 & 1 & 1 & 0 \\ 1 & 1 & 0 & 0 & 1 & 1 & 1 & 1 & 2 & 0 & 0 \\ 3 & 2 & 1 & 2 & 1 & 1 & 4 & 1 & 0 & 5 & 0 \\ 1 & 2 & 3 & 0 & 0 & 0 & 3 & 0 & 0 & 0 & 3 \end{pmatrix}$$

Les éléments de $\mathbf{B}$ sont des *effectifs croisés* : à la jonction d'une ligne et d'une colonne se trouve le nombre d'individus qui possèdent les deux modalités correspondantes. Nous obtenons ainsi le tableau 2.21.

Si p est le nombre de variables considérées, on voit clairement que $\mathbf{B}$ est constitué de sous-matrices $\mathbf{C}_{ij}(i,j = 1,\ldots,p)$ telles que :

- si $i \neq j$: $\mathbf{C}_{ij}$ est un *tableau de contingence* ;
- si $i = j$: $\mathbf{C}_{ij}$ est un *tableau diagonal* d'effectifs marginaux.

(30) La signification des abréviations est la suivante : *Sexe* : F = féminin, M = masculin ; *Section* : C = commerce, E = économie, P = sciences politiques, S = sciences sociales ; *Diplôme secondaire* : T = technique, N = non technique ; *Revenu des parents* : B = bas, I = intermédiaire, H = haut.

(31) Le lecteur qui ne maîtrise pas ce concept peut se reporter à l'Annexe 5.

Tableau 2.21 *Tableau de Burt*

	Sexe		Section				Diplôme		Revenu		
	F	M	C	E	P	S	N	T	B	I	H
Sexe											
F	5	0	2	2	0	1	5	0	1	3	1
M	0	5	2	0	2	1	3	2	1	2	2
Section											
C	2	2	4	0	0	0	4	0	0	1	3
E	2	0	0	2	0	0	2	0	0	2	0
P	0	2	0	0	2	0	1	1	1	1	0
S	1	1	0	0	0	2	1	1	1	1	0
Diplôme											
N	5	3	4	2	1	1	8	0	1	4	3
T	0	2	0	0	1	1	0	2	1	1	0
Revenu											
B	1	1	0	0	1	1	1	1	2	0	0
I	3	2	1	2	1	1	4	1	0	5	0
H	1	2	3	0	0	0	3	0	0	0	3

2.7 LA TRANSFORMATION DES DONNÉES

La pratique de l'analyse statistique fait vite apparaître qu'en dehors de l'étude des données recueillies, il est souvent nécessaire ou judicieux de *transformer* ces données de façon à mieux répondre aux objectifs que l'on s'est fixés.

Il s'agit, en règle générale, de remplacer une série d'observations[32] $\{x_1, \ldots, x_n\}$ par une série transformée $\{y_1, \ldots, y_m\}$, comportant ou non le même nombre d'observations. Le choix de la transformation est lié à la recherche de propriétés qui n'apparaissent pas immédiatement ou ne sont pas rencontrées par les données de départ. Ces propriétés ont pour nom *linéarité*, *symétrie*, *variabilité constante*... dont nous verrons l'importance dans les chapitres qui suivent.

Nous nous contenterons, dans cette section, de citer quelques transformations parmi les plus utilisées.

2.7.1 Transformation linéaire

a) Changement d'origine

Le cas particulier le plus simple d'une transformation linéaire est le ***changement d'origine***. En voici un exemple simple.

(32) Nous nous placerons dans le cas univarié pour simplifier la présentation.

EXEMPLE 2.10

Considérons la série relative aux bénéfices réalisés par une société spécialisée en librairie au cours de huit semaines successives comportant le même nombre de jours ouvrables (ces semaines sont notées $i = 1, 2, \ldots, 8$).

Semaine i	1	2	3	4	5	6	7	8
Bénéfices x_i	6 572	12 400	5 272	8 435	7 012	10191	4 237	8 881

Si le directeur s'est fixé un « bénéfice-type » de 8 000 euros par semaine, il sera intéressé par l'*écart* entre le bénéfice réellement observé x_i et cette valeur. Notons par $e_i = x_i - 8\,000$ cet écart $(i = 1, 2, \ldots, 8)$ qui sera souvent appelé ***résidu***. La série $\{e_i\}$ est contenue dans le tableau 2.22.

Tableau 2.22 *Tableau des résidus*

Variables	Semaine i							
	1	2	3	4	5	6	7	8
Bénéfices x_i	6 572	12 400	5 272	8 435	7 012	10 191	4 237	8 881
Résidus e_i	−1 428	4 400	−2 728	435	−988	2 191	−3 763	881

Un écart négatif signifie qu'il y a manque à gagner. Au contraire, un écart positif donne de la réserve. La série $\{e_i\}$ est obtenue à partir de x_i au moyen d'un *changement d'origine* défini par la relation :

$$e = x - 8\,000.$$

Graphiquement, nous avons remplacé l'axe du temps $0_x t_1$ de la figure 2.40 par l'axe $0_e t_2$: l'origine 0_e des écarts correspond en effet à x=8 000. L'allure du graphique n'est bien sûr pas modifiée.

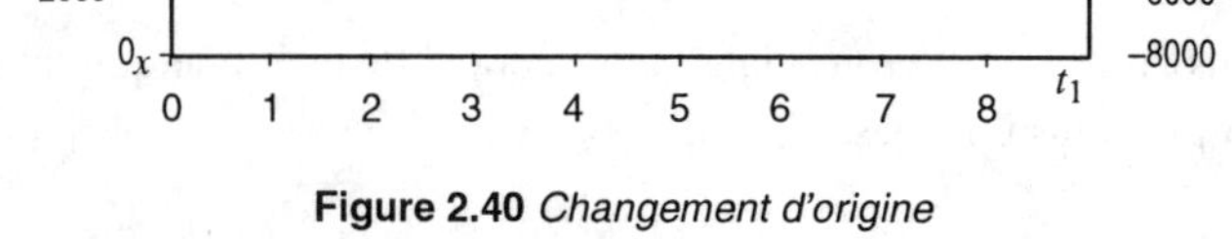

Figure 2.40 *Changement d'origine*

b) Changement d'unité

Une deuxième transformation linéaire importante consiste à effectuer un ***changement d'unité***.

EXEMPLE 2.10 (suite)

Dans le même exemple, on peut vouloir exprimer le bénéfice en milliers d'euros. Il suffit de diviser toutes les valeurs observées par 1000. Le tableau 2.23 contient les données transformées x'_i, où $x'_i = x_i/1000$.

Tableau 2.23 *Changement d'unité*

Bénéfice	Semaine i							
	1	2	3	4	5	6	7	8
x_i	6 572	12 400	5 272	8 435	7 012	10 191	4 237	8 881
x'_i	6.572	12.400	5.272	8.435	7.012	10.191	4.237	8.881

c) Changement d'origine et d'unité

On peut aussi décider de prendre conjointement une *nouvelle origine* — que nous appelons x_0 — et une *nouvelle unité* — que nous désignons par d — (c'est-à-dire égale à d fois la précédente). Dans ce cas, nous introduisons une transformation linéaire définie par l'équation

$$u = \frac{x - x_0}{d} \tag{2.17}$$

où u est la variable transformée. Ainsi, dans l'exemple 2.10, en effectuant simultanément un changement d'origine ($x_0 = 8\,000$) et un changement d'unité ($d = 1000$), la variable $u = (x - 8\,000)/1000$ représente l'écart du bénéfice par rapport à 8 000 euros, exprimé en milliers d'euros.

Nous verrons un usage particulier de ce type de transformation dans le chapitre 3.

2.7.2 Transformation fonctionnelle

Dans le but de simplifier l'analyse en rendant les phénomènes moins asymétriques, plus linéaires..., on recourt fréquemment à des transformations appartenant à la *famille simple des transformations de Tukey* :

$$\ldots, \frac{1}{x^2}, \frac{1}{x}, \frac{1}{\sqrt{x}}, \log x, \sqrt{x}, x, x^2, x^3, \ldots$$

Parmi ces transformations, il en est une particulièrement intéressante : la *transformation logarithmique*(33). Si l'on remplace la variable x par la variable

$$y = log_{10}x \tag{2.18}$$

on constate un tassement des données qui diminue l'importance des grandes valeurs (cf. figure 2.41).

(33) Voir Annexe 4.

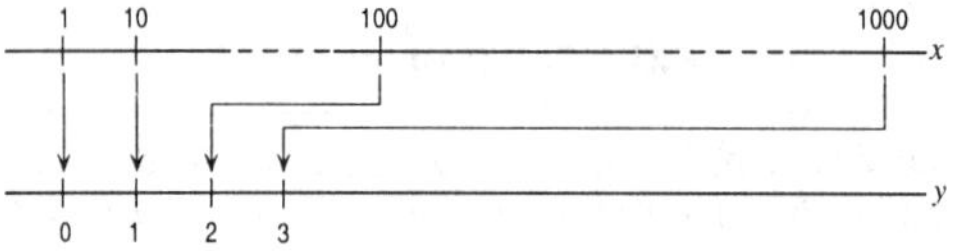

Figure 2.41 *Transformation logarithmique*

EXEMPLE 2.11

Considérons la D.O.1 présentée dans le tableau 2.24 et remplaçons les données x_i par $y_i = log_{10}x_i$. Nous obtenons alors la D.O.1 $\{(y_i, n_i)\}$ que l'on peut comparer à la D.O.1 initiale, au moyen de la figure 2.42. On constate aisément que la distribution transformée possède une représentation graphique moins asymétrique que celle de la D.O.1 initiale.

Tableau 2.24 *Distributions observées initiale et transformée*

x_i	2	3	4	10	30	50
y_i	0.30	0.48	0.60	1	1.48	1.70
n_i	25	50	70	40	20	10

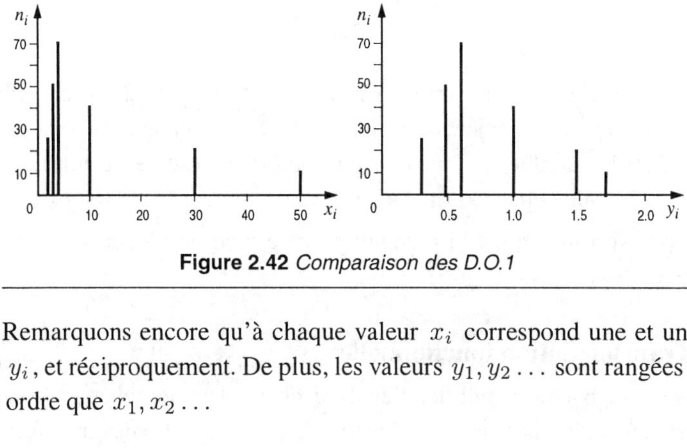

Figure 2.42 *Comparaison des D.O.1*

Remarquons encore qu'à chaque valeur x_i correspond une et une seule valeur y_i, et réciproquement. De plus, les valeurs $y_1, y_2 \ldots$ sont rangées dans le même ordre que $x_1, x_2 \ldots$

2.7.3 Différences

Il peut être intéressant pour comparer deux valeurs d'une variable d'en faire la ***différence***. On peut systématiser cette opération entre deux valeurs successives d'une série observée. Cette façon de procéder est particulièrement intéressante dans le cas de séries chronologiques[34].

2.7.4 Rapports et indices

Un autre type de transformation très utilisé consiste à effectuer le ***rapport*** entre deux valeurs de la variable afin de les comparer. Si, en outre, on compare

[34] Voir Chapitre 11.

toutes les observations à l'une d'entre elles — par exemple, la première, x_1 — on définit le concept d'***indice***.

Ce dernier permet de comparer des situations dans des endroits différents ou, le plus souvent, à des époques différentes. Prenons le second cas.

Supposons que l'on dispose d'observations d'une variable x à des époques distinctes $t_1, t_2, t_3 \ldots$

On choisit une ***époque de base*** destinée à servir de référence (prenons par exemple la date t_1). Un indice permet de mesurer les modifications relatives de x en des instants quelconques par rapport à cette époque de base, en comparant les valeurs de la série observée $\{x_t\}$ à la valeur correspondant à la date t_1

$$i_{t/t_1}(x) = \frac{x_t}{x_{t_1}} \cdot \qquad (2.19)$$

La notation $i_{t/t_1}(x)$ signifie que l'on considère l'indice pour la variable x de l'***époque courante*** t par rapport à l'*époque de base* t_1.

EXEMPLE 2.12

Considérons le prix x_t en euros d'un produit de consommation relevé le premier janvier des années 1989 à 1996 (tableau 2.25).

Tableau 2.25 *Construction d'indices*

	Année							
	1989	1990	1991	1992	1993	1994	1995	1996
t	1	2	3	4	5	6	7	8
x_t	25	25	27	28	32	33	34	35
$i_{t/1}(x)$	1.00	1.00	1.08	1.12	1.28	1.32	1.36	1.40

La dernière ligne du tableau 2.25 contient les valeurs de l'indice pour chacune des années considérées (année de base = 1989). Remarquons qu'en pratique, les indices sont souvent exprimés en % (100, 100, 108, 112...). On constate ainsi que de 1989 à 1996, le prix du produit s'est accru de 40%.

Il est aussi possible de définir des indices pour des ensembles d'articles (***indices synthétiques***). Nous évoquerons ce cas dans le chapitre 3.

2.7.5 Changement d'échelles

L'analyse d'une série multivariée est souvent facilitée si on homogénéise l'information dont on dispose, c'est-à-dire si l'on traite toutes les données comme si elles avaient été mesurées sur des échelles de même catégorie (nominale, ordinale...).

Ce passage d'une échelle à une autre est relativement simple quand on appauvrit ses propriétés (une échelle quantitative vers une échelle ordinale ou nominale ; une échelle ordinale vers une échelle nominale). Ainsi, la mesure d'un âge peut être rendue qualitative en considérant les classes d'âge comme modalités successives (les enfants de 0 à 12 ans, les adolescents de 13 à 18 ans, etc.). Par contre, la transformation inverse est plus délicate. Nous renvoyons le lecteur à d'autres ouvrages [35].

2.8 QUELQUES TABLEAUX STATISTIQUES PARTICULIERS

Nous avons vu différents types de tableaux pouvant contenir une information statistique : tableau individus × caractères, tableau d'effectifs, tableau de contingence, tableau de Burt... D'autres types de tableaux sont susceptibles d'engendrer des analyses statistiques spécifiques. Nous citerons quelques cas particuliers par l'intermédiaire d'exemples.

a) Tableau I.C. binaire

Il s'agit d'un cas particulier d'un tableau I.C. dans lequel les valeurs des différentes variables sont ***dichotomiques*** (deux valeurs possibles : 0 = non ; 1 = oui).

EXEMPLE 2.13

Une étude est réalisée auprès d'étudiants d'une faculté universitaire comportant quatre sections C, E, P et S. Le relevé de l'appartenance de ces individus à une ou plusieurs sections se fait par l'intermédiaire d'un tableau binaire.

Tableau 2.26 *Tableau binaire*

Individus	Sections			
	C	E	P	S
1	0	0	1	0
2	0	0	0	1
⋮	⋮	⋮	⋮	⋮
i	1	0	0	0
⋮	⋮	⋮	⋮	⋮
n	0	1	0	0

b) Tableau logique condensé

Il s'agit d'un tableau I.C. dans lequel les modalités des variables sont représentées par des *codes*.

Attention ! Les codes n'ont aucune signification numérique. Ils sont introduits généralement pour faciliter le traitement informatique des données.

(35) Par exemple Droesbeke et Lavallée [2002], Ghiglione et Matalon [1992] ou Lambin [1993].

EXEMPLE 2.9 (suite 1)

Reprenons le tableau 2.20 et représentons les différentes modalités par des codes :
Sexe: M=1, F=2; *Section*: P=1, S=2, E=3, C=4; *Diplôme secondaire*: N=1, T=2; *Revenus des parents*: B=1, I=2, H=3.

En remplaçant les modalités par leur code, on obtient le tableau logique condensé 2.27.

Tableau 2.27 *Tableau logique condensé*

Indiv.	Caractères			
	Sexe	Section	Diplôme	Revenu
1	2	2	1	1
2	1	4	1	3
3	1	1	1	2
4	1	2	2	2
5	2	4	1	3
6	2	3	1	2
7	1	1	2	1
8	1	4	1	3
9	2	3	1	2
10	2	4	1	2

c) Tableau disjonctif complet

C'est un tableau dérivé du tableau I.C. lorsque les variables sont qualitatives (ou considérées comme telles). Les lignes correspondent aux individus, les colonnes aux *modalités* des variables. Le fait qu'un individu possède ou non une modalité est traduit par une valeur 1 ou 0 dans la ligne et la colonne correspondantes.

EXEMPLE 2.9 (suite 2)

Les 4 variables possèdent globalement 11 modalités. Il en résulte le tableau disjonctif complet 2.28.

Tableau 2.28 *Tableau disjonctif complet*

Indiv.	Caractères										
	Sexe		Section				Dipl. sec.		Rev. parents		
	M	F	P	S	E	C	N	T	B	I	H
1	0	1	0	1	0	0	1	0	1	0	0
2	1	0	0	0	0	1	1	0	0	0	1
3	1	0	1	0	0	0	1	0	0	1	0
4	1	0	0	1	0	0	0	1	0	1	0
5	0	1	0	0	0	1	1	0	0	0	1
6	0	1	0	0	1	0	1	0	0	1	0
7	1	0	1	0	0	0	0	1	1	0	0
8	1	0	0	0	0	1	1	0	0	0	1
9	0	1	0	0	1	0	1	0	0	1	0
10	0	1	0	0	0	1	1	0	0	1	0

d) Tableau de préférence

Ce tableau contient l'appréciation émise par des individus sur plusieurs éléments qui leur sont proposés.

EXEMPLE 2.14

Dans une enquête de marketing, on peut demander à 5 individus de classer dans l'ordre de leur préférence quatre marques de voiture (A, B, C, D) en leur attribuant une valeur pouvant aller de 1 (la meilleure !) à 4 (la dernière !). Le résultat de l'enquête est contenu dans le tableau 2.29.

Tableau 2.29 *Tableau de préférence*

Individus	Voitures			
	A	B	C	D
1	1	2	4	3
2	3	1	2	4
3	1	4	2	3
4	1	2	4	3
5	2	1	3	4

e) Tableau de proximité

Lorsqu'on veut mesurer la *proximité* (ou la *similarité*) entre des objets ou des individus, on peut affecter aux couples d'objets des valeurs au moyen de tests, d'appréciations... qui traduisent une proximité entre ces objets.

EXEMPLE 2.15

Le tableau 2.30 contient les mesures de similarité entre quatre agences de voyage A, B, C, D, représentées à chaque fois par un nombre réel compris entre 0 et 10.

Tableau 2.30 *Tableau de similarités*

	A	B	C	D
A	10.0	2.7	5.8	7.9
B	2.7	10.0	8.1	3.9
C	5.8	8.1	10.0	9.1
D	7.9	3.9	9.1	10.0

On peut par exemple vouloir « regrouper » les agences les plus semblables !

2.9 EN GUISE DE CONCLUSION

De ce chapitre, il ressort qu'un traitement de données repose d'abord sur une bonne organisation de l'information recueillie. Par l'intermédiaire de tableaux et de graphiques, en recourant à des transformations de données, on se place dans les conditions les meilleures pour aborder la phase suivante : celle de la description et de la synthèse.

2.10 EXERCICES PROPOSÉS

Cette section sera divisée en deux parties. La première contient quelques résultats théoriques que le lecteur est invité à démontrer[36]. La seconde est essentiellement d'application pratique.

2.10.1 Exercices théoriques

T.2.1 Vérifiez que la courbe cumulative d'une D.O.1 $\{(x_j, n_j); j = 1, \ldots, J\}$ a pour équation $y = N(x)$ où

$$N(x) = \begin{cases} 0 & x < x_1 \\ N_1 & x_1 \leqslant x < x_2 \\ \vdots & \vdots \\ N_j & x_j \leqslant x < x_{j+1} \\ \vdots & \vdots \\ n & x_J \leqslant x. \end{cases} \tag{2.20}$$

T.2.2 Déterminez l'équation de la courbe cumulative à droite d'une D.O.1.

T.2.3 Démontrez que la courbe cumulative d'une D.G.1 $\{(x_{cj}, n_j); j = 1, \ldots, J\}$ a pour équation $y = N(x)$ où

$$N(x) = \begin{cases} 0 & x < \ell_1^- \\ n_1 \left(x - \ell_1^-\right)/h_1 & \ell_1^- \leqslant x < \ell_1^+ \\ \vdots & \vdots \\ N_{j-1} + n_j \left(x - \ell_j^-\right)/h_j & \ell_j^- \leqslant x < \ell_j^+ \\ \vdots & \vdots \\ n & \ell_J^+ \leqslant x \end{cases} \tag{2.21}$$

où ℓ_j^- et ℓ_j^+ désignent les limites inférieures et supérieures de la classe $j (j = 1, \ldots, J)$.

T.2.4 Déterminez l'équation de la courbe cumulative à droite d'une D.G.1.

T.2.5 Que vaut l'aire située en dessous de l'histogramme des fréquences d'une D.G.1 ?

T.2.6 [$\star$] Quelle relation y a-t-il entre un tableau de Burt et un tableau disjonctif complet ?

---

[36] Dans cet ouvrage, nous indiquerons par une étoile ($\star$) les exercises théoriques qui présentent quelques difficultés de démonstration ou qui nécessitent quelques astuces.

2.10.2 Exercices pratiques

E.2.1 Le journal *Le Soir* a publié en 1987 un document consacré à « Un siècle d'actualité ». Dans les pages consacrées à 1906, 1908 et 1918, on trouve les textes reproduits ci-après. Pouvez-vous présenter cette information sous une autre forme ? Quelles variables pourrait-on définir pour compléter ces informations ?

1906

Salaires comparés

Le Board of Trade vient de publier la statistique comparée des salaires et des heures de travail dans quelques grandes villes du monde. Voici, pour les ouvriers maçons, le salaire hebdomadaire et, entre parenthèses, le nombre d'heures de travail :

New York	fr.	148.95	(44)
Londres	fr.	54.65	(50)
Paris	fr.	43.20	(54)
Berlin	fr.	46.35	(53)
Amsterdam	fr.	35.00	(58)
Rome	fr.	20.40	(60)
Bruxelles	fr.	24.00	(60)

1908

Les téléphones du monde

Au premier janvier 1907, le nombre des téléphones du monde entier s'élevait à 7 398 800, répartis comme suit :

- *Europe* : 2 000 000, soit 27.1% ;
- *Etats-Unis* : 5 068 800, soit 68.5% ;
- *Canada* : 130 000, soit 1.7% ;
- *Autres parties du monde* : 200 000, soit 2.7%.

1918

Les prix de 1914 à 1918

Voici l'évolution de quelques prix de denrées alimentaires entre 1914 et 1918. Les prix renseignés sont, successivement, ceux d'avril 1914, avril 1916, avril 1917 et septembre 1918 :

- **Boeuf** (le kg) : 2.50F - 6.50F - 11F - 24F.
- **Porc** (le kg) : 2F - 7.50F - 16F - 25F.
- **Pain** : 0.30F le kg - 0.15F pour 330g. - 0.15F pour 300 g. - 0.25F pour 300g.
- **Pommes de terre** (le kg) : 0.12F - introuvables en 1916 - 2F - 2F.
- **Beurre** (le kg) : 3.50F - 7.50F - 18F - 42F.
- **Café** (le kg) : 3F - 8F - 20F - 85F.
- **Lait** (le litre) : 0.24F - 0.32F - 0.80F - 1.35F.

Extrait d' « Un siècle d'actualité » publié par *Le Soir*.

E.2.2 Dix personnes jouent aux flèchettes et visent une cible 20 fois de suite. La série du nombre de flèchettes ayant atteint la cible est la suivante :

$$3 \quad 5 \quad 7 \quad 0 \quad 15 \quad 14 \quad 4 \quad 1 \quad 18 \quad 6$$

Commentez les caractéristiques de cette série.

E.2.3 Vingt personnes sont interrogées sur le nombre de numéros d'une revue mensuelle qu'elles ont lus l'an dernier :

12	0	12	0	0	11	9	0	1	1
11	3	0	10	12	0	1	1	2	12

Commentez cette série observée.

E.2.4 La série statistique du nombre de jours d'absence de vingt ouvriers d'une usine au cours d'une année est la suivante :

2	5	4	2	5	7	0	0	1	3
42	5	3	1	1	0	1	4	4	0

Organisez et commentez cette série.

E.2.5 Vingt étudiants présentent un examen de statistique et obtiennent les résultants suivants, sur un total de 100 :

59	66	47	37	41	67	84	75	61	72
46	52	56	63	74	62	65	58	77	54

Organisez et commentez cette série.

E.2.6 Dans une population d'adultes travaillant dans un secteur déterminé et ayant le même nombre de jours de congé, on s'intéresse à la durée (en jours) des vacances passées en dehors de chez eux. Un échantillon de taille $n = 30$, prélevé dans cette population, fournit la série statistique suivante :

11	13	2	4	20	25	8	8	10	22	12	5	27	10	18
6	21	23	3	17	15	26	24	20	3	19	12	13	17	6

Organisez et commentez cette série.

E.2.7 Une enquête auprès de 100 travailleurs fournit la série de données suivante, relative au nombre d'emplois antérieurs occupés au cours des dix dernières années :

1	1	2	4	0	2	3	2	2	3	1	4	1	2	5	2	2	3	2	5	0	4	1	4	2
2	4	1	2	3	1	2	5	0	1	3	2	0	4	1	1	2	2	3	4	2	5	2	1	3
3	1	2	4	1	1	3	2	4	1	3	1	4	2	5	2	3	4	2	5	0	4	1	3	2
2	4	2	3	5	0	2	3	0	2	5	1	2	3	0	2	3	5	1	5	2	4	2	2	3

Quelle est la distribution observée associée à cette série ? Représentez-la sous forme de tableaux et de graphiques et donnez quelques commentaires généraux.

E.2.8 Lors d'une enquête sur l'équipement des ménages d'une ville, on a relevé le nombre d'appareils électro-ménagers utiles dans une cuisine dont disposaient 100 familles. On a obtenu la série statistique suivante :

5	1	0	2	6	3	0	4	0	2	5	1	4	1	7	2	3	4	3	5	1	3	2	6	4
6	3	5	3	7	4	6	1	7	3	6	2	4	5	0	6	2	5	3	0	5	4	2	6	3
4	3	2	4	7	2	6	3	5	3	4	5	2	3	6	1	7	2	4	3	1	5	0	6	2
3	5	3	2	5	3	4	6	2	3	4	0	3	5	2	3	6	1	7	3	4	2	3	6	3

Construisez la distribution observée associée à cette série. Représentez-la sous forme de tableaux et de graphiques et donnez quelques commentaires généraux.

E.2.9 L'assistant social d'un centre public d'aide sociale s'est intéressé au nombre de personnes à charge parmi les ayants droit demandeurs d'assistance. Pour mener cette étude, il a sélectionné 100 dossiers et enregistré le nombre de personnes à charge déclarées dans chacun d'eux. La série statistique obtenue est la suivante :

1	2	3	0	1	2	2	2	3	4	1	3	1	2	3	4	1	3	4	1
3	3	5	3	4	0	3	4	3	0	0	4	2	5	2	4	2	2	2	3
2	2	4	2	3	2	1	2	3	1	4	1	2	3	5	0	2	5	2	3
4	2	2	5	1	3	2	4	1	2	2	3	0	1	4	2	1	4	0	2
2	2	4	2	3	0	2	1	0	0	4	2	2	3	1	1	2	3	1	2

Quelle est la distribution observée associée à cette série ? Représentez-la sous forme de tableaux et de graphiques et donnez quelques commentaires généraux.

E.2.10 Une partie d'un examen se compose de 6 questions à choix multiples. Après avoir corrigé cent copies, l'examinateur relève le nombre de réponses exactes sur chacune d'elles et obtient la série statistique suivante :

3	6	5	2	3	3	3	4	5	4	2	3	2	2	2	4	5	5	6	2
5	1	1	2	5	4	6	0	4	1	4	6	2	4	5	1	3	3	3	1
2	3	4	1	1	4	2	3	1	5	2	3	1	3	3	5	2	2	2	1
1	3	2	5	2	4	6	3	1	2	4	5	2	4	6	1	2	3	1	1
4	3	1	4	6	1	2	3	1	6	1	4	5	2	2	6	1	3	3	2

Construisez la distribution observée associée à cette série statistique, sous forme de tableaux et de graphiques. Quelle impression générale en tirez-vous ?

E.2.11 Le gérant d'une agence bancaire s'inquiète du nombre de comptes courants dont le solde est débiteur. Comme son système de classement lui permet d'accéder aisément à des groupes de cinq comptes, il relève, dans cent groupes distincts, le nombre de comptes débiteurs et obtient la série statistique suivante :

1	0	0	0	2	2	1	0	0	0	0	4	0	0	2	1	1	1	0	2
0	0	0	1	3	1	5	0	2	0	0	1	1	2	0	3	0	0	1	1
3	1	0	0	0	3	2	1	0	1	1	0	0	1	2	0	1	3	1	0
0	2	0	4	0	3	0	0	0	2	2	1	1	0	0	1	0	1	0	1
1	2	1	0	0	0	0	0	0	1	3	0	1	1	0	1	2	1	0	0

Quelle est la distribution observée qui en découle et que vous inspire-t-elle ?

E.2.12 Au cours d'une enquête portant sur les modes de transport utilisés par les membres du personnel d'une grande entreprise, on s'est intéressé au nombre d'entre eux qui se rendaient au travail dans le même véhicule. Un échantillon de cent voitures a fourni la série statistique suivante :

1	1	1	2	1	1	1	1	2	2	1	1	1	1	1	1	1	1	1	1
1	1	2	3	1	1	1	1	1	2	2	1	1	2	1	1	2	2	1	1
1	1	1	2	1	1	1	1	2	4	1	1	2	1	1	2	1	1	1	1
1	1	3	2	2	1	1	1	2	2	1	1	2	1	2	2	1	2	2	1
1	1	2	2	1	2	1	1	1	2	2	1	2	3	1	2	2	1	1	2

Construisez la distribution observée associée à cette série et déduisez-en quelques commentaires généraux.

E.2.13 Un individu a lancé cent fois de suite cinq pièces de monnaie. A chaque jet, il a compté le nombre de « face » obtenu et a relevé les résultats suivants :

1	3	5	4	1	2	2	4	1	3	3	3	4	2	2	3	1	4	3	2
0	2	4	1	3	5	0	3	2	2	2	3	4	4	1	1	3	3	4	2
2	2	3	3	4	1	1	1	2	2	3	4	4	2	3	3	3	2	2	2
1	1	4	3	2	2	2	3	2	3	3	4	1	3	2	3	2	3	1	5
0	2	2	3	2	2	3	2	3	2	0	3	2	2	1	2	4	3	4	2

Quelle est la distribution observée qui en découle ? Commentez le résultat obtenu.

E.2.14 La secrétaire du service de santé d'une entreprise a relevé sur une période de 50 jours ouvrables le nombre de personnes qui se sont présentées à ce service pour raison médicale :

4	0	4	1	2	5	4	2	3	4
3	4	4	2	3	4	5	2	4	1
4	4	4	1	3	2	4	3	2	4
2	3	2	0	4	3	4	5	4	2
4	3	4	0	3	4	4	5	3	4

Aidez-la à construire la distribution observée associée à cette série et à la commenter.

E.2.15 Le conservateur d'un petit musée (ouvert de 9 à 19 heures) a relevé le nombre de visiteurs par période de 6 minutes au cours d'une journée du mois de mai. Les résultats obtenus sont les suivants :

1	2	2	0	3	4	3	3	4	3	4	5	4	4	3	3	4	3	5	3
4	3	5	3	7	8	4	8	0	8	5	7	2	2	3	3	2	4	7	4
8	4	7	8	2	8	4	8	7	3	3	5	3	4	4	3	5	3	4	3
7	4	4	3	8	3	4	5	7	4	3	8	4	8	7	2	2	6	3	4
3	3	5	2	3	5	2	4	3	3	4	3	4	2	3	2	2	3	0	0

Présentez graphiquement cette série statistique et commentez le résultat obtenu.

E.2.16 Un référendum a lieu dans 50 circonscriptions. On observe la série des pourcentages de votes favorables à la résolution proposée (en %, exprimés en valeurs entières) :

58	54	67	62	55	58	55	54	68	62	59	54	69	63	56
56	63	59	71	54	73	54	56	64	59	60	64	55	56	74
75	60	65	55	57	65	55	57	77	61	61	55	81	66	57
57	88	67	62	55										

Déterminez un diagramme en tiges et feuilles pour cette série. Construisez ensuite une distribution groupée associée (proposition : prenez sept classes de même longueur).

E.2.17 Considérons la série statistique ordonnée suivante relative aux âges des membres d'un club sportif :

17	18	19	20	22	22	23	23	24	25
25	26	26	27	27	27	27	27	28	28
28	28	28	29	29	29	29	30	30	30
30	30	31	31	31	31	31	32	32	33
33	34	35	35	36	36	38	39	40	41

Construisez un diagramme en tiges et feuilles pour cette série. Groupez ensuite celle-ci en classes en choisissant vous-même le nombre de classes (proposition : prenez cinq classes de même longueur).

E.2.18 On a compté pour 50 commandes d'un service d'une entreprise, le poids (en kg) des colis reçus. On a obtenu les résultats suivants (présentés par ordre croissant) :

70	71	72	73	74	74	75	76	76	77	77	77	78	78	79
79	79	79	80	80	80	80	80	80	81	81	81	81	81	81
82	82	82	82	82	83	83	84	84	84	85	85	86	86	87
87	88	89	90	93										

Elaborez un diagramme en tiges et feuilles pour cette série. Construisez ensuite une distribution groupée associée (proposition : prenez six classes de même longueur).

E.2.19 Considérons la série ordonnée du quotient intellectuel de 100 enfants :

75	75	76	76	76	77	77	79	80	80	80	82	82	82	82
82	83	83	84	84	84	85	85	85	85	86	86	86	87	87
88	88	88	89	89	89	90	90	90	90	90	90	90	90	90
90	91	91	91	91	91	91	91	92	92	92	92	92	92	92
93	93	93	93	94	94	96	96	96	96	96	96	97	98	98
98	98	98	98	98	99	99	100	100	100	100	102	103	104	104
104	105	105	105	106	107	110	110	110	113					

Construisez un diagramme en tiges et feuilles pour cette série. Effectuez ensuite un groupement en classes de même longueur et représentez graphiquement la distribution groupée obtenue (proposition : prenez huit classes).

E.2.20 On mesure les tailles de 100 étudiants d'une faculté universitaire. Les résultats obtenus, rangés par ordre croissant et exprimés en centimètres, sont les suivants :

162	165	167	167	168	168	169	170	171	171
171	171	171	171	172	172	172	172	172	172
172	173	173	173	173	173	173	173	174	174
174	174	174	174	174	174	174	174	174	174
174	174	174	175	175	175	175	175	175	175
175	175	175	175	175	175	176	176	176	176
176	176	176	176	176	176	176	176	177	177
177	177	177	177	177	177	177	178	178	178
178	178	178	178	178	178	179	179	179	179
179	179	179	180	181	181	181	182	183	185

Construisez un diagramme en tiges et feuilles pour cette série. Groupez ces observations en classes de même longueur et représentez graphiquement la distribution groupée ainsi obtenue. (Proposition : prenez huit classes).

E.2.21 Un examinateur relève les notes (sur un total de 20 points) obtenues par les cinquante étudiants dont il a corrigé les copies. Les résultats rangés par ordre croissant, sont les suivants :

3.5	5	5.5	5.5	6	6	6	6.5	6.5	6.5
8	8.5	8.5	9	9	9	9	9.5	10	10
10	10	10.5	11	11	11	11	11	11.5	11.5
12	12	12.5	12.5	12.5	13	13	13	13.5	14
14	14.5	15	15	15.5	15.5	16	16.5	17	18

Effectuez un groupement en classes et représentez graphiquement la distribution groupée obtenue (Proposition : prenez cinq classes de même longueur).

E.2.22 Le gérant d'un magasin reçoit les valeurs de l'indice de vente pour les 120 premiers jours ouvrables de l'année en cours. Il constate que ces résultats, exprimés en % et présentés par ordre chronologique, sont les suivants :

141	146	154	160	154	161	150	150	153	155
151	158	161	148	151	160	143	153	162	155
156	162	145	149	155	159	156	153	159	153
158	155	150	148	161	162	157	158	158	153
161	150	162	149	153	160	154	134	149	158
160	153	156	153	159	152	161	153	156	160
139	154	150	160	157	152	155	159	153	155
154	159	154	160	157	150	145	157	160	155
155	159	155	154	149	158	152	153	160	154
151	156	158	153	154	149	161	150	160	153
158	155	151	156	162	154	158	150	153	155
161	160	154	151	153	154	155	148	158	162

Organisez et représentez cette série d'observations. Construisez une distribution groupée associée et représentez-la graphiquement.

E.2.23 On demande à 10 étudiants le nombre d'heures (x) passées à préparer une interrogation. Par ailleurs, on relève pour chacun d'eux le résultat obtenu sur un total de 20 (y). Représentez graphiquement la série statistique bivariée observée.

x	5	1	4	12	10	8	7	8	5	10
y	7	4	7	14	14	8	14	16	9	17

E.2.24 La taille (x) et le poids (y) de 10 individus sont les suivants :

x	157	160	183	191	166	170	180	185	177	171
y	63	72	80	88	77	69	83	83	76	69

Représentez graphiquement cette série observée.

E.2.25 Un économiste relève le prix de vente (x) et la quantité vendue (y) d'un article au cours de la même période dans 20 points de vente distincts :

x	30	31	37	35	33	32	33	37	30	31
y	125	124	110	110	122	123	123	105	130	128

x	31	34	37	34	37	29	29	34	36	30
y	128	122	103	119	102	136	138	119	108	125

Représentez graphiquement cette série observée.

E.2.26 Le tableau ci-dessous est relatif aux montants du revenu annuel (x) et de l'assurance-vie (y) de 8 hommes de même âge d'une entreprise :

x	10	12	16	20	28	30	32	36
y	10	20	40	30	80	40	80	100

Représentez graphiquement cette série observée.

E.2.27 Considérons un échantillon de 10 employés de même âge d'une entreprise. Soit x le nombre d'années d'études effectuées et y le revenu mensuel touché par chacun d'entre eux. Les observations sont contenues dans le tableau suivant :

x	6	8	9	10	10	11	12	14	16	18
y	41	72	48	82	61	86	102	78	112	108

Représentez graphiquement cette série.

E.2.28 Considérons un échantillon de fonctionnaires (ayant entre 40 et 50 ans) d'un ministère M... Soit x le nombre d'années de service et y le nombre de jours d'absence pour raison de maladie (au cours de l'année précédente) déterminés pour chaque personne appartenant à cet échantillon :

x	2	14	16	8	13	20	24	7	5	11
y	3	13	17	12	10	8	20	7	2	8

Représentez graphiquement cette série observée.

E.2.29 Dans une commune, 2 candidats S... et V... se présentent aux élections. Un échantillon de 300 personnes dont l'intention est de voter pour l'un de ces 2 candidats, donne lieu aux observations suivantes :

	y_k : **Revenus**		
x_j	faibles	moyens	élevés
Votes pour S...	32	84	24
Votes pour V...	18	82	60

Représentez graphiquement les distributions marginales et conditionnelles.

E.2.30 Un échantillon de 500 étudiants a été classé selon les 2 critères suivants : le niveau de leurs études (x) et leur appréciation vis-à-vis de la quantité de travail exigée (y). Les résultats obtenus sont les suivants :

x_j	y_k		
	Insuffisant	Moyen	Excédentaire
1er cycle	69	37	194
2e cycle	44	65	56
3e cycle	17	8	10

Représentez graphiquement les distributions marginales et conditionnelles.

E.2.31 On prélève un échantillon de 200 anciens élèves issus d'un établissement d'enseignement secondaire ayant des cours de latin à son programme et ayant réussi leurs études universitaires. Le tableau de contingence suivant fait apparaître la filière fréquentée à la fin des études secondaires (LG = latin-grec ; LM = latin-math ; LS = latin-sciences) et le résultat obtenu à la fin des études universitaires (M = moyen ; B = bon ; T = très bon) :

Filière	**Résultat**		
	M	B	T
LG	12	24	4
LM	30	18	12
LS	78	18	4

Représentez graphiquement les distributions marginales et conditionnelles.

E.2.32 Un sondage effectué auprès de 120 travailleurs s'intéresse aux variables « catégorie socio-professionnelle » (x) et « nombre d'enfants » (y). Le tableau de contingence suivant est construit :

x	y		
	0 enfant	1 enfant	2 enfants ou plus
Ouvriers	12	18	22
Employés	10	22	10
Cadres, Professions libérales	8	8	10

Représentez les distributions marginales et conditionnelles.

E.2.33 Considérons la distribution de la fréquence d'utilisation (v.p.s. = voyage par semaine) d'un réseau de transport en commun suivant les classes d'âge des utilisateurs :

Fréq. d'utilisation	**Classe d'âge**		
	Moins de 20 ans	De 20 à 45 ans	Plus de 45 ans
De 1 à 5 v.p.s.	40	30	30
De 6 à 20 v.p.s.	50	65	35
De 21 à 30 v.p.s.	10	2	94
Plus de 30 v.p.s.	0	3	1

Représentez graphiquement les distributions marginales et conditionnelles.

E.2.34 Considérons le tableau de contingence suivant où REV est la variable « revenu mensuel net », exprimé en centaines d'euros, et TC la « taille de la cave » en nombres de bouteilles, d'un amateur de vin.

TC	REV			
	5–9	9–13	13–17	17–21
0–100	25	25	12	8
100–200	30	39	28	13
200–300	12	17	18	13
300–400	7	11	14	18
400–500	6	8	8	8

Représentez les distributions marginales et conditionnelles.

E.2.35 Considérons la série statistique trivariée suivante :

x_i	1	2	3	4	5	6	7	8
y_i	3	2	2	4	7	5	6	7
z_i	2	3	1	4	4	6	8	7

Représentez graphiquement cette série ainsi que ces séries marginales.

E.2.36 Considérons le tableau I.C. suivant où x est le prix d'un bien, y est le revenu des acheteurs de celui-ci et z est la quantité demandée de ce bien :

i	1	2	3	4	5	6	7	8	9	10	11	12	13	14	15	16	17	18	19	20	21	22	23	24	25
x_i	4	4	6	4	4	2	9	8	2	7	1	9	6	6	4	6	8	8	2	4	3	4	5	4	5
y_i	10	7	10	13	20	4	10	17	8	12	19	20	16	16	5	18	8	12	7	18	5	7	17	8	16
z_i	10	11	9	10	15	8	8	8	10	9	16	9	12	15	7	14	5	9	7	16	4	6	12	6	14

Représentez graphiquement cette série ainsi que les séries marginales.

E.2.37 Considérons le tableau I.C. suivant :

	Sexe	Situation familiale	Domicile
1	M	S	C
2	F	N	C
3	F	S	V
4	M	N	V
5	M	N	C
6	M	N	V
7	F	S	C
8	F	S	V

Notations : F = féminin ; M = masculin ; S= vit seul ; N = ne vit pas seul ; V = vit en ville ; C= vit à la campagne.

Déterminez le tableau de Burt, un tableau logique condensé et le tableau disjonctif complet associé à cette D.O.3.

E.2.38 Une entreprise comprend 20 services. Une enquête portant sur ces derniers a permis de mesurer un certain nombre de variables dont nous extrayons les suivantes :

- *variable 1* : nombre de téléphones par service ;
- *variable 2* : nombre d'employés par service ;
- *variable 3* : nombre de jours d'absence du responsable du service sur une période déterminée ;

- *variable 4* : nombre de fautes d'orthographe commises dans une lettre par une stagiaire affectée au service ;
- *variable 5* : nombre de communications téléphoniques privées effectuées par cette stagiaire au cours d'une semaine.

Le tableau I.C. relatif à ces variables est présenté ci-dessous :

I.	C.				
	1	2	3	4	5
1	6	15	1	0	8
2	3	4	3	0	4
3	3	3	0	1	7
4	4	7	6	15	12
5	1	1	0	0	0
6	2	2	0	0	8
7	4	5	2	6	9
8	2	2	1	0	8
9	5	12	24	15	11
10	3	3	0	0	1
11	4	8	1	4	9
12	2	2	0	0	0
13	5	4	0	15	10
14	1	1	1	10	9
15	3	3	0	1	7
16	3	3	0	2	8
17	2	2	1	3	9
18	4	3	2	9	8
19	2	2	0	0	3
20	3	2	0	1	7

Quels graphiques peut-on construire pour accompagner ce tableau ? Commentez-les.

CHAPITRE 3

PARAMÈTRES DE POSITION, DE DISPERSION ET DE FORME

« Il lui semblait... avoir trouvé son vrai centre de gravité, occuper maintenant le cœur de lui-même, être enfin au siège de son identité ».
R. Martin du Gard, *Les Thibault*, IV.

3.1 INTRODUCTION

Les représentations au moyen de tableaux et de graphiques que nous avons introduites au chapitre 2, sont essentielles dans la mesure où elles constituent une mise en ordre nécessaire et une possibilité de se faire une idée globale du problème étudié. Elles ne suffisent cependant pas si l'on désire approfondir l'analyse. C'est pourquoi il est opportun de leur associer un certain nombre de valeurs caractéristiques, appelées ***paramètres*** ou ***valeurs typiques***, qui ont pour but de résumer dans une certaine mesure les informations recueillies. Ces paramètres seront par ailleurs eux-mêmes à la base de nouvelles représentations graphiques. Ils doivent aussi faciliter la comparaison entre des séries distinctes.

Nous ne considérons dans ce chapitre que le cas des *séries statistiques univariées*, reportant au chapitre 10 l'analyse des séries bivariées. Les paramètres les plus courants peuvent être répartis en trois catégories que nous présentons ci-dessous au moyen d'exemples simples. D'autres paramètres peuvent aussi être construits. Nous les évoquerons dans la suite.

a) Les paramètres de position

Il s'agit d'élaborer ici des *valeurs centrales* de la série étudiée ou, plus généralement, *caractéristiques* de *localisations* particulières. Ainsi, on peut se rendre compte que la série statistique ordonnée $\{1, 3, 3, 3, 4, 5, 5, 5, 7\}$ se répartit autour de la valeur centrale 4. Par ailleurs, si on désire localiser le premier tiers des observations, on constate qu'il est composé de valeurs inférieures ou égales à 3. De même, si l'on veut comparer les deux séries suivantes : $\{1, 2, 3, 4, 5\}$ et $\{7, 8, 9, 10, 11\}$, on peut aisément se rendre compte que leur différence essentielle est de posséder des « positions centrales » distinctes.

b) Les paramètres de dispersion

Le deuxième problème est de caractériser la répartition des observations les unes par rapport aux autres, ou encore autour d'une valeur centrale. Par exemple, on peut voir aisément que la série $\{1, 2, 3, 4, 5, 6, 7\}$ est *plus dispersée (moins concentrée)* autour de la valeur centrale 4 que la série $\{3, 3, 3, 4, 5, 5, 5\}$.

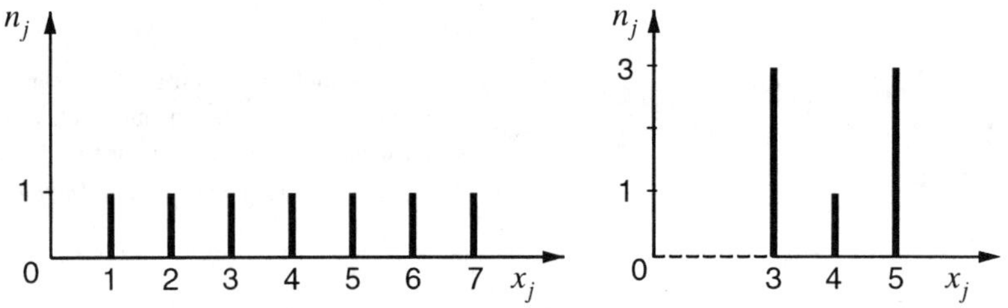

Figure 3.1 *Comparaison de diagrammes*

c) Les paramètres de forme

On peut aisément constater à partir d'exemples pratiques que des diagrammes en barres ou des histogrammes de fréquences ont des allures différentes. Certains sont plus symétriques que d'autres. Ils peuvent aussi être plus ou moins plats. Les paramètres que nous présentons dans le paragraphe 3.4 ont pour objectif de caractériser ces formes diverses.

3.2 LES PARAMÈTRES DE POSITION

Nous diviserons ce paragraphe en deux parties. La première sera consacrée à la recherche d'une ***valeur centrale***, d'un *milieu*. La seconde portera sur d'autres problèmes de localisation.

3.2.1 La moyenne arithmétique

De tous les paramètres destinés à définir une valeur centrale, la ***moyenne arithmétique*** est certainement la plus connue. Elle est entrée dans nos mœurs, portée par des habitudes qui datent du 19e siècle. C'est pourquoi nous commencerons notre présentation par elle. Nous verrons cependant que même si elle possède des propriétés intéressantes d'un point de vue mathématique, elle n'est pas toujours exempte de critiques... !

a) Moyenne arithmétique d'une série statistique

La moyenne arithmétique d'une série statistique $\{x_i; i = 1, \ldots, n\}$ se définit comme étant égale à la *somme des observations divisée par l'effectif n de la série*, et est notée $\overline{x}$. Comme une somme de nombres ne dépend pas de l'ordre dans lequel ils se présentent, on peut aussi définir $\overline{x}$ à partir de la série ordonnée $\{x_{(i)}; i = 1, \ldots, n\}$. Formellement, on peut donc définir $\overline{x}$ comme suit :

$$\overline{x} = \frac{1}{n}\sum_{i=1}^{n} x_i \quad \text{ou} \quad \overline{x} = \frac{1}{n}\sum_{i=1}^{n} x_{(i)}. \tag{3.1}$$

EXEMPLE 3.1

Considérons la série observée : $\{x_i\} = \{1, 3, 2, 2, 1, 2\}$. Comme $n = 6$, l'application de (3.1) nous donne

$$\overline{x} = \frac{1+3+2+2+1+2}{6} = 1.833\ldots$$

On aurait aussi pu utiliser la *série ordonnée* $\{x_{(i)}\} = \{1, 1, 2, 2, 2, 3\}$ pour calculer $\overline{x}$.

L'examen du graphique ci-dessous nous montre bien que $\overline{x}$ se trouve « au milieu » de la série observée.

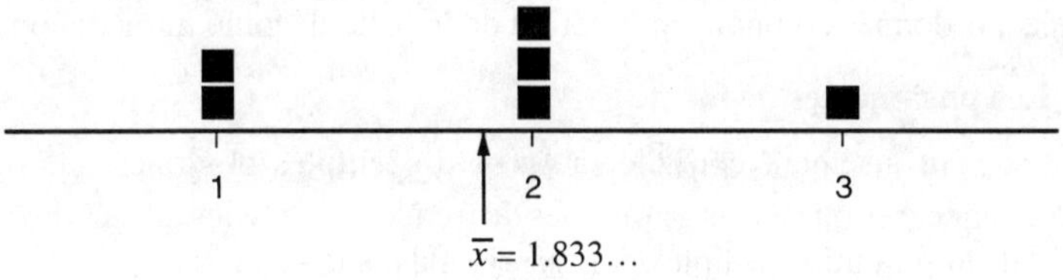

Figure 3.2 *Localisation de* $\overline{x}$

La définition de $\overline{x}$ et le petit exemple 3.1 nous permettent d'énoncer un certain nombre de remarques et propriétés intéressantes qui vont nous éclairer sur les avantages et défauts de ce paramètre.

Remarque 3.1 Au vu de (3.1), une moyenne arithmétique ne se conçoit que si les valeurs observées sont *numériques*. Une série dont les valeurs sont mesurées sur une échelle qualitative *ne possède donc pas* de moyenne arithmétique.

Remarque 3.2 Ce paramètre est *unique* : une série ne peut pas posséder plusieurs moyennes arithmétiques distinctes.

Remarque 3.3 Il est utile de noter — comme dans notre exemple — que la moyenne arithmétique est rarement une valeur observée ce qui donne à $\overline{x}$ un statut différent des x_i. Dans un groupe, il n'existe pas nécessairement une personne dont la taille est égale à la taille moyenne des éléments du groupe. Cet individu « moyen » est un être généralement fictif, dont la seule raison d'être est de représenter un centre, un milieu. C'est ce principe qui a permis d'introduire, en physique, notre ***centre de gravité***[1].

Remarque 3.4 Par sa définition, la moyenne arithmétique est liée aux valeurs numériques des observations et, par conséquent, est *sensible à la présence* de ***valeurs extrêmes*** (encore appelées ***valeurs aberrantes***) c'est-à-dire de valeurs *qui ne sont pas du même ordre de grandeur que les autres*. Ainsi, la série $\{1, 1, 2, 2, 2, 4, 4, 4, 70\}$ possède une valeur fortement différente des autres : la dernière. La moyenne calculée sur les huit premières observations est égale à 2.5, ce qui constitue une valeur centrale « raisonnable ». Par contre, l'adjonction de la dernière valeur (qu'on peut qualifier d'extrême, au sens défini plus haut) fournit une moyenne égale à 10. On mesure ici l'importance prise par cette dernière valeur dans le calcul du paramètre. On peut dès lors s'interroger sur l'intérêt de la moyenne comme valeur centrale dans ces conditions. Nous reviendrons sur ce problème dans la suite.

Nous allons à présent aborder quelques propriétés d'ordre mathématique qui constituent pour beaucoup des avantages à l'utilisation de ce paramètre.

Propriété 3.1 La première propriété permet d'exprimer la somme des valeurs observées, ordonnées ou non, en fonction de $\overline{x}$. Elle découle immédiatement de (3.1) :

$$\sum_{i=1}^{n} x_i = n\overline{x} \qquad \text{ou} \qquad \sum_{i=1}^{n} x_{(i)} = n\overline{x}. \tag{3.2}$$

Cette relation sera utilisée à plusieurs reprises dans la suite.

Propriété 3.2 La propriété qui suit porte sur les ***valeurs centrées*** définies comme étant *les différences* $(x_i - \overline{x})$ *entre les valeurs observées* x_i *et la moyenne arithmétique* $\overline{x}$. Elle nous indique que *la somme des valeurs centrées est toujours nulle*. En effet, en utilisant les propriétés de l'addition, nous avons, compte tenu de (3.2) :

$$\sum_{i=1}^{n} (x_i - \overline{x}) = \sum_{i=1}^{n} x_i - n\overline{x} = n\overline{x} - n\overline{x} = 0. \tag{3.3}$$

Remarquons que cette propriété est aussi valable à partir de la *série ordonnée* $\{x_{(i)}\}$:

$$\sum_{i=1}^{n} \left(x_{(i)} - \overline{x}\right) = 0. \tag{3.4}$$

[1] Nous utiliserons parfois ce terme, surtout dans le cas bivarié (cf. chapitre 10).

Nous illustrerons cette propriété intéressante au moyen d'un exemple choisi —pour des raisons pédagogiques car cela permet de simplifier les calculs— de telle façon que $\overline{x}$ soit un nombre entier.

EXEMPLE 3.2

Considérons la série ordonnée $\{1, 2, 3, 4, 5, 10, 11, 12\}$ dont la moyenne arithmétique $\overline{x}$ vaut 6.

La série des valeurs centrées est $\{-5, -4, -3, -2, -1, 4, 5, 6\}$. On vérifie aisément que la somme des valeurs centrées est nulle.

Une autre façon d'interpréter cette propriété consiste à dire que la somme des valeurs centrées positives est compensée par la somme des valeurs centrées négatives.

COMMENTAIRE TECHNIQUE 3.1

Cette propriété a une interprétation physique intéressante. Représentons chaque observation par un petit objet de poids *unique* (quelconque) et plaçons ces objets sur le fléau d'une balance dont le point d'appui est inconnu, de telle façon que la distance entre deux objets soit égale à la différence entre les valeurs qu'ils représentent [2].

Si le point d'appui est situé au niveau de la moyenne arithmétique $\overline{x}$, la balance sera en équilibre (on suppose bien sûr que les deux parties du fléau situées de part et d'autre de $\overline{x}$ sont de même longueur) : le point d'appui se situe au centre de gravité de l'ensemble des objets.

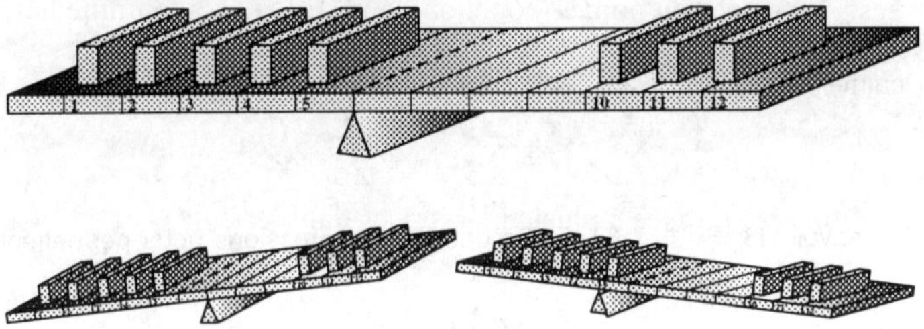

Figure 3.3 *Équilibre des valeurs centrées*

Dans le cas contraire, elle penchera vers la gauche ou la droite selon que $\overline{x}$ est à gauche ou à droite du point d'appui.

Notons encore qu'une autre formulation des propriétés exprimées par les équations (3.3) et (3.4) s'obtient en divisant les deux membres de ces expressions par n (ce qui ne les modifie pas puisqu'elles sont nulles !) :

$$\frac{1}{n}\sum_{i=1}^{n}(x_i - \overline{x}) = 0 \quad \text{ou} \quad \frac{1}{n}\sum_{i=1}^{n}\left(x_{(i)} - \overline{x}\right) = 0. \qquad (3.5)$$

(2) Le signe de la différence intervient dans la position des objets. Si a et b sont deux observations, l'objet a est à gauche de b si $(a - b)$ est négatif ; a est à droite de b dans le cas contraire.

On peut donc affirmer que *des valeurs centrées possèdent toujours une moyenne arithmétique nulle.*

Propriété 3.3 La propriété qui suit est aussi remarquable. Nous l'introduirons en reprenant notre petit exemple 3.2.

EXEMPLE 3.2 (suite 1)

La figure 3.3 fait clairement apparaître deux groupes d'objets. Le premier, que nous notons E_1, correspond aux 5 premières observations ; le second, E_2, porte sur les 3 dernières :

$$E_1 = \{1, 2, 3, 4, 5\}, \quad E_2 = \{10, 11, 12\}.$$

Désignons par $\overline{x}_1$ et $\overline{x}_2$ leurs moyennes arithmétiques et par n_1 et n_2 leurs effectifs respectifs :

$$n_1 = 5\ ,\ \overline{x}_1 = 3 \quad ; \quad n_2 = 3\ ,\ \overline{x}_2 = 11.$$

La propriété exprimée par (3.2) appliquée à chacun des deux groupes nous permet d'écrire :

$$\sum_{i=1}^{5} x_{(i)} \ = \ n_1\overline{x}_1 \ = \ 15 \quad ; \quad \sum_{i=6}^{8} x_{(i)} \ = \ n_2\overline{x}_2 \ = \ 33.$$

Par ailleurs, la moyenne $\overline{x}$ des 8 observations initiales valait 6. La même expression (3.2) nous donne donc

$$\sum_{i=1}^{8} x_{(i)} \ = \ n\overline{x} \ = \ 48.$$

Comme

$$\sum_{i=1}^{8} x_{(i)} = \sum_{i=1}^{5} x_{(i)} + \sum_{i=6}^{8} x_{(i)}$$

— à savoir $48 = 15 + 33$ —, les dernières expressions nous permettent d'écrire $n\overline{x} = n_1\overline{x}_1 + n_2\overline{x}_2$, et donc

$$\overline{x} \ = \ \frac{n_1\overline{x}_1 + n_2\overline{x}_2}{n}$$

c'est-à-dire, dans notre exemple :

$$6 \ = \ \frac{(5)(3) + (3)(11)}{8}.$$

Nous pouvons dès lors énoncer, plus formellement, la propriété suivante. Si on agrège deux ensembles E_1 et E_2 d'observations, le premier d'effectif n_1 et de moyenne $\overline{x}_1$, le second d'effectif n_2 et de moyenne $\overline{x}_2$, la moyenne $\overline{x}$ de la série agrégée E — d'effectif $n = n_1 + n_2$ — s'exprime, à partir des paramètres de E_1 et E_2, par la relation suivante :

$$\overline{x} = \frac{n_1\overline{x}_1 + n_2\overline{x}_2}{n}. \tag{3.6}$$

Cette propriété peut aisément être généralisée au cas de l'agrégation de plusieurs séries observées[3]. Remarquons en outre que la propriété exprimée par (3.6) est vraie quelles que soient les valeurs observées[4].

Un cas particulier intéressant de la propriété 3.3 correspond à un second groupe de taille égale à 1. Si E_2 se réduit à une observation que nous désignons par x_p, alors $n_2 = 1$ et $\overline{x}_2 = x_p$. Dans ce cas l'expression (3.6) devient

$$\overline{x} = \frac{n_1\overline{x}_1 + x_p}{n} \tag{3.7}$$

où $n = n_1 + 1$. Cette expression permet de mettre à jour le calcul d'une moyenne arithmétique à chaque fois qu'on ajoute une valeur supplémentaire x_p.

EXEMPLE 3.2 (suite 2)

Considérons la série globale (ordonnée) $\{x_{(i)}\} = \{1, 2, 3, 4, 5, 10, 11, 12\}$ d'effectif $n = 8$ et de moyenne $\overline{x} = 6$. Si on ajoute la valeur 9 à cette série, la moyenne arithmétique de la série ainsi complétée vaut

$$\frac{(8)(6) + 9}{9} = 6.33.$$

Remarquons aussi que si nous avions ajouté une valeur égale à $\overline{x}$ —c'est-à-dire 6— la moyenne resterait inchangée.

Notons enfin que l'expression (3.6) est aussi utilisable quand on *décompose* un ensemble d'observations E en deux sous-ensembles disjoints E_1 et E_2. Nous reviendrons sur ce problème dans le chapitre 7. On peut de même décomposer une série en K séries partielles[5].

b) Moyenne arithmétique d'une distribution observée

Nous avons vu, au chapitre 2, que l'analyse d'une série statistique conduisait souvent à la construction d'une *distribution observée* obtenue en associant à chaque valeur distincte recueillie x_j un effectif n_j représentant le nombre de fois qu'elle est apparue $(j = 1, \ldots, J)$. Dans ces conditions, on constate aisément que $\overline{x}$ s'obtient par l'intermédiaire de l'expression

$$\overline{x} = \frac{1}{n}\sum_{j=1}^{J} n_j x_j. \tag{3.8}$$

---

[3] Cf. l'exercice T.3.1.

[4] Il n'est pas nécessaire, comme dans notre exemple, que les valeurs de la première série soient inférieures à celles de la seconde.

[5] Cf. l'exercice T.3.1.

EXEMPLE 3.1 (suite 1)

Reprenons notre série ordonnée $\{1, 1, 2, 2, 2, 3\}$ dont la moyenne $\overline{x}$ vaut 1.833... Elle donne lieu à la D.O.1 $\{(x_j, n_j)\} = \{(1, 2), (2, 3), (3, 1)\}$.

L'expression donnant $\overline{x}$ peut dès lors s'écrire :

$$\begin{aligned} \overline{x} &= \frac{\overbrace{1+1}+\overbrace{2+2+2}+\overbrace{3}}{6} \\ &= \frac{(2 \times 1) + (3 \times 2) + (1 \times 3)}{6} \\ &= 1.833\ldots \end{aligned}$$

ce qui correspond à l'expression (3.8).

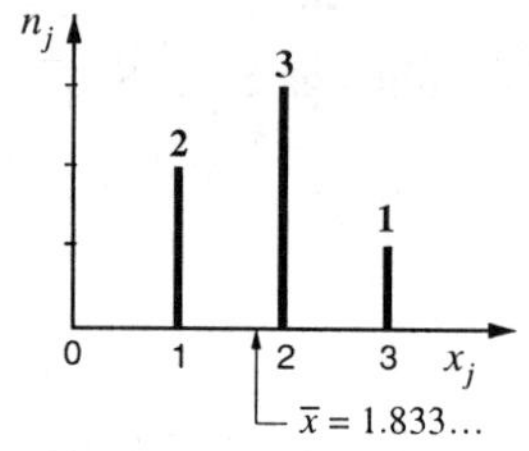

Figure 3.4 *Position de* $\overline{x}$

Compte tenu de la définition de la fréquence $f_j = n_j/n$, (3.8) peut encore s'écrire sous la forme

$$\overline{x} = \sum_{j=1}^{J} f_j x_j. \tag{3.9}$$

D'un point de vue pratique, il est souvent plus commode d'utiliser (3.8) que (3.9). Notons encore que la définition de $\overline{x}$ nous permet d'écrire

$$\sum_{j=1}^{J} n_j x_j = n\overline{x}. \tag{3.10}$$

Ce résultat correspond à (3.2). De même, la relation (3.5) s'écrit ici :

$$\frac{1}{n}\sum_{j=1}^{J} n_j (x_j - \overline{x}) = 0\,. \tag{3.11}$$

Signalons en outre que les résultats (3.6) et (3.7) sont aussi valables dans ce cas.

c) Moyenne arithmétique d'une distribution groupée

Lorsqu'on ne dispose que d'une *distribution groupée*, sans posséder les données initiales, il n'est plus possible de déterminer la moyenne arithmétique de la série observée. On peut cependant en calculer une *valeur approchée* — qu'on notera également $\overline{x}$ par abus de notation[6] — et que l'on définit par l'expression

$$\overline{x} = \frac{1}{n}\sum_{j=1}^{J} n_j x_{cj}. \tag{3.12}$$

[6] Dans la mesure où on ne dispose pas de la série observée, cette situation n'est pas gênante. Dans le cas contraire, nous distinguerons la vraie valeur $\overline{x}$ de la valeur approchée en notant cette dernière par $\overline{x}$ (D.G.).

Cette définition, basée sur les *centres de classe* x_{cj} et *les effectifs de classe* n_j, est telle que nous agissons *comme si la valeur centrale* x_{cj} *était apparue* n_j *fois* $(j = 1, \ldots, J)$, ce qui suppose une certaine répartition uniforme des observations dans chaque classe ou, tout au moins, une répartition telle que le centre de la classe puisse être considéré comme la moyenne des valeurs observées dans cette classe. Remarquons que, même si cette hypothèse n'est pas entièrement satisfaite, une certaine compensation des erreurs peut s'effectuer en sommant les termes de (3.12).

EXEMPLE 3.3

Reprenons les données de l'exemple 2.7 du chapitre 2 relatif à la série définie par 175 mesures de tailles d'étudiants d'une université (section 2.4.4). Comme nous disposons de toutes les valeurs observées, la détermination de la moyenne arithmétique nous fournit la valeur :

$$\overline{x} = \frac{1}{175}\left[(2 \times 150) + (2 \times 151) + \cdots + (3 \times 198)\right] = \frac{30\,714}{175} = 175.5$$

La valeur approchée de $\overline{x}$ pour la D.G.1 considérée dans cet exemple et calculée selon (3.12), est obtenue par l'intermédiaire du tableau 3.1 et vaut :

$$\begin{aligned}\overline{x}\,(\text{D.G.}) &= \frac{1}{175}\Big[(14 \times 154.5) + (32 \times 164.5) + (65 \times 174.5) \\ &\quad + (47 \times 184.5) + (17 \times 194.5)\Big] \\ &= \frac{30\,747.5}{175} = 175.7\,.\end{aligned}$$

Nous avons vu par ailleurs que le choix des classes n'est pas nécessairement unique. C'est ainsi, que les groupements en 6 et 7 classes, considérés dans le paragraphe 2.4.5, conduisent aux approximations suivantes, obtenues à partir des tableaux 3.2 et 3.3 :

$$\begin{aligned}\overline{x}\,(\text{6 classes}) &= \frac{30\,727}{175} = 175.6 \\ \overline{x}\,(\text{7 classes}) &= \frac{30\,660}{175} = 175.2.\end{aligned}$$

Tableau 3.1 *Détermination de* $\overline{x}$

Classes	x_{cj}	n_j	$n_j x_{cj}$
149.5–159.5	154.5	14	2 163
159.5–169.5	164.5	32	5 264
169.5–179.5	174.5	65	11 342.5
179.5–189.5	184.5	47	8 671.5
189.5–199.5	194.5	17	3 306.5
Totaux		175	30 747.5

Tableau 3.2 *Cas de 6 classes*

Classes	x_{cj}	n_j	$n_j x_{cj}$
146.5–155.5	151	11	1 661
155.5–164.5	160	16	2 560
164.5–173.5	169	39	6 591
173.5–182.5	178	63	11 214
182.5–191.5	187	35	6 545
191.5–200.5	196	11	2 156
Totaux		175	30 727

Tableau 3.3 *Cas de 7 classes*

Classes	x_{cj}	n_j	$n_j x_{cj}$
149.5–156.5	153	12	1 836
156.5–163.5	160	12	1 920
163.5–170.5	167	29	4 843
170.5–177.5	174	47	8 178
177.5–184, 5	181	42	7 602
184.5–191.5	188	22	4 136
191.5–198.5	195	11	2 145
Totaux		175	30 660

Comme on peut le constater, les valeurs approchées se répartissent autour de la valeur exacte de $\overline{x}$ et sont du même ordre de grandeur que cette dernière.

d) Influence d'un changement d'origine ou d'unité

Nous pouvons nous rendre compte, au vu de l'exemple ci-dessus, que les calculs nécessaires pour obtenir la valeur de $\overline{x}$ peuvent être parfois relativement laborieux, même si on dispose de machines à calculer. Ce problème ne peut d'ailleurs que s'aggraver (lors de la détermination de paramètres de dispersion et de forme) et est d'autant plus important que les valeurs x_j —ou x_{cj}— et les effectifs n_j sont grands. C'est pourquoi il peut être utile d'effectuer un *changement d'origine et* (éventuellement) *d'unité* dans le but de réduire le volume des calculs. Il existe bien sûr des machines programmées qui peuvent résoudre ce problème, mais la propriété qui suit va plus loin qu'une simple réduction de travail.

Plaçons-nous dans le cas d'une D.O.1 $\{(x_j, n_j); j = 1, \ldots, J\}$. Nous avons vu (paragraphe 2.7.1) que le choix d'une *nouvelle origine* x_0 et d'une *nouvelle unité* d implique que les valeurs x_j sont transformées en

$$u_j = \frac{x_j - x_0}{d} \quad , \quad j = 1, \ldots, J. \tag{3.13}$$

Notons par

$$\overline{u} = \frac{1}{n} \sum_{j=1}^{J} n_j u_j \tag{3.14}$$

la moyenne arithmétique de la distribution $\{(u_j, n_j); j = 1, \ldots, J\}$. En remplaçant u_j par sa définition (3.13) dans l'expression (3.14), on constate aisément que

$$\overline{u} = \frac{\overline{x} - x_0}{d}, \tag{3.15}$$

ou encore, en inversant cette relation :

$$\overline{x} = d\overline{u} + x_0. \qquad (3.16)$$

Si on choisit x_0 et d de telle façon que le calcul de $\overline{u}$ soit simple, l'expression (3.16) fournit une manière aisée de déterminer $\overline{x}$. Cette propriété est évidemment valable dans le cas d'une série statistique ou d'une distribution groupée.

EXEMPLE 3.3 (suite 1)

Reprenons la distribution groupée en 5 classes. Pour réduire l'importance des valeurs x_{cj}, choisissons une nouvelle origine $x_0 = 174.5$ et une nouvelle unité $d = 10$. Les valeurs de u_j définies par la relation pour une D.G.1 équivalente à (3.13), sont contenues dans le tableau 3.4.

Tableau 3.4 *Calcul de* $\overline{u}$

Classes	x_{cj}	n_j	u_j	$n_j u_j$
149.5–159.5	154.5	14	−2	−28
159.5–169.5	164.5	32	−1	−32
169.5–179.5	174.5	65	0	0
179.5–189.5	184.5	47	1	47
189.5–199, 5	194.5	17	2	34
Totaux		175		21

Comme on le constate, le choix d'un centre de classe pour origine et de la longueur de classe (constante) pour unité nous fournit pour valeurs transformées des entiers relatifs proches de zéro ; sans conteste, il s'agit là des nombres les plus faciles à manier ainsi qu'on le constate lors du calcul de $\overline{u}$:

$$\overline{u} = \frac{1}{n}\sum_{j=1}^{J} n_j u_j = \frac{21}{175} = 0.12\,.$$

Il s'ensuit, selon l'expression (3.16), que

$$\overline{x} = d\overline{u} + x_0 = (10)(0.12) + 174.5 = 175.7\,.$$

Nous obtenons à nouveau le résultat calculé auparavant, mais de façon plus simple !

e) Un outil de comparaison habituel

Dans la pratique, la moyenne arithmétique est souvent utilisée pour comparer des situations différentes. Il n'est pas un jour sans entendre que tel pays consomme en moyenne plus de combustible de chauffage que tel autre, que tel individu mange en moyenne plus qu'un autre, que la moyenne des températures est plus élevée dans tel pays que dans tel autre... Ce genre de comparaison est peut-être judicieux dans certaines circonstances, mais suffit rarement à lui tout seul. Un exemple va nous le prouver.

EXEMPLE 3.4

Reprenons le tableau 2.2 des notes attribuées à 10 étudiants $E_1, \ldots, E_{10}$ dans 7 matières $C_1, \ldots, C_7$. Il est fréquent de classer les étudiants par moyennes[(7)] décroissantes. L'examen du tableau 3.5 nous indique le classement suivant : E_8, E_3, E_4, E_7, E_1, E_{10}, E_6, E_2, E_9 et E_5.

Tableau 3.5 *Détermination des moyennes par cours et par étudiant*

Étudiants	Matières							Moyenne
	C_1	C_2	C_3	C_4	C_5	C_6	C_7	
E_1	52	47	51	69	83	76	24	57.4
E_2	23	44	19	67	24	75	23	39.3
E_3	83	58	63	77	85	83	27	68.0
E_4	75	51	43	85	86	80	30	64.3
E_5	04	46	25	33	27	14	19	24.0
E_6	35	56	31	47	77	77	21	49.1
E_7	67	49	27	75	79	78	29	57.7
E_8	92	57	73	83	87	84	93	81.3
E_9	12	42	23	59	21	79	18	36.3
E_{10}	46	54	48	73	29	81	25	50.9
Moyenne	48.9	50.4	40.3	66.8	59.8	72.7	30.9	52.8

La comparaison des lignes du tableau doit cependant nous inciter à plus de discernement. En effet, si certains étudiants ont des résultats relativement homogènes (E_8 : de 73 à 93, sauf pour C_2), d'autres ont des variations plus grandes (comme E_9 : de 12 à 79, ou encore E_2 : de 19 à 75). Par ailleurs, la façon d'apprécier les résultats peut être fonction du niveau des notes attribuées pour chaque cours, et en particulier de leur moyenne (de 30.9 pour C_7 à 72.7 pour C_6).

Nous pouvons ainsi nous rendre compte, au vu de cet exemple, que la seule considération de la moyenne ne suffit pas pour comparer des situations distinctes. D'autre part, dans certains cas, on peut même douter du bien-fondé de son usage. Ainsi, la moyenne des notes attribuées dans le cours C_6 vaut 72.7. Si l'étudiant E_5 avait été dispensé de cet examen, elle eût été de 79.2. Les notes des 9 autres étudiants se répartissant entre 75 et 84, elles sont mal représentées par la moyenne de 72.7, trop influencée par la présence du 14 obtenu par E_5. Un examen rapide du cours C_7 nous amène à des conclusions analogues. Il est alors essentiel, dans ce cas, de proposer le calcul d'une valeur centrale qui ne soit pas influencée par les valeurs extrêmes. La médiane que nous présentons ci-dessous répond notamment à cet objectif.

3.2.2 La médiane

Nous introduisons ce paramètre en reprenant les trois cas envisagés dans le paragraphe précédent, selon qu'on dispose de la série statistique, d'une distribution observée ou d'une distribution groupée.

(7) La moyenne est calculée pour chaque étudiant sur les 7 résultats obtenus.

a) La médiane d'une série statistique

La ***médiane*** est un paramètre qui, comme la moyenne arithmétique, représente une valeur centrale d'une série $\{x_1, x_2, \ldots, x_n\}$. Mais, contrairement au paramètre précédent, elle n'est pas liée à la *valeur numérique* des observations : c'est la position de ces dernières les unes par rapport aux autres qui va être prise en compte. Sa définition s'obtient à partir de la *série ordonnée*

$$\{x_{(1)}, x_{(2)}, \ldots, x_{(i)}, \ldots x_{(n)}\}$$

où, rappelons-le, l'indice (i) est le *rang* de l'observation correspondante. On constate ainsi que ce paramètre ne peut être défini que si les valeurs de la variable sont mesurées sur une *échelle ordinale ou quantitative* (mais pas nominale).

Dans une première approche, nous pouvons dire que la médiane est une valeur, notée $x_{1/2}$, telle que *le nombre d'observations de la série ordonnée qui la précèdent est égal au nombre d'observations qui la suivent*. Nous détaillerons cette définition en considérant deux cas.

1°) *Si n est impair*, on a :

$$x_{1/2} = x_{\left(\frac{n+1}{2}\right)}. \tag{3.17}$$

La médiane est donc l'observation de rang $(n + 1)/2$.

Ainsi, par exemple, la série ordonnée $\{1, 3, 7, 8, 9, 15, 17\}$ comporte 7 observations ; sa médiane est la quatrième observation (observation de rang $(7 + 1)/2 = 4$), égale à 8.

2°) *Si n est pair*, on se heurte à une difficulté dans la définition de la médiane. En effet, toute observation située entre l'observation de rang $n/2$ et la suivante satisfait à la propriété désirée. On dit alors que ces deux observations définissent un ***intervalle médian***. Son usage n'est pas aussi simple que celui d'une valeur. Aussi, lorsque les observations sont numériques, on décide généralement (par convention !) de définir comme médiane la moyenne arithmétique des deux observations qui délimitent cet intervalle :

$$x_{1/2} = \frac{x_{\left(\frac{n}{2}\right)} + x_{\left(\frac{n}{2}+1\right)}}{2}. \tag{3.18}$$

Cette façon de procéder assure l'*unicité* de la médiane. Si l'échelle de mesure est ordinale, on ne peut bien sûr utiliser (3.18) pour remplacer l'intervalle médian.

Ainsi, par exemple, la série ordonnée $\{1, 3, 7, 8, 9, 15\}$ a pour médiane la valeur 7.5 obtenue en prenant la moyenne arithmétique entre la troisième observation (7) et la quatrième (8).

---

b) La médiane d'une distribution observée

La définition de la médiane, telle que nous l'avons introduite ci-dessus, est particulièrement simple quand les valeurs observées sont distinctes (tout au moins aux alentours de $x_{1/2}$) et que l'on dispose de la série ordonnée. Mais comment peut-on procéder pour déterminer $x_{1/2}$ si on possède une distribution observée $\{(x_j, n_j); j = 1, \ldots, J\}$? Nous répondrons à cette question en nous rappelant que, dans ce cas, nous avons défini une fonction cumulative $N(x)$ (représentant le nombre d'observations inférieures ou égales à x) et une fonction cumulative à droite $N^*(x)$ (correspondant au nombre d'observations supérieures ou égales à x)[8].

Les fonctions $N(x)$ et $N^*(x)$ vont nous permettre de formuler aisément la définition de la médiane qui s'exprime au moyen de l'équation

$$N(x_{1/2}) = N^*(x_{1/2}). \tag{3.19}$$

La solution de (3.19) est soit unique, soit indéterminée (intervalle médian). Dans ce dernier cas, on prend pour médiane la moyenne des valeurs qui définissent cet intervalle (si ces valeurs sont numériques).

Remarquons que, d'un point de vue pratique, il est plus aisé de recourir à la démarche suivante, basée sur l'histogramme des effectifs cumulés, et qui découle de ce qui précède :

1. s'il existe une valeur x_j telle que $N_{j-1} < n/2 < N_j$, alors $x_{1/2} = x_j$ (en posant $N_0 = 0$, si $j = 1$) ;
2. s'il existe une valeur x_j telle que $N_j = n/2$, alors

$$x_{1/2} = \frac{x_j + x_{j+1}}{2} \, .$$

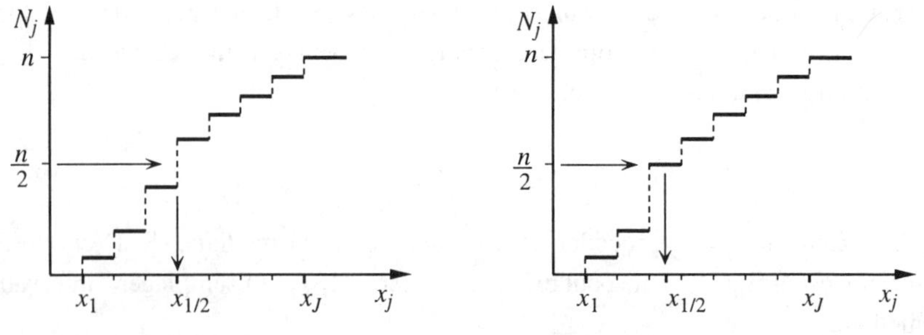

Figure 3.5 *Détermination de la médiane d'une D.O.1*

[8] Nous nous plaçons dans le cas où la variable est quantitative. Dans le cas ordinal, il suffit de « traduire » les symboles $\leqslant$ ou $\geqslant$ en fonction de la relation d'ordre retenue.

EXEMPLE 3.1 (suite 2)

Construisons la courbe cumulative associée à la D.O.1 $\{(1,2),(2,3),(3,1)\}$, représentée dans la figure 3.6.

En recherchant l'abscisse du point de la courbe[9] dont l'ordonnée vaut $n/2 = 3$, on constate que la médiane vaut 2.

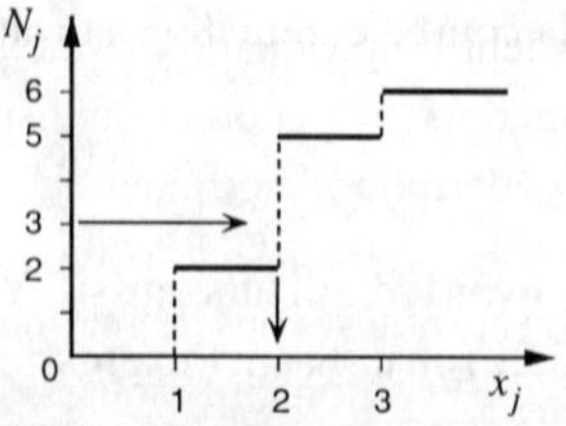

Figure 3.6 *Recherche de* $x_{1/2}$

Une remarque qui éclaire d'un autre jour la définition de la médiane repose sur la propriété (2.8) selon laquelle $N(x) + N^*(x) \geqslant n$. Compte tenu de (3.19), on en déduit que

$$N(x_{1/2}) \geqslant \frac{n}{2} \qquad \text{et} \qquad N^*(x_{1/2}) \geqslant \frac{n}{2} \cdot \tag{3.20}$$

On peut ainsi affirmer, d'une part, que *le nombre d'observations inférieures ou égales à la médiane vaut au moins la moitié du nombre total d'observations* et, d'autre part, que *le nombre d'observations supérieures ou égales à la médiane vaut au moins la moitié du nombre total d'observations*.

EXEMPLE 3.1 (suite 3)

La médiane vaut 2 et $n = 6$. Le graphique 3.6 nous indique que $N(2) = 5$. Cette valeur est effectivement supérieure à $n/2 = 3$. Le calcul de $N^*(2)$ nous donne $N^*(2) = 4$, qui est aussi supérieur à 3.

c) La médiane d'une distribution groupée

Plaçons-nous à présent dans le cas où nous possédons une *distribution groupée*, mais où nous ne disposons plus de la série ordonnée qui a permis sa construction. Dans ce cas, nous ne pouvons pas déterminer avec précision $x_{1/2}$. Il est cependant possible d'obtenir une *valeur approchée* de ce paramètre par l'intermédiaire de la *courbe cumulative* d'équation $y = N(x)$ et de la *courbe cumulative à droite* d'équation $y = N^*(x)$. Nous avons vu que $N(x)$ (respectivement $N^*(x)$) permet d'estimer le nombre d'observations inférieures (respectivement supérieures) ou égales à x, si on suppose que les observations sont réparties uniformément au sein de chaque classe. Dans ces conditions, nous pouvons définir la valeur (approchée) de $x_{1/2}$ comme étant la solution de l'équation suivante :

$$N(x_{1/2}) = N^*(x_{1/2}). \tag{3.21}$$

[9] La courbe est constituée ici des paliers et des contre-marches dessinées en pointillés.

Étant donné le caractère de continuité de $N(x)$ et $N^*(x)$, la médiane, définie graphiquement par l'abscisse du point d'intersection de la courbe cumulative et de la courbe cumulative à droite (voir graphique 3.7), est telle que

$$N(x_{1/2}) = \frac{n}{2}\cdot \tag{3.22}$$

Nous avons d'ailleurs aussi $N^*(x_{1/2}) = n/2$. Il suffit de résoudre l'équation (3.22) en utilisant l'expression définissant $N(x)$ pour obtenir la valeur souhaitée :

$$x_{1/2} = \ell_m^- + h_m \frac{(n/2) - N_{m-1}}{n_m} \tag{3.23}$$

où m désigne la classe contenant $x_{1/2}$, ℓ_m^- sa limite inférieure, h_m sa longueur, n_m son effectif et N_{m-1} l'effectif cumulé de la classe précédente.

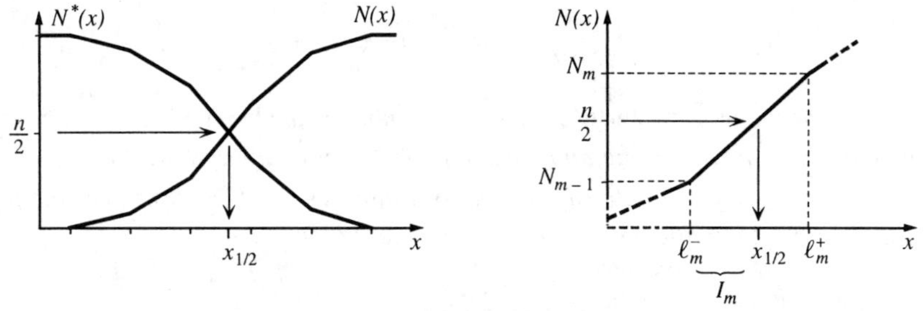

Figure 3.7 *Détermination de la médiane d'une D.G.1*

COMMENTAIRE TECHNIQUE 3.2

Une manière intuitive de procéder permet d'arriver à l'expression (3.23).

1. Nous déterminons la classe médiane, notée ici (ℓ_m^-, ℓ_m^+) et définie par la propriété de contenir $x_{1/2}$. Cette classe est la première dont l'effectif cumulé est supérieur ou égal à la moitié du nombre d'observations :

$$N_{m-1} < \frac{n}{2} \leqslant N_m. \tag{3.24}$$

2. En portant notre attention sur la classe médiane, nous constatons sur le graphique de droite de la figure 3.7 que l'intervalle $I_m = [\ell_m^-, x_{1/2}]$ est une partie de la classe médiane (dont la longueur vaut $h_m = \ell_m^+ - \ell_m^-$). Or, la classe médiane contient n_m observations ; l'intervalle I_m en contient lui $(n/2 - N_{m-1})$. On en déduit que l'intervalle I_m contient une *proportion* d'observations de la classe médiane égale à

$$\frac{n/2 - N_{m-1}}{n_m}. \tag{3.25}$$

Compte tenu de l'hypothèse de répartition uniforme des observations dans chaque classe, nous pouvons estimer que la longueur de l'intervalle I_m est égale à une proportion de la longueur de classe h_m fournie par (3.25). Il en résulte donc l'expression (3.23).

EXEMPLE 3.3 (suite 2)

Reprenons les données relatives à la série définie par 175 mesures de tailles d'étudiants. Comme on dispose de la série ordonnée (voir paragraphe 2.4.4), nous pouvons aisément constater que

$$x_{1/2} = x_{(88)} = 176.$$

Par ailleurs, au vu du tableau 3.6, la classe médiane de la distribution groupée (en 5 classes) est la troisième. Il s'ensuit que la valeur médiane peut être estimée par

$$x_{1/2} = 169.5 + 10\,\frac{87.5 - 46}{65} = 169.5 + 6.4 = 175.9\,.$$

Tableau 3.6 *Recherche de la classe médiane*

(ℓ_j^-, ℓ_j^+)	n_j	N_j
149.5–159.5	14	14
159.5–169.5	32	46
→ 169.5–179.5	65	111
179.5–189.5	47	158
189.5–199.5	17	175

Remarquons la propriété graphique suivante. Si nous considérons l'histogramme des effectifs de notre D.G.1, la surface située sous l'histogramme, à gauche de 175.9 est égale à celle située à sa droite. En outre, la valeur commune des aires vaut 87.5 (la moitié de n).

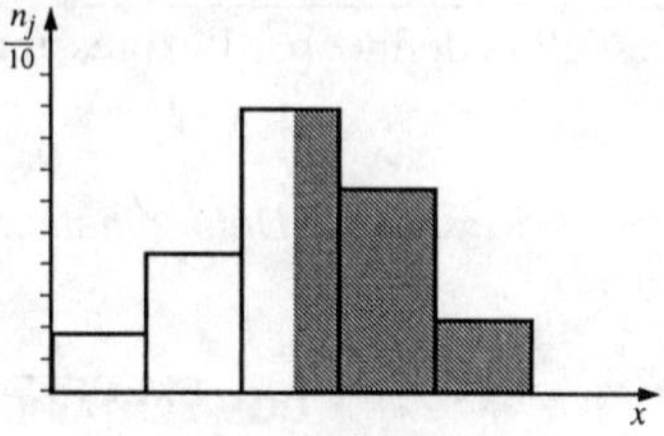

Figure 3.8
Interprétation graphique de $x_{1/2}$

3.2.3 Autres valeurs centrales

Si la moyenne arithmétique et la médiane constituent deux valeurs de centralité très utilisées, on peut recourir dans certains cas à d'autres paramètres. Nous en présentons ci-dessous quelques-uns.

a) La moyenne tronquée

Nous avons vu que la moyenne était influencée par la présence de valeurs extrêmes. Une manière d'éviter cet inconvénient consiste à éliminer ces dernières ou, tout au moins, à ne pas tenir compte des premières et dernières valeurs de la série ordonnée. Il en est ainsi pour la ***moyenne tronquée*** qui ne porte que sur les observations $x_{(2)}, \ldots, x_{(n-1)}$ et qui ne tient donc pas compte de la plus petite observation $x_{(1)}$ ni de la plus grande $x_{(n)}$:

$$\overline{x}_{\text{TR}} = \frac{1}{n-2} \sum_{i=2}^{n-1} x_{(i)}. \tag{3.26}$$

On peut cependant reprocher à cette démarche d'éliminer de l'information.

b) La moyenne pondérée

L'objectif est ici d'attribuer aux différentes observations en présence une importance qui n'est pas la même pour toutes. De nombreux problèmes recourent à cette approche. Nous allons en montrer un exemple intéressant.

Le principe de ce paramètre est le suivant. On attribue à chaque observation $x_1, \ldots, x_n$ un ***coefficient de pondération*** $w_1, \ldots, w_n$ —encore appelé plus simplement un ***poids***— correspondant à l'importance que l'on donne à cette observation. Ces poids doivent être tels que

$$\sum_{i=1}^{n} w_i = 1 \tag{3.27}$$

pour pouvoir qualifier l'opération de moyenne. La ***moyenne pondérée*** des observations est alors définie par l'expression suivante :

$$\overline{x}_{\text{P}} = \sum_{i=1}^{n} w_i x_i. \tag{3.28}$$

EXEMPLE 3.4 (suite 1)

Supposons que l'on attribue aux cours $C_1, \ldots, C_7$ une importance proportionnelle au nombre d'heures qu'ils occupent dans l'horaire des cours. Si l'on constate l'existence de 4 cours de 30h/an (C_1, C_2, C_4 et C_5) et de 3 cours de 60h/an (C_3, C_6, et C_7), on affectera à chacun des 4 premiers un poids (P) égal à 1/10 et à chacun des trois autres un poids égal à 2/10, pour satisfaire à (3.27). Si x_{ij} désigne la note recueillie par l'étudiant E_i dans le cours C_j, la moyenne $\overline{x}_{Pi}$ de chaque étudiant est obtenue comme suit :

$$\overline{x}_{Pi} = \frac{x_{i1} + x_{i2} + 2x_{i3} + x_{i4} + x_{i5} + 2x_{i6} + 2x_{i7}}{10}. \tag{3.29}$$

L'application de (3.29) au tableau de données nous fournit le tableau 3.7 (page suivante).

On constate que la pondération a pour effet de faire diminuer la moyenne pour la plupart des étudiants (sauf E_8, E_9 et E_{10}). Cela résulte d'un accroissement de l'importance des cours C_3 et C_7 dont les résultats sont faibles et d'une diminution parallèle pour les cours C_2, C_4 et C_5 dont les notes sont meilleures. Seuls les trois derniers étudiants échappent à la règle car ils sont bons dans certains cours sur-pondérés (E_8 et E_{10}) ou mauvais dans des cours sous-pondérés (E_9).

Tableau 3.7 *Détermination des moyennes pondérées*

Étudiants	Matières							Moyennes	
	C_1	C_2	C_3	C_4	C_5	C_6	C_7	Simple	Pondérée
E_1	52	47	51	69	83	76	24	57.4	55.3
E_2	23	44	19	67	24	75	23	39.3	39.2
E_3	83	58	63	77	85	83	27	68.0	64.9
E_4	75	51	43	85	86	80	30	64.3	60.3
E_5	04	46	25	33	27	14	19	24.0	22.6
E_6	35	56	31	47	77	77	21	49.1	47.3
E_7	67	49	27	75	79	78	29	57.7	53.8
E_8	92	57	73	83	87	84	93	81.3	81.9
E_9	12	42	23	59	21	79	18	36.3	37.4
E_{10}	46	54	48	73	29	81	25	50.9	51.0

Par ailleurs, nous avons déjà implicitement utilisé la technique de pondération dans les deux cas suivants.

1. La moyenne d'une D.O.1 peut s'exprimer sous la forme d'une somme pondérée des valeurs distinctes observées x_j $(j = 1, \ldots, J)$ où les poids sont les fréquences f_j associées [cf. (3.9)].
2. La moyenne $\overline{x}$ d'un ensemble d'observations résultant de l'agrégation de deux ensembles qui ont pour moyennes respectives $\overline{x}_1$ et $\overline{x}_2$, est fournie par (3.6). On constate ainsi que $\overline{x}$ est une moyenne pondérée de $\overline{x}_1$ et $\overline{x}_2$, les poids valant respectivement n_1/n et n_2/n (poids proportionnels aux nombres d'observations de chacun des deux groupes).

Remarquons enfin que si tous les poids w_i sont égaux entre eux (et donc égaux à $1/n$), on retrouve le concept de ***moyenne arithmétique simple*** introduit en (3.1).

Un exemple intéressant de l'usage d'une moyenne pondérée concerne le calcul d'***indices de prix***, basé sur le concept introduit dans le paragraphe 2.7.4.

Si $x_1, x_2, \ldots, x_n$ sont des produits admettant les prix respectifs suivants :

1. *à l'époque de base* $0 : p_0(x_1), p_0(x_2), \ldots, p_0(x_n)$;
2. *à l'époque courante* $t : p_t(x_1), p_t(x_2), \ldots, p_t(x_n)$,

on peut associer à chaque produit un ***indice élémentaire*** défini par

$$\frac{p_t(x_1)}{p_0(x_1)}, \frac{p_t(x_2)}{p_0(x_2)}, \ldots, \frac{p_t(x_i)}{p_0(x_i)}, \ldots, \frac{p_t(x_n)}{p_0(x_n)},$$

et obtenir un ***indice synthétique*** moyen selon (3.28) :

$$M_{t/0}(p; x_1, x_2, \ldots, x_n) = \sum_{i=1}^{n} w_i \frac{p_t(x_i)}{p_0(x_i)}. \tag{3.30}$$

Cet indice synthétique est construit en affectant à chaque indice élémentaire un coefficient w_i représentant l'importance relative du produit x_i par rapport aux autres [10].

Si tous les coefficients w_i sont égaux entre eux, leur valeur commune est $1/n$. On obtient alors un ***indice synthétique simple***, appelé ***indice moyenne arithmétique*** des prix, que l'on note

$$A_{t/0}(p; x_1, x_2, \ldots, x_n) = \frac{1}{n} \sum_{i=1}^{n} \frac{p_t(x_i)}{p_0(x_i)}. \tag{3.31}$$

Si, par ailleurs, on choisit des coefficients égaux aux valeurs relatives des produits à l'époque de base :

$$w_i = \frac{v_0(x_i)}{\sum_k v_0(x_k)}$$

— où la valeur $v_0(x_i)$ est obtenue en multipliant le prix $p_0(x_i)$ par la quantité $q_0(x_i)$ vendue (ou achetée, ou fabriquée...) de ce produit à l'époque de base — on obtient un ***indice synthétique pondéré*** appelé ***indice des prix de Laspeyres*** que l'on note

$$L_{t/0}(p; x_1, x_2, \ldots, x_n) = \sum_i \frac{v_0(x_i)}{\sum_k v_0(x_k)} \frac{p_t(x_i)}{p_0(x_i)}.$$

Compte tenu de la définition des valeurs, nous pouvons encore écrire :

$$\begin{aligned} L_{t/0}(p; x_1, \ldots, x_n) &= \frac{1}{\sum_k p_0(x_k) q_0(x_k)} \sum_i p_0(x_i) q_0(x_i) \frac{p_t(x_i)}{p_0(x_i)} \\ &= \frac{\sum_i q_0(x_i) p_t(x_i)}{\sum_i q_0(x_i) p_0(x_i)}. \end{aligned} \tag{3.32}$$

Il existe bien sûr d'autres indices synthétiques ; nous ne les considérons pas ici [11].

c) La moyenne harmonique et la moyenne géométrique

On trouve dans la littérature la possibilité d'utiliser d'autres types de moyennes comme la ***moyenne harmonique*** de n observations $x_1, \ldots, x_n$ définie

[10] Rappelons que ces coefficients doivent être tels que $\sum_{i=1}^{n} w_i = 1$.

[11] Voir exercice T.3.13 et, par exemple, Calot [1975] ou encore Phélizon [1979].

par

$$H = \frac{n}{\sum_{i=1}^{n} \frac{1}{x_i}}, \tag{3.33}$$

ou encore la ***moyenne géométrique*** :

$$G = \sqrt[n]{\prod_{i=1}^{n} x_i}. \tag{3.34}$$

Nous ne développerons pas ce type de paramètres ici [12], nous contentant de montrer, par exemple, l'intérêt du second d'entre eux.

EXEMPLE 3.5

On a relevé le nombre d'habitants d'une ville entre 1950 et 1990. Les observations ont été effectuées tous les dix ans, ce qui nous permet de simplifier l'écriture en prenant sur l'échelle des temps 1950 pour origine et la décennie pour unité :

Année	1950	1960	1970	1980	1990
t	0	1	2	3	4
Population x_t	20	62	85	97	100

L'accroissement relatif de la population peut être mesuré par

$$y_t = \frac{x_t}{x_{t-1}} \quad , \quad t = 1, 2, 3, 4.$$

t	0	1	2	3	4
y_t (en %)	–	310	137	114	103

Comment peut-on déterminer l'accroissement relatif décennal moyen entre 1950 et 1990 ? Une moyenne arithmétique des 4 valeurs donnerait :

$$\overline{y} = \frac{310 + 137 + 114 + 103}{4} = 166\ (\%).$$

En appliquant ce taux constant, nous pouvons établir des estimations $\hat{x}_t$ — en posant $\hat{x}_0 = x_0 = 20$ — de la population au moyen de la relation

$$\hat{x}_t = \hat{x}_{t-1}\overline{y} \quad , \quad t = 1, 2, 3, 4$$

qui peut encore s'écrire sous la forme

$$\hat{x}_t = \hat{x}_0\overline{y}^{\,t} \quad , \quad t = 1, 2, 3, 4\,.$$

Année	1950	1960	1970	1980	1990
t	0	1	2	3	4
$\hat{x}_t$	20	33.2	55.1	91.5	151.9

(12) Cf. Exercices T.3.4 et T.3.5, Calot [1975] ou encore Grais [1972].

Il est clair que la valeur estimée en 1990 est fortement surévaluée ! Par contre, si on choisit un autre accroissement moyen, que nous notons G, l'expression précédente devient

$$\hat{x}_t = \hat{x}_0 G^t \quad , \quad t = 1, 2, 3, 4\,.$$

Pour retrouver une estimation en 1990 qui soit égale à la population réelle à cette date (soit $\hat{x}_4 = x_4 = 100$), nous devons satisfaire à la condition

$$x_4 = x_0 G^4.$$

Il s'ensuit que $G^4 = x_4/x_0$, ou encore :

$$G = \sqrt[4]{\frac{x_4}{x_0}}.$$

Remarquons que cette dernière expression peut encore s'écrire :

$$G = \sqrt[4]{\frac{x_1 x_2 x_3 x_4}{x_0 x_1 x_2 x_3}} = \sqrt[4]{y_1 y_2 y_3 y_4}$$

ce qui constitue la définition de la *moyenne géométrique* des différents accroissements relatifs. Dans notre exemple, nous avons

$$G = \sqrt[4]{(310)(137)(114)(103)} = 149.53$$

ce qui nous fournit les estimations $\hat{x}_t$ suivantes :

Année	1950	1960	1970	1980	1990
t	0	1	2	3	4
$\hat{x}_t$	20	29.9	44.7	66.9	100

Remarquons que le calcul de G peut être facilité par le recours à une transformation logarithmique des données (voir annexe 4).

3.2.4 Les quantiles (fractiles)

La médiane est une valeur centrale. Elle peut cependant être aussi considérée comme un cas particulier d'une valeur plus générale, appelée ***quantile*** (ou encore ***fractile***). Nous introduisons ce concept selon le même scénario utilisé pour la médiane.

a) Les quantiles d'une série observée

On suppose à nouveau disposer de la série ordonnée [13]. Soit p un nombre réel compris entre 0 et 1. On appelle ***quantile d'ordre p*** la valeur x_p de la variable telle que

$$N(x_p) \geqslant np \qquad \text{et} \qquad N^*(x_p) \geqslant n(1-p). \tag{3.35}$$

Il y a donc au moins une proportion p des observations qui sont inférieures ou égales à x_p ; conjointement, il y a au moins la proportion complémentaire $(1-p)$ de valeurs supérieures ou égales à x_p. Si une seule observation satisfait à cette

[13] Ce qui suppose que la variable étudiée est ordinale ou quantitative.

double inégalité, elle représente le quantile. Si deux valeurs consécutives satisfont à (3.35), on prend (par convention) pour quantile leur moyenne arithmétique (si ces valeurs sont numériques). Cette définition généralise celle que nous avons introduite pour caractériser la médiane [voir (3.20)].

EXEMPLE 3.2 (suite 3)

Reprenons la série $\{1, 2, 3, 4, 5, 10, 11, 12\}$. Le quantille d'ordre $p = 0.2$ vaut 2. En effet, au moins 20% des observations — 25% avec exactitude — sont inférieures ou égales à 2 et au moins 80% d'entre elles — 87.5% exactement — lui sont supérieures ou égales.

De façon empirique, nous pouvons dire que x_p partage l'ensemble des observations en deux sous-ensembles qui doivent contenir respectivement un nombre d'observations à peu près égal à np et $n(1-p)$. Bien sûr, cette situation idéale n'est pas toujours rencontrée, ne fût-ce qu'en raison du fait que np et $n(1-p)$ ne sont pas nécessairement des nombres entiers.

Les quantiles les plus utilisés sont les suivants.

1. La ***médiane*** $(p = 1/2)$ que nous avons vue au paragraphe précédent.
2. Les ***quartiles*** correspondent à $p = 1/4$, $p = 1/2$ et $p = 3/4$. Ils sont parfois représentés par les symboles Q_1 (pour $x_{1/4}$), Q_2 (pour $x_{1/2}$) et Q_3 (pour $x_{3/4}$). On peut dire, empiriquement, que ces trois valeurs partagent l'ensemble des observations en 4 parties « de même effectif ». Le recours à ces valeurs sera intéressant dans l'étude de la dispersion et de l'asymétrie d'une série statistique.
3. Les ***déciles*** correspondent à $p = 1/10, p = 2/10, \ldots, p = 9/10$. L'usage de $x_{1/10}$ et $x_{9/10}$ permettra aussi d'aborder l'étude de la dispersion d'une série.
4. Les ***percentiles*** correspondent à $p = 1/100$, $p = 2/100$, ..., $p = 99/100$.

Comme on peut s'en rendre compte, nous ne désirons plus nous situer au milieu de la série (sauf pour la médiane). Nous recherchons plutôt des endroits où l'on se situe par rapport aux observations qui précèdent ou qui suivent. Il peut être très instructif de savoir que 90% des individus vous précèdent ou que 30% d'entre eux vous suivent.

EXEMPLE 3.2 (suite 4)

Reprenons la série ordonnée représentée graphiquement comme suit :

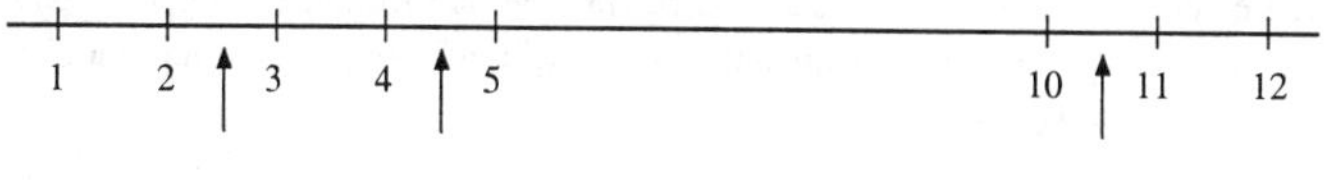

Les quartiles de cette série apparaissent aisément au vu de ce graphique :

$$x_{1/4} = 2.5, \quad x_{1/2} = 4.5 \quad \text{et} \quad x_{3/4} = 10.5\,.$$

b) Les quantiles d'une distribution observée

Si on possède une D.O.1 $\{(x_j, n_j); j = 1, \ldots, J\}$, x_p peut s'obtenir soit à partir de la courbe cumulative, soit à partir du tableau des effectifs cumulés[14].

1. S'il existe une valeur x_j telle que $N_{j-1} < np < N_j$ alors $x_p = x_j$ (en posant $N_0 = 0$ si $j = 1$).
2. S'il existe une valeur x_j telle que $N_j = np$, alors

$$x_p = \frac{x_j + x_{j+1}}{2}.$$

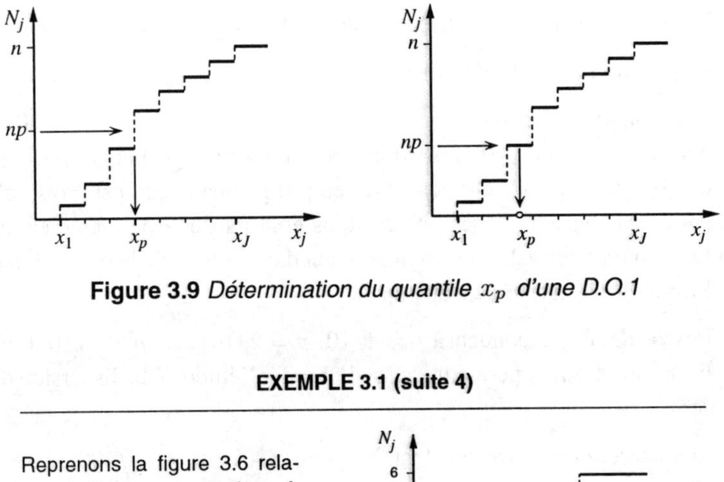

Figure 3.9 *Détermination du quantile x_p d'une D.O.1*

EXEMPLE 3.1 (suite 4)

Reprenons la figure 3.6 relative à l'histogramme des effectifs cumulés de la D.O.1 étudiée. On constate aisément que $x_{1/4} = 1$, $x_{1/2} = 2$ et $x_{3/4} = 2$.
Par analogie, on obtient, par exemple[15], $x_{1/3} = 1.5$ et $x_{2/3} = 2$.

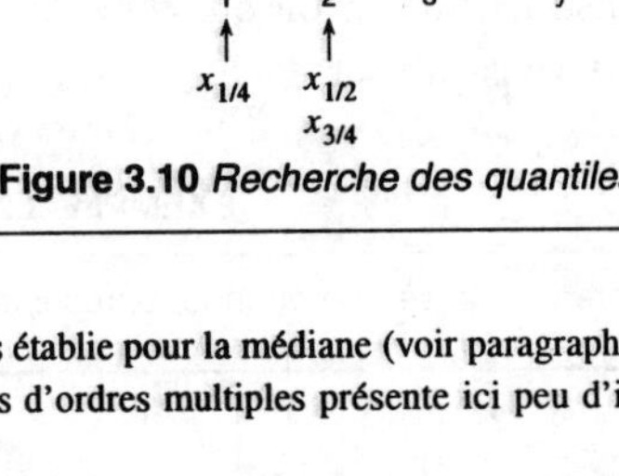

Figure 3.10 *Recherche des quantiles*

---

(14) Cette règle généralise celle que nous avions établie pour la médiane (voir paragraphe 3.2.2).

(15) Remarquons que la recherche des quantiles d'ordres multiples présente ici peu d'intérêt vu le petit nombre d'observations.

c) Les quantiles d'une distribution groupée

Dans le cas où l'on possède une D.G.1, x_p peut être approché par une démarche analogue à celle que nous avons suivie dans l'étude de la médiane.

1. On recherche la classe —que nous notons (ℓ_k^-, ℓ_k^+) — qui contient le quantile x_p ; elle est telle que $N_{k-1} < np \leqslant N_k$.
2. On recherche ensuite la valeur x_p qui satisfait à l'équation : $N(x_p) = np$. Comme $N(x)$ est continue, cette relation définit x_p. On peut vérifier que la solution de cette équation est fournie par

$$x_p = \ell_k^- + h_k \frac{np - N_{k-1}}{n_k}. \tag{3.36}$$

EXEMPLE 3.3 (suite 3)

En reprenant la distribution groupée des tailles d'étudiants, on obtient aisément les valeurs approchées des différents quantiles (que nous comparons aux valeurs exactes déterminées à partir de la série ordonnée présentée dans le paragraphe 2.4.4).

Tableau 3.8 *Recherche des quantiles*

	(ℓ_j^-, ℓ_j^+)	n_j	N_j
	149.5–159.5	14	14
$x_{1/10}$ et $x_{1/4}$ →	159.5–169.5	32	46
$x_{3/10}$ →	169.5–179.5	65	111
$x_{7/10}, x_{3/4}, x_{9/10}$ →	179.5–189.5	47	158
	189.5–199.5	17	175

La détermination des valeurs approchées de $x_{1/4}$, $x_{3/4}$, $x_{1/10}$, $x_{3/10}$, $x_{7/10}$ et $x_{9/10}$ s'effectue comme suit :

$$x_{1/4} \in (159.5\text{–}169.5) \Rightarrow x_{1/4} = 159.5 + 10\frac{43.75 - 14}{32} = 168.8;$$

$$x_{3/4} \in (179.5\text{–}189.5) \Rightarrow x_{3/4} = 179.5 + 10\frac{131.25 - 111}{47} = 183.8;$$

$$x_{1/10} \in (159.5\text{–}169.5) \Rightarrow x_{1/10} = 159.5 + 10\frac{17.5 - 14}{32} = 160.6;$$

$$x_{3/10} \in (169.5\text{–}179.5) \Rightarrow x_{3/10} = 169.5 + 10\frac{52.5 - 46}{65} = 170.5;$$

$$x_{7/10} \in (179.5\text{–}189.5) \Rightarrow x_{7/10} = 179.5 + 10\frac{122.5 - 111}{47} = 181.9;$$

$$x_{9/10} \in (179.5\text{–}189.5) \Rightarrow x_{9/10} = 179.5 + 10\frac{157.5 - 111}{47} = 189.4.$$

Ces valeurs sont comparées aux valeurs exactes dans le tableau 3.9.

Tableau 3.9 *Comparaison des quantiles exacts et approchés*

p	0.25	0.75	0.10	0.30	0.70	0.90
valeur exacte	169	183	161	170	181	189
valeur approchée	168.8	183.8	160.6	170.5	181.9	189.4

3.2.5 Le mode

Un autre paramètre de position est parfois utilisé et répond à un objectif précis : connaître dans une D.O.1 la *valeur observée qui apparaît le plus souvent*. Cette valeur définit le ***mode*** de cette D.O.1 et est notée x_M. Ce paramètre est apparemment très simple à obtenir dès qu'on dispose du diagramme en bâtons représentant la D.O.1 : x_M correspond à l'effectif le plus grand ! La simplicité d'obtention de ce paramètre est évidente pour des D.O.1 semblables à celle que nous avons considérée dans la figure 3.11. Mais que dire « du mode » des trois distributions de la figure 3.12 ?

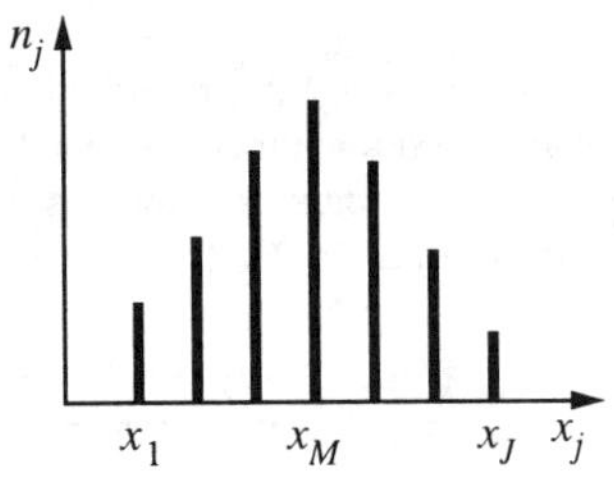

Figure 3.11 *Le mode*

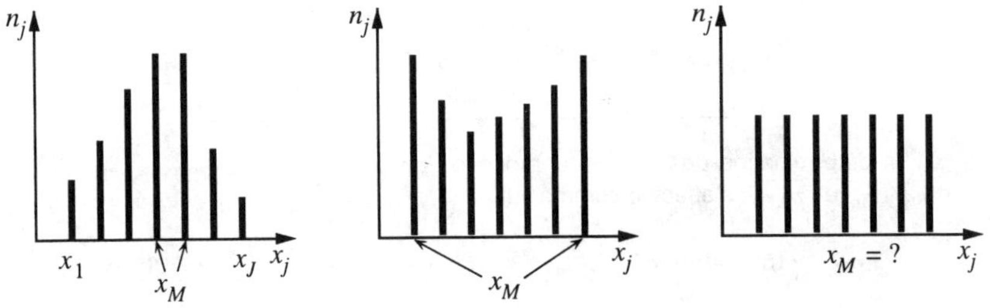

Figure 3.12 *Quelques situations possibles*

On constate ainsi que ce paramètre n'est pas nécessairement unique et qu'il peut même ne pas exister (voir dernier graphique). On peut aussi se trouver dans l'obligation de définir des *modes relatifs et absolus* lorsque le graphique présente plusieurs *maxima relatifs*. Il existe, dans ce cas, au moins deux valeurs x_j telles que $n_j > n_{j-1}$ et $n_j > n_{j+1}$. Le mode relatif correspondant à l'effectif le plus grand est dit *mode absolu* (cf. figure 3.13).

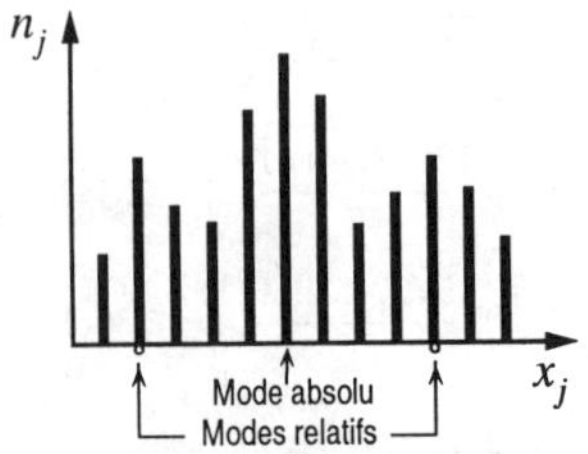

Figure 3.13
Modes absolus et relatifs

Une distribution peut être ***unimodale*** (un seul mode) comme dans la figure 3.11. Si elle est en forme de cloche[16], le mode peut constituer une valeur centrale. Il est cependant préférable d'utiliser dans ce rôle la moyenne arithmétique ou la médiane. Une distribution peut aussi être ***plurimodale*** (c'est-à-dire posséder plusieurs modes) comme dans la figure 3.13. Cette situation se présente notamment quand des distributions unimodales, de valeurs centrales distinctes, sont mélangées.

Par ailleurs, on peut se poser la question de savoir ce que devient le concept de mode si on dispose d'une *distribution groupée*. Lorsque toutes les classes sont de même longueur, on peut définir une ***classe modale*** comme étant celle dont l'effectif associé est le plus grand (son existence et son unicité ne sont pas nécessairement garanties !). Si les classes ne sont pas de même longueur, il faut effectuer la comparaison des effectifs en les ramenant à des intervalles de valeurs équivalents.

Vouloir rechercher une *valeur approchée* du mode à partir d'une D.G.1 n'est pas nécessairement une opération réussie. Une approximation souvent citée est due à Yule et Kendall et semble acceptable pour des distributions groupées en forme de cloche pas trop dissymétriques[17]. Dans ce cas, ces auteurs ont constaté une relation empirique, liée à la position des paramètres $\overline{x}$, $x_{1/2}$ et x_M, selon laquelle[18]

$$\overline{x} - x_M \approx 3\left(\overline{x} - x_{1/2}\right).$$

Si on a pu déterminer des valeurs pour $\overline{x}$ et $x_{1/2}$, il résulte de cette expression que, dans ce cas :

$$x_M \approx 3x_{1/2} - 2\overline{x}. \qquad (3.37)$$

3.2.6 Le choix et le rôle d'un paramètre de position

Le choix d'un paramètre de position est bien sûr fonction de l'objectif poursuivi. Ainsi, les lendemains d'élections, on cherche souvent à savoir quel est le groupe parlementaire qui comptera le plus grand nombre de députés (mode). De même, la connaissance des déciles d'une distribution de tailles est très utile à un fabricant de vêtements.

Déterminer une *valeur centrale* est un problème moins évident. Sans vouloir établir des règles strictes, nous proposons de suivre la démarche suivante quand elle n'est pas imposée par le contexte du problème que l'on étudie.

(16) Nous renvoyons le lecteur à la terminologie introduite dans le paragraphe 2.4.6.

(17) Nous reviendrons sur ce concept de dissymétrie un peu plus tard.

(18) Le symbole $\approx$ signifie « à peu près égal ».

Si la variable est nominale, le concept de centralité n'a pas de sens. Pour une variable ordinale, la médiane s'impose. Enfin, dans le cas d'une variable quantitative, on a le choix entre plusieurs possibilités.

Il faut tout d'abord regarder la série observée (ou la D.O.1 ou la D.G.1) et se poser quelques questions préalables : y-a-t-il présomption d'existence de valeurs extrêmes ? Les mesures sont-elles précises ou s'agit-il d'appréciations plus floues ? Se trouve-t-on devant un ensemble homogène ou au contraire un mélange de groupes distincts... ? Les propriétés des différents paramètres introduits dans les paragraphes qui précèdent doivent nous aider à préconiser (ou à rejeter) l'un ou l'autre d'entre eux.

On peut aussi en calculer plusieurs afin de les comparer et d'en tirer des informations utiles (cf. paragraphes consacrés à la dispersion et à l'asymétrie). Notons enfin que certains d'entre eux sont faciles à déterminer. Nous pensons bien sûr à la médiane qui nous paraît incontournable, mais aussi à certains paramètres, d'utilisation moins fréquente, comme les coefficients c_1, c_2 et c_3 présentés ci-dessous qui prennent en compte différentes valeurs de la série observée :

$$c_1 = \frac{x_{(1)} + x_{(n)}}{2} \qquad (3.38)$$

$$c_2 = \frac{x_{1/4} + x_{3/4}}{2} \qquad (3.39)$$

$$c_3 = \frac{x_{1/4} + 2x_{1/2} + x_{3/4}}{4} . \qquad (3.40)$$

Nous laissons au lecteur le soin de déterminer les propriétés de ces trois paramètres supplémentaires.

Ajoutons enfin que la moyenne arithmétique reste le paramètre de centralité le plus courant. Comme nous l'avons déjà souligné, il est entré dans nos mœurs et possède des propriétés mathématiques utiles. Si son intérêt n'est pas à mettre en doute, son usage exclusif doit cependant être rejeté. C'est une (bonne) habitude à suivre...

Une dernière remarque importante consiste à préciser que tous les paramètres présentés ici s'expriment dans les mêmes unités et par rapport à la même origine d'échelle que les valeurs analysées. Ne l'oublions pas lors d'un traitement pratique de données.

3.3 LES PARAMÈTRES DE DISPERSION

Nous avons vu au début du chapitre que des séries statistiques (relatives à des variables ordinales ou quantitatives) peuvent avoir même valeur centrale mais se différencier par la concentration ou la dispersion des valeurs observées autour de cette dernière. Notre objectif sera ici de construire un ou plusieurs paramètres permettant de mesurer la dispersion d'une série ou d'une distribution observée. Nous nous plaçons dans le cas où la variable est quantitative[19] et où l'on dispose d'une série statistique. Nous évoquerons le cas des D.O.1 et D.G.1 dans la suite.

EXEMPLE 3.4 (suite 2)

Reprenons le tableau 3.5 contenant les résultats obtenus par 10 étudiants dans 7 matières différentes. Une première manière de cerner le concept de dispersion consiste à ordonner les observations (par exemple selon leurs valeurs croissantes) pour chacun des cours[20], ce qui donne le tableau 3.10.

Tableau 3.10 *Séries ordonnées*

C_1	C_2	C_3	C_4	C_5	C_6	C_7
04	42	19	33	21	14	18
12	44	23	47	24	75	19
23	46	25	50	27	76	21
35	47	27	67	29	77	23
46	49	31	69	77	78	24
52	51	43	73	79	79	25
67	54	48	75	83	80	27
75	56	51	77	85	81	29
83	57	63	83	86	83	30
92	58	73	85	87	84	93

Plusieurs façons simples d'aborder la mesure de dispersion peuvent être envisagées. Nous les considérons ci-dessous.

3.3.1 L'étendue ou l'empan

Un premier paramètre de dispersion vient immédiatement à l'esprit : l'***étendue***, parfois appelée l'***empan***. Il se définit comme étant égal à la *différence entre la plus grande et la plus petite valeur observée* :

$$E = x_{(n)} - x_{(1)} . \tag{3.41}$$

Ce paramètre présente le désavantage de ne pas tenir compte de toutes les observations et d'être particulièrement sensible à la présence de valeurs extrêmes. Ainsi, les trois séries suivantes ont même étendue :

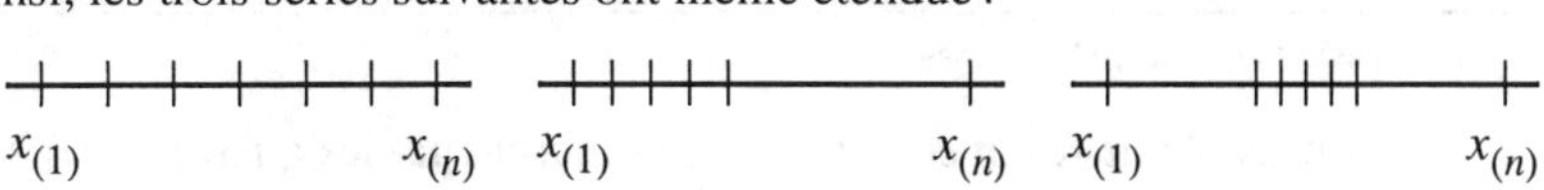

[19] Le concept de dispersion n'a pas de sens immédiat dans le cas nominal (nous reviendrons sur cette remarque dans le chapitre 10). Nous évoquerons le cas ordinal en cours de route.

[20] Attention ! Ici les lignes ne correspondent plus à des étudiants fixés *a priori*.

Cette mesure de dispersion ne peut être raisonnablement envisagée que pour des séries dont les observations sont réparties de façon homogène (sans valeurs aberrantes). Elle constitue généralement une première approche du problème.

Remarquons aussi qu'elle se calcule aisément dans une D.O.1, mais ne peut être connue avec exactitude si on ne dispose que d'une D.G.1.

3.3.2 Les écarts interquartiles et interdéciles

Une deuxième catégorie de paramètres de dispersion concerne les ***intervalles interquantiles***. Ils sont généralement définis par leurs limites qui sont respectivement x_p et x_{1-p} $(0 < p < 1/2)$. Un tel intervalle contient un pourcentage d'observations égal (ou à peu près égal) à $(1 - 2p)$. Ces intervalles peuvent se concevoir pour des variables ordinales ou quantitatives. Dans ce dernier cas, on désigne par ***écart interquantile*** la *longueur* de cet intervalle : $x_p - x_{1-p}$. Les intervalles les plus utilisés sont contenus dans le tableau suivant[(21)] :

	Intervalle	
	Interquartile	***Interdécile***
Définition de l'écart	$x_{3/4} - x_{1/4}$	$x_{9/10} - x_{1/10}$
% d'observations contenues	50%	80%

Ces intervalles ne contiennent pas les valeurs extrêmes. Si p n'est pas trop petit, ils ne sont pas sensibles à leur présence éventuelle. Par ailleurs, ils reposent sur la détermination préalable des quantiles (voir paragraphe 3.2.4).

Dans le cas d'une D.G.1, les intervalles interquantiles peuvent être définis à partir des valeurs approchées des quantiles (si on ne dispose pas des observations).

Tableau 3.11 *Le peigne*

Paramètres	$x_{1/2}$		Dispersion	Position
Q	$x_{1/4}$	$x_{3/4}$	$x_{3/4} - x_{1/4}$	$\dfrac{x_{1/4} + x_{3/4}}{2}$
E	$x_{(1)}$	$x_{(n)}$	$x_{(n)} - x_{(1)}$	$\dfrac{x_{(1)} + x_{(n)}}{2}$

Paramètres : Q = quartiles ; E = extrêmes.

Il est possible de résumer l'information fournie par les quartiles et les intervalles qui les séparent soit sous forme de tableau, soit sous forme de graphique.

(21) On peut imaginer d'autres mesures de dispersion basées sur les quantiles. C'est ainsi, par exemple, que certains auteurs utilisent des *écarts semi-interquartiles* $(x_{3/4} - x_{1/4})/2$.

Dans le premier cas nous pouvons recourir à l'utilisation d'un ***peigne*** présenté dans le tableau 3.11.

Dans le second cas, on recourt à la construction d'un ***boîte à moustaches*** encore appelée ***boîte à pattes*** ou ***diagramme en boîte***.

3.3.3 La boîte à moustaches

Dans une première version, son mode de construction est le suivant. On érige une *boîte* sur base de la position de $x_{1/4}$ et $x_{3/4}$, coupée en deux parties (généralement de longueurs inégales) par la médiane $x_{1/2}$. Cette boîte est ensuite prolongée à sa gauche et à sa droite par deux ***moustaches*** jusqu'à $x_{(1)}$ et $x_{(n)}$, ce qui nous fournit la figure 3.14.

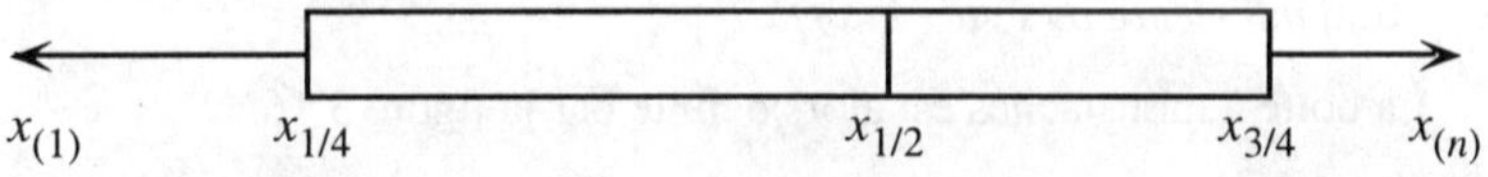

Figure 3.14 *La boîte à moustaches (version de base)*

Une boîte à moustaches nous indique de façon simple quelques traits marquants de la série observée. La médiane nous renseigne sur le milieu de la série. Les largeurs des deux parties de la boîte nous rendent compte de la dispersion des valeurs situées au centre de la série (la boîte contient 50% de l'ensemble des observations : 25% à gauche de la médiane et 25% à sa droite). La longueur des *moustaches* nous renseigne enfin sur le comportement des valeurs situées au début de la série ordonnée (les valeurs les plus petites correspondant à 25% des observations) ou à la fin de celle-ci (les valeurs les plus grandes correspondant aussi à 25% des observations). De façon générale, la dispersion sera d'autant plus grande que la boîte sera étendue.

Une difficulté peut cependant se présenter si la série contient des valeurs extrêmes (très petites ou très grandes). Dans ce cas, en effet, les moustaches risquent de devenir très longues, ce qui nuit à leur interprétation. C'est pourquoi, pour éviter cet inconvénient, on a proposé de modifier la définition présentée ci-dessus en introduisant les concepts de ***valeur pivot***, ***valeur adjacente*** et ***valeur extérieure***.

a) Les valeurs pivots

Ces valeurs sont définies par les relations suivantes :

$$\begin{aligned} a_1 &= x_{1/4} - 1.5\left(x_{3/4} - x_{1/4}\right) \\ a_2 &= x_{3/4} + 1.5\left(x_{3/4} - x_{1/4}\right). \end{aligned} \qquad (3.42)$$

Elles sont donc situées de part et d'autre de la boîte et en sont distantes d'une fois et demie sa longueur.

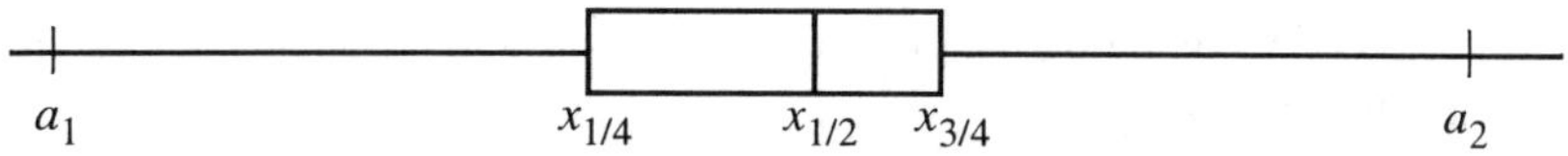

Figure 3.15 *Les valeurs pivots*

Leur raison d'être résulte d'une constatation : la plupart des séries qui ne contiennent pas de valeurs aberrantes, se situent dans l'intervalle $[a_1, a_2]$.

b) Les valeurs adjacentes

Ces valeurs sont définies par rapport aux valeurs pivots a_1 et a_2. Désignons par x_g la plus petite observation *supérieure ou égale* à a_1 et par x_d la plus grande observation *inférieure ou égale* à a_2.

La boîte à moustaches est alors définie par la figure 3.16.

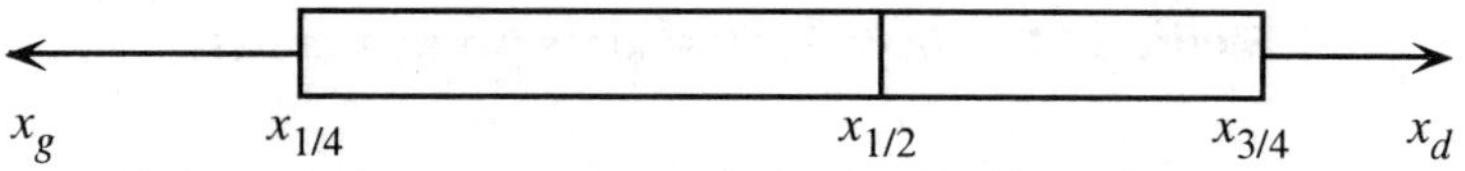

Figure 3.16 *La boîte à moustaches (2e version)*

Si toutes les observations x_i sont comprises entre a_1 et a_2, $x_g = x_{(1)}$ et $x_d = x_{(n)}$. Dans ce cas, les deux définitions présentées dans les figures 3.14 et 3.16 coïncident. Dans le cas contraire, on isole les valeurs situées en dehors de l'intervalle $[a_1, a_2]$ pour en examiner les caractéristiques.

c) Les valeurs extérieures

Toutes les observations situées en dehors de $[a_1, a_2]$ sont dites *extérieures*. Elles sont généralement représentées par des symboles appropriés (étoiles, points, triangles...). La remarque énoncée lors de la présentation des valeurs pivots nous incite à les examiner de plus près. Toute valeur extérieure n'est pas nécessairement aberrante mais une valeur aberrante sera généralement une valeur extérieure.

Afin de compléter l'analyse, on utilise parfois des ***valeurs pivots du second type*** définies pas $A_1 = x_{1/4} - 2(x_{3/4} - x_{1/4})$ et $A_2 = x_{3/4} + 2(x_{3/4} - x_{1/4})$. Elles sont situées de part et d'autre de la boîte à une distance valant *deux fois* l'écart interquartile. Le fait pour une observation d'être en dehors de $[A_1, A_2]$ renforce la présomption « d'aberration ». Il arrive aussi que l'on indique dans la boîte la position des premier et dernier déciles pour compléter l'information fournie[22].

[22] Certains mêmes mentionnent la position de la moyenne $\overline{x}$, ce qui est contraire à l'esprit de Tukey [1977] qui a proposé cette visualisation de la dispersion.

Comme nous l'avons déjà signalé, l'usage des boîtes à moustaches permet de visualiser les concepts de centralité et de dispersion[23]. Ils sont particulièrement recommandés lorsqu'on veut comparer des distributions entre elles.

EXEMPLE 3.4 (suite 3)

Déterminons par exemple la boîte à moustaches pour les résultats obtenus dans le cours C_1. La série ordonnée peut être représentée sur un axe et donner lieu à la boîte à moustaches de la figure 3.17, compte tenu de ce que $x_{(1)} = 04$, $x_{1/4} = 23$, $x_{1/2} = 49$, $x_{3/4} = 75$ et $x_{(10)} = 92$. Comme $x_{3/4} - x_{1/4} = 52$, les valeurs a_1 et a_2 définies par (3.42) sont respectivement égales à -55 et 153. Toutes les observations étant situées entre ces deux valeurs, la boîte à moustaches répond à la première définition.

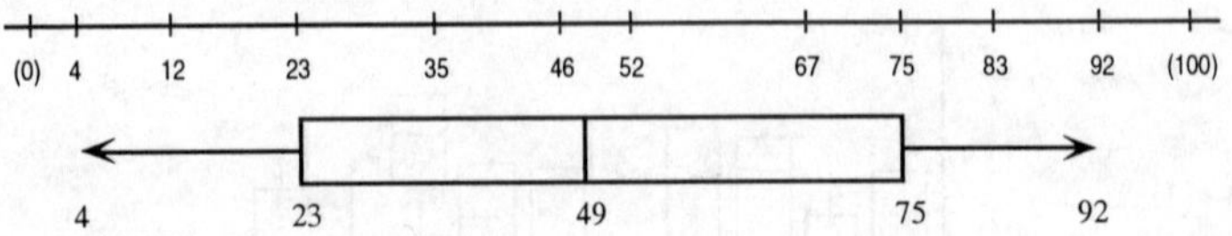

Figure 3.17 *Boîte à moustaches pour* C_1

Par contre, la boîte construite pour la série des résultats de la matière C_7 fait apparaître une valeur extérieure. En effet, pour cette dernière série, nous avons $x_{1/4} = 21$ et $x_{3/4} = 29$. Comme $x_{3/4} - x_{1/4} = 8$, les valeurs pivots a_1 et a_2 valent respectivement 9 et 41. Toutes les observations sont contenues dans l'intervalle $[a_1, a_2]$, à l'exception de $x_{(10)} = 93$. Les valeurs adjacentes x_g et x_d sont donc respectivement égales à 18 et 30, ce qui nous donne la boîte de la figure 3.18. La valeur extérieure $x_{(10)}$ y est représentée par une étoile.

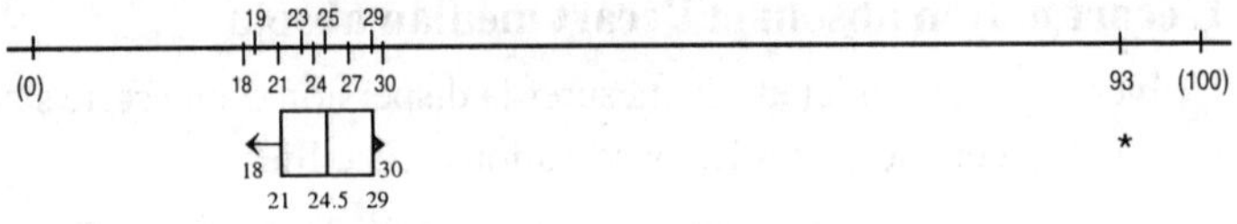

Figure 3.18 *Boîte à moustaches pour* C_7

Manifestement, seul l'étudiant E_8 a trouvé grâce aux yeux de l'enseignant de C_7.

Ces représentations graphiques sont simples à construire. Elles peuvent nous permettre de voir aisément la manière dont les observations se répartissent, soit par cours, soit par étudiant, comme on peut le constater dans les figures 3.19 et 3.20.

---

[23] De même que de symétrie ou d'asymétrie, comme nous le verrons dans le paragraphe 3.4.1.

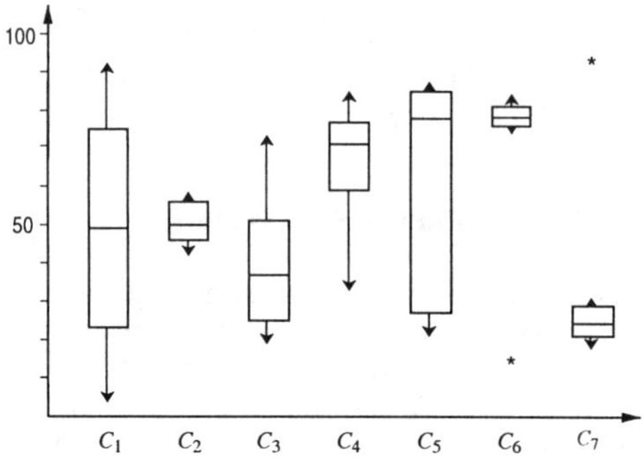

Figure 3.19 *Boîtes à moustaches par cours*

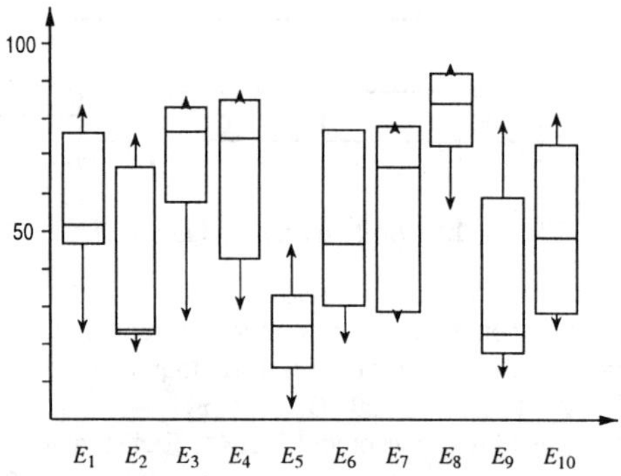

Figure 3.20 *Boîtes à moustaches par étudiant*

3.3.4 L'écart moyen absolu et l'écart médian absolu

L'objectif poursuivi ici est de mesurer la dispersion d'une série statistique en utilisant les valeurs de *toutes* les observations recueillies.

Considérons une valeur centrale : par exemple, la moyenne $\overline{x}$. Une forte concentration des observations autour de ce paramètre se traduit par des écarts $(x_i - \overline{x})$ faibles en amplitude. Inversement, une grande dispersion implique qu'il existe des écarts importants.

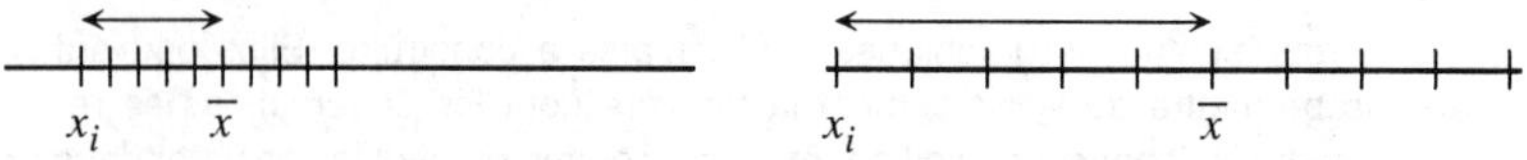

Une façon de mesurer la dispersion d'une série peut dès lors consister à calculer la *moyenne de tous ces écarts*. Il ne s'agit pas, bien sûr, de déterminer la moyenne des différences $(x_i - \overline{x})$ puisqu'elle est toujours nulle [voir (3.5)]. Il convient plutôt de considérer les différences *sans leur signe*, ce qui peut se faire aisément en utilisant la valeur *absolue* des $(x_i - \overline{x})$, notée $|x_i - \overline{x}|$ $(i = 1, \ldots, n)$.

On est ainsi naturellement amené à introduire comme mesure de dispersion l'***écart moyen absolu***, noté e_m, qui se définit comme étant égal à la moyenne des valeurs absolues des différences entre les observations et la valeur $\overline{x}$:

$$e_m = \frac{1}{n}\sum_{i=1}^{n} |x_i - \overline{x}| . \tag{3.43}$$

L'interprétation de e_m est simple. Ce paramètre nous indique que les observations se situent, en moyenne, à e_m unités de leur valeur centrale $\overline{x}$.

Nous avons pris la moyenne $\overline{x}$ comme valeur centrale de référence, en raison de la préférence que nous lui avons accordée au vu de ses qualités. Nous aurions pu choisir la médiane $x_{1/2}$ au lieu de $\overline{x}$. Dans ce cas, le paramètre porte le nom d'***écart médian absolu*** et est noté e^*_m :

$$e^*_m = \frac{1}{n}\sum_{i=1}^{n} \left|x_i - x_{1/2}\right| . \tag{3.44}$$

Il est d'ailleurs intéressant de noter que le choix de (3.44) peut être préféré à celui de (3.43), au vu de l'exercice T.3.11.

EXEMPLE 3.2 (suite 5)

Reprenons la série $\{1, 2, 3, 4, 5, 10, 11, 12\}$ ayant pour valeurs centrales $\overline{x} = 6$ et $x_{1/2} = 4.5$. Construisons le tableau suivant contenant les valeurs $|x_i - \overline{x}|$ et $|x_i - x_{1/2}|$, ainsi que leurs sommes.

x_i	1	2	3	4	5	10	11	12	Sommes
$\lvert x_i - \overline{x}\rvert$	5	4	3	2	1	4	5	6	30
$\lvert x_i - x_{1/2}\rvert$	3.5	2.5	1.5	0.5	0.5	5.5	6.5	7.5	28

Il s'ensuit que $e_m = 3.75$ et $e^*_m = 3.5$.

Le calcul de e_m ou e^*_m est simple lorsqu'on dispose d'une série observée de petite taille. Cela devient moins vrai quand n est grand. En outre, l'outil utilisé (la valeur absolue) est peu maniable et ne possède que de maigres propriétés mathématiques. C'est pourquoi ces paramètres sont relativement peu employés.

Si l'on dispose d'une D.O.1 ou d'une D.G.1, les définitions (3.43) et (3.44) peuvent être aisément généralisées [24].

3.3.5 La variance

Comme dans les paragraphes précédents, introduisons le paramètre à partir d'une série statistique $\{x_i\}$. Nous considérerons les autres cas dans la suite.

(24) Voir exercice T.3.12.

a) La variance d'une série statistique

En construisant le coefficient e_m, la valeur absolue des différences $(x_i - \overline{x})$ permettait de ne pas tenir compte de leur signe. Le même objectif peut être atteint en *élevant ces différences au carré*. On obtient alors une mesure de dispersion aux propriétés plus riches : la ***variance***, notée s^2. Ce paramètre est donc défini par l'expression

$$s^2 = \frac{1}{n} \sum_{i=1}^{n} (x_i - \overline{x})^2 . \qquad (3.45)$$

Malgré sa complexité apparente, ce coefficient joue un rôle très remarqué dans l'étude de la dispersion.

Si un groupe est *homogène*, les valeurs x_i sont proches les unes des autres, et donc de leur moyenne. Dans ce cas, les écarts $(x_i - \overline{x})$ seront faibles : s^2 sera petit. Par contre, plus un groupe est hétérogène, plus s^2 s'accroît.

La variance repose sur la connaissance de $\overline{x}$ et —comme nous allons nous en rendre compte— a des propriétés influencées par celles de la moyenne arithmétique. C'est la raison pour laquelle nous étudierons les qualités de s^2 selon une démarche analogue à celle suivie pour $\overline{x}$. Voyons donc ces propriétés qui font de la variance un coefficient si prisé !

Remarque 3.5 La variance ne se conçoit que si la variable d'intérêt est numérique. Une série statistique de valeurs mesurées sur une échelle ordinale ne permet pas le calcul d'une variance.

Remarque 3.6 Si une série ne contient que des valeurs toutes identiques, sa variance est nulle.

Remarque 3.7 Comme la moyenne arithmétique, la variance est sensible à la présence de valeurs aberrantes, non seulement parce que ces valeurs seront éloignées de $\overline{x}$, mais aussi parce que leur présence va éloigner $\overline{x}$ des autres valeurs. Ainsi : la série $\{1, 1, 2, 2, 2, 4, 4, 4, 70\}$ —déjà considérée dans le paragraphe 3.2.1— a une variance basée sur les écarts entre les observations x_i et la moyenne $\overline{x}$: $\{-9, -9, -8, -8, -8, -6, -6, -6, 60\}$. La variance s^2 de cette série est égale à 451.3, valeur très éloignée de 1.5, la variance de la série amputée de sa dernière observation.

Propriété 3.4 Le choix de $\overline{x}$ comme valeur centrale n'est pas arbitraire. Nous allons le constater par l'intermédiaire d'une propriété très utile, qui porte souvent le nom de ***théorème de König- Huygens***.

Considérons un paramètre de centralité quelconque que nous notons c. La *moyenne des carrés des écarts entre les observations et le paramètre* c est alors définie par

$$s^2(c) = \frac{1}{n}\sum_{i=1}^{n}(x_i - c)^2. \tag{3.46}$$

La variance s^2 correspond au cas où $c = \overline{x}$. L'expression (3.46) peut encore s'écrire comme suit[25] :

$$\begin{aligned}
\frac{1}{n}\sum_i (x_i - c)^2 &= \frac{1}{n}\sum_i (x_i - \overline{x} + \overline{x} - c)^2 = \frac{1}{n}\sum_i [(x_i - \overline{x}) + (\overline{x} - c)]^2 \\
&= \frac{1}{n}\sum_i \left[(x_i - \overline{x})^2 + 2(\overline{x} - c)(x_i - \overline{x}) + (\overline{x} - c)^2\right] \\
&= \frac{1}{n}\sum_i (x_i - \overline{x})^2 + 2(\overline{x} - c)\frac{1}{n}\sum_i (x_i - \overline{x}) + (\overline{x} - c)^2 .
\end{aligned}$$

Le deuxième terme est nul[26]. Il s'ensuit que

$$\frac{1}{n}\sum_i (x_i - c)^2 = \frac{1}{n}\sum_i (x_i - \overline{x})^2 + (\overline{x} - c)^2 . \tag{3.47}$$

On constate que le second membre de cette expression compte deux termes. Le premier ne dépend pas de c : c'est la variance s^2. Le second terme fait intervenir la différence entre $\overline{x}$ et c. Ils sont en outre tous les deux positifs (ils ne contiennent que des carrés !). Il s'ensuit que $s^2(c)$ est *minimum* quand $(\overline{x}-c)^2$ est nul, c'est-à-dire quand $c = \overline{x}$. La moyenne $\overline{x}$ est donc le « meilleur » paramètre de centralité de référence dans la mesure où il donne la plus petite valeur possible à l'expression (3.46).

Propriété 3.5 Un résultat qui découle de (3.47) mérite notre attention. Réécrivons tout d'abord cette dernière expression en isolant s^2 dans un seul membre :

$$s^2 = \frac{1}{n}\sum_{i=1}^{n}(x_i - c)^2 - (\overline{x} - c)^2 . \tag{3.48}$$

Considérons à présent le cas particulier où $c = 0$. Nous obtenons la relation

$$s^2 = \frac{1}{n}\sum_{i=1}^{n} x_i^2 - \overline{x}^2. \tag{3.49}$$

Cette relation est très utile tant d'un point de vue mathématique que pratique.

---

(25) Pour alléger la notation, nous remplaçons $\sum_{i=1}^{n}$ par $\sum_i$. Il est alors implicite que i varie de 1 à n par valeurs entières successives.

(26) Car $\sum_i (x_i - \overline{x}) = 0$, en vertu de (3.3).

EXEMPLE 3.1 (suite 5)

Reprenons la série statistique ordonnée $\{1, 1, 2, 2, 2, 3\}$ dont la moyenne $\overline{x}$ vaut 1.833... L'application de (3.49) nous donne :

$$s^2 = \tfrac{1}{6}(1 + 1 + 4 + 4 + 4 + 9) - (1.83)^2 = 3.83 - 3.36 = 0.47.$$

Cette expression nous évite en particulier de manipuler des écarts $(x_i - \overline{x})$ qui ne sont pas entiers.

Propriété 3.6 Deux relations utiles découlent de la définition (3.45) et de la propriété (3.49). La première s'obtient en multipliant les deux membres de (3.45) par n :

$$\sum_{i=1}^{n} (x_i - \overline{x})^2 = ns^2. \tag{3.50}$$

La seconde concerne la somme des carrés des observations dont on peut dire, à partir de (3.49), que

$$\frac{1}{n}\sum_{i=1}^{n} x_i^2 = s^2 + \overline{x}^2 \tag{3.51}$$

ou encore

$$\sum_{i=1}^{n} x_i^2 = ns^2 + n\overline{x}^2. \tag{3.52}$$

Propriété 3.7 Une autre propriété souligne l'importance du rôle joué par $\overline{x}$. En effet, on peut montrer[27] que

$$s^2 = \frac{1}{2n^2}\sum_{i=1}^{n}\sum_{j=1}^{n} (x_i - x_j)^2. \tag{3.53}$$

On peut donc affirmer que comparer les observations à la moyenne $\overline{x}$ revient —à un facteur constant près— à comparer toutes les observations entre elles.

Propriété 3.8 Une dernière propriété intéressante de la variance est la suivante. Si une série statistique d'effectif n_1, de moyenne $\overline{x}_1$ et de variance s_1^2 est jointe à une seconde série d'effectif n_2, de moyenne $\overline{x}_2$ et de variance s_2^2, on souhaite déterminer la variance s^2 de la série globale à partir des paramètres des séries partielles. Nous avons déjà vu comment calculer la moyenne $\overline{x}$ de la série globale — cf. (3.6). On peut aussi montrer que s^2 peut s'exprimer comme suit :

$$s^2 = \frac{n_1 s_1^2 + n_2 s_2^2}{n_1 + n_2} + \frac{n_1(\overline{x}_1 - \overline{x})^2 + n_2(\overline{x}_2 - \overline{x})^2}{n_1 + n_2}. \tag{3.54}$$

(27) Cf. exercice T.3.9.

Le premier terme du second membre représente une moyenne pondérée des variances des séries initiales. Il est appelé ***variance dans les groupes***. Le second terme peut être considéré comme la variance des moyennes $\overline{x}_1$ et $\overline{x}_2$ et porte le nom de ***variance entre les groupes***. Cette propriété concerne aussi la *décomposition de la variance* lorsqu'on divise un groupe d'observations en deux parties. Elle peut, en outre, être généralisée à l'agrégation (ou la décomposition) de plusieurs séries statistiques [28].

EXEMPLE 3.2 (suite 6)

Reprenons la série ordonnée $\{1,2,3,4,5,10,11,12\}$ partagée en deux groupes $E_1 = \{1,2,3,4,5\}$ et $E_2 = \{10,11,12\}$. Les moyennes de E_1 et E_2 valent respectivement $\overline{x}_1 = 3$ et $\overline{x}_2 = 11$. Le calcul de leur variance nous fournit les valeurs $s_1^2 = 2$ et $s_2^2 = 2/3 = 0.67$. Nous avons par ailleurs une moyenne globale $\overline{x} = 6$. La variance peut se calculer à partir de la série globale. Elle vaut $s^2 = 16.5$. L'application de (3.54) nous permet de retrouver ce résultat :

$$\frac{n_1 s_1^2 + n_2 s_2^2}{n_1 + n_2} + \frac{n_1 (\overline{x}_1 - \overline{x})^2 + n_2 (\overline{x}_2 - \overline{x})^2}{n_1 + n_2}$$
$$= \frac{(5)(2) + (3)(2/3)}{8} + \frac{(5)(9) + (3)(25)}{8} = 1.5 + 15 = 16.5 .$$

Une remarque intéressante découle de ce calcul. En utilisant les définitions présentées ci-dessus, la *variance dans les groupes* vaut 1.5 (soit 9% de la variance globale) et la *variance entre les groupes* est égale à 15 (soit 91% de la variance globale). On peut ainsi considérer que la série globale est constituée de deux sous-groupes assez homogènes, la plus grande part de s^2 étant due à la différence entre leurs niveaux moyens $\overline{x}_1 = 3$ et $\overline{x}_2 = 11$.

Un cas particulier de la propriété exprimée par (3.54) est le suivant. Ajoutons une observation x_p à une série statistique $\{x_1, x_2, \ldots, x_n\}$ de moyenne $\overline{x}$ et de variance s^2. Cette observation supplémentaire x_p constitue à elle seule un groupe dont la moyenne vaut x_p et la variance est nulle. Si on tient compte de (3.7), on peut alors calculer la variance s_p^2 de la série complétée par l'expression

$$s_p^2 = \frac{ns^2}{n+1} + n\left(\frac{x_p - \overline{x}}{n+1}\right)^2 . \qquad (3.55)$$

b) La variance d'une distribution observée

Si l'on dispose d'une *D.O.1* $\{(x_j, n_j); j = 1, \ldots, J\}$, il est aisé de vérifier que l'expression (3.45) se transforme comme suit :

$$s^2 = \frac{1}{n}\sum_{j=1}^{J} n_j (x_j - \overline{x})^2 . \qquad (3.56)$$

[28] Cf. exercice T.3.8.

Elle peut aussi s'obtenir par la relation

$$s^2 = \frac{1}{n} \sum_{j=1}^{J} n_j x_j^2 - \overline{x}^2 \tag{3.57}$$

qui en découle. Les propriétés énoncées dans le traitement d'une série statistique sont bien sûr toujours valables ici.

c) La variance d'une distribution groupée

Si l'on dispose d'une D.G.1, les expressions (3.56) et (3.57) peuvent être appliquées aux centres de classes x_{cj} pour obtenir des valeurs approchées de s^2 :

$$s^2 = \frac{1}{n} \sum_{j=1}^{J} n_j \left(x_{cj} - \overline{x}\right)^2 = \frac{1}{n} \sum_{j=1}^{J} n_j x_{cj}^2 - \overline{x}^2. \tag{3.58}$$

Nous illustrerons l'usage de ces expressions dans le paragraphe suivant.

d) Influence d'un changement d'origine ou d'unité

Nous avons vu dans l'étude des paramètres de position, qu'il était parfois intéressant d'effectuer un changement d'origine et (ou) d'unité, afin notamment de réduire l'amplitude des valeurs traitées. Nous pouvons nous demander quel est l'impact de ces changements sur la variance.

1°) La variance *ne dépend pas d'un changement d'origine*. En effet, quelle que soit l'origine choisie $(x_0, x_0', \ldots)$, les différences $(x_i - \overline{x})$ restent égales à elles-mêmes.

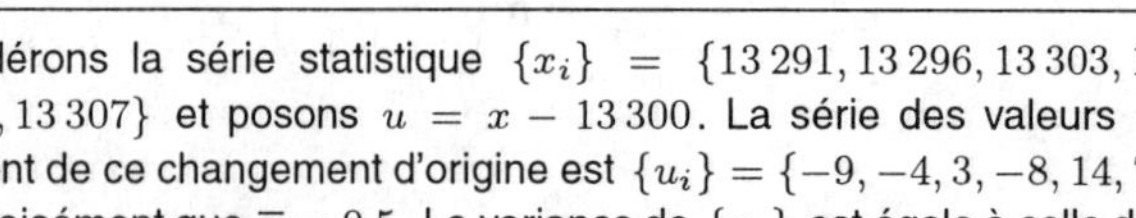

Un changement d'origine peut simplifier le calcul de s^2.

EXEMPLE 3.6

Considérons la série statistique $\{x_i\} = \{13\,291, 13\,296, 13\,303, 13\,292, 13\,314, 13\,307\}$ et posons $u = x - 13\,300$. La série des valeurs u_i qui résultent de ce changement d'origine est $\{u_i\} = \{-9, -4, 3, -8, 14, 7\}$. On vérifie aisément que $\overline{u} = 0.5$. La variance de $\{u_i\}$ est égale à celle de $\{x_i\}$ et vaut, en appliquant par exemple (3.49) :

$$\begin{aligned} s^2 &= \frac{1}{n} \sum_{i=1}^{n} u_i^2 - \overline{u}^2 \\ &= \frac{81 + 16 + 9 + 64 + 196 + 49}{6} - (0.5)^2 = 69.17 - 0.25 = 68.92. \end{aligned}$$

Le changement d'origine simplifie visiblement la détermination de s^2.

2°) Si on choisit *une nouvelle unité* d, nous avons vu que les observations x_i $(i = 1, \ldots, n)$ et la moyenne $\overline{x}$ sont divisées par d (voir paragraphe 2.7.1 et 3.2.1) :

$$x_i \to u_i = \frac{x_i}{d}\,(i = 1, \ldots, n) \quad ; \quad \overline{x} \to \overline{u} = \frac{\overline{x}}{d}\,.$$

Il s'ensuit[29] que s_x^2 devient

$$\begin{aligned} s_u^2 &= \frac{1}{n}\sum_{i=1}^{n}\left(\frac{x_i}{d} - \frac{\overline{x}}{d}\right)^2 = \frac{1}{n}\sum_{i=1}^{n}\left(\frac{x_i - \overline{x}}{d}\right)^2 \\ &= \frac{1}{n}\sum_{i=1}^{n}\frac{(x_i - \overline{x})^2}{d^2} = \frac{1}{d^2} \times \frac{1}{n}\sum_{i=1}^{n}(x_i - \overline{x})^2 = \frac{s_x^2}{d^2}\,. \end{aligned}$$

3°) En effectuant *à la fois un changement d'origine* (x_0) *et un changement d'unité* (d), il résulte des propriétés précédentes que :

$$x_i \to u_i = \frac{x_i - x_0}{d} \quad , \quad (i = 1, \ldots, n) \qquad \text{et} \qquad s_x^2 \to s_u^2 = \frac{s_x^2}{d^2} \qquad (3.59)$$

où

$$s_u^2 = \frac{1}{n}\sum_{i=1}^{n}(u_i - \overline{u})^2\,.$$

La propriété (3.59) peut s'étendre sans difficultés à l'étude d'une D.O.1 ou d'une D.G.1.

EXEMPLE 3.3 (suite 4)

Reprenons la distribution des tailles d'étudiants groupée en 5 classes, ainsi que le changement d'origine et d'unité effectué dans le tableau 3.4 : $x_0 = 174.5$; $d = 10$. Comme les valeurs de

$$u_j = \frac{x_{cj} - x_0}{d} \quad , \quad j = 1, \ldots, 5$$

sont très simples, nous recourons à la procédure suivante pour calculer s_x^2 :

Prendre les valeurs u_j et $\overline{u}$ découlant du tableau 3.4	→	Déterminer la variance[30] de $\{(u_j, n_j)\}$: $s_u^2 = \frac{1}{n}\sum_{j=1}^{J} n_j u_j^2 - \overline{u}^2$	→	Calculer $s_x^2 = d^2 s_u^2$

[29] Quand plusieurs variances sont considérées, nous mettons en indice le nom de chaque variable concernée.

[30] Cette expression est préférée ici à la définition $s_u^2 = \frac{1}{n}\sum_{j=1}^{J} n_j\,(u_j - \overline{u})^2$ en raison de la simplicité des valeurs u_j.

À partir du tableau 3.12, on obtient :

$$s_u^2 = \frac{203}{175} - (0.12)^2 = 1.1456\,.$$

Tableau 3.12 *Détermination de* s^2

Classes	x_{cj}	n_j	u_j	$n_j u_j$	$n_j u_j^2$
149.5–159.5	154.5	14	−2	−28	56
159.5–169.5	164.5	32	−1	−32	32
169.5–179.5	174.5	65	0	0	0
179.5–189.5	184.5	47	1	47	47
189.5–199, 5	194.5	17	2	34	68
Totaux		175		$(\overline{u} = 0.12)$	203

Il s'ensuit que

$$s_x^2 = (100)(1.1456) = 114.56.$$

Cette valeur constitue bien sûr une approximation de la valeur exacte obtenue, elle, à partir de la série statistique.

e) Autre définition de la variance

La littérature anglo-saxonne définit souvent la variance par l'expression :

$$S^2 = \frac{1}{n-1}\sum_{i=1}^{n}(x_i - \overline{x})^2\,. \tag{3.60}$$

Ce paramètre — peu différent en pratique de s^2 lorsque n est suffisamment grand — est justifié par des raisons théoriques que nous verrons dans les chapitres 8 et suivants. Nous ne l'envisageons pas ici. Remarquons que ce paramètre est souvent proposé sur les petites machines à calculer d'origine américaine.

f) La variance n'est pas un nombre sans dimension

Remarquons enfin que l'unité dans laquelle s'exprime la variance vaut le carré des unités utilisées pour les valeurs observées. Une série de poids exprimés en kilos possède une variance qui, elle, doit s'interpréter en « kilos-carré ». Ceci peut constituer une difficulté qui nous incite à compléter cette mesure de dispersion par le paramètre présenté dans le paragraphe suivant.

3.3.6 L'écart-type

Par définition, l'***écart-type*** d'une série statistique — ou d'une D.O.1 ou d'une D.G.1 — est égal à la racine carrée de la variance s^2 et est désigné, tout naturellement, par la lettre s.

Ainsi, dans le cas d'une série $\{x_i\}$, on a :

$$s = \sqrt{\frac{1}{n}\sum_{i=1}^{n}(x_i - \overline{x})^2}. \tag{3.61}$$

Ce paramètre a l'avantage de s'exprimer dans les mêmes unités que les observations, et est donc plus facile à interpréter que la variance.

Les propriétés de l'écart-type d'une série observée peuvent être partagées en deux groupes. Il y a d'abord toutes celles qui découlent des propriétés de s^2 et qui sont conservées par passage à la racine carrée. Il en est d'autres dont nous évoquerons ci-dessous celles qui nous seront les plus utiles.

Propriété 3.9 *Détermination des valeurs réduites et centrées réduites*

Si $\{x_i\}$ est une série statistique, la série $\{y_i\}$ des ***valeurs réduites*** est définie par

$$y_i = \frac{x_i}{s_x}\,. \tag{3.62}$$

Diviser chaque observation par l'écart-type s_x nous donne une série de valeurs *sans dimension* dont la variance (et l'écart-type) valent 1.

Nous avons en effet, en vertu de (3.59)[31] :

$$s_y^2 = \frac{s_x^2}{s_x^2} = 1.$$

D'autre part, les ***valeurs centrées-réduites*** z_i sont définies par

$$z_i = \frac{x_i - \overline{x}}{s_x}\,. \tag{3.63}$$

On constate aisément que ces valeurs sont aussi sans dimension, de *moyenne nulle* et de *variance égale à* 1. Nous verrons l'usage de ces transformations dans la suite.

Remarque 3.8 *Détermination d'intervalles remarquables*

EXEMPLE 3.3 (suite 5)

Reprenons la série des tailles dont la moyenne arithmétique et l'écart-type valent $\overline{x} = 175.5$ et $s = \sqrt{115.28} = 10.74$.

Construisons l'intervalle $(\overline{x} - s; \overline{x} + s)$ dont les limites sont obtenues en retranchant et en ajoutant l'écart-type à la moyenne arithmétique. Nous obtenons l'intervalle $(164.76; 186.24)$. On constate à l'aide des tableaux des

[31] Nous prenons $x_0 = 0$ dans (3.59).

valeurs ordonnées (voir paragraphe 2.4.4) que cet intervalle contient 123 observations, soit 70% du nombre total de valeurs observées.

Si l'on se base sur la distribution groupée construite sur 5 classes, on peut, en utilisant l'hypothèse de répartition uniforme des observations dans les classes, estimer le nombre d'observations dans cet intervalle par la surface située sous l'histogramme des effectifs et comprise entre les limites 164.76 et 186.24. Cette aire est représentée en grisé sur la figure 3.21, et a pour valeur

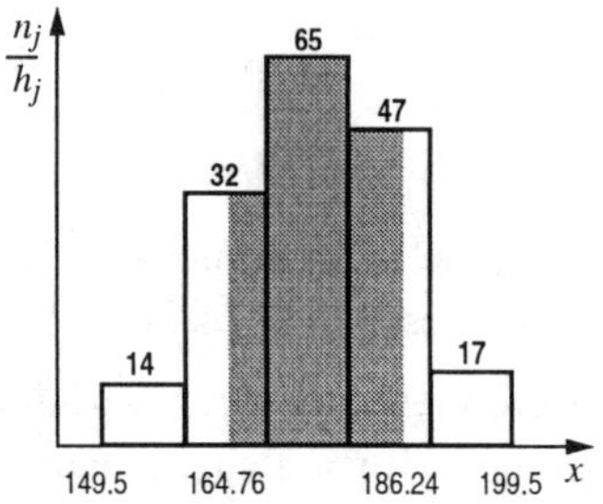

Figure 3.21
Intervalle de longueur $2s$

$$n_s = \frac{169.5 - 164.76}{10}32 + 65 + \frac{186.24 - 179.5}{10}47 \approx 112,$$

soit 64% du nombre total d'observations.

Les intervalles $(\overline{x} - 2s; \overline{x} + 2s) = (154.02; 196.98)$ et $(\overline{x} - 3s; \overline{x} + 3s) = (143.28; 207.72)$ conduisent aux effectifs respectifs suivants :

- D.O.1 : $n_{2s} = 163$ ($\approx$93% de 175) ; $n_{3s} = 175$;
- D.G.1 : $n_{2s} \approx 164$ (=94% de 175) ; $n_{3s} = 175$.

Les résultats sont analogues si l'on utilise les valeurs approchées de $\overline{x}$ et s^2 calculées à partir de la D.G.1.

Au vu de l'exemple ci-dessus, l'écart-type permet de construire des intervalles centrées en $\overline{x}$ qui contiennent un certain pourcentage de la masse totale des observations. Ainsi, lorsque la distribution est en forme de cloche et pas trop dissymétrique, l'intervalle $((\overline{x} - 2s; \overline{x} + 2s))$ contient à peu près 95% des observations. On parle alors d'***intervalle remarquable*** (voir chapitre 5).

Remarque 3.9 *Une mesure de risque*

L'écart-type permet de mesurer un « risque » : celui de voir une valeur observée éloignée de la moyenne. Ce risque est faible quand s est petit ; il est plus élevé dans le cas contraire.

Remarque 3.10 *Utilisation de l'écart-type dans des comparaisons*

Nous pouvons comparer visuellement des dispersions de distributions distinctes par l'intermédiaire de boîtes à moustaches (cf. figures 3.19 et 3.20). Nous pouvons aussi réaliser des comparaisons en calculant les variances ou les écarts-types des distributions en question.

EXEMPLE 3.4 (suite 4)

Si l'on désire comparer la dispersion des notes attribuées par cours, on peut calculer pour chaque colonne du tableau 3.5 la variance ou l'écart-type. Le tableau 3.13 contient les 7 valeurs de ce dernier paramètre pour les 7 cours concernés.

Tableau 3.13 *Écarts-types des distributions par cours*

Cours	C_1	C_2	C_3	C_4	C_5	C_6	C_7
Écart-type	28.8	5.4	17.4	15.5	28.4	19.8	21.0

La comparaison va dans le même sens que celle qui résultait de la figure 3.19 (les notes C_1 sont les plus dispersées, celles de C_2 les plus concentrées). On doit cependant se garder d'interpréter les écarts-types pour C_6 et C_7, trop influencés par les valeurs aberrantes que nous avons mises en évidence.

Une comparaison des écarts-types, comme celle de l'exemple 3.4, est facile à réaliser parce que le domaine de variation de la variable est le même (tous les résultats sont compris entre 0 et 100) et que les moyennes ont un ordre de grandeur comparable. Elle serait plus sujette à discussion s'il n'en était pas ainsi. C'est ce que nous allons expliciter dans le paragraphe suivant.

3.3.7 Le coefficient de variation

Comme nous l'avons indiqué ci-dessus, la comparaison de deux écarts-types est relativement simple quand les séries ou distributions étudiées possèdent des moyennes du même ordre de grandeur —et sont exemptes de valeurs aberrantes—. Il n'en est plus ainsi dans le cas contraire. Prenons à titre d'exemple les D.G.1 présentées dans l'exemple 3.7 : elles concernent toutes deux une distribution de bénéfices dont l'écart-type est semblable.

EXEMPLE 3.7

Deux magasins comparent leurs bénéfices nets hebdomadaires en euros sur 100 semaines comprenant toutes 6 jours d'ouverture.

Tableau 3.14 *Distributions de bénéfices*

x_{cj}	1 000	2 000	3 000	4 000	5 000
n_j	10	25	37	21	7

y_{cj}	11 000	12 000	13 000	14 000	15 000
n_j	8	24	38	20	10

Le calcul des moyennes et des écarts-types de chaque D.G.1 nous donne $\overline{x} = 2\,900$ et $s_x = 1\,063$ d'une part, $\overline{y} = 13\,000$ et $s_y = 1\,077$ d'autre part. On aurait donc tendance à considérer que les deux distributions ont même dispersion. Ce qui est vrai dans l'absolu ! Mais, en y regardant de plus près, et en reprenant l'idée que l'écart-type mesure le risque d'avoir une valeur plus ou moins éloignée de la moyenne, on constate aisément qu'une perte ou un gain de 1 000 à 2 000 euros n'aura pas le même impact pour le premier magasin que pour le second. Dans ces conditions, on peut penser à recourir à une mesure de *dispersion relative*.

Afin de comparer des distributions de moyennes fort différentes, on peut calculer leur ***coefficient de variation*** défini par la relation :

$$\mathrm{CV} = \frac{s}{\overline{x}} \cdot \tag{3.64}$$

Ce dernier paramètre constitue une mesure relative de dispersion et permet donc une interprétation plus nuancée. On l'exprime généralement en %.

Ainsi, dans l'exemple 3.7 ci-dessus, les coefficients de variation des deux distributions valent respectivement 36.7% et 8.3%. Ils montrent mieux l'influence réelle d'un gain ou d'une perte pour chacun des magasins.

3.3.8 Le choix et le rôle d'un paramètre de dispersion

Il est clairement apparu dans le paragraphe 3.2.6 que la détermination d'un ou de plusieurs paramètres de position ne suffit pas pour synthétiser l'information contenue dans un ensemble de données. L'étude de la dispersion de ces dernières est un complément tout à fait essentiel. La première manière d'aborder ce problème est simple et visuelle. La boîte à moustaches est toujours très utile et facile à construire. La variance et l'écart-type —éventuellement complétés par le coefficient de variation— peuvent aider à la mesure de la dispersion, même si ces paramètres doivent parfois être interprétés avec prudence. On dispose ainsi de plusieurs outils, complémentaires les uns par rapport aux autres. Comme nous l'avons déjà souligné auparavant, la dispersion est liée au caractère d'homogénéité ou d'hétérogénéité d'un groupe. En ce sens, elle est primordiale comme on le constatera encore par la suite.

3.4 LES PARAMÈTRES DE FORME

On désigne généralement par ce vocable deux catégories de valeurs typiques : les ***paramètres d'asymétrie*** et les ***paramètres d'aplatissement***. Nous ne considérerons ici que le cas de variables quantitatives ou ordinales pour lesquelles le problème a un sens.

3.4.1 Analyse de la symétrie d'une distribution

On a coutume de distinguer trois types de distributions selon qu'elles sont *dissymétriques à gauche* (premier graphique, page suivante), *symétriques* (deuxième graphique) ou *dissymétriques à droite* (troisième graphique).

Souvent l'analyse du diagramme en bâtons —ou de l'histogramme des effectifs dans le cas d'une D.G.1— nous permet de nous rendre compte du caractère symétrique ou non d'une distribution. L'examen d'une boîte à moustaches permet aussi de se faire une idée sur cette question selon que la boîte et les moustaches sont symétriques ou, au contraire, de plus petite amplitude à gauche (asymétrie à gauche) ou à droite (asymétrie à droite).

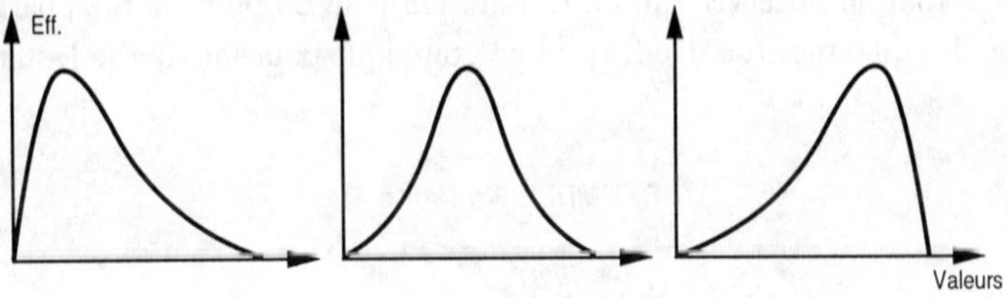

EXEMPLE 3.8

Considérons le diagramme en bâtons présenté dans la figure 3.22. On constate aisément qu'il est asymétrique à gauche, c'est-à-dire que les petites valeurs observées sont plus fréquentes que les valeurs plus élevées.

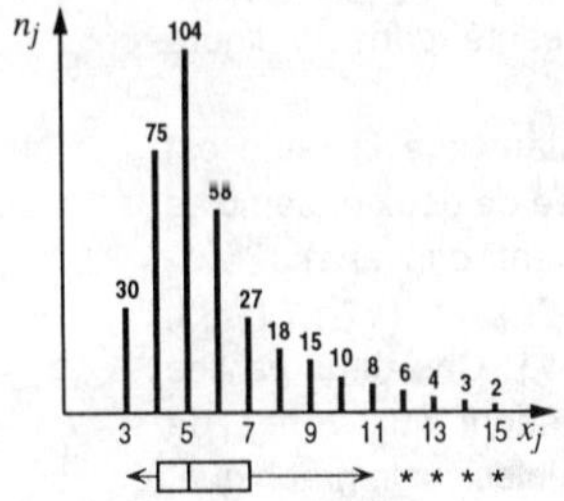

Figure 3.22 *Asymétrie à gauche*

On peut aussi aborder ce problème de deux autres façons.

a) Le graphique des quantiles

Ce graphique s'obtient à partir de la série ordonnée. L'examen de celle-ci permet de constater que chaque valeur $x_{(i)}$ $(i = 1, \dots, n)$ est égale au quantile x_{p_i} d'ordre p_i égal à $(i - 0.5)/n$. Le ***graphique des quantiles*** est construit à partir des points du plan d'abscisse p_i et d'ordonnée $x_{(i)}$, tous ces points étant ensuite reliés par des segments de droite[32], selon la figure 3.23.

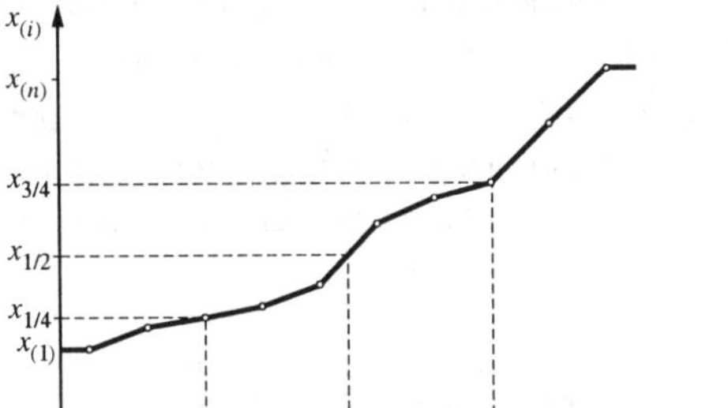

Figure 3.23 *Graphique des quantiles*

Il est aisé de constater que des valeurs successives de $\{x_{(i)}\}$ proches les unes des autres correspondent à une partie du graphique où la courbe ainsi

(32) Les deux premiers segments étant pris horizontaux, aux extrémités de la série.

construite est de pente relativement faible. Par contre, quand l'écart entre deux valeurs ordonnées successives grandit, la courbe est de pente plus forte. L'examen du graphique permet ainsi de déceler rapidement les zones de valeurs observées à concentration forte ou faible et donc, par voie de conséquence, le type d'asymétrie de la distribution observée qui en résulte. On peut en outre faire apparaître la position des quantiles (ou déciles) sur ce graphique pour faciliter la lecture.

EXEMPLE 3.4 (suite 4)

Prenons les résultats ordonnés du cours C_5 $\{21, 24, 27, 29, 77, 79, 83, 85, 86, 87\}$ et construisons le graphique des quantiles présenté dans la figure 3.24.
On constate que la série est composée de deux ensembles relativement concentrés $\{21, 24, 27, 29\}$ et $\{77, 79, 83, 85, 86, 87\}$. Ces deux parties correspondent aux zones de pentes faibles sur le graphique. La séparation entre les deux groupes est marquée par le segment de pente très élevée qui se situe à peu près au milieu du graphique.

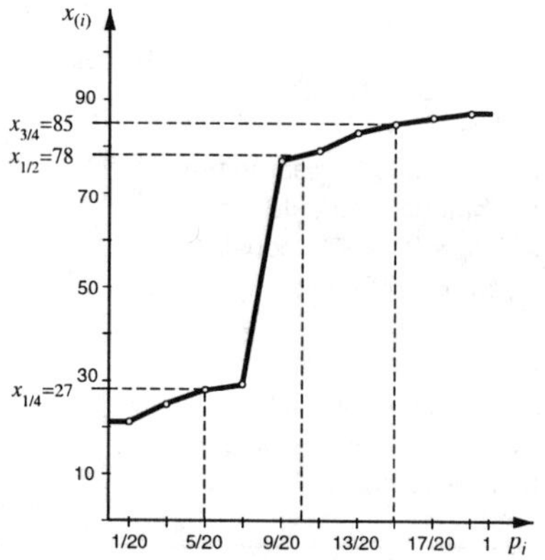

Figure 3.24
Graphique des quantiles pour C_5

Bien sûr, il n'est pas question dans cet exemple, de mettre en évidence l'asymétrie d'une distribution, puisqu'il n'y a pas de distribution[33]. Mais la construction du graphique des quantiles pour la D.O.1 de l'exemple 3.8 ferait apparaître un graphique beaucoup plus plat dans les petites valeurs de la série, et de pente de plus en plus grande dans la suite, ce qui est caractéristique d'une asymétrie à gauche[34].

b) Le coefficient de Fisher

On peut construire un paramètre permettant de caractériser l'asymétrie d'une distribution $\{(x_j, n_j); j = 1, \ldots, J\}$. Il est basé sur la détermination

[33] Chaque valeur observée n'apparaît qu'une seule fois.

[34] L'asymétrie à droite produirait la situation contraire et la symétrie donnerait un graphique symétrique par rapport au point central de la courbe, de coordonnées $(1/2, x_{1/2})$.

préalable du ***moment centré d'ordre 3*** défini par [35] :

$$m_3 = \frac{1}{n} \sum_{j=1}^{J} n_j \left(x_j - \overline{x}\right)^3 . \tag{3.65}$$

Une analyse des propriétés de ce paramètre permet de constater que pour une distribution dissymétrique à gauche, m_3 est positif, pour une distribution symétrique, il est nul, et enfin, pour une distribution dissymétrique à droite, m_3 est négatif. La deuxième proposition est évidente : quand la distribution est symétrique, à chaque différence $(x_j - \overline{x})$ correspond une autre différence de même valeur absolue mais de signe opposé, associées toutes deux à un même effectif. Comme l'élévation à la puissance 3 conserve le signe des différences, m_3 est nul. Les autres propositions peuvent aussi se justifier intuitivement sans trop de difficultés.

Il est clair que m_3 est indépendant d'un changement d'origine puisqu'il est basé sur des écarts. Par contre, il dépend des unités choisies, comme on peut aisément le constater. C'est pourquoi ***Fisher*** a introduit le coefficient suivant (qui porte son nom) :

$$g_1 = \frac{m_3}{s^3} . \tag{3.66}$$

La division de m_3 par le cube de l'écart-type (qui est positif) implique que g_1 a le même signe que m_3. De plus, g_1 est nul quand m_3 est nul. Mais cette division permet à g_1 d'être à la fois indépendant d'un changement d'origine (car l'écart-type n'en dépend pas non plus) et d'unité (m_3 a été divisé par une autre expression du troisième degré : le rapport est donc sans dimension).

EXEMPLE 3.8 (suite)

L'analyse de la distribution observée présentée dans la figure 3.22 permet d'obtenir les paramètres suivants :

$$\overline{x} = 5.86 \quad , \quad s^2 = 5.63 \quad , \quad m_3 = 20.03.$$

Il en résulte que g_1 vaut 1.50, ce qui confirme l'asymétrie à gauche, déjà observée graphiquement.

c) Les coefficients empiriques

Il existe d'autres coefficients d'asymétrie plus rapides à calculer mais dont les propriétés résultent de *constatations empiriques*.

(35) Ce paramètre est un cas particulier des ***moments centrés*** que nous n'aborderons pas ici dans leur généralité (voir exercices T.3.6 et T.3.7).

1°) *Le coefficient empirique de Pearson*

$$S_k = \frac{\overline{x} - x_M}{s} . \tag{3.67}$$

2°) *Le coefficient empirique de Yule et Kendall*

$$Y_k = \frac{x_{1/4} + x_{3/4} - 2x_{1/2}}{x_{3/4} - x_{1/4}} . \tag{3.68}$$

On peut vérifier que ces coefficients possèdent des propriétés semblables à celles du coefficient de Fisher g_1. En outre, $-1 \leqslant Y_k \leqslant 1$. Ils doivent cependant être interprétés avec prudence. Ainsi, par exemple, une distribution discrète presque symétrique peut fournir des coefficients S_k et Y_k de signe contraire. Ils ne peuvent donc être considérés que comme des outils d'appréciation, simples à obtenir, mais pouvant parfois être contradictoires.

3.4.2 Paramètres d'aplatissement

On peut aussi caractériser l'aplatissement d'une distribution par l'un ou l'autre des paramètres suivants, basé sur le ***moment centré d'ordre 4*** :

$$m_4 = \frac{1}{n} \sum_{j=1}^{J} n_j \left(x_j - \overline{x}\right)^4 . \tag{3.69}$$

Ces paramètres sont :

1. *le coefficient d'aplatissement de Pearson* :

$$b_2 = \frac{m_4}{s^4} ; \tag{3.70}$$

2. *le coefficient d'aplatissement de Fisher* :

$$g_2 = \frac{m_4}{s^4} - 3. \tag{3.71}$$

Le second coefficient est légèrement plus simple à manipuler. Plus la série est effilée (alternativement : aplatie), plus ces coefficients sont grands (alternativement : petits). Leur utilisation est cependant parfois délicate. C'est pourquoi nous serons très discrets à leur égard.

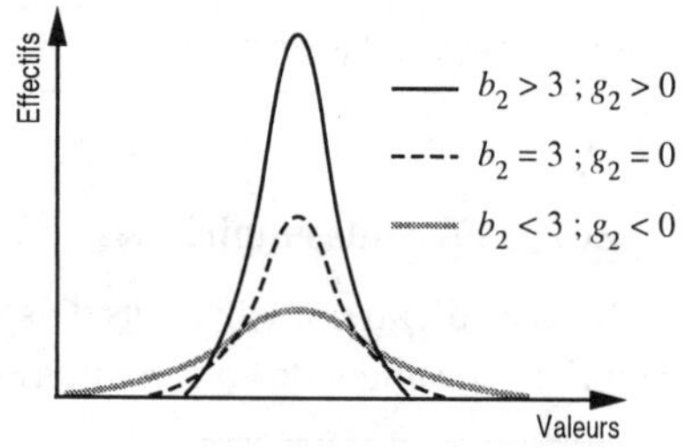

Figure 3.25
Aplatissement d'une distribution

3.5 AUTRES PARAMÈTRES

Nous avons vu les paramètres qui sont les plus utilisés lors de l'analyse descriptive d'une série statistique et (ou) d'une distribution observée ou groupée. Il existe cependant d'autres paramètres dont les objectifs sont plus spécifiques. Citons, par exemple, l'*indice de concentration* de Gini (voir par exemple, Grais [1972] et Phélizon [1979] ainsi que l'exercice T.3.15).

3.6 EXERCICES PROPOSÉS

3.6.1 Exercices théoriques[36]

T.3.1 Considérons K groupes d'observations $E_1, \ldots, E_K$ d'effectifs respectifs $n_1, \ldots, n_K$ et de moyennes arithmétiques respectives $\overline{x}_1, \ldots, \overline{x}_K$. Agrégeons tous ces groupes en un ensemble de taille $n = \sum_{k=1}^{K} n_k$. Si $\overline{x}$ est la moyenne de ce groupe agrégé, démontrez que

$$\overline{x} = \frac{1}{n} \sum_{k=1}^{K} n_k \overline{x}_k. \tag{3.72}$$

Explicitez le fait que cette propriété est aussi valable lorsqu'on décompose une population en K groupes distincts.

T.3.2 Si $\{x_1, \ldots, x_n\}$ est une série observée de médiane $x_{1/2}$, partagée en deux groupes $\{x_1, \ldots, x_{n_1}\}$ et $\{x_{n_1+1}, \ldots, x_n\}$ de médianes respectives $x_{1/2}^{(1)}$ et $x_{1/2}^{(2)}$, que peut-on dire de la position de $x_{1/2}$ par rapport à ces dernières ?

T.3.3 ★ Pour déterminer une valeur approchée du mode dans une D.G.1, on effectue parfois une *approximation parabolique* lorsque la classe modale est unique et qu'elle est précédée et suivie par des classes de même longueur h qu'elle. Cette opération consiste à faire passer une parabole par les trois points situés au milieu des côtés supérieurs des rectangles de l'histogramme correspondant à ces classes et de définir la valeur du mode comme étant l'abscisse du maximum de cette parabole.

Si (ℓ_j^-, ℓ_j^+) est la classe modale, démontrez que la valeur approchée de x_M est fournie par

$$x_M = \ell_j^- + h \frac{n_j - n_{j-1}}{2n_j - n_{j-1} - n_{j+1}}. \tag{3.73}$$

T.3.4 Soient $\overline{x}$, H et G les moyennes arithmétique, harmonique et géométrique de 2 valeurs positives x_1 et x_2. Démontrez que :

(a) $H \leqslant G \leqslant \overline{x}$;

(b) $H = G = \overline{x}$ si et seulement si $x_1 = x_2$.

[36] Nous proposons au lecteur de faire la démonstration de ces résultats théoriques. Certains d'entre-eux sont parfois difficiles à obtenir, ou, en tout cas, nécessitent un peu d'astuce. Comme dans le chapitre 2, nous leur attribuons une étoile (★) pour attirer l'attention sur eux.

T.3.5 Soit $\{x_1, \ldots, x_n\}$ une série statistique. On appelle ***moyenne d'ordre r*** (où r est un entier) la quantité M_r telle que

$$(M_r)^r = \frac{1}{n}\sum_{i=1}^{n} x_i^r. \tag{3.74}$$

(a) Que vaut M_1 ?

(b) Y a-t-il un lien entre s^2 et M_2 ?

(c) Que vaut M_{-1} ?

(d) Démontrez que $\lim_{r\to 0} M_r = G$ (plus difficile à prouver).

T.3.6 Soit $\{x_1, \ldots, x_n\}$ une série statistique. On appelle ***moment centré d'ordre r*** (où r est un entier positif) le paramètre défini par :

$$m_r = \frac{1}{n}\sum_{i=1}^{n} (x_i - \overline{x})^r. \tag{3.75}$$

Par ailleurs, on appelle ***moment par rapport à l'origine d'ordre r*** le paramètre défini par :

$$m'_r = \frac{1}{n}\sum_{i=1}^{n} x_i^r. \tag{3.76}$$

(a) Quels sont les effets d'un changement d'origine et d'un changement d'unité sur ces paramètres ?

(b) Quelle relation y a-t-il en M_r et m'_r (cf. exercice T.3.5) ?

T.3.7 ★ Deux développements algébriques sont bien connus. Si a et b sont deux nombres réels :

$$\begin{aligned}(a-b)^3 &= a^3 - 3a^2b + 3ab^2 - b^3\\ (a-b)^4 &= a^4 - 4a^3b + 6a^2b^2 - 4ab^3 + b^4.\end{aligned}$$

Utilisez-les pour établir les relations suivantes entre moments centrés et moments par rapport à l'origine (définis dans l'exercice T.3.6) :

$$m_3 = m'_3 - 3m'_1m'_2 + 2m_1'^3 \tag{3.77}$$

$$m_4 = m'_4 - 4m'_1m'_3 + 6m_1'^2m'_2 - 3m_1'^4. \tag{3.78}$$

T.3.8 ★ Considérons K groupes d'observations $E_1, \ldots, E_K$ d'effectifs respectifs n_1, $\ldots, n_K$, de moyennes respectives $\overline{x}_1, \ldots, \overline{x}_K$ et de variances respectives $s_1^2, \ldots s_K^2$. Agrégeons tous ces groupes en un ensemble de taille $n = \sum_{k=1}^{K} n_k$. Si $\overline{x}$ et s^2 désignent respectivement la moyenne et la variance de cette série globale, démontrez que

$$s^2 = \frac{1}{n}\sum_{k=1}^{K} n_k s_k^2 + \frac{1}{n}\sum_{k=1}^{K} n_k(\overline{x}_k - \overline{x})^2. \tag{3.79}$$

T.3.9 [★] Si on considère une série statistique $\{x_i; i = 1, \ldots, n\}$, montrez que sa variance s^2 est égale à

$$s^2 = \frac{1}{2n^2} \sum_i \sum_j (x_i - x_j)^2 . \tag{3.80}$$

T.3.10 Démontrez l'expression (3.55) permettant de calculer la variance s_p^2 de la série $\{x_1, \ldots, x_n, x_p\}$ à partir des paramètres de la série $\{x_1, \ldots, x_n\}$.

T.3.11 [★] Si on considère une série statistique $\{x_i; i = 1, \ldots, n\}$, montrez que la somme des valeurs absolues des écarts entre chaque observation et une valeur centrale c est minimisée quand $c = x_{1/2}$.

T.3.12 Donnez les expressions de l'écart-moyen absolu d'une D.O.1 et d'une D.G.1.

T.3.13 [★] Considérons les prix $p_0(1), ..., p_0(n)$ de n articles à l'époque de base 0 et les prix $p_t(1), ..., p_t(n)$ de ces mêmes articles à l'époque courante t. Définissons les indices suivants :

Indice de Bradstreet : $$B_{t/0}(p) = \frac{\sum_j p_t(j)}{\sum_j p_0(j)} .$$

Indice moyenne arithmétique : $$A_{t/0}(p) = \frac{1}{n} \sum_j \frac{p_t(j)}{p_0(j)} .$$

Indice moyenne harmonique : $$H_{t/0}(p) = \frac{n}{\sum_j \frac{p_0(j)}{p_t(j)}} .$$

Indice moyenne géométrique : $$G_{t/0}(p) = \sqrt[n]{\prod_j \frac{p_t(j)}{p_0(j)}} .$$

(a) Démontrez que $A_{t/0}(p) = 1/H_{0/t}(p)$.

(b) Démontrez que $A_{t/0}(p)$ peut s'exprimer sous forme d'un indice de Bradstreet pondéré, c'est à dire tel que les prix $p_t(j)$ et $p_0(j)$ sont affectés d'un poids à déterminer.

(c) Démontrez qu'il en est de même pour $H_{t/0}(p)$.

(d) Quelle relation peut-on établir entre $A_{t/0}(p)$, $H_{t/0}(p)$ et $G_{t/0}(p)$?

T.3.14 [★] Considérons n produits $\{1, \ldots, n\}$ dont le prix d'achat à l'époque t est désigné par $p_t(j)$ et la quantité achetée à la même époque par $q_t(j)$. Considérons par ailleurs les indices de prix suivants :

Indice de Laspeyres : $$L_{t/0}(p) = \frac{\sum_j q_0(j) p_t(j)}{\sum_j q_0(j) p_0(j)} .$$

Indice de Paasche : $$P_{t/0}(p) = \frac{\sum_j q_t(j)p_t(j)}{\sum_j q_t(j)p_0(j)}.$$

Indice de Fisher : $$F_{t/0}(p) = \sqrt{L_{t/0}(p) \cdot P_{t/0}(p)}.$$

Indice de Sidgwick : $$S_{t/0}(p) = \left(L_{t/0}(p) + P_{t/0}(p)\right)/2.$$

(a) Démontrez que $L_{t/0}(p)$ est une moyenne arithmétique pondérée des indices élémentaires $p_t(j)/p_0(j) - j = 1, \ldots, n$.

(b) Démontrez que $P_{t/0}(p)$ est une moyenne harmonique pondérée[37] des indices élémentaires $p_t(j)/p_0(j) - j = 1, \ldots, n$.

(c) Démontrez que $L_{t/0}(p) = 1/P_{0/t}(p)$.

(d) Quelle relation y-a-t-il entre $F_{t/0}(p)$ et $S_{t/0}(p)$?

T.3.15 ★ Considérons une D.G.1 $\{(x_{cj}, n_j), j = 1, \ldots, J\}$ décrivant la répartition des salaires dans une entreprise. Associons les quantités suivantes à chaque classe j :

$$p_j = F_j \quad ; \quad q_j = \sum_{k=1}^{j} n_k x_{ck} \Big/ \sum_{k=1}^{J} n_k x_{ck}.$$

p_j représente la proportion de salariés concernés par les j premières classes et q_j une estimation de la proportion de la masse salariale totale qui leur est affectée. Construisons la ***courbe de concentration*** qui consiste à relier par des segments de droite les points de coordonnées $(0,0), (p_1, q_1), (p_2, q_2), \ldots, (1, 1)$ et appelons A l'aire située entre la première bissectrice et cette courbe que nous présentons dans la figure 3.26.
L'***indice de concentration*** (indice de ***Gini***) est défini par $\gamma = 2A$.

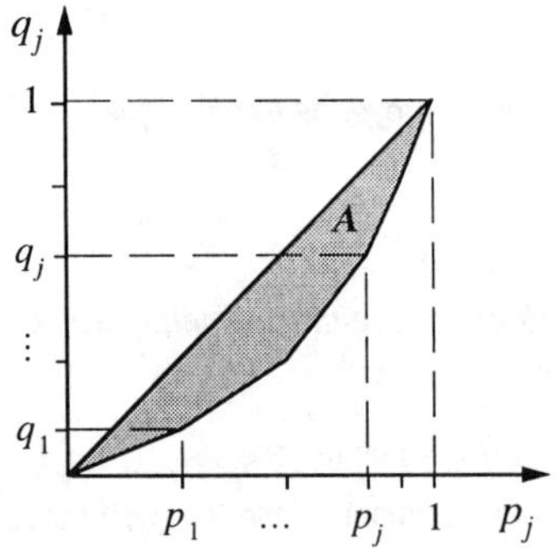

Figure 3.26
Courbe de concentration

(a) Montrez que $0 \leqslant \gamma \leqslant 1$.

(b) Interprétez la situation qui correspond au cas où $\gamma \approx 0$ et $\gamma \approx 1$.

(c) Montrez que

$$\gamma = \sum_{j=1}^{J} p_j \left(q_{j+1} - q_{j-1}\right) \tag{3.81}$$

où nous avons posé $q_0 = q_{J+1} = 0$.

[37] Une moyenne harmonique pondérée d'une série $\{y_1, \ldots, y_n\}$ est définie par $H = 1/\sum_i (w_i/y_i)$, où les coefficients de pondération w_i sont tels que $\sum_i w_i = 1$.

(d) Montrez que si toutes les classes sont de même longueur h :

$$\gamma = \frac{h}{n^2\overline{x}}\left(n\sum_{j=1}^{J} N_j - \sum_{j=1}^{J} N_j^2\right). \qquad (3.82)$$

3.6.2 Exercices pratiques

E.3.1 On vous a présenté dans ce chapitre l'exemple 3.4 relatif aux notes de 10 étudiants dans 7 cours distincts. Refaites l'analyse complète des séries statistiques relatives à chaque cours et celles concernant chaque étudiant.

E.3.2 Analysez complètement les distributions observées présentées dans les exemples 3.1 et 3.8.

E.3.3 L'exemple 3.3 a proposé de construire trois D.G.1 à partir de la série observée de 175 tailles d'étudiants : la première est basée sur un groupement en 5 classes (tableau 3.1), la deuxième portant sur 6 classes (tableau 3.2) et la troisième sur 7 classes (tableau 3.3). Analysez complètement ces trois D.G.1 et comparez les résultats obtenus.

E.3.4 Analysez les deux D.G.1 présentées dans l'exemple 3.7.

E.3.5 Vous avez représenté graphiquement les séries statistiques correspondant aux exercices E.2.2 à E.2.22. Pour chaque série, construisez un diagramme en boîte et un graphique des quantiles ; interprétez ensuite ces représentations graphiques. Déterminez pour chacune d'entre elles, les paramètres de position, de dispersion et de forme qui vous semblent pertinents.

E.3.6 Un supermarché reçoit 1000 caissettes comprenant chacune neuf pêches. On observe la distribution du nombre de pêches abîmées (même légèrement) par caissette :

x_j	0	1	2	3	4	5	6	7	8	9
n_j	126	307	317	173	55	17	2	2	0	1

Analysez cette distribution observée.

E.3.7 Le langage imagé du capitaine Haddock est bien connu des admirateurs de Tintin. Ainsi, dans l'album intitulé *Coke en stock*, nous avons relevé 105 expressions allant du simple *anacoluthe* ou *cercopithèque* au *bougre de phénomène de moule à gaufres de tonnerre de Brest*, en passant par le classique *mille milliards de mille sabords*. En les comparant, nous en dénombrons 69 distinctes. Les circonstances au cours desquelles ces expressions sont lancées, peuvent partiellement se traduire par leur longueur. Aussi s'est-on intéressé au nombre de mots contenus dans chacune d'elles, ce qui nous fournit la distribution observée suivante :

Nombre de mots	1	2	3	4	5	6	7	8	9	10	11
Nombre d'expressions	35	13	27	5	16	4	1	2	1	0	1

Analysez cette distribution observée.

E.3.8 Vous avez construit des distributions groupées à partir des données fournies dans les exercices E.2.16 à E.2.22. Déterminez les paramètres de position, de dispersion et de forme qui vous semblent adéquats pour chaque série observée. Construisez le diagramme en boîte et le graphique des quantiles associés à chacune de ces séries. Analysez ensuite les distributions groupées que vous leur avez associées. Comparez les résultats obtenus avant et après groupement.

E.3.9 Les exercices E.2.23 à E.2.28 concernent des séries statistiques bivariées. Analysez les séries marginales qui en découlent.

E.3.10 Analysez les séries marginales univariées des séries trivariées présentées dans les exercices E.2.35 et E.2.36.

E.3.11 Analysez les séries marginales de la série 5-variée présentée dans l'exercice E.2.38.

E.3.12 Considérons les 3 séries statistiques suivantes :

$$E_1 = \{3, 5, 6, 7, 8, 9, 11\} \; ; \; E_2 = \{6, 6, 6, 6, 6, 6, 13\} \; ; \; E_3 = \{1, 8, 8, 8, 8, 8, 8\}.$$

(a) Montrez qu'elles ont mêmes moyennes et mêmes variances.

(b) Recherchez une manière pertinente de comparer ces séries.

E.3.13 Considérons la série observée ordonnée $\{1, 2, 4, 7, 7, 8, 12, 15, 16, 17, 17, 20\}$. On la décompose en 3 groupes de même taille $\{1, 2, 4, 7\}$, $\{7, 8, 12, 15\}$ et $\{16, 17, 17, 20\}$. Exprimez la moyenne et la variance de la série globale à partir des paramètres des séries partielles.

E.3.14 Considérons la série observée

$$\{15, 7, 1, 12, 11, 15, 3, 5, 6, 9, 8, 6, 14, 16, 3, 1\}.$$

On la décompose en 4 séries partielles ordonnées de même effectif séparées par les trois quartiles de cette série. Recherchez la moyenne et la variance de cette série à partir des paramètres des séries partielles.

E.3.15 Considérons la série observée $\{1, 4, 3, 7, 12, 8, 5\}$.

(a) Calculez sa moyenne et sa variance.

(b) Que deviennent ces paramètres si on ajoute la valeur 6 à la série ?

(c) Que deviennent ces paramètres si on retranche la valeur 12 à la série ?

E.3.16 Considérons la série $\{1, 2, 3, 4, 5\}$.

(a) Calculez la valeur de sa moyenne $\overline{x}$ et de sa variance s^2.

(b) Que deviennent $\overline{x}$ et s^2 si on ajoute à cette série une valeur x_p supplémentaire ? Répondez à cette question d'un point de vue théorique et, ensuite en prenant les cas particuliers suivants :

$$x_p = 6, \; x_p = 15, \; x_p = 30, \; x_p = 100.$$

Commentez les résultats obtenus.

E.3.17 On considère les rapports des valeurs d'une action cotée en bourse, d'une année à l'année précédente, pour 4 années successives (rapports exprimés en %) :

$$x_1 = 107.4, \; x_2 = 115.1, \; x_3 = 108.9, \; x_4 = 109.9.$$

Déterminez le taux moyen d'accroissement annuel.

E.3.18 Le volume de production d'une denrée a doublé au cours d'une période de 5 ans. Quel est le taux moyen d'accroissement annuel ?

E.3.19 En 1975 et 1985, la population d'un pays X... comportait respectivement 51.3 et 79.3 millions d'unités.

(a) Déterminez le taux moyen d'accroissement annuel de cette population pendant la période considérée.

(b) Estimez la valeur de la population en 1979, en vous basant sur ce taux d'accroissement moyen.

E.3.20 Le capitaine Haddock achète, pour un montant de 7 500 couronnes bordures (KB), des couronnes syldaves (KS) au cours de 6 KB pour 1 KS ; il effectue ensuite une seconde opération de même type, pour le même montant de 7 500 couronnes bordures, le cours étant cette fois de 6.5 KB pour 1 KS.

(a) Que vaut le cours moyen pour l'ensemble des 2 opérations ?

(b) Que devient ce cours moyen si la somme changée au cours de la seconde opération est de 15 000 KB au lieu de 7 500 KB ?

(c) Que devient ce cours moyen si les deux opérations, effectuées aux cours mentionnés ci-dessus, consistaient à acheter chaque fois 1 000 KS ?

E.3.21 Un piéton traverse un bois à une vitesse constante de 3 km/heure et fait le chemin inverse, par les mêmes sentiers, à une vitesse constante de 6 km/heure. Déterminez la vitesse moyenne pour la promenade complète.

E.3.22 La réalisation d'une commande de 600 articles est répartie entre 2 chaînes de production. La première chaîne obtient un rendement horaire de fabrication de 20 pièces et la seconde de 30 pièces.

(a) Quel est le rendement horaire moyen si les deux chaînes produisent 300 articles chacune ?

(b) Quel est ce rendement horaire moyen si la première chaîne doit produire le quart de la commande ?

(c) Quelle doit être la répartition du travail entre les 2 chaînes pour que le rendement horaire moyen soit égal à 25 pièces ?

E.3.23 Considérons les prix de trois articles A, B et C en 1977 et 1987 :

Articles	A	B	C
Prix en 1977	12	18	25.6
Prix en 1987	30	36	10

Déterminez la moyenne arithmétique, la moyenne harmonique et la moyenne géométrique des trois indices élémentaires de prix (base : 1977) et comparez les résultats obtenus.

E.3.24 Considérons l'évolution du prix de quatre produits de 1986 à 1996 :

Articles	A	B	C	D
Prix en 1986	10	15	20	2
Prix en 1996	20	60	50	25.6

Déterminez des valeurs moyennes des indices élémentaires définies à partir de ces produits, pour 1998 par rapport à 1986.

E.3.25 On donne les prix (p) et les quantités (q) suivantes, pour trois produits A, B et C en janvier (J), février (F) et mars (M) 1995 :

	Prix			Quantités		
Produits	p_J	p_F	p_M	q_J	q_F	q_M
A	10	11	12	1	1	1
B	1	1	1	12	11	10
C	1	2	3	1	1	1

Calculez :

(a) l'indice de prix de Paasche de F par rapport à M ;

(b) l'indice de prix de Paasche de J par rapport à F ;

(c) l'indice de prix de Laspeyres de F par rapport à J ;

(d) l'indice de prix de Laspeyres de M par rapport à F.

Quelle liaison peut-on établir entre les réponses aux sous-questions (a) et (d) d'une part, (b) et (c) d'autre part ?

E.3.26 Déterminez l'indice de concentration et commentez le résultat obtenu à partir de la D.G.1 de salaires $\{(x_{cj}, n_j)\}$ suivante :

x_{cj}	40	60	80	100	120	140	160
n_j	56	17	12	6	2	1	6

N.B. : les salaires sont exprimés en milliers d'euros.

CHAPITRE 4

ÉLÉMENTS DE THÉORIE DES PROBABILITÉS

« La guerre et le jeu enseignent ces calculs de probabilités qui font saisir les chances sans s'user à les attendre toutes ».

A. France, *Le jardin d'Épicure*.

4.1 INTRODUCTION

Introduire le concept de probabilité est une entreprise à la fois enrichissante et délicate. L'histoire de la théorie des probabilités est passionnante aussi bien dans ses développements mathématiques que dans ses rapports avec les sciences humaines et, en particulier, la philosophie. Cette théorie ne peut cependant se concevoir que dans un contexte rigoureux qui s'accompagne généralement d'une présentation relativement abstraite et complexe. Dans un ouvrage destiné à des lecteurs qui n'ont pas pour objectif principal de connaître les développements les plus récents de cette théorie, nous sommes contraint de n'en présenter que quelques aspects : ceux qui doivent notamment nous permettre de comprendre comment, à partir d'un échantillon prélevé « convenablement » (1) dans une population, il est possible d'obtenir un certain nombre d'informations qui la concernent. Ce souci de simplification peut présenter le danger d'une certaine imprécision. Nous préférons cependant éviter d'introduire des concepts qui risqueraient de rendre ardue la lecture de ce chapitre. Le lecteur qui désire approfondir cette théorie peut se référer aux nombreux ouvrages qui lui sont consacrés (2).

---

(1) Voir chapitre 7.

(2) Voir, par exemple, dans la littérature rédigée en français : Hammad [1984], Métivier [1979], Monfort [1996] ou Neveu [1970].

Le concept de probabilité est surtout connu dans le grand public par l'intermédiaire des jeux de hasard, comme le lancement d'une pièce de monnaie ou le jet d'un dé [3]. Personne ne s'étonne quand on lui dit qu'une pièce de monnaie *bien équilibrée* possède, lorsqu'elle est lancée sur une table, la même « probabilité » de faire apparaître le côté pile que le côté face — on dit couramment qu'il y a *une chance sur deux* d'avoir pile et, de même, *une chance sur deux* d'avoir face. Tout le monde est d'accord sur ce phénomène : aucun joueur participant à un match de football ne met en doute l'impartialité de l'arbitre lorsqu'il tire au sort les camps des adversaires. Notre arbitre n'a qu'un rôle d'intermédiaire dans cette histoire ; la probabilité d'avoir pile et celle d'avoir face (toutes deux égales à 1/2) sont définies par une *propriété interne de l'expérience :* la pièce ne peut montrer qu'un seul résultat parmi deux réalisations possibles et symétriques. Cette façon d'aborder le problème peut être généralisée à n'importe quel jeu pouvant donner lieu à des résultats dont le *rôle est symétrique* (le lancer d'un dé bien équilibré, le choix d'une carte dans un jeu de 52 cartes bien mélangées et indiscernables...). Si l'on s'intéresse à l'arrivée d'un événement [4] particulier (avoir un nombre pair en lançant le dé, tirer un roi en prenant une carte dans le jeu...), on peut lui associer une *probabilité* de se présenter qui résulte du rapport entre le nombre de cas favorables à l'arrivée de cet événement et le nombre de cas possibles (3/6 pour le nombre pair, 4/52 pour le roi...). Cette définition, dite *classique*, ne concerne malheureusement que des phénomènes très particuliers. En effet, dès que l'on envisage des situations dont on ne peut maîtriser aussi bien les caractéristiques — et en particulier qui ne présentent pas forcément la propriété de symétrie évoquée plus haut—, on se trouve dans l'impossibilité d'utiliser cette approche. Il en est par exemple ainsi quand une pièce de monnaie est mal équilibrée, quand on s'intéresse à la naissance d'un garçon ou d'une fille, ou au décès d'une personne d'âge déterminé... Historiquement, on s'est vite rendu compte qu'une façon de résoudre ce problème consistait à dénombrer la survenance des événements étudiés sur un grand nombre de relevés (on lance la pièce 10 000 fois et on compte le nombre de piles, on regarde le nombre de filles pour 100 000 naissances...). Cette approche basée sur l'utilisation d'une fréquence observée a permis d'introduire la définition *fréquentiste* de la probabilité, basée sur la constatation que ces fréquences ont tendance à se stabiliser autour d'une valeur spécifique — la probabilité — quand le nombre d'observations devient élevé. Encore faut-il que cette opération de répétition soit possible ! Considérons une autre situation.

Si on demande à un étudiant, la veille de son examen de statistique, quelle est sa « probabilité de réussite », la situation est moins claire que dans les cas précédents. Cette probabilité va en fait mesurer la *vraisemblance* de

(3) Rappelons d'ailleurs qu'ils sont à l'origine du concept, comme nous l'avons souligné dans le chapitre 1.

(4) Nous préciserons davantage cette notion dans le paragraphe 4.3.

cet événement ou la *croyance* qu'il met dans sa réalisation. Il peut bien sûr en justifier la valeur par divers arguments (son intelligence, sa bonne ou mauvaise préparation, son état de santé. . .). Cette probabilité n'est cependant pas nécessairement appréciée de la même façon par autrui ou à des moments distincts. Elle est alors qualifiée de *subjective*, en opposition au cas du lancer de la pièce de monnaie qui fournit quant à lui des probabilités dites *objectives*.

La détermination des probabilités subjectives est délicate et ne peut être abordée dans le cadre de cet ouvrage(5). Nous allons plutôt nous concentrer sur ce qui unit ces différentes approches et qui constitue la base de la théorie des probabilités. Nous utiliserons dans notre présentation une terminologie et une notation introduites au 20e siècle, basées sur la théorie des ensembles. Nous illustrerons les divers concepts présentés par des exemples simples, liés aux jeux de société évoqués auparavant, ce qui doit permettre — nous l'espérons — de faciliter la lecture et la compréhension de ce chapitre.

4.2 EXPÉRIENCE ALÉATOIRE ET ENSEMBLE FONDAMENTAL

4.2.1 Expérience aléatoire

Les phénomènes auxquels s'applique la théorie des probabilités sont très variés. Ils peuvent, en tout ou en partie, être la conséquence d'une action humaine. On les appelle habituellement des ***expériences aléatoires***. Cette dénomination a des raisons historiques. Le mot « expérience » évoque assurément des tests contrôlés en laboratoire. Nous utiliserons cependant ce mot dans une acception plus générale qui s'applique également à des phénomènes très éloignés du domaine expérimental. Nous appellerons en fait *expérience aléatoire* toute action ou processus qui engendre des résultats ou des observations et dont on ne peut prédire avec certitude le résultat.

L'issue d'une telle expérience est donc « régie par le hasard » lorsqu'on la répète. Les actions suivantes constituent des expériences aléatoires : le lancement d'une pièce de monnaie, le jet d'un ou de plusieurs dés, le choix d'une ou de plusieurs cartes dans un paquet de 52 cartes, la durée d'attente d'une rame de métro.

Notons que certains auteurs qualifient aussi d'***épreuve*** une expérience aléatoire ou sa réalisation.

4.2.2 Ensemble fondamental

Nous supposons que l'on peut décrire l'ensemble de tous les résultats possibles d'une expérience aléatoire. Cet ensemble est généralement désigné par

(5) Cf. par exemple Droesbeke *et al.* [1999], De Finetti [1978-79]ou Lindley[1965].

la lettre grecque majuscule Ω et est appelé ***ensemble fondamental*** ou encore ***espace échantillon***.

EXEMPLE 4.1

Considérons l'expérience aléatoire qui consiste à lancer un dé. L'ensemble fondamental qui lui est associé contient tous les résultats possibles de ce lancement :

$$\Omega = \{1, 2, 3, 4, 5, 6\}.$$

Remarquons que l'ensemble fondamental Ω associé à une expérience aléatoire peut varier en fonction des objectifs poursuivis.

EXEMPLE 4.2

On prélève une carte dans un paquet de 52 cartes. On peut s'intéresser à divers types de résultats :

1. la couleur de la carte : $\Omega_1 = \{$noire, rouge$\}$;
2. la série de la carte : $\Omega_2 = \{\heartsuit, \diamondsuit, \clubsuit, \spadesuit\}$;
3. la valeur de la carte : $\Omega_3 = \{2, 3, 4, 5, 6, 7, 8, 9, 10,$ valet, dame, roi, as$\}$;
4. l'identité exacte de la carte : $\Omega_4 =$ l'ensemble des 52 cartes du paquet.

Par ailleurs, un ensemble fondamental peut être ***fini*** ou ***infini***. Prenons quelques exemples.

1. Les ensembles considérés dans l'exemple 4.2 sont *finis*.
2. Si on lance une pièce autant de fois qu'il est nécessaire pour avoir pile, nous avons, en représentant pile par P et face par F :

   $$\Omega = \{P, (F, P), (F, F, P), (F, F, F, P), \ldots\}.$$

   Cet ensemble est *infini dénombrable* [(6)].
3. La durée d'attente d'une rame de métro : Ω est un intervalle de $\mathbb{R}$, par exemple $[0, 20]$. Cet ensemble est *infini non dénombrable*. Il est encore dit *continu*.

Nous supposerons tout d'abord que Ω est *fini* afin de faciliter la compréhension des divers concepts présentés ci-dessous. Nous reviendrons sur les autres cas dans la suite.

(6) Cela signifie qu'on peut associer à chaque élément de Ω un entier naturel de sorte qu'à deux éléments distincts de Ω soient associés deux entiers différents.

4.3 ÉVÉNEMENT

4.3.1 Événement élémentaire

Nous avons associé à une expérience aléatoire un ensemble fondamental Ω — supposé fini dans ce paragraphe — dont les éléments $\omega_1, \omega_2, \ldots, \omega_n$ désignent tous les résultats possibles de cette expérience. Chacun de ces éléments peut être défini par une *propriété* du résultat qui n'est possédée que par lui-même. On dit alors que chaque élément ω_i définit un ***événement élémentaire*** (ou indécomposable).

EXEMPLE 4.1 (suite 1)

Considérons à nouveau le jet d'un dé. L'ensemble fondamental

$$\Omega = \{1, 2, 3, 4, 5, 6\}$$

permet de définir six événements élémentaires correspondant chacun à la propriété de faire apparaître sur la face supérieure du dé l'un des six nombres 1, 2, 3, 4, 5 ou 6.

4.3.2 Événement composé

Il est aussi possible de considérer des propriétés du résultat d'une expérience aléatoire qui sont possédées par plusieurs éléments de Ω. On parle alors d'***événement composé*** ou d'***événement*** tout court.

EXEMPLE 4.1 (suite 2)

En reprenant l'exemple du jet d'un dé, l'apparition d'un *nombre pair* peut se réaliser par l'obtention du « 2 », du « 4 » ou du « 6 ».

4.3.3 Représentation d'un événement

Il est commode de représenter un événement défini par une propriété du résultat au moyen du *sous-ensemble* (ou *partie*) de Ω composé des éléments qui possèdent cette propriété. Cela permet de recourir à des opérations logiques sur les événements qui correspondent aux opérations bien connues sur les parties d'un ensemble[7].

En outre, on symbolise habituellement un événement par une lettre majuscule $(A, B, C, \ldots)$ qui peut être indicée $(E_1, E_2, \ldots)$.

---

(7) Voir annexe 1.

EXEMPLE 4.1 (suite 3)

Considérons à nouveau le lancement d'un dé à six faces :

$$\Omega = \{1, 2, 3, 4, 5, 6\}.$$

Décrivons quelques événements sous les deux formes « propriété-ensemble » présentés ci-dessus :

1. Événement A : obtenir le nombre $1 \Rightarrow A = \{1\}$.
2. Événement B : avoir un nombre divisible par $3 \Rightarrow B = \{3, 6\}$.
3. Événement C : avoir un nombre pair$\Rightarrow C = \{2, 4, 6\}$.
4. Événement D : avoir un nombre impair$\Rightarrow D = \{1, 3, 5\}$.

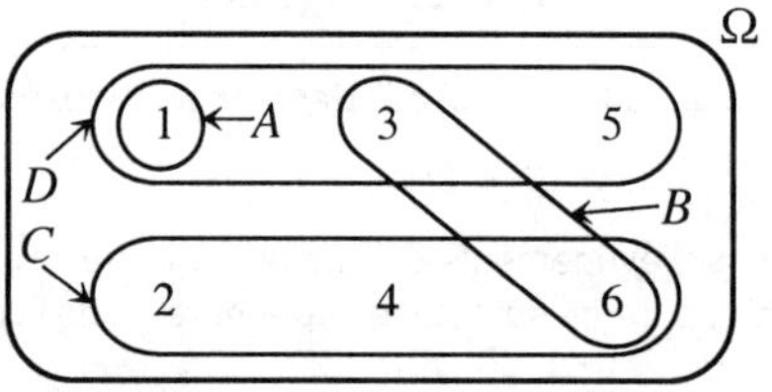

Figure 4.1 *Diagramme de Venn*

4.3.4 Événements certain et impossible

Pour toute expérience aléatoire, on peut noter la présence de deux événements particuliers : l'***événement certain*** (représenté par l'ensemble Ω lui-même) et l'***événement impossible*** (représenté par la partie vide $\varnothing$).

EXEMPLE 4.1 (suite 4)

Considérons les deux événements suivants lors du lancement d'un dé :

1. Événement T : obtenir un résultat plus petit que 8.
   Cet événement se réalisera toujours : il est dit *certain* et est représenté par $T = \Omega$.
2. Événement I : avoir un nombre divisible par 11. Un tel événement ne peut jamais se produire : il est dit *impossible* et est représenté par $I = \varnothing$ (ensemble vide).

4.3.5 Famille $\mathcal{F}$ des événements

Nous désignerons par $\mathcal{F}$ l'ensemble de tous les événements associés à une expérience aléatoire.

Si Ω est fini, $\mathcal{F}$ peut être confondu avec l'ensemble des parties de Ω, habituellement désigné par $\mathcal{P}(\Omega)$.

EXEMPLE 4.3

On lance une pièce de monnaie : $\Omega = \{\text{face,pile}\}$. Les parties de Ω sont l'ensemble vide $\varnothing$, les événements *face* et *pile* et l'ensemble fondamental Ω lui-même :

$$\mathcal{P}(\Omega) = \{\varnothing, \{\text{face}\}, \{\text{pile}\}, \Omega\}.$$

Lorsque Ω est infini, il n'est pas nécessaire de considérer tout élément de $\mathcal{P}(\Omega)$ comme un événement. On peut en effet restreindre $\mathcal{F}$ à des classes de parties de Ω, en leur imposant des conditions de stabilité telles que les opérations logiques évoquées ci-dessus — et que nous présentons dans le paragraphe 4.4 — conduisent toujours à des événements de ces classes. Nous reviendrons brièvement sur ce problème dans le paragraphe 4.15.

4.4 OPÉRATIONS SUR LES ÉVÉNEMENTS

Comme nous l'avons souligné dans le paragraphe précédent, le recours à la théorie des ensembles nous permet d'introduire un certain nombre d'***opérations*** sur les événements de $\mathcal{F}$ dont nous décrivons ci-dessous les plus utilisées. Nous les présenterons essentiellement pour deux événements E_1 et E_2, en utilisant leur représentation au moyen de *diagrammes de Venn*. Nous laissons au lecteur le soin d'étendre ces opérations à plus de deux événements [8]. Par ailleurs, il est utile de noter que la définition de $\mathcal{F}$ permet d'affirmer que le résultat de toutes ces opérations définit lui-même un événement.

4.4.1 Égalité

Deux événements E_1 et E_2 sont égaux s'ils sont représentés par deux sous-ensembles composés des mêmes éléments $(E_1 = E_2)$.

4.4.2 Implication

Un événement E_1 implique un autre événement E_2 si le sous-ensemble E_1 est *inclus* dans E_2 $(E_1 \subset E_2)$. E_2 se réalise donc chaque fois que E_1 est obtenu (cf. figure 4.2).

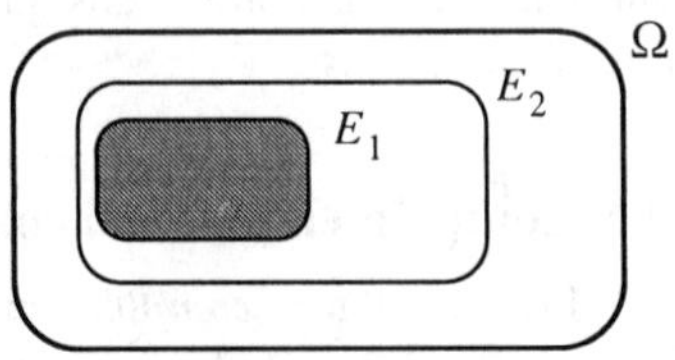

Figure 4.2 *Implication*

4.4.3 Conjonction (ou intersection)

La ***conjonction*** ou l'***intersection*** de deux événements E_1 et E_2 est définie par le sous-ensemble $E_1 \cap E_2$. C'est donc l'événement qui se réalise quand E_1

[8] Cf. paragraphe 4.17.

et E_2 sont obtenus *simultanément.* $E_1 \cap E_2$ est représenté par la partie grisée de la figure 4.3.

Remarquons que si la conjonction de deux événements E_1 et E_2 est impossible, ils sont dits *incompatibles* ou ***mutuellement exclusifs***. Dans ce cas, $E_1 \cap E_2 = \varnothing$.

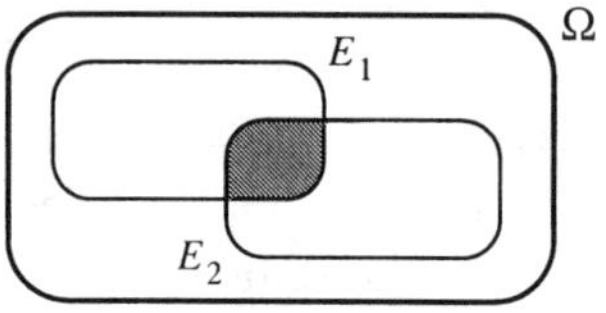

Figure 4.3
Conjonction

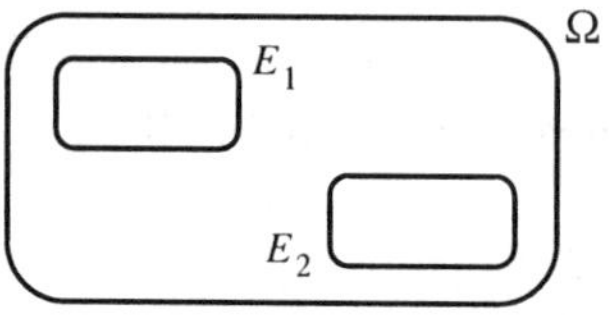

Figure 4.4
Événements mutuellement exclusifs

4.4.4 Réunion

La ***réunion*** de deux événements E_1 et E_2 est définie par le sous-ensemble $E_1 \cup E_2$. $E_1 \cup E_2$ est représenté par la partie grisée de la figure 4.5. C'est donc l'événement qui se réalise dès que E_1 ou E_2 s'est réalisé[9]. En d'autres termes, $E_1 \cup E_2$ se présente quand *au moins* un des deux événements E_1 ou E_2 se réalise.

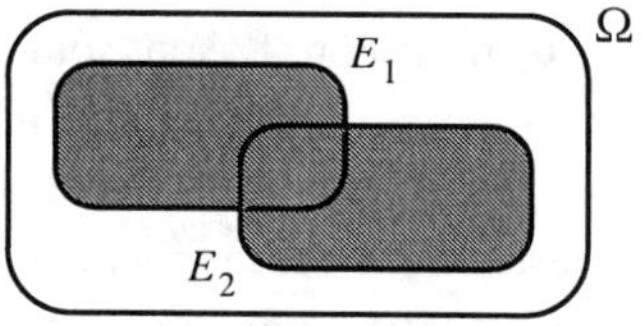

Figure 4.5 *Réunion*

4.4.5 Différence

La ***différence*** entre un événement E_1 et un événement E_2 est définie par l'ensemble des éléments de E_1 qui n'appartiennent pas à E_2. Cet événement noté $E_1 \backslash E_2$ est représenté par la partie grisée de la figure 4.6. Il signifie que E_1 se réalise sans que ce soit le cas pour E_2.

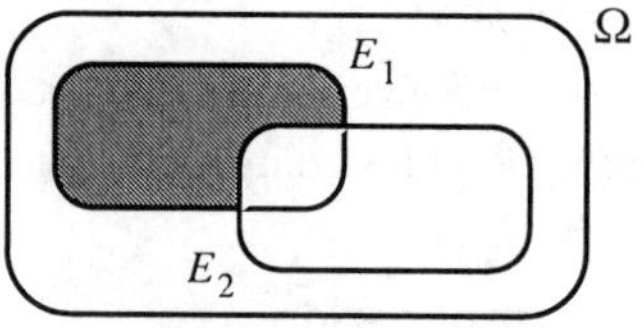

Figure 4.6 *Différence*

4.4.6 Complémentaire (ou contraire)

L'événement ***complémentaire*** (ou ***contraire***) d'un événement E est noté $\overline{E}$. C'est l'événement qui se réalise quand E ne se réalise pas (et vice-versa).

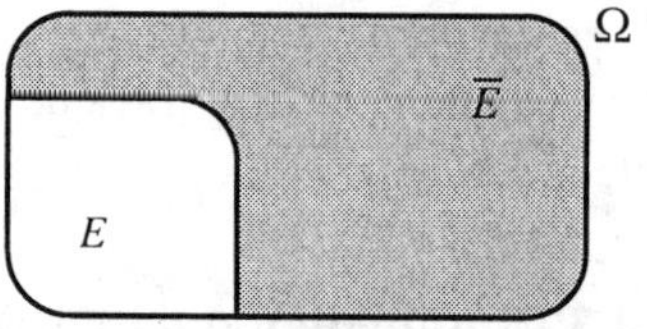

Figure 4.7 *Complémentaire*

(9) Lorsque deux événements E_1 et E_2 sont *mutuellement exclusifs*, certains auteurs parlent de leur *somme* au lieu de leur réunion. Dans ce cas, il suffit en effet d'adjoindre les éléments de E_1 et ceux de E_2 pour obtenir $E_1 \cup E_2$.

Il apparaît clairement, au vu de la figure 4.7, que $\overline{E} = \Omega \backslash E$. Il faut souligner en outre les deux propriétés suivantes :

1. E et $\overline{E}$ sont mutuellement exclusifs : $E \cap \overline{E} = \varnothing$;
2. $E \cup \overline{E} = \Omega$.

Ces deux propriétés permettent de dire que E et $\overline{E}$ définissent une partition[10] de Ω.

Notons encore les cas particuliers suivants :

1. $\overline{\Omega} = \varnothing$: l'événement *impossible* est le complémentaire de l'événement certain ;
2. $\overline{\varnothing} = \Omega$: l'événement *certain* est le complémentaire de l'événement impossible.

EXEMPLE 4.1 (suite 5)

Reprenons le lancement d'un dé :

$$\Omega = \{1, 2, 3, 4, 5, 6\}.$$

Nous pouvons considérer quelques exemples d'opérations illustrées par la figure 4.8.

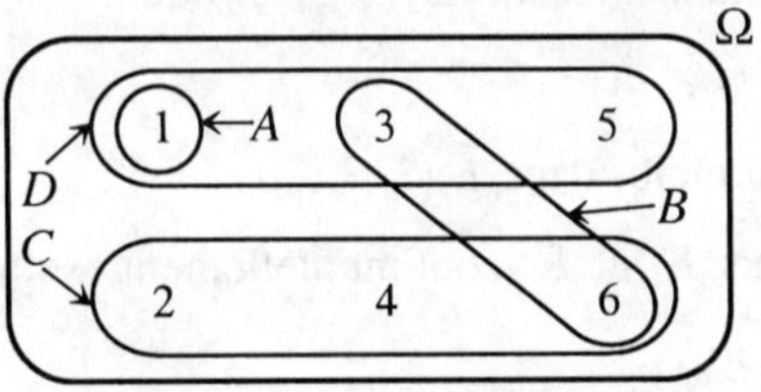

Figure 4.8 *Diagramme de Venn*

1. Implication : $A = \{1\} \subset D = \{1, 3, 5\}$.
2. Conjonction : $B \cap C = \{3, 6\} \cap \{2, 4, 6\} = \{6\}$.
3. Événements mutuellement exclusifs : $A \cap C = \{1\} \cap \{2, 4, 6\} = \varnothing$.
4. Réunion : $B \cup C = \{3, 6\} \cup \{2, 4, 6\} = \{2, 3, 4, 6\}$.
5. Différence : $B \backslash C = \{3, 6\} \backslash \{2, 4, 6\} = \{3\}$.
6. Complémentaire : $\overline{C} = \overline{\{2, 4, 6\}} = \{1, 3, 5\} = D$.

4.5 CLASSES PARTICULIÈRES D'ÉVÉNEMENTS

Considérons une suite $E_1, \ldots, E_m$ d'événements mutuellement exclusifs deux à deux $(E_i \cap E_j = \varnothing, \forall i \neq j)$. Ils constituent une ***classe d'événements mutuellement exclusifs***.

[10] Voir annexe 1.

Considérons dans un deuxième temps une classe d'événements mutuellement exclusifs $\{E_1, \ldots, E_m\}$ tels que :

$$E_1 \cup \cdots \cup E_m = \Omega.$$

Elle définit dans ce cas une ***classe d'événements mutuellement exclusifs et exhaustifs*** et constitue une ***partition***[11] de l'ensemble fondamental Ω. Une telle classe est encore appelée un ***système complet*** *(ou exhaustif)* ***d'événements***.

EXEMPLE 4.1 (suite 6)

Reprenons le jet d'un dé et son ensemble fondamental

$$\Omega = \{1, 2, 3, 4, 5, 6\}.$$

Les classes suivantes constituent des partitions de Ω et définissent donc des systèmes complets d'événements :

1. $\big\{\{1\}, \{2\}, \{3\}, \{4\}, \{5\}, \{6\}\big\}$;
2. $\big\{\{1, 3, 5\}, \{2, 4, 6\}\big\}$;
3. $\big\{\{1\}, \{2, 4\}, \{3, 6\}, \{5\}\big\}$.

Par extension, nous pouvons *partitionner un événement* E quelconque en événements mutuellement exclusifs $E_1, \ldots, E_m$ de façon telle que :

- $E_i \neq \varnothing \, (i = 1, \ldots, m)$;
- tous les E_i sont inclus dans $E \, (i = 1, \ldots, m)$;
- deux événements E_i et E_j sont mutuellement exclusifs $(i \neq j)$;
- $E = E_1 \cup \cdots \cup E_m$.

Le cas extrême d'une telle partition est le suivant. Si $E = \{\omega_1, \ldots, \omega_p\}$ est composé de p éléments de Ω, il peut être partitionné au moyen de la classe des événements élémentaires $\{\omega_1\}, \ldots, \{\omega_p\}$.

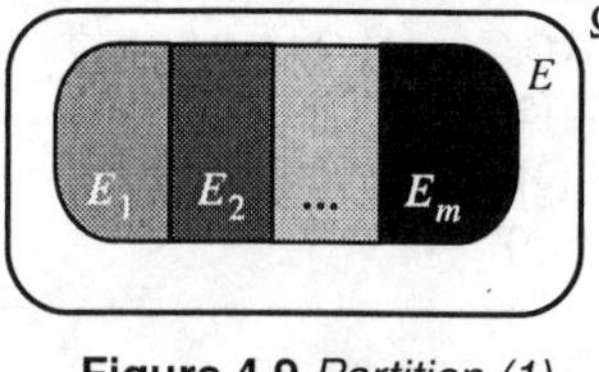

Figure 4.9 *Partition (1)*

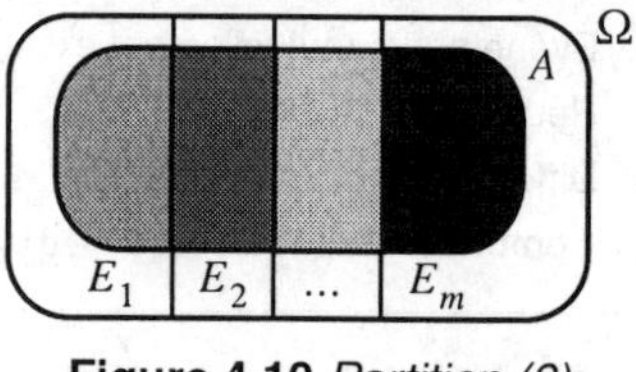

Figure 4.10 *Partition (2)*

Introduisons un autre exemple intéressant de partition. Considérons un système complet d'événements $\{E_1, \ldots, E_m\}$ et un événement A quelconque de $\mathcal{F}$. Au vu de la figure 4.10, on constate immédiatement que les m événements $A \cap E_1, \ldots, A \cap E_m$ sont mutuellement exclusifs et qu'ils constituent ainsi une partition de l'ensemble A.

(11) Voir annexe 1.

EXEMPLE 4.1 (suite 7)

Considérons le système complet d'événements

$$\{E_1, E_2\} = \big\{\{1,3,5\}, \{2,4,6\}\big\}$$

et l'événement $B = \{3,6\}$. B peut être partitionné en $B \cap E_1 = \{3\}$ et $B \cap E_2 = \{6\}$.

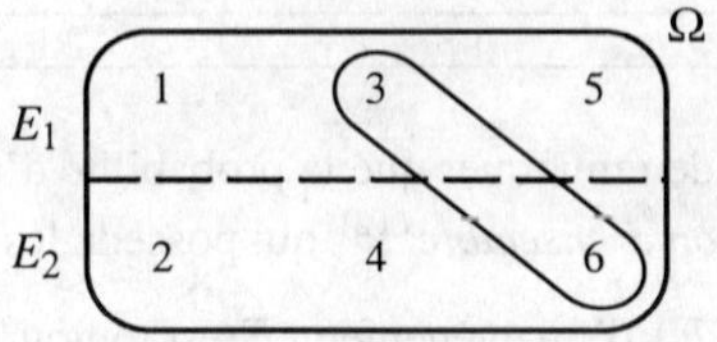

Figure 4.11 *Partition de* B

4.6 PROBABILITÉ

Grâce à l'introduction du concept d'événement à partir de l'ensemble fondamental de Ω, nous pouvons réintroduire le concept de probabilité par ses aspects « classique » et fréquentiste, que nous compléterons par une troisième approche, dite axiomatique. De façon générale, si E est un événement de $\mathscr{F}$, nous noterons par $P(E)$ la *probabilité que* E *se réalise* au cours de l'expérience aléatoire à laquelle on a associé Ω et $\mathscr{F}$.

4.6.1 Définition classique

Formalisons la définition présentée dans le paragraphe 4.1.

Si l'on considère une expérience aléatoire pouvant se réaliser de N façons *distinctes* et *symétriques*, et que parmi ces dernières, on peut en dénombrer $N(E)$ qui sont *favorables* à l'arrivée d'un événement E, la probabilité d'obtenir ce dernier est donnée par :

$$P(E) = \frac{N(E)}{N} \cdot \tag{4.1}$$

EXEMPLE 4.1 (suite 8)

Si le dé est parfait (toutes les faces ont les mêmes chances d'être observées), comme $\Omega = \{1,2,3,4,5,6\}$, le nombre de réalisations (symétriques) possibles est $N = 6$. Considérons à nouveau les événements suivants :

- A : avoir un résultat égal à 1 ;
- B : avoir un résultat divisible par trois ;
- C : avoir un nombre pair pour résultat.

Le décompte du nombre de cas favorables à la réalisation de chacun d'eux et le calcul de leur probabilité d'occurrence définie par (4.1) nous fournissent le tableau suivant :

Événement	Cas favorables	Probabilité
A	1	$P(A) = 1/6$
B	$3, 6$	$P(B) = 2/6 = 1/3$
C	$2, 4, 6$	$P(C) = 3/6 = 1/2$

Il est intéressant de remarquer que la probabilité d'un événement, définie par (4.1), est une *fonction d'ensemble*[12] qui possède les propriétés suivantes :

1. la probabilité $P(E)$ d'un événement E est toujours positive ou nulle ;
2. si un événement est certain, le nombre de cas favorables à son arrivée est égal au nombre de cas possibles : sa probabilité vaut donc 1 ;
3. si E_1 et E_2 sont deux événements mutuellement exclusifs $(E_1 \cap E_2 = \varnothing)$, le nombre de cas favorables à l'arrivée de l'un ou de l'autre d'entre eux vaut $N(E_1) + N(E_2)$; dans ces conditions :

$$P(E_1 \cup E_2) = P(E_1) + P(E_2). \tag{4.2}$$

EXEMPLE 4.1 (suite 9)

Si l'on considère les événements $A = \{1\}$ et $B = \{3, 6\}$, nous avons $N(A) = 1$ et $N(B) = 2$. Ces événements sont mutuellement exclusifs. Il s'ensuit que :

$$\begin{aligned} P(A \cup B) &= \frac{N(A) + N(B}{N} = \frac{N(A)}{N} + \frac{N(B)}{N} \\ &= P(A) + P(B) = 1/6 + 2/6 = 1/2. \end{aligned}$$

De façon générale, si $E_1, \ldots, E_m$ constituent une classe d'événements *mutuellement exclusifs*, nous aurons :

$$P(E_1 \cup \cdots \cup E_m) = P(E_1) + \cdots + P(E_m). \tag{4.3}$$

4.6.2 Définition fréquentiste

Comme nous l'avons déjà souligné, la ***définition fréquentiste*** de la probabilité d'un événement offre une alternative à la définition « classique » dans la mesure où elle ne repose pas sur l'hypothèse de symétrie entre événements élémentaires.

[12] Voir annexe 2.

EXEMPLE 4.3 (suite)

Lors du lancement de la pièce de monnaie, intéressons-nous à l'arrivée de l'événement $F = \{\text{face}\}$. Afin de déterminer la probabilité d'avoir cet événement, on peut demander à une personne de répéter l'expérience aléatoire un certain nombre de fois successivement. À chaque lancement de la pièce, on relève le résultat et on détermine la fréquence d'apparition de l'événement F sur l'ensemble des lancers effectués. C'est ainsi, par exemple, que l'on obtiendra le tableau 4.1 de résultats, où $P = \{\text{pile}\}$ et $F = \{\text{face}\}$.

Tableau 4.1 *Tableau de résultats*

Lancer n°	1	2	3	4	5	6	7	8	9	10
Résultat	P	F	P	P	F	P	F	F	F	F
Fréquence d'apparitions de F	0	1/2	1/3	1/4	2/5	2/6	3/7	4/8	5/9	6/10

Nous avons demandé à quatre membres d'une famille, A. . . , B. . . , F. . . et L. . . , de lancer la pièce 50 fois successivement. Les résultats obtenus sont contenus dans le tableau 4.2.

Tableau 4.2 *Résultats des lancers*

A. . .	B. . .	F. . .	L. . .
F F P F P F P P F P	P F P P F P F F F F	F F P F P P F P F F	F P F P P P F P P F
P F P F P F P F P P	P P F P P F P F F P	F F P P F F P P F P	P P P P F F P F F F
P P F F P F P F F F	P F F P F P F P P F	P P F F P P F F P P	F F F P F F P P P F
P P P P P P F P F F	P F P P F P F F F P	F F P P F F P F P F	F P F F F P P P P P
F P F F F P P P F P	P F F F P F P P P F	F F P F F P P P P F	F P F F P F P P F P

On peut représenter la fréquence $f_n(F)$ d'apparitions de F en fonction du nombre n de jets de la pièce, pour chacune des quatre personnes. On constate aisément que cette fréquence tend à se stabiliser autour de 1/2 quand le nombre de jets s'accroît.

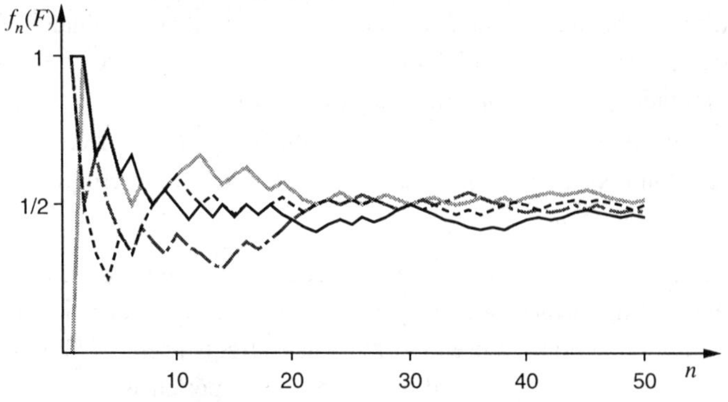

Figure 4.12 *Fréquences d'apparitions de* F

Par ailleurs, si l'on admet que le résultat du lancer est indépendant du choix du joueur, l'ensemble des résultats peut être considéré comme une suite de

200 lancers successifs — ceux de A..., puis C..., puis F..., puis L... Les fréquences correspondant aux derniers lancers (les cinq derniers de L...) valent respectivement :

Lancer n°	196	197	198	199	200
Fréquences de « face »	0.4949	0.4924	0.4899	0.4925	0.4900

La stabilisation de la fréquence à l'entour de la valeur 0.5 est évidente.

Considérons, de façon générale, une expérience aléatoire et un événement E associé à cette expérience. On répète cette dernière n fois de façon indépendante et dans des conditions identiques. Si $n(E)$ désigne le nombre de réalisations de E au cours des n répétitions, on peut étudier le comportement de la fréquence $f_n(E) = n(E)/n$ lorsque n s'accroît. On constate généralement que cette fréquence se stabilise autour d'une valeur limite[13] qu'on identifie à la probabilité d'obtenir l'événement E.

Trois remarques méritent d'être faites.

1. Comme nous l'avons constaté dans notre exemple, les fréquences attachées à des suites d'expériences distinctes ne sont généralement pas égales. Elles ont cependant pour caractéristique commune de *converger* vers la même valeur limite quand le nombre de répétitions de l'expérience devient élevé. Ceci traduit la ***loi des grands nombres***, découverte il y a près de 300 ans par Jacques Bernoulli, que nous énoncerons de façon plus précise dans le chapitre 6.

2. La fréquence $f_n(E)$ est généralement différente de $P(E)$. Cette dernière quantité peut être considérée comme une ***fréquence théorique***, ou encore une fréquence idéalisée. Sa connaissance constitue cependant une information essentielle dans la mesure où elle peut intervenir *a priori* dans l'étude d'un problème. Savoir que vous avez une probabilité égale à 0.000001 de gagner le gros lot à l'occasion d'une loterie peut éventuellement vous dissuader d'acheter un billet de participation.

   On dit encore que la probabilité constitue un ***modèle*** de fréquence, comme un plan constitue un modèle d'une construction, un croquis celui d'une réalisation.

3. Nous avons énoncé trois propriétés de la probabilité lorsque cette dernière était définie de façon « classique ». Ces propriétés sont également satisfaites pour les fonctions d'ensemble que sont les fréquences $f_n(E)$ d'apparitions d'un événement E lorsqu'on répète une expérience aléatoire n fois de suite :

[13] Il arrive fréquemment que si l'on dispose de N répétitions, $f_N(E)$ est pris comme une *estimation* de $P(E)$. Nous reprendrons ce problème dans le chapitre 8.

1) $f_n(E) \geqslant 0$, pour tout $E \in \mathcal{F}$;
2) $f_n(\Omega) = 1$;
3) $f_n(E_1 \cup E_2) = f_n(E_1) + f_n(E_2)$ si E_1 et E_2 sont des événements mutuellement exclusifs.

Par extension, si $E_1, \ldots, E_m$ constituent une classe d'événements mutuellement exclusifs :

$$f_n(E_1 \cup \ldots \cup E_m) = f_n(E_1) + \ldots + f_n(E_m).$$

Il est logique d'exiger que ces propriétés soient aussi satisfaites pour la valeur limite $P(E)$.

4.6.3 Définition axiomatique

La dernière remarque du paragraphe 6.4.2 nous amène à la ***définition axiomatique*** de la probabilité. Il faut en effet remarquer que la définition fréquentiste ne se conçoit que si l'expérience aléatoire à laquelle on s'intéresse est *répétitive*. Dans le cas contraire, il faut recourir à d'autres façons de définir une probabilité. Afin d'éviter de considérer une définition qui soit liée à des conditions ou à des hypothèses de travail particulières, il est plus judicieux de définir la probabilité au moyen d'***axiomes***, c'est-à-dire de propriétés qui doivent obligatoirement être satisfaites par un concept (fonction d'ensemble) pour pouvoir qualifier ce dernier de probabilité.

Soit Ω un ensemble fondamental associé à une expérience aléatoire. Soit d'autre part la famille $\mathcal{F}$ des événements construite à partir de Ω. Définir la probabilité $P(E)$ d'obtenir un événement E consiste à associer à ce dernier un *nombre réel* mesurant la vraisemblance de sa réalisation et satisfaisant aux axiomes suivants :

Axiome 4.1 Pour tout événement $E \in \mathcal{F}, P(E) \geqslant 0$.

Axiome 4.2 $P(\Omega) = 1$.

Axiome 4.3 Si $E_1, \ldots, E_m$ sont m événements mutuellement exclusifs :

$$P(E_1 \cup \cdots \cup E_m) = P(E_1) + \cdots + P(E_m).$$

Compte tenu des remarques présentées dans les paragraphes 4.6.1 et 4.6.2, on constate que les définitions classique et fréquentiste de la probabilité satisfont à ces axiomes.

Nous avons tenté d'introduire la définition de la probabilité de façon intuitive. De manière plus rigoureuse, on appelle *probabilité* sur $(\Omega, \mathcal{F})$ toute fonction d'ensemble, notée P, de $\mathcal{F}$ dans $\mathbb{R}$ (et plus particulièrement dans l'intervalle $[0,1]$), satisfaisant aux axiomes ci-dessus. On dit alors qu'on a *probabilisé* l'espace des événements ; le triplet $(\Omega, \mathcal{F}, P)$ est appelé ***espace probabilisé***[14].

4.7 PROPRIÉTÉS

4.7.1 Présentation des propriétés

Un certain nombre de propriétés découlent des axiomes présentés dans le paragraphe précédent. Certaines d'entre elles sont intuitives. Afin de faciliter la lecture de ce paragraphe, nous nous contenterons de commenter ces diverses propriétés. Ceux qui désirent connaître leur justification peuvent la trouver dans le paragraphe 4.7.2. Nous présenterons aussi chaque fois un exemple simple lié au jet d'un dé bien équilibré (exemple 4.1).

Propriété 4.1 *Si un événement E est partitionné en deux événements E_1 et E_2, alors*

$$P(E) = P(E_1) + P(E_2). \tag{4.4}$$

Rappelons que E_1 et E_2 constituent une partition de E si leur réunion est égale à E et s'ils sont mutuellement exclusifs (cf. figure 4.9). La propriété découle donc de l'axiome 4.3.

Remarquons que $E_1 \subset E$, $E_2 \subset E$ et E_2 est égal à $E \backslash E_1$. Il s'ensuit que la propriété 4.1 peut encore se formuler comme suit, en notant par E_1 une partie quelconque de E :

$$P(E) = P(E_1) + P(E \backslash E_1). \tag{4.5}$$

Propriété 4.2 *Si la suite d'événements $E_1, \ldots, E_m$ constitue une partition d'un événement E, alors*

$$P(E) = P(E_1) + \cdots + P(E_m). \tag{4.6}$$

Ce résultat généralise la propriété 4.1 pour une partition comportant plus de deux événements.

EXEMPLE 4.1 (suite 10)

Dans l'expérience relative au jet d'un dé, on veut partitionner l'événement $E = \{1,2,3,4,5\}$ en trois parties :

$$E_1 = \{1,3\}, \quad E_2 = \{5\} \quad \text{et} \quad E_3 = \{2,4\}.$$

(14) Rappelons que nous nous sommes restreint au cas où Ω est fini. Nous évoquerons le cas infini dans le paragraphe 4.15.

$P(E)$, qui vaut $5/6$, est égal à $P(E_1) + P(E_2) + P(E_3)$, c'est-à-dire $2/6 + 1/6 + 2/6$.

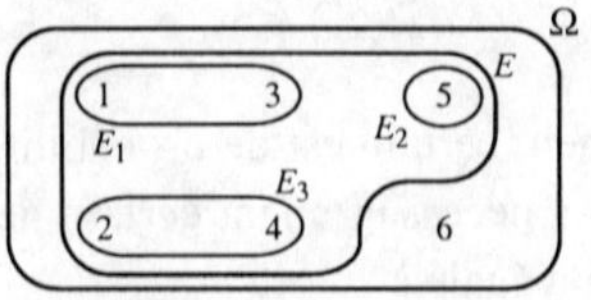

Figure 4.13 *Partition de* E

Un cas particulièrement intéressant de cette propriété est celui où les événements $E_1, \ldots, E_m$ sont *élémentaires* : $E_1 = \{\omega_1\}, \ldots, E_m = \{\omega_m\}$. Dans ce cas, comme $E = \{\omega_1, \ldots, \omega_m\}$, on a :

$$P(E) = \sum_{i=1}^{m} P(E_i). \tag{4.7}$$

Remarquons que si $\Omega = \{\omega_1, \ldots, \omega_n\}$, où les $\{\omega_i\}$ sont élémentaires, la relation (4.7) et l'axiome 4.2 nous permettent de dire que *la somme des probabilités de tous les événements élémentaires vaut 1*. Une conséquence intéressante de ce résultat concerne le cas où tous les événements élémentaires sont ***équiprobables*** : ils possèdent tous la même probabilité (15) de se présenter, égale à $1/n$. Si les événements qui composent l'événement E de l'expression (4.7) sont dans ce cas (16), on peut écrire :

$$P(E) = \sum_{i=1}^{m} P(E_i) = \sum_{i=1}^{m} \frac{1}{n} = \frac{m}{n}. \tag{4.8}$$

On retrouve ainsi la *définition classique* de la probabilité que nous avons présentée dans le paragraphe 4.6.1.

Propriété 4.3 *Considérons deux événements* E_1 *et* E_2 *tels que* $E_1 \subset E_2$ *:*

$$P(E_1) \leqslant P(E_2). \tag{4.9}$$

$E_1 \subset E_2$ signifie que E_2 se présente chaque fois que E_1 s'est réalisé. Mais E_2 peut éventuellement se produire en dehors de E_1, ce qui justifie intuitivement la propriété énoncée.

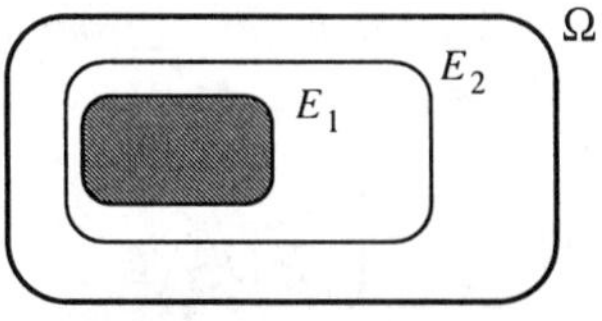

Figure 4.14 *Inclusion*

(15) Soit p la valeur commune de cette probabilité. Comme il y a n événements élémentaires, la somme de leur probabilité vaut np. Comme cette somme est aussi égale à 1, il en résulte que $p = 1/n$.

(16) Nous avons supposé que les éléments de E sont les m premiers éléments de Ω, afin de simplifier l'écriture de (4.8). Le résultat est bien sûr identique si on choisit m autres éléments.

Propriété 4.4 *Pour tout événement E,*

$$P(E) \leqslant 1. \tag{4.10}$$

Nous savons que l'événement certain est de probabilité égale à 1 (axiome 4.2). Un événement qui n'est pas nécessairement certain ne peut se réaliser qu'avec une probabilité inférieure ou égale à 1.

Propriété 4.5 *Si $\overline{E}$ est le complémentaire de E :*

$$P\left(\overline{E}\right) = 1 - P(E). \tag{4.11}$$

La probabilité pour qu'un événement E ne se réalise pas s'obtient en retranchant de 1 la probabilité pour qu'il se réalise. Ce résultat provient du fait que la conjonction de E et $\overline{E}$ est impossible et la réunion de E et $\overline{E}$ une certitude.

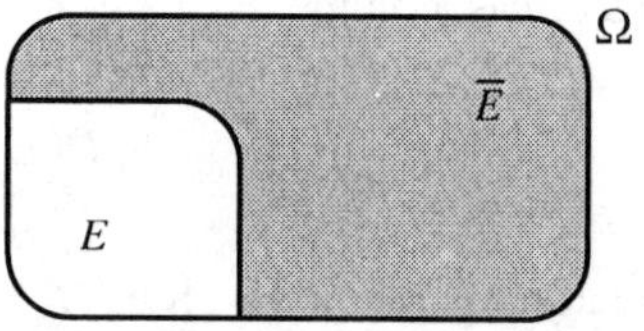

Figure 4.15 *Le complémentaire*

EXEMPLE 4.1 (suite 11)

Considérons lors du jet d'un dé, les événements complémentaires $E = \{1, 2\}$ et $\overline{E} = \{3, 4, 5, 6\}$. Leurs probabilités valent respectivement $1/3$ et $2/3$.

Propriété 4.6

$$P(\varnothing) = 0. \tag{4.12}$$

Un événement impossible est de probabilité nulle : ce résultat est conforme à l'intuition.

Propriété 4.7 *Si E_1 et E_2 sont deux événements quelconques, nous avons :*

$$\begin{cases} P(E_1 \backslash E_2) & = & P(E_1) - P(E_1 \cap E_2) \\ P(E_2 \backslash E_1) & = & P(E_2) - P(E_1 \cap E_2). \end{cases} \tag{4.13}$$

Pour que $E_1 \backslash E_2$ se réalise, E_1 doit être observé mais pas E_2. Les événements élémentaires concernés sont donc ceux qui sont inclus dans E_1 mais pas dans E_2 ; ils sont donc extérieurs à $E_1 \cap E_2$. On peut procéder de même pour la réalisation de $E_2 \backslash E_1$.

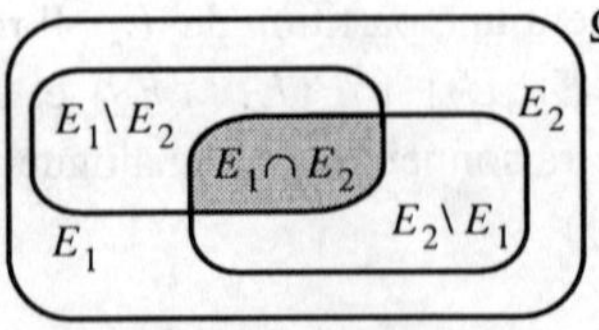

Figure 4.16 *Différence (1)*

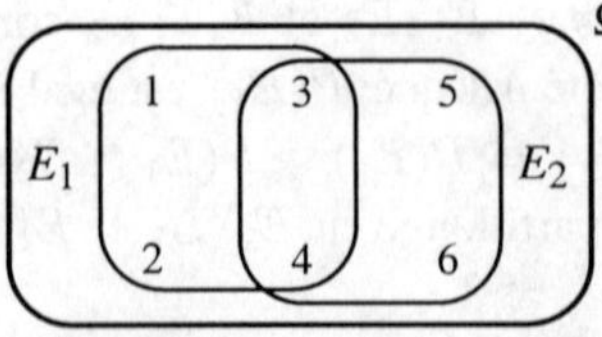

Figure 4.17 *Différence (2)*

EXEMPLE 4.1 (suite 12)

Considérons, à nouveau le jet d'un dé et les événements (cf. la figure 4.17) :

$$\begin{cases} E_1 = \text{obtenir un résultat inférieur ou égal à 4 ;} \\ E_2 = \text{obtenir un résultat supérieur ou égal à 3.} \end{cases}$$

Comme $E_1 = \{1, 2, 3, 4\}$ et $E_2 = \{3, 4, 5, 6\}$, on a :

$$E_1 \cap E_2 = \{3, 4\}, E_1 \backslash E_2 = \{1, 2\} \quad , \quad E_2 \backslash E_1 = \{5, 6\}.$$

Il découle de la définition classique des probabilités et de la propriété 4.7 que :

$$\begin{cases} P(E_1 \backslash E_2) = 2/6 = P(E_1) - P(E_1 \cap E_2) = 4/6 - 2/6; \\ P(E_2 \backslash E_1) = 2/6 = P(E_2) - P(E_1 \cap E_2) = 4/6 - 2/6. \end{cases}$$

4.7.2 Démonstration des propriétés 4.1 à 4.7

Propriété 4.1 $\{E_1, E_2\}$ est une partition de E si $E_1 \cup E_2 = E$ et $E_1 \cap E_2 = \varnothing$. Il résulte de l'axiome 4.3 que $P(E) = P(E_1 \cup E_2) = P(E_1) + P(E_2)$. □

Propriété 4.2 Cette propriété se démontre par un développement semblable à la propriété 4.1.

Propriété 4.3 Si $E_1 \subset E_2$, il découle de la propriété 4.1 exprimée par l'équation (4.5) que $P(E_2)$ est égal à $P(E_1) + P(E_2 \backslash E_1)$. Comme $P(E_2 \backslash E_1) \geqslant 0$, en vertu de l'axiome 4.1, on en déduit que $P(E_2) \geqslant P(E_1)$. □

Propriété 4.4 Tout événement E est un sous-ensemble de $\Omega\,(E \subset \Omega)$. La propriété 4.3, nous permet donc de dire que $P(E) \leqslant P(\Omega) = 1$ (axiome 4.2). □

Propriété 4.5 D'après la définition de $\overline{E}$ (voir paragraphe 4.4.6), E et $\overline{E}$ constituent une partition de Ω. Nous avons donc, en vertu de la propriété 4.1, $P(\Omega) = P(E) + P(\overline{E})$. Comme $P(\Omega) = 1$, (axiome 2), nous en déduisons que $P(\overline{E}) = 1 - P(E)$. □

Propriété 4.6 Ce résultat découle de la propriété 4.5. En effet, si $E = \Omega$, $\overline{E} = \varnothing$. Il s'ensuit que $P(\varnothing) = 1 - P(\Omega)$, ou encore, selon l'axiome 4.2 : $P(\varnothing) = 1 - 1 = 0$. □

Propriété 4.7 $E_1 \backslash E_2$ et $E_1 \cap E_2$ constituent une partition de E_1. Il résulte de la propriété 4.1 que $P(E_1)$ est égal à $P(E_1 \backslash E_2) + P(E_1 \cap E_2)$ et donc que $P(E_1 \backslash E_2) = P(E_1) - P(E_1 \cap E_2)$. Le raisonnement est analogue pour E_2 que l'on partitionne en $E_2 \backslash E_1$ et $E_1 \cap E_2$. □

4.8 PROBABILITÉ DE LA RÉUNION D'ÉVÉNEMENTS (LOI D'ADDITION)

L'axiome 4.3 traite de la réunion d'événements *mutuellement exclusifs*. Comment peut-on déterminer la probabilité de la réunion d'*événements quelconques* ? Examinons d'abord le cas de *deux* événements.

EXEMPLE 4.1 (suite 13)

Considérons, à nouveau le jet d'un dé et les événements : $B = \{3, 6\}$ et $C = \{2, 4, 6\}$ (cf. figure 4.1, page 146).

Ces événements ne sont pas mutuellement exclusifs, car $B \cap C = \{6\}$. On ne peut donc pas appliquer l'axiome 4.3. En utilisant la définition classique de la probabilité, on constate d'ailleurs que $P(B \cup C) = 4/6$ alors que $P(B) = 2/6$ et $P(C) = 3/6$. Cette situation est simple à expliquer. Le résultat « 6 » appartient à B comme à C. Il a donc été comptabilisé dans le calcul de $P(B)$ comme dans celui de $P(C)$. Sommer $P(B)$ et $P(C)$ reviendrait donc à donner au résultat « 6 » une probabilité double de sa valeur réelle. Il suffit de soustraire $P(\{6\})$, c'est-à-dire $P(B \cap C)$, pour trouver la probabilité de la réunion de B et de C.

Considérons le cas général de deux événements A et B de $\mathcal{F}$. L'exemple que nous venons de considérer souligne la nécessité de distinguer dans leur réunion le rôle particulier joué par leur conjonction $(A \cap B)$. Nous allons le vérifier aisément.

Loi d'addition. *Soit A et B deux événements quelconques de $\mathcal{F}$:*

$$P(A \cup B) = P(A) + P(B) - P(A \cap B). \tag{4.14}$$

Démontrons ce résultat.

Au vu de la figure 4.18, $A \cup B$ peut être partitionné en trois événements mutuellement exclusifs : $A \backslash B$, $A \cap B$ et $B \backslash A$. La propriété 4.2 nous permet alors de dire que :

$$P(A \cup B) = P(A \backslash B) + P(A \cap B) + P(B \backslash A).$$

Or, la propriété 4.7 nous indique que $P(A \backslash B) = P(A) - P(A \cap B)$ et $P(B \backslash A) = P(B) - P(A \cap B)$. Il s'ensuit que :

$$\begin{aligned} P(A \cup B) &= P(A) - P(A \cap B) + P(A \cap B) + P(B) - P(A \cap B) \\ &= P(A) + P(B) - P(A \cap B). \end{aligned}$$

La soustraction du terme $P(A \cap B)$ permet d'éviter de comptabiliser deux fois l'événement $A \cap B$: d'abord comme partie de A, ensuite comme partie de B.

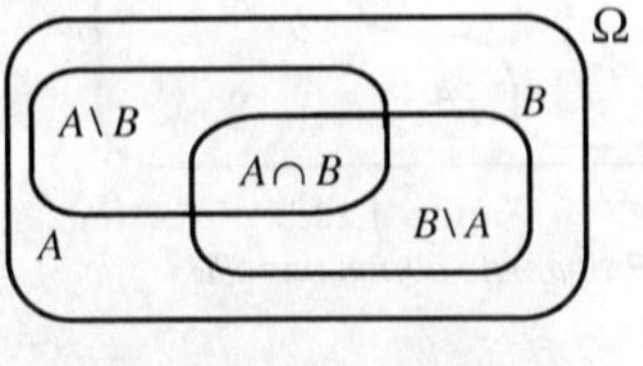

Figure 4.18 *Loi d'addition*

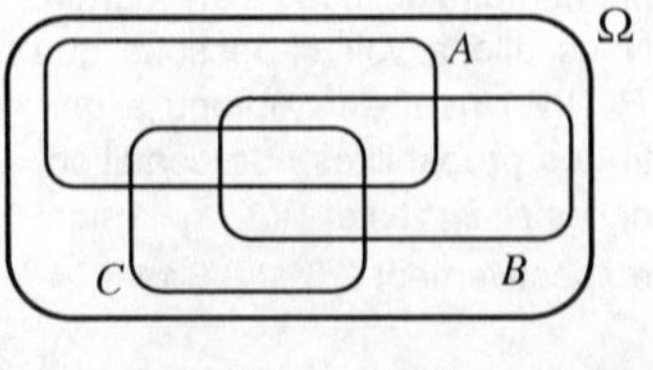

Figure 4.19 *Cas de 3 événements*

Remarquons incidemment que si A et B sont mutuellement exclusifs, la règle d'addition débouche sur l'axiome 4.3, compte tenu de la propriété 4.6.

Par ailleurs, le résultat (4.14) peut se généraliser au cas de plusieurs événements. Ainsi, on peut montrer sans difficultés que la probabilité de la réunion de *trois événements* A, B et C est fournie par la relation :

$$\begin{aligned} P(A \cup B \cup C) &= P(A) + P(B) + P(C) - P(A \cap B) - P(A \cap C) \\ &\quad - P(B \cap C) + P(A \cap B \cap C). \end{aligned} \tag{4.15}$$

Nous laissons au lecteur le soin de vérifier ce résultat à partir d'exemples ou en s'aidant de la représentation en diagramme de Venn de la figure 4.19.

4.9 PROBABILITÉ CONDITIONNELLE

La probabilité affectée à un événement dépend de l'information fournie par l'ensemble fondamental Ω. Il se peut cependant que des *informations supplémentaires* viennent modifier notre connaissance du problème étudié et, par voie de conséquence, les probabilités associées aux événements de Ω.

EXEMPLE 4.1 (suite 14)

Reprenons l'exemple du jet d'un dé et l'événement D représentant l'obtention d'un nombre impair. Nous savons que $P(D) = 3/6 = 1/2$. Que devient la probabilité de D si on nous indique par ailleurs que le résultat du lancement du dé est un nombre inférieur ou égal à 3 ?

Cette information supplémentaire va modifier l'ensemble des résultats possibles. En effet, ce dernier n'est plus l'ensemble fondamental Ω mais le sous-ensemble $\mathbf{E} = \{1, 2, 3\}$, qui compte deux nombres impairs sur trois : 1 et 3. Il y aura donc une probabilité égale à 2/3 d'obtenir un nombre impair *étant donné* l'information selon laquelle le résultat est inférieur ou égal à 3.

Cette probabilité est dite ***conditionnelle*** et est notée $P(D|E)$.

L'événement E, indiqué après la barre verticale dans cette notation, représente l'information supplémentaire qui nous a été fournie. Nous allons voir ci-dessous que $P(D|E)$ peut être obtenu à partir des probabilités non conditionnelles $P(D \cap E)$ et $P(E)$ qui valent respectivement 2/6 et 3/6 :

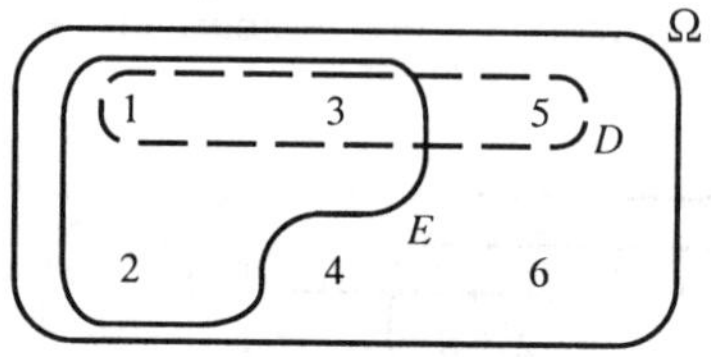

Figure 4.20
Probabilité conditionnelle

$$P(D|E) = \frac{P(D \cap E)}{P(E)} = \frac{2/6}{3/6} = \frac{2}{3}.$$

Définition de la probabilité conditionnelle. Si A et B sont deux événements de $\mathcal{F}$, la ***probabilité conditionnelle*** de A étant donné que B se réalise est notée $P(A|B)$ et est définie par la relation

$$P(A|B) = \frac{P(A \cap B)}{P(B)}. \tag{4.16}$$

Il faut souligner que cette définition nécessite que $P(B) > 0$. On ne peut pas prendre un événement impossible comme événement conditionnel !

Il est possible de justifier la définition exprimée par la relation (4.16) de plusieurs façons. Nous pouvons d'abord utiliser le concept de *fréquence conditionnelle* introduit dans le chapitre 2 et établir un parallélisme entre cette notion et celle de probabilité conditionnelle, selon l'approche fréquentiste de la probabilité (voir paragraphe 4.6.2).

EXEMPLE 4.4

Afin de nous rappeler la façon d'introduire le concept de fréquence conditionnelle, considérons le tableau de contingence 4.3 représentant la répartition de cent étudiants selon le sexe (F : féminin ; M : masculin) et l'appartenance à une faculté de Sciences humaines (H) ou non (S). En utilisant les notations introduites dans le chapitre 2, la variable « sexe », notée x, prend les valeurs x_j $(j = 1, 2)$:

$$x_1 = F; x_2 = M.$$

La variable « appartenance à une faculté », notée y, prend les valeurs y_k $(k = 1, 2)$:

$$y_1 = H; y_2 = S.$$

Tableau 4.3
Tableau de contingence

n_{jk}	H	S	$n_{j.}$
F	25	10	35
M	50	15	65
$n_{.k}$	75	25	100

Tableau 4.4
Tableau de fréquences

f_{jk}	H	S	$f_{j.}$
F	0.25	0.10	0.35
M	0.50	0.15	0.65
$f_{.k}$	0.75	0.25	1

Si n_{jk} désigne le nombre d'étudiants pour lesquels les deux variables prennent les valeurs respectives x_j et y_k $(j,k=1,2)$, les effectifs marginaux ont respectivement pour valeur :

$$\begin{aligned} n_{1\bullet} &= n_{11}+n_{12} = 35 \quad \text{(nombre de femmes)} \\ n_{2\bullet} &= n_{21}+n_{22} = 65 \quad \text{(nombre d'hommes)} \\ n_{\bullet 1} &= n_{11}+n_{21} = 75 \quad \text{(nombre d'étudiants de Sciences humaines)} \\ n_{\bullet 2} &= n_{12}+n_{22} = 25 \quad \text{(nombre d'étudiants d'une autre faculté).} \end{aligned}$$

Le tableau 4.4 contient les fréquences $f_{jk}=n_{jk}/n$, $f_{j\bullet}=n_{j\bullet}/n$ et $f_{\bullet k}=n_{\bullet k}/n$ $(j,k=1,2)$.

Intéressons-nous par exemple aux étudiants inscrits en faculté de Sciences humaines : ceci constitue notre « *condition* $y=y_1$ ». Parmi les 75 étudiants qui sont dans cette situation, 25 sont du sexe féminin (soit 1/3 d'entre eux) et 50 du sexe masculin (soit 2/3 d'entre eux), ce que nous écrivons :

$$\begin{aligned} f_{1|1} &= \frac{n_{11}}{n_{\bullet 1}} = \frac{f_{11}}{f_{\bullet 1}} = \frac{1}{3} \\ f_{2|1} &= \frac{n_{21}}{n_{\bullet 1}} = \frac{f_{21}}{f_{\bullet 1}} = \frac{2}{3}. \end{aligned}$$

Une fréquence conditionnelle s'obtient donc *en divisant la fréquence associée à un couple de valeurs de* (x,y) *par la fréquence associée à la valeur « conditionnelle »*. En remplaçant le concept de fréquence par celui de probabilité, nous obtenons le résultat (4.16).

On peut aussi « justifier » (4.16) comme suit : étant donné la réalisation de B, les seuls éléments de A susceptibles de se présenter sont ceux qui appartiennent à $A\cap B$. La division de $P(A\cap B)$ par $P(B)$ nous permet d'assurer que les axiomes de la théorie des probabilités sont satisfaits, et notamment le deuxième d'entre eux :

$$P(B|B) = \frac{P(B\cap B)}{P(B)} = \frac{P(B)}{P(B)} = 1. \tag{4.17}$$

4.10 PROBABILITÉ DE LA CONJONCTION D'ÉVÉNEMENTS (LOI DE MULTIPLICATION)

Loi de multiplication. Si A et B sont deux événements de $\mathscr{F}$:

$$P(A\cap B) = P(A)\times P(B|A). \tag{4.18}$$

En permutant le rôle de A et B, nous avons, de même :

$$P(A\cap B) = P(B)\times P(A|B). \tag{4.19}$$

Cette loi découle directement de (4.16). Le choix de l'une ou de l'autre version dépend de la succession des réalisations de chaque événement. Si A se réalise avant B, nous utilisons (4.18). Dans le cas contraire, c'est (4.19) qui convient.

EXEMPLE 4.5

Considérons une famille à laquelle appartiennent Alain (A), Benoît (B), Françoise (F) et Laurence (L) et décidons de choisir l'un d'entre eux « au hasard »[17] ; répétons cette expérience aléatoire parmi les trois personnes qui restent après le premier tirage. Nous disons alors qu'on a choisi deux individus selon une procédure ***sans remise***. Quelle est la probabilité pour que les deux personnes choisies soient du sexe féminin ? Si l'on note par F_1 l'événement selon lequel la première personne choisie est du sexe féminin et par F_2 l'événement analogue pour la seconde, nous voulons donc connaître $P(F_1 \cap F_2)$. La loi de multiplication nous permet d'écrire :

$$P(F_1 \cap F_2) = P(F_1) \times P(F_2|F_1).$$

Or $P(F_1) = 2/4$ (il y a deux femmes parmi les quatre personnes) et $P(F_2|F_1) = 1/3$ (il y a une femme parmi les trois restants si on suppose — c'est l'événement conditionnel — que le premier choix s'est porté sur une femme). Il s'ensuit que

$$P(F_1 \cap F_2) = \frac{2}{4} \times \frac{1}{3} = \frac{1}{6}.$$

Nous pouvons étendre cette loi à plus de deux événements. Ainsi, si A, B et C sont trois événements pouvant se réaliser dans cet ordre, nous aurons :

$$P(A \cap B \cap C) = P(A) \times P(B|A) \times P(C|A \cap B). \tag{4.20}$$

EXEMPLE 4.5 (suite)

En choisissant « au hasard » et sans remise trois personnes successivement dans le groupe complété par Marie (M) et Catherine (C), nous aurons, en notant par F_i l'événement selon lequel la i-ème personne choisie est du sexe féminin ($i = 1, 2, 3$) :

$$\begin{aligned} P(F_1 \cap F_2 \cap F_3) &= P(F_1) \times P(F_2|F_1) \times P(F_3|F_1 \cap F_2) \\ &= \frac{4}{6} \times \frac{3}{5} \times \frac{2}{4} = \frac{1}{5}. \end{aligned}$$

4.11 INDÉPENDANCE

Considérons deux événements A et B quelconques de probabilités non nulles $[P(A) > 0, P(B) > 0]$. Nous avons vu, au paragraphe 4.9, que la

[17] Choisir un individu « au hasard » parmi N personnes consiste ici à attribuer à chacune d'entre elles une même probabilité d'être sélectionnée (voir chapitre 7).

probabilité conditionnelle $P(A|B)$ utilise l'information supplémentaire selon laquelle l'événement B se réalise. Dans ces conditions, on peut s'attendre à ce que $P(A|B)$ soit différente de la probabilité non conditionnelle $P(A)$. Il se peut cependant que $P(A|B)$ soit égale à $P(A)$. Dans ce cas, l'information fournie par la réalisation de B ne modifie en rien la mesure de probabilité de A. L'événement A est alors dit ***indépendant*** de B.

Afin de préciser le type d'indépendance considéré, on parle souvent, d'*indépendance au sens des probabilités* ou encore d'***indépendance stochastique***.

La relation d'indépendance est *symétrique*. En effet, *si A est indépendant de B*, nous avons :

$$P(A|B) = P(A). \tag{4.21}$$

Comme $P(A) > 0$, nous avons :

$$P(B|A) = \frac{P(A \cap B)}{P(A)}. \tag{4.22}$$

En utilisant la loi de multiplication selon laquelle $P(A \cap B)$ est égale à $P(B) \times P(A|B)$, nous pouvons écrire l'expression (4.22) sous la forme :

$$P(B|A) = \frac{P(B) \times P(A|B)}{P(A)}. \tag{4.22bis}$$

ou encore, compte tenu de (4.21) :

$$P(B|A) = P(B). \tag{4.23}$$

Il s'ensuit que B est aussi indépendant de A. Nous dirons alors tout simplement que A et B sont des ***événements indépendants***.

Il en résulte une propriété importante.

Propriété 4.8 *Si A et B sont deux* événements indépendants, *la règle de multiplication devient :*

$$P(A \cap B) = P(A) \times P(B). \tag{4.24}$$

Il est utile de noter que l'expression (4.24) permet de caractériser l'indépendance entre deux événements.

EXEMPLE 4.6

Considérons le lancement de deux pièces de monnaie bien équilibrées. L'ensemble fondamental associé à cette expérience aléatoire est présenté dans la figure 4.21 (18). Nous constatons ainsi que $P(F_1 \cap F_2)$ vaut $1/4$,

(18) Nous avons identifié les deux pièces par les numéros 1 et 2 et avons indiqué en indice le numéro de chaque pièce.

en utilisant la définition classique de la probabilité. Par ailleurs, au niveau de chaque pièce, nous avons :

$$P(F_1) = 1/2 \quad \text{et} \quad P(F_2) = 1/2.$$

Il s'ensuit que $P(F_1 \cap F_2) = P(F_1) \times P(F_2)$. On peut procéder de même pour chacun des autres événements élémentaires de Ω. Les résultats apparaissant sur les deux pièces sont des événements indépendants.

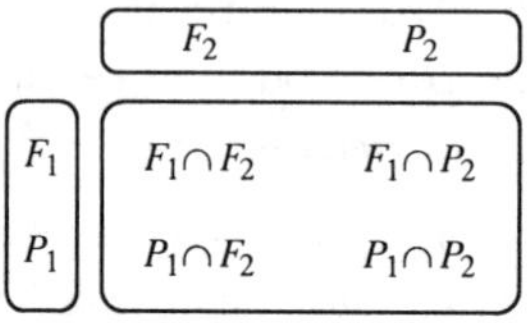

Figure 4.21
Lancement de deux pièces

L'indépendance de plusieurs événements est un peu plus complexe à définir. Ainsi, trois événements A, B et C sont dits *indépendants* si chacun d'eux est indépendant de la réalisation des deux autres, conjointement ou séparément. Nous pouvons caractériser cette situation par l'ensemble des conditions :

$$\left\{ \begin{array}{rcl} P(A \cap B) & = & P(A) \times P(B) \\ P(A \cap C) & = & P(A) \times P(C) \\ P(B \cap C) & = & P(B) \times P(C) \\ P(A \cap B \cap C) & = & P(A) \times P(B) \times P(C). \end{array} \right. \tag{4.25}$$

La dernière relation de (4.25) constitue la *règle de multiplication de trois événements indépendants*.

EXEMPLE 4.6 (suite 1)

Si on lance trois fois de suite une pièce de monnaie — ou bien trois pièces identiques —, les événements selon lesquels on obtient « face » la première fois (F_1), la deuxième (F_2) et la troisième (F_3) sont indépendants. Nous avons :

$$\begin{array}{rcl} P(F_1 \cap F_2 \cap F_3) & = & P(F_1) \times P(F_2) \times P(F_3) \\ & = & 1/2 \times 1/2 \times 1/2 = (1/2)^3 = 1/8. \end{array}$$

4.12 MÉTHODES DE DÉNOMBREMENT

La définition classique de la probabilité d'un événement repose sur la connaissance du nombre de cas également possibles d'une part, favorables à sa réalisation d'autre part. La recherche de ces nombres peut être facilitée en recourant à certaines techniques de dénombrement : nous donnons ici celles qui nous seront les plus utiles.

4.12.1 Règle du produit

Considérons le cas d'un événement élémentaire composé d'un couple[19] de résultats (E_1, E_2) tel que E_1 et E_2 puissent respectivement se présenter de n_1 et n_2 façons distinctes. Le nombre de couples possibles vaut $n_1 \times n_2$.

EXEMPLE 4.6 (suite 2)

Reprenons l'expérience aléatoire qui consiste à lancer deux pièces de monnaie. On peut définir les événements élémentaires au moyen de couples (E_1, E_2), où E_1 est le résultat de la première pièce ($n_1 = 2$: pile ou face) et E_2 celui de la seconde ($n_2 = 2$: pile ou face). Le nombre de couples possibles est alors égal à $n_1 \times n_2 = 2 \times 2 = 4$.

Cette situation peut être représentée par un ***arbre*** dont les éléments déterminent les différentes possibilités de résultats.

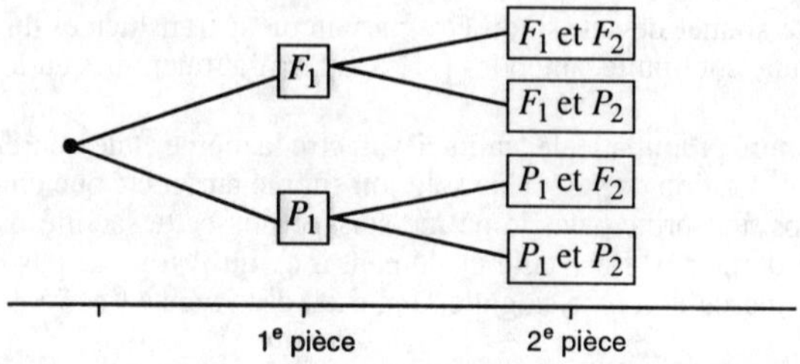

Figure 4.22 *Arbre de présentation*

De façon générale, *si une « opération » comporte J phases distinctes, la première pouvant se réaliser de n_1 façons, la deuxième de n_2 façons,... et la J-ème de n_J façons, l'opération tout entière peut s'effectuer de $n_1 \times n_2 \times \cdots \times n_J$ façons.*

EXEMPLE 4.6 (suite 3)

Si on décide de lancer 4 pièces de monnaie, numérotées de 1 à 4, le nombre de résultats possibles de cette expérience vaut

$$(2)(2)(2)(2) = 2^4 = 16.$$

Une utilisation originale de cette règle peut être trouvée dans l'œuvre de Raymond Queneau intitulée *Cent mille milliards de poèmes*. Cet écrivain a composé un sonnet-type constitué, comme il se doit, de quatorze alexandrins

---

(19) C'est-à-dire une *paire ordonnée* : (E_1, E_2) est différent de (E_2, E_1).

(4 + 4 + 3 + 3) pour chacun desquels il a prévu 10 versions distinctes[20]. Le lecteur peut donc choisir 1 version par vers et se composer le poème de son choix.

À titre anecdotique, citons le mode d'emploi que l'auteur donne de son « recueil »[21] :

> « C'est plus inspiré par le livre pour enfants intitulé *Têtes folles* que par les jeux surréalistes du genre Cadavre exquis que j'ai conçu — et réalisé — ce petit ouvrage qui permet à tout un chacun de composer à volonté cent mille milliards de sonnets, tous réguliers bien entendu. C'est somme toute une sorte de machine à fabriquer des poèmes, mais en nombre limité ; il est vrai que ce nombre, quoique limité, fournit de la lecture pour près de deux cents millions d'années (en lisant vingt-quatre heures sur vingt-quatre).
>
> Pour composer ces [...] sonnets, il m'a fallu obéir aux règles suivantes :
>
> 1) Les rimes ne devaient pas être trop banales (pour éviter platitude et monotonie), ni non plus trop rares ou uniques (-inze, -onze, -orze, par exemple) ; il était nécessaire d'avoir dans les quatrains au moins quarante mots différents et dans les tercets vingt. Il eût été, d'ailleurs, sans importance que de mêmes mots se trouvassent à la rime au même vers puisqu'on ne les lit pas en même temps ; je ne me suis permis cette licence que pour « beaux » (substantif et anglicisme) et « beaux » (adjectif).
>
> 2) Chaque sonnet devait, sinon être parfaitement translucide, du moins avoir un thème et une continuité, sinon les [...] autres n'auraient pas eu le même charme.
>
> 3)La structure grammaticale, enfin, devait être la même et demeurer invariante pour chaque substitution de vers. Une solution simple aurait été que chaque vers formât une proposition principale. Je ne me suis permis cette facilité que dans le [...] n° 10 (le dernier !). J'ai veillé également à ce qu'il n'y eût pas de désaccord de féminin à masculin, ou de singulier à pluriel, d'un vers à l'autre dans les différents sonnets.
>
> Les choses étant données, chaque vers étant placé sur un volet, il est facile de voir que le lecteur peut composer 10^{14} sonnets différents, soit cent mille milliards (pour être plus explicite pour les personnes sceptiques : à chaque premier vers [au nombre de dix] on peut faire correspondre dix seconds vers différents ; il y a donc cent combinaisons différentes des deux premiers vers ; en y joignant le troisième il y en aura mille et, pour les [...] sonnets, complets, de quatorze vers, on a donc bien le résultat énoncé plus haut).
>
> En comptant 45 secondes pour lire un sonnet et 15 secondes pour changer les volets, à 8 heures par jour, 200 jours par an, on a pour plus de dix millions de siècles de lecture, et en lisant toute la journée 365 jours par an, pour : 190 258 751 années plus quelques plombes et broquilles (sans tenir compte des années bissextiles et autres détails).
>
> Comme l'a bien dit Lautréamont, la poésie doit être faite par tous, non par un »[22].

---

[20] Voici, à titre d'exemple, les dix choix pour le premier vers :

1) Le roi de la pampa retourne sa chemise
2) Le cheval Parthénon s'énerve sur sa frise
3) Le vieux marin breton de tabac prit sa prise
4) C'était à cinq o'clock qu'il sortait la marquise
5) Du jeune avantageux la nymphe était éprise
6) Il se penche il voudrait attraper sa valise
7) Quand l'un avecque l'autre aussitôt sympathise
8) Lorsqu'un jour exalté l'aède prosaïse
9) Le marbre pour l'acide est une friandise
10) Lorsque tout est fini lorsque l'on agonise

[21] R. QUENEAU [1961], *Cent mille milliards de poèmes*, Gallimard, Paris.

[22] On peut trouver d'autres exemples de l'utilisation des mathématiques en poésie dans la littérature potentielle (OULIPO, coll. Idées/Gallimard, Paris, 1973), mais ce n'est pas notre propos ici.

4.12.2 Permutation

Considérons le problème suivant : *étant donné n individus ou objets, de combien de façons distinctes peut-on les placer les uns à côté des autres* ?

Pour répondre à cette question, on utilise la règle du produit. En effet, placer le premier individu peut se faire de n façons distinctes. Le deuxième ne dispose plus que de $(n-1)$ possibilités, le troisième de $(n-2)$, le quatrième de $(n-3)$, etc. ; quant au dernier, il ne lui en reste plus qu'*une*. La réponse est donc fournie par le produit :

$$n \times (n-1) \times (n-2) \times (n-3) \times \cdots \times 2 \times 1 = n! \qquad (4.26)$$

Ce produit est représenté par $n!$, qui se lit « ***factorielle de n*** ».

EXEMPLE 4.7

Le nombre de photos distinctes d'un groupe de 6 personnes est égal à :

$$6! = 6 \times 5 \times 4 \times 3 \times 2 \times 1 = 720.$$

On trouvera en annexe des tables fournissant les valeurs de $n!$ ainsi que de $\log_{10}(n!)$ pour diverses valeurs de n (voir tables 3 et 4). La deuxième est particulièrement utile quand n est grand.

4.12.3 Combinaison

Étant donné n individus ou objets, un sous-ensemble non ordonné de r individus choisi parmi eux est appelé une ***combinaison***. Le nombre de ces combinaisons est noté $\binom{n}{r}$ ou encore C_n^r. Pour obtenir ce nombre, nous pouvons procéder comme suit.

1. On recherche le nombre de façons de construire une *suite ordonnée de r individus* à partir des n éléments disponibles. La règle du produit nous indique que ce nombre vaut[23] :

$$n(n-1)(n-2)\cdots(n-r+1).$$

Il y a en effet n possibilités pour le premier élément du groupe, $(n-1)$ pour le deuxième, $(n-2)$ pour le troisième... $(n-r+1)$ pour le r-ième. En utilisant la définition de $n!$, nous remarquons que :

$$\begin{aligned} n(n-1)(n-2)\ldots(n-r+1) & \\ &= \frac{n(n-1)\ldots(n-r+1)(n-r)\ldots(2)(1)}{(n-r)(n-r-1)\ldots(2)(1)} \\ &= \frac{n!}{(n-r)!}. \end{aligned}$$

[23] Nous simplifions la notation en remplaçant $n \times (n-1) \times \ldots$ par $n(n-1)\cdots$

2. Pour obtenir $\binom{n}{r}$, il faut diviser ce nombre par $r!$: en effet, toutes les permutations des r individus du groupe ne modifient pas ce dernier.

   En résumé, nous pouvons donc dire que :

$$\binom{n}{r} = \frac{n!}{r!(n-r)!}. \tag{4.27}$$

EXEMPLE 4.8

Le nombre de parties d'échecs distinctes que vous pouvez organiser dans un groupe de 6 personnes est donné par :

$$\binom{6}{2} = \frac{6!}{2!4!} = 15.$$

Il est utile de remarquer que :

$$\binom{n}{r} = \binom{n}{n-r}, \binom{n}{1} = n, \binom{n}{0} = 1. \tag{4.28}$$

4.13 LA FORMULE DU BINÔME (SCHÉMA DE BERNOULLI)

Le *schéma de Bernoulli* que nous présentons dans ce paragraphe va nous permettre d'illustrer les méthodes de dénombrement du paragraphe 4.12.

Considérons une expérience aléatoire et un événement E défini dans son ensemble fondamental. Considérons les notations simplifiées :

$$P(E) = p \quad ; \quad P\left(\overline{E}\right) = 1 - p = q. \tag{4.29}$$

Répétons cette expérience n fois de telle façon que :

1. les résultats (E ou $\overline{E}$) des expériences successives soient *indépendants* les uns des autres ;
2. la probabilité d'obtenir E reste égale à p lors de chaque répétition.

Intéressons-nous au nombre d'événements E obtenus après avoir réalisé les n expériences. Quelle est la probabilité pour que ce nombre soit égal à une valeur r donnée *a priori*, où r est un entier compris entre 0 et n ?

Nous pouvons remarquer :

a) qu'il y a $\binom{n}{r}$ façons distinctes (mutuellement exclusives) d'obtenir r fois l'événement E au cours des n expériences ;

b) que chacune d'entre elles se réalisera avec la même probabilité ; en effet, les résultats des expériences successives étant indépendants, la probabilité d'avoir une suite contenant r fois l'événement E —et par conséquent $(n-r)$ fois l'événement $\overline{E}$— s'obtiendra, en vertu de la règle de multiplication de la théorie des probabilités, en effectuant le produit de r facteurs égaux à p et de $(n-r)$ facteurs égaux à q, ce qui peut s'exprimer sous la forme

$$p^r q^{n-r}.$$

Il résulte de a), de b) et de l'axiome 4.3, que *la probabilité d'obtenir r fois l'événement* E vaut :

$$P(E \text{ se présente } r \text{ fois}) = \binom{n}{r} p^r q^{n-r}. \quad (4.30)$$

Remarquons quelques cas particuliers :

1° $P(E \text{ se présente } n \text{ fois}) = p \times p \times \cdots \times p = p^n$;

2° $P(E \text{ ne se présente jamais}) = q \times q \times \cdots \times q = q^n$;

3° $P(E \text{ se présente au moins une fois}) = 1 - q^n$.

EXEMPLE 4.9

Un questionnaire comprend quatre questions pour chacune desquelles on propose cinq réponses dont une est correcte et les quatre autres fausses. Si, pour chaque question, on décide de choisir la réponse au hasard [24], nous avons une probabilité égale à 1/5 que cette réponse soit correcte. Si le choix des réponses se fait de façon indépendante pour chaque question, nous nous trouvons dans un schéma de Bernoulli pour lequel :

$$n = 4; p = 1/5 \text{ et } q = 4/5.$$

La probabilité d'obtenir r réponses correctes (où $r = 0, 1, 2, 3, 4$) est calculée à partir de (4.30) et présentée dans le tableau suivant :

Valeurs de r	0	1	2	3	4
Probabilité d'avoir r réponses correctes	0.4096	0.4096	0.1536	0.0256	0.0016

Nous avons, en effet :

$$P(r=0) = \binom{4}{0}\left(\frac{1}{5}\right)^0\left(\frac{4}{5}\right)^4 = \frac{256}{625} = 0.4096$$

$$P(r=1) = \binom{4}{1}\left(\frac{1}{5}\right)^1\left(\frac{4}{5}\right)^3 = \frac{256}{625} = 0.4096$$

$$P(r=2) = \binom{4}{2}\left(\frac{1}{5}\right)^2\left(\frac{4}{5}\right)^2 = \frac{96}{625} = 0.1536$$

$$P(r=3) = \binom{4}{3}\left(\frac{1}{5}\right)^3\left(\frac{4}{5}\right)^1 = \frac{16}{625} = 0.0256$$

$$P(r=4) = \binom{4}{4}\left(\frac{1}{5}\right)^4\left(\frac{4}{5}\right)^0 = \frac{1}{625} = 0.0016.$$

[24] Chaque réponse est choisie avec une probabilité 1/5.

4.14 TIRAGES AVEC OU SANS REMISE

Un problème classique, apparenté au précédent, consiste à prélever n boules dans une urne qui en contient N. Ces boules sont de deux types : A (par exemple blanches) et B (par exemple noires). Il y a N_1 boules A et N_2 boules B $(N_1 + N_2 = N)$. On peut envisager deux façons de prélever les n boules : ***avec*** ou ***sans remise***. Dans le premier cas, chaque boule prélevée est remise immédiatement dans l'urne avant le tirage suivant. Dans le second cas, on écarte les boules prélevées. Comment peut-on déterminer la probabilité de prélever r boules A dans les deux cas, où r est un entier positif ?

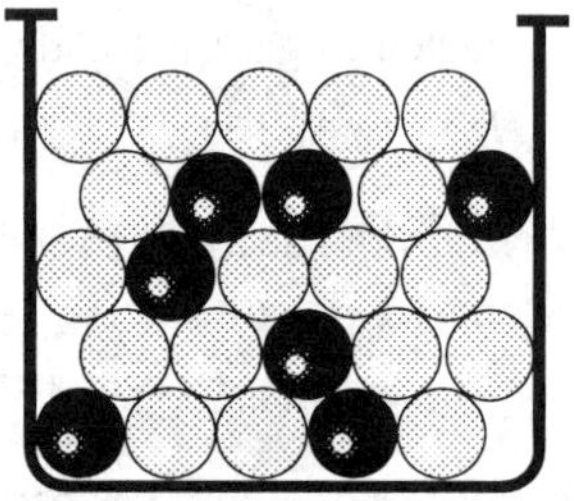

Figure 4.23 *Tirages*

4.14.1 Tirage avec remise (AR)

On se trouve ici dans un schéma de Bernoulli. En effet, l'expérience aléatoire consiste à prélever une boule dans l'urne. Elle est répétée n fois de façon indépendante puisque l'urne est la même à chaque tirage. En outre, la probabilité de prélever une boule A vaut $p = N_1/N$ à chaque fois (pour B, cette probabilité vaut $q = N_2/N$).

Il s'ensuit que l'on peut utiliser la formule du binôme (4.30) :

$$P(r \text{ fois } A) = \binom{n}{r} \left(\frac{N_1}{N}\right)^r \left(\frac{N_2}{N}\right)^{n-r} \tag{4.31}$$

où r est un entier pouvant varier de 0 à n.

4.14.2 Tirage sans remise (SR)

Si les boules prélevées ne sont pas remises dans l'urne, la formule du binôme ne peut plus s'appliquer car les tirages ne sont plus indépendants (chaque prélèvement a une influence sur ceux qui suivent). En outre, la probabilité de tirer une boule A ou B évolue à chaque tirage.

On peut cependant montrer, en utilisant les résultats présentés dans ce chapitre que

$$P(r \text{ fois } A) = \frac{\binom{N_1}{r}\binom{N_2}{n-r}}{\binom{N}{n}} \tag{4.32}$$

où r est un entier tel que $r \leqslant N_1$ et $n - r \leqslant N_2$.

Ce type de problème peut s'appliquer, par exemple, au choix d'individus dans une population.

EXEMPLE 4.10

Une population est composée de 10 individus, 6 d'entre eux sont des femmes. On décide de choisir 3 personnes dans cette population. Que vaut la probabilité pour que l'échantillon prélevé contienne 2 femmes ?

Les notations introduites dans le paragraphe 4.14 permettent de dire que $N = 10$, $N_1 = 6$, $N_2 = 4$, $n = 3$ et $r = 2$.

1. Si on recourt à un tirage *avec remise*, l'utilisation de (4.31) permet de dire que

$$P(\text{2 femmes}) = \binom{3}{2}\left(\frac{6}{10}\right)^2\left(\frac{4}{10}\right)^1 = 0.4320.$$

2. Dans le cas d'un prélèvement *sans remise*, nous avons, grâce à (4.32) :

$$P(\text{2 femmes}) = \frac{\binom{6}{2}\binom{4}{1}}{\binom{10}{3}} = 0.5000.$$

Nous évoquerons l'intérêt de ces résultats dans le chapitre 7.

4.15 ENSEMBLE FONDAMENTAL INFINI

Comme nous l'avons souligné au paragraphe 4.2, l'ensemble fondamental Ω peut être *infini* (dénombrable ou non). Les définitions et propriétés que nous avons présentées dans les paragraphes précédents peuvent être généralisées à ce cas mais, il faut le souligner, au prix d'un effort de formalisation mathématique qui peut rebuter d'aucuns. Ainsi, par exemple, si $\Omega = \mathbb{R}$, l'ensemble des événements ne sera plus l'ensemble $\mathcal{P}(\Omega)$ des parties de Ω mais une famille $\mathcal{F}$ de sous-ensembles possédant les caractéristiques suivantes :

$$\begin{cases} \text{a)} \quad \Omega \in \mathcal{F}; \\ \text{b)} \quad \text{si } E \in \mathcal{F}, \text{ alors } \overline{E} \in \mathcal{F}; \\ \text{c)} \quad \text{si } E_i \in \mathcal{F}, \forall i, \text{ alors } \left(\bigcup_i E_i\right) \in \mathcal{F}. \end{cases} \tag{4.33}$$

Une telle famille est appelée une ***σ-algèbre*** (ou ***corps de Borel*** ou encore ***tribu***). Dans ces conditions, une fonction réelle P, définie sur les éléments d'une σ-algèbre $\mathcal{F}$ de Ω, est appelée ***probabilité*** si elle satisfait aux axiomes suivants :

Axiome 4.4 $P(E) \geqslant 0$, pour tout $E \in \mathcal{F}$.

Axiome 4.5 $P(\Omega) = 1$.

Axiome 4.6 Si $\{E_1, E_2, \ldots\}$ est une suite d'événements de $\mathscr{F}$, telle que, pour $i \neq j$, $E_i \cap E_j = \varnothing$; alors

$$P\left(\bigcup_i E_i\right) = \sum_i P(E_i). \tag{4.34}$$

Le triplet $(\Omega, \mathscr{F}, P)$ est encore appelé un *espace probabilisé*. Remarquons que cette définition contient comme cas particulier celle que nous avons présentée dans le cas fini.

Par ailleurs, dans le cas où Ω est infini non dénombrable — reprenons le cas où $\Omega = \mathbb{R}$ —, il n'est plus possible d'associer une probabilité non nulle à des valeurs isolées. Comme $P(\Omega) = 1$, on ne peut plus répartir une probabilité globale égale à 1 en une infinité de portions non nulles. Dans ce cas, on associe une probabilité à des *intervalles* de $\mathbb{R}$. Si $\Omega = \mathbb{R}^2$, on associera les probabilités à des parties du plan.

EXEMPLE 4.11

Si on lance une fléchette sur une cible circulaire de telle sorte qu'elle ait autant de chances d'arriver en un endroit quelconque de cette cible, la probabilité d'être lancée dans le premier quadrant (partie en grisé sur la figure 4.24) est égale à 1/4.

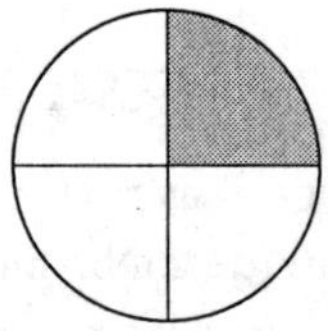

Figure 4.24 *Mesure de probabilité*

Afin d'éviter d'introduire un formalisme trop abstrait, nous ne développerons pas cette étude ici et préférons renvoyer le lecteur intéressé aux références déjà citées en début de chapitre. Remarquons cependant que les résultats introduits dans le cas où Ω est fini, peuvent être étendus dans le cas infini.

4.16 QUELQUES REMARQUES SUR LA DÉTERMINATION DE LA PROBABILITÉ D'UN ÉVÉNEMENT

Nous avons centré notre attention sur deux situations pour lesquelles la probabilité d'un événement est relativement simple à déterminer : celles qui conduisent à la définition classique et à la définition fréquentiste de la probabilité (voir paragraphe 4.6). Comme nous l'avons souligné au début du chapitre, il existe des situations plus subjectives où la probabilité d'un événement E mesure le degré de conviction d'un individu en la réalisation de E. Une démarche qui permet de calculer la valeur de $P(E)$ consiste à demander à cet individu quelle est la somme maximale qu'il est prêt à débourser afin de recevoir un montant fixé T si cet événement E se réalise. Cette somme doit bien sûr être comprise entre O et T ; elle peut donc s'exprimer sous forme d'un produit pT, où p est compris entre 0 et 1. p peut alors être considéré comme la probabilité (subjective) attachée à l'événement E. Cette façon d'agir ne se conçoit que si le montant T est faible par rapport à l'argent dont l'individu dispose. D'autre part, une telle démarche présente des difficultés qui relèvent de la psychologie. Pour faciliter la mesure de probabilités, on peut offrir à l'individu une liste de possibilités mettant en évidence des gains et des pertes liés à la réalisation de l'événement E. Outre les problèmes psychologiques mentionnés ci-dessus, il faut tenir compte d'un souci de cohérence et de rationalité. Le lecteur intéressé par cette approche peut se référer, par exemple, à Lindley [1965] ou de Finetti [1978-79].

4.17 EXERCICES PROPOSÉS

4.17.1 Exercices théoriques

Nous utilisons le même principe de répartition des exercices que dans les chapitres précédents. Rappelons que nous attribuons une étoile ($\star$) à ceux qui nécessitent un peu d'astuce.

T.4.1 Démontrez la validité de la relation (4.3) (p. 152) à partir de (4.2).

T.4.2 Démontrez la propriété 4.2 (p. 156) à partir de la propriété 4.1.

T.4.3 [$\star$] Démontrez la validité de la règle d'addition (4.15) (p. 161) dans le cas de trois événements.

T.4.4 Démontrez le résultat (4.32) (p. 172).

T.4.5 Démontrez le ***théorème des probabilités totales*** dont l'énoncé est le suivant :
Si $\{E_1, \ldots, E_m\}$ est un système complet d'événements et A un événement quelconque de $\mathcal{F}$, alors :

$$P(A) = \sum_{j=1}^{m} P(E_j)P(A|E_j). \qquad (4.35)$$

T.4.6 Démontrez le ***théorème de Bayes*** dont l'énoncé est le suivant :
*Soit $\{E_1, \ldots, E_m\}$ un système complet d'événements et A un événement quelconque de $\mathcal{F}$. Supposons connaître les **probabilités a priori** $P(E_j)$ ainsi que les probabilités conditionnelles $P(A|E_j)$, $j = 1, \ldots, m$. On peut alors déterminer les **probabilités a posteriori** $P(E_i|A)$ grâce à la relation :*

$$P\left(E_i|A\right) = \frac{P(E_i)P(A|E_i)}{\sum_{j=1}^{m} P(E_j)P(A|E_j)} \quad , \quad i = 1, \ldots, m. \qquad (4.36)$$

4.17.2 Exemples pratiques

E.4.1 On tire une carte au hasard dans un jeu ordinaire de 52 cartes. Quelle est la probabilité de prélever :

(a) une carte rouge, (b) un trèfle, (c) un as, (d) un roi noir, (e) la dame de cœur ?

E.4.2 Un groupe de personnes est composé de 20 hommes (dont 10 Européens) et de 30 femmes (dont 20 Européennes). Si l'on choisit une personne au hasard dans ce groupe, déterminez la probabilité pour qu'elle soit :

(a) du sexe féminin ;
(b) de nationalité européenne ;
(c) un homme de nationalité non européenne.

E.4.3 Supposons que, dans les familles de 3 enfants, les 8 cas suivants soient également possibles : GGG, GGF, GFF, FGG, FGF, FFG, GFG, FFF (où GGF, par exemple, représente l'événement « avoir un garçon pour aîné, un garçon comme deuxième enfant et une fille comme cadette »). Trouvez les probabilités des événements suivants :

(a) avoir exactement un garçon ;
(b) avoir un garçon comme aîné ;
(c) avoir un garçon comme aîné et une fille comme cadette ;
(d) avoir exactement deux garçons ;
(e) avoir au moins un garçon ;
(f) avoir au moins deux garçons ;
(g) avoir au plus un garçon ;
(h) avoir plus de garçons que de filles ;
(i) avoir au moins une fille et un garçon ;
(j) n'avoir aucune fille plus jeune qu'un garçon.

E.4.4 Considérons un questionnaire « surprise », comprenant 2 questions ; supposons qu'il y ait 3 réponses possibles à la première question (a, b, c) et 5 à la seconde (A, B, C, D, E). Notons (x, X) le fait de répondre x à la première question (x vaut a, b ou c) et X à la seconde (A, B, C, D ou E). Écrivons toutes les combinaisons possibles : $(a, A), \dots, (a, E)$; $(b, A), \dots, (b, E)$; $(c, A), \dots, (c, E)$ et choisissons-en une au hasard. Supposons que les réponses exactes soient b à la première question et A à la seconde. Déterminez la probabilité d'avoir :

(a) une réponse correcte aux 2 questions ;
(b) une réponse incorrecte aux 2 questions ;
(c) au moins une réponse correcte ;
(d) au plus une réponse correcte ;
(e) une réponse correcte à la première question ;
(f) une réponse correcte à la première question et une réponse incorrecte à la seconde question.

E.4.5 Une balle est tirée au hasard d'une boîte contenant 4 balles rouges, 6 balles blanches, 2 balles vertes et 8 balles noires. Déterminez la probabilité pour qu'elle soit :

(a) rouge, (b) verte, (c) non blanche, (d) verte ou noire, (e) rouge ou blanche.

E.4.6 Un groupe U_1 d'étudiants est composé de 15 filles et de 35 garçons. Un second groupe U_2 comprend 12 filles et 24 garçons. Si l'on choisit un étudiant au hasard dans chacun des deux groupes, quelle est la probabilité de choisir deux filles ?

E.4.7 Une urne U_1 contient 5 balles blanches, 4 balles rouges et 3 balles noires. Une autre urne U_2 contient 5 balles blanches, 6 balles rouges et 7 balles noires. On prélève au hasard une balle dans chaque urne. Quelle est la probabilité pour que ces deux balles soient de la même couleur ?

E.4.8 Un dé bien équilibré est joué jusqu'à l'obtention d'un as (le chiffre 1). Quelle est la probabilité pour qu'il faille plus de trois jets pour voir apparaître l'as ?

E.4.9 Lors d'une élection on a observé les résultats suivants :

candidat	A	B	C	D
pourcentage obtenu	30%	25%	25%	20%

Si nous choisissons au hasard et avec remise trois personnes dans cette population, quelle est la probabilité d'avoir au moins un individu ayant voté pour D dans ce groupe ?

E.4.10 Trouvez la probabilité d'avoir le résultat « 4 » au moins une fois en deux jets d'un dé.

E.4.11 Considérons deux jeux de 52 cartes et prélevons une carte au hasard dans chacun d'eux. Quelle est la probabilité pour que l'une ou l'autre de ces deux cartes soit la dame de pique ?

E.4.12 Si deux dés sont lancés, quelle est la probabilité pour que la somme des deux résultats vaille :

(a) 3, (b) au moins 3, (c) au plus 3, (d) au moins 4 ?

E.4.13 Un joueur A joue une série de jeux contre un joueur B. Le premier qui remporte quatre jeux gagne la partie. Plaçons-nous dans les conditions suivantes : B a déjà gagné les deux premiers jeux, et sa probabilité de victoire sur A, lors de chaque jeu, vaut $1/3$. Quelle est la probabilité pour que A gagne la partie ?

E.4.14 Une urne contient dix boules numérotées de 1 à 10. Les boules numérotées 1, 2 et 3 sont de couleur noire et les autres de couleur blanche. On prélève dans cette urne deux boules au hasard et avec remise. Calculez la probabilité des événements suivants :

(a) les chiffres indiqués sur les boules prélevées sont 8 et 9 ;

(b) au moins un des chiffres indiqués sur les boules prélevées est pair ;

(c) les boules prélevées sont de la même couleur ;

(d) les chiffres indiqués sur les boules prélevées sont tous deux supérieurs ou égaux à 6 et l'une au moins des deux boules est de couleur noire ;

(e) les chiffres indiqués sur les boules prélevées sont tous deux pairs et ces boules sont de même couleur ;

(f) les chiffres indiqués sur les boules prélevées sont tous deux impairs ou ces boules sont de couleurs différentes.

E.4.15 ⋆ A jette 10 fois une pièce de monnaie devant un auditoire de 200 personnes, et obtient ainsi une suite de 10 résultats. Ces 200 personnes procèdent ensuite de même. Quelle est la probabilité pour qu'au moins une personne de l'auditoire obtienne la même suite que A ou une suite ne différant de celle de A que par un seul résultat ? [N.B. : Il est conseillé d'utiliser la table de logarithmes présentée en annexe (table 2)].

E.4.16 Trois balles sont tirées d'une boîte contenant 6 balles rouges, 4 balles blanches et 5 balles noires. Quelle est la probabilité qu'elles soient prélevées dans l'ordre « rouge-blanche-noire »,

(a) si après chaque tirage on replace la balle prélevée dans la boîte ?

(b) si les balles ne sont pas replacées dans la boîte ?

E.4.17 Six étudiants, dont quatre garçons et deux filles, doivent passer un examen. Tirons au hasard leur ordre de passage. Quelle est la probabilité pour que les trois premiers étudiants choisis se composent d'abord d'un garçon et ensuite de deux filles ?

E.4.18 On prélève au hasard et sans remise quatre chaussures dans un lot de dix paires de chaussures différentes. Quelle est la probabilité pour qu'il y ait au moins une paire parmi les quatre chaussures choisies ?

E.4.19 Un sac contient 2 balles blanches et 3 balles noires. Un second sac contient 3 balles blanches et 2 balles noires. Une balle est tirée au hasard du premier sac et placée dans le second ; une balle est ensuite prélevée dans le second sac et placée dans le premier. L'opération entière est répétée. Quelle est la probabilité pour que, après toutes ces opérations, le premier sac contienne seulement des balles noires ?

E.4.20 Une boîte contient 9 tickets numérotés de 1 à 9. On y prélève sans remise trois tickets. Quelle est la probabilité pour que leurs numéros soient, dans l'ordre, « impair-pair-impair » ou « pair-impair pair » ?

E.4.21 Un groupe de 10 étudiants (comprenant l'étudiant A) est composé de 4 garçons et de 6 filles. Ils doivent présenter un examen oral au cours de la matinée. Leur ordre de passage étant tiré au hasard, quelle est la probabilité pour que :

(a) l'étudiant A soit le troisième ?

(b) au moins un garçon passe cet examen dans les trois premiers ?

(c) parmi les quatre premiers étudiants, il n'y ait jamais deux étudiants consécutifs de même sexe ?

E.4.22 On prélève, sans remise, deux cartes dans un jeu de 52 cartes. Quelle est la probabilité pour que l'une d'elles au moins soit un cœur ?

E.4.23 Une équipe de 5 joueurs comprenant 3 garçons décide de choisir un de ses membres au hasard. Si celui-ci est un garçon, il tire une carte dans un paquet de 52 cartes ; si le joueur désigné par le sort est une fille, elle tire deux cartes sans remise. Calculez la probabilité des événements suivants :

(a) le joueur choisi est un garçon et il tire un roi ;

(b) obtenir un roi au premier tirage et une dame au second, étant donné qu'une fille a été désignée par le sort ;

(c) obtenir exactement un roi étant donné qu'une fille a été désignée par le sort ;

(d) le joueur choisi obtient exactement un roi.

E.4.24 Un congrès rassemble 50 personnes dont les nationalités se répartissent comme suit :

Allemagne : 6	Belgique : 4	Danemark : 2	Espagne : 5	France : 6	Grande-Bretagne : 8
Grèce : 3	Irlande : 3	Italie : 7	Luxembourg : 1	Pays-Bas : 4	Portugal : 1.

Lors d'une table ronde, on doit élire successivement, par tirage au hasard, un président de séance, deux rapporteurs et un secrétaire. Comme deux postes ne peuvent être occupés simultanément par une même personne, déterminez la probabilité d'avoir :

(a) 1 président français, 2 rapporteurs italiens et un secrétaire allemand ;

(b) 1 président allemand, 1 premier rapporteur français et 1 second rapporteur belge ou bien 1 président allemand et 2 rapporteurs français ;

(c) les 4 postes occupés par des délégués français ;

(d) au moins 1 Belge élu ;

(e) 1 président belge et 2 rapporteurs hollandais si on suppose que les postes ne peuvent être occupés que par des délégués du Bénélux (Belgique, Luxembourg, Pays-Bas).

E.4.25 Les 25 étudiants d'une section doivent passer un examen. La liste des noms est la suivante :

Mlle A. . .	Mlle De. . .	M. Fr. . .	M. P. . .	Mlle Ul. . .
M. B. . .	M. Di. . .	M. La. . .	Mlle R. . .	M. Ur. . .
M. Ch. . .	Mlle Do. . .	M. Le. . .	Mlle Ub. . .	M. Ut. . .
M. Cr. . .	Mlle Du. . .	M. Ma. . .	M. Uc. . .	M. V. . .
Mlle Da. . .	Mlle Fi. . .	M. Mu. . .	Mlle Ud. . .	M. Y. . .

Sachant que l'ordre de passage des étudiants est tiré au hasard, on demande :

(a) la probabilité pour que les 5 premiers étudiants choisis soient du sexe féminin ;

(b) la probabilité pour que les 2 premiers étudiants choisis ne soient pas de même sexe, étant donné que la première lettre de leur nom se trouve dans la première moitié de l'alphabet ;

(c) la probabilité pour que les 2 premiers étudiants soient de même sexe ;

(d) la probabilité pour que les 2 premiers étudiants soient du sexe féminin ou aient des noms commençant par D ;

(e) la probabilité pour que parmi les 3 premiers étudiants choisis il y ait au moins une étudiante.

E.4.26 ⋆ A organise une soirée dansante. 30 personnes sont présentes. Appelons « coïncidence » l'événement « deux personnes ont la même date d'anniversaire (même mois, même jour) ». En supposant que personne ne naisse un 29 février et que les 365 dates d'anniversaires sont équiprobables, déterminez la probabilité pour que, parmi les participants à cette soirée, il y ait au moins une coïncidence. (N.B. : Il est conseillé d'utiliser les tables de log n et log n ! présentées en annexe.)

E.4.27 Un panier contient 6 oranges et 5 pamplemousses. Un deuxième panier contient 6 oranges et 8 pamplemousses. Choisissons un panier au hasard et prélevons-y un fruit. Quelle est la probabilité pour que l'on obtienne une orange ?

E.4.28 Dans un jeu de roulette russe, une personne choisit au hasard une arme parmi trois revolvers disponibles. Ces derniers contiennent tous six chambres. Le nombre de chambres vides dans chaque arme est respectivement égal à 4, 3 et 2. Trouvez la probabilité pour que la personne survive à ce jeu (c'est-à-dire qu'elle choisisse une chambre vide).

E.4.29 Une urne contient 6 balles blanches et 3 balles noires ; une deuxième urne contient 7 balles blanches et 4 balles noires. On choisit une balle au hasard dans chacune des urnes et on place ces deux balles dans une troisième urne contenant déjà 3 balles blanches et 3 balles noires. On prélève ensuite une balle dans cette troisième urne ; quelle est la probabilité pour que cette balle soit blanche ?

E.4.30 Un portefeuille U_1 contient 9 billets de 50 euros et 1 billet de 100 euros. Un portefeuille U_2 contient 5 billets de 50 euros, 3 de 100 euros et 7 de 500 euros. On tire au hasard 1 billet dans chacun des deux portefeuilles pour les placer dans un troisième portefeuille U_3 contenant deux billets de 50 euros. On prélève ensuite un billet dans celui-ci. Quelle est la probabilité pour que ce billet soit un billet de 100 euros ?

E.4.31 On considère le jeu suivant. Un joueur A et un banquier B lancent chacun, simultanément, un dé correctement équilibré. Le joueur A est déclaré vainqueur si le banquier obtient un 4 ou si le résultat du banquier est inférieur ou égal au résultat du joueur A.

(a) Quelle est la probabilité pour que A gagne, étant donné que le résultat du banquier est différent de 4 ?

(b) Quelle est la probabilité pour que A gagne ?

E.4.32 Trois amis A_1, A_2 et A_3, passionnés d'ethnologie, ont décidé d'explorer, pendant leurs prochaines vacances, une région peu connue et très peu saine de la forêt amazonienne. Plusieurs maladies infectieuses sévissant dans cette région, ils se sont fait abondamment vacciner avant leur départ. Toutefois, leur médecin les a prévenus que, si l'un d'eux contractait le germe des maladies G_1 et G_2, le vaccin n'était efficace qu'à 80 et 60% respectivement. On supposera, en outre, l'indépendance mutuelle des efficacités des deux vaccins et des réactions des trois ethnologues.

(a) Si A_1 contracte le germe de la maladie G_1 et celui de la maladie G_2, quelle est la probabilité pour qu'il ne soit pas malade ? (On a supposé l'indépendance des réactions à l'un et l'autre germe).

(b) Si les trois amis contractent chacun le germe de la maladie G_2, quelle est la probabilité pour que l'un au moins d'entre eux reste en bonne santé ?

(c) Supposons à présent que la probabilité de contracter le germe de la maladie G_1 soit 1/3, et que cette probabilité soit égale à $1/2$ pour G_2. Quelle est la probabilité pour que A_2 reste en bonne santé ?

(d) Sous les mêmes hypothèses qu'au (c), quelle est la probabilité pour que deux ethnologues exactement tombent effectivement malades ?

E.4.33 Supposons que 5 hommes sur 100 et 25 femmes sur 10 000 soient daltoniens. Choisissons un daltonien au hasard. Quelle est la probabilité pour que cette personne soit un homme, si l'on suppose que les hommes et les femmes sont en nombre égal ?

E.4.34 Une urne U_1 contient 9 balles blanches et 1 noire. Une autre urne U_2 contient 5 balles blanches et 20 noires. On prélève une balle au hasard dans une des urnes choisie elle-même au hasard parmi U_1 et U_2. On constate que cette balle est blanche. Quelle est la probabilité pour qu'elle provienne de l'urne U_1 ?

E.4.35 Considérons une urne contenant 3 balles pouvant être blanches ou noires. Elle a été remplie de la manière suivante : chaque fois qu'un joueur obtient « pile » en jouant à « pile ou face », on met une balle noire dans l'urne ; si son résultat est « face », on met une balle blanche dans l'urne. On prélève une balle dans cette urne : on constate qu'elle est noire. Que peut-on en déduire concernant la composition de l'urne ?

E.4.36 Un restaurant prépare deux plats pour les clients pressés : un plat froid spécial et une assiette de charcuterie. 80% des hommes qui sont clients commandent le plat spécial, les autres prenant le second plat, 90% des clientes commandent l'assiette de charcuterie, les autres prenant le plat spécial. 75% des clients sont des hommes. On demande :

(a) la proportion de plats spéciaux par rapport aux assiettes de charcuterie que doit idéalement préparer le restaurant ;
(b) la probabilité pour qu'une personne commandant un plat spécial soit un homme.

E.4.37 Un skieur participe à une épreuve de slalom. La probabilité de réussir le slalom dépend du type de neige sur la piste ce jour-là. Si la neige est poudreuse, la probabilité de réussir le slalom vaut 1/2. Si la neige est dure, la probabilité de réussir le slalom vaut 1/5. Si la neige est verglacée, la probabilité de réussir le slalom vaut 3/10.
Les probabilités que la neige soit poudreuse, dure ou verglacée valent respectivement 1/2, 1/6, et 1/3. Quelle est la probabilité pour que :

(a) le slalom soit réussi ?
(b) la neige soit dure sachant que le slalom est réussi ?
(c) le skieur, en participant à trois épreuves distinctes, réussisse au moins un slalom ? On suppose que les résultats des trois épreuves sont indépendants.

E.4.38 Vous décidez de jouer au Lotto (ou Loto, selon le pays). Déterminez les probabilités de gain (premier rang, etc.).

E.4.39 Une urne contient 10 balles blanches et 5 balles noires. On prélève dans cette urne 3 balles sans remise. Quelle et la probabilité d'obtenir :

(a) 3 balles blanches ?
(b) 3 balles noires ?
(c) 2 balles blanches et une noire ?
(d) 1 balle blanche et deux noires ?

Déterminez les probabilités d'obtenir les mêmes événements si les prélèvements sont effectués avec remise.

E.4.40 Un groupe d'étudiants contient 10 filles et 20 garçons. On y prélève sans remise 4 étudiants. Quelle est la probabilité de prélever :

(a) 4 filles ?
(b) autant de filles que de garçons ?
(c) plus de garçons que de filles ?

Déterminez les probabilités d'obtenir les mêmes événements si les prélèvements sont effectués avec remise.

E.4.41 Trouver la probabilité d'avoir exactement un cœur parmi 4 cartes prélevées dans un jeu ordinaire :

(a) si l'on replace chaque fois la carte tirée dans le jeu ;

(b) si l'on ne replace pas les cartes tirées.

E.4.42 ⋆ Une boîte contient 8 balles rouges, 3 blanches et 9 noires. On y prélève 3 balles au hasard et sans remise. Déterminez la probabilité pour que :

(a) toutes les 3 soient rouges ;

(b) toutes les 3 soient blanches ;

(c) l'on obtienne 2 rouges et 1 blanche ;

(d) l'on obtienne au moins 1 blanche ;

(e) l'on obtienne 1 balle de chaque couleur ;

(f) l'on obtienne 1 balle rouge, 1 balle blanche et 1 balle noire, dans l'ordre.

E.4.43 ⋆ Un joueur prend 5 cartes avec remise dans un jeu de 52 cartes. Quelle est la probabilité pour que le joueur ait pris :

(a) 3 as ;

(b) au moins 3 as ?

(c) 3 figures de la même valeur ;

(d) 3 cartes de la même valeur parmi les 5 plus hautes dénominations ?

(e) 3 cartes de la même valeur parmi les 8 plus basses dénominations ?

(f) 3 piques exactement et successivement ?

(g) au moins 3 piques successivement ?

(h) exactement 3 cartes consécutives d'une suite (par exemple : 7,3,4,5,9) ?

E.4.44 ⋆ On prélève 3 cartes dans un jeu de 52 cartes

1. avec remise ; 2. sans remise.

Déterminez la probabilité des événements suivants :

(a) obtenir 2 cœurs et 1 pique ;

(b) obtenir 3 cartes de couleurs différentes.

E.4.45 ⋆ Une urne contient 5 balles vertes, 4 rouges, 3 blanches et 8 noires. On prélève (sans remise) dans cette urne 4 balles, l'une après l'autre. Quelle est la probabilité d'obtenir :

(a) 1 balle rouge, 1 blanche et 2 noires ?

(b) 1 balle verte et 2 blanches ?

(c) 1 balle verte et 3 noires, étant donné qu'on a retiré au préalable 1 balle au hasard ?

(d) 1 balle rouge, 1 noire, 1 rouge et 1 verte dans l'ordre précité ?

(e) au moins 1 balle rouge ?

CHAPITRE 5

VARIABLES ALÉATOIRES ET DISTRIBUTIONS DE PROBABILITÉ

« Dans toute aventure de ce genre, on se lance dans l'aléatoire, et rien ne sert de dire ensuite : '*Je n'avais pas voulu cela*' : car c'est cela précisément qu'il importait de prévoir ».

A. Gide, *Journal*.

5.1 VARIABLE ALÉATOIRE

Nous avons vu dans le chapitre précédent qu'on pouvait associer à une expérience aléatoire un ensemble fondamental Ω contenant ses résultats possibles et construire des événements à partir de ce dernier. Il arrive cependant fréquemment qu'on ne s'intéresse pas seulement aux résultats de l'expérience mais aussi à certaines de ses conséquences.

EXEMPLE 5.1

Dans l'exemple 4.6 du lancement de deux pièces de monnaie bien équilibrées, Ω était constitué des quatre résultats possibles $\{P_1$ et P_2, P_1 et F_2, F_1 et P_2, F_1 et $F_2\}$. L'examen de ces résultats suffit parfois pour satisfaire un joueur. Mais l'intérêt de ce dernier peut aussi résider dans la détermination du nombre de faces (ou de piles) qu'il aura obtenu : il associe alors à chaque résultat de Ω un nombre entier valant 0, 1 ou 2.

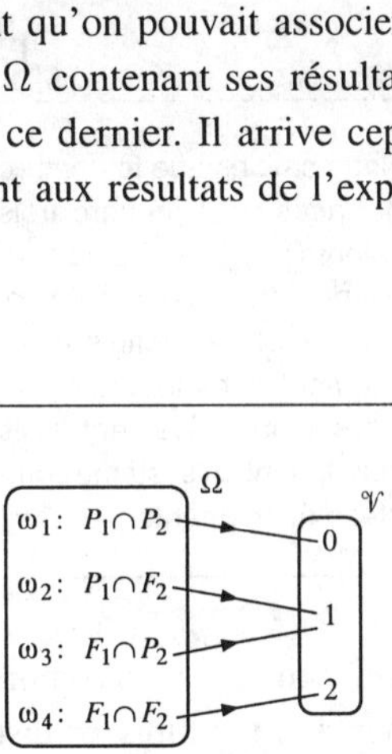

Figure 5.1
Association entre Ω et $\mathcal{V}$

Cette association peut être représentée par le schéma de la figure 5.1 dans lequel nous avons désigné les éléments de Ω par $\omega_1, \omega_2, \omega_3$ et ω_4 et l'ensemble des valeurs possibles du nombre de faces par $\mathcal{V}$.

Considérons le cas où Ω est fini, comme dans l'exemple 5.1. Supposons que pour chaque événement élémentaire défini par un résultat $\omega \in \Omega$, nous pouvons établir une *règle* qui lui associe une valeur réelle x. Cette règle d'association, ou fonction définie sur Ω à valeurs dans $\mathbb{R}$, va nous permettre d'introduire le concept de ***variable aléatoire*** (v.a.) que nous désignons par la lettre majuscule X. L'association d'un événement élémentaire $\{\omega\}$ et d'une valeur x se traduit donc par la relation $x = X(\omega)$. On dit que x est *la valeur prise par la v.a. X lorsque le résultat de l'expérience aléatoire est* ω. Comme Ω est supposé fini, la v.a. X prend un nombre fini de valeurs : X est alors une ***variable discrète***.

Plusieurs éléments de Ω peuvent être associés à une même valeur. Appelons E_x l'événement composé des résultats[1] associés à la valeur $x \in \mathcal{V}$: $E_x = \{\omega \in \Omega | X(\omega) = x\}$.

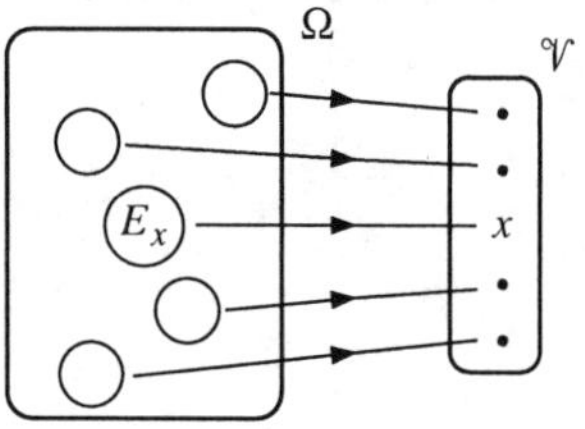

Figure 5.2 *Association entre $\mathcal{F}$ et $\mathcal{V}$*

Sous cet angle, la variable aléatoire X associe à l'événement E_x la valeur x. Comme nous sommes dans le cas où Ω est fini, on peut identifier aisément tous les événements E_x au sein de la famille $\mathcal{F}$ des événements.

EXEMPLE 5.1 (suite 1)

Nous savons que le nombre de faces peut prendre trois valeurs : 0, 1 et 2. Les trois événements associés sont E_0, E_1 et E_2, définis explicitement dans la figure 5.3. On constate aisément qu'ils constituent un système complet d'événements.

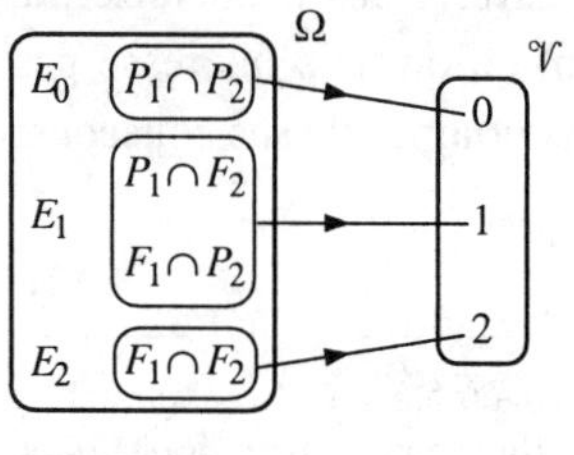

Figure 5.3 *Variable aléatoire X*

On peut aussi introduire des variables aléatoires à partir d'ensembles fondamentaux Ω infinis, en distinguant le cas des *v.a. discrètes* où $\mathcal{V}$ est souvent

[1] Cette notation pourra aussi être utilisée dans le cas d'une variable dont les valeurs sont des modalités qualitatives.

égal à $\mathbb{N}$ ou $\mathbb{Z}$ [(2)] et celui des *v.a. continues* où $\mathcal{V}$ est en général égal à $\mathbb{R}$. Une définition plus générale d'une v.a. sera à cette occasion nécessaire [(3)].

5.2 LOI OU DISTRIBUTION DE PROBABILITÉ DISCRÈTE

5.2.1 Probabilité associée à la valeur d'une variable

Nous savons que, pour chaque événement $E \in \mathcal{F}$, on peut définir une probabilité notée $P(E)$. Comme chaque valeur $x \in \mathcal{V}$ est associé à un événement $E_x \in \mathcal{F}$, on peut doter x d'une *probabilité* égale à $P(E_x)$, que nous noterons plus succinctement p_x ou encore $P(X = x)$.

EXEMPLE 5.1 (suite 2)

Les événements E_0, E_1 et E_2 associés aux valeurs $x = 0, 1, 2$ ont pour probabilités respectives :
$P(E_0) = \frac{1}{4}$, $P(E_1) = \frac{1}{2}$ et $P(E_2) = \frac{1}{4}$.
Par extension, nous associons aux valeurs $0, 1, 2$ de X les probabilités respectives

$$P(X = 0) = p_0 = \frac{1}{4},$$

$$P(X = 1) = p_1 = \frac{1}{2} \quad \text{et}$$

$$P(X = 2) = p_2 = \frac{1}{4}.$$

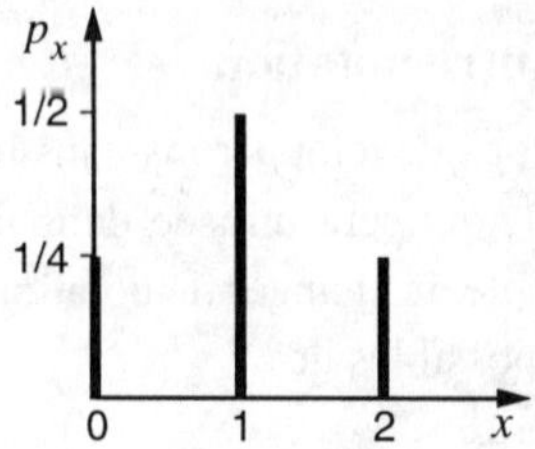

Figure 5.4
Loi de probabilité de X

Nous pouvons en outre construire une représentation graphique (cf. figure 5.4) qui à chaque valeur x de X fait correspondre la probabilité p_x.
Nous constatons aisément que :

$$\begin{cases} p_x \geqslant 0 \quad , \quad x = 0, 1, 2 \\ p_0 + p_1 + p_2 = 1. \end{cases} \tag{5.1}$$

Cette propriété est liée au fait que $\{E_0, E_1, E_2\}$ constitue une partition de Ω [(4)].

5.2.2 Loi de probabilité

La règle d'association introduite ci-dessus va nous permettre d'introduire le concept de ***loi de probabilité*** — ou ***distribution de probabilité*** — de la variable aléatoire discrète X. Cette dernière peut être définie par l'ensemble des couples

[(2)] $\mathbb{N} = \{0, 1, 2, \ldots\}$ et $\mathbb{Z} = \{\ldots, -2, -1, 0, 1, 2, \ldots\}$.

[(3)] Cf. paragraphe 5.14.

[(4)] Cf. paragraphe 4.5.

$\{(x, p_x),\ x \in \mathcal{V}\}$. Cette loi peut être représentée par un ***diagramme en bâtons*** semblable à la figure 5.4.

De façon générale, on peut montrer que si l'on dispose de couples (x, p_x) associant à des valeurs réelles x des nombres p_x, et si $\mathcal{V}$ est l'ensemble des valeurs x considérées, l'ensemble $\{(x, p_x),\ x \in \mathcal{V}\}$ constitue une *loi de probabilité* si et seulement si :

$$\left\{\begin{array}{rcl} p_x & \geqslant & 0 \quad , \quad x \in \mathcal{V} \\ \sum_{x \in \mathcal{V}} p_x & = & 1. \end{array}\right. \tag{5.2}$$

Par souci de simplification, nous représenterons une distribution de probabilité par les lettres ***D.P.1*** eu égard à l'analogie que nous allons introduire avec les distributions observées (D.O.1).

5.2.3 Autre notation

Nous développerons dans le paragraphe 5.4 une comparaison entre D.P.1 et D.O.1, qui sera utilisée dans les paragraphes 5.5 et 5.6. Dans ce but, il est plus simple de changer de notation en définissant $\mathcal{V}$ par l'ensemble ordonné des valeurs possibles de X

$$\mathcal{V} = \{x_1, \ldots, x_J\} \tag{5.3}$$

et en associant à chaque valeur x_j une probabilité désignée par p_j :

$$p_j = P(X = x_j). \tag{5.4}$$

5.3 FAMILLE DE LOIS DE PROBABILITÉ

La distribution de probabilité $\{(0, 1/4), (1, 1/2), (2, 1/4)\}$ considérée dans l'exemple 5.1 est entièrement spécifiée dans la mesure où nous supposons que les pièces utilisées sont bien équilibrées. Mais que se passe-t-il si notre connaissance n'est pas aussi précise ?

EXEMPLE 5.2

Supposons que nous lancions deux fois de suite une pièce de monnaie dont nous ne connaissons rien et, en particulier, dont nous ne savons pas si elle est bien équilibrée ou non. Dans ces conditions, nous ne pouvons plus affirmer *a priori* que $P\,(\text{face}) = 1/2$ et $P\,(\text{pile}) = 1/2$. Cependant, de façon plus générale, nous avons :

$$P\,(\text{face}) = \pi \quad \text{et} \quad P\,(\text{pile}) = 1 - \pi$$

où π est un paramètre inconnu compris entre 0 et 1. Le nombre de faces obtenu à l'issue des deux lancers peut toujours être égal à 0, 1 ou 2, mais les probabilités qui leur sont associées valent à présent, en utilisant les lois fondamentales de la théorie des probabilités :

$$\begin{cases} P(X=0) = P(P_1 \text{ et } P_2) = (1-\pi)(1-\pi) = (1-\pi)^2; \\ P(X=1) = P\left[(F_1 \text{ et } P_2) \text{ ou } (P_1 \text{ et } F_2)\right] \\ \qquad = \pi(1-\pi) + (1-\pi)\pi = 2\pi(1-\pi); \\ P(X=2) = P(F_1 \text{ et } F_2) = \pi \times \pi = \pi^2. \end{cases} \tag{5.5}$$

La loi de probabilité

$$\{(0, p_0), (1, p_1), (2, p_2)\}$$

dépend de la valeur de π. Chaque valeur de ce paramètre définit donc une D.P.1. Toutes les lois correspondant aux différentes valeurs possibles de π sont définies par les expressions (5.5). Elles constituent une *famille de distributions de probabilité*. Cette famille contient, bien sûr, la loi relative au cas où les pièces sont bien équilibrées ($\pi = 1/2$).

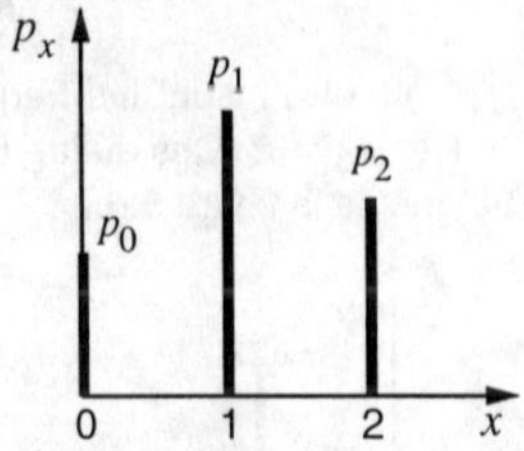

Figure 5.5
Loi de probabilité

De façon générale, si les probabilités p_x associées aux valeurs x d'une v.a. X dépendent d'un paramètre θ, ce que nous notons :

$$P(X = x) = p_x(\theta) \qquad x \in \mathcal{V}, \tag{5.6}$$

nous parlons d'une ***famille de distributions de probabilité***.

5.4 DISTRIBUTION DE PROBABILITÉ ET DISTRIBUTION OBSERVÉE

Nous avons vu dans le chapitre précédent que la probabilité peut être considérée d'une certaine manière comme l'idéalisation d'une fréquence, si l'expérience aléatoire est répétitive. Dans le même esprit, une distribution de probabilité peut être considérée comme l'idéalisation d'une distribution observée.

EXEMPLE 5.1 (suite 3)

Nous avons introduit la définition fréquentiste de la probabilité (voir section 4.6.2) au moyen d'un exemple dans lequel quatre personnes (A. . . , B. . . , F. . . et L. . .) lançaient 50 fois une pièce de monnaie. En admettant que chacune d'elles envisage sa suite de résultats comme 25 réalisations de l'expérience aléatoire « je lance deux fois de suite une pièce de monnaie », nous pouvons considérer que chaque série observée est une suite de 25 couples de résultats, et de là, établir le tableau du nombre de faces obtenu par chacun au cours de ces 25 répétitions de l'expérience :

A...					B...					F...					L...				
2	1	1	0	1	1	0	1	2	2	2	1	0	1	2	1	1	0	1	1
1	1	1	1	0	0	1	1	1	1	2	0	2	0	1	0	0	2	1	2
0	2	1	1	2	1	1	1	1	1	0	2	0	2	0	2	1	2	0	1
0	0	0	1	2	1	0	1	2	1	2	0	2	1	1	1	2	1	0	0
1	2	1	0	1	1	2	1	0	1	2	1	1	0	1	1	2	1	0	1

Ces quatre séries statistiques engendrent quatre D.O.1

$$\{(x_j, f_j) \quad , \quad j = 1, 2, 3\} ,$$

où f_1, f_2 et f_3 sont les fréquences d'occurrence des valeurs $x_1 = 0$, $x_2 = 1$ et $x_3 = 2$. Ces quatre D.O.1 sont représentées par les diagrammes en bâtons de la figure 5.6.

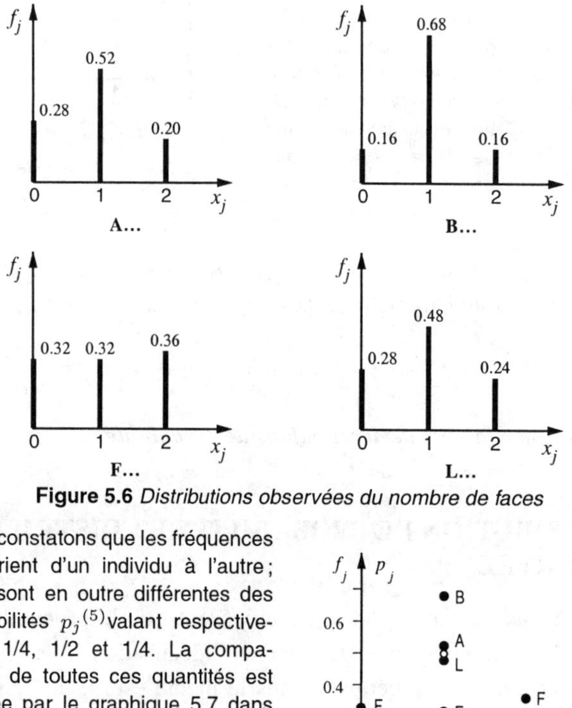

Figure 5.6 *Distributions observées du nombre de faces*

Nous constatons que les fréquences f_j varient d'un individu à l'autre ; elles sont en outre différentes des probabilités p_j [5] valant respectivement 1/4, 1/2 et 1/4. La comparaison de toutes ces quantités est facilitée par le graphique 5.7 dans lequel nous avons représenté les fréquences par des « • » et les probabilités par des « o ». On constate aisément que les fréquences f_j se distribuent autour des probabilités p_j avec une certaine dispersion. Nous reviendrons sur ce problème dans la suite[6].

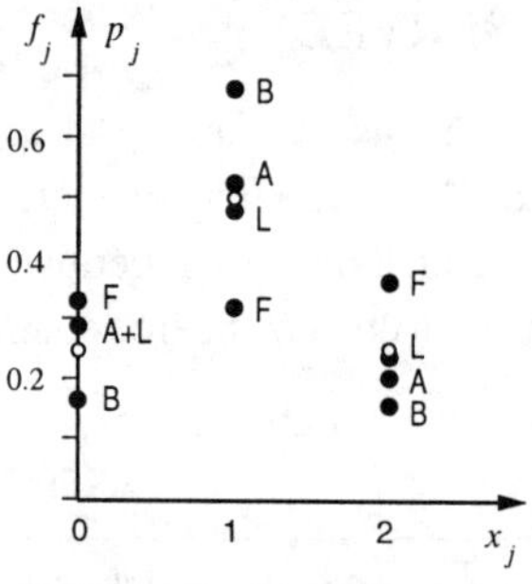

Figure 5.7 *Comparaisons fréquences-probabilités*

[5] Afin de comparer D.P.1 et D.O.1, nous utilisons la notation introduite dans le paragraphe 5.2.3.
[6] Cf. chapitre 8.

Le parallélisme que nous venons de faire entre une distribution de probabilité et une distribution observée peut se poursuivre dans plusieurs directions.

5.5 FONCTION DE RÉPARTITION

5.5.1 Définition

Rappelons que nous nous plaçons dans le cas où les valeurs de la variable X sont des nombres réels [7]. Si x est une valeur réelle quelconque, la probabilité pour que la v.a. X prenne une valeur *inférieure ou égale* à x est appelée ***fonction de répartition*** et est notée

$$F(x) = P(X \leqslant x). \tag{5.7}$$

EXEMPLE 5.1 (suite 4)

Reprenons la distribution de probabilité du nombre de faces $\{(0, 1/4), (1, 1/2), (2, 1/4)\}$. Au vu de la figure 5.4, on vérifie que $P(X \leqslant x) = 0$ si $x < 0$, $P(X \leqslant x) = 1/4$ si $0 \leqslant x < 1$, $P(X \leqslant x) = 3/4$ si $1 \leqslant x < 2$ et $P(X \leqslant x) = 1$ si $x \geqslant 2$. Il en résulte que :

$$F(x) = \begin{cases} 0 & x < 0 \\ 0.25 & 0 \leqslant x < 1 \\ 0.75 & 1 \leqslant x < 2 \\ 1 & 2 \leqslant x. \end{cases}$$

Il peut sembler absurde d'envisager des valeurs de x non entières. L'intérêt de prendre en compte ces dernières est lié à l'usage que nous ferons de $F(x)$.

Afin de faciliter la comparaison entre D.P.1 et D.O.1, nous continuerons à utiliser la notation $\{(x_j, p_j); j = 1, \ldots, J\}$ présentée à la fin du paragraphe 5.2 pour définir une D.P.1. De façon générale, la fonction de répartition d'une distribution de probabilité est définie par

$$F(x) = P(X \leqslant x) = \begin{cases} 0 & x < x_1 \\ \cdots & \\ p_1 + \cdots + p_j & x_j \leqslant x < x_{j+1} \\ \cdots & \\ p_1 + \cdots + p_J = 1 & x_J \leqslant x \end{cases} \tag{5.8}$$

ou encore par

$$F(x) = \sum_{x_j \leqslant x} p_j.$$

[7] Cette situation se présente quand la variable est quantitative ou que ses valeurs sont ordinales et codées au moyen de nombres réels croissants (il en est par exemple ainsi de la variable décrivant le résultat du lancement d'un dé).

On peut représenter graphiquement cette fonction par une courbe en escalier dont la construction est semblable à celle de la courbe cumulative[8] d'une D.O.1. Cette courbe est appelée ***courbe de répartition*** (cf. figure 5.8).

On peut aussi introduire la fonction $F^*(x)$ généralisant la fréquence cumulée à droite[9]. Nous ne considérerons pas cette fonction ici en raison de son usage limité.

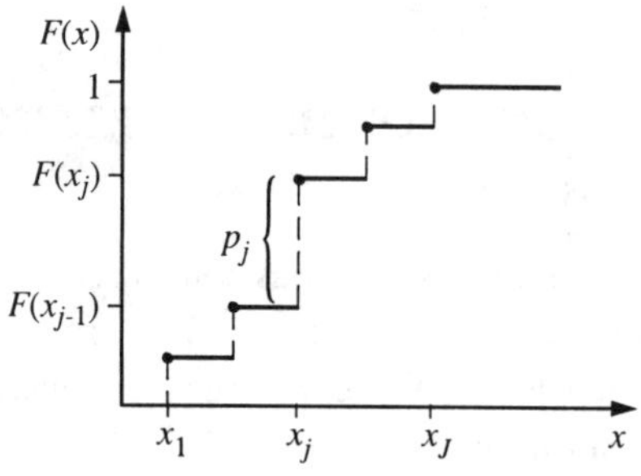

Figure 5.8 *Courbe de répartition*

5.5.2 Propriétés

La connaissance de $p_1, \ldots, p_J$ permet de construire $F(x)$. Inversement, si on connaît $F(x)$, pour toutes les valeurs possibles de x, nous pouvons retrouver les probabilités $p_1, \ldots, p_J$ à partir de $F(x)$. On constate en effet que ces probabilités représentent la différence entre deux paliers de la courbe de répartition de la figure 5.8. De façon plus précise, nous avons :

$$p_1 = F(x_1); \ldots; p_j = F(x_j) - F(x_{j-1}); \ldots; p_J = 1 - F(x_{J-1}). \quad (5.9)$$

Nous constatons ainsi que la fonction de répartition $F(x)$ permet de définir aussi la distribution de probabilité.

EXEMPLE 5.3

Une population est composée de familles comportant au maximum cinq enfants.

La fonction de répartition du nombre d'enfants (v.a. X) d'une famille prise au hasard dans cette population est donnée dans le graphique 5.9[10].

Les probabilités d'avoir une famille comportant 0, 1, 2, 3, 4 ou 5 enfants valent respectivement :

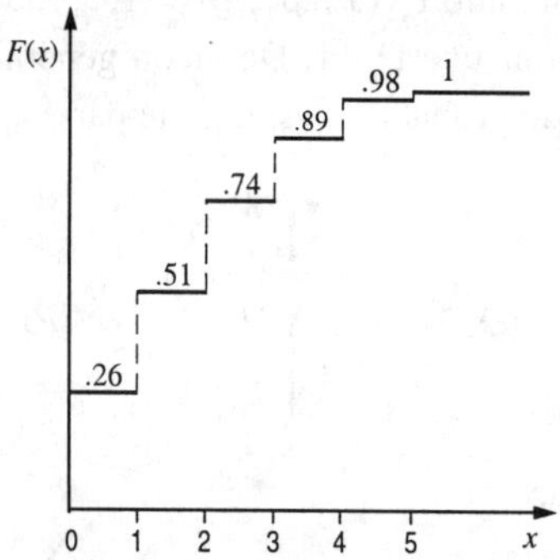

Figure 5.9 *Fonction de répartition*

[8] Voir chapitre 2, paragraphe 2.4.3.

[9] *Ibidem.*

[10] Afin de simplifier le graphique, nous utilisons la notation 0.26 = .26 ; 0.51 = .51 ;...

$P(X = 0) = 0.26;$ $P(X = 3) = 0.89 - 0.74 = 0.15;$
$P(X = 1) = 0.51 - 0.26 = 0.25;$ $P(X = 4) = 0.98 - 0.89 = 0.09;$
$P(X = 2) = 0.74 - 0.51 = 0.23;$ $P(X = 5) = 1 - 0.98 = 0.02.$

La connaissance de $F(x)$ permet aussi de déterminer aisément la probabilité pour que la v.a. X appartienne à un intervalle $[a, b]$ de la droite réelle, où a est supposé être plus petit que b.

EXEMPLE 5.3 (suite)

Reprenons l'exemple 5.3 relatif à la distribution de probabilité du nombre d'enfants par famille d'une population. Comment peut-on déterminer la probabilité pour qu'une famille choisie au hasard dans la population comporte entre 2 et 4 enfants ?

La réponse à cette question peut être obtenue de deux façons.

1. On constate qu'il y a trois manières mutuellement exclusives d'obtenir le résultat : la famille peut avoir 2 enfants, 3 enfants ou 4 enfants. Dans ces conditions :

$$P(2 \leqslant X \leqslant 4) = P(X = 2) + P(X = 3) + P(X = 4) = 0.23 + 0.15 + 0.09 = 0.47 .$$

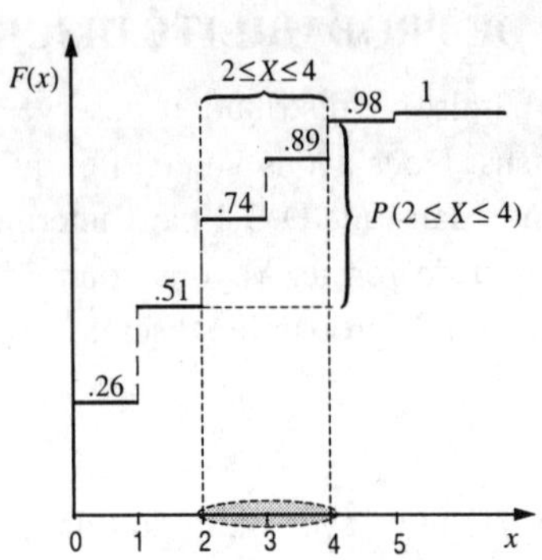

Figure 5.10
Détermination d'une probabilité

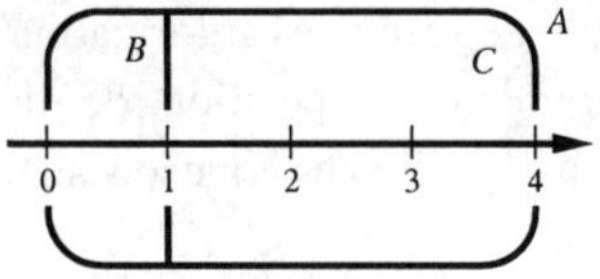

Figure 5.11
Événements A, B, C

2. Considérons les événements A, B et C définis à partir des valeurs entières de x :

$$\begin{cases} A = \text{ensemble des valeurs de } X \text{ inférieures ou égales à 4} \\ B = \text{ensemble des valeurs de } X \text{ inférieures ou égales à 1} \\ C = \text{ensemble des valeurs de } X \text{ comprises entre 2 et 4.} \end{cases}$$

Il est clair que $\{B, C\}$ constitue une partition de A. Dans ce cas[11] :

$$P(A) = P(B) + P(C) \Rightarrow P(C) = P(A) - P(B)$$

ou encore, compte tenu des définitions de A, B et C :

$$\begin{aligned} P(2 \leqslant X \leqslant 4) &= P(X \leqslant 4) - P(X \leqslant 1) = F(4) - F(1) \\ &= 0.98 - 0.51 = 0.47 . \end{aligned}$$

La démarche que nous avons suivie dans l'exemple ci-dessus nous permet d'énoncer le résultat suivant. Si $[a, b]$ est un intervalle quelconque de $\mathbb{R}$, la probabilité pour que la v.a. X soit comprise entre a et b peut être déterminée comme suit :

1. si a *n'est pas* une valeur appartenant à $\mathcal{V} = \{x_1, \ldots, x_J\}$:
$$P(a \leqslant X \leqslant b) = F(b) - F(a); \tag{5.10}$$
2. si a *est* une valeur x_j appartenant à $\mathcal{V} = \{x_1, \ldots, x_J\}$:
$$P(x_j \leqslant X \leqslant b) = F(b) - F(x_{j-1}). \tag{5.11}$$

Remarquons que tous les résultats obtenus dans ce paragraphe peuvent être déterminés à partir de (5.10) et (5.11). Nous laissons leur démonstration à titre d'exercice théorique.

5.6 PARAMÈTRES D'UNE LOI DE PROBABILITÉ DISCRÈTE

Nous pouvons poursuivre la comparaison « distribution observée - distribution de probabilité » entamée ci-dessus. Nous avons vu en effet qu'il était possible de résumer l'information contenue dans une D.O.1 par l'intermédiaire de paramètres de position, de dispersion et de forme. Voyons comment nous pouvons étendre ces concepts au cas d'une loi de probabilité discrète.

5.6.1 Paramètres de position

Le premier paramètre de position que nous avons introduit dans l'étude d'une D.O.1 $\{(x_j, f_j); j = 1, \ldots, J\}$ est la moyenne arithmétique qui, selon l'expression (3.9), peut s'énoncer comme suit :

$$\overline{x} = \sum_{j=1}^{J} f_j x_j . \tag{5.12}$$

Est-il possible de lui trouver un équivalent pour une distribution de probabilité $\{(x_j, p_j); j = 1, \ldots, J\}$? L'analogie « fréquence-probabilité » nous incite à

---

[11] Voir propriété 4.1, paragraphe 4.7.1.

introduire le paramètre μ tel que

$$\mu = \sum_{j=1}^{J} p_j x_j. \tag{5.13}$$

Ce paramètre est qualifié de ***moyenne** de la distribution de probabilité.*

EXEMPLE 5.1 (suite 5)

Reprenons la distribution de probabilité du nombre de faces lors du jet de deux pièces de monnaie bien équilibrées, définie par l'ensemble des couples $\{(0, 1/4), (1, 1/2), (2, 1/4)\}$. L'application de (5.13) nous donne : $\mu = (0.25 \times 0) + (0.50 \times 1) + (0.25 \times 2) = 1$. Ce résultat est intuitif : en lançant deux pièces de monnaie bien équilibrées, nous obtenons, « en moyenne », une fois face (et donc une fois pile !).

Par analogie, nous pouvons introduire tous les paramètres de centralité ou de position évoqués dans le paragraphe 3.2. Ainsi par exemple, la médiane[12] $x_{1/2}$ d'une D.P.1 peut être obtenue à partir de la courbe de répartition selon une procédure semblable à celle suivie dans le cas d'une D.O.1 (cf. figure 5.12).

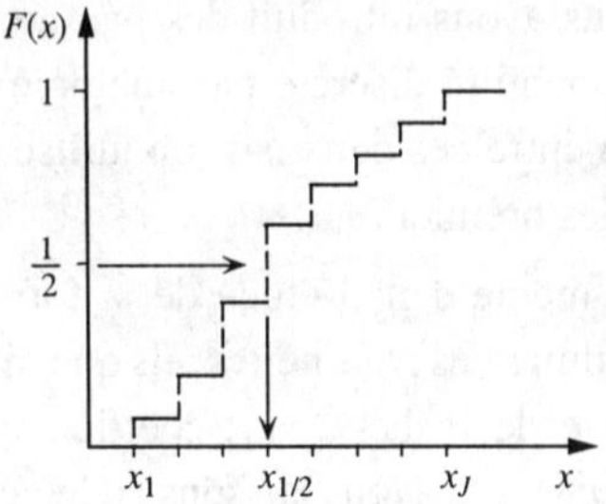

Figure 5.12

Détermination de la médiane

5.6.2 Paramètres de dispersion

Nous pouvons procéder de façon semblable à celle présentée ci-dessus. Considérons par exemple le cas de la ***variance*** d'une D.P.1.

- *D.O.1* :
  La variance s^2 se définissait par l'expression (3.56) :

$$s^2 = \frac{1}{n} \sum_{j=1}^{J} n_j (x_j - \overline{x})^2 = \sum_{j=1}^{J} f_j (x_j - \overline{x})^2 . \tag{5.14}$$

- *D.P.1* :
  Par analogie, nous introduisons la variance σ^2 de la D.P.1 :

$$\sigma^2 = \sum_{j=1}^{J} p_j (x_j - \mu)^2 . \tag{5.15}$$

(12) On utilise la même notation que dans le cas d'une D.O.1, par souci de simplification.

EXEMPLE 5.1 (suite 6)

Reprenons la D.P.1 de la figure 5.13.
Sa variance vaut :

$$\sigma^2 = \frac{1}{4}(0-1)^2 + \frac{1}{2}(1-1)^2 + \frac{1}{4}(2-1)^2 = \frac{1}{2}.$$

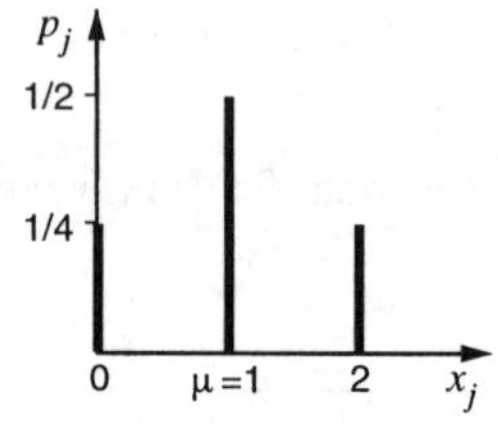

Figure 5.13 *D.P.1*

De même, l'***écart-type*** de la D.P.1 est égal à $\sigma = \sqrt{\sigma^2}$.

5.6.3 Remarques

Nous avons introduit des paramètres de position et de dispersion d'une loi de probabilité discrète par analogie au cas d'une D.O.1. Pour éviter toute confusion entre ces deux cas, on utilise généralement des lettres grecques pour désigner les premiers $(\mu, \sigma^2, \ldots)$ (13).

De même dans l'étude de la forme d'une distribution de probabilité, on peut introduire des paramètres tels que moment centré d'ordre 3 (μ_3), coefficient d'asymétrie de Fisher (γ_1), coefficient d'aplatissement de Fisher (γ_2) et de Pearson (β_2), etc. Nous laissons au lecteur le soin d'écrire les définitions de tous ces paramètres avec la notation appropriée (14).

Précisons enfin que nous pouvons aussi utiliser la notation d'une D.P.1 introduite au début du chapitre. Ainsi, si la D.P.1 est notée $\{(x, p_x), x \in \mathcal{V}\}$, les expressions de la moyenne et de la variance — (5.13) et (5.15) — s'écrivent sous la forme :

$$\mu = \sum_{x \in \mathcal{V}} p_x x \tag{5.16}$$

$$\sigma^2 = \sum_{x \in \mathcal{V}} p_x (x-\mu)^2 \tag{5.17}$$

ou encore, plus brièvement,

$$\mu = \sum_{x} p_x x \tag{5.18}$$

$$\sigma^2 = \sum_{x} p_x (x-\mu)^2 . \tag{5.19}$$

(13) Sauf pour la médiane et les quantiles, afin de ne pas alourdir la notation.

(14) Cf. Exercice T.5.3.

Nous utiliserons plutôt ces deux dernières expressions dans la suite pour faciliter l'introduction des autres lois de probabilité [15].

5.7 ESPÉRANCE MATHÉMATIQUE

La moyenne de la distribution de probabilité d'une v.a. X est souvent désignée sous le nom d'***espérance mathématique*** de X. L'origine de ce terme est liée aux premiers travaux des 17e et 18e siècles sur la probabilité. Nous nous en inspirons en reprenant l'exemple 5.1.

EXEMPLE 5.1 (suite 7)

Supposons qu'on associe un gain au résultat obtenu lors du lancement de deux pièces de monnaie bien équilibrées : le joueur gagne 100 euros par face obtenue. On peut formaliser cette règle de jeu en associant les gains — notés $g(x)$ — aux valeurs x de la v.a. X (nombre de faces) :

$$\begin{aligned} x=0 &\quad\rightarrow\quad g(0)=0 \\ x=1 &\quad\rightarrow\quad g(1)=100 \\ x=2 &\quad\rightarrow\quad g(2)=200. \end{aligned}$$

Si on répète cette expérience un très grand nombre de fois, il est relativement intuitif de constater que notre joueur va avoir tendance à gagner en moyenne 100 euros par partie. Il y a en effet autant de chances d'avoir 2 faces que 2 piles (probabilités égales à 0.25) et les gains associés à ces possibilités sont respectivement de 0 et 200 euros. Le résultat équilibré ($1F$ et $1P$) correspond exactement à un gain de 100 euros. On peut ainsi imaginer une certaine compensation entre les gains extrêmes ; ce qui revient à dire que le gain qu'on peut espérer réaliser au cours d'une longue série d'expériences varie autour de la valeur obtenue en effectuant la somme des gains possibles, chacun de ceux-ci étant affecté d'un coefficient de pondération qui représente la probabilité d'obtenir le résultat associé, ce que nous notons $E[g(x)]$:

$$\begin{aligned} E[g(x)] &= p_0 g(0) + p_1 g(1) + p_2 g(2) \\ &= (0.25)(0) + (0.50)(100) + (0.25)(200) = 100. \quad (5.20) \end{aligned}$$

La valeur définie par cette expression a été qualifiée d'espérance mathématique de gain.

En désignant par X la variable aléatoire représentant le « résultat » du jeu et par $g(X)$ le gain associé à X, $g(X)$ est aussi une v.a. prenant les valeurs $g(x)$ avec les probabilités respectives p_x $(x = 0, 1, 2)$.

Plaçons-nous dans le cas général d'une loi de probabilité discrète $\{(x, p_x), x \in \mathcal{V}\}$ d'une v.a. X et oublions momentanément les jeux. Si $g(X)$ est une fonction réelle quelconque de X telle qu'à chaque valeur x de X on associe un nombre réel défini par $g(x)$, on appelle ***espérance mathématique*** de $g(X)$ la

[15] C'est-à-dire autre que discrète à valeurs dans $\mathcal{V}$ fini.

quantité notée $E[g(X)]$ et définie par

$$E\left[g(X)\right] = \sum_{x \in \mathcal{V}} p_x g(x). \tag{5.21}$$

L'intérêt de cette expression générale réside dans la possibilité de retrouver quelques paramètres présentés dans le paragraphe 5.6 comme cas particuliers de (5.21). Il suffit pour cela de considérer des fonctions $g(X)$ bien spécifiques. Prenons le cas de la moyenne μ et de la variance σ^2 définies par (5.16) et (5.17).

1. Si $g(X) = X$, et donc $g(x) = x$ où $x \in \mathcal{V}$:

$$E(X) = \sum_{x \in \mathcal{V}} p_x x = \mu. \tag{5.22}$$

2. Si $g(X) = (X - \mu)^2$, et donc $g(x) = (x - \mu)^2$ où $x \in \mathcal{V}$:

$$E\left[(X-\mu)^2\right] = \sum_{x \in \mathcal{V}} p_x \left(x - \mu\right)^2 \; = \; \sigma^2. \tag{5.23}$$

Grâce à l'expression (5.22) le paramètre μ de la distribution de probabilité de la v.a. X peut porter la double appellation de *moyenne* et d'*espérance mathématique* de X.

L'usage de l'espérance mathématique va nous permettre de faciliter l'étude et l'utilisation de la moyenne et de la variance, comme nous aurons l'occasion de le constater dans la suite [16]. Elle peut aussi permettre d'introduire des outils d'analyse —dont nous ne ferons pas un grand usage ici— comme, par exemple, la ***fonction génératrice des moments*** [17].

5.8 UNE PARENTHÈSE HISTORIQUE : LE PROBLÈME DES PARTIS

Nous avons introduit le concept d'espérance mathématique par un processus d'idéalisation « fréquence - probabilité » ; ce choix est cependant uniquement dicté par des raisons d'ordre pédagogique. En réalité, son origine est liée au ***problème des partis*** proposé par le chevalier de Méré à ***Blaise Pascal*** et résolu en 1654 par ***Pierre de Fermat*** et ce dernier. Il est important, à notre sens, de nous référer aux documents qu'ils ont échangés, de manière à souligner le caractère important de leurs travaux.

---

(16) Dès le paragraphe 5.9 d'ailleurs.

(17) Cf. exercice T.5.2.

COMMENTAIRE HISTORIQUE 5.1

Nous trouvons dans les écrits rédigés par Pascal en 1654 trois références importantes :

1. *le traité du triangle arithmétique*, qui ne fut publié qu'en 1665, avec quelques traités connexes ;
2. *l'adresse à l'Académie parisienne*, publiée pour la première fois en 1779 par Bossuet ;
3. *les lettres* adressées par Pascal à Fermat entre juillet et octobre 1654.

Commençons par la deuxième référence. Il semble que *l'adresse à l'Académie parisienne*[18] date de septembre ou octobre 1654, c'est-à-dire peu de temps avant la nuit du Mémorial (23 novembre). Pascal n'était pas encore entré dans la dernière phase de son existence, beaucoup plus austère celle-là, à Port-Royal. Nous extrayons de ce document le paragraphe consacré à la ***géométrie du hasard*** qui concerne notre propos.

> « Et puis un traité tout à fait nouveau, d'une matière absolument inexplorée jusqu'ici, savoir : la répartition du hasard dans les jeux qui lui sont soumis, ce qu'on appelle en français faire les partis des jeux ; la fortune incertaine y est si bien maîtrisée par l'équité du calcul qu'à chacun des joueurs on assigne toujours exactement ce qui s'accorde avec la justice. Et c'est là certes ce qu'il faut d'autant plus chercher par le raisonnement, qu'il est moins possible d'être renseigné par l'expérience. En effet, les résultats du sort ambigu sont justement attribués à la contingence fortuite plutôt qu'à la nécessité naturelle. C'est pourquoi la question a erré incertaine jusqu'à ce jour ; mais maintenant, demeurée rebelle à l'expérience, elle n'a pu échapper à l'empire de la raison. Et, grâce à la géométrie, nous l'avons réduite avec tant de sûreté à un art exact, qu'elle participe de sa certitude et déjà progresse audacieusement. Ainsi, joignant la rigueur des démonstrations de la science à l'incertitude du hasard, et conciliant ces choses en apparence contraires, elle peut, tirant son nom des deux, s'arroger à bon droit ce titre stupéfiant : *La Géométrie du Hasard* ».

Le problème des partis est exposé dans le *Traité du triangle arithmétique*, plus précisément dans les *divers usages de ce traité*. Le troisième usage est intitulé « Pour déterminer les partis qu'on doit faire entre deux joueurs qui jouent en plusieurs parties ». Les problèmes abordés par Pascal dépassent largement une simple question de jeux. Outre les fondements de la théorie des probabilités, on y trouve la source de réflexions juridiques importantes pouvant se développer dans les décisions de partage. Ce problème peut être résumé comme suit : si un jeu de hasard, qui se déroule en plusieurs parties, est interrompu avant la victoire de l'un des joueurs, comment peut-on faire un partage équitable (parti) de l'argent misé ?

> « USAGE DU TRIANGLE ARITHMÉTIQUE
> Pour déterminer les partis qu'on doit faire
> entre deux joueurs qui jouent en plusieurs parties.
>
> Pour entendre les règles des partis, la première chose qu'il faut considérer est que l'argent que les joueurs ont mis au jeu ne leur appartient plus, car ils en ont quitté la propriété ; mais ils ont reçu en revanche le droit d'attendre ce que le hasard leur en peut donner, suivant les conditions dont ils sont convenus d'abord.

---

[18] L'Académie parisienne fut fondée en 1635 par Marin Mersenne. Elle fut très vite considérée comme le lieu de rencontre privilégié des savants français et étrangers. C'est là que Blaise Pascal exposa la plupart de ses travaux scientifiques. L'adresse de 1654, écrite en latin, fait état de ces derniers (voir *Œuvres complètes* de Pascal).

> Mais, comme c'est une loi volontaire, ils peuvent la rompre de gré à gré ; et ainsi, en quelque terme que le jeu se trouve, ils peuvent le quitter ; et, au contraire de ce qu'ils ont fait en y entrant, renoncer à l'attente du hasard, et rentrer chacun en la propriété de quelque chose. Et en ce cas, le règlement de ce qui doit leur appartenir doit être tellement proportionné à ce qu'ils avaient droit d'espérer de la fortune, que chacun d'eux trouve entièrement égal de prendre ce qu'on lui assigne ou de continuer l'aventure du jeu : et cette juste distribution s'appelle le parti.
>
> Le premier principe, qui fait connaître de quelle sorte on doit faire les partis, est celui-ci.
>
> Si un des joueurs se trouve en telle condition que, quoi qu'il arrive, une certaine somme lui doit appartenir en cas de perte et de gain, sans que le hasard la lui puisse ôter, il n'en doit faire aucun parti, mais la prendre entière comme assurée parce que le parti devant être proportionné au hasard, puisqu'il n'y a nul hasard de perdre, il doit tout retirer sans parti.
>
> Le second est celui-ci : si deux joueurs se trouvent en telle condition que, si l'un gagne, il lui appartiendra une certaine somme, et s'il perd, elle appartiendra à l'autre ; si le jeu est de pur hasard et qu'il y ait autant de hasard pour l'un que pour l'autre et par conséquent non plus de raison de gagner pour l'un que pour l'autre, s'ils veulent se séparer sans jouer, et prendre ce qui leur appartient légitimement, le parti est qu'ils séparent la somme qui est au hasard par la moitié, et que chacun prenne la sienne. »

Suivent alors un ensemble de corollaires et de méthodes décrivant la façon dont Pascal résout ce problème (voir *Œuvres complètes* de Pascal).

On trouve enfin un exposé de la réflexion de Pascal dans les lettres adressées à Fermat. La lettre du 29 juillet 1654 contient la proposition de Pascal à la solution du problème des partis. Bien qu'elle ne soit pas la première traitant de ce problème (deux lettres antérieures, l'une de Pascal, l'autre de Fermat, abordaient cette question mais ont été perdues), on y constate la différence d'approche des deux savants. La démarche de Fermat repose sur les combinaisons, celle de Pascal procède de proche en proche, par récurrence.

LETTRE DE PASCAL A FERMAT

Le 29 juillet 1654.

« Monsieur,

> [. . .] *Voici à peu près comme je fais pour savoir la valeur de chacune des parties, quand deux joueurs jouent, par exemple, en trois parties, et chacun a mis 32 pistoles au jeu :*
>
> *Posons que le premier en ait deux et l'autre une ; ils jouent maintenant une partie dont le sort est tel que, si le premier gagne, il gagne tout l'argent qui est au jeu, savoir, 64 pistoles ; si l'autre la gagne, ils sont deux parties à deux parties, et par conséquent, s'ils veulent se séparer, il faut qu'ils retirent chacun leur mise, savoir, chacun 32 pistoles.*
>
> *Considérez donc, Monsieur, que si le premier gagne, il lui appartient 64 : s'il perd, il lui appartient 32. Donc s'ils veulent ne point hasarder cette partie et se séparer sans la jouer, le premier doit dire : « Je suis sûr d'avoir 32 pistoles, car la perte même me les donne ; mais pour les 32 autres, peut-être je les aurai, peut-être vous les aurez ; le hasard est égal ; partageons donc ces 32 pistoles par la moitié et me donnez, outre cela, mes 32 qui me sont sûres ». Il aura donc 48 pistoles et l'autre 16.*
>
> Posons maintenant que le premier ait deux parties et l'autre point, et ils commencent à jouer une partie. Le sort de cette partie est tel que, si le premier la gagne, il tire tout l'argent, 64 pistoles ; si l'autre la gagne, les voilà revenus au cas précédent, auquel le premier aura deux parties et l'autre une.
>
> Or, nous avons déjà montré qu'en ce cas il appartient à celui qui a les deux parties, 48 pistoles : donc, s'ils veulent ne point jouer cette partie, il doit dire

ainsi : « Si je la gagne, je gagnerai tout, qui est 64, si je la perds, il m'appartiendra légitimement 48 : donc donnez-moi les 48 qui me sont certaines au cas même que je perde, et partageons les 16 autres par la moitié, puisqu'il y a autant de hasard que vous les gagniez comme moi ». Ainsi il aura 48 et 8, qui sont 56 pistoles [. . .]. »

La méthode de Pascal pour deux joueurs suppose implicitement que la partie à jouer procure une chance égale de défaite ou de victoire. Si nous considérons la situation [19] où le premier joueur — appelons-le A — a déjà gagné deux parties et le second, B, une seule — ce que nous notons par $A = 2$ et $B = 1$ —, nous pouvons construire le schéma conditionnel présenté dans la figure 5.14 pour la quatrième partie et le bilan global du jeu à son issue.

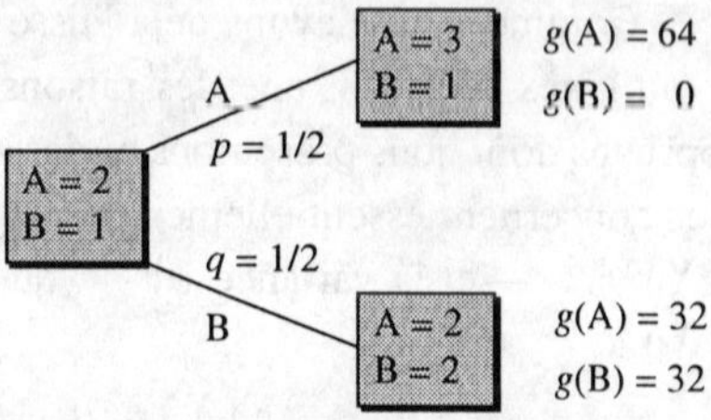

Figure 5.14 *Le problème des partis*

Nous constatons ainsi que A peut recevoir 64 pistoles avec une probabilité 0.5 et 32 pistoles avec la probabilité complémentaire 0.5. L'application de (5.21) nous donne une *espérance mathématique* de gain égale à $(0.5)(64)+(0.5)(32) = 48$. De même B peut ne rien recevoir avec une probabilité égale à 0.5 et obtenir 32 pistoles avec la probabilité complémentaire de 0.5 ; son *espérance mathématique* de gain sera alors égale à $(0.5)(0) + (0.5)(32) = 16$.

COMMENTAIRE HISTORIQUE 5.1 (SUITE)

Notons pour terminer ce paragraphe que, suite à une erreur de raisonnement, Pascal crut démontrer, dans une longue lettre écrite en août 1654, que la démarche de Fermat ne pouvait être généralisée à trois joueurs : Fermat fit apparaître l'erreur commise par Pascal dans son raisonnement ce qui fit dire à Pascal, dans une lettre d'octobre 1654 :

« Monsieur,

Votre dernière lettre m'a parfaitement satisfait. J'admire votre méthode pour les partis, d'autant mieux que je l'entends fort bien ; elle est entièrement vôtre, et n'a rien de commun avec la mienne, et arrive au même but facilement. Voilà notre intelligence rétablie.

Mais, Monsieur, si j'ai concouru avec vous en cela, cherchez ailleurs qui vous suive dans vos inventions numériques, dont vous m'avez fait la grâce de m'envoyer les énonciations. Pour moi, je vous confesse que cela me passe de bien loin ; je ne suis capable que de les admirer, et vous supplie très humblement d'occuper votre premier loisir à les achever. [. . .] on ne peut pas aisément supporter l'attente de choses si belles et si souhaitables. Pensez-y donc, s'il vous plaît, et assurez-vous que je suis, etc.

PASCAL. »

---

(19) Nous nous référons aux paragraphes présentés en italiques ci-dessus.

Si la forme n'en est plus actuelle, ce langage ne pourrait-il néanmoins inspirer plus souvent certains scientifiques par sa courtoisie, quand ils ont à traiter d'un sujet commun ?

5.9 PROPRIÉTÉS DE L'ESPÉRANCE MATHÉMATIQUE ET DE LA VARIANCE

Comme nous l'avons déjà laissé entendre, l'espérance mathématique est un outil très utilisé. L'une des raisons de cet usage est lié à ses nombreuses propriétés dont nous présentons ci-dessous celles qui nous seront les plus utiles. Elles concernent essentiellement la moyenne μ —nous pouvons encore écrire $E(X)$ [20] —et la variance σ^2— que nous désignerons aussi par la notation $V(X)$:

$$E(X) = \mu \quad , \quad V(X) = \sigma^2. \tag{5.24}$$

Nous présenterons ces propriétés en les justifiant de façon intuitive. Le lecteur pourra en trouver les démonstrations dans le *commentaire* 5.1.

Propriété 5.1 Si b est un nombre réel quelconque :

$$E(b) = b. \tag{5.25}$$

Cela revient à dire que la moyenne d'une variable toujours égale à une constante b vaut cette dernière, ce qui est assez évident.

Propriété 5.2 Si a est un nombre réel quelconque :

$$E(aX) = aE(X). \tag{5.26}$$

Cette propriété est également intuitive. Si toutes les valeurs d'une v.a. sont multipliées par une constante, la moyenne $\mu = E(X)$ de sa distribution de probabilité le sera aussi. De même, *si on divise* X *par la constante* a, nous aurons :

$$E\left(\frac{x}{a}\right) = \frac{1}{a}E(X). \tag{5.27}$$

Propriété 5.3 Si b est une valeur réelle quelconque :

$$E(X + b) = E(X) + b. \tag{5.28}$$

Ici aussi, le résultat est intuitif : ajouter une constante b aux valeurs de X implique que la moyenne μ est aussi augmentée de cette valeur.

---

[20] Cf. paragraphe 5.7.

Propriété 5.4 Un cas particulier intéressant de (5.28) concerne l'étude de la ***variable aléatoire centrée*** $Y = X - \mu$, où $\mu = E(X)$. L'application de la propriété 5.3 avec $b = -\mu$ nous donne

$$E(X - \mu) = 0. \quad (5.29)$$

Une variable aléatoire centrée possède toujours une distribution de probabilité de moyenne nulle. Graphiquement, comme on peut le voir dans la figure 5.15, nous avons fait un changement d'origine en plaçant cette dernière en la moyenne.

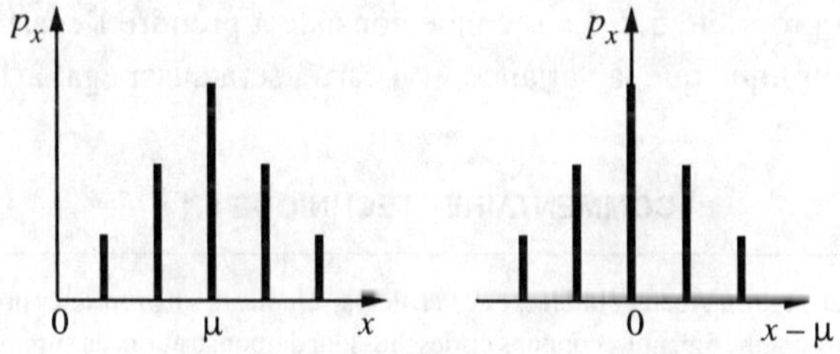

Figure 5.15 *Variable aléatoire centrée*

Propriété 5.5 Si b est un nombre réel quelconque :

$$V(b) = 0. \quad (5.30)$$

Comme la variance est une mesure de dispersion, il est évident qu'une variable X qui prend toujours la même valeur $x = b$ est telle que les écarts $(x - \mu)^2 = (b - b)^2$ sont nuls et donc que la variance est nulle.

Propriété 5.6 Si a est une valeur réelle quelconque :

$$V(aX) = a^2 V(X). \quad (5.31)$$

La variance fait appel au calcul de $(x - \mu)^2$. Multiplier la variable par a implique, compte tenu de (5.26), que le carré des écarts considérés ci-dessus devient $(ax - a\mu)^2$ ou encore $a^2(x - \mu)^2$, ce qui explique le résultat (5.31).

Propriété 5.7 Une variable X possède une variance égale à celle de la variable centrée $(X - \mu)$:

$$V(X - \mu) = V(X). \quad (5.32)$$

Il suffit de considérer la figure 5.15 ou de se rappeler la propriété du chapitre 3 selon laquelle une variance ne dépend pas de l'origine choisie, pour être convaincu de ce résultat.

Propriété 5.8 Considérons une ***variable centrée réduite*** définie par l'expression $Z = (X - \mu)/\sigma$ ou encore

$$Z = \frac{X - E(X)}{\sqrt{V(X)}} \cdot \tag{5.33}$$

On peut affirmer que $V(Z) = 1$.

Ce résultat se justifie intuitivement comme suit. L'expression (5.33) consiste à effectuer un changement d'origine —comme dans la figure 5.15— et, en plus, un changement d'unité. La première transformation n'a pas d'influence, étant donné la propriété 5.7. La seconde consiste à prendre l'écart-type comme unité, ce qui implique que la variance, son carré, sera aussi égal à 1.

COMMENTAIRE TECHNIQUE 5.1

Afin de permettre au lecteur intéressé de vérifier la véracité des 8 propriétés présentées dans le paragraphe 5.9, nous donnons ci-dessous leur démonstration, en supposant que la loi de X est discrète et s'écrit sous la forme $\{(x, p_x), x \in \mathcal{V}\}$, où $\sum_x p_x = 1$.

Propriété 5.1 Si $x = b$, pour tout $x \in \mathcal{V}$, l'expression (5.22) nous permet de dire que $E(X) = \sum_x p_x x = \sum_x p_x b = b \sum_x p_x = b$. □

Propriété 5.2 Si $Y = aX$, la distribution de Y est $\{(ax, p_x), x \in \mathcal{V}\}$. Il en résulte, compte tenu de (5.22), que $E(X) = \sum_x p_x(ax) = a \sum_x p_x x = aE(X)$. □

Propriété 5.3 Si $Y = X+b$, sa distribution est $\{(x+b, p_x), x \in \mathcal{V}\}$. Il en résulte que $E(Y) = \sum_x p_x(x+b) = \sum_x p_x x + \sum_x p_x b = E(X) + b \sum_x p_x = E(X) + b$. □

Propriété 5.4 L'application de la propriété 5.3 avec $b = -\mu$ nous donne : $E(X - \mu) = E(X) - \mu = \mu - \mu = 0$. □

Propriété 5.5 Si $x = b$, pour tout $x \in \mathcal{V}$, $E(X) = \mu = b$ (voir propriété 5.1). Compte tenu de (5.23), nous pouvons écrire que $V(X) = \sum_x p_x(x - \mu)^2 = \sum_x p_x(b - b)^2 = 0$. □

Propriété 5.6 : Compte tenu de (5.23) et de la propriété 5.2, nous avons $V(aX) = \sum_x p_x(ax - a\mu)^2 = \sum_x p_x a^2(x-\mu)^2 = a^2 \sum p_x(x-\mu)^2 = a^2 V(X)$. □

Propriété 5.7 Compte tenu de la propriété 5.4, $X - \mu$ est de moyenne nulle. Il en résulte que $V(X-\mu) = \sum_x p_x[(x-\mu)-0]^2 = \sum_x p_x(x-\mu)^2 = V(X)$. □

Propriété 5.8 En utilisant la propriété 5.6 —avec $a = 1/\sigma$— et la propriété 5.7, nous avons :
$V(Z) = \frac{1}{\sigma^2} V(X - \mu) = \frac{1}{\sigma^2} V(X) = \frac{\sigma^2}{\sigma^2} = 1$. □

5.10 LOIS DE PROBABILITÉ DISCRÈTES PARTICULIÈRES

Il existe dans la littérature de nombreuses distributions discrètes. Elles sont, chacune, liées à des conditions d'application particulières. Nous ne voulons pas les présenter toutes ici, mais plutôt en choisir certaines qui, par leur simplicité, leur intérêt, leur utilisation dans cet ouvrage, nécessitent une description. Nous renvoyons le lecteur intéressé par d'autres distributions à la littérature (voir par exemple Tassi, [1990], Devore, [1982], etc.).

5.10.1 Distribution uniforme (discrète)

a) Définition

Une v.a. X admet une ***distribution uniforme discrète*** si les probabilités associées aux valeurs x de X sont toutes égales entre elles. Si l'ensemble $\mathscr{V}$ des valeurs possibles de X contient n valeurs, p_x doit être égal à $1/n$ puisque $\sum_x p_x = 1$. Par extension, nous dirons que X est une ***variable uniforme***.

Un cas fréquent est celui où les valeurs de X sont les n *premiers nombres entiers* : $\mathscr{V} = \{1, \ldots, n\}$. Dans ce cas, la D.P. de X est définie par l'ensemble de couples $\{(x, p_x); x = 1, \ldots, n\}$, où $p_x = 1/n$.

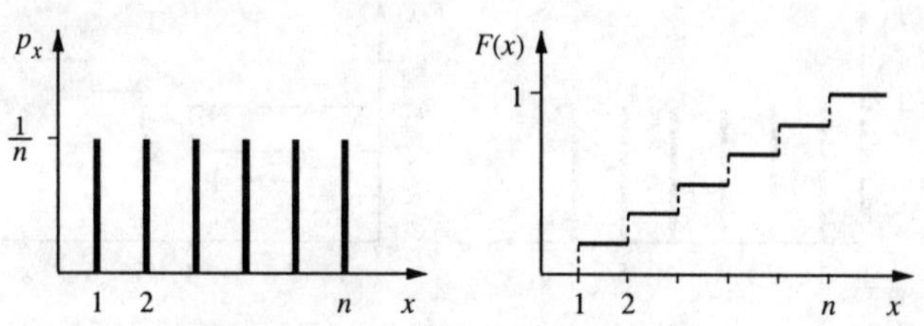

Figure 5.16 *Loi uniforme discrète*

b) Notation

La distribution uniforme définie sur $\mathscr{V} = \{1, 2, \ldots, n\}$ est entièrement spécifiée par la connaissance de n. Le fait que X admette cette distribution est alors indiqué par la notation :

$$X \sim \mathscr{U}(1, \ldots, n).$$

c) Fonction de répartition

Pour tout entier r appartenant à $\mathscr{V}$:

$$F(x) = r/n \quad , \quad r \leqslant x < r + 1. \tag{5.34}$$

Cette fonction[21] admet la représentation graphique présentée dans la figure 5.16.

[21] Si $r = n$, $F(x) = 1$ pour $x \geqslant n$.

d) Paramètres

La moyenne et la variance de la D.P. de X ont pour valeurs respectives (22) :

$$\mu = \frac{n+1}{2} \quad ; \quad \sigma^2 = \frac{(n+1)(n-1)}{12} = \frac{n^2-1}{12}. \qquad (5.35)$$

EXEMPLE 5.4

Soit X la v.a. dont les valeurs sont les résultats du jet d'un dé bien équilibré. Comme $X \sim \mathcal{U}(1,\ldots,6)$, nous pouvons établir les résultats suivants :

1. $\mu = \sum_x p_x x = 1/6(1+2+3+4+5+6) = 21/6 = 3.5$; ce résultat peut être obtenu plus rapidement à partir de (5.35) : $\mu = (6+1)/2 = 3.5$.
2. $x_{1/4} = 2$; $x_{1/2} = 3.5$; $x_{3/4} = 5$ (voir figure 5.17).
3. Cette D.P. n'a pas de mode.
4. $\sigma^2 = \sum_x p_x(x-\mu)^2 = 1/6[(-2.5)^2 + (-1.5)^2 + (-0.5)^2 + (0.5)^2 + (1.5)^2 + (2.5)^2] = 2.92$; ce résultat peut aussi être obtenu à partir de (5.35) : $\sigma^2 = 7 \times 5/12 = 2.92$. Il s'ensuit que $\sigma = \sqrt{2.92} = 1.71$.
5. L'écart interquartile vaut 3.
6. $\mu_3 = \sum_x p_x(x-\mu)^3 = 1/6[(-2.5)^3 + (-1.5)^3 + (-0.5)^3 + (0.5)^3 + (1.5)^3 + (2.5)^3] = 0$, ce qui confirme le caractère de symétrie de cette distribution.

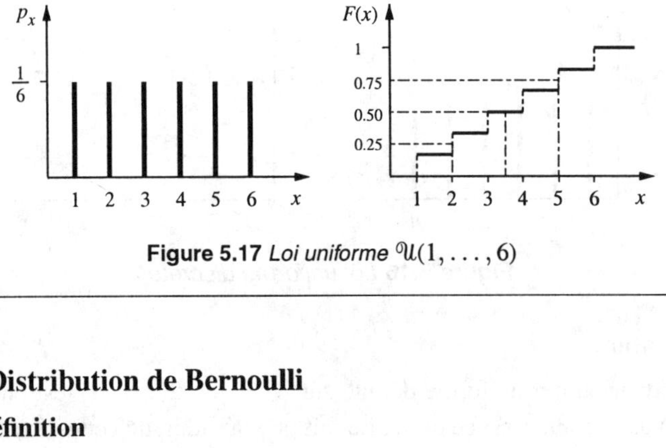

Figure 5.17 *Loi uniforme* $\mathcal{U}(1,\ldots,6)$

5.10.2 Distribution de Bernoulli

a) Définition

Soit une expérience aléatoire $\mathscr{E}$ pouvant donner lieu à deux événements complémentaires S et $\overline{S}$ —que nous appellerons de manière plus concrète *succès* et *échec*—, avec les probabilités respectives $P(S) = p$ et $P(\overline{S}) = 1 - p$ (où $0 < p < 1$). Si X désigne le nombre de succès obtenu lorsqu'on réalise $\mathscr{E}$, elle prend la valeur 1 si S se réalise et la valeur 0 dans le cas contraire. Cette v.a. est appelée une ***variable de Bernoulli*** ou encore ***variable indicatrice***. La distribution de probabilité de la v.a. X est alors définie par

$$\{(0,q),(1,p)\}$$

(22) Ces résultats découlent des expressions fournissant la somme des n premiers nombres entiers positifs et de celle de leurs carrés (voir annexe 3, exercice E.A.3.5).

et est appelée ***distribution de Bernoulli***. Nous en étudions ci-dessous les principales caractéristiques.

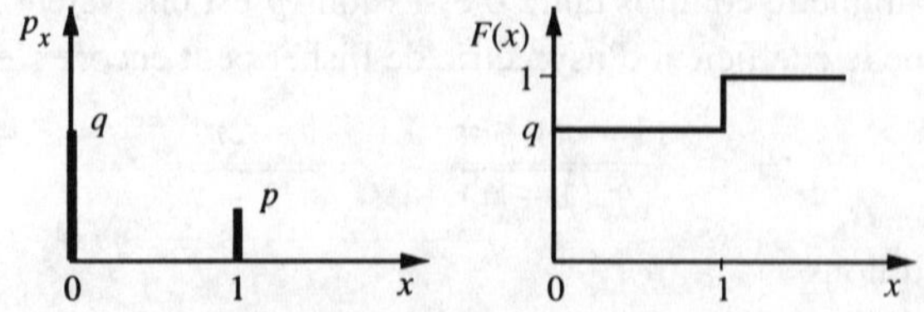

Figure 5.18 *Loi de Bernoulli*

b) Fonction de répartition

$$F(x) = \begin{cases} 0 & x < 0 \\ q & 0 \leqslant x < 1 \\ 1 & 1 \leqslant x. \end{cases} \qquad (5.36)$$

c) Paramètres

Ses paramètres principaux sont les suivants :

$$\mu = p \quad , \quad \sigma^2 = pq \quad , \quad \gamma_1 = \frac{q^2 - p^2}{\sqrt{pq}} \, . \qquad (5.37)$$

En effet :

1. $\mu = \sum_x p_x x = (q)(0) + (p)(1) = p.$

2. $\sigma^2 = \sum_x p_x(x-\mu)^2 = (q)(0-p)^2 + (p)(1-p)^2 = qp^2 + pq^2$

   $= pq(p+q) = pq$, étant donné que $p + q = 1$.

3. $\mu_3 = \sum_x p_x(x-\mu)^3 = (q)(0-p)^3 + (p)(1-p)^3 = -qp^3 + pq^3$

   $= pq(q^2 - p^2) = pq(q-p)(q+p) = pq(q-p)$.

Il s'ensuit que le coefficient d'asymétrie de Fisher vaut :

$$\gamma_1 = \frac{\mu_3}{\sigma^3} = \frac{pq\,(q-p)}{pq\sqrt{pq}} = \frac{q-p}{\sqrt{pq}} \, . \qquad (5.38)$$

Notons, en outre, que la médiane vaut :

$$x_{1/2} = \begin{cases} 0 & p < 0.5 \\ 1/2 & p = q = 0.5 \\ 1 & p > 0.5 \, . \end{cases} \qquad (5.39)$$

d) Famille de distribution

Si on considère *la famille* des distributions de Bernoulli de paramètre π, où π est un paramètre compris entre 0 et 1 (dont p est une valeur particulière), on constate que le coefficient d'asymétrie de Fisher peut encore s'écrire :

$$\gamma_1 = \frac{(1-\pi)-\pi}{\sqrt{\pi(1-\pi)}} = \frac{1-2\pi}{\sqrt{\pi(1-\pi)}}. \tag{5.40}$$

Dans ces conditions

$$\begin{cases} \text{si } \pi < 1/2 : & \gamma_1 > 0 \text{ et la D.P. est asymétrique à gauche ;} \\ \text{si } \pi = 1/2 : & \gamma_1 = 0 \text{ et la D.P. est symétrique ;} \\ \text{si } \pi > 1/2 : & \gamma_1 < 0 \text{ et la D.P. est asymétrique à droite.} \end{cases}$$

5.10.3 Distribution binomiale

a) Définition

La distribution binomiale occupe une place importante dans l'ensemble des lois de probabilités discrètes. Elle est liée au schéma de Bernoulli que nous avons présenté dans le paragraphe 4.13. Rappelons qu'un tel schéma consiste à répéter n fois une expérience aléatoire *dichotomique* $\mathscr{E}$ (un événement S se produit avec une probabilité p et ne se produit pas avec la probabilité $q = 1 - p$), sous des *conditions uniformes* (p reste constant) et de *manière indépendante* (les résultats des n répétitions de l'expérience sont indépendants). Dans ce cas, le nombre de fois que S se réalise dans ce schéma est une v.a. dont les valeurs possibles sont les entiers successifs $0, 1, \ldots, n$; les probabilités associées à ces valeurs sont données par la *formule du binôme* et valent respectivement q^n, $npq^{n-1}, \ldots, p^n$, compte tenu de (4.30).

De façon générale, nous disons que la distribution de probabilité d'une v.a. X est ***binomiale*** si les couples (x, p_x) qui la définissent sont tels que x est un entier appartenant à $\mathscr{V} = \{0, 1, \ldots, n\}$ et p_x est égal à

$$p_x = P(X = x) = \binom{n}{x} p^x q^{n-x}. \tag{5.41}$$

Une telle v.a. est appelée ***variable binomiale***.

b) Notations

Nous constatons que la distribution binomiale est *entièrement spécifiée* dès que l'on connaît n et p (et donc $q = 1 - p$), appelés respectivement l'*exposant* et le *paramètre* de la loi binomiale. C'est pourquoi, on indique souvent que X admet une distribution binomiale définie par n et p au moyen de l'une des deux notations suivantes :

$$X \sim \mathscr{B}(n, p) \quad \text{ou} \quad X \sim \mathit{Bin}\,(n, p). \tag{5.42}$$

EXEMPLE 5.1 (suite 8)

Le lancement d'une pièce équilibrée deux fois de suite définit un schéma de Bernoulli : les trois conditions rappelées ci-dessus sont en effet satisfaites. Il en résulte que le nombre de faces obtenu est une v.a. X admettant une distribution binomiale telle que $n = 2$ et $p = 0.50$: $X \sim \mathcal{B}(2; 0.50)$. Les probabilités associées aux valeurs 0, 1 et 2 de X sont respectivement égales à 0.25, 0.50 et 0.25, compte tenu de (5.41). Nous avions déjà obtenu ce résultat auparavant (cf. figure 5.4).

c) Fonction de répartition

Si r est un entier de $\mathcal{V} = \{0, 1, \ldots, n\}$:

$$F(x) = \sum_{j=0}^{r} \binom{n}{j} p^j q^{n-j} \quad , \quad r \leqslant x < r + 1. \tag{5.43}$$

Notons que si $r = n$, $F(x) = 1$ pour $x \geqslant n$.

d) Paramètres

On peut déterminer[23] les expressions qui définissent la moyenne μ, la variance σ^2 et le coefficient d'asymétrie de Fisher γ_1 :

$$\mu = np \quad ; \quad \sigma^2 = npq \quad ; \quad \gamma_1 = \frac{q - p}{\sqrt{npq}} \cdot \tag{5.44}$$

e) Famille de distributions

Considérons le cas général d'une famille de distributions binomiales $\mathcal{B}(n, \pi)$, où π est un paramètre compris entre 0 et 1. On peut déterminer les paramètres principaux des D.P. de cette famille :

$$\mu = E(X) = n\pi \; ; \; \sigma^2 = V(X) = n\pi(1 - \pi) \; ; \; \gamma_1 = \frac{1 - 2\pi}{\sqrt{n\pi(1 - \pi)}} \cdot \tag{5.45}$$

Nous pouvons ainsi constater que :

$$\begin{cases} \text{si } \pi < 1/2 : & \gamma_1 > 0 \text{ et la D.P. est asymétrique à gauche ;} \\ \text{si } \pi = 1/2 : & \gamma_1 = 0 \text{ et la D.P. est symétrique ;} \\ \text{si } \pi > 1/2 : & \gamma_1 < 0 \text{ et la D.P. est asymétrique à droite.} \end{cases}$$

(23) Cf. Exercice T.5.5.

EXEMPLE 5.2 (suite 1)

Reprenons notre double lancer d'une pièce qui n'est pas nécessairement bien équilibrée. Nous avons vu au paragraphe 5.3, en notant par π la probabilité d'avoir face lors du jet de cette pièce, que les valeurs 0, 1 et 2 de X, nombre de faces, se présentaient avec les probabilités respectives $(1-\pi)^2$, $2\pi(1-\pi)$ et π^2. On peut dire que $X \sim \mathcal{B}(2;\pi)$. Il en résulte que

$$E(X) = 2\pi \quad , \quad V(X) = 2\pi(1-\pi) \quad \text{et} \quad \gamma_1 = \frac{1-2\pi}{\sqrt{2\pi(1-\pi)}} \cdot$$

Dans le cas où la pièce est bien équilibrée (exemple 5.1), nous avons $\pi = 0.50$ et donc $E(X) = 1$, $V(X) = 0.50$ et $\gamma_1 = 0$ (la distribution est symétrique !).

Considérons un autre exemple dont nous nous inspirerons à partir du chapitre 7.

EXEMPLE 5.5

Un journaliste est intéressé par la proportion π d'individus d'une population qui comptent s'abstenir lors des prochaines élections législatives. S'il choisit une personne « au hasard » dans cette population de telle sorte que tous les individus ont la même probabilité d'être choisis, la probabilité de sélectionner un abstentionniste vaut π. S'il prélève n individus dans cette population selon une procédure dite « avec remise » [(24)] et que la proportion π n'évolue pas pendant la durée de ce choix, on peut affirmer que le nombre d'individus qui comptent s'abstenir parmi les n individus sélectionnés est une v.a. X admettant une distribution $\mathcal{B}(n,\pi)$, vu que les conditions de prélèvement définissent un schéma de Bernoulli.

f) Remarques

Remarque 5.1 La distribution de Bernoulli, présentée au paragraphe 5.10.2, est un cas particulier de la distribution binomiale correspondant à $n = 1$.

Remarque 5.2 Les probabilités $(1-\pi)^2$, $2\pi(1-\pi)$ et π^2 obtenues dans l'exemple 5.2 sont en fait les termes du développement algébrique de l'expression $[(1-\pi)+\pi]^2$. De façon générale, si $X \sim \mathcal{B}(n,\pi)$, les valeurs de

$$P(X = x) = \binom{n}{x} \pi^x (1-\pi)^{n-x} \tag{5.46}$$

sont les termes du développement du *binôme* $[(1-\pi)+\pi]^n$. Cette propriété est à l'origine du nom donné à cette distribution.

(24) C'est-à-dire que les n individus sont choisis chacun à partir de la même population et indépendamment les uns des autres, selon un tirage avec remise considéré dans le paragraphe 4.14.

Remarque 5.3 La v.a. X représente le *nombre* d'apparitions de S dans le schéma de Bernoulli. On peut être davantage intéressé par la *fréquence* $Y = X/n$. Cette nouvelle v.a. prend les valeurs $0, 1/n, 2/n, \ldots, 1$ avec les probabilités fournies par (5.46), étant donné que Y prend la valeur x/n quand X est égale à x.

Par ailleurs, en reprenant les propriétés du paragraphe 5.9, on a :

$$E(Y) = \pi \quad \text{et} \quad V(Y) = \frac{\pi(1-\pi)}{n}. \tag{5.47}$$

Remarque 5.4 La détermination des probabilités associées à une ou plusieurs valeurs d'une variable binomiale X peut se faire évidemment en utilisant l'expression (5.46). Elle peut aussi être effectuée par l'intermédiaire de la *fonction de répartition* $F(x)$ de la D.P. de X, selon la démarche suivie dans le paragraphe 5.6. Dans ce cas, il est utile de disposer des valeurs de cette fonction. On peut en trouver dans certains logiciels informatiques. Il existe aussi des *tables statistiques* donnant cette information pour diverses valeurs de n et de π. Nous en donnons un extrait en fin de volume (voir table 7).

EXEMPLE 5.1 (suite 9)

Le nombre de faces obtenu en lançant deux fois une pièce bien équilibrée est une v.a. $X \sim \mathcal{B}(2; 0.5)$. La fonction de répartition de la D.P. de cette v.a. est définie par

$$F(x) = \begin{cases} 0 & x < 0 \\ 0.25 & 0 \leqslant x < 1 \\ 0.75 & 1 \leqslant x < 2 \\ 1 & 2 \leqslant x. \end{cases}$$

ainsi qu'on peut le constater d'après l'extrait de la table 7 :

Tableau 5.1 *Extrait de la table binomiale*

n	x	π : .05	$\cdots$	.50
2	0			.2500
	1			.7500
	2			1.0000

Les expressions (5.9) et (5.11) nous permettent alors de calculer aisément certaines probabilités, comme par exemple :

$$\begin{aligned} P(X=2) &= F(2) - F(1) = 1 - 0.75 = 0.25. \\ P(1 \leqslant X \leqslant 2) &= F(2) - F(0) = 1 - 0.25 = 0.75. \end{aligned}$$

Il est à noter que la table n'envisage que le cas où $\pi > 0.50$. Il est toujours possible de se ramener à ce cas. En effet, si $X \sim \mathcal{B}(n, \pi)$ où $\pi > 0.50$, on vérifie aisément que la v.a. $X' = n - X$ admet la distribution $\mathcal{B}(n, \pi')$, où $\pi' = 1 - \pi$ est inférieur à 0.50. Il suffit donc d'exprimer la question posée par rapport à la v.a X'.

EXEMPLE 5.5 (suite)

Supposons que la proportion d'individus désirant s'abstenir dans l'exemple 5.5 soit égale à 0.60. Si notre journaliste choisit huit individus selon la procédure « avec remise », quelle est la probabilité pour que trois d'entre eux déclarent vouloir s'abstenir ? Si X est le nombre d'abstentions parmi les huit individus, nous savons que $X \sim \mathcal{B}(8; 0.60)$. Comme $\pi = 0.60$ n'est pas repris dans la table 7, nous pouvons déterminer $P(X = 3)$ de la façon suivante. Soit $X' = 8 - X$. X' représente le nombre d'individus qui *ne désirent pas* s'abstenir. Nous savons que $X' \sim \mathcal{B}(8; 0.40)$. Comme l'événement « $X = 3$ » peut encore s'écrire « $X' = 5$ », nous pouvons utiliser la table 7 dans laquelle se trouvent les valeurs de la fonction de répartition $F_{X'}(x)$ de la D.P. de X' :

$$P(X = 3) = P(X' = 5) = F_{X'}(5) - F_{X'}(4) = 0.9502 - 0.8263 = 0.1239.$$

5.10.4 Distribution de Poisson

Nous avons vu dans les trois paragraphes précédents des distributions de probabilité particulières dont l'intérêt est lié aux conditions de leur existence. Nous pourrions en présenter plusieurs autres[25]. Notre objectif n'est pas de faire ici un inventaire détaillé de ces distributions. Néanmoins, nous voudrions encore présenter la *distribution de Poisson*. Outre l'intérêt réel qu'elle suscite, cette distribution nous permet d'illustrer le cas où le nombre de valeurs possibles de la variable discrète est *infini*. Ce cas peut poser un certain nombre de problèmes mathématiques (comme la *convergence* d'une somme d'un nombre infini de termes, par exemple) que nous n'évoquerons pas ici.

a) Définition

La ***distribution de probabilité*** d'une v.a. X est appelée une distribution de Poisson si elle est définie par l'ensemble des couples (x, p_x) où x prend les valeurs $0, 1, 2, \ldots$ avec les probabilités respectives données par :

$$p_x = P(X = x) = \frac{\mathrm{e}^{-\lambda}\lambda^x}{x!} \tag{5.48}$$

où λ est un *paramètre réel positif* et e le nombre de Néper[26].

b) Notation

On peut remarquer que cette D.P. est entièrement spécifiée par la connaissance du paramètre λ. C'est pourquoi toute v.a. X admettant cette loi est notée :

$$X \sim \mathcal{P}(\lambda). \tag{5.49}$$

(25) Cf. Annexe 6.

(26) $\mathrm{e} = 2.718281828459045235360287\ldots = \lim_{n\to\infty} (1 + 1/n)^n$.

Par extension, on parle de ***variable aléatoire de Poisson***.

c) Fonction de répartition

Si r est un entier de $\mathscr{V} = \{0, 1, 2, \ldots\} = \mathbb{N}$:

$$F(x) = \sum_{j=0}^{x} \frac{\mathrm{e}^{-\lambda}\lambda^x}{x!} \quad , \quad r \leqslant x < r + 1 \,. \tag{5.50}$$

La table 8 contient les valeurs de la fonction de répartition de la loi de Poisson pour quelques valeurs de λ. Son usage est semblable à celui de la fonction de répartition d'une variable binomiale, que nous avons évoqué dans le paragraphe 5.10.3.

d) Paramètres

On peut montrer que la moyenne μ, la variance σ^2 et le coefficient d'asymétrie γ_1, de la distribution de Poisson valent [27] :

$$\mu = E(X) = \lambda \quad ; \quad \sigma^2 = V(X) = \lambda \quad ; \quad \gamma_1 = \frac{1}{\sqrt{\lambda}} \cdot \tag{5.51}$$

e) Remarques

Remarque 5.5 *La distribution de Poisson peut être considérée comme un cas limite de la distribution binomiale*. En effet, on peut montrer [28] que la probabilité associée à une valeur x d'une v.a. binomiale tend vers la probabilité associée à la même valeur d'une variable de Poisson quand n tend vers l'infini et π vers zéro de telle sorte que le produit $n\pi$ reste égal à une constante λ :

$$\lim_{\substack{n\to\infty;\pi\to 0\\ n\pi=\lambda}} \binom{n}{x} \pi^x (1-\pi)^{n-x} = \frac{\mathrm{e}^{-\lambda}\lambda^x}{x!} \cdot \tag{5.52}$$

On peut dès lors utiliser la table 8 de la distribution de Poisson pour analyser de façon approchée un problème relatif à une v.a. $\mathscr{B}(n, \pi)$ dans le cas où n est grand et π petit. Il suffit de prendre pour valeur de λ — moyenne de la D.P. de Poisson — la valeur moyenne de la loi binomiale, à savoir $n\pi$.

EXEMPLE 5.6

On estime qu'il y a une probabilité égale à 0.01 pour qu'une page composée par un typographe contienne au moins une erreur. Quelle est la probabilité

[27] Cf. Exercice T.5.6.

[28] Voir par exemple Devore, [1982], p. 116.

pour qu'un ouvrage de 300 pages en contiennent au moins 295 sans erreur ? Si X est le nombre de pages du livre comprenant au moins une erreur, on peut admettre que $X \sim \mathcal{B}(300; 0.01)$. Dans ces conditions, la détermination de $P(X \leqslant 5)$ revêt quelques difficultés pratiques [29]. Mais, comme n est grand, π petit et que $n\pi = (300)(0.01) = 3$, on peut utiliser l'approximation poissonnienne pour atteindre notre objectif. Il suffit en effet d'utiliser la table 8 pour la valeur $\lambda = 3$, de telle sorte qu'on obtient le résultat :

$$P(X \leqslant 5) = 0.9161$$

dont on peut dire qu'il constitue une bonne approximation de la valeur réelle obtenue selon la « procédure binomiale ».

Remarque 5.6 Une autre façon de justifier l'usage de la loi de Poisson est liée à l'occurrence de certains événements dans le temps. Supposons qu'à partir d'un temps initial (que l'on suppose égal à $t_0 = 0$), on désire dénombrer les arrivées d'un événement particulier : le décès d'un individu, l'incendie d'une maison, l'arrivée d'un client à un guichet d'une banque, etc. Faisons les hypothèses suivantes relatives à la façon dont ces événements se réalisent :

1. il existe un paramètre λ positif tel que, au cours d'un intervalle de temps Δt suffisamment petit, la probabilité de voir se réaliser exactement un événement vaut approximativement $\lambda \Delta t$ (cette probabilité est donc proportionnelle à la longueur de l'intervalle de temps) ;
2. la probabilité d'avoir au moins deux événements dans l'intervalle Δt est à peu près nulle ;
3. l'arrivée d'événements qui se réalisent dans un intervalle de temps est indépendante de celle qui concerne des intervalles distincts.

Dans ces conditions, on peut montrer que la v.a. comptant le nombre d'arrivées de l'événement dans l'intervalle de temps $(0, t)$ admet une loi de Poisson de paramètre λt [30]. Ce résultat justifie aussi l'usage de la loi de Poisson. Il est bien connu des actuaires et des physiciens des particules élémentaires.

f) Un peu d'histoire

Il est fréquent, en statistique, de faire explicitement référence à ceux qui ont contribué à la naissance ou au développement de concepts importants. Cette façon de procéder est tout à fait justifiée, mais le lecteur peut s'interroger sur ces différents personnages. C'est pourquoi, il nous semble utile de présenter une brève biographie de ceux que nous citons dans ce livre et qui n'ont pas été évoqués dans le premier chapitre. C'est le cas de Poisson.

---

(29) Nous devrions en effet posséder une table de la fonction de répartition de $\mathcal{B}(300; 0.01)$ ou utiliser la définition (5.41) : $P(X \leqslant 5) = \binom{300}{0}(0.01)^0(0.99)^{300} + \cdots + \binom{300}{5}(0.01)^5(0.99)^{295}$.

(30) Voir par exemple Rohatgi, [1984], p. 370.

COMMENTAIRE HISTORIQUE 5.2

Siméon-Denis Poisson est né le 21 juin 1781 à Pithiviers et décédé le 25 avril 1840 à Paris. D'origine modeste, il fut encouragé à faire des études. C'est ainsi qu'il fut admis en 1798 à l'École polytechnique de Paris. Soutenu par Laplace, il entra dans le corps académique de cette grande école et, en 1806, remplaça Fourier comme professeur. Il obtint en outre d'autres fonctions parmi lesquelles une chaire de mécanique à la Sorbonne en 1816. Cette année fut aussi celle de son élection à l'Académie des Sciences de Paris.

Ses publications scientifiques sont nombreuses et diverses. Plus de trois cents articles lui sont dus tant en mathématiques, qu'en physique et en astronomie. Outre son traité de mécanique, publié en 1811, il contribua, trois ans avant sa mort, à la théorie des probabilités par son ouvrage intitulé *Recherches sur la probabilité des jugements en matière criminelle et en matière civile* [1837]. Dans cet ouvrage, la distribution de Poisson est introduite comme distribution limite de la loi de Pascal (voir exercice T. 5.9) et de la loi binomiale, via la relation existant entre ces deux dernières. Il faut cependant souligner le fait que la probabilité fournie par l'expression (5.48) apparaît dès 1830 dans l'œuvre de Poisson. Il n'est cependant pas le premier à s'interroger sur l'approximation de la distribution binomiale, puisque ce problème avait déjà été abordé par de Moivre, en 1718. D'autre part, on lui doit l'étude de la distribution de Cauchy (vingt ans avant Cauchy), ainsi qu'une version de la loi des grands nombres qui ne porte pas son nom mais celui de Chebychev (qui, il faut le reconnaître, démontra cette loi « plus rigoureusement » dans la suite).

5.11 DISTRIBUTION DE PROBABILITÉ D'UNE VARIABLE ALÉATOIRE CONTINUE

Nous avons déjà souligné au paragraphe 4.15 que le passage du discret au continu introduit généralement des difficultés d'ordre mathématique. Le lecteur intéressé par une définition rigoureuse d'une v.a. continue définie sur un ensemble fondamental quelconque peut, par exemple, se référer à Hammad [1984] et Tassi [1990]. Nous évoquerons néanmoins ce problème dans le paragraphe 5.14. Mais, pour ce qui nous concerne ici, nous préférons retenir à nouveau une approche intuitive, quoique plus empirique.

Plaçons-nous dans le cas où la v.a. X peut prendre ses valeurs dans $\mathbb{R}$ ou dans un intervalle de la droite réelle. Il en est ainsi de l'âge, de la taille, du poids... d'un individu. De façon générale, le domaine de variation de X sera à nouveau noté $\mathcal{V}$ et les limites qui le définissent seront appelées $v_{\min}$ et $v_{\max}$. Si $\mathcal{V} = \mathbb{R}$, nous aurons donc $v_{\min} = -\infty$ et $v_{\max} = +\infty$.

5.11.1 Quelques rappels

Comme nous l'avons souligné au chapitre 2, une variable continue peut « théoriquement » prendre une infinité de valeurs distinctes. Cependant, quand il s'agira de mesurer la valeur de cette variable, on devra recourir à un instrument de mesure qui, par ses limites physiques, nous donnera une « valeur arrondie ». Si vous mesurez la taille d'un individu avec un instrument dont la précision s'exprime en centimètres, vous constaterez par exemple que Monsieur X mesure 182 cm. Mais, en réalité, tous les individus dont la taille est comprise entre 181.5 cm et 182.5 cm vont être affectés d'une valeur arrondie égale à 182 cm. Notre attention se porte sur des *intervalles* et non sur des valeurs. Nous avons rencontré ce problème dans l'étude des distributions groupées pour lesquelles des classes de valeurs étaient considérées. C'est pourquoi, nous utiliserons un parallélisme « distribution groupée - distribution de probabilité » de façon analogue à la démarche suivie dans le cas discret. Dans ce but, il est utile de rappeler ou de remarquer certains résultats.

1. *L'histogramme des fréquences* d'une D.G.1 est une suite de rectangles construits sur chaque classe et dont la surface est égale à la *fréquence de classe* associée.

2. Si nous disposons de beaucoup d'observations et de mesures de la variable suffisamment précises, nous pouvons envisager un grand nombre de classes et obtenir, par exemple, le graphique présenté dans la figure 5.19. Comme nous venons de le rappeler, la fréquence f_j est égale au produit de la longueur h_j de la j-ème classe par la hauteur f_j^* du rectangle construit sur cette classe[31].

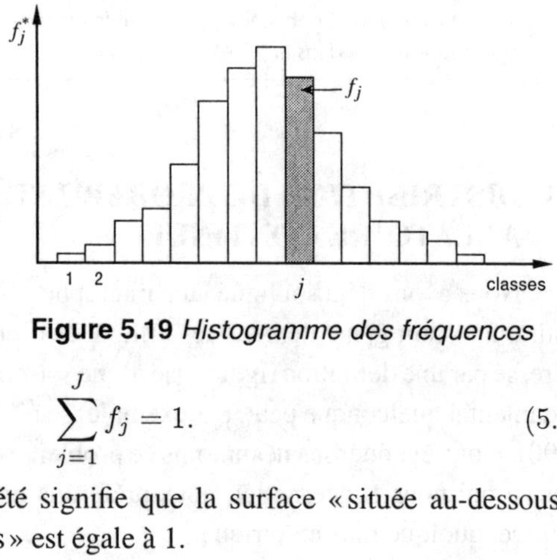

Figure 5.19 *Histogramme des fréquences*

3. Nous savons que :

$$\sum_{j=1}^{J} f_j = 1. \tag{5.53}$$

Graphiquement, cette propriété signifie que la surface « située au-dessous de l'histogramme des fréquences » est égale à 1.

4. Imaginons que toutes les classes aient même longueur dx très petite. Dans ce cas, les limites d'une classe peuvent être définies par les valeurs x et $x + dx$ (cf. figure 5.20), où x appartient au domaine de définition de la variable. Si $f^*(x)$ est la hauteur du rectangle construit sur la classe $(x, x+dx)$, la *fréquence de classe* associée est alors égale à $f^*(x)dx$.

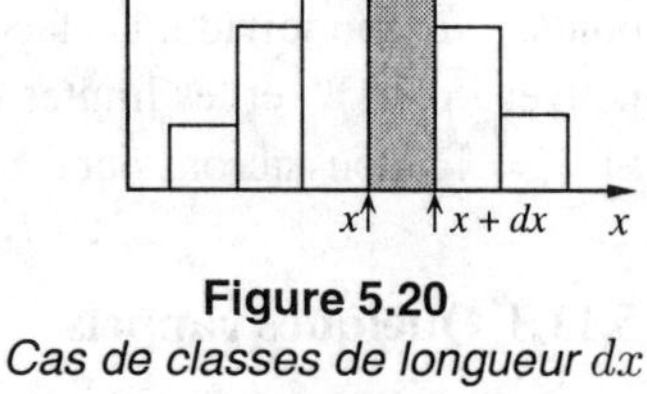

Figure 5.20
Cas de classes de longueur dx

(31) Rappelons que $f_j^* = f_j/h_j$ est une fréquence par unité de valeur en x.

5.11.2 Fonction de densité (de probabilité)

Pour introduire la distribution de probabilité d'une v.a. X continue à valeurs dans $\mathcal{V}$, nous allons reprendre la comparaison « fréquence - probabilité » déjà utilisée plus haut. En nous inspirant du dernier résultat ci-dessus, nous définissons *la probabilité pour que la v.a. X soit comprise entre les valeurs x et $x+dx$*, où dx est une quantité positive arbitrairement petite, par la relation :

$$P(x \leqslant X \leqslant x + dx) = f(x)dx \tag{5.54}$$

où $f(x)$ joue un rôle analogue à la hauteur du rectangle $f^*(x)$ considérée ci-dessus. Cette fonction est supposée définie et continue en tout point x de $\mathcal{V}$. Elle est appelée ***fonction de densité de probabilité*** (ou plus brièvement ***fonction de densité***) et possède les propriétés suivantes.

Propriété 5.9 $f(x) \geqslant 0$, pour tout $x \in \mathcal{V}$ (32), ce qui est évident pour que $f(x)dx$ puisse définir une probabilité.

Propriété 5.10 Si on découpe le domaine $\mathcal{V}$ en intervalles successifs $(x, x + dx)$, la somme des probabilités associées à ces intervalles vaut 1. Le caractère infinitésimal des longueurs dx nous permet d'écrire ce résultat sous la forme :

$$\int_{\mathcal{V}} f(x)dx = 1. \tag{5.55}$$

Ce résultat est à rapprocher de (5.53), valable pour une D.G.1. Le signe $\int$ (*intégrale*) représente l'opération de sommation pour une variable continue. Nous n'en ferons pas un usage fréquent dans la suite, bien que les distributions de probabilité de v.a. continues constituent un domaine important de la théorie.

Propriété 5.11 Revenons à l'expression (5.54). Nous l'avons introduite en parallèle avec le concept d'une fréquence de classe dans une D.G.1. Elle a cependant une interprétation propre intéressante. Nous l'illustrerons par un exemple.

EXEMPLE 5.7

Appelons X la v.a. représentant la taille d'un étudiant d'une université. L'expression (5.54) nous donne deux informations intéressantes.

1. La probabilité de choisir un individu dont la taille appartient à un intervalle $(x, x + dx)$ est proportionnelle à la longueur de cet intervalle. Ce résultat est intuitif : diminuer la longueur de l'intervalle implique une probabilité plus faible d'y appartenir.

2. Cette probabilité est fonction de l'endroit où se situe l'intervalle $(x, x + dx)$. Ceci est aussi intuitif : on ne s'attend pas à avoir la même probabilité d'appartenir à un intervalle proche de 1 m 60 que celle qui concerne les

(32) Ce résultat est identique à celui qui concerne $f^*(x)$ dans une D.G.1.

intervalles aux environs de 1 mètre ou de 2 mètres. $f(x)$ est donc un facteur qui tient compte de la position de x. Pour une v.a. telle que la taille, cette fonction peut être représentée par une courbe en forme de cloche (comme dans la figure 5.21) : il y a une plus grande probabilité de trouver des tailles dans des intervalles centraux qu'aux extrémités du domaine de variation de x. D'autres formes sont possibles : nous le verrons plus loin.

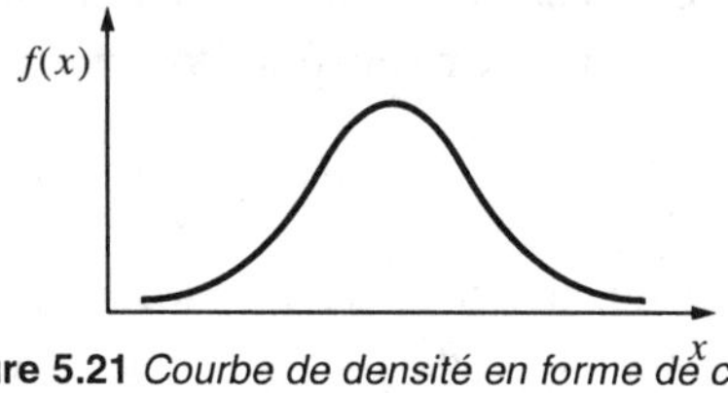

Figure 5.21 *Courbe de densité en forme de cloche*

Propriété 5.12 Si $dx = 0$, l'expression (5.54) nous indique que :

$$P(X = x) = 0. \tag{5.56}$$

Ce résultat est aisé à justifier. On ne peut imaginer donner à des points une probabilité non nulle dans la mesure où $\mathcal{V}$ contient un infinité non dénombrable de points et que la probabilité globale est finie et vaut 1 [voir (5.55)] [(33)].

Propriété 5.13 Nous avons commenté l'expression (5.53) en nous référant à la surface située au-dessous de l'histogramme des fréquences d'une D.G.1. De même, l'expression (5.55) signifie que la *surface située au-dessous de la courbe de densité de probabilité définie par $f(x)$ est égale à 1* (voir figure 5.22).

Propriété 5.14 Si $[a, b]$ est un intervalle de $\mathcal{V}$, la probabilité d'appartenir à cet intervalle, notée $P(a \leqslant X \leqslant b)$, est la somme des probabilités associées aux intervalles infinitésimaux qui constituent une partition de $[a, b]$, c'est-à-dire $\int_a^b f(x)dx$. Cette probabilité est représentée par la surface située au-dessous de la courbe de densité de probabilité et comprise entre a et b (cf. figure 5.22).

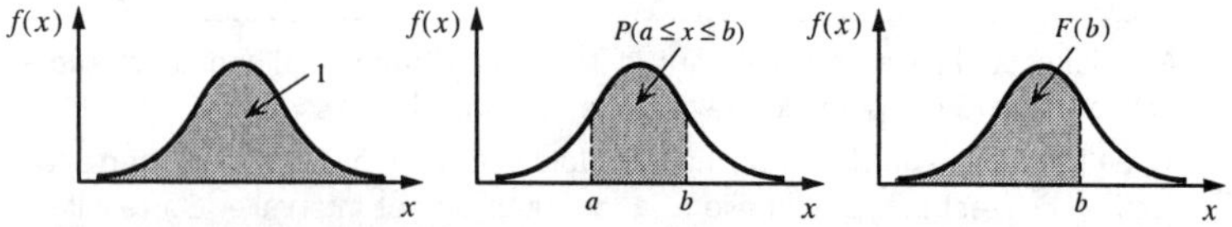

Figure 5.22 *Propriétés de la fonction de densité*

(33) On pourrait bien sûr envisager des *distributions mixtes* : quelques points auraient une masse de probabilités non nulles (partie discrète) et les autres seraient inclus dans des intervalles continus (partie continue). Nous n'envisagerons pas ce problème ici !

5.11.3 Fonction de répartition

Reprenons la propriété 5.14 et faisons tendre a vers $-\infty$. Dans ce cas, $P(a \leqslant X \leqslant b)$ devient $P(X \leqslant b)$. Cette probabilité est représentée par la surface située au-dessous de la courbe de densité, *à gauche de* b. Nous retrouvons ici l'expression de la ***fonction de répartition*** [déjà définie dans le cas discret par l'expression (5.7)] :

$$F(x) = P(X \leqslant x) \qquad x \in \mathcal{V}. \tag{5.57}$$

Cette fonction possède quelques propriétés intéressantes.

Propriété 5.15 $F(v_{\min}) = 0$ et $F(v_{\max}) = 1$: se trouver au-dessous de la valeur minimale $v_{\min}$ est impossible, être au-dessous de la valeur maximale $v_{\max}$ est une certitude.

Propriété 5.16 $F(x)$ est une fonction non décroissante de x :

$$\text{si } x_1 \leqslant x_2,\ F(x_1) \leqslant F(x_2). \tag{5.58}$$

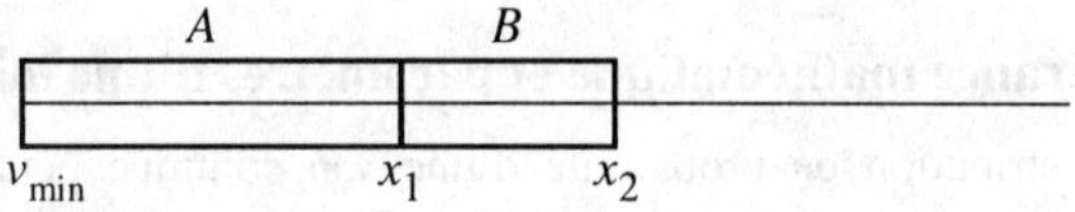

Figure 5.23 *Démonstration du caractère non décroissant de* $F(x)$

Cette propriété se démontre aisément. En effet, considérons les événements A et B, représentés sur la figure 5.23, selon lesquels la v.a. est respectivement *inférieure ou égale à* x_1 et *comprise entre* x_1 *et* x_2, $(x_1 < X \leqslant x_2)$. Ces événements sont mutuellement exclusifs et leur réunion $A \cup B$ correspond à $X \leqslant x_2$. Or, nous avons :

$$P(A \cup B) = P(X \leqslant x_2) = F(x_2),\ \ P(A) = P(X \leqslant x_1) = F(x_1),$$
$$P(B) = P(x_1 < X \leqslant x_2) \ \text{ et } \ P(A \cup B) = P(A) + P(B),$$

comme A et B sont mutuellement exclusifs. Il en résulte :

$$F(x_2) = F(x_1) + P(x_1 < X \leqslant x_2).$$

Comme $P(x_1 < X \leqslant x_2) \geqslant 0$, $F(x_2)$ est bien supérieur ou égal à $F(x_1)$. □

Propriété 5.17 Si la courbe de densité de probabilité est en forme de cloche, on peut constater que la ***courbe de répartition***, définie par $F(x)$, est sigmoïde (cf. la figure 5.24).

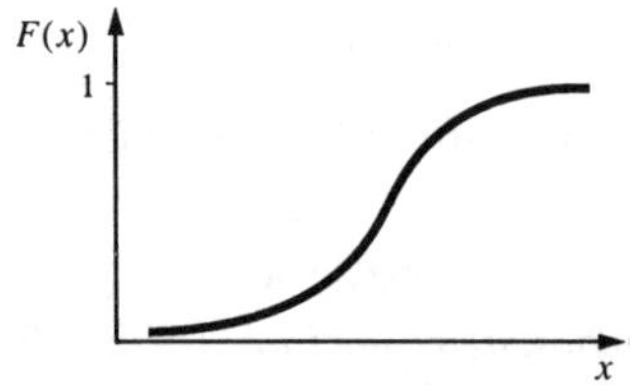

Figure 5.24 *Fonction de répartition*

Propriété 5.18 D'un point de vue pratique, la fonction de répartition est plus utilisée que la fonction de densité de probabilité. Tout d'abord $F(x)$ est une probabilité, et non $f(x)$ (34). Par ailleurs, si x_1 et x_2 sont deux valeurs de x telles que $x_1 < x_2$ (35) :

$$P(x_1 < X \leqslant x_2) = F(x_2) - F(x_1). \tag{5.59}$$

Remarquons que (5.59) donne aussi la valeur de $P(x_1 < X \leqslant x_2)$, $P(x_1 \leqslant X < x_2)$ et $P(x_1 < X < x_2)$, étant donné (5.56).

5.11.4 Espérance mathématique et paramètres d'une loi continue

Une distribution de probabilité d'une v.a. continue peut posséder des paramètres tels que moyenne, variance... De façon générale, il « suffit » de reprendre les définitions relatives à une v.a. discrète et de « remplacer Σ par $\int$ d'une part, p_x par $f(x)dx$, d'autre part » (36). À titre d'exemple, nous pouvons envisager quelques définitions particulières.

- *Espérance mathématique de* $g(X)$

$$E[g(X)] = \int_{\mathcal{V}} g(x)f(x)dx. \tag{5.60}$$

- *Moyenne*

$$\mu = \int_{\mathcal{V}} xf(x)dx. \tag{5.61}$$

- *Variance*

$$\sigma^2 = \int_{\mathcal{V}} (x-\mu)^2 f(x)dx. \tag{5.62}$$

(34) $F(x)$ et $f(x)$ sont liés par la relation $F(x) = \int_{u_{\min}}^{x} f(u)du$: $F(x)$ est égale à la surface située à gauche de x, au-dessous de la courbe de densité de probabilité. Inversement, $f(x) = F'(x)$: $f(x)$ est la *dérivée* de $F(x)$.

(35) La démonstration de ce résultat découle de la démonstration de (5.58).

(36) Nous n'insisterons pas sur le fait que certains de ces paramètres peuvent ne pas exister. Nous préciserons plus loin si les distributions présentées possèdent ou non tous les paramètres.

- *Médiane*
  Valeur $x_{1/2}$ de X telle que

$$F(x_{1/2}) = 1/2. \tag{5.63}$$

- *Quantile d'ordre p*
  Valeur x_p de X telle que [37] :

$$F(x_p) = p \quad , \quad 0 < p < 1. \tag{5.64}$$

D'autres paramètres peuvent être construits : μ_3, γ_1, ... Nous laissons au lecteur le soin d'en établir les expressions.

5.12 DISTRIBUTIONS DE PROBABILITÉ CONTINUES PARTICULIÈRES

Nous nous restreindrons dans ce paragraphe à la présentation de la distribution uniforme et de la loi normale. Nous évoquerons la loi exponentielle négative dans les exercices. Il existe cependant de nombreuses autres lois qu'il n'est pas concevable d'aborder ici : elles ont pour nom *bêta, gamma, logistique, Weibull, Gumbel*... (voir par exemple Tassi [1990]). Nous évoquerons aussi trois autres distributions continues dans le chapitre 6 : les lois χ^2, de Student et de Fisher-Snédecor.

5.12.1 Distribution uniforme (continue)

Cette distribution est l'équivalent continu de la distribution uniforme considérée dans le paragraphe 5.10.1. Elle concerne des v.a. qui varient entre deux valeurs limites $v_{\min} = a$ et $v_{\max} = b$ de telle façon que la probabilité d'appartenir à un intervalle $(x, x + dx)$ inclus dans $[a, b]$, de longueur fixée dx, est constante quelle que soit la valeur de x dans cet intervalle.

a) Définition

Une distribution est appelée uniforme sur un intervalle $[a, b]$ si elle admet une fonction de densité de probabilité constante sur cet intervalle et nulle ailleurs. Comme la surface totale au-dessous de la courbe de densité doit être égale à 1, nous pouvons définir la ***distribution uniforme*** (encore appelée ***distribution rectangulaire***) par la fonction de densité

$$f(x) = \begin{cases} 0 & x < a \\ 1/(b-a) & a \leqslant x \leqslant b \\ 0 & b < x\,. \end{cases} \tag{5.65}$$

(37) Nous utilisons à nouveau la notation x_p, comme pour une D.O.1, par souci de simplification.

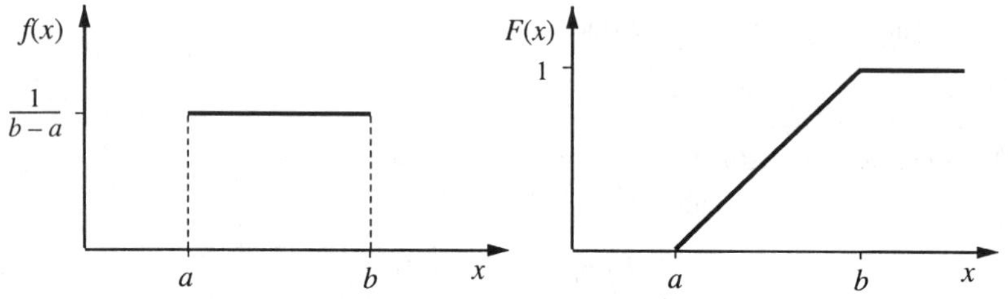

Figure 5.25 *Distribution uniforme*

b) Notations

On peut constater que cette loi est entièrement spécifiée par la connaissance de a et b. C'est pourquoi toute v.a. admettant cette D.P. est notée

$$X \sim \mathcal{U}[a, b]. \tag{5.66}$$

Par extension, on parle de ***variable aléatoire uniforme*** (continue).

c) Fonction de répartition

La fonction de répartition $F(x)$ est définie par (5.67) et est représentée graphiquement dans la figure 5.25 :

$$F(x) = \begin{cases} 0 & x < a \\ \dfrac{x-a}{b-a} & a \leqslant x \leqslant b \\ 1 & b < x. \end{cases} \tag{5.67}$$

d) Paramètres

On peut aisément montrer que cette loi a pour moyenne μ, variance σ^2 et quantile x_p d'ordre p les valeurs suivantes :

$$\mu = \frac{a+b}{2} \quad , \quad \sigma^2 = \frac{(b-a)^2}{12} \quad , \quad x_p = a + p(b-a). \tag{5.68}$$

Notons aussi que cette distribution est symétrique et ne possède pas de mode.

EXEMPLE 5.8

Supposons qu'il soit établi que l'attente d'une rame de métro, pendant une période déterminée, pour un voyageur qui entre dans une station, soit une v.a. uniforme sur l'intervalle $[0, 8]$, le temps étant exprimé en minutes.

1. La durée moyenne d'attente vaut $\mu = 4$ minutes, d'après (5.68).
2. La variance de la durée d'attente est égale à $\sigma^2 = 5.33$ d'après (5.68).
3. La probabilité d'attendre au maximum 5 minutes est égale à $F(5) = 5/8$ selon (5.67).

5.12.2 Distribution normale (dite de *Laplace-Gauss*)

a) Définition générale

Cette distribution est la plus connue des lois continues, pour des raisons que nous exposerons plus loin. Elle est définie par la fonction de densité

$$f(x) = \frac{1}{\sigma\sqrt{2\pi}} \exp\left[\frac{-(x-\mu)^2}{2\sigma^2}\right] \quad , \quad x \in \mathbb{R} \tag{5.69}$$

où π est une constante célèbre [38], $\exp(y)$ représente une exponentielle encore notée e^y — e étant le nombre de Néper— μ un paramètre réel et σ un autre paramètre, positif.

La courbe de densité définie par (5.69) est symétrique par rapport à $x = \mu$ et son graphe est en forme de cloche. Elle possède deux points d'inflexion distants de l'axe de symétrie d'une quantité égale à σ, comme on peut le voir sur la figure 5.26.

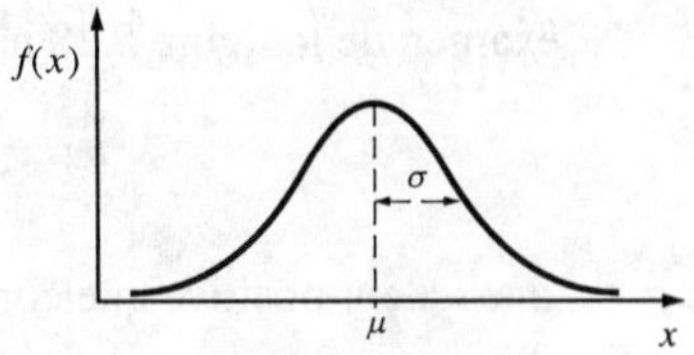

Figure 5.26
Loi normale $\mathcal{N}(\mu, \sigma^2)$

Les paramètres qui apparaissent dans (5.69) sont notés μ et σ car on peut montrer qu'ils correspondent effectivement à la moyenne et l'écart-type de cette distribution.

b) Notation

On remarque que $f(x)$ est entièrement spécifiée dès que l'on connaît μ et σ (ou σ^2). C'est pourquoi on indique qu'une v.a. admet une distribution normale au moyen de la notation

$$X \sim \mathcal{N}\left(\mu, \sigma^2\right) . \tag{5.70}$$

c) Distribution normale centrée réduite

On appelle ***loi normale centrée réduite***, la distribution normale de moyenne nulle et de variance égale à 1 :

$$Z \sim \mathcal{N}(0, 1) . \tag{5.71}$$

[38] $\pi = 3.14159265358979323846 2643\ldots \approx 3.1416$. Pour plus de précision, visitez le Palais de la Découverte à Paris.

Par extension, nous parlons de ***variable aléatoire normale centrée réduite***. Cette variable se distingue par sa simplicité, sa facilité d'utilisation comme nous allons le constater aisément.

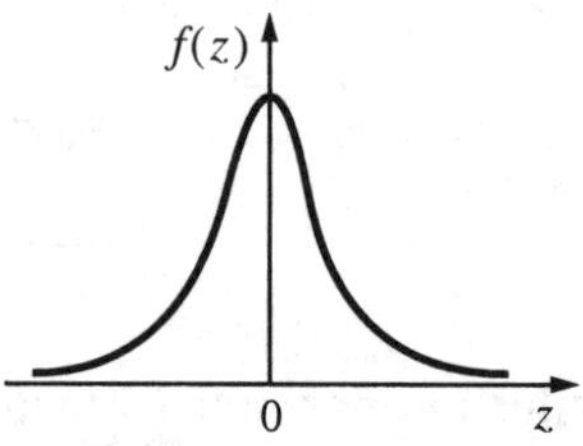

Figure 5.27 *Fonction de densité de la* $\mathcal{N}(0,1)$

1°) *Propriété de la fonction de densité*

Si $f(z)$ est la fonction de densité de cette loi, on constate aisément qu'elle est symétrique par rapport à 0 :

$$f(z) = \frac{1}{\sqrt{2\pi}} \exp\left[\frac{-z^2}{2}\right] \quad , \quad x \in \mathbb{R}. \tag{5.72}$$

2°) *Propriété de la fonction de répartition*

L'examen de la figure 5.28 nous permet de voir que

$$F(-z) = 1 - F(z) \tag{5.73}$$

où z est une valeur positive quelconque. En effet :

$$F(-z) = P(Z \leqslant -z) = P(Z \geqslant z)$$

étant donné la symétrie de $f(z)$. Comme $P(Z \geqslant z) = 1 - P(Z < z)$ ou encore $1 - P(Z \leqslant z)$ et que $P(Z \leqslant z) = F(z)$, il en résulte l'expression (5.73).

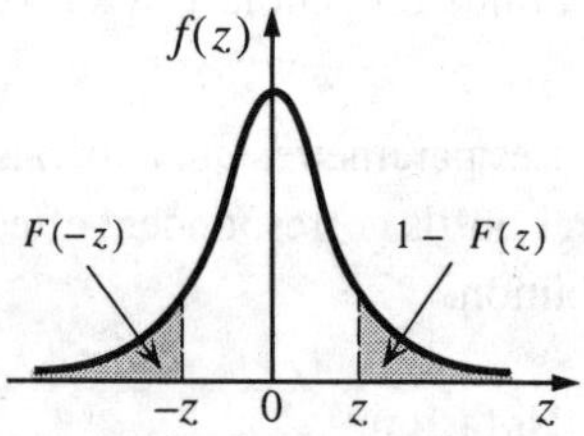

Figure 5.28 *Détermination de* $F(-z)$

3°) *Lien entre la loi* $\mathcal{N}(\mu, \sigma^2)$ *et la loi* $\mathcal{N}(0,1)$

Il est toujours possible de transformer une loi $\mathcal{N}(\mu, \sigma^2)$ en une loi $\mathcal{N}(0,1)$ et inversement. Ainsi pour obtenir $Z \sim \mathcal{N}(0,1)$ à partir de $X \sim \mathcal{N}(\mu, \sigma^2)$, il suffit de changer d'origine (nouvelle origine $= \mu$) et d'unité (nouvelle unité $= \sigma$), ce qui s'exprime sous la forme

$$Z = \frac{X - \mu}{\sigma}. \tag{5.74}$$

L'utilisation des propriétés du paragraphe 5.9 nous permet d'affirmer que

$$Z \sim \mathcal{N}(0,1). \tag{5.75}$$

Grâce à (5.74), on recourt généralement à des logiciels ou des tables statistiques qui ne concernent que la fonction de répartition de la distribution normale centrée réduite (voir table 9 présentée en annexe).

EXEMPLE 5.9 d'utilisation des tables normales

La table 9 contient les valeurs de la fonction de répartition F(z) d'une loi $\mathcal{N}(0,1)$, pour $0 \leqslant z < 4$. Ainsi, la valeur de $F(1.96)$ s'obtient en regardant l'intersection de la ligne dont l'en-tête est 1.9 et de la colonne correspondant à $.06$, ce qui permet de lire la valeur $F(1.96) = 0.9750$.
Pour $z \geqslant 4$, $F(z) \approx 1$. Si $z < 0$, on utilise la relation (5.73). Ainsi :

$$F(-1.96) = 1 - F(1.96) = 1 - 0.9750 = 0.0250\ .$$

Tableau 5.2
Extrait de la table 9

z	$\cdots$	$.06$	$\cdots$
$\vdots$	$\vdots$	$\vdots$	$\vdots$
1.9	$\cdots$	.9750	$\cdots$
$\vdots$	$\vdots$	$\vdots$	$\vdots$

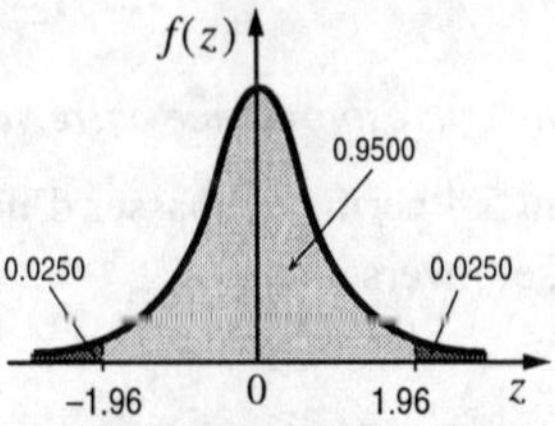

Figure 5.29
Un exemple d'utilisation de la table 9

La figure 5.29 nous permet de voir les valeurs obtenues à partir de la table 9, les aires situées sous la courbe correspondant aux probabilités indiquées par des flèches.

4°) *Recherche des quantiles z_p d'ordre p*

Rappelons tout d'abord que le quantile d'ordre p, noté z_p — où p est un nombre réel compris entre 0 et 1 — est la valeur de Z telle que

$$P(Z \leqslant z_p) = p \tag{5.76}$$

ou encore $F(z_p) = p$. La figure 5.30 nous indique la position de ce quantile.

La table 10, présentée en annexe permet d'obtenir directement la valeur de z_p pour diverses valeurs de p.

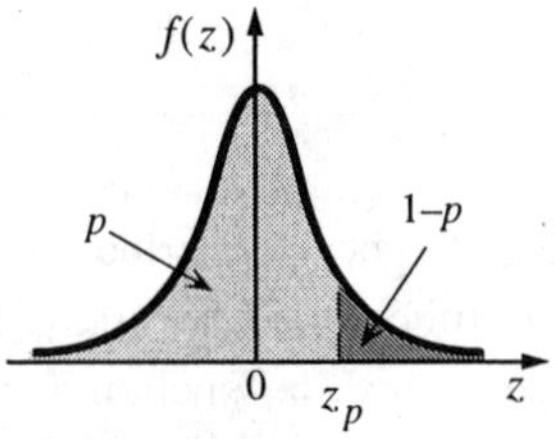

Figure 5.30 *Quantile z_p de la $\mathcal{N}(0,1)$*

EXEMPLE 5.9 (suite)

Recherchons le quantile $z_{0.975}$ d'ordre 0.975. La lecture de la table 10 (cf. un extrait dans le tableau 5.3), nous indique qu'il vaut 1.96 .
On constate aisément que la table 10 correspond au problème inverse de celui abordé dans la table 9 :

- *Table 9*: z donné $\rightarrow F(z)$ recherché ;
- *Table 10*: $F(z)$ donné $\rightarrow z$ recherché.

Tableau 5.3 *Extrait de la table 10*

...	...	p	z_p
⋮	⋮	⋮	⋮
...	...	.975	1.96
⋮	⋮	⋮	⋮

5°) *Tableau de correspondance entre variable $\mathcal{N}(\mu, \sigma^2)$ et variable $\mathcal{N}(0, 1)$*

Le tableau 5.4 permet de passer d'une normale quelconque à une normale centrée réduite, et inversement.

Tableau 5.4 *Passage de $\mathcal{N}(\mu, \sigma^2)$ à $\mathcal{N}(0, 1)$ et inversement*

	Loi normale quelconque $X \sim \mathcal{N}(\mu, \sigma^2)$	**Loi normale centrée réduite** $Z \sim \mathcal{N}(0, 1)$
α)	$X = \mu + \sigma Z$	$Z = (X - \mu)/\sigma$
β)	$F_X(x) = P(X \leqslant x)$	$F_Z(z) = P(Z \leqslant z)$
γ)	$P(a \leqslant X \leqslant b)$ $= P[(a-\mu)/\sigma \leqslant Z \leqslant (b-\mu)/\sigma] = F_Z[(b-\mu)/\sigma] - F_Z[(a-\mu)/\sigma]$	
δ)	$P(c \leqslant Z \leqslant d) = P(\sigma c + \mu \leqslant X \leqslant \sigma d + \mu)$	
ε)	Le quantile x_p, d'ordre p, est défini par $F_X(x_p) = p$.	Le quantile[39] z_p, d'ordre p, est défini par $F_Z(z_p) = p$.
ζ)	$x_p = \mu + \sigma z_p$	$z_p = (x_p - \mu)/\sigma$

Afin de distinguer la distribution de $X \sim \mathcal{N}(\mu, \sigma^2)$ et de $Z \sim \mathcal{N}(0, 1)$, nous avons fait explicitement apparaître le nom de chacune des variables dans les concepts utilisés. Ainsi, la fonction de répartition de ces deux distributions est notée $F_X(x)$ dans le premier cas et $F_Z(z)$ dans le second. Rappelons en outre que la relation (5.74) permet de passer de X à Z. Inversement, X s'exprime en fonction de Z par la relation

$$X = \mu + Z\sigma. \tag{5.77}$$

[39] Le quantile z_p d'ordre p de z est parfois représenté dans la littérature par d'autres notations : λ_p, u_p.

EXEMPLE 5.10

Une population de tailles est supposée admettre une distribution normale de moyenne $\mu = 170$ cm et de variance $\sigma^2 = 100$ cm^2. Si X est la v.a. représentant la taille d'un individu de cette population :

$$X \sim \mathcal{N}(170; 100).$$

La D.P. centrée réduite qui en découle est celle de

$$Z = (X - 170)/10 \sim \mathcal{N}(0, 1).$$

1. La probabilité de choisir dans la population un individu dont la taille est comprise entre 165 et 180 cm vaut :

$$\begin{aligned} & P(165 \leqslant X \leqslant 180) \\ & = P[(165 - 170)/10 \leqslant Z \leqslant (180 - 170)/10] = P(-0.5 \leqslant Z \leqslant 1) \\ & = F_Z(1) - F_Z(-0.5) = F_Z(1) - [1 - F_Z(0.5)] \\ & = 0.8413 - (1 - 0.6915) = 0.5328. \end{aligned}$$

Ce résultat découle des expressions contenues dans le tableau 5.4 et de (5.73).

2. Le troisième quartile ($x_{3/4}$) de cette distribution est défini par $F_X(x_{3/4}) = 0.75$. Comme $x_{3/4} = 170 + 10z_{3/4}$ (voir tableau 5.4) et que $z_{3/4} = 0.6745$, selon la table 10, nous en déduisons que $x_{3/4} \approx 176.7$: 75% des tailles sont théoriquement inférieures ou égales à 176.7 cm.

d) Propriété remarquable

Nous aurons à utiliser dans la suite une propriété importante de la distribution normale centrée réduite que nous décrivons ci-dessous. Étant donné son usage fréquent, nous la qualifierons de ***propriété remarquable*** afin d'y faire aisément référence. Elle peut s'exprimer sous des formes distinctes.

1°) *Intervalle centré en 0 de probabilité donnée*

Soit α un niveau de probabilité (compris entre 0 et 1). Recherchons l'intervalle $[\ell_1, \ell_2]$, centré en 0, tel que :

$$P(\ell_1 \leqslant Z \leqslant \ell_2) = 1 - \alpha. \tag{5.78}$$

On constate aisément que ℓ_1 et ℓ_2 sont deux nombres opposés tels que $\ell_1 = z_{\alpha/2}$ —quantile d'ordre $\alpha/2$— et $\ell_2 = z_{1-\alpha/2}$ —quantile d'ordre $1 - \alpha/2$. En effet, l'examen de la figure 5.31 nous indique clairement qu'il y a une probabilité $\alpha/2$ d'être à gauche de $z_{\alpha/2}$ et, par complémentarité, une probabilité $\alpha/2$ d'être à droite de $z_{1-\alpha/2}$. Il en résulte immédiatement que $P(z_{\alpha/2} \leqslant Z \leqslant z_{1-\alpha/2}) = 1 - \alpha/2 - \alpha/2 = 1 - \alpha$.

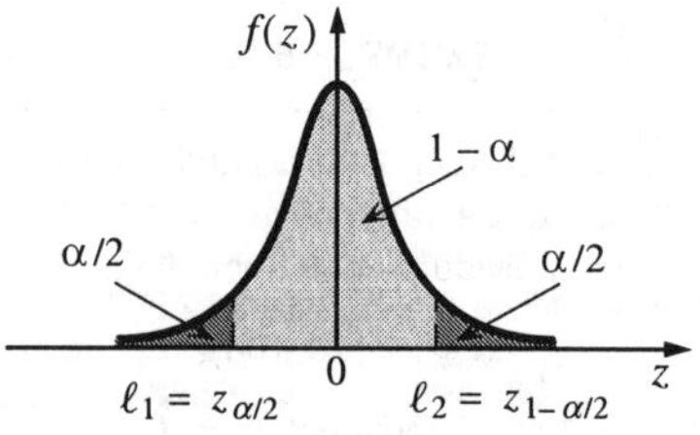

Figure 5.31 *Intervalle centré en zéro*

Comme $z_{\alpha/2} = -z_{1-\alpha/2}$, par symétrie, l'expression (5.78) peut encore s'écrire sous la forme :

$$P(-z_{1-\alpha/2} \leqslant Z \leqslant z_{1-\alpha/2}) = 1 - \alpha \tag{5.79}$$

où $z_{1-\alpha/2}$ est le quantile d'ordre $(1 - \alpha/2)$ de Z.

Le tableau 5.5 contient quelques quantiles extraits des tables 9 et 10 présentées en annexe.

Tableau 5.5 *Quelques quantiles de la variable* $\mathcal{N}(0, 1)$

$1 - \alpha/2$	0.8413	0.90	0.95	0.975	0.9772	0.99	0.995	0.9987
$z_{1-\alpha/2}$	1	1.282	1.645	1.96	2	2.326	2.576	3

Le tableau 5.6 contient quelques cas particuliers de la propriété (5.79) correspondant à $\alpha = 0.20$, 0.10, 0.05 et 0.01.

Tableau 5.6 *Intervalles de probabilité donnée a priori*

$Z \sim \mathcal{N}(0,1)$	$X \sim \mathcal{N}(\mu, \sigma^2)$
$P(-1.282 \leqslant Z \leqslant 1.282) = 0.80$	$P(\mu - 1.282\sigma \leqslant X \leqslant \mu + 1.282\sigma) = 0.80$
$P(-1.645 \leqslant Z \leqslant 1.645) = 0.90$	$P(\mu - 1,645\sigma \leqslant X \leqslant \mu + 1.645\sigma) = 0.90$
$P(-1.96 \leqslant Z \leqslant 1.96) = 0.95$	$P(\mu - 1.96\sigma \leqslant X \leqslant \mu + 1.96\sigma) = 0.95$
$P(-2.576 \leqslant Z \leqslant 2.576) = 0.99$	$P(\mu - 2.576\sigma \leqslant X \leqslant \mu + 2.576\sigma) = 0.99$

Si $Z \sim \mathcal{N}(0,1)$ et $X \sim \mathcal{N}(\mu, \sigma^2)$, X et Z sont liés par l'expression $X = \mu + \sigma Z$. Les expressions contenues dans la première colonne du tableau 5.6 sont des cas particuliers de l'expression (5.79) selon laquelle l'événement « $-z_{1-\alpha/2} \leqslant Z \leqslant z_{1-\alpha/2}$ » se produit avec une probabilité égale à $1 - \alpha$. Or, compte tenu des propriétés des inégalités, il est possible d'exprimer cet événement sous des formes équivalentes.

1. *Première forme* : $-z_{1-\alpha/2} \leqslant Z \leqslant z_{1-\alpha/2}$.
2. *Deuxième forme* (obtenue en *multipliant* les trois membres de l'expression par la constante positive σ) : $-z_{1-\alpha/2}\sigma \leqslant \sigma Z \leqslant z_{1-\alpha/2}\sigma$.
3. *Troisième forme* (obtenue en *ajoutant* aux trois membres de l'expression précédente la quantité μ) : $\mu - z_{1-\alpha/2}\sigma \leqslant \mu + \sigma Z \leqslant \mu + z_{1-\alpha/2}\sigma$.

Les inégalités contenues dans les parenthèses des expressions qui apparaissent dans les deux colonnes du tableau 5.6 constituent donc deux formes distinctes des mêmes événements. De façon générale, la relation (non centrée réduite) correspondant à (5.79) est donc :

$$P\left(\mu - z_{1-\alpha/2}\sigma \leqslant X \leqslant \mu + z_{1-\alpha/2}\sigma\right) = 1 - \alpha \qquad (5.80)$$

dont les expressions présentées dans le tableau 5.6 constituent quelques cas particuliers. Nous utiliserons aussi une forme plus synthétique pour définir les limites de l'intervalle centré en μ présenté dans l'expression (5.80) :

$$\mu \pm z_{1-\alpha/2}\sigma. \qquad (5.81)$$

2°) *Intervalles remarquables*

Compte tenu du tableau 5.5, nous pouvons construire le tableau 5.7, analogue au tableau 5.6 mais correspondant à d'autres valeurs de α : 0.317, 0.046 et 0.003. Le fait que les quantiles $z_{1-\alpha/2}$ soient des nombres entiers est traduit par le caractère « remarquable » de ces intervalles.

Tableau 5.7 *Intervalles remarquables*

$Z \sim \mathcal{N}(0,1)$	$X \sim \mathcal{N}(\mu, \sigma^2)$
$P(-1 \leqslant Z \leqslant 1) = 0.683$	$P(\mu - \sigma \leqslant X \leqslant \mu + \sigma) = 0.683$
$P(-2 \leqslant Z \leqslant 2) = 0.954$	$P(\mu - 2\sigma \leqslant X \leqslant \mu + 2\sigma) = 0.954$
$P(-3 \leqslant Z \leqslant 3) = 0.997$	$P(\mu - 3\sigma \leqslant X \leqslant \mu + 3\sigma) = 0.997$

EXEMPLE 5.10 (suite)

Reprenons notre D.P. des tailles : $X \sim \mathcal{N}(170; 100)$.

1. L'intervalle centré en la moyenne et contenant 95% des valeurs de cette variable est défini par les limites $\mu \pm 1.96\sigma = 170 \pm (1.96)(10)$. Il est défini par ses limites : $[150.4; 189.6]$.

2. Les intervalles remarquables $[160; 180]$ et $[150; 190]$, obtenus en retranchant de la moyenne 170 et en ajoutant à cette dernière d'une part l'écart-type $\sigma = 10$ et d'autre part le double de l'écart-type $2\sigma = 20$, contiennent théoriquement 68.3% et 95.4% des valeurs de X.

5.13 UNE AUTRE PARENTHÈSE HISTORIQUE : LA DISTRIBUTION NORMALE

La distribution normale est souvent attribuée à Laplace et Gauss, dont elle porte le nom. Son origine est cependant plus ancienne et repose sur les travaux de Jacques Bernoulli (1654-1705) dont nous avons parlé au premier chapitre. Dans la quatrième partie de son œuvre intitulée *Ars Conjectandi*, Bernoulli s'interroge sur le calcul de la probabilité d'avoir face avec une pièce mal équilibrée. Il trouve une réponse à sa question en montrant que si l'on répète un grand nombre de fois l'expérience consistant à lancer cette pièce, la fréquence d'apparition de face se rapproche d'une quantité p susceptible d'être qualifiée de probabilité d'obtenir ce résultat. C'est la forme élémentaire de la ***loi des grands nombres***.

C'est en travaillant sur le problème posé par Bernoulli que Abraham de Moivre (1667-1754) découvre une formule approchée des « probabilités binomiales ». Dans un supplément aux deuxième et troisième éditions de son œuvre principale *Doctrine of chances* et à certaines copies de *Miscellanea Analytica*, intitulé *Approximatio ad summam terminorum binomii* $\overline{a+b}/^2$ *in seriem expansi* et daté du 12 novembre 1733, de Moivre montre tout d'abord que le terme modal d'une distribution binomiale symétrique

$$a_0 = \binom{n}{k}\left(\frac{1}{2}\right)^2$$

est approché, pour n grand, par $2/\sqrt{2\pi n}$. Le terme a_t, distant du mode d'un écart t, était, quant à lui, approximativement égal à $a_0 \exp(-2t^2/n)$ valeurs que nous retrouvons dans la loi normale. Il déduit aussi des résultats semblables pour le cas non symétrique. de Moivre peut donc être considéré comme l'« inventeur » de la loi normale et du premier *théorème central limite* (voir paragraphe 6.5).

Deux autres personnages ont aussi joué un rôle important dans l'usage de la loi normale : Gauss et Laplace.

COMMENTAIRE HISTORIQUE 5.3

Carl Friedrich Gauss (1777-1855) fut un mathématicien et un astronome brillant. Durant ses études et sa fonction de directeur de l'observatoire de Göttingen, il produisit un nombre impressionnant de résultats dans des domaines très variés : philologie et théorie des nombres, astronomie, géodésie et géométrie différentielle, géomagnétisme, électromagnétisme, topologie, fonctions de variables complexes... Dans le domaine statistique, il recourut à la méthode des moindres carrés pour introduire la loi normale. Gauss reprit à cette occasion la problématique d'ajustement très en vogue à son époque, surtout dans l'étude des orbites planétaires. Cette analyse ne sera publiée qu'en 1809 dans *Theoria motus corporum coelestium in sectionibus conicis solem ambientium*; Gauss prétendit cependant s'être intéressé à ce problème dès 1794. L'apport innovateur de Gauss se situe dans le caractère probabiliste de son approche.

Parlons à présent brièvement de **Pierre Simon de Laplace** (1749-1827). Disciple de d'Alembert, il devint professeur à l'École royale militaire. Son œuvre est vaste : il suffit pour s'en rendre compte de noter que ses œuvres complètes (qui en réalité ne contenaient pas ses premiers écrits) furent publiées entre 1878 et 1912 en quatorze volumes. Inspecteur militaire en 1783, il fit la connaissance de Bonaparte en assumant ses fonctions. Laplace sera nommé ministre de l'Intérieur par le Premier Consul en 1799 (mais pour six semaines seulement !) avant d'exercer des fonctions importantes au Sénat en 1803. Devenu comte en 1806, il se retourna contre Napoléon en 1814 et devint marquis sous Louis XVIII. Membre de l'Académie des Sciences en 1785, il participa à la constitution de l'Institut en 1795 et fut élu à l'Académie française en 1816.

En ce qui concerne la loi traitée dans ce paragraphe, Laplace écrivit en 1774 un article fondamental sur les distributions symétriques destinées à décrire le comportement des erreurs de mesure. La première loi prenait en compte les écarts à la médiane, pris en valeurs absolues. En 1810, Laplace introduisit sa « seconde loi des erreurs » en montrant que la distribution des moyennes arithmétiques de n erreurs indépendantes, ayant la même précision ou des précisions distinctes, peut être approchée par la distribution normale, avec une erreur d'approximation qui tend vers zéro quand n croît indéfiniment. C'est donc par un théorème central limite (voir chapitre 6) que Laplace obtient la loi normale.

La loi normale fut aussi obtenue par **Adrian**, en 1809, désireux, comme Gauss, de justifier la méthode des moindres carrés. Par ailleurs, les premières tables donnant des valeurs de probabilités « normales » datent de 1799 et sont dues au physicien français **Kramp**. Signalons aussi que la première utilisation de cette distribution en dehors des sciences expérimentales est due au Belge **Quetelet** (1796-1874) qui introduisit son usage dans le domaine des sciences humaines. Enfin, cette distribution ne fut qualifiée de *normale* par **Pearson** qu'en 1893, et est aujourd'hui généralement connue sous cette dénomination.

5.14 UNE AUTRE VISION DU CONCEPT DE VARIABLE ALÉATOIRE

Comme nous l'avons indiqué dans l'introduction de ce chapitre, nous avons suivi une démarche intuitive, voire empirique pour présenter les concepts de variable aléatoire et de distribution de probabilité. Cette façon de faire ne se conçoit que si l'on est conscient qu'il existe des définitions plus rigoureuses — mais plus abstraites — de ces notions.

Nous avons défini dans le paragraphe 4.15 le concept d'espace probabilisé $(\Omega, \mathcal{F}, P)$. Si l'on note à nouveau par ω un élément quelconque de Ω, on peut introduire la notion de variable aléatoire comme une fonction $X(\omega)$ à valeurs réelles[(40)] définie sur l'espace $(\Omega, \mathscr{F}, P)$. et telle que l'ensemble $\{\omega | X(\omega) \leqslant x\}$ appartient à $\mathscr{F}$, quelle que soit la valeur de $x \in \mathbb{R}$. La probabilité associée à cet ensemble définit alors la fonction de répartition $F(x)$ de la loi de probabilité de X.

Une autre façon de procéder repose sur les notions d'*espace mesurable* et de *fonction mesurable*.

1. Un ensemble Ω muni d'une σ-algèbre — ou *tribu* — $\mathscr{F}$ est appelé un *espace mesurable* (ou *probabilisable*) et est noté $(\Omega, \mathscr{F})$.
2. Soient deux espaces mesurables $(\Omega, \mathscr{F})$ et $(\Omega', \mathscr{F}')$ et une fonction f définie sur Ω à valeurs dans Ω'. f est une *fonction mesurable* si :

$$\forall E' \in \mathscr{F}', f^{-1}(E') \in \mathscr{F}$$

où f^{-1} est la fonction inverse de f. De ce point de vue, une *variable aléatoire* est une fonction mesurable définie sur un espace probabilisable.

D'autres définitions et propriétés peuvent encore être développées dans cette voie. Nous ne le ferons pas dans le cadre de cet ouvrage (voir la bibliographie mentionnée au début du chapitre 4).

5.15 EXERCICES PROPOSÉS

5.15.1 Exercices théoriques

T.5.1 Soit X une variable aléatoire. Si a et b sont deux constantes réelles, démontrez que

$$E(aX + b) = aE(X) + b. \tag{5.82}$$

En déduire l'espérance mathématique d'une variable aléatoire X, après changement d'origine et d'unité.

T.5.2 ⋆ Soit X une variable aléatoire et t une variable réelle quelconque. La ***fonction génératrice des moments*** de la distribution de X est définie par

$$M(t) = E\left(\mathrm{e}^{tx}\right). \tag{5.83}$$

D'autre part, μ'_r est le *moment par rapport à l'origine* d'ordre r :

$$\mu'_r = E\left(X^r\right). \tag{5.84}$$

Démontrez que

$$\mu'_r = \left[\frac{d^r M(t)}{dt^r}\right]_{t=0}. \tag{5.85}$$

où l'expression du second membre de (5.85) est la dérivée d'ordre r de $M(t)$, dans laquelle on pose $t = 0$.

(40) Nous ne considérons que ce cas ici.

T.5.3 Le tableau A.6.1 présenté en annexe 6 présente la correspondance entre les paramètres d'une D.O.1 et ceux d'une D.P.1 discrète. Déterminez les expressions des paramètres correspondants dans le cas où la D.P. est continue.

T.5.4 ★ Démontrez les relations (5.35) donnant les expressions de la moyenne μ et de la variance σ^2 d'une loi uniforme discrète.

T.5.5 ★ Démontrez que la fonction génératrice des moments d'une variable aléatoire $X \sim \mathcal{B}(n, p)$ est

$$M(t) = (q + pe^t)^n. \tag{5.86}$$

En déduire la valeur des paramètres μ, σ^2 et γ_1 de l'expression (5.44).

T.5.6 ★ Démontrez que la fonction génératrice des moments d'une variable aléatoire $X \sim \mathcal{P}(\lambda)$ est

$$M(t) = \mathrm{e}^{\lambda(\mathrm{e}^t - 1)}. \tag{5.87}$$

En déduire les valeurs des paramètres μ, σ^2 et γ_1 de l'expression (5.51).

T.5.7 ★ Démontrez la relation (5.52) unissant les probabilités associées à une valeur d'une variable binomiale et d'une variable de Poisson.

T.5.8 ★ Nous avons vu, dans le paragraphe 5.10.3 que :

(a) si l'on prélève n individus dans une population de telle façon que tous les individus de cette dernière aient la même probabilité d'être choisis,

(b) si ce prélèvement est fait *avec remise* (chaque individu retenu retourne, après observation, dans la population avant le choix de l'individu suivant),

(c) si l'observation d'un individu consiste à enregistrer le fait qu'il possède (succès) ou non (échec) une certaine propriété,

alors le nombre de succès obtenus à la fin de ces n prélèvements est une v.a. distribuée selon une loi binomiale.

Si par contre ces prélèvements se font *sans remise* (chaque individu observé est écarté par la suite) dans une population de N individus, le nombre de succès est alors une v.a. X admettant une ***loi hypergéométrique***. Si la population contient M individus possédant la propriété appelée « succès » et $N - M$ ne l'ayant pas, la loi de X est définie par les valeurs :

$$x = a, a + 1, \dots, b$$

où $a = \max[0, n - (N - M)]$ et $b = \min(n, M)$, et les probabilités associées suivantes :

$$P(X = x) = \frac{\binom{M}{x}\binom{N-M}{n-x}}{\binom{N}{n}}. \tag{5.88}$$

Si π est la proportion d'individus de la population qui possèdent la propriété appelée « succès », nous avons :

$$\pi = M/N \Rightarrow M = \pi N \quad \text{et} \quad N - M = N(1 - \pi).$$

Il s'ensuit que la D.P. définie par (5.88) est entièrement spécifiée dès que l'on connaît N, n et π. C'est pourquoi on représente la distribution hypergéométrique d'une v.a. X par la notation :

$$X \sim \mathcal{H}(N, n, \pi).$$

Par extension, X est appelée une *variable aléatoire hypergéométrique*. Montrez[41] que la moyenne et la variance de cette loi ont pour expression :

$$\mu = n\pi \quad , \quad \sigma^2 = n\pi(1-\pi)\frac{N-n}{N-1} \cdot$$

T.5.9 ☆ La ***distribution binomiale négative*** se place dans le contexte d'un prélèvement avec remise, comme la distribution binomiale. Reprenons la procédure générale envisagée dans le schéma de Bernoulli. On répète de façon indépendante, une expérience aléatoire dichotomique « succès-échec ». La probabilité π de succès est supposée constante. On décide de répéter l'expérience autant de fois que nécessaire afin d'obtenir r succès, où r est un entier fixé *a priori*. Le nombre d'échecs obtenus avant de réaliser cet objectif est une v.a. X dont la distribution de probabilité est définie par les valeurs et probabilités associées suivantes :

$$P(X = x) = \binom{x+r-1}{r-1} \pi^r (1-\pi)^x \quad , \quad x = 0, 1, 2, \ldots \tag{5.89}$$

Si on se replace dans le cadre du tirage de n observations avec remise (tirages équiprobables et indépendants), X représente le nombre d'échecs rencontrés avant de prélever le r-ième succès. Cette D.P. est entièrement spécifiée par r et π. C'est pourquoi on utilise la notation $X \sim \mathcal{BN}(r, \pi)$ pour préciser que X est une v.a. admettant une telle distribution. X est alors appelée une v.a. binomiale négative.

1. Montrez que $E(X) = r(1-\pi)/\pi$ et $V(X) = r(1-\pi)/\pi^2$.
2. Si $X \sim \mathcal{BN}(r, \pi)$ et $Y \sim \mathcal{B}(r, \pi)$, vérifiez que $P(X \leqslant r) = P(Y \geqslant r)$.

Remarque : si $r = 1$, cette distribution porte le nom de loi de Pascal ou encore de ***loi géométrique***.

T.5.10 Démontrez les expressions donnant la moyenne μ, la variance σ^2 et le quantile x_p d'ordre p d'une loi uniforme continue sur l'intervalle $[a, b]$, donnés par l'expression (5.68).

T.5.11 ☆ Démontrez que la fonction génératrice des moments d'une loi normale $\mathcal{N}(\mu, \sigma^2)$ est

$$M(t) = \mathrm{e}^{\left[t\mu + \frac{t^2\sigma^2}{2}\right]}. \tag{5.90}$$

En déduire que les paramètres μ et σ^2 correspondent bien à la moyenne et la variance de cette loi.

T.5.12 ☆ Démontrez les résultats présentés dans l'annexe 6.

T.5.13 ☆ La ***distribution exponentielle négative*** est définie par la fonction de densité :

$$f(x) = \begin{cases} 0 & x < 0 \\ \theta \mathrm{e}^{-\theta x} & x \geqslant 0 \end{cases} \tag{5.91}$$

où θ est un paramètre réel positif.

(41) Il peut être utile d'utiliser les résultats des chapitres 6 et 7 pour répondre à cette question.

(a) Démontrez que la fonction de répartition suivante lui est associée :

$$F(x) = \begin{cases} 0 & x < 0 \\ 1 - e^{-\theta x} & x \geqslant 0. \end{cases} \tag{5.92}$$

(b) Montrez que cette loi a pour moyenne et variance respectives :

$$\mu = 1/\theta \quad ; \quad \sigma^2 = 1/\theta^2.$$

(c) Cette distribution peut être mise en relation avec la distribution de Poisson que nous avons vue dans le paragraphe 5.10.4. Rappelons à cet effet que cette dernière pouvait être définie comme décrivant la loi du nombre d'occurrences d'un événement dans un intervalle de temps $[0, t]$. Plus précisément, si λ est le taux d'arrivée d'un événement par unité de temps, le nombre d'événements advenant dans l'intervalle $[0, t]$ est une v.a. X admettant une loi de Poisson de paramètre λt, si les hypothèses mentionnées dans le paragraphe 5.10.4 sont respectées. Dans ces conditions, le temps séparant deux arrivées successives est une v.a. Y admettant une distribution exponentielle négative de paramètre $\theta = \lambda$. Par extension, Y est appelée *v.a. exponentielle négative*.

Montrez, en particulier, que la probabilité pour que l'arrivée du premier événement ne se produise pas avant l'instant t est égale à $1 - e^{-\lambda t}$.

T.5.14 ☆ Soit X une v.a. de moyenne μ et de variance σ^2 finies, et k une constante positive. Démontrez l'***inégalité de Bienaymé-Chebychev*** :

$$P\left(|X - \mu| \geqslant k\sigma\right) \leqslant 1/k^2. \tag{5.93}$$

T.5.15 Soit X une variable aléatoire, $E(X)$ sa moyenne et $V(X)$ sa variance. Démontrez que

$$E\left(X^2\right) = V(X) + \left[E(X)\right]^2. \tag{5.94}$$

5.15.2 Exercices pratiques

E.5.1 Considérons l'ensemble des couples $\{(x, p_x), x = 1, 2, 3, 4\}$ définis ci-dessous :

x	1	2	3	4
p_x	1/10	2/10	2/10	1/10

Démontrez qu'il ne constitue pas une loi de probabilité. Par quel facteur constant peut-on multiplier les nombres p_x pour que cet ensemble devienne une loi de probabilité ?

E.5.2 Considérons la D.P. suivante d'une v.a. X :

x	1	2	3	4	5	6
p_x	0.1	0.4	0.2	0.1	0.1	0.1

(a) Vérifiez qu'il s'agit bien d'une loi de probabilité.

(b) Déterminez $E(X)$ et $V(X)$.

(c) Déterminez $E(Y)$ et $V(Y)$ si :
i) $Y = 2X$; *ii)* $Y = X/2$; *iii)* $Y = X - 3$.

E.5.3 Déterminez les paramètres de la distribution uniforme $\mathcal{U}(1, \ldots, 10)$.

E.5.4 Quelles sont les caractéristiques d'une distribution uniforme définie sur les valeurs 5, 6, 7, 8 et 9 ?

E.5.5 On lance trois fois une pièce de monnaie correctement équilibrée. Quelle est la distribution du nombre X de « pile » obtenu ? Quelles sont les caractéristiques de cette loi ?

E.5.6 On lance trois dés bien équilibrés. Quelle est la distribution du nombre X de six obtenus ? Quelles sont les propriétés de cette loi ?

E.5.7 Prélevons cinq cartes, l'une après l'autre, dans un jeu de cinquante-deux cartes, en replaçant chaque fois la carte prélevée dans le jeu et en mélangeant les cartes. Considérons la variable X qui compte le nombre de piques obtenu au cours des cinq tirages. Quelle est la loi de probabilité qui régit cette variable ? Calculez la moyenne et la variance de cette distribution.

E.5.8 Dix pour cent des électeurs d'une commune sont défavorables à un projet de référendum sur l'avenir de la commune. On prélève, au hasard et avec remise, huit personnes dans le corps électoral de cette commune. On demande la probabilité pour que, parmi ces huit personnes :

(a) il y ait unanimité pour le référendum ; (b) il y ait unanimité contre le référendum ;
(c) il y ait une majorité pour le référendum ; (d) il y ait une majorité contre le référendum ;
(e) il y ait autant de partisans que d'adversaires de ce référendum.

E.5.9 Désireux d'entretenir votre forme physique sans excès de fatigue, vous vous livrez chaque matin (du lundi au samedi inclus) au petit jeu suivant : ayant jeté un dé bien équilibré, vous vous rendez à pied à votre travail si le résultat obtenu est inférieur ou égal à 4 ; dans le cas contraire, vous restez au lit. Soit X le nombre de jours d'une semaine où vous avez « gagné » le droit au repos. Déterminez :

(a) $P(X \leqslant 3)$; (b) $P(X = 5)$; (c) $P(X < 1)$; (d) $P(X \geqslant 1)$; (e) $P(1 \leqslant X \leqslant 3)$.

E.5.10 Un examen se présente sous la forme de vingt questions. Pour chacune de ces questions, cinq réponses sont proposées parmi lesquelles se trouvent quatre réponses incorrectes et une réponse correcte. Supposons qu'un étudiant réponde au hasard à ces vingt questions. Soit X le nombre de ses bonnes réponses. Déterminez :

(a) $P(X = 10)$; (b) $P(X \leqslant 5)$; (c) $P(X > 8)$;

(d) le nombre n minimum de questions que doit comporter un tel questionnaire pour que la probabilité de réussite de cet étudiant ($n/2$ bonnes réponses ou plus) soit inférieure ou égale à 0.10.

E.5.11 Soit X une variable aléatoire distribuée suivant la loi binomiale de paramètre $1/3$ et d'exposant n. Recherchez la plus petite valeur de n qui satisfasse à la relation :

$$P(X \geqslant 1) \geqslant 0.80.$$

E.5.12 Envisageons n répétitions indépendantes d'une expérience aléatoire pour laquelle la probabilité d'obtenir un succès est de $1/4$. Soit X la variable aléatoire comptant le nombre de succès au cours de ces n expériences. Déterminez la plus petite valeur de n telle que :

$$P(X \geqslant 1) \geqslant 0.70.$$

E.5.13 ⋆ Soit X une v.a. dont la loi est définie par la fonction génératrice des moments

$$M(t) = \left(\frac{2}{3} + \frac{1}{3}\,\mathrm{e}^{t}\right)^{5}.$$

Déterminez :

(a) $P(X \leqslant 2)$; (b) $P(X \geqslant 3)$; (c) $E(X)$ et $V(X)$.

E.5.14 Soit X une variable aléatoire admettant la distribution de Poisson de paramètre $\lambda = 2$. Déterminez :

(a) $P(X \leqslant 2)$; (b) $P(X \geqslant 1)$; (c) $E(X)$ et $V(X)$.

E.5.15 Le nombre d'appels téléphoniques arrivant dans une université par période de 15 secondes admet une distribution de Poisson de paramètre $\lambda = 3$. Déterminez la probabilité :

(a) de ne pas avoir d'appels au cours d'une période ;
(b) d'avoir au moins trois appels au cours d'une période ;
(c) d'avoir au plus 4 appels au cours d'une période.

E.5.16 Si la variable aléatoire X admet une distribution de Poisson telle que $P(X = 1) = P(X = 2)$, trouvez $P(X = 4)$.

E.5.17 Supposons que le nombre de grammes de chocolat dans un certain type de gâteau suive une loi de Poisson. On désire que la probabilité qu'un gâteau de ce type contienne au moins deux grammes de chocolat soit supérieure à 0.99. Trouvez la plus petite valeur entière que peut prendre la moyenne λ de la distribution.

E.5.18 ⋆ Soit X une v.a. dont la loi est définie par la fonction génératrice des moments :

$$M(t) = \mathrm{e}^{4\left(e^{t} - 1\right)}.$$

(a) Que vaut $P(X = 3)$?
(b) Montrez que $P(\mu - 2\sigma < X < \mu + 2\sigma) = 0.9306$, où μ et σ représentent respectivement la moyenne et l'écart-type de X.

E.5.19 Supposons que notre journaliste de l'exemple 5.5 s'intéresse à un petit groupe de dix personnes dont trois sont décidées à s'abstenir. S'il choisit quatre individus selon une procédure « sans remise » :

(a) quelle est la probabilité de choisir un partisan de l'abstention ?
(b) déterminez la moyenne et la variance du nombre d'abstentionnistes dans un tel cas.

E.5.20 Une urne contient dix balles dont cinq sont rouges. Prélevons sans remise trois balles dans cette urne. Quelle est la probabilité de prélever deux balles rouges ? Que valent la moyenne et la variance du nombre de balles rouges prélevées ?

E.5.21 Reprenons les conditions initiales de l'exemple 5.5. Notre journaliste prélève toujours ses observations (avec remise) dans une population comportant une proportion d'abstentionnistes égale à 0.60. Quelle est la probabilité pour que le premier abstentionniste ne se présente qu'au troisième tirage ?

E.5.22 Un étudiant se propose de répondre à un questionnaire dans lequel, à chaque question posée, correspondent cinq réponses parmi lesquelles une seule est exacte. Il décide de répondre chaque fois au hasard. Quelle est la probabilité pour que :

(a) il faille attendre la sixième question pour avoir une bonne réponse ;

(b) dix questions soient nécessaires pour obtenir quatre bonnes réponses.

E.5.23 Soit X une v.a. admettant une distribution uniforme continue $\mathcal{U}[0, 20]$. Déterminez :

(a) $P(5 \leqslant X \leqslant 10)$; (b) $E(X)$ et $V(X)$.

E.5.24 Le temps d'attente (en minutes) d'un résultat au cours d'un jeu électronique admet une distribution $\mathcal{U}[1, 6]$. Déterminez :

(a) la probabilité d'attendre au moins 4 minutes ; (b) le temps d'attente moyen.

E.5.25 Considérons une variable aléatoire $X \sim \mathcal{N}(0, 1)$. Quelle est la probabilité pour que cette variable aléatoire soit :

(a) inférieure ou égale à 1.23 ; (b) comprise entre 0 et 1.23 ;
(c) comprise entre 0.36 et 1.23 ; (d) comprise entre -0.88 et 0 ;
(e) comprise entre -0.88 et 1.23 ; (f) inférieure à -0.88 ;
(g) supérieure à -2.28 ; (h) supérieure à 2.65 ou inférieure à -1.49 ?

E.5.26 Soit une variable aléatoire $X \sim \mathcal{N}(0, 1)$. Déterminez les probabilités suivantes :

(a) $P(X \leqslant 1.47)$; (b) $P(X \leqslant -1.47)$;
(c) $P(1.22 \leqslant X \leqslant 3.27)$; (d) $P(-1.25 \leqslant X \leqslant 2.10)$;
(e) $P(-2.10 \leqslant X \leqslant -1.10)$; (f) $P(X \geqslant 3.17)$;
(g) $P(X \geqslant -1.50)$; (h) $P(X \leqslant 5.10)$;
(i) $P(X \geqslant 4.7)$; (j) $P(X \leqslant -10)$;
(k) $P(X = 2.0)$.

E.5.27 Soit $X \sim \mathcal{N}(0, 1)$. Déterminez :

(a) $P(X \leqslant 0)$; (b) $P(2 \leqslant X \leqslant 3)$;
(c) $P(|X| \leqslant 2)$; (d) $P(X = -2)$;
(e) $P(X \geqslant 2 \text{ ou } X \leqslant -2)$.

E.5.28 Déterminez les valeurs z de la variable normale centrée réduite Z telles que l'on ait :

(a) $P(Z \leqslant z) = 0.9332$; (b) $P(-z \leqslant Z \leqslant z) = 0.9500$;
(c) $P(Z \leqslant z) = 0.0125$; (d) $P(Z \geqslant z) = 0.1230$;
(e) $P(z \leqslant Z \leqslant 3) = 0.7897$.

E.5.29 Déterminez les valeurs z de la variable normale centrée réduite Z telles que :

(a) $P(Z \leqslant z) = 0.9625$; (b) $P(0 \leqslant Z \leqslant z) = 0.3438$;
(c) $P(-z \leqslant Z \leqslant z) = 0.9876$; 4(d) $P(Z \geqslant z) = 0.9772$;
(e) la probabilité pour que Z soit compris entre -2.51 et z soit égale à 0.49.

E.5.30 Soit une variable aléatoire $X \sim \mathcal{N}(53; 100)$. Déterminez :

(a) $P(X \leqslant 73)$; (b) $P(33.4 \leqslant X \leqslant 72.6)$; (c) $P(X \geqslant 38)$.

E.5.31 Si les âges d'un groupe d'individus sont distribués suivant la loi normale $\mathcal{N}(41; 64)$, quel est le « pourcentage théorique » des membres de ce groupe ayant :

(a) moins de 53 ans ; (b) entre 25 et 49 ans ; (c) au moins 35 ans ?

E.5.32 Soit une variable aléatoire $X \sim \mathcal{N}(30; 25)$. Déterminez les valeurs x de cette variable pour lesquelles :

(a) $P(X \leqslant x) = 0.8413$; (b) $P(20 \leqslant X \leqslant x) = 0.9544$; (c) $P(X \geqslant x) = 0.9332$.

E.5.33 Soit une variable aléatoire $X \sim \mathcal{N}(50; 100)$. Déterminez les quartiles $x_{1/4}$, $x_{1/2}$ et $x_{3/4}$ de cette distribution.

E.5.34 Sachant que les âges d'un groupe d'étudiants sont distribués suivant la loi normale $\mathcal{N}(21; 4)$, déterminez :

(a) le pourcentage théorique d'étudiants ayant au moins 23 ans ;
(b) l'âge au-dessous duquel on trouve 33% des étudiants.

E.5.35 Les bénéfices moyens quotidiens X d'une entreprise sont distribués suivant la loi $\mathcal{N}(75; 25)$.

(a) Calculez les probabilités suivantes :

i) $P(60 \leqslant X \leqslant 80)$; *ii)* $P(X \geqslant 82)$; *iii)* $P(X \geqslant 95)$.

(b) Déterminez la valeur x du bénéfice moyen telle que :

i) $P(X \geqslant x) = 0.0069$; *ii)* $P(X \geqslant x) = 0.9948$.

E.5.36 En supposant que les bénéfices quotidiens d'un magasin admettent la distribution normale de moyenne 1 000 euros et d'écart-type 150 euros, déterminez :

(a) la probabilité d'avoir un bénéfice supérieur ou égal à 1 250 euros ;
(b) la valeur des quartiles $x_{1/4}$ et $x_{3/4}$ de cette distribution (arrondis au nombre entier le plus proche).

E.5.37 Un étudiant prend le bus pour se rendre à l'université. Le temps qui sépare l'instant où il quitte son domicile et l'instant où il arrive à l'université est distribué suivant une loi normale de moyenne 35 (minutes) et d'écart-type 5 (minutes).

S'il n'a pas fait la fête la veille, il quitte son domicile 40 minutes avant le début des cours. Dans le cas contraire, une fois sur deux, il quitte son domicile 25 minutes avant le début des cours et, une fois sur deux, il reste chez lui pour la journée. Il estime que sa probabilité de faire la fête est de 1/5. On fait, en outre, l'hypothèse qu'il y a indépendance entre des événements relatifs à des journées différentes.

(a) Déterminez la probabilité qu'il reste chez lui la journée.

(b) Déterminez la probabilité qu'il arrive à l'heure à l'université.

(c) Soit X la variable aléatoire correspondant au nombre de journées au cours d'un semestre de 13 semaines de 5 jours pendant lesquelles il est arrivé à l'heure à l'université. Déterminez l'espérance mathématique de X.

E.5.38 Supposons, qu'en moyenne, deux personnes se présentent à un bureau de poste par minute et que l'on puisse considérer que le nombre d'arrivées par minute suive une loi de Poisson.

(a) Déterminez la durée moyenne entre deux arrivées,

(b) Calculez la probabilité d'attendre au maximum 2 minutes entre deux arrivées.

E.5.39 Calculez la moyenne et l'écart-type de la distribution de la variable X dont la fonction de densité est

$$f(x) = \begin{cases} 2(1-x) & 0 \leqslant x \leqslant 1 \\ 0 & \text{ailleurs.} \end{cases}$$

E.5.40 ★ Considérons la variable aléatoire X admettant la distribution de Pareto de fonction de densité :

$$f(x) = \begin{cases} \dfrac{375}{x^4} & x \geqslant 5 \\ 0 & x < 5\,. \end{cases}$$

Déterminez sa fonction de répartition $F(x)$, sa moyenne μ et sa variance σ^2.

E.5.41 Déterminez la constante C pour que les fonctions suivantes soient des fonctions de densité :

a) $f(x) = \begin{cases} Cx^2 & 0 \leqslant x \leqslant 1 \\ 0 & \text{ailleurs.} \end{cases}$; b) $f(x) = \begin{cases} C(3+2x) & 2 \leqslant x \leqslant 4 \\ 0 & \text{ailleurs.} \end{cases}$

E.5.42 Considérons la fonction de densité

$$f(x) = \begin{cases} Cx & 0 \leqslant x \leqslant 1 \\ 0 & \text{ailleurs.} \end{cases}$$

d'une variable aléatoire X.

(a) Déterminez la constante C, la moyenne μ et la variance σ^2 de cette loi.

(b) Calculez les probabilités suivantes :
(i) $P(X \leqslant 1/2)$; (ii) $P(1/4 \leqslant X \leqslant 1/2)$; (iii) $P(X \geqslant 3/4 | X > 1/2)$.

E.5.43 Jean joue à pile ou face contre Jacques. Il donne un euro à Jacques si pile apparaît lors du premier jeu, 2 euros si cela n'arrive qu'au deuxième jeu, ..., 2^{n-1} euros si pile n'apparaît pour la première fois qu'au jeu numéro n. Montrez que l'espérance mathématique de gain est infinie (***paradoxe de Saint-Pétersbourg***).

CHAPITRE 6

INDÉPENDANCE ET COMPORTEMENTS ASYMPTOTIQUES

« Dans la chaleur encore étouffante, la Beauce avait repris son activité, les petits points noirs des équipes reparaissaient, grouillants, à l'infini ».

É. Zola, *La terre*, III, IV.

Nous aborderons dans ce chapitre deux problèmes importants. Le premier concerne la notion d'indépendance entre deux ou plusieurs variables. Dans ce but, il sera d'abord nécessaire d'introduire quelques concepts relatifs aux distributions de probabilité multivariées. Le second traite du comportement de certaines lois lorsque des paramètres qui les caractérisent deviennent très grands (ou parfois très petits). Ce chapitre, à caractère apparemment théorique, a des implications importantes au niveau pratique. Nous le constaterons ultérieurement.

6.1 DISTRIBUTIONS DE PROBABILITÉ MULTIVARIÉES

6.1.1 Introduction

Nous avons vu, au chapitre 2, comment définir des distributions observées multivariées décrivant le comportement simultané de plusieurs variables. En poursuivant notre parallélisme « D.O. – D.P. », nous pouvons aborder la définition des distributions de probabilité à plusieurs dimensions. Nous introduisons ce concept au moyen d'un exemple simple correspondant au cas bivarié.

EXEMPLE 6.1

Reprenons nos deux pièces de monnaie bien équilibrées de l'exemple 5.1 et définissons les v.a. suivantes :

$$\begin{cases} X = \text{nombre de faces obtenu ;} \\ Y = \text{écart, pris en valeur absolue, entre le nombre de faces et le nombre de piles.} \end{cases}$$

Ces deux v.a. sont définies sur le même ensemble fondamental $\Omega = \{\omega_1, \omega_2, \omega_3, \omega_4\}$ présenté dans la figure 6.1.

À chaque événement élémentaire ω de Ω, on peut associer un couple ordonné (x, y) de valeurs où $x = X(\omega)$ et $y = Y(\omega)$ sont respectivement définies par les v.a. X et Y à partir de ω. On convient généralement de dire que (x, y) est une valeur de la v.a. à deux dimensions (X, Y).

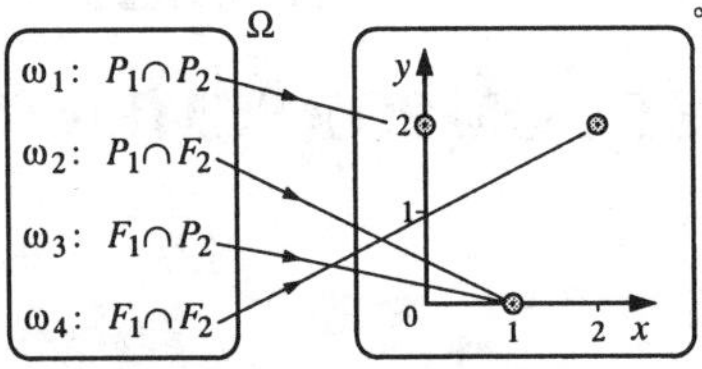

Figure 6.1 *Exemple bivarié*

On peut, en outre, représenter cette association par la figure 6.1. On constate ainsi que (X, Y) peut prendre trois valeurs possibles : $(0, 2)$, $(1, 0)$ et $(2, 2)$. En effet, ω_1 correspond à l'arrivée de deux piles : le nombre de faces vaut 0 (valeur de X) et l'écart, en valeur absolue, entre nombre de faces et nombre de piles est égal à 2 (valeur de Y). ω_1 définit donc le couple de valeurs $(0, 2)$ que nous avons représenté dans $\mathbb{R}^2$. Par un raisonnement analogue, nous voyons que ω_2 et ω_3 définissent tous deux le même couple $(1, 0)$. Quant à ω_4, il lui correspond $(2, 2)$. En portant notre attention sur ces trois couples, nous constatons qu'ils sont associés à trois événements dont les probabilités valent respectivement $1/4$, $1/2$ et $1/4$:

$$\begin{cases} (0,2) \text{ est associé à } E_1 = \{\omega_1\}, & \text{tel que } P(E_1) = 1/4\,; \\ (1,0) \text{ est associé à } E_2 = \{\omega_2, \omega_3\}, & \text{tel que } P(E_2) = 1/2\,; \\ (2,2) \text{ est associé à } E_3 = \{\omega_4\}, & \text{tel que } P(E_3) = 1/4. \end{cases}$$

À chaque événement E correspond un couple (x, y) de valeurs et réciproquement. C'est pourquoi, les probabilités mentionnées ci-dessus, que nous noterons p_{xy}, peuvent être affectées indifféremment aux événements E et aux couples (x, y) qui leur correspondent. Si le couple de v.a. (X, Y) est défini comme une v.a. à deux dimensions, nous dirons que cette dernière possède une D.P. définie par les couples (x, y) et les probabilités associées p_{xy}. Nous désignerons à nouveau par $\mathcal{V}$ l'ensemble des valeurs possibles (x, y). Une manière élégante de représenter cette loi consiste à utiliser un ***tableau de probabilités*** construit sur un modèle semblable à un tableau de contingence. Il s'agit d'un tableau à double entrée dont les lignes correspondent aux valeurs possibles x de X — dont l'ensemble est $\mathcal{V}_x = \{0, 1, 2\}$ — et dont les colonnes sont associées aux valeurs possibles y de Y — dont l'ensemble est $\mathcal{V}_y = \{0, 2\}$. Le tableau 6.1 fait clairement apparaître les trois couples (x, y) dont les probabilités associées valent respectivement $1/4$, $1/2$ et $1/4$. Il contient aussi trois couples associés à des événements impossibles — $(0, 0)$, $(1, 2)$ et $(2, 0)$ —, c'est-à-dire de probabilité nulle.

Tableau 6.1 *Tableau des probabilités*

x	y	
	0	2
0	$p_{00} = 0$	$p_{02} = 1/4$
1	$p_{10} = 1/2$	$p_{12} = 0$
2	$p_{20} = 0$	$p_{22} = 1/4$

Remarquons encore que sous cette forme, la loi est définie par l'ensemble

$$\{[(x,y), p_{xy}], (x,y) \in \mathscr{V} = \mathscr{V}_x \otimes \mathscr{V}_y\}$$

où $\mathscr{V}$ est le produit cartésien de $\mathscr{V}_x$ et de $\mathscr{V}_y$ (cf. annexe 1).

De façon générale, nous pouvons considérer plusieurs variables aléatoires définies sur un ensemble fondamental Ω. Si le nombre de v.a. est grand — représenté par un entier p quelconque—, on désigne généralement les v.a. par $X_1, X_2, \ldots, X_p$, définissant ainsi un ***vecteur aléatoire*** $(X_1, \ldots, X_p)'$. Un tel vecteur possède une loi de probabilité qui peut être discrète ou continue —ou même mixte[(1)]. Nous allons considérer ces cas séparément.

6.1.2 Lois bivariées discrètes

a) Définition

Plaçons-nous, comme c'est le cas pour l'exemple 6.1, dans la situation où nous considérons deux v.a. X et Y ***discrètes***, définies sur Ω. Le couple (X, Y) est alors appelé une ***v.a. discrète à deux dimensions*** et donne lieu à un ***vecteur aléatoire discret***. La D.P. est définie par les couples (x, y) —que nous appelons valeurs de (X, Y) — et les probabilités associées $p_{xy} = P[(X = x) \cap (Y = y)]$ où $x \in \mathscr{V}_x$ et $y \in \mathscr{V}_y$ correspondent aux valeurs possibles des deux variables. Afin de pouvoir représenter cette D.P. sous forme de tableaux ou de graphiques (comme dans le chapitre 2 pour une D.O.2), nous construisons un ***tableau de probabilités*** à double entrée en indiquant en tête des lignes les valeurs distinctes x de X et en tête des colonnes les valeurs distinctes y de Y. À l'intersection de chaque ligne et de chaque colonne, nous indiquons la probabilité p_{xy} associée au couple (x, y).

La loi de probabilité peut être définie par l'ensemble « valeurs-probabilités »

$$\{(x,y), p_{xy}\} \quad , \quad (x,y) \in \mathscr{V} \tag{6.1}$$

où $\mathscr{V}$ désigne l'ensemble des valeurs possibles de (X, Y). Comme dans le cas d'une loi univariée, nous pouvons vérifier qu'un ensemble tel que (6.1) constitue effectivement une loi de probabilité si et seulement si les deux conditions suivantes sont remplies :

(1) Nous n'évoquerons pas ce cas dans le cadre de cet ouvrage.

$$p_{xy} \geqslant 0 \quad \forall (x,y) \in \mathscr{V} \tag{6.2}$$

$$\sum_x \sum_y p_{xy} = 1. \tag{6.3}$$

b) Lois marginales

La distribution (6.1) permet de définir des ***distributions marginales*** selon la même démarche que celle suivie dans le cas des D.0.2 (voir paragraphe 2.5). Ces distributions marginales sont les lois (unidimensionnelles) de X et de Y. Elles sont respectivement définies par [(2)]

$$D.M.(X) : \{(x, p_{x\cdot}), x \in \mathscr{V}_x\} \quad , \quad p_{x\cdot} = P(X = x) = \sum_y p_{xy} \tag{6.4}$$

$$D.M.(Y) : \{(y, p_{\cdot y}), y \in \mathscr{V}_y\} \quad , \quad p_{\cdot y} = P(Y = y) = \sum_x p_{xy}. \tag{6.5}$$

Ces lois décrivent le comportement de chaque v.a., sans tenir compte de l'autre. Elles peuvent être analysées selon les procédures présentées dans le chapitre 5. Ainsi, on peut en déterminer certains paramètres comme les moyennes :

$$\mu_x = E(X) = \sum_x x p_{x\cdot} \quad ; \quad \mu_y = E(Y) = \sum_y y p_{\cdot y} \tag{6.6}$$

et les variances :

$$\left.\begin{aligned} \sigma_x^2 &= V(X) = \sum_x (x - \mu_x)^2 p_{x\cdot} \\ \sigma_y^2 &= V(Y) = \sum_y (y - \mu_y)^2 p_{\cdot y} \end{aligned}\right\}. \tag{6.7}$$

EXEMPLE 6.1 (suite 1)

Le tableau 6.2 complète le tableau 6.1 de manière à y intégrer les probabilités marginales $p_{x\cdot}$ et $p_{\cdot y}$. Nous retrouvons évidemment, la D.P. du nombre de faces, examinée au début du chapitre 5, en tant que distribution marginale en X.

Par ailleurs, les expressions (6.6) et (6.7) nous, permettent de déterminer les moyennes et variances de chacune des deux lois marginales :

$$\mu_x = 1 \quad ; \quad \sigma_x^2 = 1/2 \quad ; \quad \mu_y = 1 \quad ; \quad \sigma_y^2 = 1.$$

(2) Nous reprenons la notation D.M. pour désigner une distribution marginale.

Tableau 6.2 *Détermination des probabilités marginales*

x	y		$p_{x\cdot}$
	0	2	
0	0	1/4	$p_{0\cdot} = 1/4$
1	1/2	0	$p_{1\cdot} = 1/2$
2	0	1/4	$p_{2\cdot} = 1/4$
$p_{\cdot y}$	$p_{\cdot 0} = 1/2$	$p_{\cdot 2} = 1/2$	1

c) Fonction de répartition

On peut aussi définir une loi bivariée discrète par l'intermédiaire de la fonction de répartition

$$F(x,y) = P\big[(X \leqslant x) \cap (Y \leqslant y)\big] = \sum_{u \leqslant x} \sum_{v \leqslant y} p_{uv}. \qquad (6.8)$$

EXEMPLE 6.1 (suite 2)

La définition (6.8) nous donne le tableau 6.3.

Tableau 6.3 *Valeur de la fonction de répartition* $F(x, y)$

x	y	
	0	2
0	0	1/4
1	1/2	3/4
2	1/2	1

d) Distributions conditionnelles

En fixant la valeur d'une des v.a. X ou Y, on peut étudier la D.P. de l'autre : nous définissons ainsi le concept de ***distribution conditionnelle*** de façon analogue à celle que nous avons suivie dans l'étude des distributions observées (voir paragraphe 2.6). Nous distinguerons deux cas.

1°) *Distribution conditionnelle de Y en X*

Si l'on fixe la valeur de X comme étant égale à une valeur donnée *a priori* x, la distribution conditionnelle de Y —que nous désignerons par la notation D.C. $(Y|X = x)$ — est définie par les couples

$$\big\{(y, p_{y|x}), y \in \mathscr{V}_y\big\} \quad \text{où} \quad p_{y|x} = \frac{p_{xy}}{p_{x\cdot}} \qquad (6.9)$$

est la probabilité conditionnelle de y en x. Cette loi peut être étudiée selon la procédure présentée dans le chapitre 5. Elle possède en particulier une ***moyenne conditionnelle*** définie par

$$\mu_{y|x} = E\big[Y|X = x\big] = \sum_y y p_{y|x} \tag{6.10}$$

et une ***variance conditionnelle*** valant

$$\sigma^2_{y|x} = E\left[(Y - \mu_{y|x})^2 | X = x\right] = \sum_y (y - \mu_{y|x})^2 p_{y|x}. \tag{6.11}$$

2°) *Distribution conditionnelle de X en Y*

On se fixe $Y = y$. La D.C. $(X|Y = y)$ — lisez : la distribution conditionnelle de la v.a. X, étant donné qu'on a fixé la valeur de Y comme étant égale à y — est définie par l'ensemble des couples

$$\big\{(x, p_{x|y}), x \in \mathcal{V}_x\big\} \quad \text{où} \quad p_{x|y} = \frac{p_{xy}}{p_{.y}}. \tag{6.12}$$

Comme ci-dessus, cette loi possède des paramètres $\mu_{x|y}$, $\sigma^2_{x|y}, \ldots$

EXEMPLE 6.1 (suite 3)

Au vu du tableau 6.1, on constate, par exemple, que la D.C. $(Y|X = 1)$ est définie par :

y	0	2
$p_{y\|x}$	1	0

$(x = 1)$

Il s'agit d'une loi dégénérée dont la moyenne et la variance sont toutes deux nulles.
Par ailleurs, la D.C. $(X|Y = 2)$ est définie par :

x	0	1	2
$p_{x\|y}$	1/2	0	1/2

$(y = 2)$

Sa moyenne et la variance valent 1.

e) Remarques

On peut aussi envisager d'autres notations pour représenter une loi de probabilité bivariée discrète, plus proche de celle utilisée dans l'étude d'une D.O.2. Elle consiste à supposer que les valeurs de X sont notées $x_1, \ldots, x_J$, celles de Y sont $y_1, \ldots, y_K$ et p_{jk} est la probabilité $P[(X = x_j) \cap (Y = y_k)]$. Dans ce cas, la loi est définie par l'ensemble des triplets

$$\big\{(x_j, y_k, p_{jk}); j = 1, \ldots, J; k = 1, \ldots, K\big\}. \tag{6.13}$$

Par ailleurs, des représentations graphiques d'une loi de probabilité peuvent être envisagées, dans l'esprit que nous avons évoqué dans le chapitre 2.

Signalons enfin que d'autres concepts peuvent être introduits dans l'étude d'une loi de probabilité bivariée. Nous les expliciterons dans le chapitre 10.

6.1.3 Lois multivariées discrètes

La prise en compte de p v.a. $X_1, \ldots, X_p$ définies sur le même espace Ω permet d'introduire le concept de ***loi à p dimensions***.

L'accroissement du nombre de variables s'accompagne généralement d'une difficulté d'écriture : notre alphabet ne contient en effet que vingt-six lettres. C'est pourquoi, on recourt généralement à une notation plus synthétique et plus facile à manier, reposant sur l'usage de ***vecteurs*** et de ***matrices***.

Ainsi, on introduit un ***vecteur aléatoire*** $\mathbf{X} = (X_1, \ldots, X_p)'$ dont la loi de probabilité est définie par l'ensemble $\mathcal{V}$ des valeurs $\mathbf{x} = (x_1, \ldots, x_p)'$ de X et par les probabilités associées $p_{x_1 \ldots x_p} = P[(X_1 = x_1) \cap \cdots \cap (X_p = x_p)]$. Une telle loi permet aussi, comme dans le cas bivarié, d'introduire des lois marginales et conditionnelles.

Un exemple intéressant de distribution d'une v.a. à plusieurs dimensions est la ***loi multinomiale*** qui généralise la distribution binomiale présentée dans le chapitre 5. Pour l'introduire, on peut reprendre le schéma de Bernoulli en supposant que l'expérience aléatoire (que l'on répète n fois sous des conditions uniformes et de manière indépendante) peut donner lieu à m résultats $E_1, \ldots, E_m$ se présentant avec les probabilités respectives $p_1, \ldots, p_m$ (3). Nous pouvons nous intéresser au vecteur aléatoire $(X_1, \ldots, X_m)'$, où X_i est la v.a. représentant le nombre de réalisations de E_i au cours des n répétitions $(i = 1, \ldots, m)$. Par un raisonnement analogue à celui que nous avons suivi dans l'élaboration de la distribution binomiale, on peut établir la loi de ce vecteur aléatoire. Si $x_1, \ldots, x_m$ sont les valeurs respectives de $X_1, \ldots, X_m$, c'est-à-dire des entiers non négatifs dont la somme vaut n, la probabilité associée à ce m-uple de valeurs est donnée par

$$P\Big[(X_1 = x_1) \cap \cdots \cap (X_m = x_m)\Big] = \frac{n!}{x_1! \ldots x_m!} p_1^{x_1} \ldots p_m^{x_m}. \qquad (6.14)$$

Comme cette loi est entièrement spécifiée par la connaissance de n et de $p_1, \ldots, p_m$, il est commode de représenter la loi multinomiale de $(X_1, \ldots, X_m)$ par la notation

$$(X_1, \ldots, X_m)' \sim \mathcal{M}(n, p_1, \ldots, p_m). \qquad (6.15)$$

(3) $p_1, \ldots, p_m$ doivent être tels que $\sum_i p_i = 1$.

Par extension, on parle de ***v.a. multinomiale***. Remarquons en outre que les lois marginales univariées sont des distributions binomiales :

$$X_i \sim \mathcal{B}(n, p_i) \qquad i = 1, \ldots, m. \tag{6.16}$$

EXEMPLE 6.2

Lançons un dé bien équilibré cinq fois. Soit X_i le nombre de fois qu'on obtient la face numérotée i $(i = 1, \ldots, 6)$. La probabilité d'avoir deux « 3 », deux « 4 » et un « 6 » est donnée par :

$$P\big[(X_1 = 0) \cap (X_2 = 0) \cap (X_3 = 2) \cap (X_4 = 2) \cap (X_5 = 0) \cap (X_6 = 1)\big]$$

$$= \frac{5!}{(0!0!2!2!0!1!)}\left(\frac{1}{6}\right)^0\left(\frac{1}{6}\right)^0\left(\frac{1}{6}\right)^2\left(\frac{1}{6}\right)^2\left(\frac{1}{6}\right)^0\left(\frac{1}{6}\right)^1 = \frac{5}{1296}.$$

6.1.4 Lois bivariées continues

Considérons deux v.a. continues X et Y définies sur l'ensemble des réels $\mathbb{R}$. La loi de probabilité du vecteur $(X, Y)'$ est définie par une ***fonction de densité*** $f(x, y)$ associée à chaque valeur possible $(x, y) \in \mathbb{R}^2$, telle que la probabilité d'appartenance au rectangle de $\mathbb{R}^2$ présenté dans la figure 6.2 —où dx et dy sont des quantités positives très petites— est égale à

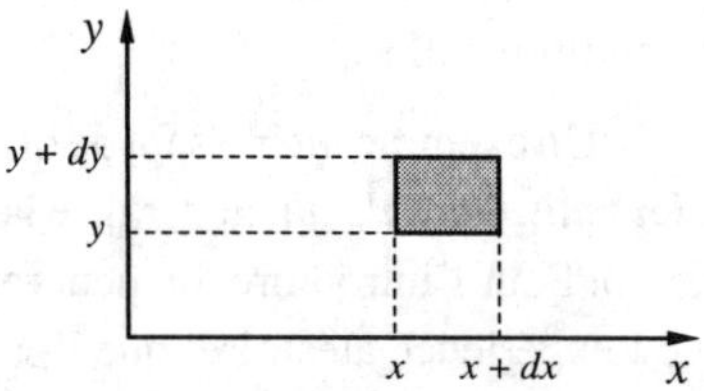

Figure 6.2 *Événement de base*

$$P\big[(x \leqslant X \leqslant x + dx) \cap (y \leqslant Y \leqslant y + dy)\big] = f(x, y)dx\, dy. \tag{6.17}$$

Cette définition généralise celle que nous avons présentée dans le cas univarié —cf. (5.5.4)—.

Comme dans le cas discret, on peut définir la loi par une fonction de répartition $F(x, y)$. Des lois marginales —celle en X, de fonction de densité $f_1(x)$ et celle en Y, de fonction de densité $f_2(y)$— et des lois conditionnelles peuvent être considérées de même. Nous reviendrons sur leur usage dans le chapitre 10.

Un exemple particulièrement utilisé de loi bivariée continue est celui de la ***loi normale bivariée*** dont la fonction de densité est

$$f(x, y) = \frac{1}{2\pi\sigma_x\sigma_y\sqrt{1-\rho^2}} \tag{6.18}$$

$$\times\, e^{-\frac{1}{2(1-\rho^2)}\left[\frac{(x-\mu_x)^2}{\sigma_x^2} - 2\rho\frac{(x-\mu_x)(y-\mu_y)}{\sigma_x\sigma_y} + \frac{(y-\mu_y)^2}{\sigma_y^2}\right]}$$

où μ_x et μ_y sont deux paramètres réels quelconques, σ_x et σ_y deux autres paramètres positifs et ρ un cinquième paramètre compris entre -1 et $+1$.

La représentation graphique de cette fonction est en forme de cloche, telle qu'elle apparaît dans le figure 6.3, correspondant à un choix particulier des cinq paramètres de la loi.

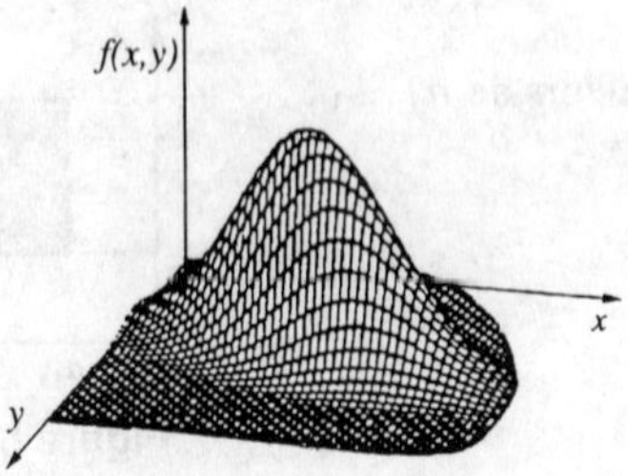

Figure 6.3 *Loi normale bivariée*

Le fait pour (X, Y) d'admettre une D.P. définie par (6.18) est indiqué par la notation :

$$(X, Y) \sim \mathcal{N}\left(\mu_x, \mu_y, \sigma_x^2, \sigma_y^2, \rho\right). \tag{6.19}$$

Par extension, (X, Y) est appelée un ***vecteur aléatoire normal*** (ou encore ***vecteur aléatoire gaussien***). Notons enfin que les lois marginales sont des lois normales :

$$X \sim \mathcal{N}\left(\mu_x, \sigma_x^2\right) \quad \text{et} \quad Y \sim \mathcal{N}\left(\mu_y, \sigma_y^2\right). \tag{6.20}$$

6.1.5 Lois multivariées continues

Comme dans le cas discret, on peut introduite des lois continues de vecteurs aléatoires $\mathbf{X} = (X_1, \ldots, X_p)'$ définies par une fonction de densité $f(x_1, \ldots, x_p)$ ou une fonction de répartition $F(x_1, \ldots, x_p)$.

Le recours a de nombreuses variables plaide en faveur de l'utilisation de notations matricielles pour simplifier l'écriture. Nous évoquerons cela dans l'exercice T.6.1 [(4)].

6.2 VARIABLES ALÉATOIRES INDÉPENDANTES

Nous avons introduit, au chapitre 4, le concept d'*événements indépendants*. Ainsi, si A et B sont deux événements définis à partir d'un ensemble fondamental Ω, ils sont indépendants si et seulement si $P(A \cap B) = P(A)P(B)$ [voir (4.24)]. Nous pouvons étendre cette définition afin d'introduire le concept d'indépendance entre des variables aléatoires.

(4) Cf. aussi Saporta [1990], page 86.

6.2.1 Définition (cas de 2 v.a.)

Considérons un rectangle de $\mathbb{R}^2$ défini par les intervalles $[a_1, b_1]$ et $[a_2, b_2]$ de la figure 6.4. Deux v.a. réelles sont dites *indépendantes*(5) si

$$P\big[(a_1 \leqslant X \leqslant b_1) \cap (a_2 \leqslant Y \leqslant b_2)\big]$$
$$= P(a_1 \leqslant X \leqslant b_1)\, P(a_2 \leqslant Y \leqslant b_2) \qquad (6.21)$$

quelles que soient les valeurs de a_1, b_1, a_2, b_2 pour lesquelles

$$a_1 < b_1 \quad \text{et} \quad a_2 < b_2.$$

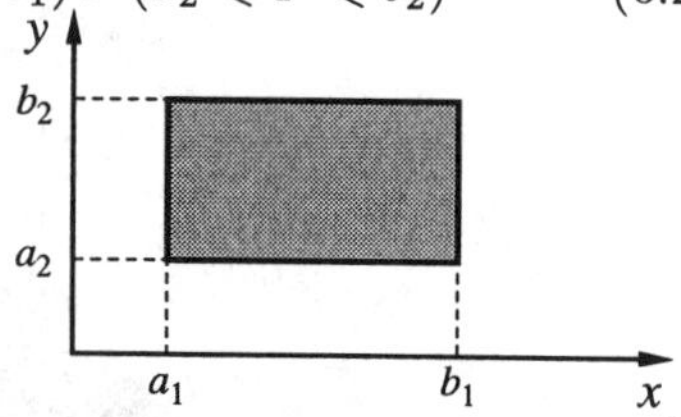

Figure 6.4 *Rectangle de* $\mathbb{R}^2$

6.2.2 Conditions nécessaires et suffisantes d'indépendance

La définition générale (6.21) n'est pas aisée à vérifier. Par contre, on peut établir des conditions nécessaires et suffisantes pour montrer l'indépendance entre deux v.a. plus faciles à utiliser.

a) Cas discret

Deux v.a. discrètes X et Y sont indépendantes ssi(6)

$$p_{xy} = p_{x\cdot} p_{\cdot y} \quad \forall (x, y) \in \mathcal{V} \qquad (6.22)$$

où $\{(x, y), p_{xy}\}$ est la loi de (X, Y) et $\{x, p_{x.}\}$ et $\{y, p_{.y}\}$ les lois marginales.

Remarquons que la relation (6.22) concerne aussi le cas d'une v.a. discrète qualitative. D'autre part, pour prouver que deux v.a. X et Y sont *dépendantes*, il suffit que la relation (6.22) soit fausse pour au moins un couple (x, y).

EXEMPLE 6.1 (suite 4)

Les variables X (nombre de faces) et Y (écart en valeur absolue entre nombre de piles et de faces), définies sur l'ensemble fondamental Ω décrivant le résultat de deux jets successifs d'une pièce de monnaie bien équilibrée, ne sont pas indépendantes. En effet, en considérant le tableau 6.2 donnant les probabilités p_{xy} et les probabilités marginales $p_{x\cdot}$ et $p_{\cdot y}$, on constate, par exemple, que

$$p_{10} = \frac{1}{2} \neq p_{1\cdot} \times p_{\cdot 0} = \frac{1}{2} \times \frac{1}{2} = \frac{1}{4} \cdot$$

En revanche, si le résultat du lancer de deux pièces de monnaie est décrit par deux v.a. X' et Y' définies sur $\Omega = \{\text{pile, face}\}$, nous avons le tableau de probabilités 6.4 :

(5) Il s'agit d'une indépendance ***au sens des probabilités*** encore appelée ***indépendance stochastique***.

(6) *ssi* = si et seulement si.

Tableau 6.4 *Tableau de probabilités*

x'	y'		$p_{j\cdot}$
	Pile	**Face**	
pile	$p_{11} = 1/4$	$p_{12} = 1/4$	$p_{1\cdot} = 1/2$
face	$p_{21} = 1/4$	$p_{22} = 1/4$	$p_{2\cdot} = 1/2$
$p_{\cdot k}$	$p_{\cdot 1} = 1/2$	$p_{\cdot 2} = 1/2$	1

(La relation (6.22) est vérifiée vu que $p_{jk} = 1/4$ et $p_{j\cdot} = p_{\cdot k} = 1/2$, pour tout j et pour tout k. Les v.a. X' et Y' sont donc indépendantes.

b) Cas continu

Nous pouvons aussi définir le concept d'indépendance pour deux v.a. X et Y *continues*. Soit $f(x,y)$ la fonction de densité du vecteur aléatoire continu (X,Y), $f_1(x)$ et $f_2(y)$ les fonctions de densité définissant les distributions marginales en X et en Y. *Les deux v.a. sont dites indépendantes ssi* :

$$f(x,y) = f_1(x) \times f_2(y) \qquad \forall x \in \mathcal{V}_x \quad , \quad \forall y \in \mathcal{V}_y \tag{6.23}$$

où $\mathcal{V}_x$ et $\mathcal{V}_y$ sont les domaines de variation de X et Y.

EXEMPLE 6.3

Reprenons la distribution normale bivariée définie par la fonction de densité (6.18). Si le paramètre ρ est nul, $f(x,y)$ peut encore s'écrire :

$$\frac{1}{\sigma_x\sqrt{2\pi}\sigma_y\sqrt{2\pi}} \exp\left[-\frac{(x-\mu_x)^2}{2\sigma_x^2} - \frac{(y-\mu_y)^2}{2\sigma_y^2}\right]$$

$$= \frac{1}{\sigma_x\sqrt{2\pi}} \exp\left[-\frac{(x-\mu_x)^2}{2\sigma_x^2}\right] \times \frac{1}{\sigma_y\sqrt{2\pi}} \exp\left[-\frac{(y-\mu_y)^2}{2\sigma_y^2}\right].$$

$f(x,y)$ s'exprime donc comme le produit de deux fonctions $f_1(x)$ et $f_2(y)$ que l'on reconnaît comme les fonctions de densité normales des deux distributions marginales :

$$X \sim \mathcal{N}\left(\mu_x, \sigma_x^2\right) \quad \text{et} \quad Y \sim \mathcal{N}\left(\mu_y, \sigma_y^2\right).$$

Nous en concluons que si $\rho = 0$, X et Y sont indépendantes.

c) Remarque

Il est intéressant de noter l'existence d'une autre condition nécessaire et suffisante d'indépendance entre 2 v.a. X et Y qui recourt à l'utilisation des fonctions de répartition bivariées $F(x,y)$ et marginales $F_1(x)$ et $F_2(y)$:

$$F(x,y) = F_1(x) \times F_2(y) \qquad \forall (x,y) \in \mathcal{V}. \tag{6.24}$$

Cette propriété peut être très utile en pratique.

6.2.3 Remarques

La définition (6.21) et les conditions nécessaires et suffisantes d'indépendance (6.22) à (6.24) peuvent être étendues à un nombre quelconque de variables aléatoires.

Par ailleurs, il ressort de ces expressions que si des v.a. sont indépendantes, leur loi commune[(7)] est complètement spécifiée par la connaissance des lois marginales.

6.3 ADDITION DE VARIABLES ALÉATOIRES

6.3.1 Introduction

Lorsqu'on envisage deux ou plusieurs variables, il est fréquent de vouloir en considérer la somme, la différence ou toute fonction dont l'analyse permet d'atteindre certains objectifs. Partant du fait que toute fonction d'une v.a. est elle-même une v.a., il est utile de pouvoir déterminer le comportement de cette dernière ou, tout au moins, ses caractéristiques essentielles.

Prenons tout d'abord le cas de deux v.a. X et Y, définies sur le même ensemble fondamental, dont on veut effectuer la somme.

EXEMPLE 6.4

On lance une pièce de monnaie dont on ne sait pas si elle est bien équilibrée. Appelons « succès » le résultat face et π sa probabilité d'être observé. La v.a. X décrivant le résultat de cette expérience aléatoire admet une distribution de Bernoulli (voir paragraphe 5.10.2) :

$$X \sim \mathcal{B}(1, \pi).$$

X prend la valeur 0, avec la probabilité $(1 - \pi)$, en cas d'échec, et la valeur 1, avec la probabilité π, en cas de succès.

Lançons cette pièce une deuxième fois et appelons Y la v.a. décrivant le résultat de cette seconde expérience :

$$Y \sim \mathcal{B}(1, \pi).$$

Y prend aussi la valeur 0, avec la probabilité $(1 - \pi)$, en cas d'échec, et la valeur 1, avec la probabilité π, en cas de succès.

Comme nous l'avons souligné dans le paragraphe précédent, X et Y sont indépendantes. Les valeurs de la v.a. $Z = X+Y$ sont fournies par le tableau 6.5 et sont égales à 0, 1 ou 2.

Comme les v.a. X et Y sont indépendantes, nous avons :

$$P(Z=0) \;=\; P\big[(X=0)\cap(Y=0)\big] \;=\; (1-\pi)(1-\pi) \;=\; (1-\pi)^2;$$

$$P(Z=1) \;=\; P\Big\{\big[(X=0)\cap(Y=1)\big] \cup \big[(X=1)\cap(Y=0)\big]\Big\}$$

(7) On parle aussi de ***loi jointe***.

$$\begin{aligned} &= (1-\pi)\pi + \pi(1-\pi) = 2\pi(1-\pi); \\ P(Z=2) &= P\big[(X=1)\cap(Y=1)\big] = \pi\times\pi = \pi^2. \end{aligned}$$

Tableau 6.5 *Valeur de* Z

x	y	
	0	1
0	0	1
1	1	2

Compte tenu des définitions de la moyenne et de la variance d'une D.P., nous pouvons écrire :

$$\begin{aligned} E(Z) &= (1-\pi)^2(0) + 2\pi(1-\pi)(1) + \pi^2(2) = 2\pi; \\ V(Z) &= (1-\pi)^2(0-2\pi)^2 + 2\pi(1-\pi)(1-2\pi)^2 + \pi^2(2-2\pi)^2 \\ &= \cdots = 2\pi(1-\pi). \end{aligned}$$

Nous constatons ainsi trois propriétés intéressantes :

1. Comme $E(X) = E(Y) = \pi$ (voir paragraphe 5.10.2) :
$$E(Z) = E(X+Y) = 2\pi = E(X) + E(Y).$$
2. comme $V(X) = V(Y) = \pi(1-\pi)$ (voir paragraphe 5.10.2) :
$$V(Z) = V(X+Y) = 2\pi(1-\pi) = V(X) + V(Y).$$
3. En sommant deux variables de Bernoulli $\mathcal{B}(1,\pi)$ indépendantes, nous obtenons une v.a. $\mathcal{B}(2,\pi)$ – cf. paragraphe 5.10.3.

Nous avons constaté par l'exemple 6.4 qu'il existe des relations entre les paramètres de la somme de deux v.a. et ceux qui concernent les termes de cette somme. Nous allons préciser ce type de relations et les généraliser à un nombre quelconque de v.a. Nous ne désirons cependant citer ici que les résultats qui nous seront les plus utiles ou dont l'intérêt apparaît immédiatement. Afin de ne pas alourdir l'exposé, nous ne démontrerons pas ces propriétés ici et renvoyons le lecteur intéressé au paragraphe 6.7.1 ou à la bibliographie en fin d'ouvrage (8).

6.3.2 Espérance mathématique d'une somme de variables aléatoires

Soient $X_1, \ldots, X_n$ n v.a. quelconques ; on peut montrer que

$$E\left(\sum_i X_i\right) = \sum_i E\left(X_i\right). \tag{6.25}$$

Ce résultat généralise la première constatation effectuée dans l'exemple 6.4. Il est en outre assez intuitif, si l'on se rappelle que l'espérance mathématique d'une v.a. est la moyenne de sa D.P.

(8) Voir, par exemple, Devore [1991], Grais [1974] et Hammad [1984].

Compte tenu des propriétés vues au paragraphe 5.9, nous pouvons déduire de (6.25) que :

$$E\left(\frac{1}{n}\sum_i X_i\right) = \frac{1}{n}\sum_i E(X_i) \tag{6.26}$$

$$E\left(\sum_i a_i X_i\right) = \sum_i a_i E(X_i) \tag{6.27}$$

où $a_1, \ldots, a_n$ sont des constantes réelles quelconques. Un cas particulier de (6.27) concerne la *différence* entre deux v.a. X_1 et X_2 (cas où $a_1 = 1$, $a_2 = -1$, $a_3 = \cdots = a_n = 0$) :

$$E(X_1 - X_2) = E(X_1) - E(X_2). \tag{6.28}$$

On peut aussi remarquer que si les v.a. $X_1, \ldots, X_n$ sont de même distribution (***équidistribuées***) de moyenne commune μ, les relations (6.25) à (6.28) s'écrivent :

$$E\left(\sum_i X_i\right) = n\mu \; ; \; E\left(\frac{1}{n}\sum_i X_i\right) = \mu \; ; \; E\left(\sum_i a_i X_i\right) = \mu \sum_i a_i. \tag{6.29}$$

De même, l'application de (6.28) à ce cas particulier signifie que la moyenne de la différence de deux v.a. équidistribuées est nulle.

6.3.3 Variance d'une somme de variables aléatoires indépendantes

Soit $X_1, \ldots, X_n$ n v.a. indépendantes. On peut montrer que

$$V\left(\sum_i X_i\right) = \sum_i V(X_i). \tag{6.30}$$

Nous retrouvons ainsi la deuxième constatation de notre exemple. Remarquons que nous avons dû supposer avoir des v.a. *indépendantes*. Cette hypothèse est nécessaire dans la mesure où la variance est une expression du second degré. Sans elle, nous aurions, en élevant la somme au carré, des doubles produits dont on devrait tenir compte (voir exercice T.6.9), mais qui disparaissent dans le cas de v.a. indépendantes.

Compte tenu des propriétés de la variance énoncées au paragraphe 5.9, nous pouvons aussi écrire :

$$V\left(\frac{1}{n}\sum_i X_i\right) = \frac{1}{n^2}\sum_i V(X_i) \tag{6.31}$$

$$V\left(\sum_i a_i X_i\right) = \sum_i a_i^2 V(X_i). \tag{6.32}$$

Nous obtenons à nouveau, comme cas particulier de cette dernière expression :

$$V(X_1 - X_2) = V(X_1) + V(X_2). \qquad (6.33)$$

La différence entre deux v.a. indépendantes, dont chacune admet une dispersion autour de sa moyenne mesurée par sa variance, possède une variance qui est définie par la *somme* de ces paramètres et non par leur différence !

Notons encore que si toutes les v.a. sont ***équidistribuées*** (en plus d'être indépendantes) et possèdent une variance commune σ^2, les expressions (6.31) à (6.33) deviennent :

$$V\left(\sum_i X_i\right) = n\sigma^2, V\left(\frac{1}{n}\sum_i X_i\right) = \frac{\sigma^2}{n}, V\left(\sum_i a_i X_i\right) = \sigma^2 \sum_i a_i^2. \qquad (6.34)$$

6.3.4 Loi d'une somme de variables aléatoires indépendantes

Il arrive que l'on soit amené à considérer la somme de v.a. dont les lois sont connues et appartiennent à une même famille. Nous énoncerons quelques résultats sans en donner la démonstration, renvoyant le lecteur intéressé à la même bibliographie qu'au début du paragraphe, ou à l'exercice T.6.9.

Propriété 6.1 (Propriété d'addition de v.a. binomiales indépendantes)

Si X et Y sont deux v.a. indépendantes telles que $X \sim \mathcal{B}(n_1, p)$ et $Y \sim \mathcal{B}(n_2, p)$, alors

$$X + Y \sim \mathcal{B}(n_1 + n_2, p). \qquad (6.35)$$

Cette propriété peut être étendue à plus de deux v.a. En particulier *une somme de n v.a. de Bernoulli* $\mathcal{B}(1,p)$ *indépendantes est une v.a. binomiale* $\mathcal{B}(n,p)$ [9].

Propriété 6.2 (Propriété d'addition de v.a. de Poisson indépendantes)

Si X et Y sont deux v.a. indépendantes telles que $X \sim \mathcal{P}(\lambda_1)$ et $Y \sim \mathcal{P}(\lambda_2)$, alors

$$X + Y \sim \mathcal{P}(\lambda_1 + \lambda_2). \qquad (6.36)$$

Cette propriété peut aussi être généralisée à plus de deux variables aléatoires.

Propriété 6.3 (Propriété d'addition de v.a. normales indépendantes)

Si X et Y sont deux v.a. indépendantes telles que $X \sim \mathcal{N}(\mu_1, \sigma_1^2)$ et $Y \sim \mathcal{N}(\mu_2, \sigma_2^2)$, alors

$$X + Y \sim \mathcal{N}\left(\mu_1 + \mu_2, \sigma_1^2 + \sigma_2^2\right). \qquad (6.37)$$

(9) Voir la dernière constatation de l'exemple 6.4.

Ce résultat peut être généralisé en considérant une combinaison linéaire quelconque de X et Y :

$$aX + bY \sim \mathcal{N}\left(a\mu_1 + b\mu_2, a^2\sigma_1^2 + b^2\sigma_2^2\right). \tag{6.38}$$

Notons qu'un cas particulier de ce dernier résultat est obtenu en prenant $a = 1$ et $b = -1$:

$$X - Y \sim \mathcal{N}\left(\mu_1 - \mu_2, \sigma_1^2 + \sigma_2^2\right). \tag{6.39}$$

Soulignons le fait que ces propriétés ne sont cependant pas généralisables à toutes les lois. Ainsi, une somme de v.a. uniformes sur le même intervalle n'est plus uniforme !

6.4 FONCTIONS NON LINÉAIRES DE VARIABLES ALÉATOIRES

Nous avons vu que l'on pouvait créer des lois en sommant, retranchant et combinant linéairement des variables aléatoires. D'autres modes d'agrégation peuvent aussi être retenus. Sans vouloir être guidé par un souci d'exhaustivité, nous devons mentionner quelques résultats dont nous ferons usage dans la suite. Il faut souligner, en préambule, que les différentes v.a. ainsi créées répondaient à l'origine à des objectifs précis que nous ne pouvons décrire ici [(10)], mais qui apparaîtront parfois en filigrane dans les chapitres suivants.

6.4.1 Distribution « Khi-carré » (encore dite « du Khi-deux »)

Considérons ν v.a. *normales centrées réduites indépendantes* $X_1, X_2, \ldots, X_\nu$. La variable aléatoire

$$X = \sum_i X_i^2$$

admet une ***loi*** χ^2 ***à*** ν ***degrés de liberté***, où le ***nombre de degrés de liberté*** ν représente le nombre de v.a. indépendantes qui interviennent dans la définition de X. La fonction de densité $f(x)$ de cette D.P. est nulle pour $x < 0$, et, pour $x > 0$, a une forme qui dépend de ν, ainsi qu'on le constate dans la figure 6.5.

On peut montrer que

$$E(X) = \nu \quad , \quad V(X) = 2\nu. \tag{6.40}$$

Par extension, une v.a. admettant une telle distribution sera dite « (du) χ^2 ». Cette loi joue un rôle important dans certaines méthodes d'analyse confirmatoire (cf. chap. 9 et 10). Nous verrons en particulier l'intérêt d'utiliser les *quantiles* $\chi^2_{\nu,p}$ d'ordre p, où $0 < p < 1$, définis par la relation

$$P\left(X \leqslant \chi^2_{\nu;p}\right) = p. \tag{6.41}$$

[(10)] Cf. Droesbeke et Tassi [1996].

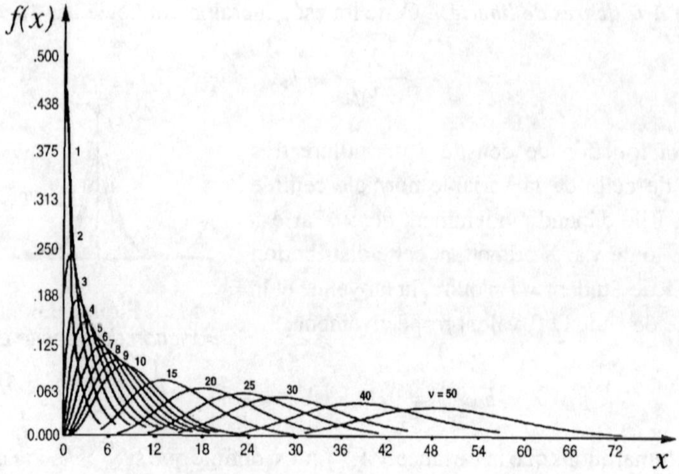

Figure 6.5 *Fonction de densité de* χ^2_ν

La table 11, présentée en fin d'ouvrage, contient les valeurs de ces quantiles pour plusieurs degrés de liberté ν et ordres p.

La loi χ^2_ν possède aussi des propriétés intéressantes dont nous pouvons souligner les deux suivantes.

Propriété 6.4 *Si les p v.a.* $X_1 \sim \chi^2_{\nu_1}, \ldots, X_p \sim \chi^2_{\nu_p}$ *sont indépendantes, leur somme*

$$X_T = \sum_{i=1}^{p} X_i \sim \chi^2_{\nu_T} \tag{6.42}$$

où $\nu_T = \sum_{i=1}^{p} \nu_i$.

Propriété 6.5 (Théorème de Cochran) *Si trois des propriétés suivantes sont vraies, la quatrième l'est aussi :*

$$\begin{aligned} &1.\quad X_1 \sim \chi^2_{\nu_1}\,; \\ &2.\quad X_2 \sim \chi^2_{\nu_2}\,; \\ &3.\quad X_1 + X_2 \sim \chi^2_{\nu_1+\nu_2}\,; \\ &4.\quad X_1 \text{ et } X_2 \textit{ sont indépendantes}. \end{aligned} \tag{6.43}$$

6.4.2 Distribution de Student

Considérons deux v.a. *indépendantes* $X \sim \mathcal{N}(0,1)$ et $Y \sim \chi^2_\nu$. La v.a. obtenue en divisant X par la racine carrée de Y/ν admet une « ***distribution de***

Student à ν degrés de liberté ». Cette loi est généralement notée par t_ν :

$$\frac{X}{\sqrt{Y/\nu}} \sim t_\nu. \tag{6.44}$$

Sa fonction de densité a une allure très proche de celle de la variable normale centrée réduite. Elle dépend évidemment de ν. Par extension, toute v.a. X admettant cette distribution est dite « de Student ». En outre, la moyenne et la variance de cette D.P. valent respectivement :

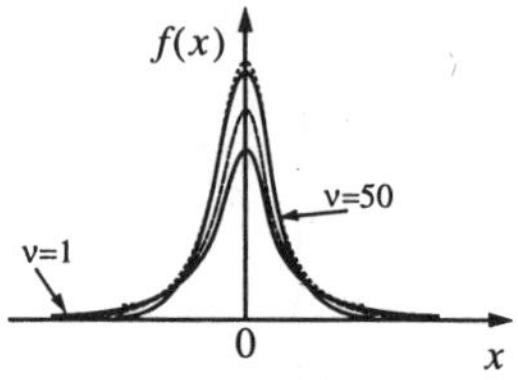

Figure 6.6
Fonction de densité de t_ν

$$E(X) = 0, \quad V(X) = \frac{\nu}{\nu - 2}\cdot \tag{6.45}$$

Remarquons que la variance $V(X)$ n'est définie que si $\nu > 2$. Par ailleurs, si $\nu = 1$, la loi de cette v.a. est dite ***loi de Cauchy***. Elle est définie par le rapport entre deux lois normales centrées réduites indépendantes et ne possède pas de variance finie.

La table 12 en annexe contient les quantiles $t_{\nu,p}$ d'ordre $p(0 < p < 1)$ de la variable t_ν définis par :

$$P\,(X \leqslant t_{\nu,p}) = p, \tag{6.46}$$

pour diverses valeurs de ν et p. Leurs valeurs sont utilisées dans le chapitre 9.

COMMENTAIRE HISTORIQUE 6.1

William Sealy Gosset (1876-1937) est à l'origine de la « loi de Student ». Ce descendant d'une vieille famille huguenote émigrée en Angleterre après la révocation de l'édit de Nantes, suivit un itinéraire aux aspects parfois surprenants. Après avoir obtenu ses diplômes de mathématiques et de sciences naturelles dans un collège d'Oxford, il fut engagé en 1899 par la firme de bière Guiness, à Dublin. Toute sa vie se passera dans l'industrie brassicole. C'est dans cet environnement qu'il mit au point des résultats intéressants en publiant, à une exception près, tous ses articles sous le pseudonyme de « Student ». La loi qui porte son nom fut introduite en 1908 dans un article intitulé « The probable error of a mean ». Elle se justifie surtout dans le contexte des petits échantillons (voir chapitre 8).

6.5 Distribution de Fisher-Snédecor

Considérons deux v.a. *indépendantes* :

$$X_1 \sim \chi^2_{\nu_1} \quad \text{et} \quad X_2 \sim \chi^2_{\nu_2}.$$

La v.a. définie par le rapport $(X_1/\nu_1)/(X_2/\nu_2)$ admet une ***D.P. de Fisher-Snédecor***, à ν_1 et ν_2 degrés de liberté, ce que nous écrivons sous la forme :

$$X = \frac{X_1/\nu_1}{X_2/\nu_2} \sim F_{\nu_1,\nu_2}. \tag{6.47}$$

Sa fonction de densité a une allure de courbe en cloche dissymétrique à gauche, qui dépend des valeurs de ν_1 et ν_2.

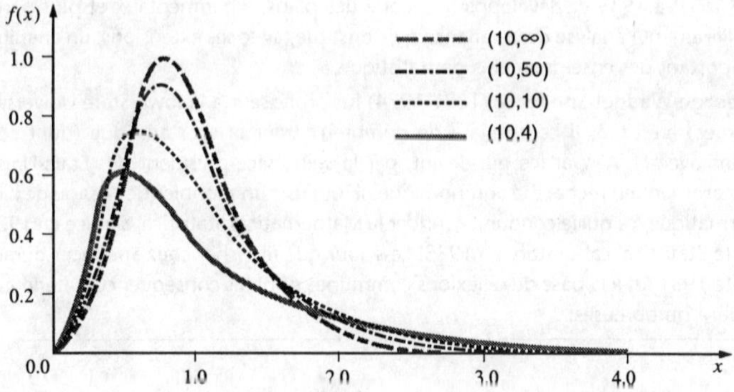

Figure 6.7 *Fonction de densité de* F_{ν_1,ν_2}

Sa moyenne (qui n'existe que si $\nu_2 > 2$) et sa variance (qui n'existe que si $\nu_2 > 4$) ont pour valeurs respectives :

$$E(X) = \frac{\nu_2}{\nu_2 - 2} \quad , \quad V(X) = \frac{2\nu_2^2(\nu_1 + \nu_2 - 2)}{\nu_1(\nu_2 - 2)^2(\nu_2 - 4)}. \tag{6.48}$$

Par extension, toute v.a. admettant cette D.P. est dite « de Fisher-Snédecor ». La table 13 présentée en annexe contient les quantiles $F_{\nu_1,\nu_2;p}$ d'ordre p de la variable F_{ν_1,ν_2}, définis par

$$P(X \leqslant F_{\nu_1,\nu_2;p}) = p \tag{6.49}$$

pour diverses valeurs de ν_1 et ν_2, et pour $p = 0.95$ et 0.99.

Nous verrons leur usage dans le chapitre 9. Remarquons en outre que si $X \sim F_{\nu_1,\nu_2}$ et $Y \sim F_{\nu_2,\nu_1}$:

$$F_{\nu_2,\nu_1;1-p} = \frac{1}{F_{\nu_1,\nu_2;p}}. \tag{6.50}$$

COMMENTAIRE HISTORIQUE 6.2

Ronald Aylmer Fisher (1890-1962) peut être considéré comme l'un des statisticiens les plus importants du vingtième siècle. Né en 1890, il se dirige vers les mathématiques mais est aussi intéressé par la biométrie, la génétique et l'eugénisme, suite aux travaux de Mendel (1865), aux articles de Galton sur l'hérédité et de K. Pearson sur la théorie de l'évolution. Il est à la base de la théorie moderne de l'estimation (voir chapitre 8). Nous ne pouvons citer ici tous ses travaux ni exposer la base de ses idées[11]. Il est cependant utile de noter que la loi dont nous parlons ici est apparue dans un contexte de statistique expérimentale développée dans le domaine de la recherche agronomique. Fisher obtint ses résultats les plus importants dans un manoir resté célèbre dans l'histoire de la statistique anglaise : Rothamsted Experimental Station. Fisher y travailla de 1919 à 1933 et développa la théorie des plans expérimentaux et plus particulièrement l'analyse de la variance qui constitue, avec ses extensions, un chapitre important des enseignements de statistique.

George Waddel Snédecor (1881-1974) fut professeur à la Iowa State University (Ames) en 1914. Il contribua à de nombreux travaux en statistique (dont certains avec H. A. Wallace qui devint, par la suite, vice-président des États-Unis), notamment en recherche agronomique. Il fut aussi un pionnier de l'usage de l'informatique, ce qui le conduisit à fonder le Mathematical Statistical Service en 1927 et le Statistical Laboratory en 1933. Le séjour que fit Fisher chez Snédecor durant l'été 1931 fut à la base de réflexions communes dont les conséquences ultérieures furent nombreuses.

6.6 COMPORTEMENTS ASYMPTOTIQUES

La statistique (nous l'avons déjà souligné dans le premier chapitre) joue un rôle particulier lorsque le nombre d'individus observés ou traités est grand. C'est pourquoi une part importante de cette discipline traite des ***comportements asymptotiques de v.a.*** correspondant à l'accroissement de certains paramètres du problème que l'on va « faire tendre vers l'infini », selon l'expression consacrée.

6.6.1 Exemple introductif

Au paragraphe 5.10.3, nous avons introduit la distribution binomiale. Étudions le comportement d'une v.a. $\mathcal{B}(n,p)$ —où p est fixe— lorsque n s'accroît. Prenons par exemple le cas où $p = 0.50$. On trouvera dans la figure 6.8 les graphes des lois correspondant à quatre valeurs de n : 2, 4, 8 et 16.

La moyenne μ et l'écart-type σ vont croître lorsque n augmente, comme on peut le constater sur les graphiques de la figure 6.8 :

$$\mu = np \xrightarrow[n\to\infty]{} \infty \quad ; \quad \sigma = \sqrt{npq} \xrightarrow[n\to\infty]{} \infty. \tag{6.51}$$

Pour étudier le comportement asymptotique de $X \sim \mathcal{B}(n; 0.50)$, il est judicieux de *centrer* et de *réduire* cette v.a. de façon à avoir une moyenne nulle et un écart-type égal à 1 (voir propriétés 5.4 et 5.8) :

$$Y = \frac{X - np}{\sqrt{npq}}. \tag{6.52}$$

[11] Voir par exemple Droesbeke et Tassi [1996].

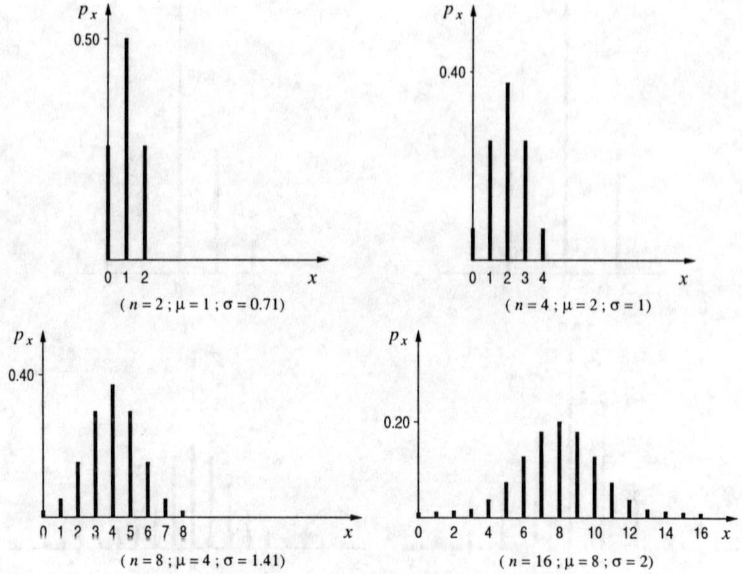

Figure 6.8 *Distributions* $\mathcal{B}(n, 0.5)$

Le comportement de cette v.a. pour $n = 2$, 4, 8 et 16 est décrit par des graphes obtenus en centrant les graphiques précédants en μ et en changeant d'unité de façon à ce que toutes les lois aient le même écart-type égal à 1. Ainsi, par exemple, pour $n = 8$, les valeurs de X et de $Y = (X - 4)/1.41$ sont présentées dans le tableau 6.6.

Tableau 6.6 *Variable* $\mathcal{B}(8; 0.5)$ *centrée réduite*

x	0	1	2	3	4	5	6	7	8
y	−2.83	−2.12	−1.41	−0.71	0	0.71	1.41	2.12	2.83

On constate aisément que le graphe (cf. figure 6.9) décrivant le comportement de la v.a. $Y = (X - np)/\sqrt{npq}$, où $X \sim \mathcal{B}(n; 0.5)$, adopte une allure « en forme de cloche », symétrique par rapport à zéro. Il en est de même si $p \neq 0.50$, mais cette tendance est plus longue à se dessiner.

6.6.2 Théorème de Moivre-Laplace

Il est possible de démontrer le ***théorème de Moivre-Laplace***, qui traduit de façon précise notre constatation du paragraphe précédent [12].

---

[12] Nous ne démontrerons pas ce théorème dans ce paragraphe. Le lecteur intéressé peut se référer à Hammad [1984], ou à l'exercice T.6.10.

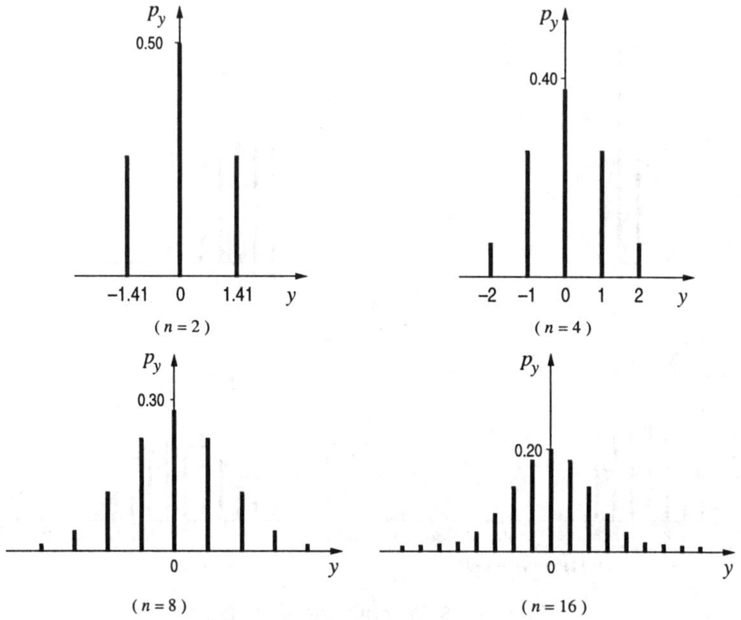

Figure 6.9 *Lois $\mathcal{B}(n; 0.5)$ centrées réduites*

Soit $X \sim \mathcal{B}(n, p)$:

$$Y = \frac{X - np}{\sqrt{npq}} \xrightarrow[n \to \infty]{} \mathcal{N}(0, 1). \tag{6.53}$$

Nous utilisons la notation $Y \approx \mathcal{N}(0, 1)$ pour signifier que cette loi est asymptotique et n'est valable que si n est élevé.

Deux problèmes pratiques peuvent être évoqués dans l'application du théorème de Moivre-Laplace. Nous les évoquerons sous forme de remarques.

Remarque 6.1 À partir de quelle valeur de n peut-on affirmer que l'approximation normale d'une loi binomiale est valable c'est-à-dire que le calcul d'une probabilité selon ces deux lois fournit des résultats très proches l'un de l'autre ? Nous avons déjà souligné le fait que cette convergence est rapide si p est proche de $1/2$. Elle sera d'autant plus lente que p est différent de cette valeur. De nombreuses études ont tenté de préciser des seuils de validité dépendant de n et de p. Il est souvent admis que l'approximation devient valable si l'une ou l'autre des deux conditions suivantes est remplie :

1. $npq \geqslant 9$
2. $n \geqslant 20, np \geqslant 10, nq \geqslant 10$.

Ainsi, lorsque $p = 0.50$, ces conditions donnent respectivement comme seuil de validité $n = 36$ et $n = 20$. Si $p = 0.10$, ils deviennent tous deux égaux à $n = 100$.

Remarque 6.2 L'approximation d'une loi binomiale par une distribution normale pose le problème du passage d'une loi discrète à une loi continue. Nous sommes habitués à l'inverse par l'intermédiaire du processus qui consiste à *arrondir* des valeurs observées. Ainsi, des mesures de tailles exprimées en centimètres impliquent, par exemple, que toute taille comprise entre 180.5 et 181.5 centimètres est représentée par la valeur entière 181. Nous pouvons inverser le sens de cette opération en précisant que l'intervalle continu associé à la valeur entière 181 est [180.5 ; 181.5]. Cette substitution d'une valeur discrète par un intervalle continu est qualifiée de ***correction de continuité***.

EXEMPLE 6.5

Lançons une pièce de monnaie bien équilibrée vingt fois de suite. Soit X le nombre de faces. Nous savons que $X \sim \mathcal{B}(20; 0.5)$, $E(X) = 10$ et $V(X) = 5$. Comme $\sqrt{5} = 2.24$, nous pouvons introduire la variable centrée réduite $Y = (X - 10)/2.24$. Peut-on admettre qu'elle est proche d'une loi $\mathcal{N}(0, 1)$ « selon » le théorème de Moivre-Laplace ? Utilisons les deux distributions pour calculer les probabilités suivantes.

1. $P(X = 8) = F_X(8) - F_X(7) = 0.2517 - 0.1316 = 0.1201$,
   où $F_X(x)$ est la fonction de répartition de la distribution $\mathcal{B}(20; 0.50)$. Par ailleurs, l'intervalle continu associé à la valeur 8 est $[7.5; 8.5]$. Notons X^* la v.a. continue associée à X. Nous pouvons donc obtenir une valeur approchée de $P(X = 8)$ par :

$$\begin{aligned} & P(7.5 \leqslant X^* \leqslant 8.5) \\ = \;& P\left[\frac{7.5 - 10}{2.24} \leqslant Z \leqslant \frac{8.5 - 10}{2.24}\right] = P(-1.12 \leqslant Z \leqslant -0.67) \\ = \;& F_Z(-0.67) - F_Z(-1.12) = F_Z(1.12) - F_Z(0.67) \\ = \;& 0.8686 - 0.7486 = 0.1200 \end{aligned}$$

   où $F_Z(x)$ est la fonction de répartition de $Z \sim \mathcal{N}(0, 1)$.

2. $P(8 \leqslant X \leqslant 12) = F_X(12) - F_X(7) = 0.8684 - 0.1316 = 0.7368$.

En effectuant la correction de continuité, nous aurons pour valeur approchée de cette probabilité :

$$\begin{aligned} & P(7.5 \leqslant X^* \leqslant 12.5) \\ = \;& P(-1.12 \leqslant Z \leqslant 1.12) = F_Z(1.12) - F_Z(-1.12) \\ = \;& 0.8686 - 0.1314 = 0.7372. \end{aligned}$$

6.6.3 Quelques résultats asymptotiques

Notre intention n'est pas de présenter ici toutes les convergences entre lois, mais seulement celles qui sont les plus courantes. Elles sont résumées dans les figures 6.10 et 6.11 reprenant les principales distributions que nous avons vues. Notons que les lois $\mathcal{B}_{cr}(n,p)$ et $\mathcal{P}_{cr}(\lambda)$ désignent respectivement la ***loi binomiale centrée réduite*** et la ***distribution de Poisson centrée réduite***. Nous avons indiqué les valeurs pour lesquelles des approximations peuvent être utilisées, tout en conservant la notation générale lorsque l'intérêt de cette convergence est plus théorique.

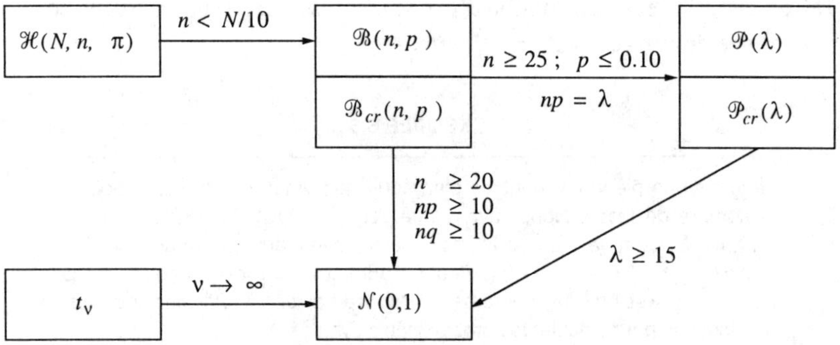

Figure 6.10 *Convergence de lois (I)*

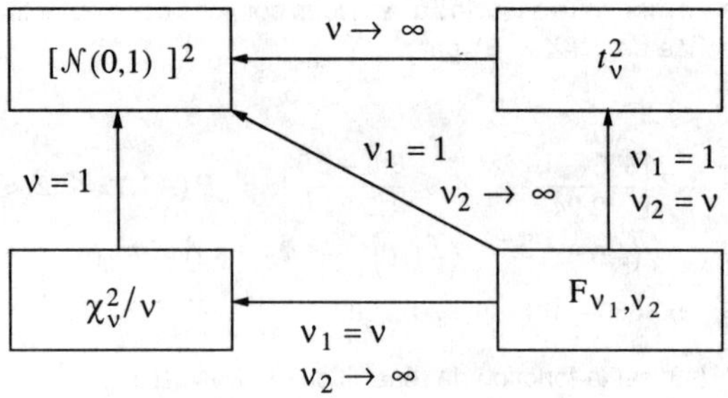

Figure 6.11 *Convergence de lois (II)*

6.6.4 Théorème central limite

Nous terminerons ce paragraphe en signalant l'existence d'autres propriétés de convergence dont la plus célèbre porte le nom de ***théorème central limite***. Nous en donnerons ici la version la plus simple, toujours sans démonstration (consultez éventuellement les références déjà citées dans ce paragraphe).

Théorème 6.1 (Théorème central limite)

Soit $X_1, \ldots, X_n$ une suite de v.a. indépendantes et équidistribuées, possédant une moyenne μ et une variance σ^2 finies. Quand n tend vers l'infini, la v.a. $X_T = X_1 + \cdots + X_n$ est telle que :

$$\frac{X_T - n\mu}{\sigma\sqrt{n}} \approx \mathcal{N}(0,1). \tag{6.54}$$

Remarquons que l'expression apparaissant dans le premier membre de (6.54) est la v.a. centrée réduite définie à partir de X_T, étant donné (6.29) et (6.34) :

$$E(X_T) = n\mu \quad ; \quad V(X_T) = n\sigma^2. \tag{6.55}$$

Un corollaire en découle immédiatement. Il concerne la *moyenne* $\overline{X}$ des v.a. $X_1, \ldots, X_n$ obtenu en divisant X_T par n. À partir de (6.55), nous pouvons écrire :

$$E\left(\overline{X}\right) = \mu, V\left(\overline{X}\right) = \frac{\sigma^2}{n} \tag{6.56}$$

ce que nous savions déjà par (6.29) et (6.34). D'autre part, si nous divisons le numérateur et le dénominateur de l'expression (6.54) par n, nous obtenons le résultat suivant.

Corollaire 6.1 (Corollaire du théorème central limite)

Soit $X_1, \ldots, X_n$ une suite de v.a. indépendantes et équidistribuées, possédant une moyenne μ et une variance σ^2 finies. Quand n tend vers l'infini, la v.a. $\overline{X} = 1/n(X_1 + \cdots + X_n)$ est telle que

$$\frac{\overline{X} - \mu}{\sigma/\sqrt{n}} \approx \mathcal{N}(0,1). \tag{6.57}$$

Notons que la convergence est d'autant plus rapide que la distribution des v.a. X_i est symétrique. En pratique, dans ce dernier cas, on convient généralement que le théorème et son corollaire sont d'application dès que $n \geqslant 30$.

EXEMPLE 6.6

Considérons une population de tailles d'individus dont la distribution est de moyenne $\mu = 170$ cm et d'écart-type $\sigma = 9$ cm. Choisissons un individu dans cette population de façon telle que chaque individu de cette dernière ait la même probabilité d'être choisi. La v.a. mesurant la taille de l'individu sélectionné admet la même distribution que la population. Répétons cette expérience cent fois de suite, indépendamment l'une de l'autre, et appelons $\overline{X}$ la moyenne arithmétique des tailles prélevées. Comme les conditions du corollaire du théorème limite central sont satisfaites, nous pouvons utiliser le fait que

$$\frac{\overline{X} - 170}{0.9} \approx \mathcal{N}(0, 1).$$

Si l'on désire connaître la probabilité pour que la taille moyenne $\overline{X}$ soit inférieure ou égale à 171 cm, nous pouvons écrire :

$$P\left(\overline{X} \leqslant 171\right) = P\left[\frac{\overline{X} - 170}{0.9} \leqslant 1.11\right] = F_Z(1.11) = 0.8665$$

où $F_Z(z)$ est la fonction de répartition de la loi normale centrée réduite.

Remarquons que le théorème de Moivre-Laplace est un cas particulier du théorème limite central étant donné qu'une variable $\mathcal{B}(n, p)$ peut être considérée comme une somme de n v.a. $\mathcal{B}(1, p)$ indépendantes (voir paragraphe 6.3.4).

Par ailleurs, la version de théorème central limite présenté dans ce paragraphe est attribué à ***Lévy*** et ***Lindeberg***. Il existe d'autres versions plus générales de ce théorème qui ne supposent pas d'équidistribution ou même d'indépendance entre les v.a. Nous ne les évoquerons pas ici.

6.7 DE L'INTÉRÊT DES CHAPITRES 5 ET 6

Le chapitre 5 nous a permis de construire un petit catalogue de lois de probabilité. Ce dernier peut être complété par un ensemble d'autres lois (13). L'usage d'un tel catalogue est utile à différents niveaux.

On peut tout d'abord imaginer qu'une population inconnue soit distribuée selon une loi particulière, et cela pour diverses raisons.

1. Une telle supposition peut reposer sur le fait que les hypothèses sous-jacentes à cette loi semblent respectées.

2. Cette idée peut aussi provenir de l'examen d'un échantillon et de la façon dont la distribution observée qui en découle se comporte, comme nous le verrons dans le chapitre 9. Cette deuxième possibilité dépend bien sûr du mode d'obtention de l'échantillon (14).

3. Nous pouvons nous trouver dans la situation décrite par plusieurs résultats présentés dans le chapitre 6. Pensons en particulier aux théorèmes de convergence évoqués dans le paragraphe 6.6.3.

4. Il existe aussi un certain nombre de cas où une telle hypothèse semble gratuite. Il faut alors être relativement prudent dans son utilisation, comme nous le rappellerons dans le chapitre 12.

(13) Cf. annexe 6 ainsi que Tassi [1989], Sachs [1984], Rohatgi [1984] et Kotz et Johnson [1982-89].
(14) Cf. chapitre 7.

Par ailleurs, si l'on étudie le comportement des observations d'un échantillon qui possède certaines caractéristiques bien précises [15], on peut s'apercevoir qu'il peut être décrit par une loi de probabilité dont l'usage nous permettra d'aborder dans le chapitre 8 le problème de l'estimation d'un paramètre d'une population et, dans le chapitre 9, celui de l'étude des tests d'hypothèses.

Si les concepts présentés dans ces deux chapitres peuvent sembler un peu abstraits au lecteur, ils ne constituent pas moins un outil essentiel d'analyse et de réflexion dans l'étude de populations ou de phénomènes inconnus.

6.8 EXERCICES PROPOSÉS

6.8.1 Exercices théoriques

T.6.1 ★ Considérons une loi normale bivariée dont la fonction de densité est définie par (6.18). Adoptons les notations suivantes :

$$X \to X_1 \quad ; \quad \mu_x \to \mu_1 \quad ; \quad \sigma_x^2 \to \sigma_1^2 = \sigma_{11}$$

$$Y \to X_2 \quad ; \quad \mu_y \to \mu_2 \quad ; \quad \sigma_y^2 \to \sigma_2^2 = \sigma_{22}$$

$$\mathbf{X} = \begin{pmatrix} X_1 \\ X_2 \end{pmatrix} ; \quad \mathbf{x} = \begin{pmatrix} x_1 \\ x_2 \end{pmatrix} ; \quad \boldsymbol{\mu} = \begin{pmatrix} \mu_1 \\ \mu_2 \end{pmatrix}$$

$$\boldsymbol{\Sigma} = \begin{pmatrix} \sigma_{11} & \sigma_{12} \\ \sigma_{21} & \sigma_{22} \end{pmatrix} = \begin{pmatrix} \sigma_1^2 & \sigma_{12} \\ \sigma_{12} & \sigma_2^2 \end{pmatrix}$$

où

$$\sigma_{12} = \rho\sigma_1\sigma_2. \tag{6.58}$$

(a) Si $|\rho| < 1$, démontrez que est semi-définie positive (cf. annexe 5).

(b) Si $|\rho| < 1$, déterminez l'inverse $^{-1}$ de .

(c) Démontrer que la fonction de densité $f(x, y)$ peut encore s'écrire sous la forme

$$f(\mathbf{x}) = \frac{1}{2\pi \left(\det \boldsymbol{\Sigma}\right)^{1/2}} \mathrm{e}^{-\frac{1}{2}(\mathbf{x} - \boldsymbol{\mu})' \boldsymbol{\Sigma}^{-1} (\mathbf{x} - \boldsymbol{\mu})}. \tag{6.59}$$

(d) Démontrez que les lois marginales sont $\mathcal{N}\left(\mu_1, \sigma_1^2\right)$ et $\mathcal{N}\left(\mu_2, \sigma_2^2\right)$.

T.6.2 ★ Si $\mathbf{X} = (X_1, \ldots, X_p)'$ admet la loi normale multivariée de fonction de densité

$$f(\mathbf{x}) = \frac{1}{(2\pi)^{p/2} \left(\det \boldsymbol{\Sigma}\right)^{1/2}} \mathrm{e}^{-\frac{1}{2}(\mathbf{x} - \boldsymbol{\mu})' \boldsymbol{\Sigma}^{-1} (\mathbf{x} - \boldsymbol{\mu})} \tag{6.60}$$

où $\mu \in \mathbb{R}^p$ et $_{p \times p}$ est une matrice réelle symétrique semi-définie positive, démontrez que X est normal si, $\forall u \in \mathbb{R}^p$, $\mathbf{u}'\mathbf{X} = \sum_j u_j X_j$ est une v.a. normale univariée.

T.6.3 Soient X et Y deux v.a. discrètes. Démontrez que $E(X + Y) = E(X) + E(Y)$.

---

[15] Cf. chapitre 7.

T.6.4 Soient X et Y deux v.a. discrètes et a et b deux constantes réelles. Démontrez que $E(aX + bY) = aE(X) + bE(Y)$.

T.6.5 Soient X et Y deux v.a. discrètes indépendantes. Démontrez que $E(XY) = E(X)E(Y)$.

T.6.6 Démontrez la relation (6.50).

T.6.7 Vérifiez que $F_{1,\nu} = t_\nu^2$.

T.6.8 Démontrez que la fonction génératrice des moments $M_X(t)$ d'une somme des variables aléatoires indépendantes $X = \sum_i X_i$ est égale au produit des fonctions génératrices des moments $M_{X_i}(t)$ de chaque variable X_i de cette somme $(i = 1, \ldots, n)$.

T.6.9 En utilisant les exercices T.5.5, T.5.6, T.5.11 et T.6.8, démontrez les propriétés 6.1 à 6.3.

T.6.10 ★ Démontrez le théorème de Moivre-Laplace selon lequel, si $X \sim \mathcal{B}(n, p)$:

$$\frac{X - np}{\sqrt{npq}} \xrightarrow[n\to\infty]{} \mathcal{N}(0, 1).$$

T.6.11 La ***loi des grands nombres*** de Bernoulli peut s'énoncer comme suit : Soit n_A/n la fréquence d'apparition d'un événement A au cours de n répétitions indépendantes d'une expérience aléatoire au cours desquelles $p = P(A)$ reste constante (schéma de Bernoulli). On a alors :

$$\lim_{n\to\infty} P\left(\left|\frac{n_A}{n} - p\right| > \varepsilon\right) = 0.$$

Démontrez cette loi à partir de l'inégalité de Bienaymé-Chebychev (exercice T.5.14).

T.6.12 Soient X_1 et X_2 deux variables aléatoires de moyennes respectives μ_1 et μ_2, de variances respectives $V(X_1)$ et $V(X_2)$. Si $f(x_1, x_2)$ est la fonction de densité du vecteur aléatoire $(X_1, X_2)'$, on définit la ***covariance*** entre ces deux variables comme suit (cette définition est à rapprocher de celle que nous introduirons dans le chapitre 10) :

$$\text{Cov}\left(X_1, X_2\right) = E\left[\left(X_1 - \mu_1\right)\left(X_2 - \mu_2\right)\right]. \tag{6.61}$$

Montrez que

$$V\left(X_1 + X_2\right) = V(X_1) + V(X_2) + 2\,\text{Cov}(X_1, X_2).$$

6.8.2 Exercices pratiques

E.6.1 Considérons la D.P. $\{(x_j, y_k, p_{jk})\}$ du vecteur aléatoire $(X, Y)'$ définie par le tableau suivant :

x_j	y_k		
	y_1	y_2	y_3
x_1	0.12	0.08	0.20
x_2	0.18	0.12	0.30

Montrez que X et Y sont des v.a. indépendantes.

E.6.2 Soient X et Y deux v.a. dont les valeurs respectives sont notées x_1 et x_2 d'une part, y_1 et y_2 d'autre part. Si les distributions marginales sont $\{(x_1; 0.30), (x_2; 0.70)\}$ et $\{(y_1; 0.20), (y_2; 0.80)\}$, quelle doit être la loi de $(X, Y)'$ pour pouvoir affirmer que X et Y sont deux v.a. indépendantes ?

E.6.3 On lance deux dés discernables et bien équilibrés. Soient : X =résultat du premier dé ; Y =différence, en valeur absolue, des résultats obtenus. Ces deux variables aléatoires sont-elles indépendantes ?

E.6.4 Considérons la D.P. $\{(x_j, y_k, p_{jk})\}$ de la v.a. (X, Y) définie par le tableau suivant :

x_j	y_k		
	2	3	4
1	0.10	0.10	0.05
2	0.20	0.10	0.05
3	0.10	0.20	0.10

(a) Déterminez les moyennes et variances des lois marginales.
(b) Déterminez les moyennes et variances des lois conditionnelles.
(c) Les v.a. X et Y sont-elles indépendantes ?

E.6.5 Si deux variables aléatoires indépendantes X_1 et X_2 ont pour moyennes respectives $\mu_1 = 4$ et $\mu_2 = 6$, et pour variances respectives $\sigma_1^2 = 9$ et $\sigma_2^2 = 15$, calculez :

(a) $E(4X_1 - 3X_2)$; (b) $V(4X_1 - 3X_2)$; (c) $E(X_1X_2)$; (d) $V(X_1X_2)$.

Utilisez à cet effet le résultat de l'exercice T.6.5.

E.6.6 Considérons deux variables aléatoires indépendantes X_1 et X_2 dont les moyennes respectives valent $\mu_1 = 5$ et $\mu_2 = 9$ et les variances sont $\sigma_1^2 = 2$ et $\sigma_2^2 = 4$. Considérons les variables aléatoires $Y_1 = 2X_1 + 3X_2$ et $Y_2 = X_1 - X_2$. Calculez :

(a) $E(Y_1)$, $E(Y2)$, $E(Y_1Y_2)$; (b) $\mathrm{Var}(Y_1)$, $\mathrm{Var}(Y_2)$; (c) $\mathrm{Cov}(Y_1Y_2)$.

E.6.7 Soient X_1 et X_2 deux variables aléatoires indépendantes telles que

$$V(X_1) = \sigma_1^2 = k \quad ; \quad V(X_2) = \sigma_2^2 = 2.$$

Si l'on sait que $V(3X_2 - X_1) = 25$, déterminez k.

E.6.8 Déterminez le poids moyen d'une boîte de 100 bonbons sachant que le poids d'un bonbon quelconque est une variable aléatoire dont la moyenne est de 10 grammes. Calculez l'écart-type du poids de cette boîte de bonbons, sachant que l'écart-type du poids d'un bonbon est de 0.5 gramme, si l'on peut supposer l'indépendance entre les poids des bonbons.

E.6.9 Soit X une variable aléatoire admettant une loi uniforme sur les valeurs $x = 1, 2, 3, 4, 5$.

(a) Déterminez $E(X)$ et $E(X^2)$.
(b) Employez ces deux résultats pour déterminez $E[(X + 2)^2]$.

E.6.10 Soit X une variable aléatoire prenant les valeurs $x = 1, 2, 3$ avec les probabilités respectives

$$P(X = x) = \frac{x}{6}\cdot$$

Calculez $E(X)$, $E(X^3)$ et $E(4X^3 + 3X)$.

E.6.11 Soit X une variable aléatoire admettant la fonction de densité

$$f(x) = \begin{cases} \dfrac{1}{5} & 0 \leqslant x \leqslant 5 \\ 0 & \text{ailleurs.} \end{cases}$$

Déterminez $E(X)$, $E(5 - X)$ et $E[X(5 - X)]$.

E.6.12 Soit X une variable aléatoire admettant la fonction de densité

$$f(x) = \begin{cases} \dfrac{x+2}{18} & -2 \leqslant x \leqslant 4 \\ 0 & \text{ailleurs.} \end{cases}$$

Déterminez $E(X)$, $E[(X + 2)^3]$ et $E[6X - 2(X + 2)^3]$.

E.6.13 Soient $X \sim \mathcal{B}(4; 0.5)$ et $Y \sim \mathcal{B}(3; 0.5)$, deux v.a. indépendantes. Posons $Z = X + Y$. Déterminez :

a) $P(Z \leqslant 2)$; b) $P(2 \leqslant Z \leqslant 5)$.

E.6.14 On lance deux dés. Soit X la variable aléatoire indiquant le résultat du premier dé et Y celui du second dé. Déterminez la distribution de probabilité de la variable $X + Y$ (en supposant que les deux dés soient équilibrés) et calculez d'une manière directe la moyenne et la variance de cette distribution. Vérifiez ensuite les propriétés d'additivité des moyennes et des variances à partir des distributions de X et Y.

E.6.15 Répondez aux deux questions de l'exercice E.6.13 si les deux v.a. indépentantes sont $X \sim \mathcal{P}(2)$ et $Y \sim \mathcal{P}(3)$.

E.6.16 Soient X_1, X_2 et X_3 trois variables aléatoires indépendantes admettant les distributions respectives $\mathcal{N}(5, 2)$, $\mathcal{N}(10, 25)$ et $\mathcal{N}(7, 9)$. Déterminez la distribution des variables suivantes :

(a) $Y_1 = 2X_1 + 3X_2$; (b) $Y_2 = X_1 - X_2$; (c) $Y_3 = X_1 + 2X_2 + 3X_3$.

E.6.17 Soient X_1, X_2 et X_3 des variables aléatoires indépendantes admettant les distributions $\{(x, p_x)\}$ suivantes :

$$X_1 : \quad p_x = P\left(X_1 = x\right) = \frac{x}{6} \qquad \text{où } x = 1, 2, 3\,;$$

$$X_2 : \quad p_x = P\left(X_2 = x\right) = \frac{x^2}{54} \qquad \text{où } x = 2, 3, 4, 5\,;$$

$$X_3 : \quad p_x = P\left(X_3 = x\right) = \frac{1}{3} \qquad \text{où } x = 2, 4, 6\,.$$

(a) Déterminez la fonction génératrice des moments de la variable aléatoire $Y = X_1 + X_2 + X_3$.

(b) Compte tenu du (a), calculez les probabilités pour que :

1° Y vaille 8 ;

2° Y prenne une valeur divisible par 3.

E.6.18 Soient X_1, X_2, X_3 et X_4, quatre variables aléatoires indépendantes admettant la même fonction de densité :

$$f(x) = \begin{cases} 2x & 0 \leqslant x \leqslant 1 \\ 0 & \text{ailleurs.} \end{cases}$$

Si $Y = \sum_i X_i$, déterminez :

(a) $E(Y)$ et $V(Y)$;

(b) la fonction génératrice des moments $M_Y(t)$ de cette somme.

E.6.19 Si $X \sim \chi^2_3$, recherchez les quantiles d'ordre 0.05, 0.95, et 0.975 de X.

E.6.20 Si $X \sim t_{12}$, recherchez les quantiles d'ordre 0.95 et 0.975 de X.

E.6.21 Si $X \sim F_{4,4}$, recherchez les quantiles d'ordre 0.95 et 0.975 de X.

E.6.22 Trouvez la probabilité d'obtenir entre 3 et 6 faces, en jouant 10 fois à pile ou face au moyen d'une pièce bien équilibrée :

(a) en employant la distribution binomiale ;

(b) en utilisant l'approximation normale de la distribution binomiale.

E.6.23 Une urne contient 10 000 jetons dont 60% sont rouges et 40% sont blancs. On extrait de cette urne un échantillon de 20 jetons avec remise. Quelle est la probabilité d'obtenir :

(a) autant de jetons rouges que de blancs ? (b) 12 jetons rouges et 8 blancs ?

(c) au maximum 10 jetons blancs ?

Calculez ces probabilités au moyen d'une distribution exacte et ensuite à l'aide de l'approximation normale de cette distribution exacte.

E.6.24 Trouvez la probabilité que, sur 200 jets d'une pièce de monnaie, on obtienne :

(a) entre 80 et 120 fois face (limites comprises) ; (b) moins de 90 fois face ;

(c) moins de 85 fois face ou plus de 115 fois face ; (d) exactement 100 fois face.

E.6.25 Soit $X \sim \mathcal{B}(n, p)$. Déterminez $P(X \leqslant np - 2)$ au moyen de la distribution approchée la plus adéquate, si :

(a) $n = 50$ et $p = 0.20$; (b) $n = 100$ et $p = 0.02$.

E.6.26 Si $X \sim \mathcal{B}(100; 0.05)$, déterminez :

(a) $P(X \leqslant 4)$; (b) $P(X > 3)$.

E.6.27 Si la probabilité qu'une personne ait une mauvaise réaction à une injection d'un sérum donné est de 0.001, déterminez la probabilité que, sur un total de 2 000 individus :

(a) exactement 3 personnes ;

(b) plus de 2 personnes aient une mauvaise réaction.

E.6.28 La proportion d'articles défectueux produits par une entreprise vaut $p = 0.02$. Les articles sont livrés par paquet de 200. Quelle est la probabilité pour que dans un paquet :

(a) il n'y ait pas d'article défectueux ?

(b) il n'y ait pas plus de trois articles défectueux ?

E.6.29 Une compagnie d'assurances constate que chaque année 0.004% de ses assurés meurent à la suite d'une certaine maladie.Quelle est la probabilité pour que la compagnie :

(a) n'ait pas de sinistre à payer ?

(b) doive payer plus de deux risques assurés, si elle gère 100 000 dossiers au cours d'une année ?

E.6.30 Comptons le nombre d'appels téléphoniques arrivant à un central pendant une heure de pointe. Si l'on suppose que le nombre d'appels suit une loi de Poisson dont la moyenne par minute vaut 25, déterminez la probabilité que, durant une minute, il y ait :

(a) moins de 20 appels ; (b) au plus 20 appels ;

(c) 20 appels ; d) plus de 15 appels mais moins de 30.

E.6.31 On s'intéresse aux accidents dus à des brûlures provoquées par de l'acide sulfurique. Supposons que le nombre annuel de tels accidents suit une loi de Poisson de paramètre 100. Déterminez la probabilité qu'une certaine année, il y ait :

(a) plus de 150 accidents ; (b) 100 accidents ;

(b) un nombre d'accidents qui diffère de 100 de moins de 5 unités.

E.6.32 Si $X_1, \ldots, X_{50}$ sont des v.a. équidistribuées de moyenne $\mu = 80$ et de variance $\sigma^2 = 100$, on pose $X_T = \sum_i X_i$ et $\overline{X} = X_T/50$. Déterminez :

a) $P(X_T \leqslant 4\,200)$; b) $P\left(\overline{X} \geqslant 82\right)$.

E.6.33 On lance 60 fois un dé équilibré. Quelle est la probabilité que la somme des résultats obtenus soit inférieure ou égale à 200 ?

E.6.34 Déterminez la distribution asymptotique de la moyenne $\overline{X}$ des variables aléatoires X_i supposées indépendantes et équidistribuées, dans les 3 cas suivants :

(a) $P(X_i = c) = P(X_i = -c) = 1/2$ (où c est une constante non nulle) ;

(b) $P(X_i = x) = 1/6, \quad (x = 1, 2, \ldots, 6)$;

(c) X_i est une variable continue distribuée uniformément sur $[0, 1]$.

E.6.35 Soient $X_1, \ldots, X_{75}$ des v.a. indépendantes admettant une loi définie par la fonction de densité

$$f(x) = \begin{cases} 1 & 0 \leqslant x \leqslant 1 \\ 0 & \text{ailleurs.} \end{cases}$$

Déterminez $P(0.45 < \overline{X} < 0.60)$, où $\overline{X}$ représente la moyenne arithmétique des variables aléatoires.

CHAPITRE 7

LES MÉTHODES DE SONDAGE

> « Hélas ! Vous n'avez rien vu encore ; et ce n'est qu'un petit échantillon de sa mauvaise humeur ».
>
> Molière, *Le médecin malgré lui*, III, 3

7.1 INTRODUCTION

Le dictionnaire alphabétique et analogique de la langue française, communément appelé le « Robert », émet l'hypothèse que le mot *sonde* remonte au début du treizième siècle, se rattachant probablement au mot nordique *sund* qui signifie *mer*, *détroit*. On a donc commencé à *sonder* les fonds sous-marins. Vinrent ensuite, au seizième siècle, la sonde chirurgicale et le sens figuré qualifiant l'action de celui qui cherche à pénétrer un secret (Ronsard, 1556). L'acception du terme liée aux enquêtes et investigations apparaît en 1760. En approfondissant davantage l'histoire du mot sondage, on constate qu'il s'applique à des notions très différentes ; on comprend dès lors la confusion qui peut naître dans les esprits ! Notre propos est bien sûr de considérer ici un sondage dans l'optique d'un recueil d'informations.

Nous avons vu au chapitre 1 que le concept d'*échantillon* est souvent opposé à celui de *recensement*. À première vue, cette situation peut se comprendre. Un recensement est destiné à établir une observation exhaustive de tous les éléments d'une population. En revanche, le *sondage*, méthode qui va permettre de construire un échantillon, ne prélèvera qu'une partie des informations existantes. L'idée de recensement semble *a priori* plus naturelle : n'est-on pas sûr d'avoir plus de précision et un résultat de meilleure qualité en relevant toutes les informations possibles ? Nous avons déjà mentionné que, depuis la civilisation sumérienne, des témoignages multiples prouvent l'intérêt porté aux recensements par les chefs d'État et leurs ministres, que ce soit en Mésopotamie, dans l'Égypte ancienne, en Chine ou au pays des Incas. Que n'aurait-on pas imaginé pour remplir des caisses souvent vides et se faire une idée du nombre de recrues susceptibles d'être enrôlées dans les armées ! Et puis, au dix-septième siècle, le vent a tourné. L'école d'« arithmétique politique » anglaise et l'apparition des premiers résultats de la théorie des probabilités ont suscité de l'intérêt pour les relevés partiels. Cependant, ce n'est qu'à la fin du dix-neuvième siècle que le concept de *représentativité* d'un échantillon est discuté [1]. Après 1925, la question n'est plus de savoir s'il faut effectuer un sondage ou non, mais plutôt comment choisir l'échantillon. Et là commence une nouvelle polémique. Elle oppose les tenants de *l'échantillonnage probabiliste* qui, dans sa formulation la plus simple, attribue à chaque individu d'une population les mêmes « chances » d'être choisi, et ceux dont l'objectif est plus pragmatique : comment obtenir en un temps minimal et au moindre coût un échantillon dont les qualités soient suffisantes pour « représenter » une population ! Comme dans toutes les réalisations humaines, ces solutions présentent des qualités mais aussi des défauts. Une démarche scientifique, soucieuse de passer correctement du partiel à l'exhaustif, plaide cependant généralement pour la première voie ; nous en donnerons les raisons dans ce chapitre.

Si le recensement se révèle théoriquement meilleur qu'un sondage parce qu'il est exhaustif, il n'en est pas moins vrai que le second se voit souvent préféré. Plus facile à obtenir, d'un coût moins élevé, il peut aussi être confié à une équipe réduite, plus spécialisée, plus motivée ; ainsi peut-on éviter des erreurs dues d'une part au caractère inexpérimenté des personnes chargées de recueillir l'information, et d'autre part aux difficultés d'être exhaustif. De même, si un échantillon probabiliste est synonyme d'une rigueur scientifique plus grande, les sondages dits *judicieux* (par choix raisonné, selon la méthode des quotas) que nous présentons succinctement à la fin de ce chapitre, sont parfois applicables là où les premiers ne le sont pas. Gardons-nous de condamner systématiquement les enquêtes effectuées par les organismes privés ou universitaires qui recourent à cette deuxième méthode. Comme nous venons de le dire, elle constitue parfois la seule façon d'agir pratiquement ; elle peut même être justifiée sous des hypothèses de travail bien spécifiques. Mais leur caractère empirique, si sérieux soit-il, implique que ces sondages doivent être organisés par des personnes compétentes et intègres ; leur interprétation doit se faire avec circonspection. Pensons aussi aux « sondages à chaud » effectués au cours d'émissions télévisées pour mesurer le degré de persuasion de l'orateur politique invité, ou encore aux « sondages » obtenus par certains journaux qui sollicitent des réponses de leurs lecteurs. Comment peut-on imaginer que ces relevés partiels et partiaux traduisent réellement le sentiment d'une population !

---

(1) Voir Droesbeke, Fichet et Tassi [1987] ou Droesbeke et Tassi [1996].

Notre propos n'est pas ici de développer tous les aspects liés au recueil de données[2]. Nous concentrerons plutôt notre attention sur les *méthodes* qui présentent, d'un point de vue statistique, des propriétés nous permettant d'atteindre un objectif bien précis : comment, à partir d'une information partielle, peut-on obtenir certaines conclusions au niveau de la population tout entière ? Si l'on s'intéresse, par exemple, à certains paramètres de cette dernière, il est impossible d'en connaître la valeur exacte sur base de la seule information partielle fournie par un échantillon. Néanmoins, ce dernier peut nous donner une *estimation* de ces paramètres dont il est souhaitable de pouvoir apprécier les qualités.

7.2 OBJECTIFS D'UN SONDAGE

Nous décrirons ici le problème général du choix d'un échantillon en précisant tout d'abord la démarche et les objectifs retenus.

Plaçons nous dans la situation où nous disposons d'une population U composée de N individus ou éléments $u_1, \ldots, u_N$ appelés ***unités statistiques***. U représente, par exemple, l'ensemble des étudiants d'une université, l'ensemble des ménages d'un pays, la production d'une entreprise, etc. N est appelé la ***taille*** de la population. Nous supposons dans ce chapitre que N est fini, mais nous pourrions aussi considérer le cas d'une population continue. On peut dresser une liste exhaustive des éléments de U, appelée ***base de sondage***, dans laquelle chaque individu est représenté par son nom ou par un (et un seul) numéro compris entre 1 et N.

On souhaite généralement relever auprès de chaque individu de U, à l'aide d'un questionnaire ou de tout autre moyen de collecte, la valeur d'une ou de plusieurs variables selon la démarche exposée au chapitre 1. Considérons le cas d'une variable x — que nous appellerons ***variable d'intérêt*** — dont les valeurs associées à chaque unité de sondage sont notées $x_1, \ldots, x_N$. En reprenant les exemples présentés ci-dessus, nous pouvons envisager quelques possibilités :

- $U = \{\text{étudiants}\} \Rightarrow x =$ taille de l'étudiant ;
- $U = \{\text{ménages}\} \Rightarrow x =$ revenu du ménage ;
- $U = \{\text{articles produits}\} \Rightarrow x =$ caractère défectueux ou non de l'article.

Les deux premières variables sont quantitatives, la troisième ne l'est pas. Remarquons cependant que cette dernière est dichotomique et qu'elle peut être quantifiée au moyen d'une ***fonction indicatrice*** selon laquelle la valeur x prise

[2] Nous renvoyons le lecteur intéressé à d'autres ouvrages comme Ardilly [1994], Droesbeke et Lavallée [2002], Lambin [1993], etc.

par l'article u peut être égale à

$$x = \begin{cases} 1 & \text{si l'article est défectueux,} \\ 0 & \text{dans le cas contraire.} \end{cases} \tag{7.1}$$

Nous verrons l'usage de ces variables dans la suite.

Afin de ne pas alourdir la terminologie et la notation utilisées, nous procéderons à deux simplifications qui ne peuvent pas créer de confusion. La première consiste à représenter chaque individu u_k par son indice k, c'est-à-dire son numéro dans la base de sondage ($k = 1, \ldots, N$). Nous écrirons indifféremment $u_k \in U$ ou $k \in U$. La seconde simplification porte sur la relation entre u_k et x_k. Nous assimilerons dans la suite les individus et leurs caractéristiques, parlant aussi bien de la population des individus que de celle des tailles, des revenus, etc. Nous utiliserons donc le terme ***population*** pour désigner aussi bien l'ensemble des individus susceptibles d'être soumis à l'étude que la distribution des valeurs d'une variable associée à ces individus.

Par ailleurs, pour simplifier la présentation, nous supposerons dans un premier temps que la variable étudiée est *quantitative*(3). Nous savons que dans ce cas, une population peut être résumée partiellement au moyen de paramètres tels que moyenne, variance, ... :

$$\mu = \frac{1}{N}\sum_{k\in U} x_k \quad ; \quad \sigma^2 = \frac{1}{N}\sum_{k\in U} (x_k - \mu)^2 . \tag{7.2}$$

L'objectif d'une étude peut consister à s'interroger sur leur valeur. Un autre objectif souvent rencontré concerne le total(4)

$$\tau = \sum_{k\in U} x_k = N\mu. \tag{7.3}$$

Leur valeur exacte ne peut être connue que si l'on dispose de toutes les valeurs de la population. Dans le cas contraire, on peut procéder à une opération dénommée ***estimation*** que nous présentons au moyen d'un exemple.

EXEMPLE 7.1

Supposons que nous nous intéressions à une population de tailles dont la moyenne μ est inconnue. Si l'on y prélève un échantillon, il peut sembler opportun d'en calculer la moyenne arithmétique avec l'espoir que cette dernière nous permette d'estimer la valeur de μ (5). En général, la moyenne

(3) Nous reviendrons sur le cas qualitatif dans le paragraphe 7.10.

(4) Ainsi, s'intéresse-t-on au revenu total d'une population, au nombre total de produits détériorés...

(5) Cet objectif n'a de sens que si le calcul explicite de la moyenne μ de la population n'est pas possible.

de l'échantillon sera distincte de celle de la population. Nous dirons que la première est une *estimation* de la seconde et nous la désignerons par $\widehat{\mu}$, « μ chapeau ». L'erreur que l'on commet en remplaçant μ par $\widehat{\mu}$ n'est pas imputable à une incompétence dans des mesures ou des calculs : elle résulte essentiellement du fait qu'une partie de la population a été omise. Elle est dite ***erreur d'échantillonnage***.

Deux questions essentielles viennent naturellement à l'esprit.

1. Comment choisir à partir des valeurs fournies par l'échantillon un *estimateur* d'un paramètre ? Dans l'exemple 7.1, nous avons évoqué la moyenne d'un échantillon pour remplir ce rôle, mais rien n'empêche d'envisager d'autres possibilités comme, par exemple, une médiane et une moyenne pondérée.
2. Est-il possible de quantifier l'erreur d'échantillonnage afin de se rendre compte de son importance en fonction de la connaissance que nous avons de la population et de l'échantillon ?

Il paraît évident que les réponses à ces questions dépendent de la manière de prélever l'information. Nous allons nous en rendre compte dans ce chapitre.

7.3 CARACTÉRISTIQUES D'UN ÉCHANTILLON

De façon générale, un échantillon est composé de n individus — où n est un entier compris entre 1 et N —. On parle alors d'échantillon de ***taille*** n. La plupart du temps, on prélève des individus distincts les uns des autres. Dans ce cas, l'échantillon — que nous désignons par la lettre $\mathcal{s}$ — est un sous-ensemble de U : $\mathcal{s} \subset U$. Nous évoquerons cependant dans le paragraphe 7.5 le cas où des individus peuvent être sélectionnés plusieurs fois.

Compte tenu de notre convention qui consiste à représenter chaque individu de U par un numéro $(k \in U)$, l'échantillon est alors composé des valeurs x_k pour lesquelles $k \in \mathcal{s}$.

Si nous supposons nous intéresser à une seule variable d'intérêt x, l'échantillon $\{x_k, k \in \mathcal{s}\}$ constitue une série statistique dont nous pouvons déterminer des paramètres comme[(6)] la moyenne $\overline{x}$ et la variance s^2 :

$$\overline{x} = \frac{1}{n}\sum_{k\in\mathcal{s}} x_k \quad ; \quad s^2 = \frac{1}{n}\sum_{k\in\mathcal{s}} (x_k - \overline{x})^2 . \tag{7.4}$$

Signalons encore que l'importance du prélèvement d'un échantillon peut être représentée par le ***taux de sondage*** f défini par

$$f = \frac{n}{N} \cdot \tag{7.5}$$

(6) Rappelons que nous supposons pour l'instant étudier une variable quantitative.

Ainsi, compte tenu de ce que nous avons présenté dans le paragraphe 7.2, les valeurs calculées de $\overline{x}$ et de s^2 constituent des estimations des paramètres correspondants μ et σ^2 de la population.

Nous verrons dans le chapitre 8 dans quelle mesure les paramètres (7.4) peuvent être considérés comme de bonnes — voire les meilleures — estimations de μ et σ^2. Pour l'instant, considérant qu'ils constituent en tout état de cause des estimateurs dont le choix semble intuitivement logique, nous allons plutôt porter notre attention sur leurs qualités et la possibilité de mesurer l'erreur d'échantillonnage. Dans ce but, nous devons préciser dans quelles circonstances cet objectif peut être atteint.

7.4 MÉTHODE DE SONDAGE ALÉATOIRE (OU PROBABILISTE)

Une méthode de sondage consiste à définir la façon dont on doit prélever des individus (des valeurs) dans une population afin de constituer un échantillon. Plusieurs catégories de méthodes peuvent être envisagées. Nous porterons tout d'abord notre attention sur l'une d'entre elles dont l'intérêt va apparaître au fur et à mesure de sa présentation.

Un sondage est *dit aléatoire* ou *probabiliste si chaque individu de la population a une probabilité connue et non nulle d'appartenir à l'échantillon.* On parle alors d'***échantillon aléatoire*** ou ***probabiliste***. Ceci revient à doter la population d'une D.P. qui va nous permettre de définir un certain nombre de propriétés des valeurs retenues dans l'échantillon ou des paramètres construits à partir de ces derniers. Ainsi, si l'on observe une valeur dans cette population [7], la donnée observée x peut être considérée comme la valeur d'une v.a. X admettant pour loi la D.P. de la population.

EXEMPLE 7.2

Considérons une population composée de trois enfants d'une famille âgés respectivement de 2 ans, 4 ans et 12 ans. Décidons de prélever un enfant en attribuant à chacun d'eux une même probabilité 1/3 d'être sélectionné. On dote ainsi la population d'une loi discrète $\{(x, p_x)\}$ définie dans le tableau 7.1.

Tableau 7.1 *Loi de la population*

x	2	4	12
p_x	1/3	1/3	1/3

L'âge de l'enfant prélevé n'est pas connu *a priori*. Il constitue donc une v.a. X. Il est évident que la D.P. de cette dernière est exactement la même que celle de la population présentée dans le tableau 7.1.

[7] Ce qui constitue un échantillon de taille égale à 1.

Par ailleurs, la moyenne μ et la variance σ^2 de la population valent respectivement :

$$\mu = (1/3)(2) + (1/3)(4) + (1/3)(12) = 6 \qquad (7.6)$$

$$\sigma^2 = (1/3)(2-6)^2 + (1/3)(4-6)^2 + (1/3)(12-6)^2 = 56/3. \qquad (7.7)$$

Il en résulte que nous pouvons écrire :

$$E(X) = \mu = 6 \quad ; \quad V(X) = \sigma^2 = 56/3. \qquad (7.8)$$

Nous avons supposé dans l'exemple 7.2 que les trois enfants ont la même probabilité d'être sélectionnés. On parle dans ce cas d'un ***sondage à probabilités égales*** (PE). Nous allons voir ci-dessous deux manières de réaliser un tel sondage selon que l'on effectue un prélèvement avec ou sans remise. Nous aurions pu aussi envisager une situation où ces probabilités seraient différentes les unes des autres (cf. par exemple l'exercice E.7.1). On parle dans ce cas de ***sondage à probabilités inégales*** (PI).

7.5 ÉCHANTILLON SIMPLE AVEC REMISE (PEAR)

7.5.1 Introduction

Un sondage aléatoire est dit ***simple*** (SAS) si tous les échantillons de taille n fixée a priori, prélevés au sein d'une population d'effectif N, sont réalisables avec la même probabilité. Dans ce cas, tous les individus de U ont la même probabilité d'être choisis pour faire partie de $\mathscr{s}$: leur ***probabilité d'inclusion*** est une constante. Remarquons que si l'on reprend le problème du choix d'*une seule* observation, chaque individu a une probabilité égale à 1/N d'être prélevé (*distribution uniforme*). Cette situation est souvent qualifiée dans le langage courant par l'expression « choisir une valeur au hasard dans la population ».

EXEMPLE 7.3

Une façon classique de procéder consiste à représenter chaque individu de la population par une boule ou un papier dans une urne en lui attribuant un numéro ou une valeur qui le caractérise. Après avoir bien mélangé le contenu de l'urne, on tire « à l'aveugle » une boule ou un papier qui nous donnera cette observation.

Si on répète l'opération de l'exemple 7.3, on peut procéder de deux manières. La première consiste à replacer chaque valeur observée dans la population avant le tirage suivant et cela n fois de suite ; le prélèvement est alors dit ***avec remise*** (ou encore *avec remplacement)*. On parlera alors d'un sondage PEAR (*à probabilités égales, avec remise*). La deuxième façon de procéder consiste à ne pas remettre la boule (l'individu) dans l'urne (la population) : nous examinerons ce cas, appelé ***prélèvement sans remise***, dans le paragraphe 7.6.

7.5.2 Sondage PEAR

Examinons tout d'abord le cas d'un prélèvement PEAR. Nous pouvons remarquer que dans ce cas, il y a N^n échantillons possibles. Par ailleurs, un même individu peut être sélectionné plusieurs fois, ce qui peut poser certains problèmes (cf. ci-dessous). À chaque tirage, on se trouve toujours devant *la même population*. Chaque valeur sera donc observée *indépendamment* des autres. Compte tenu des commentaires de l'exemple 7.2, l'échantillon peut donc être considéré comme une suite de v.a. ***indépendantes et équidistribuées*** (ou *identiquement distribuées*) $\{X_1, \ldots, X_n\}$ —où X_i est la valeur observée pour le i-ème individu sélectionné— telles que

$$E(X_i) = \mu \quad ; \quad V(X_i) = \sigma^2 \qquad i = 1, \ldots, n \tag{7.9}$$

où μ et σ^2 sont la moyenne et la variance de la population. Ces propriétés vont nous permettre de déterminer aisément les caractéristiques de la moyenne de l'échantillon.

EXEMPLE 7.2 (suite 1)

Reprenons notre famille composée de trois enfants âgés respectivement de 2 ans, 4 ans et 12 ans. Décidons d'y prélever *deux* observations par sondage aléatoire simple avec remise. Notons par X_1 et X_2 les v.a. correspondant respectivement à la première et à la seconde observation. Elles admettent toutes deux une distribution uniforme sur l'ensemble des trois valeurs 2, 4, 12, chaque élément pouvant être choisi avec une probabilité 1/3. Compte tenu de (7.9), nous pouvons affirmer que

$$E(X_i) = \mu = 6 \quad ; \quad V(X_i) = \sigma^2 = 56/3 \qquad (i = 1, 2).$$

Dans cet exemple, nous savons que la moyenne μ de la population vaut 6. Mais, de façon générale, lorsqu'on étudie une population U, on ne dispose pas d'une telle information ; les paramètres de U sont inconnus et on désire les estimer. Une façon d'atteindre cet objectif est d'utiliser l'information contenue dans l'échantillon prélevé dans U. Ainsi, comme nous l'avons indiqué plus haut, on peut penser à calculer la moyenne arithmétique de l'échantillon afin de jouer le rôle d'estimateur de μ. Comme X_1 et X_2 sont des v.a., il en est de même pour leur moyenne $\overline{X} = (X_1 + X_2)/2$. Pour en déterminer la D.P., nous pouvons très facilement énumérer tous les échantillons $\{x_1, x_2\}$ possibles ainsi que leur moyenne arithmétique, étant donné la faible taille de la population et de l'échantillon. Dans ce but, nous construisons le tableau 7.2 contenant toutes les valeurs possibles de la moyenne $\overline{X}$, correspondant aux échantillons dont la première valeur x_1 est indiquée en tête de ligne et la seconde x_2 en tête de colonne.

On constate ainsi que neuf échantillons peuvent être prélevés. Tous ces échantillons ont la même probabilité (égale à $1/9$) d'être choisis[8]. Il s'ensuit que $\overline{X}$ peut prendre chacune des neuf valeurs de ce tableau avec une

[8] L'échantillon $\{X_1, X_2\}$ est une v.a. admettant une D.P. bivariée dont les probabilités associées aux neuf valeurs possibles sont données par le produit des deux probabilités marginales égales chacune à 1/3, étant donné que X_1 et X_2 sont indépendantes.

x_1	x_2		
	2	4	12
2	2	3	7
4	3	4	8
12	7	8	12

Tableau 7.2
Calcul de la moyenne de l'échantillon

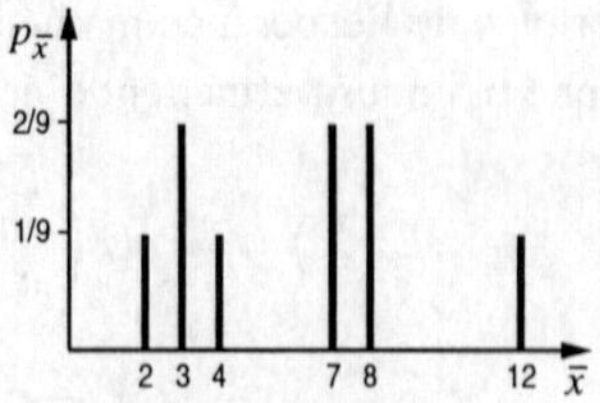

Figure 7.1
Loi de $\overline{X}$ (PEAR)

probabilité égale à $1/9$. En regroupant les valeurs identiques, on constate donc que $\overline{X}$ est une v.a. dont la D.P. est représentée dans la figure 7.1. Cette loi possède la moyenne et la variance suivantes :

$$E\left(\overline{X}\right) = \frac{1}{9}2+\frac{2}{9}3+\frac{1}{9}4+\frac{2}{9}7+\frac{2}{9}8+\frac{1}{9}12 = 6 \tag{7.10}$$

$$\begin{aligned} V\left(\overline{X}\right) &= \frac{1}{9}(2-6)^2+\frac{2}{9}(3-6)^2+\frac{1}{9}(4-6)^2 \\ &\quad +\frac{2}{9}(7-6)^2+\frac{2}{9}(8-6)^2+\frac{1}{9}(12-6)^2 \\ &= \frac{84}{9} = \frac{28}{3}. \end{aligned} \tag{7.11}$$

Ces résultats nous permettent d'effectuer deux constatations très intéressantes.

1. Dans notre exemple, la moyenne d'un échantillon de taille égale à deux, ne sera jamais égale à la moyenne $\mu = 6$ de la population. Au vu de (7.10), la v.a. $\overline{X}$ est cependant égale, en moyenne, à ce paramètre.
2. La moyenne $\overline{X}$ prend des valeurs qui se répartissent autour de la moyenne μ avec une certaine dispersion mesurée par $V(\overline{X}) = 28/3$. Rappelons que ce paramètre prend en compte les écarts entre les valeurs de $\overline{X}$ et μ. Il peut donc servir à *mesurer l'erreur d'échantillonnage.* Nous constatons en outre que cette valeur vaut la moitié de la variance de la population $\sigma^2 = 56/3$. Nous reviendrons sur cette remarque ci-dessous.

7.5.3 Estimation de μ

Abordons le problème de l'estimation de la moyenne μ d'une population par la moyenne $\overline{X}$ d'un échantillon d'effectif n du type PEAR. La moyenne arithmétique $\overline{X}$ de cet échantillon peut nous permettre d'estimer la valeur de μ. En tant que v.a., elle constitue un ***estimateur*** de μ. Toute valeur observée de $\overline{X}$ à partir d'un échantillon réel sera appelée une ***estimation*** de μ.

Nous savons que le mode de prélèvement retenu est tel que les observations X_i $(i = 1, \ldots, n)$ sont des v.a. indépendantes et équidistribuées. Comme[9]

$$\overline{X} = \frac{1}{n}\sum_i X_i\,, \tag{7.12}$$

[9] Nous utiliserons la notation simplifiée $\sum_i$ à la place de $\sum_{i=1}^n$.

les propriétés de l'espérance mathématique et de la variance présentées dans le paragraphe 6.3 nous permettent d'écrire, compte tenu de (7.9) :

$$\begin{aligned} E(\overline{X}) &= E\left(\frac{1}{n}\sum_i X_i\right) = \frac{1}{n}\sum_i E(X_i) \\ &= \frac{1}{n}\sum_i \mu = \frac{1}{n} n\mu = \mu. \end{aligned} \tag{7.13}$$

Nous retrouvons ainsi le résultat constaté dans notre exemple 7.2 [voir (7.10)] selon lequel, *en moyenne*, l'*estimateur* $\overline{X}$ *est égal au paramètre* μ. Par ailleurs comme les v.a. X_i sont indépendantes, nous avons :

$$\begin{aligned} V(\overline{X}) &= V\left(\frac{1}{n}\sum_i X_i\right) = \frac{1}{n^2}\sum_i V(X_i) = \frac{1}{n^2}\sum_i \sigma^2 \\ &= \frac{1}{n^2} n\sigma^2 = \frac{\sigma^2}{n}. \end{aligned} \tag{7.14}$$

Ce paramètre, destiné à connaître la dispersion des valeurs de $\overline{X}$ autour de μ, permet de mesure l'***erreur d'échantillonnage***. Plus $V(\overline{X})$ sera faible, plus il est probable que l'erreur sera petite et l'estimateur précis. On peut aussi recourir à l'*écart-type* de la loi de $\overline{X}$, égal à $\sigma/\sqrt{n}$, pour résumer sa précision.

Il est intéressant de remarquer que $V(\overline{X})$ sera faible si σ^2 est petit — ce qui correspond à une population homogène — et/ou si la taille de l'échantillon est grande. En outre, cette erreur ne dépend pas de la taille N de la population, ce qui n'est pas nécessairement très intuitif.

7.5.4 Remarques

Remarque 7.1 Il est utile de remarquer que, d'un point de vue pratique, le mécanisme de l'urne présenté dans l'exemple 7.3 s'applique difficilement quand la taille N de la population est élevée. On peut alors recourir soit à des logiciels adéquats, soit à des ***tables de nombres au hasard*** pour constituer un échantillon. Ces tables se présentent sous forme de tableaux de chiffres choisis dans l'ensemble $\{0, 1, 2, \ldots, 9\}$ selon un mécanisme qui leur assure, en principe, la même probabilité d'être sélectionné. On trouvera en annexe un extrait d'une telle table (voir table 6).

EXEMPLE 7.4

Considérons une population de 894 individus. Nous leur attribuons un numéro d'identification formé de trois chiffres : $001, 002, \ldots, 894$. Prélever 10 individus au hasard et avec remise dans cette population peut se faire en utilisant la table 6. On choisit un premier chiffre dans cette table et un sens de lecture. Supposons par exemple partir du coin supérieur gauche et lire les nombres verticalement. Il suffit alors de noter les dix premiers nombres de trois chiffres inférieurs ou égaux à 894, pour définir notre échantillon. Ce dernier sera constitué, dans notre exemple, des individus portant les numéros 477, 394, 279, 501, 537, 692, 410, 405, 072 et 392.

Remarque 7.2 Le prélèvement avec remise est susceptible de fournir plusieurs fois un individu de la population. Deux situations peuvent donc se présenter.

1. *Les n tirages fournissent n individus distincts.*

   Dans ce cas l'échantillon $\mathcal{S}$ correspond à un sous-ensemble de U de taille n. Les notations utilisées dans (7.4) et (7.12) sont équivalentes si on renumérote les individus de la population de telle sorte que $\mathcal{S} = \{1, \ldots, n\}$.

2. *Les n tirages fournissent m individus, où $m < n$.*

   Dans ce cas, deux comportements peuvent être envisagés. Le premier consiste à prendre en compte les observations autant de fois qu'elles ont été recueillies. Dans ce cas, on utilise l'expression (7.12) pour estimer μ. C'est la démarche que nous avons suivie dans l'exemple 7.2. Le second se contente de prendre la moyenne des m valeurs distinctes observées dont l'ensemble est désigné par $\mathcal{S}_m$:

   $$\widehat{\mu}_m = \frac{1}{m} \sum_{k \in \mathcal{S}_m} x_k. \tag{7.15}$$

   Il est clair que dans ce cas, la taille n de l'échantillon n'est plus une constante mais devient elle-même une variable aléatoire, fonction du processus de prélèvement. On peut cependant montrer que[10], en moyenne, $\widehat{\mu}_m$ est encore égal à μ.

7.6 ÉCHANTILLON SIMPLE SANS REMISE (PESR)

7.6.1 Estimation de μ

Nous dirons qu'un échantillon aléatoire simple est ***sans remise*** si l'observation prélevée au i-ème tirage $(i = 1, \ldots, n)$ n'est pas replacée dans la population avant les prélèvements suivants ; il est noté PESR (*à probabilités égales, sans remise*). Un individu de la population ne peut être choisi au plus qu'une fois. Chaque tirage fait décroître la population d'une unité. Les observations ne constituent donc plus des v.a. *indépendantes* les unes des autres.

[10] Cf. Konijn [1973].

EXEMPLE 7.2 (suite 2)

Reprenons notre échantillon de taille 2 prélevé dans la population $U = \{2, 4, 12\}$. Si le tirage est effectué sans remise, toute valeur observée en premier lieu ne peut plus se présenter ensuite. Les couples susceptibles de constituer l'échantillon sont au nombre de six : ils correspondent aux éléments du tableau 7.3 situés dans une ligne et une colonne n'ayant pas le même en-tête. Nous indiquons à nouveau dans ce tableau les moyennes arithmétiques des échantillons possibles.

Obs. 1	**Obs. 2**		
	2	4	12
2	–	3	7
4	3	–	8
12	7	8	–

Tableau 7.3
Valeurs possibles de $\overline{X}$

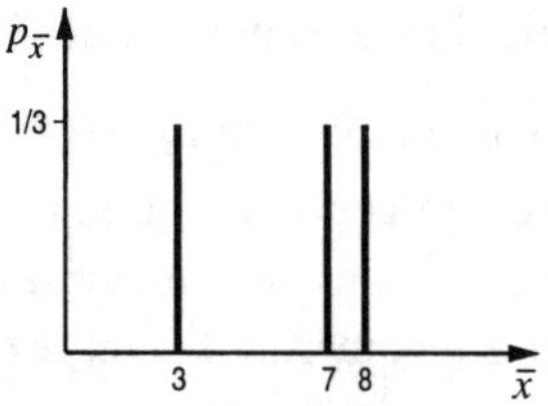

Figure 7.2
Loi de $\overline{X}$

On constate que la moyenne des observations $\overline{X}$ est une v.a. pouvant prendre les valeurs 3, 7 et 8 avec une même probabilité valant 1/3, ce que nous avons représenté graphiquement dans la figure 7.2. La moyenne et la variance de cette D.P. valent respectivement :

$$E\left(\overline{X}\right) = \frac{1}{3}3 + \frac{1}{3}7 + \frac{1}{3}8 = 6 \tag{7.16}$$

$$V\left(\overline{X}\right) = \frac{1}{3}(3-6)^2 + \frac{1}{3}(7-6)^2 + \frac{1}{3}(8-6)^2 = \frac{14}{3} \cdot \tag{7.17}$$

Comme dans le cas PEAR, l'estimateur $\overline{X}$ est en moyenne égal à μ. Par ailleurs, la variance de $\overline{X}$ est inférieure à celle que nous avions dans le cas d'un prélèvement avec remise — cf. (7.11). La dispersion de $\overline{X}$ autour de μ est plus faible : l'erreur d'échantillonnage apparaît comme plus petite.

De façon générale, on peut montrer [11] que la moyenne $\overline{X}$ d'un échantillon aléatoire simple du type PESR possède les propriétés suivantes :

$$E\left(\overline{X}\right) = \mu \quad ; \quad V\left(\overline{X}\right) = \frac{\sigma^2}{n}\frac{N-n}{N-1} \cdot \tag{7.18}$$

L'application de ces expressions à l'exemple 7.2 nous fournit les résultats (7.16) et (7.17). Remarquons que si la taille de la population est grande, la variance de $\overline{X}$ vaut, compte tenu de (7.5) :

$$V\left(\overline{X}\right) = (1-f)\frac{1}{n}\frac{N\sigma^2}{N-1} \approx (1-f)\frac{\sigma^2}{n} \cdot \tag{7.19}$$

[11] Cf. exercices T.7.1 et T.7.9 ou Ardilly [1994], Droesbeke *et al.* [1987], Särndall *et al.* [1992].

7.6.2 Comparaison des prélèvements PEAR et PESR

Les deux méthodes PEAR et PESR conduisent toutes les deux à des estimateurs $\overline{X}$ qui sont, en moyenne, égaux au paramètre μ de la population. Par contre, la comparaison des variances de $\overline{X}$ prouve que la deuxième méthode est plus précise que la première.

Une façon de comparer la précision de deux méthodes de sondage aléatoire m et m^* fournissant des échantillons de même taille n, peut se réaliser de la façon suivante. Considérons un paramètre θ d'une population U. Soit $\widehat{\theta}$ un estimateur obtenu par la méthode m et $\widehat{\theta}^*$ celui qui résulte de m^*. Si ces estimateurs sont en moyenne égaux à θ, leur précision peut être mesurée respectivement par $V(\widehat{\theta})$ et $V(\widehat{\theta}^*)$. Pour comparer ces deux méthodes, on peut utiliser l'***effet de sondage*** défini par

$$D\,(m^*|m) = \frac{V(\widehat{\theta}^*)}{V(\widehat{\theta})}. \tag{7.20}$$

Si $D(m^*|m) < 1$, la méthode m^* sera dit plus précise que m. Dans le cas considéré ci-dessus, nous avons, au vu de (7.14) et (7.18) :

$$V\left(\overline{X}_{\text{PEAR}}\right) = \frac{\sigma^2}{n} \quad ; \quad V\left(\overline{X}_{\text{PESR}}\right) = \frac{\sigma^2}{n}\frac{N-n}{N-1}.$$

Il s'ensuit que

$$D\,(\text{PESR}|\text{PEAR}) = \frac{N-n}{N-1}.$$

Si $n > 1$, $N - n < N - 1$ et donc $D(\text{PESR}|\text{PEAR}) < 1$. La précision de l'estimateur sera donc meilleure si l'on utilise un sondage aléatoire simple sans remise que dans le cas où le prélèvement se fait avec remise. Ce résultat est intuitif. Il y a en effet une perte d'information dès que certains individus sont observés plus d'une fois, ce qui est impossible lors d'un tirage sans remise mais envisageable dans l'autre cas.

Deux remarques méritent d'être formulées. Si la taille de la population est grande, l'effet de sondage est tel que

$$D\,(\text{PESR}|\text{PEAR}) = \frac{N-n}{N-1} \approx \frac{N-n}{N} = 1 - f \tag{7.21}$$

où $f = n/N$ est le taux de sondage. L'amélioration de la précision est d'autant meilleure que f est grand. Par contre, la différence entre les deux procédures faiblit quand la taille de l'échantillon est petite par rapport à celle de la population c'est-à-dire quand le taux de sondage f est faible. Dans ce cas, l'effet de sondage (7.21) est proche de 1. Les deux méthodes fourniront alors des estimateurs de précision analogue.

7.7 ÉCHANTILLONS STRATIFIÉS (ST)

7.7.1 Introduction

Les bases de sondage dont on dispose contiennent parfois des informations sur les caractéristiques des individus de la population. Outre le nom ou le numéro d'un individu, on connaît son sexe, son âge, son domicile... On peut alors être amené à partitionner la population U en un nombre fini de sous-populations U_h — encore appelées ***strates*** — où $h = 1, \ldots, H$.

EXEMPLE 7.5

Certains cycles d'études universitaires se composent de quatre années d'étude. La population des étudiants qui suivent un tel cycle peut donc être partitionnée en quatre sous-populations que nous désignerons par U_1, U_2, U_3 et U_4.

L'intérêt de cette partition est de pouvoir tenir compte de la spécificité de ces sous-populations dans le prélèvement d'un échantillon. On peut alors introduire les paramètres résumant la D.P. de la population en envisageant sous-population par sous-population. Nous adoptons les notations suivantes :

Sous-population	Taille	Total	Moyenne	Variance
U_h	N_h	τ_h	$\mu_h = \tau_h / N_h$	σ_h^2

τ_h représente ici la somme des valeurs de la sous-population U_h. Si la population U contient N valeurs dont la somme est notée par τ, la moyenne par μ et la variance par σ^2, nous pouvons écrire les relations suivantes(12) :

$$N = \sum_h N_h \quad ; \quad \tau = \sum_h \tau_h. \tag{7.22}$$

Par ailleurs, comme $\tau_h = N_h \mu_h$:

$$\mu = \frac{\tau}{N} = \frac{1}{N} \sum_h \tau_h = \frac{1}{N} \sum_h N_h \mu_h = \sum_h \frac{N_h}{N} \mu_h. \tag{7.23}$$

La moyenne globale μ est donc une moyenne pondérée des moyennes μ_h des sous-populations, dans laquelle les coefficients de pondération représentent la taille relative de ces dernières. En outre, on peut montrer que(13)

$$\sigma^2 = \sum_h \frac{N_h}{N} \sigma_h^2 + \sum_h \frac{N_h}{N} (\mu_h - \mu)^2 = \sigma_{\text{dans}}^2 + \sigma_{\text{entre}}^2. \tag{7.24}$$

Cette égalité est appelée ***équation d'analyse de la variance*** ou ***de décomposition de la variance***. Elle généralise l'expression (3.54) introduite au chapitre 3.

(12) La notation simplifiée $\sum_h$ correspond à $\sum_{h=1}^{H}$.

(13) Cf. exercice T.7.3.

On constate ainsi que la dispersion de la population totale peut être décomposée en deux parties. La première (σ^2_{dans}) prend en compte la dispersion des valeurs à l'intérieur de chacune des sous-populations. La seconde (σ^2_{entre}) repose sur les écarts entre sous-populations et population totale, représentées par leur moyenne.

EXEMPLE 7.6

Considérons la population U définie par les points représentés dans la figure 7.3 où les valeurs de la variable d'intérêt x peuvent être aisément identifiées grâce à l'échelle de mesure indiquée sur le graphique.

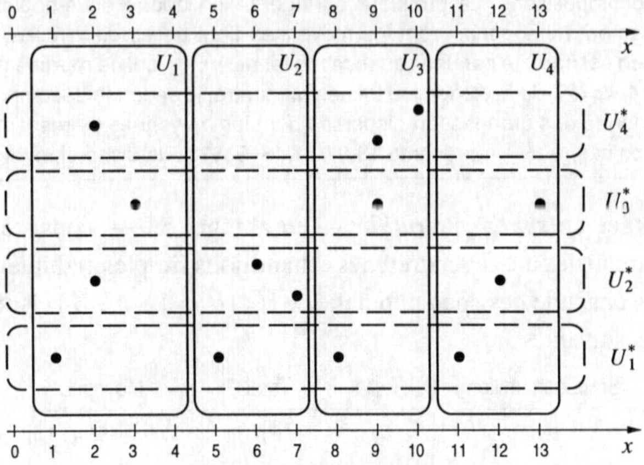

Figure 7.3 *Décomposition de* U

La série ordonnée des valeurs de U est

$$\{1, 2, 2, 3, 5, 6, 7, 8, 9, 9, 10, 11, 12, 13\}.$$

La moyenne μ vaut 7 et la variance σ^2 est égale à 14.43.

Découpons la population U en quatre sous-populations de deux façons différentes. Les tableaux 7.4 et 7.5 contiennent les valeurs des individus selon que la répartition se fait suivant la décomposition $\{U_1, U_2, U_3, U_4\}$ où $\{U_1^*, U_2^*, U_3^*, U_4^*\}$ (cf. figure 7.3). Ils contiennent aussi les moyennes et les variances des données dans chaque sous-population.

Tableau 7.4
Décomposition $\{U_1, U_2, U_3, U_4\}$

	Sous-populations			
	U_1	U_2	U_3	U_4
Données	1	5	8	11
	2	6	9	12
	2	7	9	13
	3		10	
μ_h	2	6	9	12
σ_h^2	1/2	2/3	1/2	2/3

Tableau 7.5
Décomposition $\{U_1^*, U_2^*, U_3^*, U_4^*\}$

	Sous-populations			
	U_1^*	U_2^*	U_3^*	U_4^*
Données	1	2	3	2
	5	6	9	9
	8	7	13	10
	11	12		
μ_h^*	6.25	6.75	8.33	7.00
σ_h^{*2}	13.69	12.69	16.89	12.67

Nous pouvons expliciter l'expression (7.24) dans les deux cas considérés.

a) Décomposition $\{U_1, U_2, U_3, U_4\}$

$$\sigma^2_{\text{dans}} = \sum_h \frac{N_h}{N}\sigma_h^2 = 0.57$$

$$\sigma^2_{\text{entre}} = \sum_h \frac{N_h}{N}(\mu_h - \mu)^2 = 13.86$$

b) Décomposition $\{U_1^*, U_2^*, U_3^*, U_4^*\}$

$$\sigma^{*2}_{\text{dans}} = 13.87 \qquad \sigma^{*2}_{\text{entre}} = 0.56.$$

L'examen de la figure 7.3 nous fait clairement apparaître ce qui résulte de ces décompositions. La première partage U en quatre sous-populations relativement homogènes dont les moyennes sont assez dispersées. Cette situation est traduite par une variance moyenne σ^2_{dans} qui ne représente que 0.57/14.43=4% de la dispersion totale. Par contre, la seconde décomposition nous donne des groupes fort dispersés dont les moyennes se ressemblent. Dans ce cas, $\sigma^{*2}_{\text{dans}}$ représente 13.87/14.43=96% de la dispersion totale.

Effectuer un ***sondage stratifié*** — en abrégé, ST — consiste à prélever, indépendamment les uns des autres, des échantillons simples, habituellement sans remise, dans chacune des sous-populations U_h $(h = 1, \ldots, H)$. Nous adoptons les notations suivantes :

Sous-échantillon	Taille	Total	Moyenne
$\mathscr{S}_h$	n_h	T_h	$\overline{X}_h = T_h/n_h$

L'échantillon global sera composé des H sous-échantillons. Il sera de taille n, où

$$n = \sum_h n_h. \tag{7.25}$$

Le problème est évidemment de savoir comment il est possible d'estimer la valeur d'un paramètre de U à partir d'un échantillon stratifié. Reprenons le cas de la moyenne μ de la population. On retient généralement pour estimateur de μ la v.a. désignée par $\widehat{\mu}_{\text{ST}}$ et définie par l'expression

$$\widehat{\mu}_{\text{ST}} = \frac{1}{N}\sum_h N_h \overline{X}_h. \tag{7.26}$$

L'intérêt de cet estimateur est, qu'en moyenne, il est égal à μ :

$$E(\widehat{\mu}_{\text{ST}}) = \mu. \tag{7.27}$$

Ce résultat découle de (6.27), (7.18), (7.23) et (7.26). Par ailleurs, étant donné (7.18), (7.26) et (6.32), on peut montrer que

$$V(\widehat{\mu}_{\text{ST}}) = \sum_h \frac{N_h^2}{N^2}\,\frac{N_h - n_h}{N_h - 1}\,\frac{\sigma_h^2}{n_h}. \tag{7.28}$$

Le choix des strates est généralement guidé par le souci de prendre en compte des sous-populations relativement homogènes et que l'on veut voir représentées au sein de l'échantillon global. L'expression (7.28) nous indique en effet que si les variances σ_h^2 sont faibles, il en sera de même pour $V(\widehat{\mu}_{ST})$, ce qui implique un estimateur possédant une bonne précision. La détermination du nombre d'observations à prélever dans chaque strate, connaissant la valeur de l'effectif total n, est un autre problème. Deux modes de prélèvement sont souvent préconisés : ils reposent respectivement sur un objectif de *simplicité* pour le premier, *d'optimalité* pour le second.

7.7.2 Échantillon stratifié proportionnel (STP)

Appelons ***taux de sondage*** de la strate U_h $(h = 1, \ldots, H)$ la quantité

$$f_h = \frac{n_h}{N_h}. \tag{7.29}$$

En général, ces taux sont différents du ***taux de sondage global*** $f = n/N$. Cependant, si *les taux de sondage* f_h *sont les mêmes dans toutes les sous-populations*, le sondage stratifié est dit ***proportionnel*** .

Si $f_1 = \cdots = f_H$, il s'ensuit que leur valeur commune est égale à f. Il en résulte que

$$n_h = \frac{n}{N} N_h = f N_h. \tag{7.30}$$

On prélève donc dans chaque strate une même proportion d'individus égale à f. Désignons par $\widehat{\mu}_{\text{STP}}$ l'estimateur (7.26) correspondant à ce cas. Nous constatons que

$$\begin{aligned}
\widehat{\mu}_{\text{STP}} &= \frac{1}{N}\sum_h N_h \overline{X}_h = \frac{1}{N}\sum_h \frac{N_h}{n_h} T_h = \frac{1}{fN}\sum_h T_h \\
&= \frac{1}{n}\sum_h T_h = \overline{X}
\end{aligned} \tag{7.31}$$

où $\overline{X}$ est la moyenne arithmétique de l'échantillon global. On peut vérifier que le sondage stratifié proportionnel est le seul sondage stratifié où la moyenne $\overline{X}$ est choisie comme estimateur de μ. Dans les autres cas, on choisit une moyenne pondérée des $\overline{X}_h$.

Par ailleurs, l'expression (7.28) permet de mesurer la précision de $\widehat{\mu}_{\text{STP}}$. Si les tailles N_h des sous-populations sont grandes, on constate que

$$V(\widehat{\mu}_{\text{STP}}) \approx \sum_h \frac{N_h}{N} \frac{n_h}{n} (1 - f_h) \frac{\sigma_h^2}{n_h} = \frac{1-f}{nN} \sum_h N_h \sigma_h^2.$$

Si l'on pose à nouveau, selon (7.24) :

$$\sigma^2_{\text{dans}} = \frac{1}{N}\sum_h N_h\sigma_h^2 \qquad (7.32)$$

on peut écrire que

$$V(\widehat{\mu}_{\text{STP}}) \approx (1-f)\frac{\sigma^2_{\text{dans}}}{n}. \qquad (7.33)$$

Compte tenu de (7.19), (7.24) et (7.33), on peut affirmer que la stratification proportionnelle fournit généralement une précision meilleure qu'un prélèvement aléatoire simple. Cette amélioration est d'autant plus significative que les variances σ_h^2 sont faibles par rapport à la mesure de dispersion des moyennes μ_h vis-à-vis de μ. On a donc intérêt à stratifier une population en sous-populations homogènes. Ce résultat va se confirmer dans le paragraphe 7.7.3.

7.7.3 Échantillon stratifié optimal (STO)

Il s'agit ici de trouver les effectifs n_h qui rendent minimum $V(\widehat{\mu}_{\text{ST}})$ sous la contrainte que la somme des effectifs n_h est égale à l'effectif global n. Ce problème d'optimisation est classique. Sa solution est fournie par le résultat suivant[14] lorsque les tailles N_h sont suffisamment grandes :

$$n_h \approx \frac{n}{\sum_j N_j\sigma_j} N_h\sigma_h \qquad h = 1,\ldots,H \qquad (7.34)$$

ou encore

$$n_h \approx \frac{f}{\overline{\sigma}} N_h\sigma_h \quad \text{où} \quad \overline{\sigma} = \frac{1}{N}\sum_j N_j\sigma_j. \qquad (7.35)$$

Ce résultat a une interprétation relativement intuitive. $f/\overline{\sigma}$ est un facteur constant. Par conséquent, n_h sera d'autant plus grand que N_h est élevé. Cette constatation était aussi valable dans le cas d'une stratification proportionnelle. Mais, un élément neuf intervient ici. Si σ_h est faible, il en sera de même, toutes proportions gardées, pour n_h. Une strate homogène, c'est-à-dire peu dispersée, ne doit pas être représentée par un nombre important d'individus. Par contre, si σ_h est grand, la strate est hétérogène. Pour tenir compte de cette situation, il est souhaitable d'y prélever un nombre relativement élevé d'observations.

Remarquons enfin que, compte tenu de (7.35), la valeur minimale de $V(\widehat{\mu}_{\text{ST}})$ — que nous désignons ici par $V(\widehat{\mu}_{\text{STO}})$ — est égale à

$$V(\widehat{\mu}_{\text{STO}}) = \frac{\overline{\sigma}^2}{n} - \frac{\sigma^2_{\text{dans}}}{N}. \qquad (7.36)$$

[14] Cf. exercice T.7.4 ou Grosbras [1987].

EXEMPLE 7.5 (suite)

Prenons l'exemple d'une population de résultats d'étudiants (exprimés sur une échelle allant de 0 à 20) stratifiée en quatre sous-populations. Supposons que nous disposions des informations suivantes :

Strate	U_1	U_2	U_3	U_4
Taille N_h	380	200	120	100
Écart-type σ_h	7.6	5.2	3.1	1.8

Si nous voulons prélever 40 observations sur les 800 individus de cette population au moyen d'un sondage stratifié, nous devons choisir au sein de chaque strate un nombre d'observations défini comme suit.

1. Dans le cas d'un sondage aléatoire stratifié proportionnel :

$$n_h = \frac{40}{800} N_h \qquad h = 1, 2, 3, 4$$

c'est-à-dire $n_1 = 19$, $n_2 = 10$, $n_3 = 6$ et $n_4 = 5$.

2. Dans le cas d'un sondage aléatoire stratifié optimal :

$$n_h \approx \frac{n}{\sum_j N_j \sigma_j} N_h \sigma_h \qquad h = 1, 2, 3, 4.$$

Comme $N_1\sigma_1 = 2\,888$, $N_2\sigma_2 = 1\,040$, $N_3\sigma_3 = 372$, $N_4\sigma_4 = 180$ et $n/(\sum_j N_j\sigma_j) = 40/4\,480 = 1/112$, nous en déduisons les valeurs suivantes, arrondies à l'entier le plus proche :

$$n_1 = 26 \quad , \quad n_2 = 9 \quad , \quad n_3 = 3 \quad \text{et} \quad n_4 = 2.$$

En comparant les deux modes de prélèvement, nous voyons que la seconde méthode envisage un plus grand nombre d'observations dans la première strate (la plus dispersée !) et d'autant moins de prélèvements que la strate est homogène (voir par exemple n_4).

7.8 AUTRES MÉTHODES DE SONDAGE ALÉATOIRE

Nous avons vu qu'une méthode aléatoire est qualifiée de simple dans la mesure où tous les échantillons de taille fixée sont réalisables avec la même probabilité. Nous avons aussi souligné les propriétés importantes du sondage PEAR (indépendance et équidistribution des observations). Afin de pouvoir utiliser ces propriétés, nous ferons l'hypothèse, à partir du chapitre 8, que tout échantillon possède les propriétés du sondage PEAR, ce qu'on résumera par l'expression « ***échantillon aléatoire simple*** » (EAS). Nous évoquerons aussi la manière de prendre en compte tout autre type d'échantillon aléatoire.

Nous avons aussi mentionné la possibilité d'envisager des tirages avec ***probabilités inégales*** de manière à tenir compte de facteurs de pondération existants. Ainsi, par exemple, un prélèvement de communes peut attribuer à ces dernières un poids proportionnel à leur nombre d'habitants. De même, un sondage parmi des entreprises peut nécessiter de tenir compte de l'importance de leur personnel ou de leur chiffre d'affaires.

D'autre part, il est possible d'envisager des ***sondages à plusieurs degrés***. La population est d'abord partagée en sous-ensembles appelés ***unités primaires***. On prélève un échantillon aléatoire d'unités primaires et, dans celles qui ont été retenues, on définit des ***unités secondaires*** parmi lesquelles on fait un deuxième prélèvement aléatoire, etc.

EXEMPLE 7.7

On veut prélever des individus d'une région divisée en communes. Un tirage à *deux degrés* consiste par exemple :

1. à prélever des communes de la région selon un tirage du type PESR ;
2. à prélever des individus dans les communes sélectionnées au premier degré, toujours selon une méthode PESR.

Cette façon d'opérer évite de devoir posséder la base de sondage globale. On ne doit procéder à une identification des unités secondaires qu'au sein des unités primaires retenues.

La *stratification* est un cas particulier de sondage à deux degrés qui consiste à prélever un échantillon dans *toutes* les unités primaires. Un autre cas est celui où l'on recueille toutes les unités secondaires des unités primaires retenues : c'est le ***sondage en grappes***.

EXEMPLE 7.7 (suite 1)

Un sondage en grappes consisterait à choisir un certain nombre de communes selon une procédure du type PESR et ensuite à interroger tous les individus des communes retenues.

Signalons enfin l'existence de ***sondages systématiques*** dont le principe est le suivant. Si $U = \{1, \ldots, N\}$, un échantillon *systématique* est constitué d'individus dont les numéros forment une *progression arithmétique*. Ainsi, dans le cas particulier où N est un multiple de n, on choisit comme premier élément de l'échantillon un nombre b « au hasard » entre 1 et $r = N/n$. L'échantillon est alors constitué des individus $b, b+r, b+2r, \ldots, b+(n-1)r$. Cette règle peut être généralisée au cas où N n'est pas un multiple de n.

EXEMPLE 7.7 (suite 2)

Un tirage systématique dans une commune pour laquelle on dispose de la liste numérotée de 1 à N de tous les habitants, consiste à choisir un nom au début de cette liste et à retenir ensuite tous les individus dont les numéros sont séparés d'un écart constant. Si, par exemple, la commune contient 15 000 habitants et que l'on désire prélever un échantillon systématique de taille 100, on choisit un nombre « au hasard » entre 1 et 150. Supposons que nous obtenions la valeur 12. Les individus choisis porteront dès lors les numéros 12, 162, 312, . . . , 14 862.

Le problème de l'estimation de paramètres d'une population à partir d'échantillons constitués en recourant à ces différentes méthodes de sondages peut aussi être abordé. Nous ne pouvons détailler ces développements ici (15).

7.9 ESTIMATION DE L'ERREUR D'ÉCHANTILLONNAGE

Dans les paragraphes précédents, nous avons choisi des estimateurs $\widehat{\mu}$ d'une moyenne inconnue μ d'une population. Comme ces estimateurs sont en moyenne égaux à μ, nous avons mesuré l'erreur d'échantillonnage au moyen de la variance $V(\widehat{\mu})$ ou de sa racine carrée. Par exemple, dans le cas d'un sondage PEAR d'effectif n, nous avons obtenu $V(\widehat{\mu}) = \sigma^2/n$, où $\widehat{\mu} = \overline{X}$ et où σ^2 est la variance de la population. Il est cependant fréquent que cette dernière soit aussi inconnue, ce qui empêche de calculer $V(\overline{X})$. Il est alors nécessaire *d'estimer l'erreur d'échantillonnage*. Sans vouloir trop anticiper sur le chapitre 8, nous pouvons penser à estimer σ^2 par la variance s^2 de l'échantillon et donc estimer $V(\widehat{\mu})$ par

$$\widehat{V}(\widehat{\mu}) = \frac{s^2}{n} \cdot \qquad (7.37)$$

Nous verrons dans le chapitre suivant que cette procédure est acceptable, surtout si la taille de l'échantillon est grande. Nous constaterons cependant qu'il est possible de choisir un meilleur estimateur.

7.10 CAS D'UNE VARIABLE QUALITATIVE

L'utilisation d'une variable indicatrice définie par (7.1) permet d'aborder un problème d'estimation courant quand on s'intéresse à une variable qualitative.

Le fait pour un individu k de U de posséder ou non une propriété A — être français, posséder une voiture, parler l'anglais. . . — est représenté par la fonction indicatrice

$$x_k = \begin{cases} 1 & \text{si } k \text{ possède } A, \\ 0 & \text{autrement} \end{cases} \qquad k \in U. \qquad (7.38)$$

Si on désigne par N_A le nombre d'individus de la population qui possède la propriété A, la moyenne de la population $\{x_1, \ldots, x_N\}$ vaut (16)

$$\mu = \frac{1}{N} \sum_{k \in U} x_k = \frac{N_A}{N} = \pi_A \qquad (7.39)$$

(15) Voir par exemple Ardilly [1994], Droesbeke *et al.* [1987], Särndall *et al.* [1992].

(16) On retrouve ainsi les paramètres d'une loi de Bernoulli.

où π_A désigne la proportion d'individus qui possèdent A. Par ailleurs, comme $x_k^2 = x_k$, la variance de cette population vaut

$$\begin{aligned} \sigma^2 &= \frac{1}{N}\sum_{k\in U} x_k^2 - \mu^2 = \frac{1}{N}\sum_{k\in U} x_k - \mu^2 = \mu - \mu^2 \\ &= \mu(1-\mu) = \pi_A\,(1-\pi_A)\,. \end{aligned} \tag{7.40}$$

L'intérêt de ce résultat tient au fait que l'estimation d'une proportion π_A revient donc à celle d'une moyenne. Nous reprendrons ce problème dans le chapitre 8.

7.11 SONDAGES PAR CHOIX RAISONNÉS

Les méthodes présentées dans les paragraphes précédents sont qualifiées d'aléatoires en ce sens qu'il est possible de connaître pour chaque individu de la population la probabilité d'appartenir à l'échantillon. Il en résulte la possibilité de mesurer l'erreur d'échantillonnage. Ces méthodes nécessitent cependant de pouvoir disposer de bases de sondages relativement complètes, ce qui pose certains problèmes liés notamment au droit de possession et aux coûts d'accès de ces listes. Les organismes de sondage ont donc été amenés à introduire des ***méthodes empiriques*** dont la plus utilisée est la ***méthode des quotas***. Cette dernière repose sur la connaissance de la répartition au sein de la population d'un certain nombre de caractères importants (par exemple le sexe, l'âge, la catégorie socioprofessionnelle. . .). Prélever un échantillon consiste dès lors à choisir des individus de telle sorte que la répartition des caractères retenus soit la même dans l'échantillon et la population. D'une certaine façon, l'échantillon est construit comme un « modèle réduit » de la population.

EXEMPLE 7.8

Si une population d'étudiants comprend 55% d'hommes, 10% d'enfants d'ouvriers, 17% de personnes âgées de plus de 23 ans, etc. on choisira un échantillon qui respectera ces diverses proportions : il devra aussi comprendre 55% d'hommes, 10% d'enfants d'ouvriers, etc.

Cette méthode est particulièrement appréciée des sociétés faisant profession de sondages dans la mesure où le choix des individus n'est pas régi par une procédure nécessitant une base de sondage, un algorithme de tirage. . . Cette plus grande liberté entraîne souvent une rapidité accrue dans l'exécution du sondage et un coût moindre que dans le cas des méthodes aléatoires. En outre, lorsqu'il est impossible d'appliquer ces dernières — car on ne dispose pas des outils nécessaires —, on doit se contenter d'une méthode empirique.

La méthode des quotas présente cependant des inconvénients qui ne sont pas mineurs. Ainsi, dans un sondage recourant à l'emploi d'enquêteurs, le fait que la sélection des personnes interrogées ne soit pas imposée à l'enquêteur peut introduire des biais importants dans l'estimation des paramètres de la population. Ce choix peut en effet être influencé par ses heures de travail, ses goûts personnels...

En outre, il est impossible de mesurer l'erreur d'échantillonnage. Même si cette procédure ressemble à une stratification, la non-connaissance des probabilités d'inclusion empêche tout calcul d'erreur. Il faut donc être prudent dans l'usage et l'interprétation de tels sondages.

Il existe aussi d'autres méthodes par choix raisonnés ! Citons en particulier la *méthode des itinéraires*, les *échantillonnages « sur place »*, etc. Leur usage doit aussi reposer sur une grande prudence et une intégrité de procédure. Malheureusement, il existe parfois certaines « contraintes commerciales »... !

7.12 QUELQUES PROBLÈMES IMPORTANTS DES SONDAGES

Nous l'avons souligné dès le début : un sondage doit nous permettre de recueillir certaines informations auprès d'une partie de la population. Nous avons concentré notre attention sur la façon de choisir les individus qui constituent notre échantillon. Mais le recueil des informations est lui-même un problème important. Le support le plus utilisé est le *questionnaire*. Il contient des questions qui doivent, en principe, permettre d'atteindre les objectifs du sondage. Le choix, l'ordre de succession, la clarté d'expression... de ces questions sont déterminants dans l'usage qu'on pourra faire des réponses. Il est bien sûr des données plus aisées à traiter que d'autres. Un sondage destiné à mesurer la qualité d'une production industrielle rencontre généralement peu de difficultés. Un sondage d'opinion ou une étude de marketing sont plus délicats à mener.

Par ailleurs, il ne suffit pas de construire un bon questionnaire pour obtenir une information suffisante. On peut en effet se trouver en face de situations parfois désagréables. Certaines réponses peuvent être biaisées (quelle est votre rémunération nette par mois ?), d'autres peuvent aussi rester *sans réponse* (question délicate, modalité de réponse non prévue...).

D'autres problèmes peuvent être abordés, notamment au niveau de l'éthique des sondages et du respect de la vie privée. Il nous est impossible d'aborder tous ces problèmes dans le cadre de cet ouvrage[(17)].

---

(17) Cf. par exemple, Droesbeke et Lavallée [2002], Droesbeke et Thoveron [1990], Ghiglione et Matalon [1992], Javeau [1992].

7.13 EXERCICES PROPOSÉS

7.13.1 Exercices théoriques

T.7.1 Soit une population $U = \{1, \ldots, N\}$ et un échantillon PESR de taille n, que nous désignons par $\mathcal{S}$. Introduisons la ***variable indicatrice*** associée à chaque individu k de U :

$$I_k = \begin{cases} 1 & \text{si l'individu } k \in \mathcal{S}, \\ 0 & \text{dans le cas contraire.} \end{cases}$$

(a) Démontrez que

$$\sum_{k \in U} I_k = n.$$

(b) Si π_k est la probabilité pour que l'individu k soit sélectionné dans $\mathcal{S}$, démontrez que

$$\pi_k = E\left(I_k\right).$$

(c) Démontrez que $\pi_k = n/N$.

(d) Si x est la variable d'intérêt, considérons la population des valeurs de x désignée par $\{x_k, k \in U\}$. Si $\overline{X}$ est la moyenne des valeurs de $\mathcal{S}$, nous pouvons écrire que

$$\overline{X} = \frac{1}{n} \sum_{k \in U} x_k I_k. \tag{7.41}$$

Déduisez-en que $E(\overline{X}) = \mu$, où μ est la moyenne de la population.

T.7.2 Démontrez que la probabilité d'inclusion p d'un individu d'une population de taille N vaut, lors d'un tirage PEAR d'effectif n :

$$p = 1 - \left(1 - \frac{1}{N}\right)^n.$$

T.7.3 ★ Si une population de taille N, de moyenne μ et de variance σ^2 est partagée en H sous-populations de taille N_h, de moyenne μ_h et de variance σ_h^2 $(h = 1, \ldots, N)$, démontrez que

$$\sigma^2 = \sum_{h=1}^{H} \frac{N_h}{N} \sigma_h^2 + \sum_{h=1}^{H} \frac{N_h}{N} \left(\mu_h - \mu\right)^2.$$

Utilisez à cet effet la relation suivante :

$$\sigma^2 = \frac{1}{N} \sum_{h=1}^{H} \sum_{i=1}^{N_h} \left(x_{ih} - \mu\right)^2 = \frac{1}{N} \sum_{h=1}^{H} \sum_{i=1}^{N_h} \left(x_{ih} - \mu_h + \mu_h - \mu\right)^2$$

où x_{ih} désigne la i-ème valeur de la h-ième strate ($i = 1, \ldots, N_h$; $h = 1, \ldots, H$).

T.7.4 ★ Si les tailles N_h des strates d'une population U sont suffisamment grandes, la variance de l'estimateur stratifié de la moyenne μ de U vaut, approximativement en raison de (7.28) :

$$V\left(\widehat{\mu}_{\mathrm{ST}}\right) \approx \sum_h \frac{N_h}{N^2} \frac{N_h - n_h}{n_h} \sigma_h^2.$$

Démontrez que les effectifs n_h qui minimisent $V(\widehat{\mu}_{\mathrm{ST}})$ sous la condition que $\sum_h n_h = n$ — où n est fixé a priori — sont donnés par l'expression (7.34).

T.7.5 Démontrez que la variance de l'estimateur $\widehat{\mu}_{\mathrm{STO}}$ obtenue par sondage stratifié optimal est donnée par l'expression (7.36).

T.7.6 ★ Si les tailles N_h des strates d'une population U sont suffisamment grandes, la variance de l'estimateur stratifié de la moyenne μ de U vaut, approximativement en raison de (7.28) :

$$V(\widehat{\mu}_{\mathrm{ST}}) \approx \sum_h \frac{N_h}{N^2} \frac{N_h - n_h}{n_h} \sigma_h^2 .$$

Si le coût unitaire de la sélection d'un individu dans la strate h vaut C_h et que l'on dispose d'un budget global pour prélever l'échantillon égal à C_0, démontrez que les effectifs n_h, qui minimisent $V(\widehat{\mu}_{\mathrm{ST}})$ sous la condition que $\sum_h n_h C_h \leqslant C_0$, sont donnés par

$$n_h = \frac{C_0 N_h \sigma_h}{\sqrt{C_h} \sum_j N_j \sigma_j \sqrt{C_j}} \qquad h = 1, \ldots, H. \tag{7.42}$$

T.7.7 Soit une population $U = \{1, \ldots, N\}$ et un échantillon à probabilités inégales sans remise (***PISR***) de taille n, que nous désignons par $\mathcal{S}$. Soit π_k la probabilité que l'individu k de U soit sélectionné dans $\mathcal{S}$. Si x est la variable d'intérêt et x_k ses valeurs $(k \in U)$, considérons l'estimateur de $\tau = \sum_{k \in U} x_k$ dû à ***Horvitz*** et ***Thompson*** :

$$\widehat{\tau}_{\mathrm{HT}} = \sum_{k \in \mathcal{S}} \frac{x_k}{\pi_k} . \tag{7.43}$$

(a) Démontrez que $E(\widehat{\tau}_{\mathrm{HT}}) = \tau$, en utilisant les propriétés de l'exercice T.7.1.

(b) Déduisez de (7.43) un estimateur $\widehat{\mu}_{\mathrm{HT}}$ de la moyenne μ de la population tel que $E(\widehat{\mu}_{\mathrm{HT}}) = \mu$.

(c) Que devient l'estimateur de Horvitz-Thompson si le tirage est du type PESR ?

T.7.8 Démontrez que le sondage stratifié est un sondage à probabilités inégales, sauf dans le cas du sondage stratifié proportionnel. Utilisez à cet effet les résultats de l'exercice T.7.1.

T.7.9 ★ Démontrez l'expression (7.18) donnant la variance $V(\overline{X})$ de la moyenne d'un échantillon PESR, en utilisant (7.41).

T.7.10 ★ Soit π_{ij} la ***probabilité d'inclusion*** d'ordre 2 définie par $\pi_{ij} = P(i \in \mathcal{S}$ et $j \in \mathcal{S})$, où $i \neq j$ sont deux individus distincts d'une population U. En reprenant le concept de variable indicatrice défini dans l'exercice T.7.1, démontrez que :

(a) $$\mathrm{Cov}(I_i, I_j) = \pi_{ij} - \pi_i \pi_j , \tag{7.44}$$

(b) $$V\left(\widehat{\tau}_{\mathrm{HT}}\right) = \frac{1}{2} \sum_{i \in U} \sum_{\substack{j \in U \\ i \neq j}} \left(\frac{y_i}{\pi_i} - \frac{y_j}{\pi_j} \right)^2 \left(\pi_{ij} - \pi_i \pi_j\right) \tag{7.45}$$

où $\widehat{\tau}_{\mathrm{HT}}$ est défini par (7.43).

(c) l'expression (7.18) dans le cas PESR découle de (7.45).

7.13.2 Exercices pratiques

E.7.1 Reprenons les données de l'exemple 7.2 en affectant aux trois enfants de la famille des probabilités de sélections respectives valant 2/10, 3/10 et 5/10. Si X est la v.a. désignant l'âge de l'enfant sélectionné, déterminez $E(X)$ et $V(X)$.

E.7.2 Soit une population composée de 4 individus : Mme A âgée de 26 ans, M. B âgé de 33 ans, M. C âgé de 40 ans et Mme D âgée de 21 ans. On désire y prélever un échantillon d'effectif 2 en s'intéressant à la variable « âge ». Dans ce but, on envisage les procédures de sondage aléatoire du type PEAR, PESR et STP (en scindant la population en deux groupes : hommes et femmes).

(a) Pour chacune de ces procédures, déterminez tous les échantillons possibles et la distribution de probabilité de la moyenne échantillon $\overline{X}$.

(b) Déterminez, dans chaque cas, $E(\overline{X})$ et $V(\overline{X})$.

(c) Comparez les valeurs obtenues pour $V(\overline{X})$ dans ces différents cas.

E.7.3 Soit une population d'âges constituée de 4 valeurs : 16, 18, 32, 54. On désire y prélever :

(a) un échantillon simple avec remise d'effectif $n = 2$;

(b) un échantillon simple sans remise d'effectif $n = 2$;

(c) un échantillon stratifié proportionnel d'effectif $n = 2$ dans la population partagée en deux, selon que l'âge est inférieur ou supérieur à 20.

Déterminez dans chaque cas :

1. tous les échantillons possibles ainsi que leur moyenne $\overline{X}$;
2. $E(\overline{X})$ et $V(\overline{X})$.

Comparez ensuite les mesures d'erreur d'échantillonnage les unes par rapport aux autres.

E.7.4 Une population U est composée des cinq nombres 2, 3, 6, 8 et 11. Considérons tous les échantillons d'effectif 2 prélevés dans U selon une procédure du type PEAR, PESR ou stratifiée proportionnelle (la stratification se faisant selon le caractère pair-impair).
Déterminez pour chaque cas :

(a) tous les échantillons possibles ainsi que leur moyenne $\overline{X}$;

(b) $E(\overline{X})$ et $V(\overline{X})$.

Comparez ensuite les mesures d'erreur d'échantillonnage les unes par rapport aux autres.

E.7.5 Considérons un ensemble de 1000 étudiants d'une Faculté qui ont un cours de statistique dans leur programme d'études. La répartition par section S et par année A de ces étudiants est présentée dans le tableau ci-dessous. Les effectifs des années d'études sont notés N_h ; les écarts-types des résultats obtenus à l'examen de fin d'année dans ces strates au cours des cinq dernières sessions de même type sont notés σ_h (nous supposons qu'ils correspondent aux écarts-types des sous-populations).

h	(S, A)	N_h	σ_h
1	$S = 1, A = 1$	80	4.5
2	$S = 2, A = 1$	170	5.0
3	$S = 3, A = 1$	210	4.2
4	$S = 4, A = 1$	290	3.1

h	(S, A)	N_h	σ_h
5	$S = 1, A = 2$	50	2.4
6	$S = 3, A = 2$	70	2.7
7	$S = 4, A = 2$	90	1.8
8	$S = 3, A = 3$	30	1.5
9	$S = 3, A = 4$	10	1.0

Comment pouvez-vous prélever un échantillon d'effectif $n = 100$ dans cette population au moyen d'une procédure du type PEAR, PESR, STP, STO ? Déterminez dans chaque cas une mesure de l'erreur d'échantillonnage, en supposant que la variance totale vaut $\sigma^2 = 16$.

E.7.6 Les habitants d'une commune sont regroupés en six catégories distinctes. Les effectifs de ces dernières et l'écart-type des âges de leurs membres sont contenus dans le tableau suivant :

h	N_h	σ_h
1	180	1
2	250	3
3	300	2

h	N_h	σ_h
4	420	9
5	700	10
6	150	4

On désire prélever un échantillon d'effectif $n = 120$ parmi ces 2000 personnes. Si on sait que la variance totale vaut $\sigma^2 = 400$, comment peut-on effectuer ce prélèvement et mesurer l'erreur d'échantillonnage lorsqu'on utilise une procédure du type PEAR, PESR, STP, STO ?

E.7.7 Considérons les données de l'exemple 7.5 présentées dans le paragraphe 7.7.3. Déterminez le plan d'échantillonnage stratifié permettant de minimiser la variance de $\widehat{\mu}_{ST}$ sous la contrainte de ne disposer que d'un budget global C_0, si :

(a) les coûts unitaires de prélèvement dans chacune des 4 strates valent respectivement

$$C_1 = 1.44,\ C_2 = 2.25,\ C_3 = 4.00 \text{ et } C_4 = 6.25$$

et si 1°) $C_0 = 120$, 2°) $C_0 = 72$;

(b) les coûts unitaires C_k sont tous égaux à 3 $(h = 1, \ldots, 4)$.

Calculez dans tous ces cas $V(\widehat{\mu}_{ST})$.

E.7.8 Soit une population comportant 3 hommes H_1, H_2, H_3 et une femme F. On envisage tous les échantillons aléatoires simples d'effectif 2 qui peuvent être prélevés *a*) avec remise, *b*) sans remise, dans cette population.

On demande de déterminer :

(a) la moyenne de la distribution de $\widehat{\pi}$, où $\widehat{\pi}$ représente la proportion d'hommes dans l'échantillon ;

(b) la variance de la distribution de $\widehat{\pi}$.

E.7.9 Considérons un groupe de 5 étudiants dont 3 font partie de la faculté des Sciences et les 2 autres de la faculté de Philosophie et Lettres d'une université. On envisage tous les échantillons aléatoires simples d'effectif 2 qui peuvent être prélevés *a*) avec remise, *b*) sans remise, dans cette population. On demande de déterminer la moyenne et la variance de la distribution de l'estimateur $\widehat{\pi}$, où $\widehat{\pi}$ représente la proportion d'étudiants de la faculté de Philosophie et Lettres dans l'échantillon. Que deviennent ces résultats si on désire prélever un échantillon stratifié de même effectif, en considérant les deux facultés d'origine comme strates ?

E.7.10 Considérons la population $U = \{1, 2, 3, 4, 5, 8, 9, 10, 11, 12\}$.

(a) Déterminez sa moyenne μ et sa variance σ^2.

(b) Décomposez U en deux sous-populations selon les deux critères suivants :

i. valeurs situées en-dessous ou au-dessus de la médiane ;

ii. valeurs paires ou impaires.

Déterminez les moyennes et variances de ces sous-populations.

(c) Dans chacun des deux cas considérés ci-dessus, exprimez μ et σ^2 en fonction des paramètres calculés pour les sous-populations. Commentez les résultats obtenus.

E.7.11 Considérons deux populations U et U^* partagées en quatre sous-populations.

a) Population U		b) Population U^*	
$U_1 = \{2,1,2,3\}$	$U_2 = \{7,5,6\}$	$U_1^* = \{7,3,5,1\}$	$U_2^* = \{8,4,6\}$
$U_3 = \{8,9,7,8\}$	$U_4 = \{4,3,5\}$	$U_3^* = \{9,3,8,4\}$	$U_4^* = \{1,7,4\}$

(a) Déterminez les moyennes μ_h et μ_h^* de U_h et U_h^*. Calculez ensuite leurs variances σ_h^2 et σ_h^{*2} $(h = 1,2,3,4)$.

(b) Utilisez ces résultats pour déterminer la moyenne μ et la variance σ^2 de U, la moyenne μ^* et la variance σ^{*2} de U^*. Commentez les résultats obtenus.

E.7.12 Déterminez un échantillon aléatoire simple de 10 pages de ce livre.

E.7.13 Déterminez un échantillon aléatoire à deux degrés de paragraphes de cet ouvrage (3 unités primaires, 2 unités secondaires par unité primaire).

E.7.14 Déterminez un échantillon systématique, d'effectif 10, prélevé dans les 300 premières pages de ce livre.

E.7.15 Considérons la population $U = \{1,2,3,4\}$ de valeurs d'une variable x. Prélevons un échantillon aléatoire de taille égale à 2

(a) du type PESR ;

(b) du type PISR, où les probabilités d'inclusion valent respectivement

i. $\pi_1 = 0.2,\ \pi_2 = 0.2,\ \pi_3 = 0.8,\ \pi_4 = 0.8$;

ii. $\pi_1 = 0.2,\ \pi_2 = 0.4,\ \pi_3 = 0.6,\ \pi_4 = 0.8$.

Que valent $E(\widehat{\tau})$ et $V(\widehat{\tau})$, si $\widehat{\tau}$ est l'estimateur du total $\tau = 10$, défini par (7.43) ?

CHAPITRE 8

LE PROBLÈME DE L'ESTIMATION

« [. . .] il y avait des hommes qui, rien qu'à la longueur de leur ombre, qu'ils savaient estimer à vue d'œil, pouvaient dire l'heure exacte du jour ou du soir ».

G. de Nerval, *Les Filles du feu*, Isis I.

8.1 INTRODUCTION

Le problème de l'estimation se pose dès que l'on n'a pas la possibilité de connaître de façon exacte la valeur de ce que nous appelons un *paramètre inconnu*. Ce problème est très général et peut revêtir des aspects distincts. Prenons deux exemples à titre d'illustration.

Le premier consiste à mesurer la hauteur d'une maison. Si on a généralement de bonnes raisons de croire qu'elle est constante, nous dirons qu'elle constitue un *paramètre inconnu*, que nous désignons par θ. Il existe plusieurs moyens (mécanique, optique. . .) de mesurer une hauteur, mais l'expérience nous apprend qu'une mesure est rarement exacte. Réaliser dix mesures successives d'un même objet ne vous garantit pas qu'elles seront identiques. Est-il possible d'*estimer* la valeur de θ à partir de ces mesures distinctes ?

Le second exemple nous ramène au chapitre 7. Intéressons-nous à une population inconnue d'âges, de revenus. . . et plus particulièrement à l'un de ses paramètres : par exemple, sa moyenne μ. Si on n'a pas la possibilité de connaître la valeur exacte de μ, peut-on utiliser un échantillon prélevé dans cette population pour *estimer* la valeur de ce paramètre ?

Dans les deux cas, nous portons notre attention sur un problème dépendant d'un paramètre[(1)] que nous désignons généralement par la lettre grecque θ et qui peut, *a priori*, prendre n'importe quelle valeur dans un espace de paramètre Θ. Par exemple, la hauteur de la maison est comprise entre 12 et 13 mètres : $\Theta = [12, 13]$. La distribution des âges d'une population a une moyenne comprise entre 30 et 50 ans : $\Theta = [30, 50]$.

Ce sont des observations qui vont nous permettre de construire une estimation du paramètre θ. Dans ce cas, il est commode de supposer que chaque observation est la valeur d'une variable aléatoire X dont la loi de probabilité[(2)] dépend de θ — c'est ce que l'on appelle doter l'« état de la nature » inconnu d'un ***modèle probabiliste***. Ce dernier est généralement complété par un ***modèle d'échantillonnage*** décrivant la manière dont les observations sont recueillies. Nous nous placerons dans le cas le plus simple où les n observations constituent un ***échantillon aléatoire simple*** (EAS) composé de n variables aléatoires $\{X_1, \ldots, X_n\}$ indépendantes et de même distribution (variables ***i.i.d.***). Cette situation est rencontrée, par exemple, si l'on recourt à un plan de sondage du type PEAR[(3)]. Nous évoquerons aussi d'autres modèles d'échantillonnage dans la suite. Signalons encore qu'un modèle probabiliste complété par un modèle d'échantillonnage est souvent appelé un ***modèle statistique***.

Notre problème peut donc s'énoncer comme suit. Comment peut-on estimer un paramètre inconnu θ à partir de n observations $\{X_1, \ldots, X_n\}$ formant un EAS, dont les valeurs sont notées $\{x_1, \ldots, x_n\}$? Cette question recouvre en fait deux problèmes importants. Le premier consiste à définir un *estimateur* possédant des qualités intéressantes. Le second porte sur la manière de le choisir. Nous allons évoquer successivement ces deux questions dans les paragraphes suivants.

8.2 DÉFINITION ET PROPRIÉTÉS D'UN ESTIMATEUR

8.2.1 Définition

Soient θ un paramètre réel inconnu défini au sein d'une population U et Θ l'ensemble des valeurs possibles de θ. Si $\{X_1, \ldots, X_n\}$ est un EAS d'effectif n prélevé dans U, nous appellerons ***estimateur*** de θ *toute fonction des observations*, que nous noterons $\widehat{\theta}$:

$$\widehat{\theta} = h(X_1, \ldots, X_n). \tag{8.1}$$

Nous nous restreignons bien sûr à des valeurs $\widehat{\theta} \in \Theta$. Il est évident[(4)] que

(1) Nous nous restreindrons dans cette présentation au cas où le paramètre inconnu est unique. Nous envisagerons le cas contraire dans la suite.

(2) Cette loi peut être discrète ou continue.

(3) Cf. chapitre 7.

(4) Cf. chapitre 5.

$\widehat{\theta}$ est une v.a. possédant une loi de probabilité qui dépendra en général du paramètre inconnu. Une fois l'échantillon prélevé, on disposera de n valeurs observées $x_1, \ldots, x_n$, ce qui nous fournira une valeur $h(x_1, \ldots, x_n)$ de $\widehat{\theta}$, que nous appellerons ***estimation***.

EXEMPLE 8.1

Reprenons l'exemple 7.2 de la population des âges de trois enfants $\{2, 4, 12\}$ dont on veut estimer la moyenne μ à partir d'un EAS $\{X_1, X_2\}$. Dans cet exemple, nous avons choisi comme estimateur de μ la *moyenne arithmétique* de l'échantillon $\overline{X} = (X_1 + X_2)/2$.

Ce choix, que nous avons réalisé dans le chapitre 7, reposait sur la similitude du rôle joué par les deux paramètres, l'un dans la population et l'autre dans l'échantillon. Nous avons en outre étudié la D.P. de $\overline{X}$ en remarquant notamment que l'estimateur $\widehat{\mu} = \overline{X}$ possédait une moyenne $E(\widehat{\mu}) = \mu = 6$ et une variance $V(\widehat{\mu}) = \sigma^2/n = 28/3$.

Nous aurions pu aussi envisager d'autres possibilités pour estimer μ, en considérant, par exemple, la première observation, la seconde observation ou encore la médiane, ce qui nous fournit trois autres estimateurs :

$$\widehat{\mu}_1 = X_1 \quad , \quad \widehat{\mu}_2 = X_2 \quad , \quad \widehat{\mu}_3 = X_{1/2}.$$

Les trois estimateurs possèdent aussi des lois de probabilités.

1. La D.P. de $\widehat{\mu}_1$ et de $\widehat{\mu}_2$ est celle de la population (5) :

$$\{(2, 1/3), (4, 1/3), (12, 1/3)\} \Rightarrow E\left(\widehat{\mu}_1\right) = E\left(\widehat{\mu}_2\right) = \mu = 6;$$
$$V\left(\widehat{\mu}_1\right) = V\left(\widehat{\mu}_2\right) = \sigma^2 = 56/3.$$

2. $\widehat{\mu}_3$ est ici égal à $\overline{X}$: cette situation particulière résulte de la taille de l'échantillon. De façon générale cependant, le comportement de $\widehat{\mu}_3$ n'est pas identique à celui de $\overline{X}$.

Il serait souhaitable de ne pas utiliser uniquement le bon sens ou l'intuition pour choisir, entre différents estimateurs, celui ou ceux qu'il est judicieux de retenir. Pour pouvoir effectuer un tel choix, nous devons pouvoir les comparer en recourant à des critères ou des objectifs choisis *a priori*. Plus précisément, nous allons établir une liste de plusieurs propriétés que l'on souhaite souvent retrouver dans un bon estimateur, permettant ainsi de mettre en évidence ceux qui en possèdent sinon le plus grand nombre, du moins les plus importantes.

8.2.2 Simplification de notation

Toute fonction des observations d'un EAS, définie par (8.1), peut permettre d'estimer la valeur d'un paramètre inconnu θ. Nous avons en outre appelé *estimation* la valeur observée $h(x_1, \ldots, x_n)$ de l'*estimateur* $h(X_1, \ldots, X_n)$,

(5) Cf. chapitre 7.

conformément au schéma de la figure 8.1. La logique de notre notation — majuscule pour une v.a. et minuscule pour sa valeur— est à première vue en contradiction avec (8.1), et voudrait que l'on distingue aussi la v.a. $\widehat{\theta}$ de sa valeur observée. Cependant, pour ne pas alourdir la notation, et vu la correspondance évidente entre v.a. et valeur observée de cette dernière, nous utiliserons la simplification suivante selon laquelle l'échantillon de taille n sera désormais uniquement désigné par $\{x_1, \ldots, x_n\}$ sans distinguer explicitement les variables aléatoires X_i, avant observation, de leur valeur x_i, après observation. Le lecteur pourra toujours vérifier d'après le contexte s'il se trouve dans le premier cas ou le second. Cette simplification permet aussi d'augmenter le nombre de lettres de l'alphabet utilisables, ce qui sera utile comme nous le verrons dès le paragraphe 8.2.3.

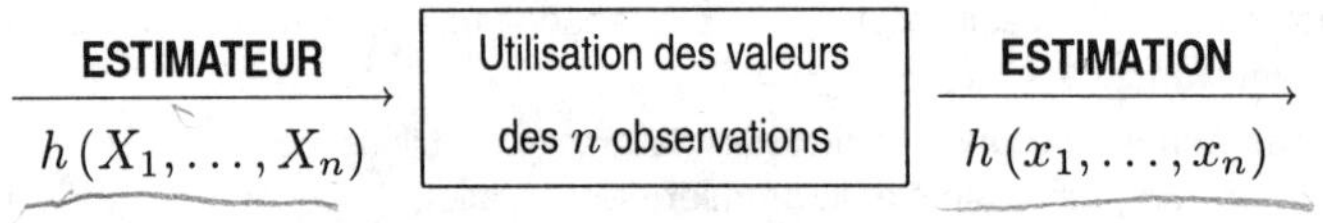

Figure 8.1 *Estimateur et estimation*

8.2.3 Estimateur sans biais

Le choix d'un estimateur va reposer sur ses qualités. Comme nous l'avons déjà souligné, il est en effet habituel de comparer des estimateurs entre eux sur base de propriétés plus ou moins intéressantes qu'ils possèdent ou non. La première d'entre elles concerne la possibilité de comporter un ***biais***. Nous l'introduirons par un exemple.

EXEMPLE 8.2

Un joueur relativement habile lance n fléchettes sur la cible de la figure 8.2 en visant son centre.

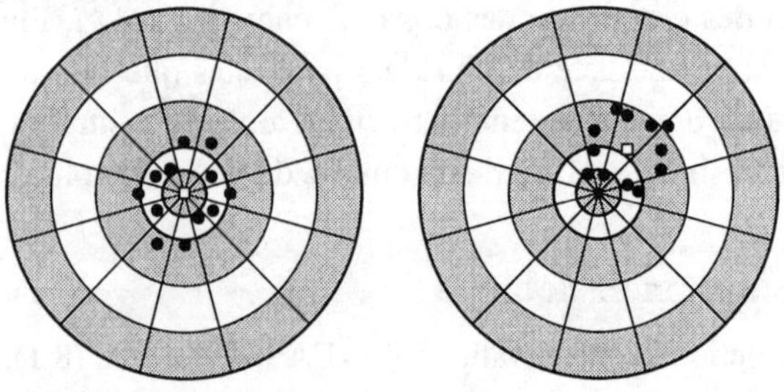

Figure 8.2 *Lancers de fléchettes*

Considérons les résultats des lancers de la figure de gauche : on constate qu'ils se répartissent « harmonieusement » autour de l'objectif en ce sens que leur centre de gravité (leur moyenne !), représenté par un petit carré blanc, semble coïncider avec le centre de la cible. On dira alors que notre joueur « *vise juste* » ou encore que son lancer est *sans biais*, même si l'on admet qu'il pourrait être un peu plus précis. Par contre dans le second graphique, il apparaît clairement que les lancers sont *biaisés* dans la mesure où ils ne se répartissent pas autour de l'objectif visé.

Dans l'esprit de l'exemple 8.2, et comme nous l'avons déjà constaté dans le chapitre 7, il est souvent judicieux que la distribution d'un estimateur soit centrée sur le paramètre inconnu, c'est-à-dire qu'il possède la propriété suivante.

Propriété 8.1

$\widehat{\theta}$ est un ***estimateur sans biais*** (ou *non biaisé*) de θ si

$$E\left(\widehat{\theta}\right) = \theta. \tag{8.2}$$

Si la relation (8.2) n'est pas satisfaite, le ***biais*** de $\widehat{\theta}$ est alors défini par

$$B\left(\widehat{\theta}\right) = E\left(\widehat{\theta}\right) - \theta. \tag{8.3}$$

EXEMPLE 8.1 (suite 1)

Reprenons l'estimation de la moyenne μ de la population $\{2, 4, 12\}$ à partir de la moyenne [6] $\overline{x}$ d'un EAS de taille $n = 2$. Nous avons vu dans l'exemple 7.2 que $E(\overline{x}) = \mu$, c'est-à-dire que $\overline{x}$ est un estimateur *sans biais* de μ. Intéressons-nous à présent à l'estimateur de la variance σ^2 — dont on sait qu'elle vaut 56/3. Interrogeons-nous sur le caractère sans biais ou non de l'estimateur de σ^2 fourni par la variance s^2 de l'échantillon. Le tableau 8.1 contient les valeurs possibles de s^2 correspondant aux neuf échantillons susceptibles d'être prélevés. Ces valeurs sont calculées par l'expression

$$s^2 = \frac{1}{2}\sum_{i=1}^{2}(x_i - \overline{x})^2 \tag{8.4}$$

où les valeurs de $\overline{x}$ sont contenues dans le tableau 7.2.

Tableau 8.1 *Valeurs possibles de s^2*

x_1	x_2		
	2	4	12
2	0	1	25
4	1	0	16
12	25	16	0

Tableau 8.2 *Valeurs possibles de S^2*

x_1	x_2		
	2	4	12
2	0	2	50
4	2	0	32
12	50	32	0

Comme tous ces échantillons ont la même probabilité d'être choisis, s^2 a une D.P. dont la moyenne vaut

$$E\left(s^2\right) = \frac{3}{9}0 + \frac{2}{9}1 + \frac{2}{9}16 + \frac{2}{9}25 = \frac{84}{9} = \frac{28}{3}.$$

[6] Rappelons que nous désignons dorénavant par $\overline{x}$ aussi bien la v.a. qui sert d'estimateur que sa valeur.

On constate ainsi que s^2 est un estimateur biaisé de σ^2 puisque nous avons $E(s^2) \neq \sigma^2$. Le biais est ici égal à

$$B\left(s^2\right) = \frac{28}{3} - \frac{56}{3} = -\frac{28}{3}\cdot$$

Par contre si on calcule les valeurs de

$$S^2 = \frac{1}{n-1}\sum_i (x_i - \overline{x})^2 \tag{8.5}$$

où $n = 2$, le tableau 8.2 nous permet de constater aisément que :

$$E\left(S^2\right) = \frac{3}{9}0 + \frac{2}{9}2 + \frac{2}{9}32 + \frac{2}{9}50 = \frac{168}{9} = \frac{56}{3},$$

ce qui signifie que S^2 est un estimateur *sans biais* de σ^2.

Le caractère biaisé ou non d'un estimateur peut être abordé de façon générale à partir des propriétés de l'espérance mathématique présentée dans le chapitre 5. Nous allons le vérifier dans trois cas particuliers que nous utiliserons dans la suite.

a) Estimation de la moyenne μ d'une population

En reprenant le développement présenté dans le paragraphe 7.5.3, nous pouvons affirmer, selon le résultat (7.13), que la moyenne $\overline{x}$ d'un EAS est toujours un estimateur sans biais de μ :

$$E(\overline{x}) = \mu. \tag{8.6}$$

b) Estimation de la variance σ^2 d'une population

Soit s^2 la variance d'un EAS prélevé dans une population de variance σ^2. Calculons la moyenne de sa D.P. En utilisant les résultats (3.49), (6.26), (6.28) et (5.94), nous pouvons écrire :

$$\begin{aligned}
E\left[s^2\right] &= E\left[\frac{1}{n}\sum_i (x_i - \overline{x})^2\right] = E\left[\frac{1}{n}\sum_i x_i^2 - \overline{x}^2\right] \\
&= \frac{1}{n}\sum_i E\left(x_i^2\right) - E\left(\overline{x}^2\right) = \frac{1}{n}\sum_i \left[V(x_i) + \mu^2\right] - \left[V\left(\overline{x}\right) + \mu^2\right] \\
&= \sigma^2 + \mu^2 - \frac{\sigma^2}{n} - \mu^2 = \sigma^2\frac{n-1}{n}\cdot
\end{aligned} \tag{8.7}$$

Nous constatons ainsi que $E(s^2) \neq \sigma^2$, ce qui signifie que s^2 est un estimateur biaisé de σ^2 dont le biais vaut :

$$B\left(s^2\right) = \sigma^2\frac{n-1}{n} - \sigma^2 = -\frac{\sigma^2}{n}\cdot \tag{8.8}$$

Remarquons que $B(s^2)$ tend vers zéro quand n tend vers l'infini. On dit dans ce cas que s^2 est un ***estimateur asymptotiquement sans biais***.

Par ailleurs, si l'on considère la ***variance corrigée*** de l'EAS définie par

$$S^2 = \frac{ns^2}{n-1} = \frac{1}{n-1}\sum_i (x_i - \overline{x})^2, \tag{8.9}$$

on vérifie aisément, à partir de (8.7), que

$$E\left(S^2\right) = \sigma^2. \tag{8.10}$$

S^2 est donc un estimateur sans biais de σ^2.

c) Estimation d'une proportion

Si π_A désigne la proportion d'individus qui possèdent une caractéristique particulière A dans une population, on peut estimer ce paramètre par la proportion observée de A dans un EAS de taille n prélevé dans cette population :

$$\widehat{\pi} = \frac{n_A}{n} \tag{8.11}$$

où n_A est le nombre d'individus de l'échantillon qui possèdent A. Or π_A peut être considérée comme la moyenne d'une loi de Bernoulli[(7)] en dotant tous les individus de la population d'une valeur « 1 » ou « 0 » selon qu'ils possèdent ou non la caractéristique A :

$$\begin{aligned} \mu &= \frac{\text{Somme des valeurs « 1 » + somme des valeurs « 0 »}}{\text{taille de la population}} \\ &= \frac{\text{nombre de « 1 »}}{\text{taille de la population}} = \text{proportion de « 1 »} = \pi_A. \end{aligned} \tag{8.12}$$

Si on considère la moyenne $\overline{x}$ de l'échantillon $\{x_1, \ldots, x_n\}$ composé lui-même de « 1 » et de « 0 » :

$$\begin{aligned} \overline{x} &= \frac{\text{Somme des « 1 » observés + somme des « 0 » observés}}{\text{taille de l'échantillon}} \\ &= \frac{\text{nombre de « 1 » observés}}{\text{taille de l'échantillon}} = \frac{n_A}{n}. \end{aligned} \tag{8.13}$$

Vu (8.6), (8.12) et (8.13), l'estimateur $\widehat{\pi}_A$ défini par (8.11) est sans biais.

Nous pourrions présenter d'autres cas. Signalons en particulier la propriété 8.2 suivante, que nous extrayons de Devore [1991], p. 214.

---

(7) Cf. paragraphe 7.10.

Propriété 8.2 Si $\{x_1, \ldots, x_n\}$ est un échantillon aléatoire simple, prélevé dans une population de moyenne μ, la moyenne arithmétique $\overline{x}$ est un estimateur sans biais de μ. Si en outre, la population est continue et symétrique, la médiane $x_{1/2}$ et la moyenne tronquée[8] sont aussi des estimateurs sans biais de μ.

8.2.4 Précision d'un estimateur

Nous avons déjà souligné dans le chapitre 7 que la variance d'un estimateur joue un rôle important dans la mesure de sa précision.

a) Cas d'un estimateur sans biais

Propriété 8.3 Si $\widehat{\theta}$ est un estimateur sans biais de θ, nous utiliserons comme mesure de précision sa variance $V(\widehat{\theta})$, ou son écart-type $\sqrt{V(\widehat{\theta})}$. Plus $V(\widehat{\theta})$ sera petite, plus l'estimateur $\widehat{\theta}$ sera précis. Entre deux estimateurs $\widehat{\theta}_1$ et $\widehat{\theta}_2$ non biaisés, nous aurons donc tendance à choisir le plus précis des deux. Dans le cas de la figure 8.3, $\widehat{\theta}_1$ sera donc préféré à $\widehat{\theta}_2$.

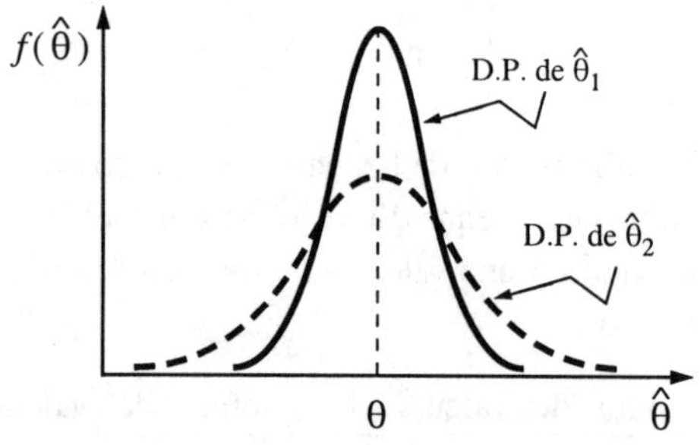

Figure 8.3 *Précision d'un estimateur*

EXEMPLE 8.3

Soit un EAS $\{x_1, \ldots, x_n\}$ de taille relativement élevée, prélevé dans une population normale $\mathcal{N}(\mu, \sigma^2)$. Si $\overline{x}$ et $x_{1/2}$ représentent la moyenne arithmétique et la médiane de cet échantillon, on peut montrer[9] que :

$$E(\overline{x}) = \mu, \quad V(\overline{x}) = \frac{\sigma^2}{n} \tag{8.14}$$

$$E\left(x_{1/2}\right) = \mu, \quad V\left(x_{1/2}\right) = 1.57\frac{\sigma^2}{n}. \tag{8.15}$$

On constate ainsi que $V(\overline{x}) < V(x_{1/2})$. $\overline{x}$ est donc un estimateur plus précis que $x_{1/2}$ dans ce cas-ci.

---

(8) Cf. (3.26).

(9) Cf. (7.13) et (7.14) pour (8.14) et Cramér [1946], p. 369, pour (8.15).

b) Cas d'un estimateur quelconque

Propriété 8.4 Si $\widehat{\theta}$ est un estimateur de θ, on peut mesurer la précision de $\widehat{\theta}$ par son ***écart quadratique moyen*** (EQM)[10] :

$$\mathrm{EQM}\left(\widehat{\theta}\right) = V\left(\widehat{\theta}\right) + \left[B\left(\widehat{\theta}\right)\right]^2. \tag{8.16}$$

Si $\widehat{\theta}$ est sans biais —c'est-à-dire si $B(\widehat{\theta}) = 0$ —, nous retrouvons la propriété 8.3.

EXEMPLE 8.2 (suite 1)

Dans le cas du joueur correspondant au graphique de droite de la figure 8.2, l'expression (8.14) consiste à prendre en compte d'une part la précision des lancers autour de leur centre de gravité et, d'autre part, l'écart entre ce dernier et le centre de la cible.

Entre deux estimateurs $\widehat{\theta}_1$ et $\widehat{\theta}_2$ de θ, on choisira souvent celui dont l'écart quadratique moyen est le plus faible.

8.2.5 Efficacité

Propriété 8.5 Un estimateur $\widehat{\theta}_1$ est ***relativement plus efficace*** que $\widehat{\theta}_2$ s'il est plus précis que le second.

Dans certains cas, il est possible d'établir une *mesure absolue d'efficacité*, c'est-à-dire de trouver des estimateurs sans biais pour lesquels on ne peut pas trouver d'estimateurs plus précis qu'eux. Nous ne développerons pas ce problème ici[11].

8.2.6 Estimateur convergent

Une autre propriété utile s'appelle *convergence*. Nous dirons qu'un estimateur $\widehat{\theta}$ de θ est un estimateur ***convergent*** s'il « tend vers θ » quand l'effectif de l'échantillon n tend vers l'infini. Il faut préciser que le type de convergence envisagée ici est une ***convergence en probabilité*** que l'on peut exprimer formellement comme suit.

Propriété 8.6 Un estimateur $\widehat{\theta}$ de θ est convergent si la probabilité pour que l'écart, en valeur absolue, entre $\widehat{\theta}$ et θ soit inférieur ou égal à un nombre ε positif arbitrairement petit, tend vers 1 quand n tend vers l'infini :

$$\lim_{n\to\infty} P\left(\left|\widehat{\theta} - \theta\right| \leqslant \varepsilon\right) = 1. \tag{8.17}$$

(10) Ce paramètre est parfois désigné par les lettres MSE (*mean square error*).

(11) Cf. exercice T.8.14.

En d'autres termes, cette propriété signifie que plus la taille de l'échantillon est grande, plus l'événement selon lequel $\widehat{\theta}$ prend des valeurs très proches de θ, a une probabilité élevée qui se rapproche de 1.

Une façon de vérifier cette propriété est fournie par la propriété 8.7 que nous ne démontrerons pas[12]. Elle est illustrée par la figure 8.4.

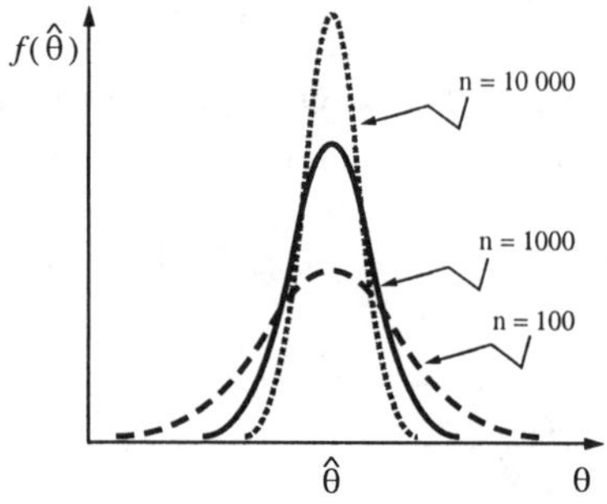

Figure 8.4 *Convergence de* $\widehat{\theta}$

Propriété 8.7 Si un estimateur est non biaisé et que sa variance tend vers zéro quand n tend vers l'infini, alors il est convergent.

EXEMPLE 8.4

Considérons le problème de l'estimation d'une moyenne μ d'une population par la moyenne $\overline{x}$ d'un échantillon aléatoire simple. Étant donné (8.14), nous constatons que

$$E(\overline{x}) = \mu \quad \text{et} \quad V(\overline{x}) = \frac{\sigma^2}{n} \xrightarrow[n\to\infty]{} 0.$$

Nous en déduisons donc que $\overline{x}$ est un estimateur convergent de μ.

D'autres propriétés pourraient encore être évoquées, comme l'***exhaustivité*** selon laquelle un estimateur conserve toute l'information fournie par l'échantillon. Nous ne développerons pas ce concept dans le cadre d'un ouvrage comme celui-ci, et renvoyons le lecteur à des références plus spécialisées[13].

8.3 MÉTHODES D'ESTIMATION

Compte tenu des développements du paragraphe précédent, nous pouvons déjà indiquer deux façons intuitives de choisir un estimateur :

1. sélectionner un estimateur « naturel » en recherchant au niveau de l'échantillon un paramètre analogue à celui qu'on veut estimer dans la population (par exemple $\overline{x}$ pour μ) ;

2. modifier ou remplacer cet estimateur s'il ne possède pas suffisamment de *propriétés* (par exemple S^2, au lieu de s^2, pour estimer σ^2).

Il existe cependant des méthodes basées sur d'autres critères que le seul bon sens, pour obtenir un estimateur. Nous allons en présenter deux.

(12) Voir, par exemple, Rohatgi [1984] ou Tassi [1989].

(13) *Ibidem.*

8.3.1 Méthode des moments

Cette méthode peut être qualifiée de « quasi naturelle » dans la mesure où elle est relativement intuitive. Supposons que l'on doive estimer K paramètres $\theta_1, \ldots, \theta_K$. La ***méthode des moments*** consiste à choisir des estimateurs $\widehat{\theta}_1, \ldots, \widehat{\theta}_K$ issus de la résolution d'un *système de K équations en les K paramètres inconnus, obtenu en égalant les K premiers* moments par rapport à l'origine *de la population, $\mu'_k = E(X^k)$, et les moments correspondants de l'échantillon*

$$m'_k = \frac{1}{n} \sum_i x_i^k \qquad k = 1, \ldots, K. \tag{8.18}$$

Ainsi, dans le cas où *un seul* paramètre est inconnu, il faut résoudre l'équation

$$\mu = \overline{x} \tag{8.19}$$

où μ est la moyenne de la population. Si μ est le paramètre inconnu, la solution $\widehat{\mu}$ de (8.19) est triviale :

$$\widehat{\mu} = \overline{x}. \tag{8.20}$$

Dans le cas contraire, si θ est le paramètre inconnu, μ est généralement une fonction $g(\theta)$. Dans ce cas, l'équation à résoudre prend la forme

$$g(\theta) = \overline{x}. \tag{8.21}$$

EXEMPLE 8.5

Si $X \sim \mathcal{B}(20, \pi)$, où π est inconnu, l'estimation de π par la méthode des moments, à partir d'un échantillon $\{x_1, \ldots, x_n\}$, se réalise comme suit. Nous savons que la moyenne μ de la population vaut 20π, selon (5.44). Si $\overline{x}$ est la moyenne de l'échantillon, l'équation (8.21) s'écrit :

$$20\pi = \overline{x}$$

dont la solution $\widehat{\pi}$ est

$$\widehat{\pi} = \frac{\overline{x}}{20} \cdot$$

Dans le cas de deux paramètres, le système d'équation à résoudre est constitué des deux équations :

$$\mu = \overline{x} \quad , \quad \mu'_2 = m'_2. \tag{8.22}$$

EXEMPLE 8.3 (suite 1)

Considérons une population $\mathcal{N}(\mu, \sigma^2)$ dans laquelle on prélève un échantillon de moyenne $\overline{x}$ et de variance s^2. Pour estimer les paramètres μ et σ^2 par la méthode des moments, nous devons résoudre le système d'équations (8.22).

Si l'on se rappelle que $m'_2 = s^2 + \overline{x}^2$ et $\mu'_2 = \sigma^2 + \mu^2$ —selon (3.51) et (5.94)— le système (8.22) devient :

$$\mu = \overline{x} \quad , \quad \sigma^2 + \mu^2 = s^2 + \overline{x}^2.$$

Il a pour solution :

$$\widehat{\mu} = \overline{x} \quad , \quad \widehat{\sigma^2} = s^2. \tag{8.23}$$

Cette méthode est intuitive mais ne fournit pas nécessairement des estimateurs possédant toutes les propriétés énoncées dans le paragraphe précédent. Ainsi, dans l'exemple 8.3, nous savons que l'estimateur s^2 de σ^2 est biaisé [cf. (8.7)]. Par ailleurs, elle peut fournir des résultats parfois critiquables [14].

8.3.2 Méthode du maximum de vraisemblance

Reprenons le cas où nous avons un seul paramètre θ à estimer et plaçons-nous tout d'abord dans une population discrète. Nous savons qu'une observation d'un EAS prélevé dans une population est une v.a. dont la loi est celle de la population. Comme un EAS est constitué de n v.a. indépendantes et équidistribuées, il possède une distribution liée que l'on peut aisément définir dès que l'on connaît la loi de la population [15]. Si $p(x_1, \ldots, x_n)$ représente la probabilité d'observer $\{x_1, \ldots, x_n\}$, il est intuitif qu'elle dépend de θ. Pour certaines valeurs de θ, on a une grande probabilité d'observer cet échantillon ; pour d'autres valeurs, c'est le contraire.

EXEMPLE 8.6

Considérons une population possédant une loi de Bernoulli. C'est notamment le cas quand on prélève une observation « au hasard » dans une population composée d'individus possédant ou non une caractéristique A. Si π_A est la proportion d'individus possédant A, la variable X —dont les valeurs sont 1 ou 0 selon que l'individu prélevé présente A ou non— suit une telle loi.

Plaçons-nous dans le cas où on désire estimer π_A à partir d'un EAS de taille égale à 2. Nous pouvons déterminer la loi jointe de ce dernier.

Si $p(x_i)$ est la probabilité associée à l'observation x_i $(i = 1, 2)$, nous savons que

$$p(x_i) = \begin{cases} \pi_A & \text{si } x_i = 1 \\ 1 - \pi_A & \text{si } x_i = 0 \end{cases}$$

ce qu'on peut encore écrire sous la forme :

$$p\,(x_i) = \pi_A^{x_i}\,(1 - \pi_A)^{1 - x_i}\,. \tag{8.24}$$

Comme les observations x_1 et x_2 sont indépendantes, l'expression (8.24) nous permet d'expliciter la loi de l'échantillon :

$$p\,(x_1, x_2) \quad = \quad p\,(x_1) \times p\,(x_2)$$

---

[14] Cf. par exemple l'exercice T.8.4.

[15] Cf. paragraphe 6.2.3.

$$= \pi_A^{x_1}(1-\pi_A)^{1-x_1}\pi_A^{x_2}(1-\pi_A)^{1-x_2}$$
$$= \pi_A^{x_1+x_2}(1-\pi_A)^{2-x_1-x_2}. \tag{8.25}$$

Les différentes valeurs de $p(x_1, x_2)$ sont présentées dans le tableau 8.3.

Tableau 8.3 *Valeurs de* $p(x_1, x_2)$

x_1	x_2	
	0	1
0	$(1-\pi_A)^2$	$\pi_A(1-\pi_A)$
1	$\pi_A(1-\pi_A)$	π_A^2

On peut aisément constater, à partir de ce tableau, la façon dont π_A influence $p(x_1, x_2)$. Prenons deux exemples.

1. Si $\pi_A = 0.10$ (A est peu fréquent), $p(0,0) = 0.81$, $p(1,0) = p(0,1) = 0.09$ et $p(1,1) = 0.01$. Il y a donc une grande probabilité (0.81) qu'un échantillon de taille 2 ne contiendra pas d'individus possédant le caractère A. Par contre, le fait d'observer deux personnes ayant ce caractère est rare (probabilité de 0.01).
2. Si $\pi_A = 0.80$ (ici, A est fréquent), les conclusions sont exactement inversées car, dans ce cas, $p(0,0) = 0.04$, $p(0,1) = p(1,0) = 0.16$ et $p(1,1) = 0.64$.

Quand on observe un échantillon, il peut sembler logique de retenir comme estimateur $\widehat{\theta}$ une valeur pour laquelle l'échantillon *réellement* prélevé possède une grande probabilité d'être choisi et même, si possible, une valeur qui corresponde *à la plus grande* probabilité d'observer cet échantillon.

EXEMPLE 8.6 (suite 1)

Posons-nous la question suivante : pour quelle valeur $\widehat{\pi}_A$ de π_A, l'échantillon $\{x_1 = 1, x_2 = 0\}$ prélevé avait-il le plus de chance de se présenter ? Examinée sous forme mathématique, cette question consiste à rechercher la valeur $\widehat{\pi}_A$ de π_A qui rend maximum

$$p(1,0) = \pi_A(1-\pi_A).$$

Au vu de la figure 8.5, on en déduit que $\widehat{\pi}_A = 1/2$.

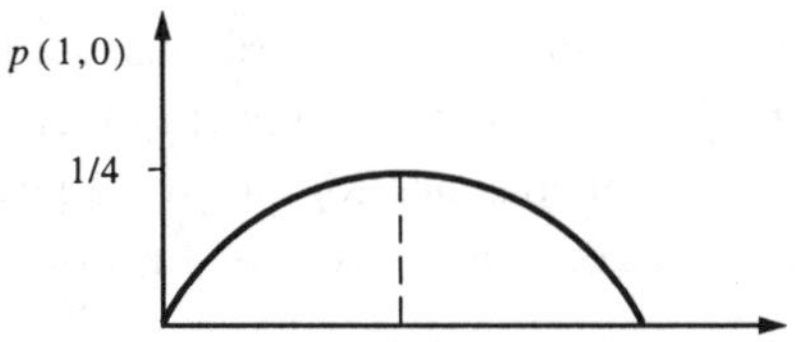

Figure 8.5 *Maximisation de* $p(1,0)$

De façon générale, $p(x_1, \ldots, x_n) = p(x_1) \times \ldots \times p(x_n)$ dépend du paramètre θ. Vu sous cet angle,elle définit la ***fonction de vraisemblance*** associée à l'échantillon $\{x_1, \ldots, x_n\}$:

$$L(\theta) = p(x_1, \ldots, x_n; \theta) . \tag{8.26}$$

Nous appelons alors ***estimateur du maximum de vraisemblance (M.V.)*** de θ la valeur de ce paramètre qui *maximise* $L(\theta)$. Généralement, le maximum de $L(\theta)$ est obtenu par application des méhodes usuelles d'optimisation (16).

Cette définition peut aisément être étendue au cas d'une population continue. Dans ce cas, si $f(x)$ est la fonction de densité de la population — qui dépend du paramètre θ — et $f(x_1, \ldots, x_n; \theta) = f(x_1) \times \cdots \times f(x_n)$, la fonction de vraisemblance est définie par

$$L(\theta) = f(x_1, \ldots, x_n; \theta) . \tag{8.27}$$

D'autre part, l'estimation de plusieurs paramètres $\theta_1, \ldots, \theta_K$ peut être envisagée dans le même esprit.

Nous ne développerons pas explicitement cette théorie dans cet ouvrage (17). Il est cependant utile de souligner l'intérêt de cette méthode par deux propriétés que l'on peut démontrer.

Propriété 8.8 Si $\widehat{\theta}_1, \ldots, \widehat{\theta}_K$ sont les estimateurs M.V. de $\theta_1, \ldots, \theta_K$ alors l'estimateur M.V. d'une fonction $g(\theta_1, \ldots, \theta_K)$ est fourni par $g(\widehat{\theta}_1, \ldots, \widehat{\theta}_K)$.

Propriété 8.9 Sous des conditions très générales, un estimateur M.V. est asymptotiquement sans biais et de variance minimum.

Remarquons encore qu'il existe d'autres méthodes d'estimation que nous ne pouvons aborder ici. Citons en particulier la ***méthode des moindres carrés*** que nous évoquerons sous certains aspects au chapitre 10.

8.4 DISTRIBUTION DE PROBABILITÉ D'UN ESTIMATEUR

Nous nous sommes intéressés jusqu'à présent aux propriétés d'un estimateur et à la façon dont on pouvait l'obtenir. Nous pouvons franchir un pas supplémentaire en nous interrogeant sur la possibilité de connaître la loi de cet estimateur. Nous distinguerons trois situations possibles.

8.4.1 La loi de la population est connue

C'est la situation la plus « confortable ». Dans ce cas, le comportement d'un estimateur peut s'étudier de façon plus ou moins simple à partir de la loi de

(16) Cf., par exemple, les exercices T.8.5 et T.8.6.

(17) Cf., par exemple, Cramér [1946], Rohatgi [1984], Saporta [1990] ou Tassi [1989].

population. On utilise notamment à cet effet des propriétés du type de celles que nous avons présentées dans le paragraphe 6.3.4.

EXEMPLE 8.3 (suite 2)

Reprenons le problème de l'estimation de la moyenne μ d'une population distribuée selon une loi $\mathcal{N}(\mu, \sigma^2)$. Comme chaque observation x_i d'un échantillon aléatoire simple admet cette loi, la moyenne $\overline{x}$ de cet échantillon est aussi distribuée selon une loi normale, en raison du théorème d'addition des v.a. normales (voir paragraphe 6.3.4). Comme $E(\overline{x}) = \mu$ et $V(\overline{x}) = \sigma^2/n$, selon (8.14), on peut donc affirmer que

$$\overline{x} \sim \mathcal{N}\left(\mu, \frac{\sigma^2}{n}\right). \tag{8.28}$$

Nous verrons d'autres exemples dans la suite (cf. par exemple les paragraphes 8.5.1 et 8.5.5 ainsi que les chapitres 9 et 10).

8.4.2 La loi de la population est connue et l'échantillon est grand

Le fait que la taille n de l'échantillon soit élevée peut permettre d'utiliser des comportements asymptotiques comme ceux présentés dans le paragraphe 6.6.

EXEMPLE 8.5 (suite 1)

Nous avons vu[18] qu'un échantillon aléatoire simple d'effectif n prélevé dans une population dichotomisée, où π_A représente la proportion d'individus qui possèdent un caractère A, permet d'estimer π_A par $\widehat{\pi}_A = n_A/n$, où n_A est le nombre d'éléments de l'échantillon caractérisés par A. Or le prélèvement aléatoire simple peut être assimilé à un schéma de Bernoulli, ce qui implique que $n_A \sim \mathcal{B}(n, \pi_A)$, et donc que $E(n_A) = n\pi_A$ et $V(n_A) = n\pi_A(1 - \pi_A)$.

On peut utiliser cette loi en tant que telle. Nous verrons cependant dans le paragraphe 8.5 qu'il peut être plus commode, quand la taille de l'échantillon est grande, d'utiliser la loi asymptotique définie par le théorème de Moivre-Laplace. Nous savons, en effet, que dans ce cas

$$\frac{n_A - n\pi_A}{\sqrt{n\pi_A(1 - \pi_A)}} \approx \mathcal{N}(0, 1). \tag{8.29}$$

En divisant le numérateur et le dénominateur de la fraction du premier membre de (8.29) par n, nous en déduisons que

$$\frac{(n_A/n) - \pi_A}{\sqrt{\pi_A(1 - \pi_A)/n}} \approx \mathcal{N}(0, 1) \tag{8.30}$$

(18) Cf. paragraphe 8.2.3 et plus particulièrement (8.11).

ou encore, sous forme non centrée réduite :

$$\widehat{\pi}_A = \frac{n_A}{n} \approx \mathcal{N}\left(\pi_A, \frac{\pi_A(1-\pi_A)}{n}\right). \qquad (8.31)$$

L'intérêt de cette démarche réside dans la plus grande maniabilité de la loi asymptotique. Nous pourrons le constater dans le paragraphe 8.5.

8.4.3 La loi de la population est inconnue

Dans ce cas, en général, nombreuses sont les situations où le comportement d'un estimateur est *a priori* inconnu. On peut cependant recourir aux théorèmes limites comme ceux que nous avons rencontrés dans le paragraphe 6.6 pour obtenir une loi asymptotique.

EXEMPLE 8.4 (suite 1)

Considérons une population quelconque de moyenne μ et de variance σ^2. Si on prélève un échantillon aléatoire simple d'effectif n suffisamment grand, le corollaire 6.1 du théorème central limite nous permet d'écrire, selon (6.57) :

$$\frac{\overline{x} - \mu}{\sigma/\sqrt{n}} \approx \mathcal{N}(0, 1) \qquad (8.32)$$

ou encore, sous forme non centrée réduite :

$$\overline{x} \approx \mathcal{N}\left(\mu, \frac{\sigma^2}{n}\right). \qquad (8.33)$$

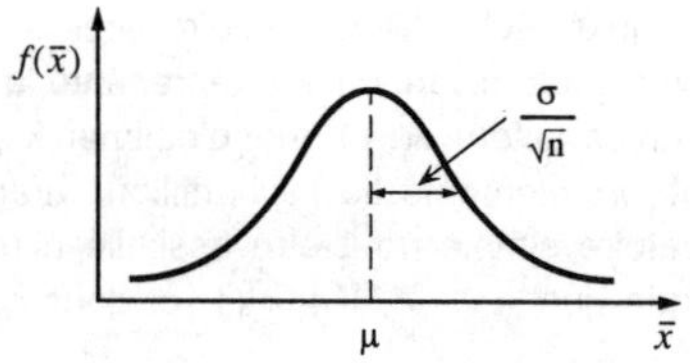

Figure 8.6 *Loi asymptotique de* $\overline{x}$

Nous pourrions encore donner quelques exemples intéressants illustrant la façon de déterminer la loi (asymptotique ou non) d'un estimateur. Nous reprendrons plutôt ce problème dans le cadre de leur utilisation.

8.5 INTERVALLES DE CONFIANCE

Estimer un paramètre θ à partir d'un échantillon aléatoire simple nous fournit une ***estimation ponctuelle***. Ainsi, un échantillon de taille $n = 100$ permettra d'estimer la moyenne des âges d'une population μ par la moyenne de l'échantillon $\overline{x} = 47.5$ ans. Une telle opération ne nous permet cependant pas de savoir si la valeur observée $\overline{x}$ est proche ou non de la valeur inconnue μ. Afin de rencontrer cette critique, nous allons introduire le concept d'***estimation par intervalle*** dont le principe est le suivant.

Nous allons construire un intervalle (ℓ_1, ℓ_2) dont les limites ℓ_1 et ℓ_2 dépendent des observations de l'échantillon et sont choisies de manière telle que cet intervalle va contenir le paramètre θ inconnu avec une probabilité que l'on se fixe *a priori* et que l'on choisit habituellement grande. Cette probabilité est appelée un ***niveau de confiance*** et est généralement désignée par la notation $(1-\alpha)$, où α est un niveau de probabilité habituellement choisi au-dessous de 0.10 :

$$P(\ell_1 \leqslant \theta \leqslant \ell_2) = 1 - \alpha. \tag{8.34}$$

Par construction, les limites ℓ_1 et ℓ_2 sont des v.a. car elles dépendent des observations. Elles vont nous permettre de compléter l'estimation ponctuelle envisagée dans les paragraphes précédents en prenant en compte la loi de probabilité de l'estimateur.

Nous nous restreindrons dans cet ouvrage à la présentation de cas particuliers, laissant au lecteur le soin d'envisager d'autres situations par lui-même ou de recourir à la bibliographie présentée en fin de volume.

8.5.1 Intervalle de confiance pour la moyenne μ d'une population normale $N(\mu, \sigma^2)$

Afin de montrer la façon dont on peut construire un intervalle de confiance pour un paramètre inconnu d'une population, nous allons nous remettre dans la situation « confortable » où l'on connaît la loi de la population. Plus précisément, nous nous placerons dans le cas où cette loi est normale $\mathcal{N}(\mu, \sigma^2)$ et que l'objectif est d'estimer la moyenne μ. Deux situations peuvent se présenter, selon que l'on connaît ou non la variance σ^2.

a) La variance σ^2 de la population est connue

1°) *Loi de l'estimateur $\overline{x}$ de μ*

Nous avons vu, au paragraphe précédent, que si l'on prélève dans une population $\mathcal{N}(\mu, \sigma^2)$ un échantillon aléatoire simple d'effectif n et de moyenne $\overline{x}$, cette dernière v.a. admet pour D.P. [voir (8.28)] :

$$\overline{x} \sim \mathcal{N}\left(\mu, \frac{\sigma^2}{n}\right)$$

ou encore, sous forme centrée réduite :

$$\frac{\overline{x}-\mu}{\sigma/\sqrt{n}} \sim \mathcal{N}(0,1). \tag{8.35}$$

2°) *Construction de l'intervalle de confiance*

Nous pouvons utiliser les propriétés des variables normales centrées réduites et, tout particulièrement, la *propriété remarquable* du paragraphe 5.12.2 que nous rappelons ici.

Propriété 8.10 Si α est un ***niveau de probabilité*** (compris entre 0 et 1) et Z une v.a. normale centrée réduite, on peut affirmer que

$$P\left(-z_{1-\alpha/2} \leqslant Z \leqslant z_{1-\alpha/2}\right) = 1 - \alpha$$

où $z_{1-a/2}$ est le quantile d'ordre $(1 - \alpha/2)$ de Z (cf. figure 8.7).

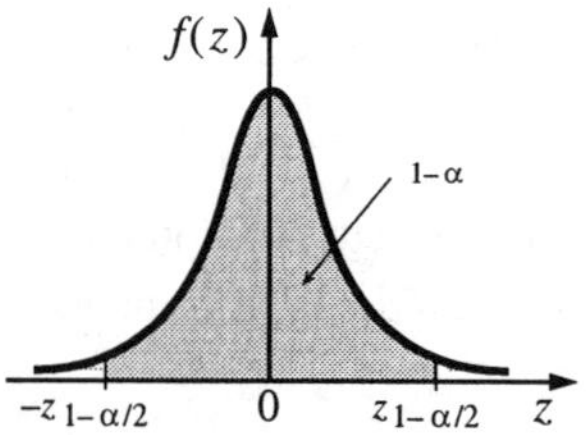

Figure 8.7 *Quantiles de la loi* $\mathcal{N}(0, 1)$

Appliquée à la v.a. définie par (8.35), cette propriété s'énonce comme suit :

$$P\left(-z_{1-a/2} \leqslant \frac{\overline{x} - \mu}{\sigma/\sqrt{n}} \leqslant z_{1-a/2}\right) = 1 - \alpha. \tag{8.36}$$

L'expression apparaissant entre parenthèses dans (8.36) est une double inégalité qui peut être écrite sous les formes équivalentes suivantes.

1. *Première forme* :
$$-z_{1-a/2} \leqslant \frac{\overline{x} - \mu}{\sigma/\sqrt{n}} \leqslant z_{1-a/2}.$$
2. *Deuxième forme* (obtenue en *multipliant* les trois membres de l'expression par $\sigma/\sqrt{n}$) :
$$-z_{1-a/2}\frac{\sigma}{\sqrt{n}} \leqslant \overline{x} - \mu \leqslant z_{1-a/2}\frac{\sigma}{\sqrt{n}}.$$
3. *Troisième forme* (obtenue en *retranchant* $\overline{x}$ aux trois membres de l'expression précédente) :
$$-\overline{x} - z_{1-a/2}\frac{\sigma}{\sqrt{n}} \leqslant -\mu \leqslant -\overline{x} + z_{1-a/2}\frac{\sigma}{\sqrt{n}}.$$
4. *Quatrième forme* (obtenue en *multipliant* les trois membres de l'expression précédente par -1)[19] :
$$\overline{x} - z_{1-a/2}\frac{\sigma}{\sqrt{n}} \leqslant \mu \leqslant \overline{x} + z_{1-a/2}\frac{\sigma}{\sqrt{n}}.$$

[19] Rappelons à cet effet que si l'on multiplie une inégalité par un nombre négatif, cette inégalité change de sens $(a \leqslant b \Rightarrow -a \geqslant -b)$. Par ailleurs, il est traditionnel d'énoncer une inégalité de la plus petite à la plus grande valeur.

Comme toutes ces inégalités sont équivalentes, nous pouvons écrire (8.36) sous la forme

$$P\left(\overline{x} - z_{1-\alpha/2}\frac{\sigma}{\sqrt{n}} \leqslant \mu \leqslant \overline{x} + z_{1-\alpha/2}\frac{\sigma}{\sqrt{n}}\right) = 1 - \alpha. \tag{8.37}$$

L'intervalle défini par ses limites

$$[\ell_1, \ell_2] = \left[\overline{x} - z_{1-\alpha/2}\frac{\sigma}{\sqrt{n}}\ ,\ \overline{x} + z_{1-\alpha/2}\frac{\sigma}{\sqrt{n}}\right] \tag{8.38}$$

satisfait à l'expression générale (8.34). Il constitue donc un intervalle de confiance pour μ *au niveau de confiance* $1 - \alpha$. L'expression (8.37) nous indique qu'il y a une probabilité égale à $(1 - \alpha)$ pour que cet intervalle contienne la valeur du paramètre inconnu μ.

Le cas le plus classique est celui où l'on choisit $\alpha = 0.05$. Nous avons vu, dans le paragraphe 5.12.2, que le quantile d'ordre $(1 - \alpha/2) = 0.975$ vaut $z_{0.975} = 1.96$. Comme $1 - \alpha = 0.95$, il en résulte que l'intervalle de confiance, au niveau de confiance 0.95, est défini par ses limites :

$$\left[\overline{x} - 1.96\frac{\sigma}{\sqrt{n}}\ ,\ \overline{x} + 1.96\frac{\sigma}{\sqrt{n}}\right]. \tag{8.39}$$

Afin d'interpréter correctement ce résultat, il est utile de remarquer que l'intervalle de confiance (8.38) est centré en la moyenne de l'échantillon $\overline{x}$; comme celle-ci est une v.a., *l'intervalle est aussi aléatoire* : des échantillons distincts fournissent généralement des intervalles distincts. Si l'on prélève, indépendamment les uns des autres, des échantillons de même effectif n, nous obtiendrons des intervalles de même longueur. Un certain nombre d'intervalles contiendront μ. Si on prélève un nombre d'échantillons de plus en plus grand, la fréquence d'intervalles contenant μ va tendre vers $(1 - \alpha)$.

3°) *Remarques*

Remarque 8.1 Le choix du niveau de confiance $1 - \alpha$ est arbitraire. Il dépend du degré de précision qu'on désire obtenir. Il est courant d'utiliser un niveau de confiance égal à 0.95, mais rien n'empêche de considérer d'autres valeurs. À cet effet, nous pouvons compléter par le tableau 8.4 des quantiles $z_{1-\alpha/2}$ celui que nous avons déjà considéré dans le paragraphe 5.12.2.

Remarque 8.2 La longueur de l'intervalle de confiance vaut

$$2z_{1-\alpha/2}\frac{\sigma}{\sqrt{n}}. \tag{8.40}$$

Elle est proportionnelle à $z_{1-\alpha/2}$. En consultant le tableau 8.4, on constate que *cette longueur sera d'autant plus grande que* $(1 - \alpha)$ *est grand*, ce qui est conforme à l'intuition. Plus l'intervalle est grand, plus grande est la probabilité qu'il contienne la moyenne μ.

Tableau 8.4 *Quantiles de la variable* $Z \sim n(0, 1)$

α	0.500	0.200	0.100	0.050	0.020	0.010
$1-\alpha$	0.500	0.800	0.900	0.950	0.980	0.990
$1-\alpha/2$	0.750	0.900	0.950	0.975	0.990	0.995
$z_{1-a/2}$	0.674	1.282	1.645	1.960	2.326	2.576

Remarque 8.3 La longueur (8.40) est inversement proportionnelle à $\sqrt{n}$. Plus la taille de l'échantillon est grande, plus la longueur de l'intervalle diminue. Notons cependant que pour diminuer de moitié un intervalle de niveau de confiance fixé, il faut *multiplier par 4* le nombre d'observations !

Remarque 8.4 L'intervalle de confiance (8.38) est défini par ses limites $\overline{x} - \delta$ et $\overline{x}+\delta$, où δ représente la demi-longueur de l'intervalle et est égale à $z_{1-a/2}\sigma/\sqrt{n}$. δ est souvent appelé la ***précision absolue*** de l'estimateur. On peut lui adjoindre une ***précision relative***, définie par $\delta/\overline{x}$.

Remarque 8.5 On peut se poser la question de connaître le nombre minimum d'observations à prélever dans une population $\mathcal{N}(\mu, \sigma^2)$ pour que la précision absolue δ soit *au maximum* égale à une quantité E que l'on se fixe *a priori*. Cette condition s'exprime sous la forme

$$z_{1-a/2}\frac{\sigma}{\sqrt{n}} \leqslant E \tag{8.41}$$

ce qui nous donne pour réponse à notre question :

$$n \geqslant \left(z_{1-a/2}\frac{\sigma}{E}\right)^2. \tag{8.42}$$

EXEMPLE 8.7

Supposons qu'une population de tailles admette une distribution normale de moyenne μ et d'écart-type $\sigma = 6$ cm. Combien faut-il prendre d'observations dans cette population, selon une procédure aléatoire simple, pour que l'intervalle de confiance, au niveau de confiance 0.95, corresponde à une précision absolue égale au maximum à 1 cm ? L'expression (8.42) nous indique qu'il faudrait prélever au moins 139 observations étant donné que

$$[(1.96)(6)]^2 = 138.30.$$

Remarque 8.6 L'intervalle sélectionné est symétrique dans la mesure où la probabilité de ne pas contenir μ —à savoir α— a été divisée en deux moitiés : il y a une probabilité égale à $\alpha/2$ pour que l'intervalle laisse μ à sa droite (à sa gauche). On peut aussi envisager des partages non symétriques.

b) La variance σ^2 de la population est inconnue

La construction de l'intervalle de confiance (8.38) suppose que l'on connaisse la variance σ^2 de la population. Dans le cas contraire, nous ne pouvons plus recourir à la loi de $\overline{x}$ qui, sous forme centrée réduite, s'exprimait par (8.35). En remplaçant $(\sigma/\sqrt{n})$ par son estimateur sans biais $(s/\sqrt{n-1})$ —où s est l'écart-type de l'échantillon—, on peut montrer[20] que

$$\frac{\overline{x}-\mu}{s/\sqrt{n-1}} \sim t_{n-1} \tag{8.43}$$

où t_{n-1} est, rappelons-le, *une variable de Student à* $(n-1)$ *degrés de liberté* (voir paragraphe 6.4.2). L'analogie des expressions (8.35) et (8.43) et la similitude des lois $\mathcal{N}(0,1)$ et t_{n-1} ont pour conséquence que la construction d'un intervalle de confiance pour μ s'effectue comme dans le paragraphe a) ci-dessus, à la différence près que :

$$\begin{cases} \sigma/\sqrt{n} \text{ est remplacé par } s/\sqrt{n-1} \\ z_{1-a/2} \text{ est remplacé par } t_{n-1;1-a/2} \end{cases}$$

où $t_{n-1;1-a/2}$ est le quantile d'ordre $1-\alpha/2$ de la v.a. t_{n-1}. La table 12 présentée en annexe, contient les quantiles $t_{\nu,p}$ de la v.a. t_ν, pour diverses valeurs de ν et de p[21].

Il en résulte que *l'intervalle de confiance pour* μ, *au niveau de confiance* $1-\alpha$, est défini par les limites :

$$\left[\overline{x} - t_{n-1;1-a/2}\frac{s}{\sqrt{n-1}} \; ; \; \overline{x} + t_{n-1;1-a/2}\frac{s}{\sqrt{n-1}}\right]. \tag{8.44}$$

Il contient le paramètre μ avec une probabilité égale à $(1-\alpha)$.

EXEMPLE 8.8

La durée d'écoulement d'un grand sablier est une v.a. admettant une loi $\mathcal{N}(\mu,\sigma^2)$ dont on ne connaît pas les paramètres. En le faisant fonctionner 10 fois, on obtient une durée moyenne $\overline{x}=16$ et un écart-type $s=1$. Comme la table 12 de l'annexe nous indique que $t_{9;0.975} = 2.262$, l'intervalle de confiance pour μ, au niveau de confiance 0.95, est alors défini par :

$$\left[16 - 2.262\frac{1}{3} \; ; 16 + 2.262\frac{1}{3}\right] = (15.25; 16.75).$$

(20) Cf. par exemple Cramér [1946], p. 387.

(21) Nous pouvons remarquer que les quantiles correspondant à $\nu=\infty$ sont ceux de la v.a. $\mathcal{N}(0,1)$.

8.5.2 Intervalle de confiance pour la moyenne μ d'une population quelconque

Si nous abandonnons l'hypothèse de normalité de la population, il n'est plus possible de construire dans tous les cas un intervalle de confiance pour la moyenne μ, sans émettre d'autres hypothèses. C'est ainsi que, *si l'échantillon est suffisamment grand* — ce qui se traduit en pratique par $n \geqslant 30$ pour des populations pas trop dissymétriques —, nous pouvons utiliser le résultat (8.33) :

$$\overline{x} \approx \mathcal{N}\left(\mu, \frac{\sigma^2}{n}\right). \tag{8.45}$$

La loi de $\overline{x}$ est donc identique à celle obtenue sous l'hypothèse de normalité, mais n'est valable qu'*asymptotiquement*. Dans ces conditions, l'intervalle de confiance est à nouveau défini par (8.38).

Dans le cas où la variance σ^2 de la population est inconnue, nous pouvons utiliser la propriété de convergence de l'estimateur $s^2/(n-1)$ pour établir que

$$\overline{x} \approx \mathcal{N}\left(\mu, \frac{s^2}{n-1}\right). \tag{8.46}$$

En reprenant la démarche suivie dans le paragraphe 8.5.1, nous obtenons l'intervalle de confiance, au niveau de confiance $(1-\alpha)$:

$$\left(\overline{x} - z_{1-a/2}\frac{s}{\sqrt{n-1}}\ ; \overline{x} + z_{1-a/2}\frac{s}{\sqrt{n-1}}\right). \tag{8.47}$$

Cet intervalle peut aussi être qualifié d'*approximatif* dans la mesure où la D.P. (8.46) est asymptotique.

EXEMPLE 8.9

On prélève, dans la population des âges des habitants d'un pays, un échantillon aléatoire simple d'effectif $n = 410$, dont la moyenne et l'écart-type valent respectivement $\overline{x} = 38.1$ et $s = 6.2$. Un intervalle de confiance (approximatif) pour la moyenne μ de cette population, au niveau de confiance 0.95, est défini par :

$$\left[38.1 - \frac{1.96 \times 6.2}{\sqrt{409}}\ ; 38.1 + \frac{1.96 \times 6.2}{\sqrt{409}}\right] = (37.5; 38.7).$$

8.5.3 Propriété relative aux grands échantillons

En reprenant la démarche que nous avons suivie dans le paragraphe 8.5.2, il est relativement simple de se convaincre de la propriété suivante (dont nous laissons la démonstration à titre d'exercice), valable dans le cas de grands échantillons.

Propriété 8.11 Si $\widehat{\theta}$ est un estimateur sans biais du paramètre θ, de variance $V(\widehat{\theta})$ et admettant une D.P. (approximativement) normale, un intervalle de confiance pour θ, au niveau de confiance $(1-\alpha)$, est défini par

$$\left[\widehat{\theta} - z_{1-a/2}\sqrt{V(\widehat{\theta})}\ ,\ \widehat{\theta} + z_{1-a/2}\sqrt{V(\widehat{\theta})}\right]. \tag{8.48}$$

Si $V(\widehat{\theta})$ est inconnu et qu'on peut l'estimer par un estimateur sans biais et convergent $\widehat{V}(\widehat{\theta})$, l'intervalle est alors défini par

$$\left[\widehat{\theta} - z_{1-a/2}\sqrt{\widehat{V}(\widehat{\theta})}\ ,\ \widehat{\theta} + z_{1-a/2}\sqrt{\widehat{V}(\widehat{\theta})}\right]. \tag{8.49}$$

Pour illustrer cette propriété, plaçons-nous dans le cas où l'on désire estimer la moyenne μ d'une population quelconque de taille N à partir d'un échantillon prélevé selon une méthode de sondage à probabilité égale *sans remise* (PESR). Nous avons vu dans le chapitre 7 que la moyenne $\overline{x}$ de cet échantillon est telle que

$$E(\overline{x}) = \mu \quad , \quad V(\overline{x}) = \frac{N-n}{N-1}\frac{\sigma^2}{n}. \tag{8.50}$$

Si n est suffisamment grand et que l'on peut admettre que $\overline{x}$ se conduit selon une loi approximativement normale, l'intervalle de confiance pour μ, au niveau de confiance $(1-\alpha)$, sera alors, en vertu de (8.48) :

$$\left[\overline{x} - z_{1-\alpha/2}\sqrt{\frac{N-n}{N-1}\frac{\sigma^2}{n}}\ ;\overline{x} + z_{1-\alpha/2}\sqrt{\frac{N-n}{N-1}\frac{\sigma^2}{n}}\right] \tag{8.51}$$

Si σ^2 est inconnu, on peut, comme dans le paragraphe 8.5.2, estimer σ^2/n par $s^2/(n-1)$.

8.5.4 Intervalle de confiance pour une proportion

Une autre illustration de la propriété 8.11 concerne le problème de l'estimation d'une proportion π_A d'individus qui, dans une population, possèdent un caractère A, à partir d'un échantillon aléatoire simple d'effectif n, où n *est grand*. Dans ce cas, en effet, le théorème de Moivre-Laplace nous a permis d'écrire [voir (8.31)] que

$$\widehat{\pi}_A \approx \mathcal{N}\left(\pi_A, \frac{\pi_A(1-\pi_A)}{n}\right) \tag{8.52}$$

où $\widehat{\pi}_A$ est l'estimateur obtenu à partir de l'échantillon. Les hypothèses de la propriété 8.11 sont satisfaites. En outre, on peut vérifier que

$$\widehat{V}(\widehat{\pi}_A) = \frac{\widehat{\pi}_A(1-\widehat{\pi}_A)}{n} \tag{8.53}$$

est un estimateur convergent de $V(\widehat{\pi}_A)$ (22). Nous pouvons donc en déduire l'intervalle de confiance (approximatif), au niveau $(1-\alpha)$, pour le paramètre π_A :

$$\left[\left(\widehat{\pi}_A - z_{1-\alpha/2}\sqrt{\frac{\widehat{\pi}_A\,(1-\widehat{\pi}_A)}{n}}\;, \widehat{\pi}_A + z_{1-\alpha/2}\sqrt{\frac{\widehat{\pi}_A\,(1-\widehat{\pi}_A)}{n}}\right)\right]. \quad (8.54)$$

EXEMPLE 8.10

On s'intéresse aux intentions de votes d'une population pour un candidat C. Soit π_c la proportion d'individus qui lui sont favorables. Si l'on prélève un échantillon aléatoire simple d'effectif 900 dans cette population, dans lequel nous dénombrons 243 intentions de votes pour C —ce qui signifie que $\widehat{\pi}_c = 0.27$—, l'intervalle de confiance pour π_c, au niveau 0.95, est défini par :

$$\left[0.27 - 1.96\sqrt{\frac{0.27\times 0.73}{900}}\;; 0.27 + 1.96\sqrt{\frac{0.27\times 0.73}{900}}\right] = (0.241; 0.299).$$

Nous pouvons aussi reprendre le problème du nombre minimum d'observations à prélever pour que la précision absolue δ soit au maximum égale à une quantité E fixée *a priori*. Nous devons alors déterminer les valeurs de n pour lesquelles

$$z_{1-\alpha/2}\sqrt{\frac{\pi_A\,(1-\pi_A)}{n}} \leqslant E \quad (8.55)$$

ce qui implique

$$n \geqslant \left(\frac{z_{1-\alpha/2}}{E}\right)^2 \pi_A(1-\pi_A). \quad (8.56)$$

Si l'on possède une première estimation $\widetilde{\pi}_A$ de π_A, nous pouvons remplacer π_A par $\widetilde{\pi}_A$ dans (8.55) pour obtenir la valeur minimale (approximative) de n. Si nous n'avons aucune information sur π_A, nous nous plaçons dans les conditions les plus défavorables correspondant à $\pi_A = 1/2$. Dans ce cas, en effet, le produit $\pi_A(1-\pi_A)$ est le plus grand possible et vaut $1/4$:

$$z_{1-\alpha/2}\sqrt{\frac{\pi_A\,(1-\pi_A)}{n}} \leqslant z_{1-\alpha/2}\sqrt{\frac{1}{4n}}\,. \quad (8.57)$$

Si on impose que

$$z_{1-\alpha/2}\sqrt{\frac{1}{4n}} \leqslant E, \quad (8.58)$$

(22) On pourrait aussi envisager de prendre l'estimateur sans biais de la variance de $\widehat{\pi}_A$ qui vaut $\widehat{\pi}_A(1-\widehat{\pi}_A)/(n-1)$.

il en résultera forcément la propriété (8.55), étant donné (8.57). Dans ces conditions, si

$$n \geqslant \frac{\left(z_{1-\alpha/2}/E\right)^2}{4} \tag{8.59}$$

— ce qui découle de (8.58) —, la propriété (8.55) sera vérifiée *quelle que soit la valeur de* π_A.

EXEMPLE 8.10 (suite 1)

Quelle est la taille de l'échantillon à prélever dans la population caractérisée par la proportion π_C, pour obtenir un estimateur dont la précision absolue est au maximum égale à 0.04, si on choisit un niveau de confiance $1-\alpha = 0.95$? Plaçons-nous tout d'abord dans le cas où nous pensons (avec raison) que π_C est proche de 0.20. Dans ces conditions, la relation (8.56) nous indique que

$$n \geqslant \left[\frac{1.96}{0.04}\right]^2 \times 0.20 \times 0.80 = 384.16.$$

Si nous n'avons aucune information quant à la valeur de π_C, la borne inférieure, définie par (8.59), vaut ici

$$n \geqslant \frac{[1.96/0.04]^2}{4} = 600.25.$$

Nous pouvons aussi prendre comme autre illustration de la propriété 8.11 le cas d'un estimateur basé sur un échantillon prélevé selon une méthode aléatoire PESR [(23)].

Soulignons encore l'importance de n'utiliser (8.54) que si l'échantillon est suffisamment grand. Dans le cas contraire, en effet, il faut utiliser la loi exacte de l'estimation $\widehat{\pi}_A$, ce que nous ne considérons pas ici [(24)].

8.5.5 Intervalle de confiance pour la variance σ^2 d'une loi normale

Nous pouvons, contrairement à ce qui précède, avoir des estimateurs dont la loi n'est pas symétrique. Dans ce cas, l'intervalle de confiance perdra ainsi son caractère de symétrie, comme nous allons l'illustrer par le problème suivant.

Considérons une population admettant une loi $\mathcal{N}(\mu, \sigma^2)$ où σ^2 est un paramètre inconnu que l'on désire estimer. Envisageons deux possibilités, selon que μ est connu ou non.

a) La moyenne μ est connue

Considérons dans ce cas l'estimateur de σ^2 suivant :

$$\widehat{\sigma}^2 = \frac{1}{n}\sum_i (x_i - \mu)^2 \tag{8.60}$$

(23) Cf. exercices E.8.12 et E.8.13.

(24) Cf. par exemple Ceresta [1986] ou Mélard et Petitfrère [1989].

où $\{x_1, \ldots, x_n\}$ désigne un échantillon aléatoire simple prélevé dans la population. Si on considère la variable aléatoire $n\widehat{\sigma}^2/\sigma^2$, on constate que

$$\frac{n\widehat{\sigma}^2}{\sigma^2} = \sum_i \left(\frac{x_i - \mu}{\sigma}\right)^2 = \sum_i z_i^2$$

où les v.a. z_i sont indépendantes et distribuées selon une loi $\mathcal{N}(0,1)$. Il découle du paragraphe 6.4.1 que

$$\frac{n\widehat{\sigma}^2}{\sigma^2} \sim \chi_n^2. \tag{8.61}$$

Or nous savons que la loi χ_n^2 permet de définir des quantiles $\chi^2_{n;a/2}$ et $\chi^2_{n;1-a/2}$ d'ordres respectifs $\alpha/2$ et $1-\alpha/2$, représentés dans la figure 8.8 et donnés par la table 11 présentée en fin de volume.

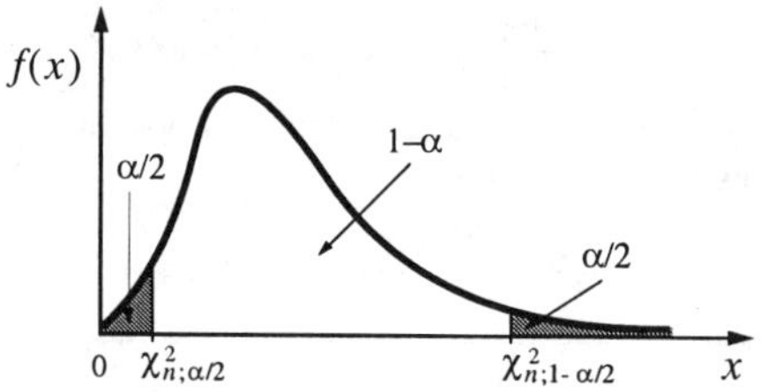

Figure 8.8 *Quantiles de la loi* χ_n^2

Or, toute v.a $X \sim \chi_n^2$ est telle que

$$P\left(\chi^2_{n;\alpha/2} \leqslant X \leqslant \chi^2_{n;1-\alpha/2}\right) = 1 - \alpha.$$

Il en découle, compte tenu de (8.61), que

$$P\left(\chi^2_{n;\alpha/2} \leqslant \frac{n\widehat{\sigma}^2}{\sigma^2} \leqslant \chi^2_{n;1-\alpha/2}\right) = 1 - \alpha. \tag{8.62}$$

En modifiant l'écriture des inégalités de manière à isoler σ^2 dans la partie centrale, nous obtenons

$$P\left(\frac{n\widehat{\sigma}^2}{\chi^2_{n;1-\alpha/2}} \leqslant \sigma^2 \leqslant \frac{n\widehat{\sigma}^2}{\chi^2_{n;\alpha/2}}\right) = 1 - \alpha.$$

Il résulte de (8.34) que l'intervalle

$$\left[\frac{n\widehat{\sigma}^2}{\chi^2_{n;1-\alpha/2}}, \frac{n\widehat{\sigma}^2}{\chi^2_{n;\alpha/2}}\right] \tag{8.63}$$

est un intervalle de confiance pour σ^2, au niveau de confiance $(1-\alpha)$.

b) La moyenne μ est inconnue

Dans ce cas on peut estimer σ^2 par s^2 ou S^2 (cf. paragraphe 8.2.3). Or, on peut montrer que[25]

$$\frac{ns^2}{\sigma^2} \sim \chi^2_{n-1}. \tag{8.64}$$

En suivant un raisonnement analogue à celui développé dans le cas où μ est connu, on peut obtenir l'intervalle de confiance suivant pour σ^2, au niveau de confiance $(1-\alpha)$:

$$\left[\frac{ns^2}{\chi^2_{n-1;1-\alpha/2}} ; \frac{ns^2}{\chi^2_{n-1;\alpha/2}}\right] \tag{8.65}$$

EXEMPLE 8.8 (suite 1)

Construisons l'intervalle de confiance pour la variance σ^2 de la durée d'écoulement du sablier. Comme la moyenne μ est inconnue, nous devons rechercher les quantiles $\chi^2_{9;0.025}$ et $\chi^2_{9;0.975}$ dans la table 11 :

$$\chi^2_{9;0.025} = 2.70 \quad ; \quad \chi^2_{9;0.975} = 19.02\,.$$

Comme $s^2 = 1$, il en résulte que l'intervalle de confiance pour σ^2, au niveau de confiance 0.95, est donné par

$$\left[\frac{10 \times 1}{19.02} ; \frac{10 \times 1}{2.70}\right] = [0.53; 3.70].$$

8.5.6 Remarques

Nous avons considéré quelques cas particuliers de construction d'un intervalle de confiance pour un paramètre θ inconnu. Nous pourrions envisager d'autres exemples, tous basés sur la démarche suivante.

1. On estime θ par $\widehat{\theta}$ à partir d'un échantillon aléatoire simple.
2. On recherche la loi de $\widehat{\theta}$.
3. On recherche les quantiles $\widehat{\theta}_{\alpha/2}$ et $\widehat{\theta}_{1-\alpha/2}$ de la variable distribuée selon cette loi où ceux d'une loi connue qui en découle.
4. On transforme la propriété caractérisant ces quantiles — semblable à (8.36) ou (8.62), par exemple — de manière à isoler le paramètre θ dans la partie centrale de l'expression :

$$P(\ell_1 \leqslant \theta \leqslant \ell_2) = 1 - \alpha.$$

On obtient ainsi un intervalle de confiance $[\ell_1, \ell_2]$ pour θ, au niveau de confiance $(1-\alpha)$.

[25] Cf. par exemple Cramér [1946], p. 382.

Par ailleurs, il est possible de tenir compte d'informations sur le paramètre θ à estimer comme, par exemple, la connaissance d'une distribution *a priori* sur ses valeurs. Le problème débouche alors sur une approche ***bayésienne*** de l'intervalle de confiance[(26)] que nous ne développerons pas ici.

8.6 EXERCICES PROPOSÉS

8.6.1 Exercices théoriques

T.8.1 Considérons une population distribuée suivant la loi de Poisson de paramètre λ. Prélevons-y un échantillon aléatoire simple $\{x_1, \ldots, x_n\}$ et notons $\overline{x}$ la moyenne arithmétique des observations. Montrez que $\overline{x}$ est un estimateur sans biais et convergent du paramètre λ.

T.8.2 Considérons une population distribuée suivant la loi exponentielle négative de paramètre θ. Prélevons-y un échantillon aléatoire simple $\{x_1, \ldots, x_n\}$ et notons $\overline{x}$ la moyenne arithmétique des observations. Montrez que $\overline{x}$ est un estimateur sans biais et convergent du paramètre $\mu = 1/\theta$.

T.8.3 Estimez, par la méthode des moments, le paramètre p de la distribution géométrique.

T.8.4 Estimez, par la méthode des moments, le paramètre θ de la distribution uniforme sur le segment $[0, \theta]$, où θ est réel positif.

T.8.5 Soit X une variable aléatoire admettant la distribution $\mathcal{B}(n, \pi)$, où n est un entier positif fixé. Déterminez l'estimateur du maximum de vraisemblance de π, à partir d'un échantillon aléatoire simple $\{x_1, \ldots, x_k\}$.

T.8.6 Soit une population admettant la distribution de Poisson de paramètre λ. Déterminez l'estimateur du maximum de vraisemblance de λ, à partir d'un échantillon aléatoire simple $\{x_1, \ldots, x_n\}$ prélevé dans cette population.

T.8.7 Soit une population admettant la distribution binomiale négative $\mathcal{BN}(n, \pi)$, où n est un entier fixé supérieur ou égal à 1. Déterminez l'estimateur du maximum de vraisemblance de π à partir d'un échantillon aléatoire simple $\{x_1, \ldots, x_n\}$ prélevé dans cette population.

T.8.8 Soit X une variable aléatoire admettant la distribution géométrique de paramètre p. Déterminez l'estimateur du maximum de vraisemblance de p à partir d'un échantillon aléatoire simple $\{x_1, \ldots, x_n\}$.

T.8.9 Soit X une variable aléatoire admettant la distribution uniforme sur les valeurs $x = 0, 1, 2, \ldots, n$. Déterminez l'estimateur du maximum de vraisemblance de n à partir d'un échantillon aléatoire simple $\{x_1, \ldots, x_k\}$.

T.8.10 Soit une population admettant la distribution normale $\mathcal{N}(\mu, 1)$. Déterminez l'estimateur du maximum de vraisemblance de μ, à partir d'un échantillon aléatoire simple $\{x_1, \ldots, x_n\}$ prélevé dans cette population.

---

(26) Voir par exemple Droesbeke *et al.* (2001) ou Wonnacott et Wonnacott [1990].

T.8.11 Soit X une variable aléatoire admettant la distribution log-Normale telle que $\log_e X \sim \mathcal{N}(\mu, 1)$. Déterminez l'estimateur du maximum de vraisemblance de μ, à partir d'un échantillon aléatoire simple $\{x_1, \ldots, x_n\}$.

T.8.12 Soit X une variable aléatoire admettant la distribution exponentielle négative de paramètre θ. Déterminez l'estimateur du maximum de vraisemblance de θ à partir d'un échantillon aléatoire simple $\{x_1, \ldots, x_n\}$.

T.8.13 Soit une population admettant une loi uniforme continue sur $[0, \theta]$, où θ est un réel positif. Déterminez l'estimateur du maximum de vraisemblance de θ à partir d'un échantillon aléatoire simple $\{x_1, \ldots, x_n\}$ prélevé dans cette population.

T.8.14 ★ Si $L(\theta)$ est la fonction de vraisemblance construite à partir d'un échantillon aléatoire simple $\{x_1, \ldots, x_n\}$ et $\widehat{\theta}$ un estimateur de θ :

$$V\left(\widehat{\theta}\right) \geqslant \frac{1}{E\left[\left(\dfrac{d \log L(\theta)}{d\theta}\right)^2\right]} \tag{8.66}$$

où la quantité $E[(d \log L(\theta)/d\theta)^2]$ est appelée l'***information de Fisher*** —et est notée $I_n(\theta)$ —, et la borne inférieure de (8.66) est dite de ***Cramer-Rao***.
Un estimateur sans biais $\widehat{\theta}$ est ***efficace*** si

$$V\left(\widehat{\theta}\right) = \frac{1}{I_n(\theta)}. \tag{8.67}$$

Démontrez que si la population, d'où l'on a tiré l'échantillon, est $\mathcal{N}(\mu, 1)$, la moyenne $\overline{x}$ de l'échantillon est un estimateur efficace.

8.6.2 Exercices pratiques

E.8.1 Supposons que la moyenne $\overline{x}$ d'un EAS d'effectif 25, prélevé dans une population $\mathcal{N}(\mu, 6400)$, vaille 81.2. Trouvez un intervalle de confiance pour μ, au niveau de confiance 0.95.

E.8.2 Un EAS de taille 20 prélevé dans une population de loi $\mathcal{N}(\mu, 100)$ a pour moyenne arithmétique $\overline{x} = 32$. Déterminez un intervalle de confiance pour μ, au niveau de confiance 0.99.

E.8.3 Soit $\overline{x}$ la moyenne d'un EAS d'effectif n provenant d'une population $\mathcal{N}(\mu, 16)$. Déterminez n pour que la précision absolue de $\overline{x}$, au niveau de confiance 0.90, soit inférieure ou égale à 1.

E.8.4 Considérons un EAS d'effectif 17 provenant d'une population $\mathcal{N}(\mu, \sigma^2)$; il nous donne les indications suivantes : $\overline{x} = 4.7$ et $s^2 = 5.76$. Déterminez des intervalles de confiance pour μ et σ^2, au niveau de confiance 0.95.

E.8.5 Soit U la population des valeurs d'une variable aléatoire continue $X \sim \mathcal{N}(\mu, \sigma^2)$. On y prélève un échantillon aléatoire d'effectif 10, qui fournit les valeurs suivantes :

9.0 7.6 10.8 10.2 8.4 10.3 9.1 12.2 10.5 11.9.

Déterminez un intervalle de confiance, aux niveaux de confiance 0.95 et 0.99, pour μ et σ^2.

E.8.6 Considérons une population admettant la distribution $\mathcal{N}(\mu, \sigma^2)$. On y prélève un échantillon aléatoire simple d'effectif 16 qui donne une moyenne $\overline{x}$ de 80.2. Déterminez un intervalle de confiance pour μ, au niveau de confiance 0.95 :

(a) si $\sigma^2 = 0.09$;

(b) si σ^2 est inconnu, l'écart-type échantillon s valant 0.3.

Dans ce dernier cas, déterminez un intervalle de confiance pour σ^2, au même niveau de confiance.

E.8.7 Supposons que les notes (sur un total de 200) obtenues lors d'un examen de statistique soient distribuées suivant une loi normale. On examine un EAS de 26 notes qui fournit une moyenne de 125 et un écart-type de 10.

(a) Déterminez des intervalles de confiance pour la moyenne et la variance de la population, au niveau de confiance 0.95.

(b) À quel niveau de probabilité α peut-on dire que la moyenne des notes se situe entre 120 et 130, avec une probabilité égale à $(1 - \alpha)$?

E.8.8 On prélève dans une population de moyenne μ inconnue et d'écart-type $\sigma = 4$, un EAS d'effectif $n = 64$ de moyenne $\overline{x} = 48$. En choisissant successivement un niveau de confiance $1 - \alpha$ égal à 0.95 et 0.99, déterminez un intervalle de confiance pour μ. Répondez aussi à cette question si le prélèvement est du type PESR et si la taille de la population vaut :

a) $N = 1\,000$; b) $N = 100\,000$.

E.8.9 Une population est de moyenne μ inconnue et de variance $\sigma^2 = 100$. En se basant sur la moyenne $\overline{x} = 212$ d'un échantillon d'effectif $n = 100$ prélevé dans cette population et en utilisant des niveaux de confiance $1 - \alpha$ égaux à 0.95 et 0.98, construisez un intervalle de confiance pour μ. Répondez aussi à cette question si le prélèvement est du type PESR et si la taille de la population vaut :

a) $N = 1\,000$; b) $N = 100\,000$.

E.8.10 Dans un échantillon de 50 magasins d'un même pays, on constate que le prix moyen d'un article est de 43 euros et l'écart-type de 2 euros. Déterminez un intervalle de confiance, aux niveaux de confiance 0.95 et 0.99, pour le prix moyen μ de cet article dans ce pays.

E.8.11 On s'intéresse au temps de mémorisation d'un texte par les étudiants d'une promotion. Un échantillon de 37 étudiants fournit les valeurs observées suivantes (exprimées en minutes) : $\overline{x} = 25$, $s = 5$. En choisissant un niveau de confiance $1 - \alpha = 0.95$, construisez un intervalle de confiance pour le temps moyen de mémorisation μ de la promotion.

E.8.12 Un échantillon de 400 automobilistes d'un pays comprend 40 propriétaires d'une voiture de marque A. Construisez un intervalle de confiance, au niveau de confiance 0.95, pour la proportion réelle d'automobilistes de ce pays qui possèdent une voiture de marque A. Répondez à la même question si le prélèvement est du type PESR et si la taille de la population vaut :

a) $N = 5\,000$; b) $N = 1\,000\,000$.

E.8.13 Un sondage effectué en prélevant 1 600 téléspectateurs indique que 576 personnes apprécient les programmes sportifs. Recherchez un intervalle de confiance (au niveau de confiance 0.95) pour la proportion réelle de téléspectateurs qui aiment les émissions sportives. Répondez à la même question si le prélèvement est du type PESR et si la taille de la population vaut :

a) $N = 5\,000$; b) $N = 1\,000\,000$.

E.8.14 Sur 3 900 naissances choisies au hasard dans un registre d'état civil, on note qu'il y a 2 028 garçons et 1 872 filles. Déterminez un intervalle de confiance, au niveau de confiance 0.95, pour le pourcentage réel de garçons nés dans cette commune.

E.8.15 Un EAS d'effectif n pris dans l'ensemble des électeurs d'une ville indique que 10% des votes sont en faveur du candidat A. On demande de déterminer l'effectif minimum n à considérer pour que la vraie proportion de votes en faveur de A ne s'écarte pas de 0.10 de plus de 0.02, avec une probabilité de 0.95.

E.8.16 Un échantillon de 1 650 personnes, prélevé dans une ville, indique que 198 d'entre elles fument au moins deux paquets de cigarettes par jour.

(a) Déterminez un intervalle de confiance, au niveau de confiance 0.95, pour la proportion des personnes qui fument au moins deux paquets de cigarettes par jour dans la ville.

(b) Quel effectif échantillon minimum n doit-on considérer pour que, avec une probabilité de 0.95, la proportion réelle ne diffère pas de la valeur observée de plus de 0.02 (en supposant que la proportion observée reste en pratique égale à 0.12, quel que soit n) ?

E.8.17 Une épidémie sévit dans le pays Z. Avant de décider des moyens à mettre en œuvre pour enrayer cette maladie, le ministère de la Santé publique décide de procéder à un examen statistique de l'étendue de l'épidémie. Sur un échantillon de 2 500 personnes, il apparaît que 300 personnes sont atteintes, à des degrés divers, par la maladie. Construisez un intervalle de confiance, au niveau de confiance 0.95, pour la proportion de personnes atteintes par l'épidémie dans ce pays.

E.8.18 Un examen a eu lieu dans deux sections. On considère deux échantillons aléatoires simples indépendants prélevés dans ces deux sections, d'effectifs respectifs $n_1 = 13$ et $n_2 = 12$. Dans le premier, la moyenne des notes est $\overline{x}_1 = 72$ et la variance $s_1^2 = 65$; les résultats correspondants, pour le second échantillon, sont $\overline{x}_2 = 79$ et $s_2^2 = 48$. On suppose la normalité des notes dans les deux sections et l'égalité des deux variances population. Construisez un intervalle de confiance, au niveau de confiance de 0.95, pour la différence entre les notes moyennes dans ces deux sections, en vous basant sur la loi suivante :

$$\frac{(\overline{x}_1 - \overline{x}_2) - (\mu_1 - \mu_2)}{\sqrt{\dfrac{n_1 s_1^2 + n_2 s_2^2}{n_1 + n_2 - 2}\left(\dfrac{1}{n_1} + \dfrac{1}{n_2}\right)}} \sim t_{n_1+n_2-2}\,. \tag{8.68}$$

E.8.19 Soient deux échantillons aléatoires simples, chacun d'effectif 10, provenant de deux populations $\mathcal{N}(\mu_1, \sigma^2)$ et $\mathcal{N}(\mu_2, \sigma^2)$. Supposons que nous trouvions : $\overline{x}_1 = 4.8$; $s_1^2 = 8.64$; $\overline{x}_2 = 7.8$ et $s_2^2 = 7.88$. Déterminez un intervalle de confiance pour la différence entre ces moyennes, au niveau de confiance de 0.05, en utilisant (8.68).

E.8.20 Un examen a eu lieu dans deux sections. On considère deux échantillons, d'effectifs respectifs 40 et 50, prélevés de manière indépendante dans ces sections. Dans le premier, la moyenne des notes est de 74 et la variance vaut 62.4 ; les nombres correspondants, pour le second échantillon, sont 78 et 48.02. En tenant compte de la relation (6.39), construisez un intervalle de confiance, au niveau de confiance 0.95, pour la différence entre les notes moyennes dans ces deux sections.

E.8.21 En prélevant un échantillon au hasard de 50 étudiants en éducation physique, on constate que la taille moyenne est de 170 cm, et la variance de 65 cm^2 ; un échantillon de 50 étudiants n'appartenant pas à cette faculté, indépendant du précédent, indique une taille moyenne de 168 cm et une variance de 79 cm^2. Construisez un intervalle de confiance, au niveau de confiance de 0.95, pour la différence entre la taille moyenne des étudiants en éducation physique et celle des autres [Utilisez à cet effet (6.39)].

E.8.22 Le tableau suivant est relatif à la distribution observée des différences d_i de prix d'une denrée à 2 époques différentes, relevées de manière indépendante auprès de 100 commerçants d'une région :

d_i	−2	−1	0	1	2	3
n_i	4	15	30	35	10	6

Construisez un intervalle de confiance, au niveau de confiance 0.95, pour la moyenne des différences de prix dans la région.

E.8.23 Un échantillon au hasard de 800 personnes d'un pays indique que 600 d'entre elles ont les cheveux foncés. Un échantillon de $1\,000$ personnes prélevé dans un autre pays montre que 700 d'entre elles ont les cheveux foncés. Déterminez un intervalle de confiance, au niveau de confiance 0.95, pour la différence entre les proportions de personnes ayant des cheveux foncés dans les deux pays. Utilisez à cet effet le théorème d'addition des lois normales indépendantes.

E.8.24 Une enquête effectuée dans une entreprise indique que 560 hommes mariés sur 800 et 120 célibataires sur 200 souhaitent faire des heures supplémentaires. Si les échantillons sont aléatoires simples et choisis indépendamment l'un de l'autre, déterminez un intervalle de confiance, au niveau de confiance 0.95, pour la différence entre les proportions respectives π_1 et π_2 d'hommes mariés et de célibataires qui désirent faire des heures supplémentaires.

E.8.25 Deux groupes A et B comprennent chacun 100 personnes choisies selon des EAS indépendants dans l'ensemble de celles qui ont une certaine maladie. On prescrit un médicament n'ayant aucun effet néfaste au groupe A ; on ne prescrit rien aux personnes du groupe B. On constate que 75 et 65 personnes de ces groupes respectifs guérissent. Déterminez un intervalle de confiance, au niveau de confiance de 0.95, pour la différence de proportions de guérison dans les deux populations que constituent ceux qui prennent ou non ce médicament.

CHAPITRE 9

LES TESTS D'HYPOTHÈSES

« Quand vous avez éliminé l'impossible, ce qui reste, même improbable, doit être la vérité. »

A. Conan Doyle, *Le signe des quatre*.

9.1 INTRODUCTION

Toute analyse statistique d'un ensemble de données passe, à un moment ou un autre, par des hypothèses. Des développements théoriques, des analyses antérieures, des impressions personnelles peuvent nous amener à penser que le pouvoir d'achat est plus faible aujourd'hui qu'il y a dix ans, que la proportion de fumeurs dans un pays reste constante, que certaines professions sont mieux rémunérées que d'autres... La question se pose dès lors de *tester la validité* d'une telle hypothèse. Nous retiendrons dans ce chapitre le problème statistique qui se formule, sous son expression la plus simple, comme suit. Soit θ un paramètre inconnu d'une population dont on sait seulement qu'il appartient à un ensemble Θ donné (l'âge moyen d'une population appartient à l'intervalle $[0, 100]$, la proportion de fumeurs dans un pays appartient à l'intervalle $[0, 1]$, etc.). Nous sommes amenés à émettre une hypothèse relative à ce paramètre selon laquelle θ est égal à une ***valeur hypothétique*** que nous désignons par θ_0 (l'âge moyen est de 45 ans — $\theta_0 = 45$ —, la proportion de fumeurs est de 30% — $\theta_0 = 0.30$ —, etc.). On dispose d'un échantillon $\{x_1, \ldots, x_n\}$ qui nous fournit des informations sur la variable d'intérêt (l'âge des habitants, le fait qu'un individu fume ou non...). Comment est-il possible de l'utiliser pour établir une ***règle de décision*** permettant de valider ou de rejeter l'hypothèse émise ? Voilà le problème que nous allons développer ci-dessous dans quelques cas particuliers.

Nous nous placerons dans la situation où l'échantillon $\{x_1, \ldots, x_n\}$ dont on dispose peut être considéré comme un *échantillon aléatoire simple*, ce qui signifie que les observations sont des valeurs de variables aléatoires indépendantes et de même distribution (cf. chapitre 8) [1]. La construction d'une règle de décision repose dans ce cas sur les propriétés des estimateurs de θ construits à partir de l'échantillon. Nous allons le constater en prenant un premier exemple intéressant d'un point de vue pédagogique : celui où le paramètre concerné est *la moyenne* μ *d'une population normale.*

9.2 TEST RELATIF A LA MOYENNE D'UNE POPULATION NORMALE

9.2.1 Un exemple introductif

Nous introduirons la formulation de notre problème au moyen d'un petit exemple concret.

EXEMPLE 9.1

Un distributeur automatique de café est construit de manière à remplir des gobelets dont la contenance moyenne est de 15 cl. Une étude de cette machine a prouvé que le contenu réel varie d'un gobelet à l'autre et qu'il peut être considéré comme une variable aléatoire distribuée selon une loi normale dont l'écart-type σ est de 1.5 cl, quelle que soit la valeur moyenne du contenu — que nous désignons pas μ. Un groupe de consommateurs s'interroge cependant sur la valeur moyenne avancée par le propriétaire de cette machine. Comment peuvent-ils tester la validité de ce qui, pour eux, ne représente qu'une hypothèse ? Comme ils désirent répondre à cette question sans trop d'idées préconçues, ils formulent la question comme suit : la contenance moyenne vaut-elle réellement 15 cl ou bien est-elle différente de cette valeur ?

Pour répondre à cette question, ils décident de mesurer le contenu de 100 gobelets choisis dans des conditions telles qu'ils ont toutes les raisons de croire qu'ils disposent d'un échantillon aléatoire simple de contenus. Comment peuvent-ils utiliser cette information ?

Il est habituel de présenter ce problème de la manière suivante. L'hypothèse à tester est appelée l'hypothèse nulle et est représentée par la notation H_0. La contre-hypothèse ou l'hypothèse alternative, traduit la situation quand H_0 n'est pas vraie ; elle est notée H_1. Dans notre exemple, nous exprimons H_0 et H_1 sous la forme suivante :

$$H_0 : \mu = 15 \quad ; \quad H_1 : \mu \neq 15.$$

[1] Nous reviendrons sur cette supposition dans le paragraphe 9.12 et le chapitre 12.

9.2.2 Formulation du problème

Considérons une v.a. X de loi $\mathcal{N}(\mu, \sigma^2)$ où μ est un paramètre réel inconnu et σ^2 une variance *que nous supposons pour l'instant connue*. Soit μ_0 une valeur fixée a priori. Si nous supposons que μ_0 est la valeur de μ, nous émettons une ***hypothèse nulle*** $H_0 : \mu = \mu_0$. Le contraire de cette hypothèse peut être exprimé, comme dans l'exemple 9.1, sous la forme $H_1 : \mu \neq \mu_0$ (2). Cette dernière est appelée la ***contre-hypothèse*** ou l'***hypothèse alternative***. Nous allons tester la validité de la première *par rapport* à celle de la seconde, ce que nous représentons par la formulation suivante :

$$H_0 : \mu = \mu_0 \leftrightarrow H_1 : \mu \neq \mu_0. \tag{9.1}$$

Dans cette écriture, le signe $\leftrightarrow$ signifie que l'on va tester H_0 *par rapport* à l'alternative H_1. Quant à μ_0, elle est dite ***valeur hypothétique*** de μ.

9.2.3 Règle de décision

On désire établir une *règle de décision* qui se traduit par deux possibilités : soit *on rejette l'hypothèse nulle* H_0 — ce qu'on note brièvement par RH_0 —, soit *on ne la rejette pas* — ce qu'on écrit $\overline{R}H_0$. Dans ce cas, c'est l'hypothèse H_1 que l'on accréditera. Afin d'établir cette règle, on prélève un échantillon aléatoire simple $\{x_1, \ldots, x_n\}$. Nous savons qu'un tel échantillon permet d'estimer la moyenne μ de la « population », notamment par la moyenne $\overline{x}$ de l'échantillon.

a) Distribution de probabilité de $\overline{x}$

Les propriétés de $\overline{x}$ ont été étudiées dans le paragraphe 8.4.1 où nous avons constaté que

$$\overline{x} \sim \mathcal{N}\left(\mu, \frac{\sigma^2}{n}\right) \tag{9.2}$$

étant donné que la population était elle-même distribuée selon un loi normale.

Plaçons-nous dans la situation où nous supposons que *l'hypothèse H_0 est vraie* — ce que nous traduisons généralement par l'expression « *sous* H_0 ». Dans ces conditions, notre population admet la loi $\mathcal{N}(\mu_0, \sigma^2)$ et, par voie de conséquence, la propriété (9.2) devient :

$$\overline{x} \sim \mathcal{N}\left(\mu_0, \frac{\sigma^2}{n}\right). \tag{9.3}$$

Comme nous supposons que l'hypothèse H_0 est vraie, $\overline{x}$ est donc une v.a. dont les valeurs peuvent se disperser autour de μ_0. La forme de la loi normale nous

(2) Nous verrons d'autres alternatives possibles dans la suite.

permet d'admettre que la moyenne $\overline{x}$ de l'échantillon sera différente de la valeur hypothétique μ_0 mais qu'il serait cependant anormal que $\overline{x}$ soit *trop éloigné* de μ_0. Ainsi, dans notre exemple 9.1, notre groupe n'accepterait certainement pas des gobelets à moitié remplis ! À partir de quel moment, l'écart entre $\overline{x}$ et μ_0 peut-il être qualifié de trop grand et nous amener à rejeter H_0 ?

Pour répondre à cette question, nous allons utiliser les propriétés de la loi normale centrée réduite présentée dans le chapitre 5 en nous basant sur le fait que, sous H_0 :

$$\frac{\overline{x} - \mu_0}{\sigma/\sqrt{n}} \sim \mathcal{N}(0, 1). \tag{9.4}$$

b) Propriété de la loi $\mathcal{N}(0, 1)$

Choisissons un ***niveau de probabilité*** α, généralement inférieur ou égal à 0.10. Nous savons[3] que le quantile d'ordre $(1 - \alpha/2)$ de $Z \sim \mathcal{N}(0, 1)$, noté $z_{1-\alpha/2}$, est tel que

$$P\left(-z_{1-\alpha/2} \leqslant Z \leqslant z_{1-\alpha/2}\right) = 1 - \alpha. \tag{9.5}$$

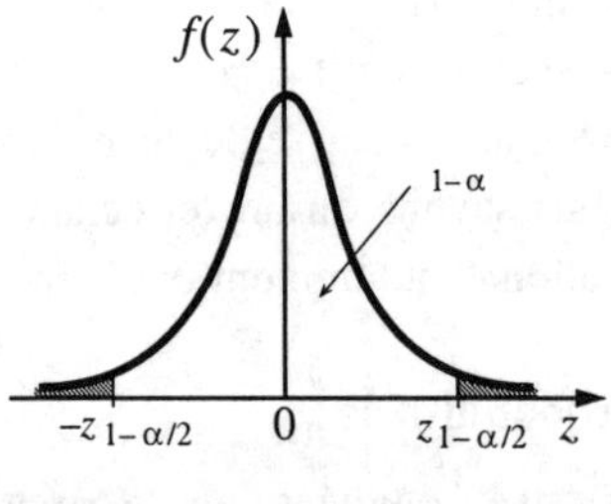

Figure 9.1 *Quantiles de* $Z \sim \mathcal{N}(0, 1)$

Comme cette propriété est valable pour toute v.a. normale centrée réduite, elle le sera donc pour celle définie par (9.4), ce qui nous permet d'écrire :

$$P\left(-z_{1-\alpha/2} \leqslant \frac{\overline{x} - \mu_0}{\sigma/\sqrt{n}} \leqslant z_{1-\alpha/2}\right) = 1 - \alpha. \tag{9.6}$$

Par complémentarité, nous avons :

$$P\left(\frac{\overline{x} - \mu_0}{\sigma/\sqrt{n}} \notin \left[-z_{1-\alpha/2}, z_{1-\alpha/2}\right]\right) = \alpha. \tag{9.7}$$

c) Première forme de la règle de décision

Appelons D l'événement selon lequel $(\overline{x} - \mu)/(\sigma/\sqrt{n})$ ***est situé en dehors de l'intervalle*** $\left[-z_{1-\alpha/2}, z_{1-\alpha/2}\right]$. Sous H_0, les expressions (9.6) et (9.7)

(3) Cf. (5.79).

peuvent encore s'écrire :

$$P(D|H_0) = \alpha \quad \text{et} \quad P(\overline{D}|H_0) = 1 - \alpha. \tag{9.8}$$

Comme α est choisi proche de zéro, D est donc un événement rare, si H_0 est vraie. Il est alors logique de rejeter l'hypothèse H_0 si D se réalise, car un événement rare a très peu de chances de se produire au cours d'une seule expérience aléatoire (le prélèvement de l'échantillon). Par contre, si $\overline{D}$ se réalise, on ne peut pas rejeter H_0, car cette situation est tout à fait compatible avec le comportement de $\overline{x}$, sous H_0. Nous pouvons dès lors énoncer notre règle de décision *(sous sa première forme)* :

$$\begin{cases} RH_0 & \text{si } \dfrac{\overline{x} - \mu_0}{\sigma/\sqrt{n}} \notin \left[-z_{1-\alpha/2}, z_{1-\alpha/2}\right] \\ \overline{R}H_0 & \text{dans le cas contraire.} \end{cases} \tag{9.9}$$

EXEMPLE 9.1 (suite 1)

Sur base d'un échantillon aléatoire simple d'effectif 100, notre groupe a trouvé un contenu moyen $\overline{x}$ égal à 14.2 cl. La valeur prise par notre v.a. (9.4) est donc (14.2-15)/(1.5/10), c'est-à-dire -5.33. Si l'on choisit un niveau $\alpha = 0.05$ —ce qui implique que $z_{0.975} = 1.96$ —, nous constatons que la valeur calculée ci-dessus est largement en dehors de l'intervalle $[-1.96; 1.96]$, ce qui nous conduit à rejeter l'hypothèse nulle H_0.

Il existe d'autres façons d'exprimer la règle de décision (9.9). Équivalentes dans leur principe, elles sont parfois plus faciles à interpréter ou à utiliser.

d) Deuxième forme de la règle de décision

Comme l'intervalle $\left[-z_{1-\alpha/2}, z_{1-\alpha/2}\right]$ est centré en zéro, la règle (9.9) peut encore s'écrire comme suit :

$$\begin{cases} RH_0 & \text{si } \left|\dfrac{\overline{x} - \mu_0}{\sigma/\sqrt{n}}\right| > z_{1-\alpha/2} \\ \overline{R}H_0 & \text{si } \left|\dfrac{\overline{x} - \mu_0}{\sigma/\sqrt{n}}\right| \leqslant z_{1-\alpha/2}. \end{cases} \tag{9.10}$$

EXEMPLE 9.1 (suite 2)

Le rejet de l'hypothèse H_0 est justifié, sous cette deuxième forme, par le fait que

$$\left|\frac{\overline{x} - \mu_0}{\sigma/\sqrt{n}}\right| = |-5.33| = 5.33$$

est supérieur à $z_{0.975} = 1.96$.

Sous cette forme, on peut dire que l'on rejette H_0 quand l'écart entre $\overline{x}$ et μ_0, divisé par $\sigma/\sqrt{n}$, est *trop grand* par rapport à $z_{1-\alpha/2}$.

e) Troisième forme de la règle de décision

Posons $v_0 = |\overline{x} - \mu_0| \,/\, (\sigma/\sqrt{n})$. Si H_0 est vraie, v_0 est une valeur d'une v.a. $\mathcal{N}(0,1)$. L'examen de la figure 9.1 nous permet aisément d'affirmer que $F(v_0) > 1 - \alpha/2$, si $v_0 > z_{1-\alpha/2}$ et $F(v_0) \leqslant 1 - \alpha/2$, si $v_0 \leqslant z_{1-\alpha/2}$. Dans ces conditions, la règle de décision peut s'énoncer comme suit :

$$\begin{cases} RH_0 & \text{si } F\left[\dfrac{|\overline{x} - \mu_0|}{\sigma/\sqrt{n}}\right] > 1 - \alpha/2 \\ \overline{R}H_0 & \text{dans le cas contraire.} \end{cases} \tag{9.11}$$

EXEMPLE 9.1 (suite 3)

En regardant les calculs effectués ci-dessus, nous constatons que $v_0 = 5.33$. Si on recourt à la table 9 donnant les valeurs de la fonction de répartition de la v.a. $\mathcal{N}(0,1)$, nous obtenons $F(5.33) \approx 1$. Le rejet de H_0 est justifié ici par le fait que $F(5.33) > 0.975$.

f) Quatrième forme de la règle de décision

Multiplions par $\sigma/\sqrt{n}$ les trois membres de l'inégalité définissant $\overline{D}$ dans (9.6). Nous obtenons, sous H_0 :

$$P\left(-z_{1-\alpha/2}\frac{\sigma}{\sqrt{n}} \leqslant \overline{x} - \mu_0 \leqslant z_{1-\alpha/2}\frac{\sigma}{\sqrt{n}}\right) = 1 - \alpha. \tag{9.12}$$

De même, par complémentarité :

$$P\left((\overline{x} - \mu_0) \notin \left[-z_{1-\alpha/2}\frac{\sigma}{\sqrt{n}}\,,\; z_{1-\alpha/2}\frac{\sigma}{\sqrt{n}}\right]\right) = \alpha. \tag{9.13}$$

En reprenant notre raisonnement, nous constatons que la règle de décision peut encore s'énoncer comme suit :

$$\begin{cases} RH_0 & \text{si } (\overline{x} - \mu_0) \notin \left[-z_{1-\alpha/2}\dfrac{\sigma}{\sqrt{n}}\,,\; z_{1-\alpha/2}\dfrac{\sigma}{\sqrt{n}}\right] \\ \overline{R}H_0 & \text{dans le cas contraire.} \end{cases} \tag{9.14}$$

EXEMPLE 9.1 (suite 4)

L'écart entre le moyenne observée $\overline{x}$ et la valeur hypothétique μ_0, est égal à $14.2 - 15 = -0.8$. Par ailleurs, le calcul de

$$z_{1-\alpha/2}\frac{\sigma}{\sqrt{n}} = 1.96\frac{1.5}{10} = 0.294$$

nous permet de constater que

$$-0.8 \notin [-0.294; 0.294].$$

Il s'ensuit que nous rejetons H_0.

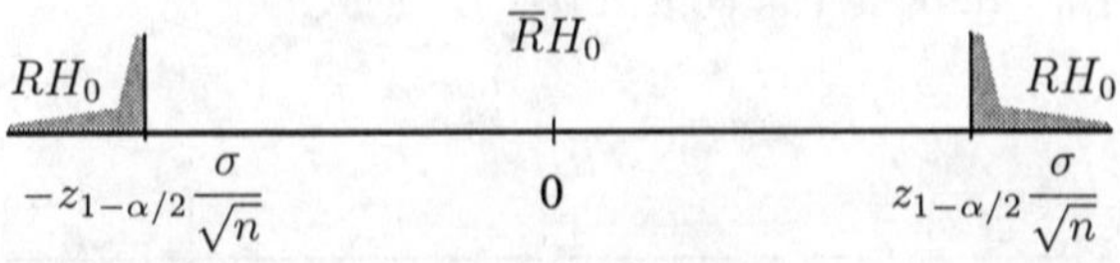

Figure 9.2 *Règle de décision (quatrième forme)*

g) Cinquième forme de la règle de décision

Comme l'intervalle considéré dans (9.14) est symétrique par rapport à zéro, nous pouvons encore formuler la règle comme suit :

$$\begin{cases} RH_0 & \text{si } |\overline{x} - \mu_0| > z_{1-\alpha/2}\dfrac{\sigma}{\sqrt{n}} \\ \overline{R}H_0 & \text{si } |\overline{x} - \mu_0| \leqslant z_{1-\alpha/2}\dfrac{\sigma}{\sqrt{n}} \end{cases}. \tag{9.15}$$

Cette règle nous permet de préciser notre raisonnement intuitif exprimé plus haut : l'écart (en valeur absolue) entre la moyenne observée $\overline{x}$ et la valeur hypothétique μ_0 devient trop grand quand il dépasse le ***seuil critique*** défini par $z_{1-\alpha/2}\,\sigma/\sqrt{n}$.

EXEMPLE 9.1 (suite 5)

Notre groupe constate, sur base des calculs effectués ci-dessus, que le seuil critique $z_{1-\alpha/2}\sigma/\sqrt{n}$ vaut 0.294 au niveau de probabilité $\alpha = 0.05$. La valeur observée de $|\overline{x} - \mu_0|$ étant égale à 0.8, elle est jugée trop grande pour être seulement expliquée par l'erreur d'échantillonnage.

h) Intervalle de non-rejet (d'acceptation)

Une dernière façon de procéder consiste à modifier à nouveau l'expression de D ou $\overline{D}$. En ajoutant μ_0 aux trois membres de l'inégalité définissant $\overline{D}$ dans (9.12), nous pouvons écrire :

$$P\left(\mu_0 - z_{1-\alpha/2}\frac{\sigma}{\sqrt{n}} \leqslant \overline{x} \leqslant \mu_0 + z_{1-\alpha/2}\frac{\sigma}{\sqrt{n}}\right) = 1 - \alpha \tag{9.16}$$

et, par complémentarité :

$$P\left(\overline{x} \notin \left[\mu_0 - z_{1-\alpha/2}\frac{\sigma}{\sqrt{n}}, \mu_0 + z_{1-\alpha/2}\frac{\sigma}{\sqrt{n}}\right]\right) = \alpha. \tag{9.17}$$

Nous pouvons dès lors formuler la règle de décision sous la *dernière forme* suivante :

$$\begin{cases} RH_0 & \text{si } \overline{x} \notin \left[\mu_0 - z_{1-\alpha/2}\frac{\sigma}{\sqrt{n}}\ ,\ \mu_0 + z_{1-\alpha/2}\frac{\sigma}{\sqrt{n}}\right] \\ \overline{R}H_0 & \text{dans le cas contraire.} \end{cases} \tag{9.18}$$

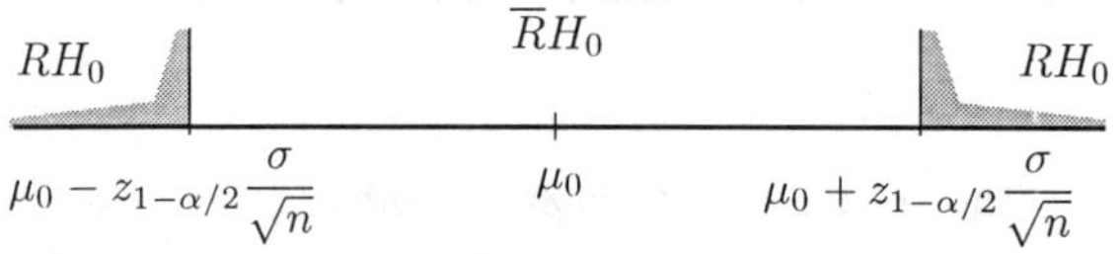

Figure 9.3 *Intervalle de non-rejet (d'acceptation)*

L'intervalle défini dans (9.18) est appelé parfois un ***intervalle de non-rejet (d'acceptation)***, ce qu'on note plus brièvement par les initiales ***I.N.R.*** (ou ***I.A.***).

EXEMPLE 9.1 (suite 6)

Présentons la résolution de l'exemple 9.1 au moyen d'un I.N.R. Compte tenu de (9.18), ce dernier est défini par

$$\left[15 - \frac{1.96 \times 1.5}{10} \quad ; \quad 15 + \frac{1.96 \times 1.5}{10}\right] = (14.706 \quad ; \quad 15.294).$$

Comme la moyenne $\overline{x}$ est égale à 14.2, elle se trouve en dehors de l'intervalle ; nous rejetons donc H_0.

i) Remarque

Comme nous l'avons déjà mentionné, toutes ces formes sont équivalentes. Le recours à l'une d'entre elles repose avant tout sur la facilité de son interprétation ou de son utilisation. Nous allons le constater dans le paragraphe suivant.

9.2.4 Erreurs de première et de seconde espèce

Rejeter une hypothèse ne signifie pas qu'elle soit fausse. En effet, si H_0 est vraie, l'expression (9.17) nous montre qu'il y a une probabilité α d'être en dehors de l'I.N.R., c'est-à-dire de rejeter H_0. Le rejet d'une hypothèse exacte est appelé ***une erreur de première espèce***. La probabilité de la commettre vaut α et est appelée ***risque de première espèce***.

De même, *le non-rejet d'une hypothèse ne signifie pas qu'elle soit correcte.* Nous pouvons, en effet, commettre aussi une ***erreur de seconde espèce*** en ne rejetant pas une hypothèse fausse. Sa probabilité est appelée ***risque de seconde espèce***, et est notée β. En résumé :

$$\alpha = P\left(RH_0 \mid H_0\right) \quad , \quad \beta = P\left(\overline{R}H_0 \mid H_1\right). \tag{9.19}$$

La valeur de β est évidemment fonction de l'importance de la fausseté de H_0.

EXEMPLE 9.1 (suite 7)

Nous avons vu que, si H_0 est vraie :

$$\overline{x} \sim \mathcal{N}\left(\mu_0, \frac{\sigma^2}{n}\right)$$

où $\mu_0 = 15$ et $\sigma^2/n = 0.0225$ [voir (9.3)]. La figure 9.4 nous permet de représenter l'I.N.R. et le risque de première espèce α. Par ailleurs, si H_0 est fausse, μ est égale à une valeur μ_1 différente de μ_0. Dans ces conditions,

$$\overline{x} \sim \mathcal{N}\left(\mu_1, \frac{\sigma^2}{n}\right). \tag{9.20}$$

Plaçons-nous, par exemple, dans le cas particulier où $\mu_1 = 14.6$ cl. La distribution de $\overline{x}$ est alors représentée par la courbe en traits discontinus située au centre de la figure 9.4.

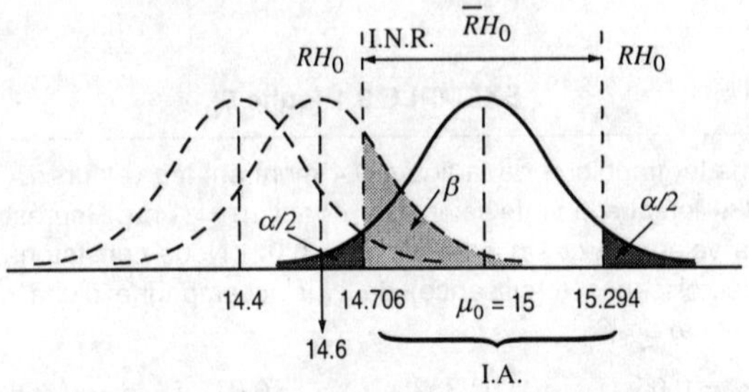

Figure 9.4 *Erreurs de première et de seconde espèces*

Le risque de seconde espèce β vaut alors, compte tenu de (9.20) :

$$\begin{aligned}
\beta &= P\left[\overline{R}H_0 \mid \overline{x} \sim \mathcal{N}(14.6; 0.0225)\right] \\
&= P\left[14.706 \leqslant \overline{x} \leqslant 15.294 \mid \overline{x} \sim \mathcal{N}(14.6; 0.0225)\right] \\
&= P\left[\frac{14.706 - 14.6}{0.15} \leqslant Z \leqslant \frac{15.294 - 14.6}{0.15}\right]
\end{aligned}$$

où $Z = (\overline{x} - 14.6)/0.15 \sim \mathcal{N}(0,1)$. En utilisant la table 9 donnant les valeurs de la fonction de répartition $F_Z(z)$ de la distribution normale centrée réduite, nous obtenons :

$$\begin{aligned}
\beta &= P(0.71 \leqslant Z \leqslant 4.63) = F_Z(4.63) - F_Z(0.71) \\
&= 1 - 0.7611 = 0.2389.
\end{aligned}$$

Si, dans notre exemple, la valeur de μ_1 avait été égale à 14.4, nous aurions, par un calcul analogue, $\beta = 0.0207$. Nous constatons ainsi un résultat intuitif : *le risque de seconde espèce est d'autant plus faible que la vraie valeur μ_1 est éloignée de la valeur hypothétique μ_0*. Par contre, si μ_1 est proche de μ_0, le caractère partiel de notre information ne permet pas de séparer suffisamment l'influence de l'erreur d'échantillonnage de celle de l'écart entre μ_0 et μ_1. On peut d'ailleurs représenter graphiquement les valeurs de $P(\overline{R}H_0)$ en fonction des valeurs possibles de μ ; nous obtenons ainsi la ***courbe d'efficacité***. On recourt aussi à la ***courbe de puissance*** représentant les valeurs de $P(RH_0)$ en fonction de μ.

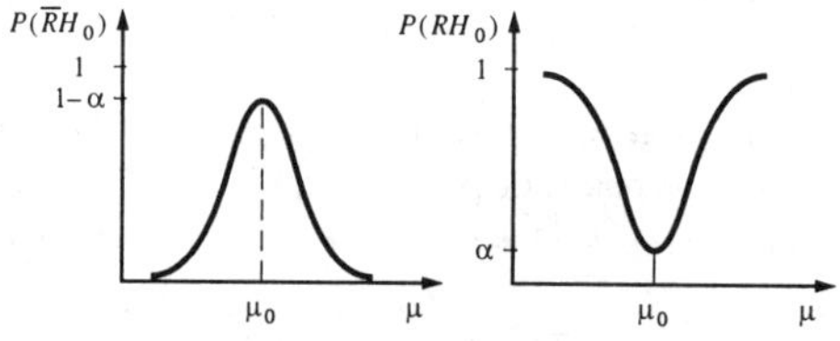

Figure 9.5 *Courbes d'efficacité et de puissance*

Une dernière remarque doit être faite : *les risques α et β varient en sens opposé.*

EXEMPLE 9.1 (suite 8)

Reprenons le graphique de la figure 9.4 montrant les valeurs $\alpha = 0.05$ et $\beta = 0.2389$ lorsque la vraie valeur de μ vaut $\mu_1 = 14.6$. Représentons par ailleurs la valeur de ces risques si $\alpha = 0.02$. Nous constatons aisément qu'une décroissance (croissance) de α s'accompagne d'une croissance (décroissance) de β.

$\alpha = 0.05$; $\beta = 0.2389$ — $I.N.R.$: (14.706 ; 15.294)

$\alpha = 0.02$; $\beta = 0.3669$ — $I.N.R.$: (14.651 ; 15.349)

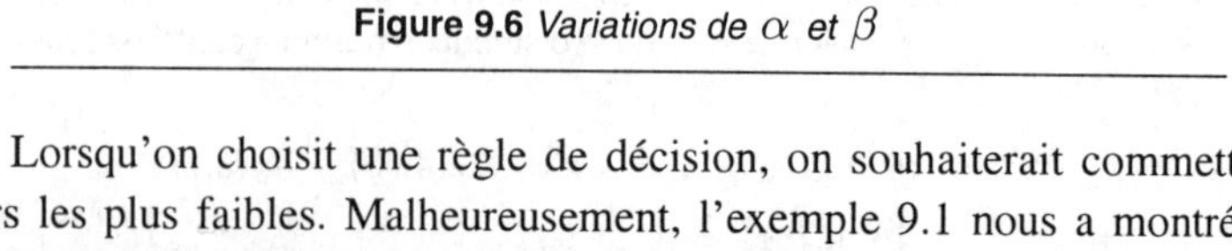

Figure 9.6 *Variations de α et β*

Lorsqu'on choisit une règle de décision, on souhaiterait commettre les erreurs les plus faibles. Malheureusement, l'exemple 9.1 nous a montré qu'il n'est pas possible de minimiser simultanément α et β. Afin de contourner cet inconvénient, on procède généralement comme suit : on choisit un risque α *petit* (considéré comme acceptable) ; ensuite, α étant fixé, on essaie de trouver une procédure qui minimise β. Il en est ainsi pour la règle de décision présentée ci-dessus. Nous privilégions donc α. Ce choix est dû à la signification que l'on donne à un test d'hypothèse : celle de pouvoir rejeter une hypothèse lorsque les informations dont on dispose permettent de le faire. Il est donc essentiel de limiter, dans une mesure connue à l'avance, le rejet d'hypothèses vraies.

9.2.5 Test bilatéral et unilatéral

Reprenons à nouveau notre exemple de base pour introduire notre propos.

EXEMPLE 9.1 (suite 9)

Dans l'énoncé de l'exemple 9.1, nous avons indiqué que l'hypothèse alternative s'énonçait sous la forme $H_1 : \mu \neq 15$. Nous admettons donc que si H_0 est fausse, la moyenne μ peut être soit supérieure, soit inférieure à $\mu_0 = 15$. Nous avons affaire à un ***test bilatéral***. La question posée par notre groupe de consommateurs aurait pu être toute autre. En particulier, les membres de ce groupe auraient pu suspecter la moyenne d'être *plus petite* que 15. Dans ce cas, nous aurions un **test unilatéral** dont l'énoncé est :

$$H_0 : \mu = 15 \leftrightarrow H_1 : \mu < 15.$$

Par un raisonnement intuitif, nous serons amené à rejeter H_0 si la valeur de la moyenne $\overline{x}$ de l'échantillon est *trop petite* par rapport à $\mu_0 = 15$.

En considérant la loi de $\overline{x}$, sous H_0, le rejet ne pourra se faire qu'à la gauche de μ_0. C'est pourquoi le risque de première espèce, $\alpha = P(RH_0|H_0)$, est concentré dans cette partie du graphique de la figure 9.7.

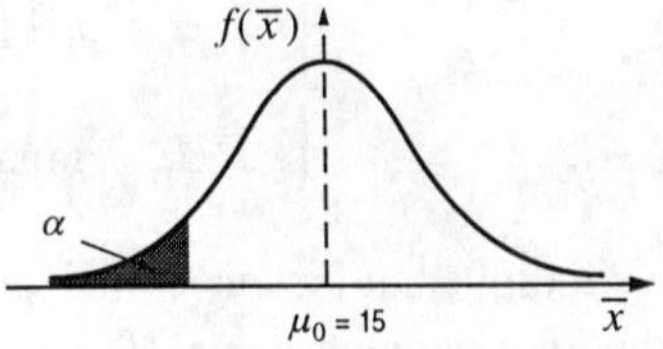

Figure 9.7 *Localisation de* α

Afin d'établir la règle de décision, relative au test de l'hypothèse

$$H_0 : \mu = \mu_0 \leftrightarrow H_1 : \mu < \mu_0, \tag{9.21}$$

nous allons utiliser la propriété suivante. Si z_α est le quantile d'ordre α de $Z \sim \mathcal{N}(0,1)$, nous avons[4] $P(Z \geqslant z_\alpha) = 1 - \alpha$.

Compte tenu de (9.4), nous pouvons écrire, si H_0 est vraie, que

$$P\left[\frac{\overline{x} - \mu_0}{\sigma/\sqrt{n}} \geqslant z_\alpha\right] = 1 - \alpha \tag{9.22}$$

et

$$P\left[\frac{\overline{x} - \mu_0}{\sigma/\sqrt{n}} < z_\alpha\right] = \alpha. \tag{9.23}$$

[4] Rappelons que $z_\alpha = -z_{1-\alpha}$ (cf. figure 9.8).

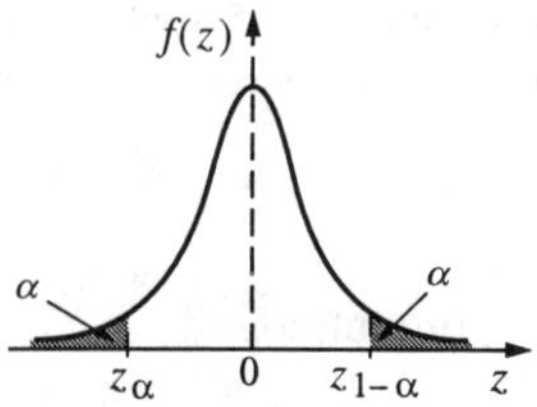

Figure 9.8

Quantiles de $Z \sim \mathcal{N}(0,1)$

En effectuant un raisonnement analogue à celui que nous avons basé sur (9.6) et (9.7), nous pouvons aisément établir la règle de décision suivante :

$$\begin{cases} RH_0 & \text{si } \dfrac{\overline{x}-\mu_0}{\sigma/\sqrt{n}} < z_\alpha \\ \overline{R}H_0 & \text{dans le cas contraire.} \end{cases} \tag{9.24}$$

Comme dans le cas d'un test bilatéral, nous sommes amenés à rejeter H_0 quand $\overline{x}$ est trop loin de μ_0 — et plus précisément ici quand $\overline{x}$ est trop petit, compte tenu de H_1.

Il existe diverses autres manières d'exprimer la règle de décision. Elles correspondent aux différentes formes présentées dans le cas du test bilatéral. Nous laissons au lecteur le soin de les établir[(5)]. Retenons peut-être celle qui repose sur l'écart entre $\overline{x}$ et μ_0, pris en valeur absolue :

$$\begin{cases} RH_0 & \text{si } \left|\dfrac{\overline{x}-\mu_0}{\sigma/\sqrt{n}}\right| > z_{1-\alpha} \\ \overline{R}H_0 & \text{dans le cas contraire,} \end{cases} \tag{9.25}$$

qui nous indique, au facteur $\sigma/\sqrt{n}$ près, à partir de quel seuil cet écart devient trop grand pour admettre que H_0 soit vraie.

EXEMPLE 9.1 (suite 10)

Quelle aurait été la décision de notre groupe s'il avait eu à tester, au niveau $\alpha = 0.05$:

$$H_0 : \mu = 15 \leftrightarrow H_1 : \mu < 15 \text{ ?}$$

Comme $\overline{x} = 14.2$ cl, nous avons $|\overline{x} - \mu_0|/(\sigma/\sqrt{n}) = 5.33$. Comme cette valeur est supérieure à $z_{0.95} = 1.645$, la règle (9.25) nous amène à rejeter H_0.

Outre son caractère intuitif, la règle qui consiste à concentrer le risque α d'un seul côté de μ_0 est justifiée par le fait que le test unilatéral est *plus puissant* — ce qui indique une erreur de seconde espèce plus faible — avec la règle (9.24) ou (9.25) qu'avec (9.9).

Nous pouvons par ailleurs étendre, sans difficulté, notre démarche à d'autres tests. Ainsi, par exemple, pour tester

$$H_0 : \mu = \mu_0 \leftrightarrow H_1 : \mu > \mu_0$$

(5) Cf. exercice T.9.1.

on est amené à rejeter H_0 si la moyenne $\overline{x}$ de l'échantillon est trop grande par rapport à μ_0, ce qui se traduit aussi par la règle de décision (9.25).

9.2.6 Test de Student

La procédure présentée ci-dessus suppose que l'on connaisse la variance σ^2 de la population. Dans le cas contraire, on peut utiliser la relation (8.43) selon laquelle

$$\frac{\overline{x} - \mu}{s/\sqrt{n-1}} \sim t_{n-1}.$$

Si l'on suppose H_0 vraie, nous aurons

$$\frac{\overline{x} - \mu_0}{s/\sqrt{n-1}} \sim t_{n-1}. \tag{9.26}$$

En appliquant à (9.26) le raisonnement utilisé à partir de (9.4), nous pouvons aisément établir la règle de décision bilatérale analogue à (9.10) permettant de tester l'hypothèse (9.1) :

$$\begin{cases} RH_0 & \text{si } \dfrac{|\overline{x} - \mu_0|}{s/\sqrt{n-1}} > t_{n-1;1-\alpha/2} \\ \overline{R}H_0 & \text{dans le cas contraire,} \end{cases} \tag{9.27}$$

où $t_{n-1;1-\alpha/2}$ est le quantile d'ordre $1 - \alpha/2$ de la variable distribuée selon une loi t_{n-1} (cf.table 12).

Nous pouvons établir d'autres formes de la règle de décision, comme nous l'avons fait dans le cas où la variance σ^2 est connue. Nous pouvons aussi envisager des tests unilatéraux. Nous laissons au lecteur le soin d'examiner ces problèmes, à titre d'exercice.

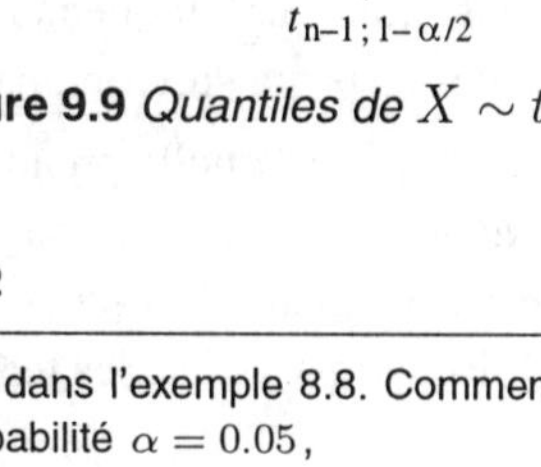

Figure 9.9 *Quantiles de* $X \sim t_{n-1}$

EXEMPLE 9.2

Reprenons le problème du sablier présenté dans l'exemple 8.8. Comment peut-on tester l'hypothèse, au niveau de probabilité $\alpha = 0.05$,

$$H_0 : \mu = 15 \leftrightarrow H_1 : \mu \neq 15,$$

où μ est le temps moyen d'écoulement, en nous basant sur un échantillon aléatoire simple d'effectif 10 dont la moyenne et la variance valent respectivement $\overline{x} = 16$ et $s^2 = 1$? La valeur de la v.a. apparaissant dans (9.26) est égale à $3(16 - 15) = 3$. Comme cette valeur est supérieure à $t_{9;0.975} = 2.262$, nous rejetons H_0.

9.3 L'ÉLABORATION DE LA RÈGLE DE DÉCISION

Nous avons examiné une démarche permettant d'élaborer une règle de décision dans le cas particulier d'un test d'hypothèse relatif à la moyenne d'une population normale. Tentons de la présenter de telle manière qu'elle puisse s'appliquer à de nombreux autres cas.

Nous nous intéressons ici à la construction d'une règle de décision permettant de rejeter ou non une hypothèse nulle H_0 relative à un paramètre θ inconnu dont la loi de la population dépend. Cette construction est fonction de la contre-hypothèse H_1 par rapport à laquelle H_0 est testée. La structure de la démarche peut être divisée en 4 étapes.

a) Étape 1

Nous devons tout d'abord choisir les hypothèses nulle H_0 et alternative H_1. Deux situations peuvent se présenter. Une hypothèse peut tout d'abord être ***simple*** ; dans ce cas, elle suppose que le paramètre θ est égal à une valeur hypothétique fixée *a priori*, par exemple θ_0. Dans le cas contraire, une hypothèse est dite ***composite***. Il en est ainsi pour l'hypothèse H_1 considérée dans (9.1).

Si Θ est l'ensemble des valeurs possibles de θ, on peut exprimer H_0 et H_1 sous la forme générale suivante :

$$H_0 : \theta \in \Theta_0 \leftrightarrow H_1 : \theta \in \Theta_1 , \tag{9.28}$$

où Θ_0 est un sous-ensemble de Θ et Θ_1 son complémentaire par rapport à ce dernier[(6)]. Le choix de H_0 et H_1 dépend de la question posée. Il n'est en effet pas identique de savoir si un résultat moyen est *différent* d'une valeur qu'on se donne ou s'il est *meilleur* que cette dernière.

En tout état de cause, nous nous placerons dans la situation où θ_0 est une valeur jouant un rôle privilégié dans H_0. Soit cette dernière est simple ($\Theta_0 = \{\theta_0\}$), soit elle est composite ($\Theta_0 = \{\theta|\theta \leqslant \theta_0\}$ ou $\Theta_0 = \{\theta|\theta \geqslant \theta_0\}$). Nous nous situerons uniquement dans le premier cas lors de la présentation pratique des tests qui suivront, par souci de simplification[(7)].

Si l'hypothèse nulle prend la forme $H_0 : \theta = \theta_0$, le test sera ***bilatéral*** ou ***unilatéral*** selon que H_1 envisage des valeurs de θ *différentes* de θ_0 ($\theta \neq \theta_0$) ou situées seulement d'un seul côté par rapport à cette valeur (soit $\theta < \theta_0$, soit $\theta > \theta_0$). Remarquons que les tests de $\theta \leqslant \theta_0$ et de $\theta \geqslant \theta_0$:

$$H_0 : \theta \leqslant \theta_0 \leftrightarrow H_1 : \theta > \theta_0 \tag{9.29}$$

$$H_0 : \theta \geqslant \theta_0 \leftrightarrow H_1 : \theta < \theta_0 \tag{9.30}$$

sont aussi qualifiés d'unilatéraux[(8)].

(6) $\Theta_1 = \Theta \backslash \Theta_0$.

(7) Nous examinerons l'autre cas dans des exercices, en fin de chapitre.

(8) Nous les évoquerons aussi en fin de chapitre.

b) Étape 2

Dans une deuxième étape on choisit une ***variable de décision*** T basée sur un échantillon $\{x_1, \ldots, x_n\}$ —supposé ici aléatoire simple— et qui est, dans la plupart des cas, un estimateur du paramètre θ. Il peut cependant arriver qu'on prenne en compte d'autres variables aux qualités plus performantes[(9)]. Cette variable de décision est une variable aléatoire car elle dépend de l'échantillon. On en détermine dès lors sa loi (quand c'est possible !).

Ainsi, dans le cas examiné dans le paragraphe précédent, la variable de décision est soit la moyenne $\overline{x}$ de l'échantillon dont la loi est $\mathcal{N}(\mu, \sigma^2/n)$, soit la moyenne centrée réduite $(\overline{x} - \mu)/(\sigma/\sqrt{n})$.

c) Étape 3

On établit une *règle de décision* consistant à rejeter (RH_0) ou non $(\overline{R}H_0)$ l'hypothèse nulle sur base de la valeur prise par la variable de décision. Généralement, cette règle consiste à définir une ***zone de rejet*** —ou à l'inverse *d'acceptation*— basée sur les propriétés de la loi de la variable de décision, *en supposant que* H_0 *est vraie*. Le rejet s'effectue dès lors quand la variable de décision prend une valeur située dans une région où il y a une très faible probabilité qu'elle s'y situe, si H_0 est vraie. Cette ***région critique*** est déterminée en fonction du risque de première espèce $\alpha = P(RH_0|H_0)$ et de l'hypothèse alternative H_1.

Ainsi, dans le paragraphe précédent, nous avons vu que le rejet de H_0 selon laquelle la moyenne μ de la population avait une valeur égale à μ_0, résultait d'un écart « trop grand » entre la moyenne $\overline{x}$ de l'échantillon et la valeur hypothétique μ_0. Dans la mesure où la loi normale centrée réduite est aisée à manier, la variable de décision choisie était $T = (\overline{x} - \mu_0)/(\sigma/\sqrt{n})$, que nous pourrions qualifier d'« *écart relatif* » entre $\overline{x}$ et μ_0 [(10)]. Selon que le test est bilatéral ou unilatéral, l'écart relatif devient trop grand lorsque, en valeur absolue, T dépasse le quantile $z_{1-\alpha/2}$ dans le premier cas, $z_{1-\alpha}$ dans le second. Les seuils de rejet sont en effet tels que, si H_0 est vraie, la probabilité que T les dépasse vaut α, qui habituellement est choisi très petit. La justification de ce rejet repose, comme nous l'avons explicité auparavant, sur le fait qu'on ne peut retenir une hypohèse qui, si elle était vraie, fournirait une valeur de la variable de décision très peu probable.

d) Étape 4

On peut compléter (éventuellement) la procédure en déterminant la ***puissance*** du test représentée par la *probabilité de rejeter* H_0. Cela ne peut se faire que si l'on considère des valeurs particulières de $\theta \in \Theta_1$, comme nous l'avons vu dans le paragraphe 9.2.

---

(9) Cf. par exemple le paragraphe 9.10.2.

(10) « Relatif » car divisé par $\sigma/\sqrt{n}$.

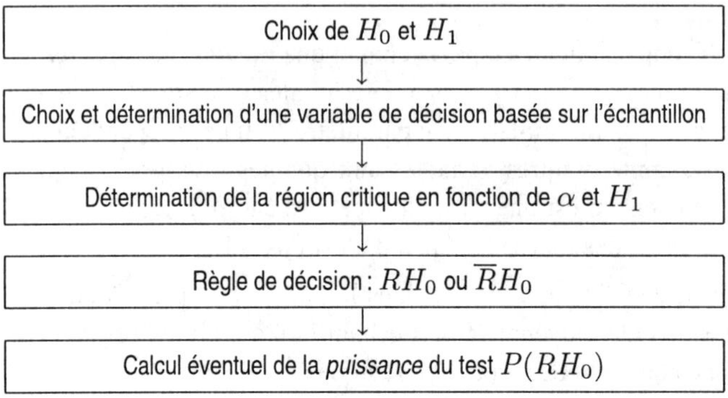

Figure 9.10 *La démarche d'un test d'hypothèse*

Nous allons appliquer cette démarche en présentant quelques méthodes parmi les plus simples et les plus utilisées. Nous les distinguerons selon que la loi de la variable de décision est connue exactement ou non.

9.4 TEST RELATIF À LA VARIANCE D'UNE POPULATION NORMALE

Restons dans la situation où la population possède une loi de probabilité connue et, en particulier, celle où la loi est $\mathcal{N}(\mu, \sigma^2)$. Après nous être intéressé à la moyenne μ (cf. paragraphe 9.2), considérons à présent la manière de tester une hypothèse relative à la variance σ^2.

9.4.1 Test bilatéral

Considérons le test de l'hypothèse

$$H_0 : \sigma^2 = \sigma_0^2 \leftrightarrow H_1 : \sigma^2 \neq \sigma_0^2 \tag{9.31}$$

où σ_0^2 est une valeur hypothétique fixée *a priori*. Comme nous supposons que la population est normale, nous pouvons utiliser les lois de probabilité des estimateurs présentés dans le paragraphe 8.5.5. Distinguons à nouveau les deux cas suivants.

a) Variable de décision si la moyenne μ est connue

La relation (8.61) nous indique que

$$T = \frac{n\widehat{\sigma}^2}{\sigma^2} \sim \chi_n^2 \tag{9.32}$$

où

$$\widehat{\sigma}^2 = \frac{1}{n}\sum_{i=1}^{n}(x_i - \mu)^2 .$$

b) Variable de décision si la moyenne μ est inconnue

La relation (8.64) nous indique que

$$T^* = \frac{ns^2}{\sigma^2} \sim \chi^2_{n-1} \tag{9.33}$$

où

$$s^2 = \frac{1}{n}\sum_{i=1}^{n}(x_i - \overline{x})^2 .$$

Si nous supposons que H_0 est vraie, les expressions (9.32) et (9.33) deviennent

$$T = \frac{n\widehat{\sigma}^2}{\sigma_0^2} \sim \chi^2_n \qquad \text{et} \qquad T^* = \frac{ns^2}{\sigma_0^2} \sim \chi^2_{n-1} . \tag{9.34}$$

Dans les deux cas, nous avons affaire à des variables aléatoires dont la loi est « khi-carré ». Nous savons que si

$$\chi^2_{\nu;\alpha/2} \quad \text{et} \quad \chi^2_{\nu;1-\alpha/2}$$

sont les quantiles d'ordre $\alpha/2$ et $(1-\alpha/2)$ de $X \sim \chi^2_\nu$ (cf. figure 9.11), on peut dire que

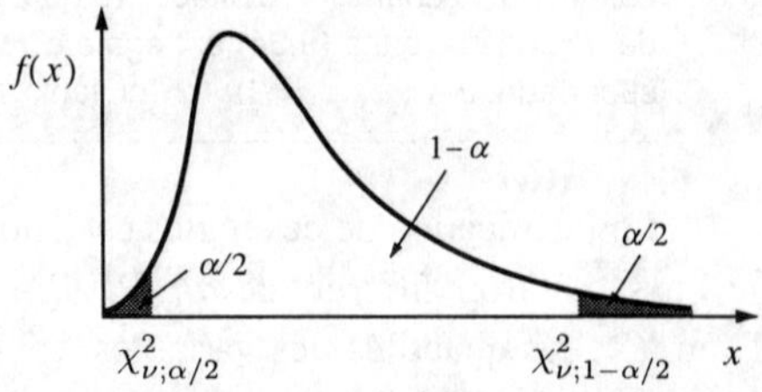

Figure 9.11 *Quantiles de la variable* χ^2_ν

$$P(\chi^2_{\nu;\alpha/2} \leqslant X \leqslant \chi^2_{\nu;1-\alpha/2}) = 1 - \alpha . \tag{9.35}$$

c) Règle de décision

L'expression (9.35) nous permet donc d'établir la règle de décision permettant de tester (9.31), au niveau de probabilité α fixé *a priori*.

1°) *Si μ est connu*

Compte tenu de la première relation de (9.34), l'expression (9.35) devient, si H_0 est vraie,

$$P\left(\chi^2_{n;\alpha/2} \leqslant \frac{n\widehat{\sigma}^2}{\sigma_0^2} \leqslant \chi^2_{n;1-\alpha/2}\right) = 1 - \alpha. \tag{9.36}$$

Il en résulte la règle de décision suivante :

$$\begin{cases} RH_0 \quad \text{si } \dfrac{n\widehat{\sigma}^2}{\sigma_0^2} \notin \left[\chi^2_{n;\alpha/2} ; \chi^2_{n;1-\alpha/2}\right] \\ \overline{R}H_0 \quad \text{dans le cas contraire.} \end{cases} \tag{9.37}$$

2°) *Si μ est inconnu*

Si H_0 est vraie, nous avons, compte tenu de (9.34) et de (9.35) :

$$P\left(\chi^2_{n-1;\alpha/2} \leqslant \frac{ns^2}{\sigma_0^2} \leqslant \chi^2_{n-1;1-\alpha/2}\right) = 1 - \alpha. \tag{9.38}$$

Il en résulte la règle de décision suivante :

$$\begin{cases} RH_0 & \text{si } \dfrac{ns^2}{\sigma_0^2} \notin \left[\chi^2_{n-1;\alpha/2}; \chi^2_{n-1;1-\alpha/2}\right] \\ \overline{R}H_0 & \text{dans le cas contraire.} \end{cases} \tag{9.39}$$

EXEMPLE 9.2 (suite 1)

Reprenons le problème du sablier. Comment peut-on tester l'hypothèse, au niveau de probabilité $\alpha = 0.05$:

$$H_0 : \sigma^2 = 0.5 \leftrightarrow H_1 : \sigma^2 \neq 0.5$$

où σ^2 est la variance de la distribution du temps d'écoulement, en nous basant sur l'échantillon d'effectif 10 dont la variance vaut $s^2 = 1$. La valeur de T_0^* définie dans (9.34) est égale à $(10 \times 1)/0.5 = 20$. Comme elle est supérieure à $\chi^2_{9;0.975} = 19.02$ (cf. table 11), on rejette H_0.

La justification de ces règles est à nouveau intuitive : on rejette H_0 quand $\widehat{\sigma}^2$ ou s^2 est trop différent de σ_0^2. Par l'intermédiaire de la variable de décision T ou T^*, les quantiles des variables χ^2_n et χ^2_{n-1}, d'ordres $\alpha/2$ et $1-\alpha/2$, déterminent les frontières entre zones de rejet et de non-rejet (d'acceptation).

9.4.2 Test unilatéral

Prenons, à titre d'exemple, le cas où l'on désire tester l'hypothèse

$$H_0 : \sigma^2 = \sigma_0^2 \leftrightarrow H_1 : \sigma^2 > \sigma_0^2 \tag{9.40}$$

au niveau de probabilité α. Plaçons-nous dans le cas où μ est inconnu(11). Dans ces conditions, comme σ^2 ne peut *a priori* pas être inférieur à σ_0^2, nous rejetterons intuitivement H_0 quand l'estimateur s^2 sera trop grand par rapport à σ_0^2 ce qui, compte tenu de (9.34), donne la règle de décision suivante :

$$\begin{cases} RH_0 & \text{si } \dfrac{ns^2}{\sigma_0^2} > \chi^2_{n-1;1-\alpha} \\ \overline{R}H_0 & \text{dans le cas contraire} \end{cases} \tag{9.41}$$

où $\chi^2_{n-1;1-\alpha}$ est le quantile d'ordre $(1-\alpha)$ de la v.a. χ^2_{n-1}.

(11) Nous laissons au lecteur le soin d'examiner le cas contraire.

Cette règle repose sur le fait que, si H_0 est vraie :

$$P\left(\frac{ns^2}{\sigma_0^2} > \chi^2_{n-1;1-\alpha}\right) = \alpha \; . \tag{9.42}$$

On peut aisément se convaincre, par un raisonnement analogue, que le test de

$$H_0 : \sigma^2 = \sigma_0^2 \leftrightarrow H_1 : \sigma^2 < \sigma_0^2 \tag{9.43}$$

conduit à la règle de décision

$$\begin{cases} RH_0 & \text{si } \dfrac{ns^2}{\sigma_0^2} < \chi^2_{n-1;\alpha} \\ \overline{R}H_0 & \text{dans le cas contraire} \end{cases} \tag{9.44}$$

où $\chi^2_{n-1;\alpha}$ est le quantile d'ordre α de la v.a. χ^2_{n-1}. Le cas des tests de

$$\begin{aligned} H_0 : \sigma^2 &\leqslant \sigma_0^2 \leftrightarrow H_1 : \sigma^2 > \sigma_0^2 \\ H_0 : \sigma^2 &\geqslant \sigma_0^2 \leftrightarrow H_1 : \sigma^2 < \sigma_0^2 \end{aligned}$$

peut être traité de façon analogue.

EXEMPLE 9.2 (suite 2)

Reprenons à nouveau le problème du sablier et supposons qu'on désire tester, au niveau de probabilité $\alpha = 0.05$:

$$H_0 : \sigma^2 = 0.5 \leftrightarrow H_1 : \sigma^2 > 0.5,$$

sur base de notre échantillon ($n = 10,\ s^2 = 1$). Comme la valeur de T^* définie dans (9.3) vaut toujours 20 et qu'elle est supérieure à $\chi^2_{9;0.95} = 16.92$, selon la table 11, on rejette H_0.

9.5 TEST RELATIF À LA MOYENNE D'UNE POPULATION QUELCONQUE

Nous avons vu dans le paragraphe 8.5.2, que si l'on prélève dans une population quelconque un échantillon aléatoire simple dont la taille est suffisamment grande ($n \geqslant 30$, pour des populations pas trop dissymétriques), la moyenne arithmétique $\overline{x}$ de ce dernier est une v.a.$\approx \mathcal{N}(\mu, \sigma^2/n)$ (12). Si l'on se réfère au problème développé dans le paragraphe 9.2.3, la variable de décision est ici la même. La seule différence entre la considération d'une population normale et celle d'une population quelconque est que la loi de $(\overline{x} - \mu)/(\sigma/\sqrt{n})$ est toujours normale dans le premier cas, quel que soit n, alors que, dans le second cas,

(12) Rappelons que le signe $\approx$ signifie que la distribution est asymptotique.

elle n'est approximativement normale que quand n est grand. Les procédures développées dans le paragraphe 9.2.3 sont donc d'application ici, mais elles sont « approximatives ». Par ailleurs, si σ^2 est inconnu, rappelons que nous pouvons estimer sans biais σ^2/n par $s^2/(n-1)$. En effectuant cette substitution dans les diverses formes des règles de décision, nous obtenons la procédure à suivre.

Ainsi, par exemple, si l'on envisage un test bilatéral

$$H_0 : \mu = \mu_0 \leftrightarrow H_1 : \mu \neq \mu_0,$$

la règle de décision (9.10) devient, si σ^2 est inconnu et que n est grand :

$$\begin{cases} RH_0 & \text{si } \left|\dfrac{\overline{x}-\mu_0}{s/\sqrt{n-1}}\right| > z_{1-\alpha/2} \\ \overline{R}H_0 & \text{dans le cas contraire.} \end{cases} \tag{9.45}$$

EXEMPLE 9.3

On émet l'hypothèse que l'âge moyen d'une population est égal à 40 ans. Afin de tester, au niveau de probabilité $\alpha = 0.05$, l'hypothèse

$$H_0 : \mu = 40 \leftrightarrow H_1 : \mu \neq 40\,,$$

on prélève un échantillon aléatoire simple d'effectif 90 dans cette population. L'analyse de cet échantillon nous fournit pour moyenne et écart-type les valeurs respectives $\overline{x} = 38.9$ et $s = 7.3$. Comme

$$\frac{|\overline{x}-\mu_0|}{s/\sqrt{n-1}} = \frac{|38.9-40|}{7.3/\sqrt{89}} = 1.42$$

est inférieur à $z_{0.975} = 1.96$, nous ne rejetons pas H_0.

Les remarques du paragraphe 9.2 concernant les tests unilatéraux, l'erreur de seconde espèce, etc., sont bien sûr d'application ici.

9.6 PROPRIÉTÉ GÉNÉRALE RELATIVE AUX GRANDS ÉCHANTILLONS

Nous avons eu l'occasion de signaler une procédure générale de construction d'un intervalle de confiance, sous certaines conditions, dans le paragraphe 8.5.3. Nous pouvons, *mutatis mutandis*, énoncer un résultat analogue ici. Soit θ un paramètre d'une population. On désire tester, au niveau de probabilité α, l'hypothèse

$$H_0 : \theta = \theta_0 \leftrightarrow H_1 : \theta \neq \theta_0, \tag{9.46}$$

où θ_0 est une valeur hypothétique, fixée *a priori*.

Propriété 9.1 Si $\widehat{\theta}$ est un estimateur sans biais de θ, de variance $V(\widehat{\theta})$ et admettant une D.P. (approximativement) normale, la règle de décision, concernant le test (9.46), peut s'énoncer comme suit :

$$\begin{cases} RH_0 & \text{si } \left| \dfrac{\widehat{\theta} - \theta_0}{\sqrt{V_0(\widehat{\theta})}} \right| > z_{1-\alpha/2} \\ \overline{R}H_0 & \text{dans le cas contraire,} \end{cases} \tag{9.47}$$

où $V_0(\widehat{\theta})$ est la valeur de $V(\widehat{\theta})$ sous H_0. Si $V_0(\widehat{\theta})$ est inconnu, on peut l'estimer par un estimateur convergent $\widehat{V}_0(\widehat{\theta})$.

La règle (9.47) peut être remplacée par toute autre formulation équivalente et étendue au cas de tests unilatéraux. Nous laissons au lecteur le soin de justifier cette propriété.

Remarquons que le test présenté dans le paragraphe 9.5 possède la propriété 9.1.

9.7 TEST RELATIF À LA VARIANCE D'UNE POPULATION QUELCONQUE

Nous pouvons aussi appliquer la propriété 9.1 dans le but de tester l'hypothèse suivante. Soit une population quelconque de variance σ^2. On désire tester l'hypothèse

$$H_0 : \sigma^2 = \sigma_0^2 \leftrightarrow H_1 : \sigma^2 \neq \sigma_0^2 \tag{9.48}$$

à partir d'un échantillon aléatoire simple $\{x_1, \ldots, x_n\}$, σ_0^2 étant une valeur hypothétique fixée *a priori*.

Nous avons vu dans le paragraphe 8.2.3 que σ^2 peut être estimé sans biais par $S^2 = \sum_i (x_i - \overline{x})^2/(n-1)$. L'étude de cet estimateur permet de montrer[(13)] que dans le cas où n est grand ($n \geqslant 50$, dans le meilleur des cas) et en supposant H_0 vraie :

$$T = \frac{S^2 - \sigma_0^2}{\sqrt{\dfrac{\mu_4 - \sigma_0^4}{n}}} \approx \mathcal{N}(0,1) \tag{9.49}$$

où $\mu_4 = E[(X - \mu)^4]$ est le moment centré d'ordre 4 de la population. L'application de la propriété 9.1 nous permet donc d'établir la règle de décision suivante :

$$\begin{cases} RH_0 & \text{si } |T| > z_{1-\alpha/2} \\ \overline{R}H_0 & \text{dans le cas contraire.} \end{cases} \tag{9.50}$$

(13) Cf. par exemple Cramér [1946], chapitre 27.

Au cas où μ_4 est inconnu, la taille élevée de l'échantillon permet d'estimer ce paramètre par son équivalent au niveau de l'échantillon :

$$m_4 = \frac{1}{n} \sum_i (x_i - \overline{x})^4 . \tag{9.51}$$

En outre, si la population est « à peu près normale », la variable de décision T de (9.49) se simplifie comme suit, étant donné que dans ce cas $\mu_4 \approx 3\sigma^4$:

$$T = \frac{S^2 - \sigma_0^2}{\sigma_0^2 \sqrt{2/n}} \approx \mathcal{N}(0,1). \tag{9.52}$$

Cette procédure peut aisément être étendue au cas d'un test unilatéral.

9.8 TEST D'HYPOTHÈSE POUR UNE PROPORTION

Nous appliquerons aussi la propriété 9.1 au test d'hypothèse relatif à une proportion qui, sous sa version bilatérale, s'énonce comme suit. Soit π_A la proportion d'individus d'une population possédant un caractère A. Nous voulons tester, à un niveau de probabilité α, l'hypothèse

$$H_0 : \pi_A = \pi_0 \leftrightarrow H_1 : \pi_A \neq \pi_0 \tag{9.53}$$

où π_0 est une valeur hypothétique fournie *a priori*. Dans ce but, nous prélevons un échantillon aléatoire simple, d'effectif n. S'il contient n_A individus possédant le caractère A, nous pouvons estimer π_A par $\widehat{\pi}_A = n_A/n$ (voir paragraphe 8.2.3). *Si n est suffisamment grand*, le théorème de Moivre-Laplace nous permet d'écrire [voir (8.31)] :

$$\widehat{\pi}_A \approx \mathcal{N}\left(\pi_A, \frac{\pi_A(1-\pi_A)}{n}\right). \tag{9.54}$$

Supposons que H_0 soit exacte. Dans ces conditions,

$$\widehat{\pi}_A \approx \mathcal{N}\left(\pi_0, \frac{\pi_0(1-\pi_0)}{n}\right). \tag{9.55}$$

Compte tenu de la propriété 9.1, nous pouvons déduire de (9.47) la règle de décision du test de (9.53) :

$$\begin{cases} RH_0 \quad \text{si} \left| \dfrac{\widehat{\pi}_A - \pi_0}{\sqrt{\dfrac{\pi_0(1-\pi_0)}{n}}} \right| > z_{1-\alpha/2} \\ \overline{R}H_0 \quad \text{dans le cas contraire.} \end{cases} \tag{9.56}$$

Il est aisé de voir que la procédure correspondant à un test unilatéral est fournie par la règle (9.56) dans laquelle le quantile $z_{1-\alpha/2}$ doit être remplacé par $z_{1-\alpha}$.

EXEMPLE 9.4

Nous avons considéré, dans l'exemple 8.10, le problème de l'estimation de la proportion π_C d'individus d'une population dont l'intention est de voter pour un candidat C.

1. Si on désire tester, au niveau de probabilité $\alpha = 0.05$, l'hypothèse

$$H_0 : \pi_C = 0.32 \leftrightarrow H_1 : \pi_C \neq 0.32$$

sur base de l'échantillon prélevé —dans lequel $n = 900$ et $\widehat{\pi}_C = 0.27$—, nous constatons à partir de (9.56), que

$$\left| \frac{\widehat{\pi}_C - \pi_0}{\sqrt{\dfrac{\pi_0(1-\pi_0)}{n}}} \right| = \left| \frac{0.27 - 0.32}{\sqrt{\dfrac{0.32 \times 0.68}{900}}} \right| = 3.22 > z_{0.975} = 1.96.$$

Nous pouvons donc rejeter H_0.

2. Si notre intention était de tester, au même niveau $\alpha = 0.05$, l'hypothèse

$$H_0 : \pi \geqslant 0.32 \leftrightarrow H_1 : \pi < 0.32$$

sur base du même échantillon, la décision reposerait alors sur le fait que la valeur 3.22 de la variable de décision est supérieure à $z_{0.95} = 1.645$. La conclusion du test est donc de rejeter H_0.

9.9 TEST MULTINOMIAL (GRAND ÉCHANTILLON)

Ce test est une extension du précédent. Il concerne des populations partagées en catégories dont le nombre est supérieur à 2. Désignons par $A_1, \ldots, A_J$ les caractéristiques distinctes que peut posséder un individu d'une population.

a) Objectif du test

Soit π_j la proportion d'individus qui possèdent la caractéristique A_j dans cette population $(j = 1, 2, \ldots, J)$. On veut tester, au niveau de probabilité α, l'hypothèse

$$H_0 : \pi_j = \pi_{j0}(j = 1, \ldots, J) \leftrightarrow H_1 : \text{ au moins un } \pi_j \neq \pi_{j0}(j = 1, \ldots, J) \tag{9.57}$$

où les valeurs hypothétiques π_{j0} $(0 < \pi_{j0} < 1)$ sont fixées *a priori* de manière telle que $\sum_j \pi_{j0} = 1$.

b) Variable de décision

Pour construire la variable de décision, on utilise les effectifs n_j associés aux A_j dans un échantillon aléatoire simple d'effectif n. Si $n \geqslant 30$, $n\pi_{j0} \geqslant 1$ $(j = 1, \ldots, J)$ et au moins 80% des $n\pi_{j0} \geqslant 5$, on peut montrer que[14]

$$T = \sum_j \frac{(n_j - n\pi_{j0})^2}{n\pi_{j0}} \approx \chi^2_{J-1}. \tag{9.58}$$

c) Règle de décision

Compte tenu des propriétés de la variable χ^2 et en itérant les raisonnements développés plus haut, on peut aisément établir la règle de décision suivante :

$$\begin{cases} RH_0 & \text{si } T > \chi^2_{J-1;1-\alpha} \\ \overline{R}H_0 & \text{dans le cas contraire,} \end{cases} \tag{9.59}$$

où $\chi^2_{J-1;1-\alpha}$ est le quantile d'ordre $(1-\alpha)$ de la variable χ^2_{J-1}.

D'un point de vue pratique, on peut recourir à une autre formulation de T, équivalente à (9.58) :

$$T = \sum_j \frac{n_j^2}{n\pi_{j0}} - n. \tag{9.60}$$

EXEMPLE 9.5

Un pays comprend trois régions R_1, R_2 et R_3. Soit π_j la proportion de personnes vivant dans la région R_j $(j = 1, 2, 3)$ — J vaut donc ici 3—. Testons, au niveau de probabilité $\alpha = 0.05$, l'hypothèse

$$H_0 : \pi_1 = 0.60 \quad ; \quad \pi_2 = 0.30 \quad ; \quad \pi_3 = 0.10$$

par rapport à la contre-hypothèse qu'au moins une de ces égalités n'est pas exacte. On prélève un échantillon aléatoire simple d'effectif 200 contenant 103 personnes de R_1, 62 personnes de R_2 et 35 personnes de R_3. Comme les conditions d'application du test présenté dans ce paragraphe sont satisfaites, nous calculons la valeur de T [selon (9.58)] :

$$T = \frac{(103-120)^2}{120} + \frac{(62-60)^2}{60} + \frac{(35-20)^2}{20} = 13.725.$$

Comme cette valeur est supérieure à $\chi^2_{2;0.95} = 5.99$, nous rejetons H_0.

Soulignons l'aspect intuitif de notre procédure. Chaque proportion π_j est estimée par n_j/n — ce qui revient à estimer $n\pi_j$, que nous appelons ***effectif théorique***, par n_j, l'***effectif observé***. Nous serons amené à accréditer

[14] Voir par exemple Conover [1980], p. 191 et Cramér [1946], chapitre 30.

H_0 quand les effectifs observés seront « proches » des effectifs théoriques $n\pi_{j0}$ correspondant à la situation où l'on suppose H_0 vraie. Dans ce cas, les écarts $(n_j - n\pi_{j0})$ devront être faibles et T sera « proche de zéro ». Par contre, plus T est grand, plus on pensera à rejeter H_0. La règle de décision (9.59) fixe au moyen de $\chi^2_{J-1;1-\alpha}$ le seuil à partir duquel T est considéré comme trop grand pour que les écarts $(n_j - n\pi_{j0})$ soient seulement dus à une erreur d'échantillonnage.

d) Test d'ajustement

Par ailleurs, on peut imaginer que les valeur π_{j0} ne sont pas données *a priori* mais résultent d'un processus d'estimation sur base d'un échantillon. Dans ce cas, si leur détermination nécessite M estimations distinctes, la loi de la variable de décision (9.58) devient une χ^2_{J-M-1}. Ce test porte alors le nom de ***test d'ajustement***.

EXEMPLE 9.6

Un ensemble de 6 cartes, numérotées de 1 à 6, est secoué dans une boîte et chaque carte est lancée en l'air pour retomber ensuite sur une table. On répète cette expérience 100 fois. Si x désigne le nombre de cartes montrant leur valeur à chaque répétition de l'expérience, on observe la distribution présentée dans le tableau suivant :

valeurs x_j de x	0	1	2	3	4	5	6
effectifs observés	4	12	26	33	19	5	1

La façon dont on réalise cette expérience fait penser à un schéma de Bernoulli : chaque carte montre sa valeur ou non ; les cartes ont en principe la même probabilité π de montrer leur valeur ; en outre, elles retombent indépendamment les unes des autres. On peut dès lors penser à décrire le comportement de x par une loi binomiale $\mathcal{B}(6,\pi)$. Si on n'a aucune idée *a priori* sur la valeur de π, nous pouvons l'estimer à partir de la D.O.1 présentée ci-dessus (dans ce cas, $M = 1$). Utilisons à cet effet l'estimateur défini par (8.20), comme dans l'exemple 8.5 :

$$\widehat{\pi} = \frac{\overline{x}}{6} = \frac{2.7}{6} = 0.45.$$

Ajuster la D.O.1 par une loi binomiale consiste à rechercher les effectifs théoriques estimés $n\widehat{\pi}_{j0}$, où $\widehat{\pi}_{j0} = P[X = x_j | X \sim \mathcal{B}(6, 0.45)]$. Le tableau 9.1 contient les valeurs de ces quantités. Dans ce tableau, $F(x)$ désigne la fonction de répartition de la loi $\mathcal{B}(6, 0.45)$.

Afin de satisfaire aux conditions d'application du test non respectées ici ($n\widehat{\pi}_{j0} \geqslant 1$), on regroupe les deux dernières valeurs de X : $x_6 = \{5, 6\}$, $n_6 = 6$, $100\widehat{\pi}_{6,0} = 6.92$. Dans ces conditions, la valeur de la variable de décision (9.58) est égale à :

$$0.546 + 0.186 + 0.115 + 0.237 + 0.008 + 0.122 = 1.214.$$

Comme cette valeur est inférieure à $\chi^2_{6-1-1;0.95} = \chi^2_{4;0.95} = 9.49$, on ne rejette pas H_0.

Tableau 9.1 *Ajustement par* $\mathcal{B}(6; \widehat{\pi})$

x_j	n_j	$x_j n_j$	$F(x_j)$	$\widehat{\pi}_{j0}$	$100\widehat{\pi}_{j0}$
0	4	0	0.0277	0.0277	2.77
1	12	12	0.1636	0.1359	13.59
2	26	52	0.4415	0.2779	27.79
3	33	99	0.7447	0.3032	30.32
4	19	76	0.9308	0.1861	18.61
5	5	25	0.9917	0.0609	6.09
6	1	6	1.0000	0.0083	0.83
Totaux	100	270		1.0000	

9.10 TEST DE COMPARAISON DE DEUX POPULATIONS

Nous évoquerons dans ce paragraphe une extension des tests présentés jusqu'ici, et destinée à comparer les paramètres de deux populations distinctes dont on étudie une variable commune. Nous présenterons trois exemples de comparaisons. Nous le ferons de manière succincte dans la mesure où la construction d'une règle de décision repose toujours sur le même schéma : celui utilisé dans le paragraphe 9.3 et résumé dans la figure 9.12. Ces procédures reposent sur les développements et justifications présentés dans les paragraphes précédents.

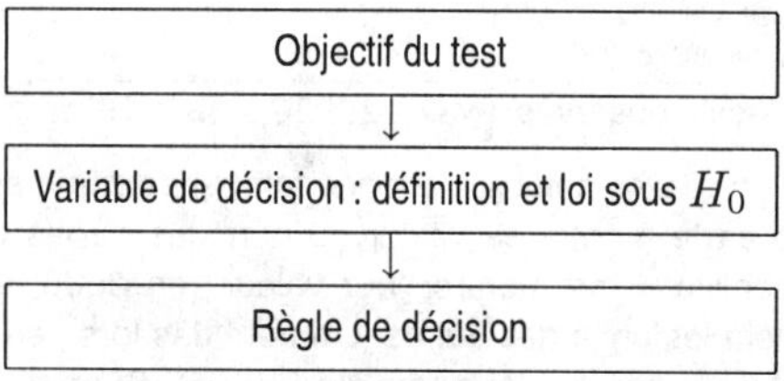

Figure 9.12 *Procédure simplifiée*

Nous ne considérerons ici que le cas de tests bilatéraux. Nous laissons au lecteur le soin d'examiner par lui-même le cas des tests unilatéraux.

9.10.1 Test d'égalité de deux moyennes

a) Objectif du test

Soit $\{x_1^{(k)}, \ldots, x_{n_k}^{(k)}\}$ un échantillon aléatoire simple de taille n_k, de paramètres $\overline{x}_k$ et s_k^2, prélevé dans une population U_k de moyenne μ_k et de variance σ_k^2 $(k = 1, 2)$. On suppose que les deux échantillons sont prélevés indépendamment l'un de l'autre, et l'on veut tester, au niveau de probabilité α :

$$H_0 : \mu_1 = \mu_2 \leftrightarrow H_1 : \mu_1 \neq \mu_2. \qquad (9.61)$$

Si on pose $\Delta = \mu_1 - \mu_2$, cela revient à tester

$$H_0 : \Delta = 0 \leftrightarrow H_1 : \Delta \neq 0. \qquad (9.62)$$

b) Variables de décision

Considérons $D = \overline{x}_1 - \overline{x}_2$ l'estimateur de Δ. On peut définir une variable de décision et sa loi de probabilité, sous H_0, dans les situations suivantes.

1°) *Si σ_1^2 et σ_2^2 sont connus*

α) *Populations normales :*

$$T = D \Big/ \sqrt{\frac{\sigma_1^2}{n_1} + \frac{\sigma_2^2}{n_2}} \sim \mathcal{N}(0,1). \qquad (9.63)$$

β) *Populations quelconques* $(n_k \geqslant 30)$:

$$T = D \Big/ \sqrt{\frac{\sigma_1^2}{n_1} + \frac{\sigma_2^2}{n_2}} \approx \mathcal{N}(0,1). \qquad (9.64)$$

2°) *Si σ_1^2 et σ_2^2 sont inconnus*

α) *Populations normales :*

Si $\sigma_1^2 = \sigma_2^2$:

$$T^* = D \Big/ \sqrt{\frac{n_1 s_1^2 + n_2 s_2^2}{n_1 + n_2 - 2}\left(\frac{1}{n_1} + \frac{1}{n_2}\right)} \sim t_{n_1+n_2-2}. \qquad (9.65)$$

β) *Populations quelconques* $(n_k \geqslant 30)$:

$$T = D \Big/ \sqrt{\frac{s_1^2}{n_1 - 1} + \frac{s_2^2}{n_2 - 1}} \approx \mathcal{N}(0,1). \qquad (9.66)$$

c) Règle de décision

$$\begin{cases} RH_0 & \text{si } |T| > z_{1-\alpha/2} \\ & \text{ou si } |T^*| > t_{n_1+n_2-2;1-\alpha/2} \\ \overline{R}H_0 & \text{dans le cas contraire,} \end{cases}$$

où $z_{1-\alpha/2}$ et $t_{n_1+n_2-2;1-\alpha/2}$ sont les quantiles d'ordre $1-\alpha/2$ des variables $\mathcal{N}(0,1)$ et $t_{n_1+n_2-2}$ (cf. tables 10 et 12).

EXEMPLE 9.2 (suite 3)

Nous avons prélevé un échantillon d'effectif 10 pour estimer les paramètres d'un sablier S_1. Les paramètres qu'il fournissait étaient $\overline{x}_1 = 16$ et $s_1^2 = 1$. Considérons un second sablier S_2, fabriqué par une firme concurrente, pour lequel un échantillon de 20 expériences a fourni les paramètres $\overline{x}_2 = 15.1$ et $s_2^2 = 0.25$. Si μ_1 et μ_2 désignent les temps d'écoulement moyen des deux sabliers, testons, au niveau de probabilité $\alpha = 0.05$, l'hypothèse

$$H_0 : \mu_1 = \mu_2 \leftrightarrow H_1 : \mu_1 \neq \mu_2,$$

en supposant que les distributions des temps d'écoulement sont normales et que leurs variances σ_1^2 et σ_2^2 peuvent être considérées comme égales. L'expression (9.65) nous fournit la valeur de la variable de décision :

$$T^* = \frac{16 - 15.1}{\sqrt{\dfrac{(10)(1) + (20)(0.25)}{28}\left(\dfrac{1}{10} + \dfrac{1}{20}\right)}} = 3.17.$$

Comme cette valeur est supérieure à $t_{28;0.975} = 2.048$, nous rejetons H_0.

On peut aussi compléter l'estimation ponctuelle D par un intervalle de confiance pour Δ [15]. Par ailleurs, tests et intervalles peuvent être étendus au cas d'***échantillons appariés*** pour lesquels le couple $(x_i^{(1)}, x_i^{(2)})$ concerne, par exemple, le même individu i soumis à deux analyses différentes. Dans ce cas, il faut que $n_1 = n_2$. Si l'on pose $d_i = x_i^{(1)} - x_i^{(2)}$, le test de comparaison se ramène alors à un test de moyenne relatif à la différence entre deux variables [16].

9.10.2 Test d'égalité de deux variances

a) Objectif du test

Soit $\{x_1^{(k)}, \ldots, x_{n_k}^{(k)}\}$ un échantillon aléatoire simple de taille n_k —de variance s_k^2 et dont le moment centré d'ordre 4 vaut $m_4^{(k)}$ — prélevé dans une population U_k de variance σ_k^2 et dont le moment centré d'ordre 4 vaut $\mu_4^{(k)}$ $(k = 1, 2)$. On suppose que ces deux échantillons sont prélevés indépendamment l'un de l'autre et l'on veut tester, au niveau de probabilité α :

$$H_0 : \sigma_1^2 = \sigma_2^2 \leftrightarrow H_1 : \sigma_1^2 \neq \sigma_2^2. \tag{9.67}$$

b) Variable de décision

Considérons les estimateurs sans biais de σ_k^2 définis par (8.9) et désignés ici par $S_k^2 = n_k s_k^2/(n_k - 1)$ $[k = 1, 2]$. On peut proposer une variable de décision et construire sa loi de probabilité, sous H_0, dans les situations suivantes.

(15) Que le lecteur peut construire à partir de la loi de D (cf. exercice T.9.3).

(16) Cf. exercices E.9.18 à E.9.20.

1°) *Populations normales*

α) *Cas général :*

$$T^* = \frac{S_1^2}{S_2^2} \sim F_{n_1-1,n_2-1}. \tag{9.68}$$

β) *Si n_1 et $n_2 \geqslant 30$* (17) :

$$T = \frac{1}{2}\ln\left(\frac{S_1^2}{S_2^2}\right) \Big/ \sqrt{\frac{1}{2}\left(\frac{1}{n_1-1}+\frac{1}{n_2-1}\right)} \approx \mathcal{N}(0,1). \tag{9.69}$$

2°) *Populations quelconques ($n_k \geqslant 50$; $k = 1,2$)*

α) *Si $\mu_4^{(k)}$ est connu ($k = 1,2$) :*

$$T = (S_1^2 - S_2^2) \Big/ \sqrt{\frac{\mu_4^{(1)} - S_1^4}{n_1} + \frac{\mu_4^{(2)} - S_2^4}{n_2}} \approx \mathcal{N}(0,1). \tag{9.70}$$

β) *Si $\mu_4^{(k)}$ est inconnu ($k = 1,2$) :*

On estime $\mu_4^{(k)}$ par $m_4^{(k)}$ ($k = 1,2$) dans (9.70).

c) Règle de décision

$$\begin{cases} RH_0 & \text{si } |T| > z_{1-\alpha/2} \\ & \text{ou si } |T^*| > F_{n_1-1;n_2-1;1-\alpha/2} \\ \overline{R}H_0 & \text{dans le cas contraire,} \end{cases} \tag{9.71}$$

où $z_{1-\alpha/2}$ et $F_{n_1-1;n_2-2;1-\alpha/2}$ sont les quantiles d'ordre $(1-\alpha/2)$ des variables $\mathcal{N}(0,1)$ et $F_{n_1-1;n_2-1}$.

EXEMPLE 9.2 (suite 4)

Sur base des données fournies dans le paragraphe 9.10.1 —exemple 9.2 **(suite 3)—, testons au niveau de probabilité** $\alpha = 0.05$, l'hypothèse :

$$H_0 : \sigma_1^2 = \sigma_2^2 \leftrightarrow H_1 : \sigma_1^2 \neq \sigma_2^2.$$

L'expression (9.68) nous fournit la valeur

$$T^* = \frac{(10 \times 1)/9}{(20 \times 0.25)/19} = 4.22.$$

Comme cette valeur est supérieure à $F_{9,19;0.975} = 2.88$ (valeur que nous **tirons de [Hald, 1952]), nous rejetons** H_0.

Cet exercice nous invite à formuler deux remarques. La première concerne **la valeur du quantile** $F_{9,19;0.975} = 2.88$. Notre table 13 est trop partielle **et ne contient pas cette valeur. Seules les valeurs** $F_{8,19;0.975} = 2.96$ et

(17) Nous pouvons utiliser indifféremment les notations ln ou $\log_e$.

$F_{10,19;0.975} = 2.82$ sont disponibles. Elles encadrent la valeur recherchée. En première approximation, on aurait pu se contenter d'une interpolation linéaire :

$$F_{9,19;0.975} \approx F_{8,19;0.975} - \frac{F_{8,19;0.975} - F_{10,19;0.975}}{2} = 2.89.$$

Par ailleurs, la règle (9.71) correspond au cas où l'on suppose que $S_1^2 > S_2^2$ — ce qui est le cas ici. Dans le cas contraire, il suffit de permuter le rôle des indices 1 et 2 caractérisant les populations.

9.10.3 Test d'égalité de proportions

Soit A_j un caractère représenté en proportion π_{jk} dans une population U_k et E_k un échantillon aléatoire simple d'effectif n_k prélevé dans U_k et contenant n_{jk} éléments $A_j (j = 1, \ldots, J; k = 1, 2)$. E_1 et E_2 sont supposés *indépendants*.

a) Objectif du test

On veut tester, au niveau de probabilité α :

$$H_0 : \pi_{j1} = \pi_{j2} (j = 1, \ldots, J) \leftrightarrow H_1 : \pi_{j1} \neq \pi_{j2}, \text{ pour au moins un } j. \tag{9.72}$$

b) Variable de décision

Considérons l'estimateur commun de π_{j1} et π_{j2} basé sur l'hypothèse nulle :

$$\widehat{\pi}_{j\cdot} = \frac{n_{j1} + n_{j2}}{n_1 + n_2}.$$

On peut montrer que si $n = n_1 + n_2 \geqslant 30$, $n_k \widehat{\pi}_{j\cdot} \geqslant 1$ et au moins 80% des $n_k \widehat{\pi}_{j\cdot} \geqslant 5$ $(j = 1, \ldots, J; k = 1, 2)$, alors

$$T = \sum_j \sum_k \frac{(n_{jk} - n_k \widehat{\pi}_{j\cdot})^2}{n_k \widehat{\pi}_{j\cdot}} \approx \chi^2_{J-1}. \tag{9.73}$$

c) Règle de décision

$$\begin{cases} RH_0 & \text{si } T > \chi^2_{J-1;1-\alpha} \\ \overline{R}H_0 & \text{dans le cas contraire,} \end{cases} \tag{9.74}$$

où $\chi^2_{J-1;1-\alpha}$ est le quantile d'ordre $(1 - \alpha)$ de la variable χ^2_{J-1}.

EXEMPLE 9.7

Le département commercial d'une maison d'édition désire connaître les comportements d'achat dans deux régions R_1 et R_2 concernant un nouveau périodique. Un échantillon aléatoire simple est prélevé dans chaque région ; les réponses obtenues à cette occasion sont contenues dans le tableau suivant :

R_k	Comportements d'achat				n_k
	abonnement	fréquent	occasionnel	pas d'achat	
R_1	21	26	18	35	100
R_2	23	28	33	36	120

Testons l'hypothèse H_0, au niveau de probabilité $\alpha = 0.05$, selon laquelle la répartition des comportements d'achat est identique dans les deux régions. À cet effet, nous pouvons calculer la valeur fournie par (9.73) étant donné que les conditions d'application du test sont satisfaites. Si l'on note que

$$\widehat{\pi}_{1\bullet} = 44/220, \quad \widehat{\pi}_{2\bullet} = 54/220, \quad \widehat{\pi}_{3\bullet} = 51/220, \quad \widehat{\pi}_{4\bullet} = 71/220,$$

on obtient :

$$T = \frac{1}{20} + \frac{2.10}{24.55} + \frac{26.83}{23.18} + \frac{7.45}{32.27} + \frac{1}{24} + \frac{2.10}{29.45} + \frac{26.83}{27.82} + \frac{7.45}{38.73} = 2.79.$$

Comme cette valeur est inférieure à $\chi^2_{3;0.95} = 7.81$, on ne rejette pas H_0.

d) Remarques

On peut constater que T peut encore se calculer comme suit :

$$T = \sum_j \sum_k \frac{n_{jk}^2}{n_k \widehat{\pi}_{j\bullet}} - n. \tag{9.75}$$

Par ailleurs, si l'on se fixe *a priori* la valeur commune de π_{j1} et π_{j2} notée π_{j0}, le test de (9.72) est basé sur la distribution, sous H_0, de la variable suivante :

$$T^* = \sum_j \sum_k \frac{(n_{jk} - n_k \pi_{j0})^2}{n_k \pi_{j0}} \approx \chi^2_{2(J-1)}. \tag{9.76}$$

Considérons le cas particulier où $J = 2$. Les modalités A_1 et A_2 peuvent encore être appelées succès (S) ou échec $(\overline{S})$. Désignons par π_1 et π_2 les proportions de succès dans les deux populations U_1 et U_2. Dans ces conditions, l'hypothèse (9.72) peut encore s'écrire

$$H_0 : \pi_1 = \pi_2 \leftrightarrow H_1 : \pi_1 \neq \pi_2. \tag{9.77}$$

Si les échantillons prélevés indépendants l'un de l'autre dans ces populations, sont de tailles respectives n_1 et n_2, π_1 et π_2 peuvent être estimés par

$$\widehat{\pi}_1 = \frac{n_{S1}}{n_1}, \quad \widehat{\pi}_2 = \frac{n_{S2}}{n_2}, \tag{9.78}$$

où n_{S1} et n_{S2} désignent les nombres de succès obtenus dans chacun des deux échantillons. Si ces derniers sont de taille suffisamment grande, les résultats (6.39) et (9.54) nous permettent de dire que

$$\widehat{\pi}_1 - \widehat{\pi}_2 \approx \mathcal{N}\left(\pi_1 - \pi_2, \frac{\pi_1(1-\pi_1)}{n_1} + \frac{\pi_2(1-\pi_2)}{n_2}\right). \tag{9.79}$$

Si l'on suppose que H_0 est vraie, nous avons alors :

$$\widehat{\pi}_1 - \widehat{\pi}_2 \approx \mathcal{N}\left[0, \pi(1-\pi)\left(\frac{1}{n_1} + \frac{1}{n_2}\right)\right] \tag{9.80}$$

où π désigne la valeur commune de π_1 et π_2. Comme π peut être estimé dans ce cas par

$$\widehat{\pi} = \frac{n_{S1} + n_{S2}}{n_1 + n_2}, \tag{9.81}$$

le test de (9.77) peut être mené de façon semblable à la procédure présentée dans le paragraphe 9.6. La variable de décision

$$T = \frac{\widehat{\pi}_1 - \widehat{\pi}_2}{\sqrt{\widehat{\pi}\,(1-\widehat{\pi})\left(\frac{1}{n_1} + \frac{1}{n_2}\right)}} \approx \mathcal{N}(0,1) \tag{9.82}$$

permet dès lors d'énoncer la règle de décision suivante :

$$\begin{cases} RH_0 & \text{si } |T| > z_{1-\alpha/2} \\ \overline{R}H_0 & \text{dans le cas contraire,} \end{cases} \tag{9.83}$$

où $z_{1-\alpha/2}$ est le quantile d'ordre $(1-\alpha/2)$ de $Z \sim \mathcal{N}(0,1)$.

Remarquons que l'estimation de la variance de $(\widehat{\pi}_1 - \widehat{\pi}_2)$ dans (9.80) aurait aussi pu être réalisée à partir de (9.79) :

$$\widehat{V}\,(\widehat{\pi}_1 - \widehat{\pi}_2) = \frac{\widehat{\pi}_1\,(1-\widehat{\pi}_1)}{n_1} + \frac{\widehat{\pi}_2\,(1-\widehat{\pi}_2)}{n_2}. \tag{9.84}$$

Notons enfin que la règle de décision (9.83) peut être aussi exprimée sous la forme (9.74)[18].

9.11 ANALYSE DE LA VARIANCE

9.11.1 Objectif et notation

Les méthodes d'analyse de la variance constituent un chapitre important de l'inférence statistique. Nous en présenterons les principes en généralisant le problème présenté dans le paragraphe 9.10.1, qui consistait à comparer les moyennes de deux groupes — ou populations. Il s'agit ici de détecter les différences entre les moyennes $\mu_1, \ldots, \mu_K$ de plusieurs groupes $U_1, \ldots, U_K$. Le test d'analyse de variance va donc porter sur l'hypothèse nulle

$$H_0 : \mu_1 = \mu_2 = \cdots = \mu_K \tag{9.85}$$

[18] Cf. exercice T.9.4.

par rapport à l'alternative H_1 qu'au moins deux des moyennes sont différentes l'une de l'autre.

La méthode que nous allons présenter repose sur trois hypothèses :

1. les populations $U_1, \ldots, U_K$ admettent des distributions normales ;
2. les variances des K populations sont égales entre elles — nous noterons par σ^2 leur valeur commune ;
3. des échantillons aléatoires simples d'effectifs $n_1, \ldots, n_K$ sont prélevés dans les populations de manière indépendante.

De façon générale, nous noterons par x_{ik} la i-ème valeur observée ($i = 1, \ldots, n_k$) de l'échantillon prélevé dans U_k. Introduisons les notations :

$$\mathrm{TOT}_k = \sum_{i=1}^{n_k} x_{ik};\ \overline{x}_k = \frac{1}{n_k}\sum_i x_{ik} = \frac{\mathrm{TOT}_k}{n_k};\ k = 1, \ldots, K \quad (9.86)$$

$$n = \sum_{k=1}^{K} n_k;\ \mathrm{TOT}_G = \sum_i \sum_k x_{ik} = \sum_k \mathrm{TOT}_k\,; \quad (9.87)$$

$$\overline{x} = \frac{1}{n}\sum_i \sum_k x_{ik} = \frac{1}{n}\sum_k n_k \overline{x} = \frac{\mathrm{TOT}_G}{n}. \quad (9.88)$$

Il est possible de représenter l'ensemble des informations contenues dans (9.86) à (9.88) au moyen du tableau 9.2.

Tableau 9.2 *Tableau des données*

***i*-ème observation**	***k*-ième groupe**						
	1	$\cdots$	k	$\cdots$	K		
1	x_{11}	$\cdots$	x_{1k}	$\cdots$	x_{1K}		
$\vdots$	$\vdots$	$\ddots$	$\vdots$	$\ddots$	$\vdots$		
i	x_{i1}	$\cdots$	x_{ik}	$\cdots$	x_{iK}		
$\vdots$	$\vdots$	$\ddots$	$\vdots$	$\ddots$	$\vdots$		
n_k	$x_{n_1 k}$	$\cdots$	$x_{n_k k}$	$\cdots$	$x_{n_K K}$		
TOT_k	TOT_1	$\cdots$	TOT_k	$\cdots$	TOT_K	$\cdots$	TOT_G
n_k	n_1	$\cdots$	n_k	$\cdots$	n_K	$\cdots$	n
$\overline{x}_k$	$\overline{x}_1$	$\cdots$	$\overline{x}_k$	$\cdots$	$\overline{x}_K$	$\cdots$	$\overline{x}$

9.11.2 Approche exploratoire du problème

La technique d'analyse de la variance est basée sur la comparaison entre la variabilité des moyennes $\overline{x}_k$ par rapport à $\overline{x}$ et la variabilité des observations dans chacun des échantillons. Il est possible de visualiser cette situation en construisant pour chaque échantillon une boîte à moustaches (cfr. paragraphe 3.3.3) dans laquelle on indique en plus la position de la moyenne observée (voir figure 9.13).

Si la dispersion au sein des groupes est faible, une grande variabilité des moyennes $\overline{x}_k$ nous incitera à penser que les moyennes μ_k des populations ne sont pas toutes égales entre elles. Par contre, si la dispersion interne de chaque groupe est grande, une même variabilité des moyennes $\overline{x}_k$ que dans le cas précédent ne nous conduira pas nécessairement à la même conclusion. Le rejet de l'hypothèse H_0 peut donc être basé sur l'analyse du rapport entre la mesure de la dispersion des moyennes $\overline{x}_k$ et celle d'une moyenne de la dispersion à l'intérieur des groupes.

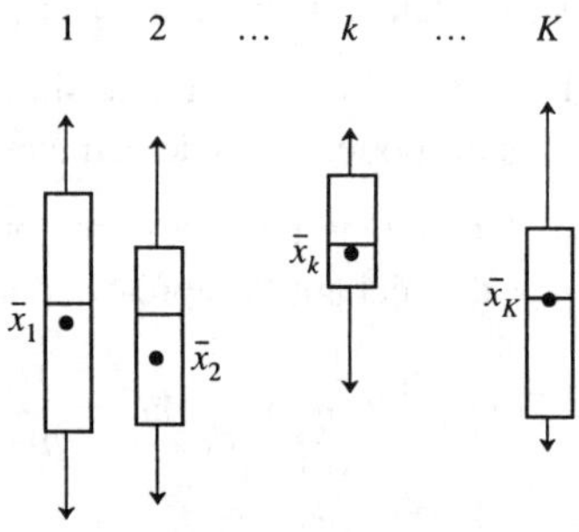

Figure 9.13
Comparaison des groupes

EXEMPLE 9.8

Considérons 3 échantillons prélevés dans trois régions R_1, R_2 et R_3 et fournissant chacun 5 prix —exprimés en dixièmes d'euro— d'une denrée :

Prix	Régions			
	1	2	3	
1	13.5	13.2	13.4	
2	14.2	13.3	13.3	
3	14.1	13.1	14.0	
4	13.4	13.5	14.2	
5	13.3	13.4	14.1	
TOT_k	68.5	66.5	69.0	204.0
n_k	5	5	5	15
$\overline{x}_k$	13.7	13.3	13.8	13.6

On peut visualiser ce tableau au moyen du graphique de la figure 9.14.

Deux constatations apparaissent clairement.

1. Il y a une dispersion des valeurs $\overline{x}_k$ autour de la moyenne générale
$\overline{x} = 13.6.$
Elle peut être mesurée par la variance entre les groupes :

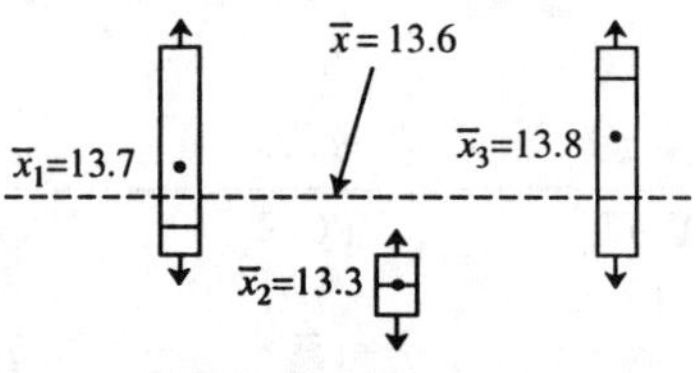

Figure 9.14
Comparaison des régions

$$\text{Var}_{\text{entre}} = \frac{1}{K}\sum_k (\overline{x}_k - \overline{x})^2 = \frac{0.14}{3} = 0.0467\,.$$

2. Chaque groupe possède une dispersion interne mesurée par les variances des différents échantillons :

$$s_1^2 = 0.14; \quad s_2^2 = 0.02; \quad s_3^2 = 0.14.$$

Comment peut-on tenter de comparer ces deux phénomènes de dispersion ?

9.11.3 Somme des carrés

Pour amorcer une réponse à la dernière question posée dans l'exemple 9.8, nous pouvons effectuer la remarque suivante. Considérons la ***somme des carrés totale*** (**SCT**) des écarts entre toutes les observations et la moyenne globale $\overline{x}$:

$$\text{SCT} = \sum_i \sum_k (x_{ik} - \overline{x})^2. \tag{9.89}$$

Elle est à la base d'une mesure de dispersion globale

$$s_1^2 = \frac{\text{SCT}}{n}$$

Nous allons décomposer SCT en deux parties faisant apparaître explicitement la dispersion dans les groupes et celle entre les groupes. Dans ce but, nous procédons au développement suivant de (9.89) :

$$\begin{aligned}
\text{SCT} &= \sum_i \sum_k (x_{ik} - \overline{x})^2 = \sum_i \sum_k (x_{ik} - \overline{x}_k + \overline{x}_k - \overline{x})^2 \\
&= \sum_i \sum_k (x_{ik} - \overline{x}_k)^2 + \sum_k \sum_i (\overline{x}_k - \overline{x})^2 \\
&\qquad +2 \sum_k \sum_i (x_{ik} - \overline{x}_k)(\overline{x}_k - \overline{x}) \\
&= \sum_i \sum_k (x_{ik} - \overline{x}_k)^2 + \sum_k n_k (\overline{x}_k - \overline{x})^2 \\
&\qquad +2 \sum_k (\overline{x}_k - \overline{x}) \sum_i (x_{ik} - \overline{x}_k).
\end{aligned}$$

Or, nous savons que $\sum_i (x_{ik} - \overline{x}_k) = 0$, en vertu de (3.3). Dès lors, nous pouvons écrire :

$$\text{SCT} = \sum_i \sum_k (x_{ik} - \overline{x}_k)^2 + \sum_k n_k (\overline{x}_k - \overline{x})^2. \tag{9.90}$$

Dans le cas particulier où les effectifs n_k sont constants et égaux à n_c, nous avons :

$$\text{SCT} = \sum_i \sum_k (x_{ik} - \overline{x}_k)^2 + n_c \sum_k (\overline{x}_k - \overline{x})^2. \tag{9.91}$$

Introduisons les notations suivantes :

$$\text{SCD} = \sum_i \sum_k (x_{ik} - \overline{x})^2 \quad ; \quad \text{SCE} = \sum_k n_k (\overline{x}_k - \overline{x}_k)^2 . \qquad (9.92)$$

Les expressions **SCD** et **SCE** portent les noms respectifs de ***somme des carrés dans les groupes*** et de ***somme des carrés entre les groupes***. La première expression SCD utilise la dispersion à l'intérieur des échantillons. On remarque, en effet, que

$$\text{SCD} = \sum_k n_k s_k^2 \qquad (9.93)$$

où nous avons posé

$$s_k^2 = \frac{1}{n_k} \sum_i (x_{ik} - \overline{x}_k)^2 . \qquad (9.94)$$

D'autre part, la seconde expression SCE fait intervenir la dispersion des moyennes $\overline{x}_k$ autour de la moyenne globale $\overline{x}$. Dans le cas — considéré dans l'exemple 9.8 — où n_k est constant et égal à n_c, nous avons :

$$\text{SCD} = n_c \sum_k s_k^2 \quad ; \quad \text{SCE} = n_c \sum_k (\overline{x}_k - \overline{x})^2 = n_c K s_e^2 \qquad (9.95)$$

où nous avons posé

$$s_e^2 = \frac{1}{K} \sum_k (\overline{x}_k - \overline{x})^2 \qquad (9.96)$$

La décomposition de la somme des carrés SCT est à rapprocher de l'expression (3.54) considérée dans le chapitre 3.

EXEMPLE 9.8 (suite 1)

Le calcul des sommes de carrés définies par (9.95) nous donne :

$$\begin{aligned} SCD &= 5(0.14 + 0.02 + 0.14) = 1.50 \\ \text{SCE} &= (5)(0.14) = 0.70 \\ \text{SCT} &= 1.50 + 0.70 = 2.20. \end{aligned}$$

Ce résultat nous permet de comparer les influences respectives des variations dans les groupes et entre les groupes dans la mesure de dispersion globale fournie par SCT.

9.11.4 Variable et règle de décision

Il faut évidemment tenir compte du nombre de groupes et d'observations dans chaque groupe pour comparer les dispersions entre et dans les groupes.

Pour ce faire, rappelons que nous avons supposé que toutes les variances des populations étaient égales à une même quantité σ^2. On peut montrer[19] que si H_0 est exacte, σ^2 peut être estimée sans biais par $S_E^2 = \text{SCE}/(K-1)$ et $S_D^2 = \text{SCD}/(n-K)$, ces estimateurs étant indépendants l'un de l'autre. Dans ce cas, leur rapport doit être relativement proche de 1. Par contre, si H_0 est fausse, S_D^2 reste un estimateur sans biais de σ^2 mais ce n'est plus le cas pour S_E^2, qui, en moyenne, sera d'autant plus supérieur à σ^2 que les moyennes μ_k seront dispersées. On peut dès lors recourir à la statistique suivante qui, sous H_0, admet une distribution de Fisher-Snédecor :

$$\frac{S_E^2}{S_D^2} = \frac{\text{SCE}/(K-1)}{\text{SCD}/(n-K)} \sim F_{K-1,n-K}. \tag{9.97}$$

On rejettera donc H_0, au niveau de probabilité α, dès que la valeur observée de S_E^2/S_D^2 sera supérieure au quantile d'ordre $(1-\alpha)$ de cette loi, que nous désignons par $F_{K-1,n-K;1-\alpha}$.

EXEMPLE 9.8 (suite 2)

Compte tenu des résultats obtenus précédemment, nous avons :

$$\frac{S_E^2}{S_D^2} = \frac{0.70/2}{1.50/12} = 2.80\,.$$

Comme cette valeur est inférieure à $F_{2,12;0.95} = 3.89$, nous ne rejetons pas H_0.

9.11.5 Tableau ANOVA

Le calcul des éléments qui permettent de calculer la valeur de (9.97) peut être facilité par l'usage du tableau 9.3 appelé ***tableau d'analyse de variance*** ou encore tableau ***ANOVA***.

Tableau 9.3 *Tableau ANOVA*

Sources de variation (SV)	Somme des carrés (SC)	Degré de liberté (DL)	Carrés moyens (CM)
Entre	SCE	$K-1$	CME = S_E^2
Dans	SCD	$n-K$	CMD = S_D^2
Total	SCT	$n-1$	

[19] Voir, par exemple, Dagnelie [1986].

Par ailleurs, les sommes de carrés contenues dans ce tableau peuvent aussi être déterminées par les expressions suivantes :

$$\begin{aligned} SCT &= \sum_i \sum_k (x_{ik} - \overline{x})^2 = \sum_i \sum_k x_{ik}^2 - \frac{\mathrm{TOT}_G^2}{n} \\ \mathrm{SCE} &= \sum_i \sum_k (\overline{x}_k - \overline{x})^2 = \sum_k \frac{\mathrm{TOT}_k^2}{n_k} - \frac{\mathrm{TOT}_G^2}{n} \\ \mathrm{SCD} &= \mathrm{SCT} - \mathrm{SCE}\,. \end{aligned} \tag{9.98}$$

9.11.6 Remarque

Le test présenté dans ce paragraphe est qualifié de test d'***analyse de la variance à un facteur***. Il peut encore s'exprimer différemment comme suit. Posons

$$\mu_k = \mu + \alpha_k \qquad k = 1, \ldots, K\,. \tag{9.99}$$

Dans ce cas, les hypothèses présentées dans le paragraphe 9.11.1 nous permettent d'écrire

$$x_{ik} = \mu + \alpha_k + \varepsilon_{ik} \tag{9.100}$$

où $\varepsilon_{ik} \sim \mathcal{N}(0, \sigma^2)$. Tester l'hypothèse (9.85) revient dès lors à tester

$$H_0 : \alpha_1 = \ldots = \alpha_K = 0 \leftrightarrow H_1 : \text{ un } \alpha_k \text{ au moins est } \neq 0\,. \tag{9.101}$$

La formulation (9.99) permet d'introduire plus facilement des généralisations de ce problème. Nous renvoyons le lecteur intéressé à la bibliographie [20].

9.12 EN GUISE DE CONCLUSION

Nous avons présenté dans ce chapitre quelques tests particuliers. Ils ne peuvent cependant pas laisser le lecteur ignorant du fait qu'ils ne constituent qu'une fraction très faible des tests existants, bien qu'ils se situent parmi les plus simples et les plus connus. Il serait vain de vouloir faire un relevé exhaustif de ces méthodes, même s'il existe des ouvrages très détaillés en la matière. Il faut cependant être conscient du fait que le choix d'une méthode appropriée à un problème concret requiert une expérience minimale (ou l'aide d'une personne qui la possède) et l'accès à une bibliothèque bien équipée ou à un logiciel de qualité. Bien plus, tout problème ne se résout pas nécessairement avec une technique existante, ce qui souligne la potentialité de la recherche en statistique. Il n'en reste pas moins vrai que la compréhension des principes de base que nous avons

(20) Voir, par exemple, Agresti et Agresti [1986], Dagnelie [1986], Droesbeke *et al.* [1997], Guenther [1973], Rohatgi [1984], Sachs [1984], Saporta [1990], ou Wonnacott et Wonnacott [1990].

présentés dans ce chapitre doit permettre à un utilisateur d'accéder, sans trop de problème d'adaptation, à la littérature en la matière.

Par ailleurs, il ne sert à rien de déterminer une règle de décision si un test d'hypothèse n'a pas de sens ou d'intérêt. Il en est par exemple ainsi quand on dispose de toute la population ou d'un échantillon dont on ne connaît pas la façon dont il a été construit ou dont on suspecte qu'il ne présente pas les caractéristiques d'un échantillon aléatoire simple.

Notons enfin qu'il existe aussi des catégories de méthodes distinctes. On peut ainsi envisager des méthodes d'***inférence paramétrique*** et ***non paramétrique***. La différence essentielle entre les deux tient à ce que des méthodes reposant sur l'usage des observations d'un échantillon engendrent des variables de décision dont la distribution dépend ou non explicitement de celle de la population d'où l'échantillon est extrait. Il en résulte que les techniques dites non paramétriques sont généralement valables sous des hypothèses très larges au niveau de la population. Nous renvoyons le lecteur intéressé à la littérature[21].

9.13 EXERCICES PROPOSÉS

9.13.1 Exercices théoriques

T.9.1 Le paragraphe 9.2.3 présente 6 manières d'exprimer la règle de décision pour un test bilatéral relatif à la moyenne d'une population normale. Effectuez la même opération pour tester les hypothèses suivantes :

(a) Si $X \sim \mathcal{N}(\mu, \sigma^2)$:

1°) $H_0 : \mu = \mu_0 \leftrightarrow H_1 : \mu < \mu_0$;

2°) $H_0 : \mu = \mu_0 \leftrightarrow H_1 : \mu > \mu_0$.

Considérez les deux cas où σ^2 est soit connu, soit inconnu.

(b) Si l'échantillon, prélevé dans une population quelconque de moyenne μ et de variance σ^2, est de taille suffisamment grande :

1°) $H_0 : \mu = \mu_0 \leftrightarrow H_1 : \mu > \mu_0$;

2°) $H_0 : \sigma^2 = \sigma_0^2 \leftrightarrow H_1 : \sigma^2 < \sigma_0^2$.

(c) Si π_A est la proportion d'individus possédant une caractéristique A dans une population :

1°) $H_0 : \pi_A = \pi_0 \leftrightarrow H_1 : \pi_A \neq \pi_0$;

2°) $H_0 : \pi_A \leqslant \pi_0 \leftrightarrow H_1 : \pi_A > \pi_0$;

3°) $H_0 : \pi_A \geqslant \pi_0 \leftrightarrow H_1 : \pi_A < \pi_0$.

T.9.2 Démontrez que la variable de décision T définie dans (9.58) peut s'exprimer sous la forme (9.60).

(21) Cf. par exemple Capéràa et Van Cutsem [1989], Conover [1980], Droesbeke et Fine [1996], Gibbons [1992] ou Mélard et Petitfrère [1989].

T.9.3 Les lois définies par (9.63) à (9.66) supposent que l'hypothèse H_0 (9.61) est vraie. Dans le cas contraire, il suffit de remplacer le numérateur D par $D -$ pour obtenir les lois des variables de décision générales.

(a) Établissez et justifiez les lois obtenues.

(b) Utilisez ces dernières pour construire dans les quatre cas évoqués dans le paragraphe 9.10.1, des intervalles de confiance, au niveau de confiance $(1-\alpha)$, pour $= \mu_1 - \mu_2$.

T.9.4 T.9.4 Démontrez que la règle de décision (9.83) peut s'exprimer sous la forme (9.74).

9.13.2 Exercices pratiques

E.9.1 Considérons une population $\mathcal{N}(\mu, \sigma^2)$. On y prélève un échantillon d'effectif 16 ; celui-ci a une moyenne $\overline{x}$ égale à 84.6. Testez, au niveau de probabilité de 0.05, l'hypothèse $H_0 : \mu = 85$ par rapport à l'hypothèse alternative $H_1 : \mu \neq 85$, dans les deux cas suivants :

(a) si $\sigma^2 = 0.64$;

(b) si σ^2 est inconnu, la variance de l'échantillon s^2 valant 0.60.

E.9.2 Un négociant en vin s'intéresse à la contenance des bouteilles d'un cru d'une année déterminée. Il se demande si la contenance moyenne n'est pas inférieure à la contenance légale de 75 cl. À cet effet, il mesure le contenu de 10 bouteilles, prises selon un échantillonnage aléatoire simple, et obtient les valeurs suivantes :

73.2; 72.6; 74.5; 75.0; 75.0; 73.7; 74.1; 75.1; 74.8; 74.0.

(a) En supposant la normalité de la distribution du contenu, peut-il en conclure que le contenu moyen des bouteilles de cette production est inférieur à 75 cl, au niveau de probabilité de 0.05 ?

(b) Soit σ^2 la variance de la distribution du contenu des bouteilles. Testez l'hypothèse $H_0 : \sigma^2 = 1 \leftrightarrow H_1 : \sigma^2 \neq 1$, au même niveau de probabilité.

E.9.3 La durée de vie des lampes produites par une entreprise est réputée être $\mathcal{N}(1\,100, 15\,625)$. On prélève un échantillon au hasard de 9 lampes dans la nouvelle production et on mesure une durée de vie moyenne de 1 040 heures et un écart-type de 112 heures.

(a) Testez l'hypothèse, au niveau de probabilité de 0.05, que la durée de vie moyenne :

1°) n'a pas changé ;

2°) n'a pas diminué.

(b) Testez l'hypothèse au même niveau de probabilité que la variance :

1°) n'a pas changé ;

2°) n'a pas diminué.

E.9.4 Une machine automatique remplit des paquets dont le poids théorique doit être de 40 grammes. Les poids observés dans un échantillon au hasard de quinze paquets sont les suivants :

39.7, 40.2, 39.5, 40.3, 40.5, 40.0, 39.8, 40.1, 40.0, 39.2, 39.2, 39.5, 40.0, 39.5, 39.5.

(a) Ces résultats permettent-ils, au niveau de probabilité de 0.05, de rejeter l'hypothèse que la machine est réglée pour donner un poids moyen de 40 grammes, si l'on suppose la normalité des poids ?
(b) La variance de remplissage peut-elle être considérée comme supérieure à 0.1, au même niveau de probabilité ?

E.9.5 À partir des données de l'exercice E.8.5, testez les hypothèses suivantes, au niveau de probabilité de 0.05 :

(a) $H_0 : \mu = 9 \leftrightarrow H_1 : \mu \neq 9$;
(b) $H_0 : \mu = 9 \leftrightarrow H_1 : \mu > 9$;
(c) $H_0 : \sigma^2 = 2.5 \leftrightarrow H_1 : \sigma^2 \neq 2.5$;
(c) $H_0 : \sigma^2 = 2.5 \leftrightarrow H_1 : \sigma^2 < 2.5$.

E.9.6 À partir des données de l'exercice E.8.6, testez les hypothèses suivantes, au niveau de probabilité de 0.05 :

(a) $H_0 : \mu = 80 \leftrightarrow H_1 : \mu \neq 80$;
(b) $H_0 : \mu \leqslant 80 \leftrightarrow H_1 : \mu > 80$;
(c) $H_0 : \sigma^2 = 0.05 \leftrightarrow H_1 : \sigma^2 \neq 0.05$;
(d) $H_0 : \sigma^2 \leqslant 0.05 \leftrightarrow H_1 : \sigma^2 > 0.05$.

E.9.7 On prélève dans une population de moyenne μ inconnue et d'écart-type $\sigma = 4$, un échantillon aléatoire simple d'effectif $n = 64$ de moyenne $\overline{x} = 48$. En choisissant successivement un niveau de probabilité α égal à 0.05 et 0.01, on demande de :

(a) tester $H_0 : \mu = 50$, par rapport à $H_1 : \mu \neq 50$;
(b) tester $H_0 : \mu \geqslant 50$, par rapport à $H_1 : \mu < 50$;
(c) calculer la *puissance* $1 - \beta = P(RH_0)$ des tests considérés ci-dessus, si la moyenne μ est réellement égale à 49.

E.9.8 Une population est de moyenne μ inconnue et de variance $\sigma^2 = 100$. En se basant sur le moyenne $\overline{x} = 212$ d'un échantillon aléatoire simple de taille $n = 100$, et en utilisant des niveaux de probabilité $\alpha = 0.05$ et $\alpha = 0.02$, on désire tester les hypothèses suivantes :

(a) $H_0 : \mu = 210 \leftrightarrow H_1 : \mu \neq 210$;
(b) $H_0 : \mu \leqslant 210 \leftrightarrow H_1 : \mu > 210$.
(c) Calculez la *puissance* $1 - \beta = P(RH_0)$ des tests considérés ci-dessus si la vraie valeur de la moyenne μ vaut 215.

E.9.9 On désire tester l'hypothèse selon laquelle le poids moyen des individus d'une population vaut 65 kg. Sachant que l'écart-type des poids dans cette population est de 4 kg, et qu'on prélève un échantillon d'effectif 36, déterminez, au niveau de probabilité de 0.05 :

(a) les valeurs de la moyenne observée $\overline{x}$ qui conduisent au rejet de cette hypothèse ;
(b) la probabilité β de commettre l'erreur de seconde espèce, si la moyenne de la population vaut réellement 66.

E.9.10 Un mode de remplissage automatique de bouteilles d'un litre conduit à un écart-type connu σ de 2 cl. En examinant un échantillon aléatoire simple de 144 bouteilles, on trouve un contenu moyen de 99.71 cl. Si μ représente la moyenne des contenus des bouteilles remplies de cette manière, testez au niveau de probabilité $\alpha = 0.05$, les hypothèses suivantes :

(a) $H_0 : \mu = 100 \leftrightarrow H_1 : \mu \neq 100$;

(b) Calculez la puissance de ce test en $\mu = 100.10$ cl. ;

(c) $H_0 : \mu \geqslant 100 \leftrightarrow H_1 : \mu < 100$;

(d) Calculez la puissance de ce test en $\mu = 99.30$ cl.

E.9.11 Dans un échantillon au hasard de 50 magasins d'un même pays, on constate que le prix moyen d'un article est de 43 euros et l'écart-type de 2 euros. Si μ est le prix moyen de l'article dans le pays, testez les hypothèses suivantes aux niveaux $\alpha = 0.05$ et $\alpha = 0.01$.

(a) $H_0 : \mu = 40 \leftrightarrow H_1 : \mu \neq 40$;

(b) $H_0 : \mu \leqslant 42 \leftrightarrow H_1 : \mu > 42$.

(c) En supposant que la distribution des prix, de variance σ^2, est approximativement normale, testez l'hypothèse au même niveau de probabilité selon laquelle $\sigma^2 = 1$.

E.9.12 Dans un échantillon aléatoire simple de 82 grandes surfaces d'un pays, on constate que le prix moyen d'un produit est de 33 euros et l'écart-type de 4 euros. Si μ et σ^2 désignent la moyenne et la variance du prix de ce produit dans toutes les grandes surfaces du pays, testez, au niveau de probabilité $\alpha = 0.05$, les hypothèses suivantes :

(a) $H_0 : \mu = 30 \leftrightarrow H_1 : \mu \neq 30$;

(b) $H_0 : \mu = 30 \leftrightarrow H_1 : \mu > 30$;

(c) $H_0 : \sigma^2 = 10 \leftrightarrow H_1 : \sigma^2 \neq 10$;

(d) $H_0 : \sigma^2 = 10 \leftrightarrow H_1 : \sigma^2 > 10$.

Dans les deux dernières questions, on suppose que la population est approximativement normale.

E.9.13 On examine un échantillon de 82 étudiants d'une université ; on trouve une taille moyenne de 170 cm et un écart-type de 12 cm. Peut-on admettre, au niveau de probabilité de 0.05 :

(a) que la moyenne des tailles des étudiants de cette université est supérieure à 165 cm ?

(b) que la variance des tailles des étudiants de l'université est égale à 100, en supposant que la population est approximativement normale ?

E.9.14 Un échantillon de 145 personnes a été prélevé dans la population des touristes étrangers qui passent leurs vacances en France. Les dépenses moyennes par jour et par personne pour ces 145 touristes s'élèvent à un montant de 83 euros, avec un écart-type de 24 euros.

(a) Testez, au niveau de probabilité de 0.05, l'hypothèse selon laquelle les dépenses moyennes journalières d'un touriste sont égales à 80 euros. (Considérez un test bilatéral).

(b) Quel est le niveau de probabilité minimum qui conduit au rejet de l'hypothèse H_0, testée ci-dessus ?

E.9.15 On s'intéresse au temps de mémorisation d'un texte par les étudiants d'une promotion. Un échantillon de 37 étudiants fournit les valeurs observées suivantes : $\overline{x} = 25$, $s = 5$. En choisissant un niveau de probabilité $\alpha = 0.05$, on demande de tester les hypothèses suivantes :

(a) $H_0 : \mu = 27 \leftrightarrow H_1 : \mu \neq 27$;

(b) $H_0 : \mu \geqslant 26 \leftrightarrow H_1 : \mu < 26$.

Dans ces questions, μ est le temps de mémorisation moyen de la promotion.

E.9.16 On suppose que dans une bibliothèque, 10% des livres se détériorent par an. En considérant un échantillon de 400 livres, on en observe 24 qui ont été abîmés au cours d'un an.

(a) Peut-on dire, au niveau de probabilité de 0.05, que la proportion π de livres abîmés est significativement différente de 0.10 ?

(b) Déterminez la puissance de ce test, si $\pi = 0.05$ et $\pi = 0.15$.

E.9.17 Supposons que le taux de mortalité, calculé dans un échantillon d'effectif 100 de personnes touchées par une certaine maladie, soit de 0.13. Soit π la probabilité de mourir pour toutes les personnes touchées par la maladie envisagée

(a) Testez les hypothèses nulles suivantes au niveau de probabilité de 0.05 :

1°) $H_0 : \pi = 0.20 \leftrightarrow H_1 : \pi \neq 0.20$;

2°) $H_0 : \pi = 0.20 \leftrightarrow H_1 : \pi < 0.20$.

(b) Testez les hypothèses suivantes au niveau de probabilité de 0.01 :

1°) $H_0 : \pi = 0.10 \leftrightarrow H_1 : \pi \neq 0.10$;

2°) $H_0 : \pi = 0.10 \leftrightarrow H_1 : \pi > 0.10$.

E.9.18 Considérons un échantillon aléatoire simple de 8 étudiants ayant présenté 2 interrogations, séparées d'une semaine et portant sur la même matière. Les résultats sont les suivants :

i	Interrogations		i	Interrogations	
	1e (x_{1i})	2e (x_{2i})		1e (x_{1i})	2e (x_{2i})
1	42	47	5	64	70
2	40	50	6	58	67
3	36	34	7	75	87
4	52	59	8	72	73

On suppose la normalité et l'indépendance des différences $d_i = x_{1i} - x_{2i}$ $(i = 1, \ldots, 8)$. Le fait d'avoir été interrogé une fois a-t-il une influence favorable sur la seconde interrogation (test au niveau de probabilité de 0.05) ?

E.9.19 Une firme étudie l'influence d'une interruption de travail permettant de prendre le café, sur la productivité de ses ouvriers. Ayant choisi 6 ouvriers au hasard, on mesure leur productivité durant deux jours, le premier sans interruption, le deuxième avec interruption. Les résultats de ces mesures sont les suivants :

i	Interruptions		i	Interruptions	
	Sans	Avec		Sans	Avec
1	23	28	4	33	37
2	35	38	5	43	42
3	29	29	6	32	30

Ces résultats indiquent-ils qu'une interruption améliore la productivité, au niveau de probabilité de 0.05, si l'on peut supposer la normalité et l'indépendance des différences ?

E.9.20 À partir des données de l'exercice E.8.22, testez l'hypothèse d'égalité des prix moyens de la denrée, aux deux époques considérées, en choisissant un niveau de probabilité de 0.05.

E.9.21 Sur un échantillon de 300 patients traités par un certain remède, 243 ont été guéris. Testez, au niveau de probabilité de 0.05, l'hypothèse selon laquelle la proportion de guérisons est égale à 75%.

E.9.22 On considère un échantillon de 400 résultats à un concours. La série observée fournit les paramètres suivants : $S^2 = 9$ et $m_4 = 136$. Si σ^2 est la variance de la population, peut-on accepter l'hypothèse, au niveau de probabilité de 0.05, selon laquelle :

(a) σ^2 est égal à 10,

(b) σ^2 est plus petit que 10 ?

E.9.23 Les tailles des individus d'une population, de variance σ^2, suivent une loi approximativement normale. Un échantillon de 200 individus fournit une variance égale à 39.8. Testez l'hypothèse selon laquelle σ^2 est :

(a) égal à 30 ;

(b) plus petit que 45.

E.9.24 Une enquête indique que sur 400 personnes choisies au hasard dans un pays, 320 d'entre elles préfèrent vivre dans une ville de taille moyenne. Si π représente la proportion de personnes de ce pays qui préfèrent vivre dans une ville de taille moyenne,

(a) Testez $H_0 : \pi \geqslant 0.9 \leftrightarrow H_1 : \pi < 0.9$, au niveau de probabilité de 0.05 ;

(b) Testez $H_0 : \pi = 0.75 \leftrightarrow H_1 : \pi > 0.75$, au niveau de probabilité de 0.01.

E.9.25 Une urne contient des boules qui sont soit rouges soit blanches. On désire tester l'hypothèse H_0 que ces deux couleurs sont représentées par un même nombre de boules. On prélève au hasard dans cette urne un échantillon d'effectif 144. Déterminez la règle de décision à adopter si l'on teste l'hypothèse H_0, au niveau de probabilité

(a) de 0.05 ;

(b) de 0.01.

E.9.26 Un échantillon de 90 habitants d'une ville nous indique que les nombres de satisfaits, de mécontents et d'indifférents, vis-à-vis d'une réforme politique, valent respectivement 40, 29 et 21. Testez l'hypothèse, au niveau de probabilité de 0.05, selon laquelle ces trois catégories de personnes se répartissent uniformément dans la ville.

E.9.27 200 habitants d'une ville, qui ont déclaré vouloir prendre des vacances en France en été, ont indiqué la région de leur choix selon un découpage en cinq modalités : ouest, sud, est, nord et centre.

Régions R_j	O	S	E	N	C
Effectifs n_j	50	91	22	15	22

Testez l'hypothèse, au niveau de probabilité de 0.05, que les proportions d'habitants de ville, ayant choisi ces diverses régions, valent respectivement 22%, 33%, 17%, 10% et 18%.

E.9.28 Reprenez les données de l'exercice E.8.20 pour tester l'hypothèse, au niveau de probabilité de 0.05, selon laquelle les résultats moyens des deux sections sont égaux.

E.9.29 En reprenant les données de l'exercice E.8.21, testez l'hypothèse selon laquelle les tailles moyennes des deux groupes considérés sont égales.

E.9.30 On prélève, dans deux populations normales, des échantillons indépendants dont les moyennes et variances valent respectivement $\overline{x} = 42$, $s_1^2 = 25$, $\overline{x}_2 = 47$, $s_2^2 = 18$. Sachant que les effectifs des échantillons ont pour valeurs $n_1 = 12$ et $n_2 = 14$, testez l'hypothèse, au niveau de probabilité de 0.05, selon laquelle :

(a) les moyennes des populations sont égales ;

(b) les variances des populations sont égales.

E.9.31 En reprenant les données de l'exercice E.8.18, testez l'hypothèse, au niveau de probabilité de 0.05, selon laquelle la différence des notes moyennes dans les deux sections vaut 5.

E.9.32 Des échantillons, d'effectifs respectifs 7 et 5, sont prélevés indépendamment l'un de l'autre, dans deux populations $\mathcal{N}(\mu_1, \sigma_1^2)$ et $\mathcal{N}(\mu_2, \sigma_2^2)$. Les variances des échantillons valent respectivement 36 et 25. Testez l'hypothèse, aux niveaux de probabilité de 0.05 et 0.01, selon laquelle $\sigma_1^2 = \sigma_2^2$, par rapport à l'alternative :

(a) $\sigma_1^2 \neq \sigma_2^2$; (b) $\sigma_1^2 > \sigma_2^2$.

E.9.33 En reprenant les données de l'exercice E.8.23, testez l'hypothèse, au niveau de probabilité 0.05, selon laquelle les proportions de personnes qui ont les cheveux foncés dans les deux pays, sont égales.

E.9.34 On partage deux populations en quatre catégories c_1, c_2, c_3 et c_4. Dans chacune d'entre elles, on prélève (indépendamment l'un de l'autre) un échantillon dont l'effectif et la répartition selon les catégories, sont présentés ci-dessous.

Populations	**Catégories**				**Effectifs totaux**
	c_1	c_2	c_3	c_4	
Effectifs de l'échantillon E_1	17	39	42	22	$n_1 = 120$
Effectifs de l'échantillon E_2	13	51	78	38	$n_2 = 180$

Testez l'hypothèse, au niveau de probabilité de 0.05, selon laquelle les proportions par catégorie sont égales dans les deux populations.

E.9.35 On lance 1 000 fois 5 pièces de monnaie. À chaque jet, on observe le nombre de « face ». On inscrit dans un tableau le nombre de jets pour lesquels on a obtenu respectivement 0,1,2,3,4,5 fois « face ».

Nombre de « face »	0	1	2	3	4	5
Nombre de jets	38	144	342	287	164	25

Testez l 'hypothèse que cette distribution observée peut être ajustée par une distribution binomiale.

E.9.36 On lance 150 fois 4 dés. On inscrit dans un tableau le nombre de fois (x) où le résultat est égal à « 5 » ou « 6 ».

x	0	1	2	3	4
Effectifs observés	30	62	46	10	2

Testez l'hypothèse que cette distribution observée peut être ajustée par une distribution binomiale.

E.9.37 Le tableau suivant indique le nombre de jours, durant une période de 50 jours, au cours desquels il y a eu x accidents d'automobiles dans une certaine ville.

Nombre d'accidents : x_i	0	1	2	3	4	5 ou plus
Nombre de jours : n_i	21	18	7	3	1	0

Testez l'hypothèse que cette distribution observée peut être ajustée par une loi de Poisson.

E.9.38 Considérons la distribution des poids (en grammes) de 300 colis expédiés par la poste, au cours d'un mois déterminé.

Classes	150-158	159-167	168-176	177-185	186-194	195-203	204-212	213-221	222-230
Effectifs	9	24	51	66	72	48	21	6	3

Testez l'hypothèse que cette distribution peut être ajustée par une distribution normale.

E.9.39 Trois enseignants utilisent des méthodes distinctes M_1, M_2, et M_3 pour dispenser un cours de statistique. Un échantillon aléatoire est prélevé dans chacun de leurs groupes d'étudiants et les résultats des examens présentés par les étudiants choisis sont relevés. Sur base des données du tableau suivant, effectuez un test d'analyse de variance au niveau de probabilité $\alpha = 0.05$.

M_1	M_2	M_3
12	09	08
13	15	10
15	06	11
13	11	18
10	13	17

E.9.40 Effectuez un test d'analyse de variance si les données de l'exercice E.9.39 sont les suivantes :

M_1	M_2	M_3
12	15	18
10	13	17
15	10	13
08	07	10
07	06	14
	05	11
		09

CHAPITRE 10

L'ANALYSE BIVARIÉE

« L'indépendance fut toujours mon désir et la dépendance ma destinée ».
A. de Vigny, *Journal d'un poète*.

10.1 LES ÉTAPES D'UNE ANALYSE STATISTIQUE BIVARIÉE

Nous avons déjà abordé dans le paragraphe 2.5 la manière d'organiser et de présenter des données résultant de la mesure de deux variables, désignées par x et y, sur n individus. Plaçons-nous à nouveau dans la situation où nous disposons d'une série statistique bivariée $\{(x_1, y_1), (x_2, y_2), \ldots, (x_n, y_n)\}$. L'analyse statistique d'une telle série s'effectue selon une démarche ayant de nombreux points communs avec celle que nous avons développée dans le cas univarié.

a) Niveau de mesure des variables

Nous devons tout d'abord préciser si chaque variable a été mesurée sur une échelle nominale, ordinale, d'intervalles ou de rapports (voir chapitre 2). Il sera parfois utile de transformer l'une ou l'autre variable afin d'homogénéiser leur analyse. C'est ainsi qu'une variable exprimant un salaire, est généralement mesurée sur une échelle de rapports. Par un groupement en classes, nous pouvons lui donner un aspect ordinal (en considérant par exemple trois classes : celle des petits salaires, celle des salaires moyens et celle des gros salaires) ou même, nominal. Comme dans le cas univarié, nous distinguerons trois catégories de niveau pour chacune des variables : *quantitatif, ordinal et nominal*.

b) Représentation de la série sous forme de tableau ou de graphique

Un *tableau individus × caractères* permet de présenter la série observée. On peut éventuellement en déduire *un tableau de contingence* ou d'autres tableaux décrivant le phénomène étudié (cf. paragraphes 2.5 et 2.8). Si les variables sont quantitatives, cette série peut être représentée par un *nuage de points* dans un *graphique de dispersion* (voir. paragraphe 2.5). Il est important, dans ce cas, d'effectuer un certain nombre de constatations concernant la forme du nuage observé : est-il concentré ? Voit-on apparaître une structure dans sa composition ? Détecte-t-on la présence de valeurs qui semblent aberrantes... ?

c) Association et dépendance

Lorsqu'on étudie le comportement de *deux* variables sur un ensemble d'individus, on est tout naturellement amené à s'interroger sur les liens qui les unissent. Dans certains cas, ces variables peuvent agir indépendamment l'une de l'autre (voir, par exemple, le chapitre 6). Dans d'autres cas, il n'en est rien. On dit alors qu'il existe une ***association*** dans le comportement de ces variables.

Il s'agira dès lors de mesurer le ***degré d'association*** existant entre les variables considérées, sur base des informations recueillies. Il faut en outre se pencher sur l'interprétation des coefficients permettant cette mesure.

Une association n'implique pas nécessairement un lien de causalité. Ainsi, une étude réalisée il y a quelques années, a mis en évidence une association importante entre le nombre de naissances dans la population alsacienne et le nombre de cigognes relevé dans cette région du Nord-Est de la France, sur une période de vingt ans. Si aucun lien de causalité ne peut être raisonnablement envisagé entre les deux variables, on peut cependant tenter d'interpréter ce genre d'association : une évolution temporelle dans le même sens (voir chapitre 11), une même source d'influence externe, une coïncidence... Dans d'autres cas on sera amené à supposer l'existence d'une ***relation de dépendance*** permettant d'expliquer partiellement le comportement d'une variable par celui de l'autre. Une telle hypothèse doit cependant reposer sur une argumentation acceptable et/ou acceptée.

d) Relation de dépendance

Une association entre deux variables peut traduire une ***dépendance fonctionnelle***. Ainsi, en physique, quand un corps est animé d'un mouvement rectiligne uniforme, sa vitesse v et la distance d parcourue pendant une durée t sont liées par l'équation $v = d/t$. Nous ne serons pas concerné par ce problème. Notre attention va plutôt se porter sur des associations moins nettes. Si l'on mesure la taille et le poids d'un individu, il nous semble évident que ces variables ne sont pas indépendantes l'une de l'autre, sans pour autant suspecter une dépendance fonctionnelle qui nous permettrait de dire : « cet individu mesure 175 cm, il doit donc peser 73 kilos ! ». Par ailleurs, une association peut avoir un caractère symétrique ou non. Dans le premier cas, les variables joueront, l'une par rapport à l'autre, un rôle analogue. Dans le second cas, le comportement d'une variable influencera celui de l'autre, mais la réciproque n'est pas nécessairement vraie (si tout le monde accepte l'idée qu'un accroissement de taille peut entraîner un accroissement de poids, la relation inverse n'est pas envisageable). Nous parlerons alors de ***dépendance statistique***. Cette situation engendre une autre question : est-il possible de définir une « loi de dépendance » explicitant une telle relation et ensuite de l'interpréter ?

e) Analyse confirmatoire

La détermination d'un coefficient d'association et la construction éventuelle d'une relation de dépendance peuvent être considérées d'un point de vue uniquement descriptif. Il est aussi possible d'envisager ce problème sous un aspect « confirmatoire », en supposant que la série observée peut être considérée comme un échantillon prélevé dans une population. Des problèmes d'inférence statistique peuvent alors être considérés (estimation, intervalles de confiance, tests d'hypothèses). Parmi ceux-ci, nous retiendrons tout particulièrement les ***tests d'indépendance***.

10.2 ANALYSE EXPLORATOIRE POUR DEUX VARIABLES QUANTITATIVES

Nous avons vu dans le paragraphe 2.5 la façon dont on pouvait représenter une série statistique relative à deux variables quantitatives au moyen d'un graphique de dispersion. Cette démarche était complétée par la représentation des distributions marginales et, éventuellement, des distributions conditionnelles. L'usage de graphiques complémentaires (boîte à moustaches, etc.) peut aussi être envisagé (voir chapitre 3).

EXEMPLE 10.1

Intéressons-nous à l'argent de poche donné à des jeunes dont l'âge est compris entre 11 et 16 ans. En utilisant l'information disponible sur une année, on a mesuré pour chaque individu d'un échantillon, l'âge (x) et le montant hebdomadaire moyen (y), exprimé en euros [(1)]. La série observée est présentée dans le tableau 10.1.

Tableau 10.1 *Tableau des données*

x_i	12	12	15	14	16	14	12	13	11	11
y_i	4.1	3.4	11.3	10.2	11.5	7.2	6.0	7.8	3.5	3.0

Le graphique des données est présenté dans la figure 10.1. Il peut être complété utilement par les deux boîtes à moustaches associées aux distributions marginales.

(1) Arrondi au dixième d'euro le plus proche.

L'examen du graphique de dispersion nous donne à penser qu'il existe une structure d'association entre ces deux variables selon laquelle les adolescents les plus âgés reçoivent davantage d'argent que leurs cadets. Mais il apparaît clairement qu'il n'existe pas une loi stricte liant ces deux variables. Il s'agit plutôt d'une « tendance » générale dont on voudrait mesurer la force.

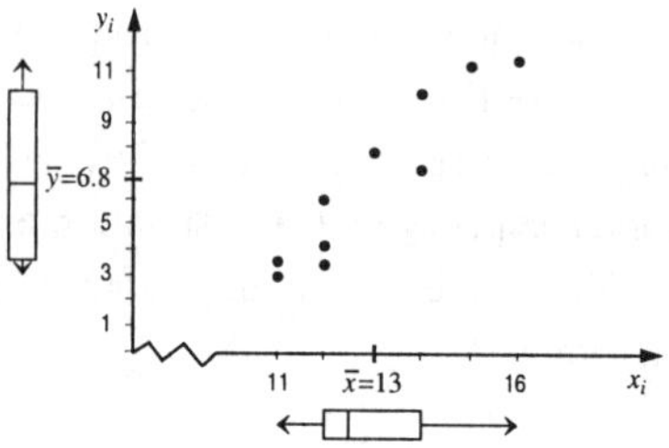

Figure 10.1 *Graphique de dispersion*

Deux questions se posent dès lors.

1. Quelle peut être l'*intensité* de cette association ?
2. Si on suppose que l'âge est un facteur déterminant dans l'attribution de l'argent de poche d'un adolescent, comment peut-on définir une représentation de cette « dépendance » entre cette dernière variable et la première ? Nous examinerons ces deux problèmes ci-dessous.

10.3 LE COEFFICIENT DE CORRÉLATION

Le coefficient de corrélation que nous présentons ci-dessous est l'un des paramètres majeurs de l'analyse statistique bivariée (et d'ailleurs multivariée). Son interprétation et les conditions de son utilisation méritent cependant une attention toute particulière. La formulation actuelle de ce coefficient est due à Karl Pearson (que nous présentons brièvement à la fin du paragraphe 10.3.2) qui, dans ses écrits historiques, a attribué la paternité de la notion de corrélation au physicien français Auguste Bravais sur base des travaux effectués en 1856 par ce dernier à propos de l'étude des erreurs dans les tirs d'artillerie. Pearson revint ultérieurement sur ce problème en rendant à Francis Galton (voir paragraphe 10.5.4) ce qu'il avait attribué à Bravais. Il n'en reste pas moins qu'actuellement, une certaine tradition s'est instaurée d'appeler le paramètre en cause « ***coefficient de corrélation de Bravais-Pearson*** ». Nous y souscrivons dans la mesure où cette dénomination permet de le distinguer d'autres coefficients.

10.3.1 Covariance d'une série statistique

Considérons une série statistique bivariée $\{(x_i, y_i), i = 1, \ldots, n\}$. Pour introduire le concept de coefficient de corrélation, nous allons considérer au préalable la ***covariance***, définie par l'expression

$$s_{xy} = \frac{1}{n} \sum_{i=1}^{n} (x_i - \overline{x})(y_i - \overline{y}) , \tag{10.1}$$

dans laquelle $\overline{x}$ et $\overline{y}$ désignent les moyennes des séries marginales. Ce coefficient peut être positif ou négatif selon la position des observations par rapport au ***centre de gravité*** G, de coordonnées $(\overline{x}, \overline{y})$.

EXEMPLE 10.1 (suite 1)

Afin de faire apparaître le rôle de la covariance, nous modifions les axes du graphique de dispersion en plaçant leur origine au *centre de gravité G* du nuage de points défini par les coordonnées $\overline{x} = 13$ et $\overline{y} = 6.8$.

Les coordonnées des points observés, dans ce nouveau repère, sont données respectivement par $x_i - \overline{x}$ et $y_i - \overline{y}$ $(i = 1, \ldots, n)$.

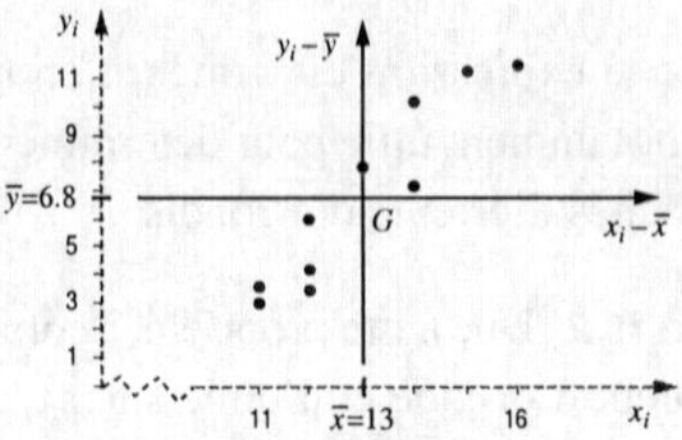

Figure 10.2 *Changement d'origine*

Nous constatons que les coordonnées $(x_i - \overline{x}, y_i - \overline{y})$ des points observés sont, en général, toutes deux positives (premier quadrant) ou négatives (troisième quadrant). Cette situation peut être résumée en spécifiant que les produits $(x_i - \overline{x})(y_i - \overline{y})$ sont *presque tous positifs*. La moyenne de ces produits, à savoir la *covariance*, sera dès lors positive. Son calcul peut s'effectuer au moyen du tableau 10.2 qui contient un certain nombre de résultats d'opérations et leurs sommes. Il en résulte que :

$$s_{xy} = \frac{1}{n} \sum_i (x_i - \overline{x})(y_i - \overline{y}) = \frac{48}{100} = 4.8 .$$

Tableau 10.2 *Tableau intermédiaire*

x_i	y_i	$x_i - \overline{x}$	$y_i - \overline{y}$	$(x_i - \overline{x})^2$	$(y_i - \overline{y})^2$	$(x_i - \overline{x})$ $\times (y_i - \overline{y})$
12	4.1	−1	−2.7	1	7.29	2.7
12	3.4	−1	−3.4	1	11.56	3.4
15	11.3	2	4.5	4	20.25	9.0
14	10.2	1	3.4	1	11.56	3.4
16	11.5	3	4.7	9	22.09	14.1
14	7.2	1	0.4	1	0.16	0.4
12	6.0	−1	−0.8	1	0.64	0.8
13	7.8	0	1	0	1.00	0.0
11	3.5	−2	−3.3	4	10.89	6.6
11	3.0	−2	−3.8	4	14.44	7.6
130	68.0	0	0.0	26	99.88	48.0

Le calcul et l'interprétation de la covariance sont facilités par les propriétés et remarques suivantes.

Propriété 10.1 La covariance s'inspire des réflexions qui sont à la base de la construction des variances. Elle possède d'ailleurs des propriétés « semblables », à l'exception du fait (comme nous l'avons déjà mentionné) qu'elle peut être positive ou négative. On peut, en particulier, montrer que

$$s_{xy} = \frac{1}{n} \sum_i x_i y_i - \overline{x}\,\overline{y}. \tag{10.2}$$

Cette expression est à mettre en parallèle avec (3.49), pour la variance. Elle est notamment utile pour déterminer s_{xy} quand les écarts $x_i - \overline{x}$ et $y_i - \overline{y}$ sont entachés d'erreurs d'arrondis.

Propriété 10.2 Une autre propriété, à comparer à (3.59), est liée à l'influence d'un changement d'origine et d'unité sur s_{xy}. Si les valeurs x_i sont remplacées par $u_i = (x_i - x_0)/d_x$, et les valeurs y_i par $v_i = (y_i - y_0)/d_y$ — les nouvelles origines x_0 et y_0 sont quelconques, les nouvelles unités d_x et d_y sont supposées positives —, et si l'on pose

$$\overline{u} = \frac{1}{n} \sum_i u_i, \quad \overline{v} = \frac{1}{n} \sum_i v_i, \quad s_{uv} = \frac{1}{n} \sum_i (u_i - \overline{u})(v_i - \overline{v}), \tag{10.3}$$

nous pouvons aisément constater que

$$s_{xy} = d_x\, d_y\, s_{uv}. \tag{10.4}$$

Cette expression peut faciliter le calcul de s_{xy}. Elle nous indique en outre que l'interprétation de la valeur de la covariance est influencée par le choix des unités. C'est pourquoi il est conseillé de recourir à l'usage du *coefficient de corrélation de Bravais-Pearson* présenté ci-dessous.

Remarque 10.1 Si on dispose d'un *tableau de contingence* $\{(x_j, y_k, n_{jk})\,;\ j = 1, \ldots, J\,;\ k = 1, \ldots, K\}$, la covariance de la *distribution observée à deux dimensions* (D.0.2) définie par ce tableau est égale à

$$s_{xy} = \frac{1}{n} \sum_j \sum_k n_{jk} (x_j - \overline{x})(y_k - \overline{y}). \tag{10.5}$$

Dans cette expression, $\overline{x}$ et $\overline{y}$ sont les moyennes marginales :

$$\overline{x} = \frac{1}{n} \sum_j n_{j.} x_j\,, \quad \overline{y} = \frac{1}{n} \sum_k n_{.k} y_k \tag{10.6}$$

où les effectifs marginaux $n_{j.}$ et $n_{.k}$ sont définis par (2.12) et (2.13). La propriété exprimée par (10.2) peut aisément être étendue à partir de l'expression (10.5) [2].

[2] Voir exercice T.10.2.

Il est aussi possible de grouper les valeurs de x et (ou) de y en classes. Dans ce cas, l'expression (10.5) est définie à partir des centres de classe et fournit une valeur approchée de la covariance.

Remarque 10.2 Lorsqu'on étudie une série bivariée ou une D.0.2, il est commode de présenter les variances marginales et la covariance par l'intermédiaire d'une ***matrice de variance-covariance*** :

$$\mathbf{V} = \begin{bmatrix} s_x^2 & s_{xy} \\ s_{xy} & s_y^2 \end{bmatrix}. \tag{10.7}$$

Cette présentation matricielle est intéressante dans la mesure où elle est aisément généralisable à la prise en compte de plusieurs variables.

10.3.2 Le coefficient de corrélation de Bravais-Pearson

Le ***coefficient de corrélation de Bravais-Pearson***, habituellement désigné par r, est défini comme suit :

$$r = \frac{s_{xy}}{s_x s_y}. \tag{10.8}$$

Dans cette expression, s_{xy} est la covariance et s_x et s_y sont les écarts-types des distributions marginales en x et en y. Ce coefficient possède des propriétés très utiles que nous présentons ci-dessous.

Propriété 10.3 *r est indépendant de l'origine et de l'unité* choisis sur chaque axe. Ce résultat provient des propriétés de la variance et de la covariance.

Propriété 10.4 Si on considère les *valeurs centrées réduites* :

$$u_i = \frac{x_i - \overline{x}}{s_x}, \quad v_i = \frac{y_i - \overline{y}}{s_y} \qquad (i = 1, \ldots, n), \tag{10.9}$$

le coefficient de corrélation r est égal à la covariance de la série $\{(u_i, v_i)\}$:

$$r = \frac{1}{n}\sum_i u_i\, v_i\,. \tag{10.10}$$

EXEMPLE 10.1 (suite 2)

À partir du tableau 10.2, nous pouvons aisément calculer les variances (3) s_x^2 et s_y^2 :

$$s_x^2 = 2.60, \quad s_y^2 = 9.99$$

et à partir de là, le coefficient de corrélation :

$$r = \frac{s_{xy}}{s_x s_y} = \frac{4.80}{\sqrt{2.60}\sqrt{9.99}} = 0.94.$$

(3) Voir paragraphe 3.3.5 et (10.1).

Si, à partir de (10.9), nous calculons les valeurs centrées réduites $u_i = (x_i - 13)/1.61$ et $v_i = (y_i - 6.8)/3.16$ contenues dans le tableau 10.3, nous retrouvons, grâce à (10.10), la valeur de $r = 0.94$, étant donné que

$$\sum_i u_i v_i = 9.41.$$

Tableau 10.3 *Données centrées réduites*

u_i	−0.62	−0.62	1.24	0.62	1.86	0.62	−0.62	0.00	−1.24	−1.24
v_i	−0.85	−1.08	1.42	1.08	1.49	0.13	−0.25	0.32	−1.04	−1.20
$u_i v_i$	0.527	0.670	1.761	0.670	2.771	0.081	0.155	0.00	1.290	1.488

Remarquons par ailleurs que la représentation du nuage de points définis par les couples (u_i, v_i) ne tient plus compte des unités utilisées (nombre d'années pour x, nombre d'euros pour y) ; les écarts-types marginaux sont tous deux égaux à 1.

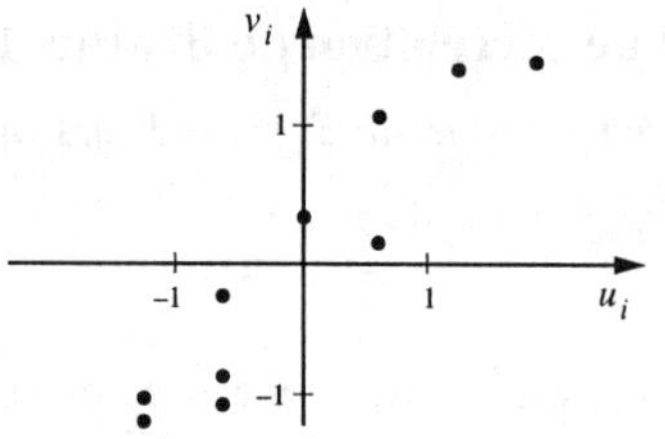

Figure 10.3 *Données centrées réduites*

Les changements d'unités ont déformé le nuage des points de la figure 10.2, mais la position relative des individus reste inchangée.

Comme il est aisé de vérifier — ce que nous avons déjà constaté dans l'exemple 10.1 — que la variance s_u^2 des $\{u_i\}$ et la variance s_v^2 des $\{v_i\}$ sont toutes deux égales à 1, la matrice de variance-covariance (10.7) s'exprime dans ce cas sous forme d'une ***matrice de corrélation :***

$$\mathbf{R} = \begin{bmatrix} 1 & r \\ r & 1 \end{bmatrix}. \tag{10.11}$$

Remarque 10.3

Comme nous l'avons constaté dans notre exemple 10.1, un coefficient de corrélation positif correspond à des variations des deux variables qui vont globalement dans le même sens. Inversement, un coefficient de corrélation sera négatif quand les variables ont davantage des variations en sens opposés. Cette situation est illustrée par la figure 10.4.

Cette remarque sera complétée dans le paragraphe 10.4, où nous verrons que

$$-1 \leqslant r \leqslant 1. \tag{10.12}$$

Nous nous pencherons à cette occasion sur l'interprétation des valeurs de r.

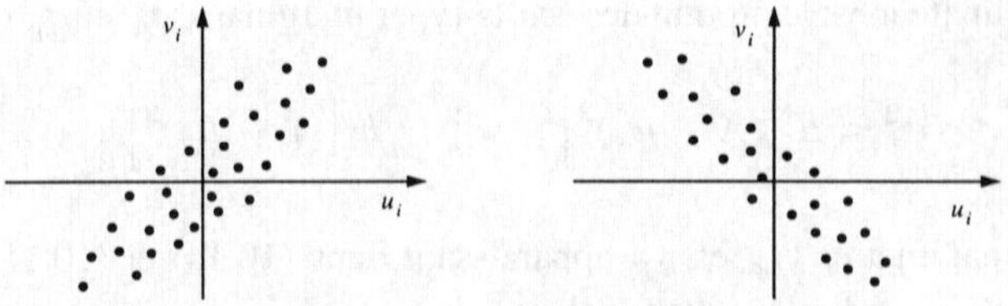

Figure 10.4 *Corrélations positive et négative*

COMMENTAIRE HISTORIQUE 10.1

Né en 1857 à Londres, ***Karl Pearson*** a marqué la statistique d'une empreinte durable. Sa formation de mathématicien au King's College de Cambridge ne l'empêche pas de briller dans d'autres domaines : la physique, l'histoire, la philosophie sont autant de disciplines qui le passionnent. Sa production statistique est nombreuse et variée [(4)]. Il a notamment participé à la fixation d'un certain nombre de termes et de définitions.

La corrélation doit à Pearson l'étude de son coefficient r et de ses généralisations. Pearson s'est appuyé sur les travaux de Galton pour construire les formules que nous utilisons couramment. Sa théorie générale de la corrélation portant sur trois variables est la base de très nombreux travaux soit personnels, soit rédigés par ses élèves et collaborateurs comme G.U. Yule et W.F. Sheppard.

Il faut également citer les travaux de Pearson consacrés à la dispersion. C'est lui qui introduit le terme *standard deviation* (écart-type) et la notation s en 1894. Il a aussi établi l'habitude de mesurer la variance des estimateurs (« variance échantillonnée ») pour en déterminer la précision.

Deux autres activités de Pearson sont encore à souligner. La première concerne son rôle d'éditeur de revues (*Annals of Eugenics* — publiés depuis 1925 par le Eugenic Laboratory — et surtout *Biometrika*, datant de 1901). La seconde activité concerne son souci de construire des tables statistiques dans le but de fournir aux utilisateurs de cette discipline un outil de travail. Beaucoup de ces tables furent publiées dans *Biometrika*.

On ne peut aussi évoquer la vie de Karl Pearson sans préciser que de nombreuses controverses ont émaillé son existence. Ses prises de position concernant le socialisme, l'émancipation de la femme et la libre pensée ont aussi marqué sa jeunesse. Ses démêlés avec Ronald Fisher sont aussi célèbres.

10.3.3 Test d'hypothèse relatif à un coefficient de corrélation

Il est aisé d'introduire le concept de corrélation de la loi de probabilité bivariée d'un vecteur aléatoire $(X, Y)'$ par l'intermédiaire du ***coefficient de corrélation de Bravais-Pearson***

$$\rho = \frac{\sigma_{xy}}{\sigma_x \sigma_y}, \tag{10.13}$$

où le numérateur est la ***covariance***

$$\sigma_{xy} = E\left[(X - \mu_x)(Y - \mu_y)\right] \tag{10.14}$$

[(4)] Cf. par exemple Droesbeke et Tassi [1996].

et le dénominateur est le produit des écarts-types marginaux σ_x et σ_y définis par

$$\sigma_x^2 = E\left[(X-\mu_x)^2\right], \quad \sigma_y^2 = E\left[(Y-\mu_y)^2\right]. \tag{10.15}$$

Les paramètres μ_x et μ_y apparaissant dans (10.14) et (10.15) sont les moyennes des distributions marginales (5).

Un problème d'inférence statistique peut se poser si l'on prélève dans la population définie par la loi bivariée évoquée ci-dessus, un échantillon aléatoire simple de taille n. Ce dernier se présente sous forme d'une série bivariée ou donne lieu à un tableau de contingence ; leur analyse descriptive permet de calculer le coefficient de corrélation observé r qui constitue ainsi un estimateur de ρ.

La construction d'un intervalle de confiance pour ρ ou la réalisation d'un test d'hypothèse sont intéressantes dans le cas où la population est supposée normale. En particulier, si l'on se trouve dans ce cas, X et Y sont indépendantes si et seulement si leur coefficient de corrélation ρ est nul (6). Tester l'indépendance entre les deux v.a. X et Y revient dès lors à tester l'hypothèse (que nous considérons sous sa forme bilatérale)

$$H_0 : \rho = 0 \leftrightarrow H_1 : \rho \neq 0. \tag{10.16}$$

Si nous disposons d'un échantillon aléatoire simple d'effectif n prélevé dans la population, on peut montrer que, si H_0 est vraie :

$$\frac{r\sqrt{n-2}}{\sqrt{1-r^2}} \sim t_{n-2}. \tag{10.17}$$

Cette distribution a permis de calculer les quantiles $r_{\nu,\alpha}$ de r, que nous présentons dans la table 14 pour diverses valeurs de $\nu = n-2$ et du risque de première espèce α (l'ordre p du quantile est égale à $1-\alpha/2$). En reprenant la démarche présentée dans le chapitre 9, on peut aisément montrer que la règle de décision du test de (10.16) est la suivante :

$$\begin{cases} RH_0 & \text{si } |r| > r_{\nu,\alpha} \\ \overline{R}H_0 & \text{si } |r| \leqslant r_{\nu,\alpha}. \end{cases} \tag{10.18}$$

Au vu de la table 14, nous constatons que si l'échantillon est petit, le coefficient r doit être relativement élevé, en valeur absolue, pour pouvoir rejeter H_0.

---

(5) Cf. paragraphe 6.1.

(6) Cf. exercice T.10.5.

EXEMPLE 10.1 (suite 3)

Si la série observée de l'exemple 10.1, peut être considérée comme un échantillon d'effectif n prélevé selon un sondage aléatoire simple dans une population normale, le test d'indépendance

$$H_0 : \rho = 0 \leftrightarrow H_1 : \rho \neq 0$$

conduit au rejet de H_0 étant donné que $|r| = 0.94 > r_{8;0.05} = 0.6319$.

10.4 LA RÉGRESSION LINÉAIRE

Historiquement, le coefficient de corrélation est lié au concept de ***régression linéaire*** introduit par Galton à la fin du 19e siècle(7). Cette notion permet d'expliciter le cas le plus simple de dépendance statistique évoquée dans le paragraphe 10.1.

EXEMPLE 10.1 (suite 4)

Les variables x et y (âge et argent de poche) ne jouent pas un rôle symétrique. Nous avons en effet déjà admis que le montant moyen y attribué aux dix jeunes pouvait être fonction de leur âge x. Nous dirons alors que la variable y est une ***variable dépendante (ou expliquée)*** et que la variable x est une ***variable explicative.***

L'examen de la figure 10.1 peut nous suggérer que l'évolution moyenne de y dépend linéairement de x. Ce type de dépendance est qualifiée de « régression linéaire ».

10.4.1 Un retour sur la loi normale bivariée

Nous avons présenté la loi normale bivariée dans le paragraphe 6.1.4. Nous avons à cette occasion signalé que la fonction de densité (6.18) dépend de cinq paramètres : quatre d'entre eux concernent les paramètres des distributions marginales $X \sim \mathcal{N}(\mu_x, \sigma_x^2)$ et $Y \sim \mathcal{N}(\mu_y, \sigma_y^2)$. Le cinquième, désigné par ρ, représente en fait le coefficient de corrélation. En outre, il est intéressant d'examiner le comportement des ***lois conditionnelles***. En suivant une démarche équivalente à celle présentée dans le paragraphe 6.1.2, nous pouvons tout d'abord étudier la *loi conditionnelle de Y en X* qui consiste à se fixer la valeur de X — on pose $X = x$ — et à étudier la loi de Y définie par la fonction de densité

$$f(y|x) = \frac{f(x,y)}{f_1(x)} \qquad y \in \mathbb{R}, \tag{10.19}$$

(7) Voir commentaire historique 10.2, à la fin du paragraphe 10.4.3.

où $f_1(x)$ est la fonction de densité marginale en X. Compte tenu de (6.18) et de (5.69) — dans laquelle nous remplaçons μ par μ_x et σ^2 par σ_x^2 —, on obtient

$$\begin{aligned} f\,(y \mid x) &= \frac{1}{\sigma_y\sqrt{1-\rho^2}\sqrt{2\pi}} \\ &\quad \times \exp\left[-\frac{1}{2\sigma_y^2\,(1-\rho^2)}\left[y-\mu_y-\rho\frac{\sigma_y}{\sigma_x}\,(x-\mu_x)\right]^2\right]. \end{aligned} \tag{10.20}$$

Il en découle que cette fonction a l'allure d'une fonction de densité normale dont la comparaison à (5.69) nous permet d'exprimer la moyenne conditionnelle $\mu_{y|x}$ et la variance conditionnelle $\sigma^2_{y|x}$:

$$\mu_{y|x} = \mu_y + \rho\frac{\sigma_y}{\sigma_x}\,(x-\mu_x) \tag{10.21}$$

$$\sigma^2_{y|x} = \sigma_y^2\,(1-\rho^2)\,. \tag{10.22}$$

On constate ainsi que toutes les moyennes conditionnelles se situent sur une droite d'équation

$$y = \mu_y + \rho\frac{\sigma_y}{\sigma_x}\,(x-\mu_x)\,. \tag{10.23}$$

En outre, toutes les variances conditionnelles $\sigma^2_{y|x}$ sont égales entre elles (cf. figure 10.5).

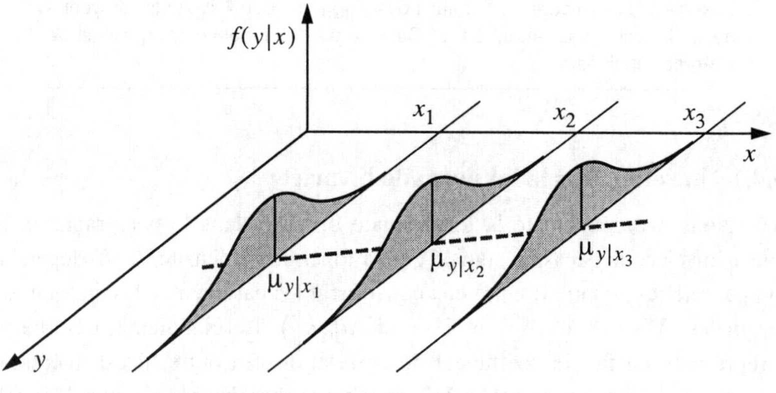

Figure 10.5 *Lois conditionnelles de Y en X*

Par analogie, on peut vérifier que la loi conditionnelle de X en Y est normale de moyenne et de variance

$$\mu_{x|y} = \mu_x + \rho\frac{\sigma_x}{\sigma_y}\,(y-\mu_y) \tag{10.24}$$

$$\sigma^2_{x|y} = \sigma_x^2\,(1-\rho^2)\,. \tag{10.25}$$

Signalons aussi le rôle particulier des moyennes conditionnelles dans les lois bivariées. On peut en effet montrer que $\mu_{y|x}$ correspond à la fonction $g(X)$ qui minimise $E\{[Y - g(X)]^2\}$, fonction qui définit la ***courbe de régression en moyenne quadratique*** de Y en X. Compte tenu de (10.21), on peut affirmer que cette courbe est une droite dans le cas où la loi est normale. Il en est de même pour la courbe de régression en moyenne quadratique de X en Y.

10.4.2 Le modèle de régression linéaire

a) Hypothèses du modèle

Les propriétés des moyennes conditionnelles d'une loi normale bivariée sont à la base du ***modèle de régression simple*** qui constitue une formulation élémentaire du concept de dépendance statistique évoqué plus haut. Ce modèle repose sur les hypothèses suivantes.

Hypothèse 10.1 : X est une *variable mathématique* (dont les valeurs sont connues exactement) ou une *variable aléatoire mesurée sans erreur*.

Hypothèse 10.2 : Si $\{x_1, \ldots, x_n\}$ est un ensemble de valeurs distinctes de X, les v.a. conditionnelles de Y en $X = x_1, \ldots,$ en $X = x_n$ sont non corrélées.

Hypothèse 10.3 : Si y_i est la valeur prise par Y dans la loi conditionnelle de Y en $X = x_i$, $(i = 1, \ldots, n)$, alors

$$y_i = \alpha + \beta x_i + e_i\,, \tag{10.26}$$

où e_i est une variable aléatoire appelée ***erreur*** ou ***résidu*** telle que

$$E(e_i) = 0, \quad V(e_i) = \sigma^2 \qquad i = 1, \ldots, n \tag{10.27}$$

$$\mathrm{Cov}(e_i, e_j) = 0, \qquad \text{pour } i \neq j. \tag{10.28}$$

Nous pouvons remarquer que (10.26) implique, au vu de (10.27), que les variables y_i ont pour moyenne (conditionnelle) :

$$E\left(y_i \mid x_i\right) = \alpha + \beta x_i\,. \tag{10.29}$$

Nous supposons ainsi que la variable Y dépend, en moyenne, linéairement des valeurs de la variable X.

On peut aussi introduire une quatrième hypothèse que nous utiliserons dans une procédure d'analyse confirmatoire.

Hypothèse 10.4 :

$$e_i \sim \mathcal{N}\left(0, \sigma^2\right) \qquad i = 1, \ldots, n. \tag{10.30}$$

b) Estimation au sens des moindres carrés

L'estimation des paramètres α et β du modèle (10.26) peut s'effectuer en utilisant la ***méthode des moindres carrés***. Celle-ci consiste à rechercher les valeurs a et b de α et β qui *minimisent la somme des carrés des résidus*

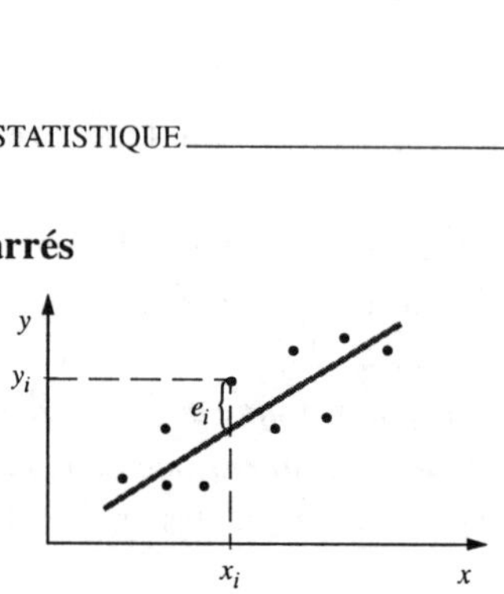

Figure 10.6
Méthode des moindres carrés

$$Q(\alpha,\beta)=\sum_i e_i^2=\sum_i (y_i-\alpha-\beta x_i)^2 . \tag{10.31}$$

La droite d'équation

$$y=a+bx \tag{10.32}$$

est alors appelée la ***droite de régression*** (*au sens des moindres carrés*) de y en x. La détermination de a et b est un problème classique, dont la solution est [8] :

$$b=\frac{s_{xy}}{s_x^2}\,,\quad a=\overline{y}-b\overline{x}. \tag{10.33}$$

Ce résultat nous permet d'écrire l'équation (10.32) sous la forme

$$y=\overline{y}+\frac{s_{xy}}{s_x^2}\left(x-\overline{x}\right). \tag{10.34}$$

Nous constatons ainsi que cette droite passe par le centre de gravité G, de coordonnées $\overline{x}$ et $\overline{y}$. En outre, le coefficient b défini par (10.33) est appelé le ***coefficient de régression*** de y en x.

c) Décomposition de la variance s_y^2

Afin de mesurer la dispersion des points observées autour de cette droite, nous pouvons utiliser la ***variance résiduelle*** définie par

$$s_{y.x}^2=\frac{Q(a,b)}{n}=\frac{1}{n}\sum_i (y_i-a-bx_i)^2 . \tag{10.35}$$

En remplaçant a et b par leurs valeurs données dans (10.33), on peut montrer [9] que

$$s_{y.x}^2=s_y^2\left(1-r^2\right). \tag{10.36}$$

Une autre façon d'écrire (10.36) est fournie par l'expression

$$s_y^2=s_{y.x}^2+r^2s_y^2 . \tag{10.37}$$

---

[8] Cf. exercice T.10.6.

[9] Cf. exercice T.10.7.

En reprenant les définitions de s_y^2 et $s_{y.x}^2$, on peut vérifier que[10]

$$r^2 s_y^2 = s_{\text{reg}}^2 = \frac{1}{n} \sum_i (a + bx_i - \overline{y})^2 . \qquad (10.38)$$

s_{reg}^2 est appelée ***variance due à la régression*** ou encore ***variance expliquée***. Elle est caractérisée par la droite de régression.

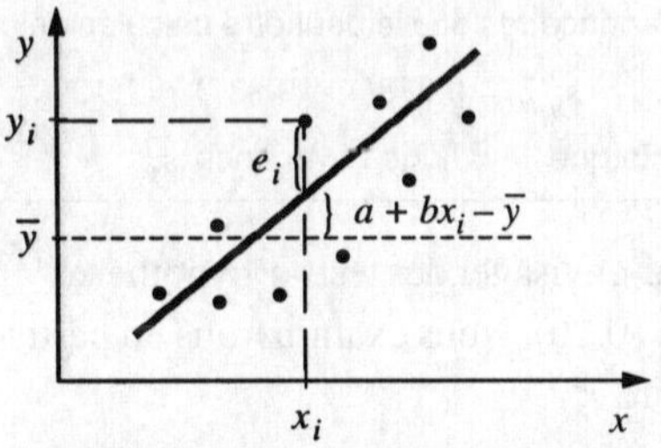

Figure 10.7 *Décomposition de* s_y^2

La relation (10.37) nous indique que l'importance des fluctuations de la variable y, mesurée par s_y^2, peut être expliquée par deux facteurs : s_{reg}^2 et $s_{y.x}^2$. Le premier d'entre eux est la variance due à la régression. Il représente au vu de (10.38) une proportion[11] de s_y^2 mesurée par r^2. Ce dernier est appelé le ***coefficient de détermination***. Il indique le pourcentage de la variance s_y^2 qui peut être expliqué par la ***dépendance linéaire*** de y en x. La seconde partie de s_y^2, définie par la variance résiduelle $s_{y.x}^2$, est due à des fluctuations non expliquées par la droite de régression.

EXEMPLE 10.1 (suite 5)

Comme nous l'avons déjà souligné au vu du graphique de dispersion, il est plausible de supposer que le montant moyen d'argent de poche peut raisonnablement être décrit par un modèle linéaire du type (10.26), où la variable x est l'âge de l'adolescent. Dans ces conditions, la droite de régression de y en x a pour équation, conformément à (10.34) :

$$y = 6.8 + \frac{4.8}{2.6}(x - 13)$$

ou encore

$$y = -17.2 + 1.85x .$$

On peut dès lors estimer l'accroissement moyen d'argent de poche, par année supplémentaire, à 1.85 euros. Remarquons que l'interprétation de ce résultat ne peut se faire que dans le domaine de variation de x (compris ici entre 11

[10] Cf. exercice T.10.7.

[11] Nous verrons en effet dans le paragraphe 10.4.2 que $0 \leqslant r^2 \leqslant 1$; r^2 peut donc être considéré comme une proportion.

et 16 ans). Ne tentons pas d'en tirer des conclusions systématiques ailleurs. En particulier, il n'est pas nécessaire de préciser qu'un nouveau-né ($x = 0$) donne, en moyenne, 17.2 euros à ses parents !

Notons enfin que l'interprétation de la droite de régression est liée à l'intensité de la corrélation existant entre les variables. r est élevé puisqu'il vaut 0.94. Le coefficient de détermination r^2 vaut $s_{xy}^2/s_x^2 s_y^2 = 0.887$. Compte tenu de (10.38), 88.7% des variations du montant moyen d'argent de poche entre les individus peuvent être expliquées par l'influence linéaire de l'âge sur ce montant.

Par ailleurs, la variance résiduelle peut être calculée selon (10.36) :

$$s_{y.x}^2 = 9.988(1 - 0.887) = 1.129\,.$$

Elle ne représente que 11.3% de la variance s_y^2.

Il est possible d'envisager des tests d'hypothèses [12] relatifs aux divers paramètres du modèle (10.26). Nous examinerons en particulier celui qui concerne le coefficient angulaire β.

10.4.3 Test d'hypothèse relatif à β

a) Objectif du test

On désire tester, au niveau de probabilité α [13], l'hypothèse

$$H_0 : \beta = \beta_0 \leftrightarrow H_1 : \beta \neq \beta_0 \tag{10.39}$$

sur base d'un échantillon aléatoire simple $\{(x_1, y_1), \ldots, (x_n, y_n)\}$.

b) Variable de décision

Compte tenu des hypothèses 10.1 à 10.4 du modèle de régression simple, on peut montrer que les estimateurs b de β et $s_{y.x}^2$ de σ^2 sont tels que

$$b \sim \mathcal{N}\left(\beta, \frac{\sigma^2}{ns_x^2}\right) \tag{10.40}$$

$$\frac{ns_{y\cdot x}^2}{\sigma^2} \sim \chi_{n-2}^2\,. \tag{10.41}$$

En outre, ces variables aléatoires sont *indépendantes*. Il en résulte que [14], sous H_0 :

$$T = \frac{b - \beta_0}{\sqrt{\dfrac{s_{y\cdot x}^2}{s_x^2(n-2)}}} \sim t_{n-2}\,. \tag{10.42}$$

---

(12) Voir par exemple Agresti et Agresti [1986] et Wonnacott et Wonnacott [1990].

(13) On peut regretter d'utiliser α et β à la fois pour désigner les risques de première et de seconde espèces d'une part, les coefficients du modèle (10.26) d'autre part. Néanmoins, dans la mesure où ces notations sont habituelles et qu'il est impossible de confondre les unes et les autres, nous les conserverons toutes deux ici.

(14) Remarquons que la loi (10.42), sans remplacer β par β_0, permet de construire un intervalle de confiance pour β (cf. exercice T.10.8).

c) **Règle de décision**

Si $t_{n-2;1-\alpha/2}$ est le quantile d'ordre $1-\alpha/2$ de la variable t_{n-2} :

$$\begin{cases} RH_0 & \text{si } |T| > t_{n-2;1-\alpha/2} \\ \overline{R}H_0 & \text{dans le cas contraire.} \end{cases} \tag{10.43}$$

.

d) **Remarques**

Dans le cas particulier où $\beta_0 = 0$ (*test de nullité* de β), la variable de décision (10.42) devient

$$T = \frac{b\sqrt{(n-2)s_x^2}}{\sqrt{s_{y.x}^2}} \sim t_{n-2}\,. \tag{10.44}$$

Comme

$$b = \frac{s_{xy}}{s_x^2} = \frac{s_{xy}}{s_x s_y}\frac{s_y}{s_x} = r\frac{s_y}{s_x} \tag{10.45}$$

et compte tenu de (10.36), nous constatons que la variable de décision (10.44) est identique à celle présentée dans (10.17).

D'autre part, si y_i^* est l'ordonnée de la droite de régression au sens des moindres carrés de y en x quand $x = x_i$, la relation (10.37) peut encore s'écrire, après multiplication des deux membres par n :

$$\sum_i (y_i - \overline{y})^2 = \sum_i (y_i - y_i^*)^2 + \sum_i (y_i^* - \overline{y})^2\,. \tag{10.46}$$

Représentons le premier membre de (10.46) par SCT (*somme des carrés totale*) et les deux termes du second membre respectivement par SC_{res} (*somme des carrés des erreurs* — ou résidus) et SC_{reg} (somme des carrés due à la régression) :

$$\text{SCT} = \text{SC}_{\text{res}} + \text{SC}_{\text{reg}}\,. \tag{10.47}$$

Étant donné (10.41), nous avons

$$\frac{\text{SC}_{\text{res}}}{\sigma^2} \sim \chi^2_{n-2}. \tag{10.48}$$

Par ailleurs, la loi (10.40) nous indique que, sous H_0 :

$$\frac{b}{\sqrt{\dfrac{\sigma^2}{\sum_i (x_i - \overline{x})^2}}} \sim \mathcal{N}(0,1) \Rightarrow \frac{b^2 \sum_i (x_i - \overline{x})^2}{\sigma^2} \sim \chi_1^2\,. \tag{10.49}$$

La relation (10.34) implique que $y_i^* - \overline{y} = b(x_i - \overline{x})$. Dès lors :

$$\frac{\sum_i (y_i^* - \overline{y})^2}{\sigma^2} = \frac{SC_{reg}}{\sigma^2} \sim \chi_1^2 . \qquad (10.50)$$

L'indépendance entre les variables considérées dans (10.48) et (10.50) nous permet d'affirmer que

$$T^* = \frac{SC_{\text{reg}}}{SC_{\text{res}}/n-2} \sim F_{1,n-2} . \qquad (10.51)$$

On vérifie aisément que $T^* = T^2$, où T est définie par (10.44). La règle de décision (10.43) peut donc aussi s'écrire sous la forme :

$$\begin{cases} RH_0 & \text{si } T^* > F_{1,n-2;1-\alpha} \\ \overline{R}H_0 & \text{dans le cas contraire.} \end{cases} \qquad (10.52)$$

Cette forme de test est à rapprocher des techniques d'analyse de la variance présentées dans le paragraphe 9.11.

EXEMPLE 10.1 (suite 6)

Sur base de l'échantillon prélevé —et supposé aléatoire simple—, le test, au niveau de probabilité $\alpha = 0.05$ de

$$H_0 : \beta = 2 \leftrightarrow H_1 : \beta \neq 2$$

conduit au non-rejet de H_0, étant donné que la variable de décision définie par (10.42) est inférieure au quantile $t_{8;0.975} = 2.306$:

$$|T| = \left| \frac{1.85 - 2}{\sqrt{\frac{1.129}{2.6 \times 8}}} \right| = 0.644 < 2.306 .$$

Si, d'autre part, on veut tester, au même niveau de probabilité :

$$H_0 : \beta = 0 \leftrightarrow H_1 : \beta \neq 0$$

on détermine la valeur de $|T|$ formée par (10.44) :

$$|T| = \frac{1.85\sqrt{8 \times 2.6}}{\sqrt{1.129}} = 7.94 .$$

Comme cette valeur est supérieure à $t_{8;0.975} = 2.306$, on rejette l'hypothèse H_0. Remarquons que ce résultat correspond à celui présenté dans le paragraphe 10.3.3. On aurait aussi pu utiliser la loi (10.51) où la valeur $T^* = 63$ correspond au carré de $T = 7.94$ et le seuil de rejet $F_{1,8;0.95} = 5.32$ est le carré de $t_{8;0.975} = 2.306$.

À ce stade, il nous semble important d'évoquer brièvement la vie de Galton qui a joué un rôle essentiel dans l'histoire du concept de régression.

COMMENTAIRE HISTORIQUE 10.2

Francis Galton (1822-1911) a suivi des études qui ne l'enthousiasmèrent pas. Ses parents avaient choisi pour lui la médecine. Il s'empressa de quitter cette voie à la mort de son père (1844) et, jusqu'en 1855, consacra son temps et ses revenus confortables à voyager. Ses périples l'amenèrent à des études géographiques et climatologiques (il est l'inventeur du mot anticyclone). L'influence de son cousin, Charles Darwin, transforma notre géographe en anthropologue qui, intéressé par les travaux de Quetelet, se tourna vers la statistique. Dans ce domaine, son travail essentiel s'intitule *Natural inheritance.* En 1877, étudiant la relation existant entre la taille des enfants, prise en écart par rapport à la moyenne de leur génération, et celle des parents —prise également en écart—, il constate que l'écart à la moyenne diminue, c'est-à-dire régresse. Il introduit donc une mesure numérique de la régression —ou de la réversion— qui n'est autre que notre coefficient actuel de régression. En 1877 également, constatant que les coefficients de la régression de y en x et de x en y sont les mêmes si les variables sont normalisées en termes de variabilité ($s_x = s_y = 1$), il appelle alors ce paramètre coefficient de co-relation (ou corrélation). Comme son calcul se place dans le cadre de la recherche d'une relation de régression, il l'appelle r, initiale du mot régression. Notons cependant que Galton ne calcule pas r en normant ses variables par leur écart type, mais par l'écart interquartile.
Galton jouera également un rôle important dans le développement de la médiane et des fractiles —les quantiles—, en relation avec les théories de l'eugénisme qui visaient à améliorer —et à mesurer cette amélioration— de la race humaine.

10.4.4 Corrélation et régression linéaire

Si l'on peut envisager un modèle de dépendance linéaire entre les variables y et x, nous pouvons interpréter la valeur du coefficient de corrélation r dans ce contexte.

Rappelons tout d'abord la relation (10.45) selon laquelle $b = rs_y/s_x$. Comme s_x et s_y sont positifs, le signe de b est le même que celui de r. Ceci confirme la remarque 10.3.

Par ailleurs, la relation (10.36) nous permet de montrer le résultat (10.12). Nous savons en effet que $s_{y.x}^2 \geqslant 0$ et $s_y^2 > 0$ [15]. Il s'ensuit que

$$1 - r^2 \geqslant 0 \Leftrightarrow r^2 \leqslant 1 \Leftrightarrow -1 \leqslant r \leqslant 1. \quad (10.53)$$

L'interprétation des valeurs de r est facilitée par la figure 10.8 présentée ci-dessous, que nous extrayons de Dagnelie [1986] [16].

(15) « $s_y^2 = 0$ » signifierait que toutes les valeurs y_i seraient égales, ce qui est pratiquement impossible dans la réalité.

(16) Avec l'aimable autorisation de l'auteur.

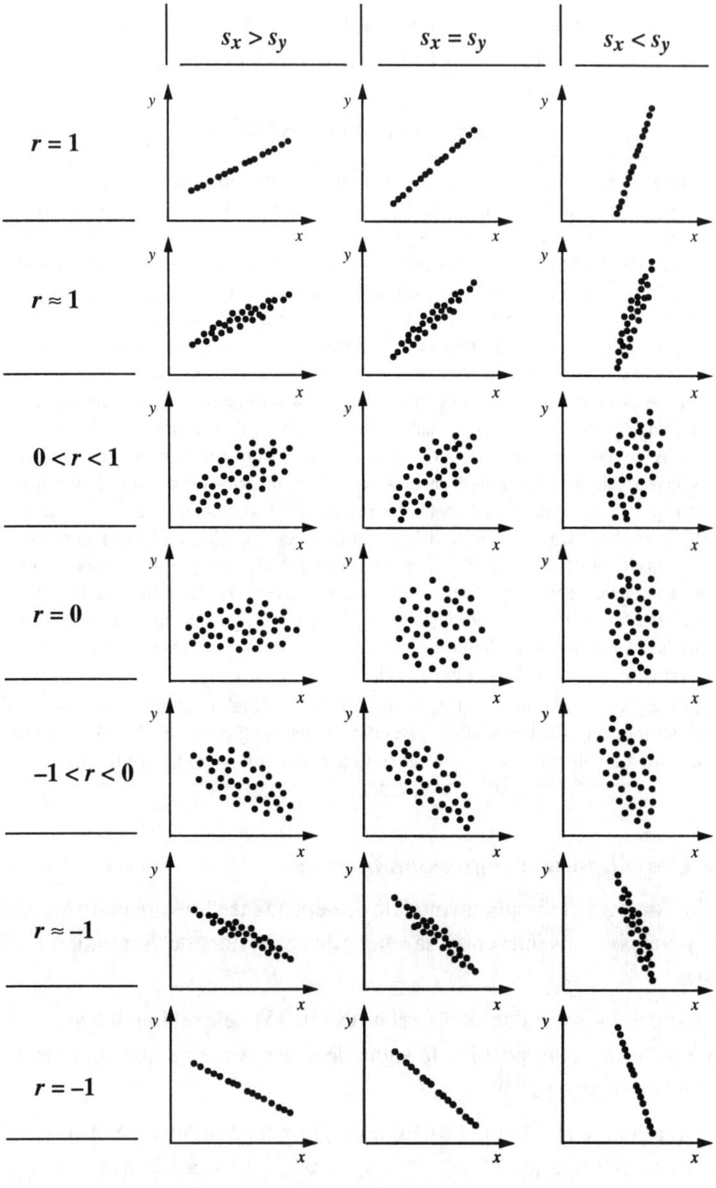

Figure 10.8 *Comportement de* r

Les propriétés précédentes nous montrent qu'en cas de dépendance entre deux variables, le coefficient de corrélation de Bravais-Pearson est lié à un type de relation très précis : celui d'une *dépendance linéaire*. On peut, en effet, constater au vu de l'exemple 10.2 que le coefficient r ne met pas en évidence des dépendances non linéaires.

EXEMPLE 10.2

Considérons la série statistique $\{(1,1),(1,3),(3,1),(3,3)\}$. Les points de $\mathbb{R}^2$ définis par cette série constituent les sommets d'un carré. En ce sens, ils sont très dépendants les uns des autres. Et pourtant, si l'on calcule le coefficient de corrélation, nous obtenons $r = 0$, à partir du tableau 10.4. Cet exemple illustre bien le fait que r est un coefficient attaché à la mesure d'une dépendance linéaire (inexistante ici !).

Tableau 10.4 *Calcul de* r

x_i	y_i	$x_i - \overline{x}$	$y_i - \overline{y}$	$(x_i - \overline{x}) \times (y_i - y)$
1	1	−1	−1	1
1	3	−1	1	−1
3	1	1	−1	−1
3	3	1	1	1
8	8			0

10.5 LA RÉGRESSION NON LINÉAIRE

La considération de ***modèles de régression non linéaires*** mérite aussi l'attention des utilisateurs. Il n'est cependant pas possible de l'évoquer dans le cadre de cet ouvrage [17]. Néanmoins, avant de les utiliser, il est utile de se persuader du caractère non linéaire de la relation qui peut exister entre deux variables. Dans ce but, on peut recourir à diverses analyses exploratoires. Citons en particulier l'usage des boîtes à moustaches associées aux distributions conditionnelles de la variable dépendante en la variable explicative, ainsi que l'analyse des graphiques des quantiles et l'application des transformations appartenant à la famille simple de Tukey [18].

Enfin, le rôle du coefficient de corrélation peut être joué, dans le cas d'une régression non linéaire, par le ***rapport de corrélation*** [19]. Des tests de linéarité de la régression peuvent aussi être utilisés [20].

10.6 DU BON USAGE DU COEFFICIENT DE CORRÉLATION

Notre propos sera ici de reprendre quelques remarques énoncées antérieurement en les complétant de façon à souligner les avantages et inconvénients du coefficient de corrélation de Bravais-Pearson.

(17) Voir, par exemple, Ratkowsky [1983].

(18) Voir, par exemple, Chambers *et al.* [1983], Erickson et Nosanchuk [1992] ou Tukey [1977].

(19) Voir exercice T.10.9, ou encore Grais [1974] ou Sachs [1984].

(20) Voir Sachs [1984].

a) Corrélation n'implique pas causalité

L'existence d'une dépendance entre variables doit se traiter indépendamment de la détermination de r. C'est sur base de démonstrations, de convictions ou d'hypothèses, que l'interprétation de la valeur de r se fera en terme de mesure d'intensité de dépendance ou de simple association de comportements.

b) S'il existe, le type de dépendance concerné par *r* est linéaire

L'usage d'une droite de régression n'est cependant pas « automatique » dès que le coefficient de corrélation est élevé (en valeur absolue). Un examen préalable du graphique des données doit nous informer sur le caractère linéaire de la relation entre les deux variables. Il est utile de mentionner à cette occasion l'analyse des quatre ensembles de données imaginés par Anscombe[21] et présentés dans le tableau 10.5.

Tableau 10.5 *Données d'Anscombe*

Ensemble A		Ensemble B		Ensemble C		Ensemble D	
x	y	x	y	x	y	x	y
10	8.04	10	9.14	10	7.46	8	6.58
8	6.95	8	8.14	8	6.77	8	5.76
13	7.58	13	8.74	13	12.74	8	7.71
9	8.81	9	8.77	9	7.11	8	8.84
11	8.33	11	9.26	11	7.81	8	8.47
14	9.96	14	8.10	14	8.84	8	7.04
6	7.24	6	6.13	6	6.08	8	5.25
4	4.26	4	3.10	4	5.39	19	12.50
12	10.84	12	9.13	12	8.15	8	5.56
7	4.82	7	7.26	7	6.42	8	7.91
5	5.68	5	4.74	5	5.73	8	6.89

Nous extrayons de l'article mentionné les quatre graphiques de la figure 10.9. Si le premier jeu de données se prête à un ajustement linéaire, il n'en est manifestement pas de même pour les trois autres.

Or, ces quatre ensembles de données possèdent les mêmes caractéristiques :

$$n = 11;\ \overline{x} = 9;\ \overline{y} = 7.5;\ s_x^2 = 10;\ s_y^2 = 3.75;\ s_{xy} = 5.$$

Il en résulte que $r = 0.816$. Si on ne prête pas attention aux graphiques des données, on peut être tenté de déterminer « automatiquement » une droite de régression au sens des moindres carrés dont l'équation est : $y = 3 + 0.5x$. Le

[21] Voir Anscombe [1973].

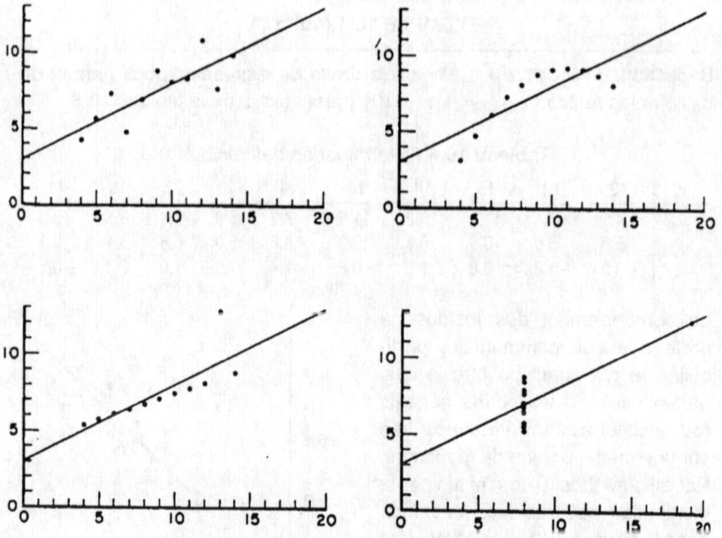

Figure 10.9 *Données d'Anscombe*

coefficient de détermination associé vaut $r^2 = 0.667$. Il est cependant évident qu'un examen préalable des données ou une analyse *a posteriori* des résidus doit nous inciter à ne pas tomber dans un tel automatisme.

Remarquons que l'on retrouve dans les deux derniers graphiques l'influence de points « particuliers » ou aberrants sur certaines valeurs typiques. Il est clair que le coefficient r n'échappe pas à cette règle. Des méthodes plus *résistantes* à la présence de valeurs aberrantes ont été proposées. Nous renvoyons le lecteur à la littérature [22].

c) Une analyse du graphique des « résidus » s'avère toujours utile

Même si la valeur élevée d'un coefficient de corrélation, le caractère plausible d'une hypothèse de dépendance linéaire et l'examen du graphique des données nous invitent à effectuer un ajustement linéaire des observations, il est toujours conseillé de prévoir une analyse du graphique des *résidus* qui constitue un complément d'information souvent très utile. Rappelons que le résidu est défini à partir de la droite de régression d'équation $y = a + bx$, par l'expression

$$e_i = y_i - a - bx_i \qquad i = 1, \ldots, n \tag{10.54}$$

ou encore

$$e_i = y_i - y_i^* \quad \text{où} \quad y_i^* = a + bx_i \qquad (i = 1, \ldots, n). \tag{10.55}$$

(22) Voir, par exemple, Chambers *et al.* [1983] et Mélard [1995].

EXEMPLE 10.1 (suite 7)

L'équation $y = -17.2 + 1.85x$ de la droite de régression nous permet de calculer les résidus e_i $(i = 1, \ldots, 10)$ présentés dans le tableau 10.6.

Tableau 10.6 *Détermination des résidus*

x_i	12	12	15	14	16	14	12	13	11	11
y_i	4.1	3.4	11.3	10.2	11.5	7.2	6.0	7.8	3.5	3.0
y_i^*	5.0	5.0	10.5	8.6	12.3	8.6	5.0	6.8	3.1	3.1
e_i	−0.9	−1.6	0.8	1.6	−0.8	−1.4	1.0	1.0	0.4	−0.1

Le comportement des résidus ne prête à aucun commentaire particulier ce qui aurait pu être le cas, par exemple, si les écarts négatifs (ou positifs) avaient été concentrés sur une même portion du graphique. Par ailleurs il est utile d'examiner la distribution des résidus, présentée dans la figure 10.11. Elle admet une moyenne nulle et une variance égale à $s^2_{y.x} = 1.129$. Elle pourrait servir à s'interroger sur la validité de l'hypothèse 10.4.

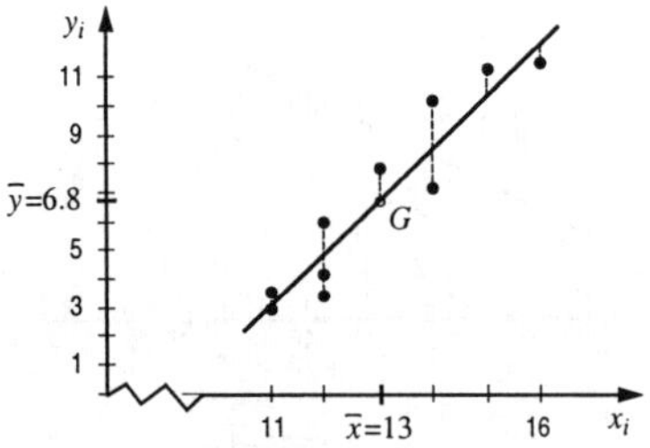

Figure 10.10
Résidus de la régression

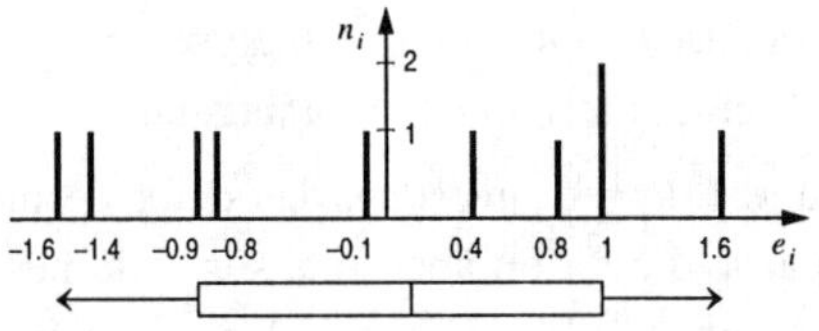

Figure 10.11 *Distribution des résidus*

10.7 CORRÉLATION DE RANG

Plaçons-nous à présent dans la situation où les variables sont mesurées sur une échelle ***ordinale*** ou considérée comme telle[23]. À partir de la série observée $\{(x_i, y_i); i = 1, \ldots, n\}$, nous pouvons considérer les séries marginales *ordonnées* $\{x_{(1)}, \ldots, x_{(n)}\}$ et $\{y_{(1)}, \ldots, y_{(n)}\}$. Notons $R(x_i)$ le rang de l'observation x_i dans la première. Si les observations sont distinctes, les rangs sont alors les nombres entiers compris entre 1 et n. Dans le cas de valeurs identiques, on leur assigne un rang égal à la moyenne arithmétique des rangs qui leur auraient été affectés si elles avaient été légèrement différentes. Nous pouvons procéder de même pour la seconde série marginale en associant à chaque observation y_i un rang $R(y_i)$.

(23) Par exemple une variable quantitative dont on n'utilise les valeurs observées que pour connaître leur position relative.

EXEMPLE 10.3

Deux juges attribuent des points à dix sportifs au cours d'une compétition. Les notes présentées dans le tableau 10.7 peuvent être considérées d'un point de vue ordinal. À chaque note attribuée par un juge — x_i pour le premier, y_i pour le second—, on associe son rang dans la série ordonnée.

Tableau 10.7 *Constitution des rangs*

Notes	Sportifs									
	A	C	D	F	G	L	M	N	R	V
Note x_i	8.3	7.6	9.1	9.5	8.4	6.9	9.2	7.8	8.6	8.2
$R(x_i)$	5	2	8	10	6	1	9	3	7	4
Note y_i	7.9	7.4	9.1	9.3	8.4	7.5	9.0	7.2	8.2	8.1
$R(y_i)$	4	2	9	10	7	3	8	1	6	5

En considérant chaque juge isolément, les points attribués aux dix personnes sont distincts. Les rangs sont donc, dans les deux cas, les entiers compris entre 1 et 10. Imaginons cependant que le premier juge ait accordé à G la note 8.6 au lieu de 8.4. Nous aurions alors deux *ex-aequo* : G et R. Si les notes avaient été légèrement différentes, ces deux personnes seraient en 6e et 7e position. Dans le cas où elles sont égales, on leur attribue à chacune un rang valant la moyenne arithmétique des rangs 6 et 7, c'est-à-dire 6.5.

10.7.1 Coefficient de corrélation de rang de Spearman

Le principe à la base de ce coefficient est simple. Après avoir attribué à chaque valeur x_i un rang $R(x_i)$ et, de même, un rang $R(y_i)$ à y_i, on considère la série bivariée $\{[R(x_i), R(y_i)]; i = 1, \ldots, n\}$. Le ***coefficient de corrélation de rang de Spearman***, noté r_s, est défini comme le coefficient de corrélation de Bravais-Pearson de cette dernière série :

$$r_s = \frac{\frac{1}{n}\sum_i \left[R(x_i) - \overline{R}_x\right]\left[R(y_i) - \overline{R}_y\right]}{\sqrt{\left\{\frac{1}{n}\sum_i \left[R(x_i) - \overline{R}_x\right]^2\right\}\left\{\frac{1}{n}\sum_i \left[R(y_i) - \overline{R}_y\right]^2\right\}}} \qquad (10.56)$$

où nous avons [24] :

$$\overline{R}_x = \frac{1}{n}\sum_i R(x_i) = \frac{n+1}{2}; \quad \overline{R}_y = \frac{1}{n}\sum_i R(y_i) = \frac{n+1}{2}\cdot \qquad (10.57)$$

Comme les rangs sont des nombres entiers compris entre 1 et n, s'il n'y a pas de coïncidence, on peut montrer [25] que la définition (10.56) s'exprime

(24) Voir exercice E.A.3.5.

(25) Voir exercice T.10.10.

encore sous la forme suivante, plus facile à utiliser :

$$r_s = 1 - \frac{6 \sum_i [R(x_i) - R(y_i)]^2}{n\left(n^2 - 1\right)} . \tag{10.58}$$

EXEMPLE 10.3 (suite 1)

Construisons le tableau 10.8 permettant de calculer l'expression (10.58).

Tableau 10.8 *Détermination de* r_s

Rangs	Sportifs									
	A	C	D	F	G	L	M	N	R	V
$R(x_i)$	5	2	8	10	6	1	9	3	7	4
$R(y_i)$	4	2	9	10	7	3	8	1	6	5
$[R(x_i) - R(y_i)]^2$	1	0	1	0	1	4	1	4	1	1

Il s'ensuit que

$$r_s = 1 - \frac{6 \times 14}{10 \times 99} = 0.915$$

ce qui nous indique une forte corrélation dans le même sens. Notons que nous aurions pu aussi utiliser la définition (10.56) pour obtenir ce résultat.

10.7.2 Coefficient de corrélation de rang de Kendall

Ce coefficient a une structure très différente du précédent. Il repose sur la notion de *paires d'observations concordantes* et *discordantes*. Supposons à nouveau qu'il n'y a pas de coïncidences entre les valeurs observées dans chaque série marginale. Considérons une paire d'observations (x_i, y_i) et (x_j, y_j), où $i \neq j$, d'une série observée bivariée. Nous serons en présence

1. d'une ***paire concordante***[(26)] si $x_i < x_j$ et $y_i < y_j$ ou si $x_i > x_j$ et $y_i > y_j$;
2. d'une ***paire discordante*** si $x_i < x_j$ et $y_i > y_j$ ou si $x_i > x_j$ et $y_i < y_j$.

Notons par N_c le nombre de paires concordantes et N_d le nombre de paires discordantes parmi les $n(n-1)/2$ paires d'observations.

Le ***coefficient de corrélation de rang de Kendall***, noté τ_a, est alors défini par l'expression

$$\tau_a = \frac{N_c - N_d}{\frac{n(n-1)}{2}} . \tag{10.59}$$

(26) Le signe $<$ traduit la relation d'ordre définissant l'échelle de mesure ; $>$ représente la relation inverse.

L'interprétation de ce coefficient est analogue à celle de r_s. Elle repose notamment sur les propriétés suivantes :

Propriété 10.5 $-1 \leqslant \tau_a \leqslant 1$.

Propriété 10.6 le signe de τ_a indique le sens de l'association entre les deux variables.

En cas d'*ex aequo* dans l'une ou l'autre des séries marginales, on utilisera la règle du rang moyen présenté ci-dessus, à condition que le nombre de coïncidences soit faible.

EXEMPLE 10.3 (suite 2)

Il est commode de réordonner les individus concernés de façon à présenter les notes d'un juge (par exemple le premier) selon un ordre croissant :

Tableau 10.9 *Recherche de* N_c *et* N_α

Rangs	Sportifs									
	L	C	N	V	A	G	R	D	M	F
$R(x_i)$	1	2	3	4	5	6	7	8	9	10
$R(y_i)$	3	2	1	5	4	7	6	9	8	10
$n_c(x_i, y_i)$	7	7	7	5	5	3	3	1	1	0
$n_d(x_i, y_i)$	2	1	0	1	0	1	0	1	0	0

Pour chaque x_i, le nombre $n_c(x_i, y_i)$ de paires concordantes

$$\{(x_i, y_i), (x_j, y_j)\}$$

s'obtient en dénombrant les rangs $R(y_j)$ supérieurs à $R(y_i)$, avec $j > i$. Par analogie, on peut définir le nombre $n_d(x_i, y_i)$ de paires discordantes en déterminant les rangs $R(y_j)$ tels que $R(y_j) < R(y_i)$, avec $j > i$. Nous avons alors :

$$N_c = \sum_i n_c(x_i, y_i) = 39 \quad ; \quad N_d = \sum_i n_d(x_i, y_i) = 6.$$

Il s'ensuit que

$$\tau_a = \frac{39 - 6}{10 \times 9/2} = 0.733$$

ce qui confirme notre interprétation du paragraphe précédent.

Lorsqu'un nombre important de valeurs sont égales, on peut envisager d'autres coefficients de même type[27].

10.7.3 Inférence statistique

Si l'échantillon est supposé prélevé selon un sondage aléatoire simple, dans une population caractérisée par la D.P. de (X, Y), on peut tester l'hypothèse

[27] Voir, par exemple, Agresti et Agresti [1986].

H_0 *qu'il n'y a pas d'association entre ces variables*, en utilisant les D.P. des paramètres observées r_s et τ_a. Les tables 15 et 16 contiennent des quantiles des v.a. r_s et τ_a. La règle de décision traduit un raisonnement intuitif selon lequel on rejette H_0 si $|r_s|$ ou $|\tau_a|$ sont trop grands (c'est-à-dire dépassent les valeurs des quantiles correspondant au niveau de probabilité α choisi).

EXEMPLE 10.3 (suite 3)

Reprenons chacun des coefficients calculés dans l'échantillon :

1. $r_s = 0.915$. La table 15 nous indique que le quantile $r_{s,n,1-\alpha/2}$ de r_s vaut ici $r_{s;10;0.975} = 0.6364$. Nous devons donc rejeter l'hypothèse de non-association, au niveau de probabilité $\alpha = 0.05$.
2. $\tau_a = 0.733$. La table 16 nous indique que le quantile $\tau_{a;1-\alpha/2}$ de τ_a vaut $\tau_{10;0.975} = 0.409$. Comme $\tau_a = 0.733 > 0.409$, nous rejetons à nouveau l'hypothèse de non-association.

10.8 MESURE D'ASSOCIATION ENTRE DEUX VARIABLES NOMINALES

10.8.1 Coefficients D^2 et Φ^2

Le cas le plus fréquent, lorsqu'on analyse une série bivariée relative à deux variables mesurées sur des échelles nominales, est celui où l'on dispose d'un *tableau de contingence* $\{(x_j, y_k, n_{jk}); j = 1, \ldots, J; k = 1, \ldots, K\}$. La mesure d'association la plus utilisée nécessite tout d'abord de définir des ***écarts à l'indépendance*** que nous introduisons au moyen d'un exemple.

EXEMPLE 10.4

Relevons un échantillon de 100 habitants d'une région et intéressons-nous à deux variables les concernant (cf. tableau 10.10) :

x = sexe $\Rightarrow \mathcal{V}_x = \{F = \text{femme},\ H = \text{Homme}\}$;
y = attitude vis-à-vis du sport
$\Rightarrow V_y = \{P = \text{favorable},\ D = \text{défavorable},\ I = \text{indifférent}\}$.

Tableau 10.10 *Tableau de contingence*

x_j	y_k			$n_{j\bullet}$
	P	D	I	
F	21	15	9	45
H	39	13	3	55
$n_{\bullet k}$	60	28	12	100

Nous appelons ***situation d'indépendance***, celle qui consiste à avoir les profils-lignes et les profils-colonnes identiques aux fréquences marginales (voir chapitre 2). Ainsi, par exemple, 45% des individus prélevés sont des femmes (fréquence $= n_{1.}/n$). La situation d'indépendance signifie qu'on doit retrouver le même pourcentage de femmes parmi les individus favorables, parmi les défavorables et parmi les indifférents, soit 45% de 60, 28 et 12 respectivement. Ces valeurs sont définies par :

$$\frac{n_{1.}}{n} n_{.1} = 27, \quad \frac{n_{1.}}{n} n_{.2} = 12.6, \quad \frac{n_{1.}}{n} n_{.3} = 5.4.$$

En appliquant cette procédure pour chaque ligne et chaque colonne, nous obtenons le tableau 10.11.

Tableau 10.11 *Tableau des effectifs théoriques* n^*_{jk}

x_j	y_k			$n_{j.}$
	P	D	I	
F	27	12.6	5.4	45
H	33	15.4	6.6	55
$n_{.k}$	60	28	12	100

Les quantités contenues dans ce tableau sont qualifiées d'*effectifs théoriques*.

À chaque effectif n_{jk} d'un tableau de contingence, on associe donc un ***effectif théorique*** n^*_{jk} défini par

$$n^*_{jk} = \frac{n_{j.} n_{.k}}{n} \tag{10.60}$$

pour tout $j = 1, \ldots, J$ et $k = 1, \ldots, K$. Nous appelons alors ***écart à l'indépendance*** la quantité

$$e_{jk} = n_{jk} - n^*_{jk}. \tag{10.61}$$

Plus ces écarts sont élevés (en valeur absolue), plus on s'éloigne de la situation d'indépendance. La mesure d'association la plus courante se base sur ces écarts. Elle est définie par l'expression

$$D^2 = \sum_j \sum_k \frac{\left(n_{jk} - n^*_{jk}\right)^2}{n^*_{jk}} = \sum_j \sum_k \frac{e^2_{jk}}{n^*_{jk}}. \tag{10.62}$$

EXEMPLE 10.4 (suite 1)

Le tableau des écarts et celui des quantités e^2_{jk}/n^*_{jk} vont nous permettre de calculer la valeur de D^2.

Tableau 10.12 *Écarts*

	e_{jk}		
	P	D	I
F	−6	2.4	3.6
H	6	−2.4	−3.6

Tableau 10.13 *Recherche de* D^2

k	e^2_{jk}/n^*_{jk}		
	P	D	I
F	1.33	0.46	2.40
H	1.09	0.37	1.96

En sommant les éléments du dernier tableau, nous obtenons $D^2 = 7.61$. Il est utile, en outre, de connaître la part prise par chaque cellule du tableau dans la valeur de D^2. En divisant chaque élément e_{jk}^2/n_{jk}^* par D^2, nous obtenons le tableau 10.14.

Tableau 10.14 *Contribution des éléments*

	$\left(e_{jk}^2/n_{jk}^*\right)/D^2$		
	P	D	I
F	0.175	0.060	0.315
H	0.143	0.049	0.258

On constate ainsi, par exemple, que le comportement qui participe le plus à l'écart à l'indépendance est celui des « femmes indifférentes » : 31.5% de D^2 est dû à cette case du tableau.

Le coefficient D^2 est parfois appelé la «***mesure du khi-deux***», eu égard à la propriété présentée dans le paragraphe 10.8.2. Son calcul peut s'effectuer de diverses façons. Nous pouvons en effet utiliser les expressions équivalentes suivantes :

$$D^2 = \sum_j \sum_k \frac{n_{jk}^2}{n_{jk}^*} - n = n\left(\sum_j \sum_k \frac{n_{jk}^2}{n_{j.}n_{k.}} - 1\right) \qquad (10.63)$$

$$D^2 = n\sum_j \sum_k \left(\frac{n_{jk}}{n_{j.}} - \frac{n_{.k}}{n}\right)\left(\frac{n_{jk}}{n_{.k}} - \frac{n_{j.}}{n}\right). \qquad (10.64)$$

Notons, par ailleurs, que D^2 s'exprime dans les mêmes unités qu'un effectif. C'est pourquoi on recourt parfois au coefficient $\Phi^2 = D^2/n$. D'autres coefficients peuvent aussi être utilisés [(28)].

Il est enfin intéressant de noter que D^2 et Φ^2 peuvent constituer des mesures de dispersion dans l'analyse d'un tableau de contingence. Nous ne considérerons pas ce problème ici [(29)].

10.8.2 Test d'indépendance

a) Objectifs du test et variable de décision

Si le tableau de contingence est défini à partir d'un échantillon d'effectif n prélevé selon un sondage aléatoire simple dans une population caractérisée par la loi de (X, Y), on peut tester l'hypothèse H_0 *d'indépendance entre ces variables* en utilisant la loi de D^2 sous H_0. Lorsque l'effectif de l'échantillon

[(28)] Voir, par exemple, Agresti et Agresti [1986].

[(29)] Cf. Droesbeke [1996,b] Escofier et Pagès [1990] ou Lebart *et al.* [1995].

est suffisamment grand, ce qui se traduit par les conditions :

$$\begin{aligned}&\text{(i)} \quad n \geqslant 30;\\ &\text{(ii)} \quad n^*_{jk} \geqslant 1, \text{ pour tout } j = 1,\ldots,J \text{ et } k = 1,\ldots,K;\\ &\text{(iii)} \quad \text{au moins } 80\% \text{ des effectifs } n^*_{jk} \geqslant 5,\end{aligned} \tag{10.65}$$

on peut montrer que

$$D^2 \approx \chi^2_{(J-1)(K-1)}. \tag{10.66}$$

b) Règle de décision

La règle de décision s'énonce dès lors comme suit :

$$\begin{cases} RH_0 & \text{si } D^2 > \chi^2_{(J-1)(K-1);1-\alpha} \\ \overline{R}H_0 & \text{dans le cas contraire,} \end{cases} \tag{10.67}$$

où $\chi^2_{(J-1)(K-1);1-\alpha}$ est le quantile d'ordre $1 - \alpha$ de la distribution χ^2 à $(J-1)(K-1)$ degrés de liberté.

EXEMPLE 10.4 (suite 2)

Si les données de l'exemple 10.4 proviennent d'un échantillon d'effectif 100 prélevé selon un sondage aléatoire simple, on peut tester l'indépendance entre les variables considérées au niveau de probabilité $\alpha = 0.05$, selon la procédure mentionnée ci-dessus, étant donné que les conditions (10.65) sont satisfaites. Comme $(J-1)(K-1) = (1)(2) = 2$, nous comparons $D^2 = 7.61$ à $\chi^2_{2;0.95} = 5.99$. La valeur de D^2 dépasse ce quantile : nous rejetons donc l'hypothèse d'indépendance.

Remarquons que dans le cas où les conditions présentées ci-dessus ne sont pas remplies, on peut recourir à des *regroupements* de valeurs de X ou de Y comme dans le paragraphe 9.9.

10.9 EXERCICES PROPOSÉS

10.9.1 Exercices théoriques

T.10.1 Démontrez les relations (10.2) et (10.4).

T.10.2 Considérons un tableau de contingence

$$\{(x_j, y_k, n_{jk})\ ;\ j = 1,\ldots,J; k = 1,\ldots,K\}$$

permettant de calculer la covariance

$$s_{xy} = \frac{1}{n}\sum_j\sum_k n_{jk}\left(x_j - \overline{x}\right)\left(y_k - \overline{y}\right).$$

Démontrez que

$$s_{xy} = \frac{1}{n} \sum_j \sum_k n_{jk} x_j y_k - \overline{x}\,\overline{y}. \tag{10.68}$$

T.10.3 Considérons un tableau de contingence

$$\left\{ \left(x_j, y_k, n_{jk}\right) ; j = 1, \ldots, J; k = 1, \ldots, K \right\}.$$

Si

$$u_j = \frac{x_j - x_0}{d_x} \quad \text{et} \quad v_k = \frac{y_k - y_0}{d_y},$$

démontrez que

$$s_{xy} = d_x d_y s_{uv} \tag{10.69}$$

où s_{uv} est la covariance définie à partir de $\{(u_j, v_k, n_{jk})\}$.

T.10.4 Soit $\{(x_i, y_i) \; ; \; i = 1, \ldots, n\}$ une série statistique bivariée. Démontrez que le coefficient de corrélation r

(a) est indépendant des origines et des unités utilisées pour mesurer x et y ;

(b) peut être calculé par l'expression (10.10).

T.10.5 ★ Démontrez que deux variables aléatoires admettant une loi normale bivariée sont indépendantes si et seulement si leur coefficient de corrélation est nul.

T.10.6 Pour que l'expression (10.31) :

$$Q\left(\alpha, \beta\right) = \sum_i \left(y_i - \alpha - \beta x_i\right)^2 \tag{10.70}$$

soit minimum, il faut que les dérivées premières de $Q(\alpha, \beta)$ par rapport à α et β soient nulles :

$$\frac{\partial Q}{\partial \alpha} = 0, \qquad \frac{\partial Q}{\partial \beta} = 0. \tag{10.71}$$

Montrez que la solution de ce système d'équations — appelées ***équations normales*** — est donnée par les valeurs a et b définies par

$$b = \frac{s_{xy}}{s_x^2}; \qquad a = \overline{y} - b\overline{x}. \tag{10.72}$$

T.10.7 Sachant que :

$$s_y^2 = \frac{1}{n} \sum_i (y_i - \overline{y})^2 \quad , \quad s_{y.x}^2 = \frac{1}{n} \sum_i \left(y_i - y_i^*\right)^2 \quad , \quad s_{\text{reg}}^2 = \frac{1}{n} \sum_i \left(y_i^* - \overline{y}\right)^2$$

où nous avons posé $y_i^* = a + bx_i$ (voir exercice T.10.6), montrez que :

$$\text{(a)} \quad s_{y.x}^2 = s_y^2 \left(1 - r^2\right); \qquad \text{(b)} \quad s_y^2 = s_{y.x}^2 + s_{\text{reg}}^2. \tag{10.73}$$

T.10.8 Sous les hypothèses du modèle de régression linéaire présentées dans le paragraphe 10.4.2, la loi de l'estimateur b de β au sens des moindres carrés est

$$\frac{b-\beta}{\sqrt{\dfrac{s_{y\cdot x}^2}{s_x^2(n-2)}}} \sim t_{n-2}\,. \tag{10.74}$$

Déterminez un intervalle de confiance pour β, au niveau de confiance $(1-\alpha)$, à partir de (10.74).

T.10.9 Considérons un tableau de contingence

$$\left\{(x_j, y_k, n_{jk})\,;\quad j=1,\ldots,J, k=1,\ldots,K\right\}$$

et les distributions conditionnelles de y en x $\{(y_k, n_{jk}), j$ fixé, $k=1,\ldots,K\}$. Ces dernières ont pour moyenne et variance :

$$\overline{y}(x_j) = \frac{1}{n_{j\cdot}}\sum_{k=1}^{K} n_{jk}y_k \quad ; \quad s_y^2(x_j) = \frac{1}{n_{j\cdot}}\sum_{k=1}^{K} n_{jk}\left[y_k - \overline{y}\left(x_j\right)\right]^2$$

où $n_{j\cdot} = \sum_k n_{jk}$ est l'effectif marginal associé à la valeur x_j.

1. Si s_y^2 est la variance marginale en y, montrez que :

$$s_y^2 = \frac{1}{n}\sum_{j=1}^{J} n_{j.}s_y^2(x_j) + \frac{1}{n}\sum_{j=1}^{J} n_{j\cdot}\left[\overline{y}\left(x_j\right)-\overline{y}\right]^2 \tag{10.75}$$

   où n est l'effectif total de la D.O.2 et $\overline{y}$ la moyenne marginale en y.

2. On appelle ***rapport de corrélation*** de y en x la proportion de la variance marginale représentée par la variance des moyennes conditionnelles :

$$\theta_{y.x}^2 = \frac{\dfrac{1}{n}\displaystyle\sum_{j=1}^{J} n_{j\cdot}\left[\overline{y}\left(x_j\right)-\overline{y}\right]^2}{s_y^2}\,. \tag{10.76}$$

   Montrez les propriétés suivantes :

   (a) $0 \leqslant \theta_{y.x}^2 \leqslant 1$;

   (b) $\theta_{y.x}^2 = 0$ si toutes les moyennes conditionnelles de y en x sont égales entre elles ;

   (c) $\theta_{y.x}^2 = 1$ si à chaque valeur x_j correspond une seule valeur de y.

Étudiez ensuite l'usage que l'on peut faire d'un tel coefficient.

T.10.10 Démontrez que l'expression (10.58) découle de (10.56).

10.9.2 Exercices pratiques

E.10.1 Considérons les séries statistiques bivariées proposées dans les exercices E.2.23 à E.2.28.

(a) Déterminez le coefficient de corrélation de Bravais-Pearson de ces séries.

(b) Peut-on définir un ajustement linéaire du nuage de points observé ? Dans l'affirmative, interprétez les résultats obtenus.

E.10.2 Un journaliste désire étudier le marché des occasions pour un modèle de voiture. Il dispose d'un échantillon de 200 voitures pour lesquelles il connaît le kilométrage au moment de la vente (variable x, exprimée en milliers de km) et son prix (variable y, exprimée en milliers d'euros). Après avoir regroupé les valeurs de chaque variable en classes, il construit le tableau de contingence suivant, dans lequel les valeurs x_j et y_k représentent des centres de classes.

x_j	y_k				
	0.6	1.4	2.2	3.0	3.8
30	–	–	–	10	8
50	–	–	16	18	7
70	–	22	27	27	8
90	16	24	10	7	–

(a) Déterminez le coefficient de corrélation de cette distribution groupée.

(b) Peut-on définir un ajustement linéaire du nuage de points observé ? Dans l'affirmative, interprétez les résultats obtenus.

E.10.3 Dans un groupe de 100 personnes (âgées de 20 à 60 ans) fréquentant une station balnéaire, on a relevé pour chacune d'elles l'âge (x) et les dépenses quotidiennes (y) consacrées aux loisirs. La série statistique observée donne lieu à la distribution groupée présentée dans le tableau suivant.

x_j	y_k			
	20	60	100	140
25	15	8	3	1
35	15	19	11	6
45	–	5	10	2
55	–	–	2	3

(a) Déterminez le coefficient de corrélation de cette D.O.2.

(b) Peut-on définir un ajustement linéaire du nuage de points observé ? Dans l'affirmative, interprétez les résultats obtenus.

E.10.4 Un échantillon de 100 ménages a été prélevé dans une population. En considérant le revenu mensuel (x) et l'épargne mensuelle (y) de ces ménages, on a pu construire le tableau suivant :

x_j	y_k		
	2.5	7.5	12.5
1.5	4	24	2
4.5	36	4	0
7.5	0	12	18

(a) Déterminez le coefficient de corrélation de cette D.O.2.

(b) Peut-on définir un ajustement linéaire du nuage de points observé ? Dans l'affirmative, interprétez les résultats obtenus.

E.10.5 Si les séries et distributions présentées dans les exercices précédents, peuvent être considérées comme des échantillons prélevés dans des populations normales caractérisées par un vecteur aléatoire (X, Y), testez l'indépendance entre ces variables.
Répondez à la même question si l'on considère un modèle de régression linéaire. Dans ce cas, déterminez un intervalle de confiance, au niveau de confiance 0.95, pour le coefficient β du modèle.

E.10.6 On a rangé 10 étudiants d'une section selon leur degré de participation à un cours théorique et à des séances d'exercices.

Participation à...	**Étudiants**									
	A	*B*	*C*	*D*	*E*	*F*	*G*	*H*	*I*	*J*
Théorie	8	3	9	2	7	10	4	6	1	5
Exercices	9	5	10	1	8	7	3	4	2	6

(a) Mesurez le degré d'association entre les variables considérées.

(b) Si cette série peut être considérée comme un échantillon aléatoire simple prélevé dans une population, testez l'hypothèse d'indépendance entre les deux caractères étudiés.

E.10.7 On considère les résultats moyens (sur un total de 100) de 10 étudiants choisis dans une première année d'études universitaires (U), et on le compare aux résultats moyens (sur un même total) obtenus par les mêmes étudiants au cours de leur dernière année d'études dans l'enseignement secondaire (S) :

Études	**Étudiants**									
	A	*B*	*C*	*D*	*E*	*F*	*G*	*H*	*I*	*J*
S	70	49	86	93	64	59	72	71	77	84
U	63	54	70	90	44	62	58	60	75	85

(a) Mesurez le degré d'association entre les variables.

(b) Si cette série est un échantillon aléatoire simple prélevé dans une population, testez l'hypothèse d'indépendance entre les résultats moyens obtenus dans la dernière année d'enseignement secondaire et la première année universitaire.

E.10.8 On demande à deux personnalités politiques P_1 et P_2 de classer, par ordre de priorité, dix projets de réformes A, B,..., J (voir tableau ci-dessous). Peut-on se risquer à affirmer qu'il existe des divergences d'opinion entre ces deux personnes ?

Personalités	**Projets**									
	A	*B*	*C*	*D*	*E*	*F*	*G*	*H*	*I*	*J*
P_1	3	6	1	7	5	8	2	9	10	4
P_2	10	4	9	7	3	5	8	1	2	6

E.10.9 L'agressivité de 12 paires de jumeaux a été évaluée par des tests psychologiques. Des « notes d'agressivité » ont ainsi été attribuées :

1er né	86	71	77	68	91	72	77	91	70	71	88	87
puîné	88	77	76	64	96	72	65	90	65	80	81	72

Testez l'hypothèse d'indépendance entre les tempéraments du premier né et du puîné.

E.10.10 On a relevé dans les mots croisés de 9 numéros du *Nouvel Observateur* la longueur du premier mot du « six horizontal » et celle du premier mot du « six vertical » :

Position	**Numéro**								
	1	**2**	**3**	**4**	**5**	**6**	**7**	**8**	**9**
Horizontal	6	8	4	4	2	3	10	5	6
Vertical	5	7	7	4	4	8	4	2	4

Testez l'hypothèse d'indépendance entre les deux caractères étudiés.

E.10.11 Neuf étudiants émettent un avis pédagogique vis-à-vis d'un professeur selon une échelle d'appréciation allant de 1 à 20. On relève par ailleurs la note obtenue par ces étudiants l'année précédente auprès du professeur.

	Étudiants								
	A	B	C	D	E	F	G	H	I
Avis	5	7	16	6	12	14	10	9	8
Résultat	8	11	10	13	9	17	7	15	16

Testez l'hypothèse d'indépendance entre la note obtenue chez ce professeur et son appréciation pédagogique.

E.10.12 Mesurez le degré d'association des variables considérées dans les exercices E.2.29 à E.2.34. Si ces D.O.2 sont des échantillons aléatoires simples prélevés dans une population, testez ensuite l'hypothèse d'indépendance entre les variables considérées.

E.10.13 Un échantillon d'effectif 100 est prélevé dans une population. En considérant les deux variables « sexe » et « prise de position vis-à-vis d'une motion », on obtient le tableau de contingence suivant :

x_j	y_k		
	Pour	Indifférent	Contre
Femmes	48	3	9
Hommes	12	7	21

Testez l'indépendance entre les deux variables considérées.

E.10.14 Considérons un échantillon de 400 salariés d'une entreprise classés selon 2 critères : le niveau hiérarchique (x) et l'origine sociale (y). Les résultats obtenus sont présentés dans le tableau de contingence suivant :

x_j	y_k			
	agricole	cadre	ouvr. empl.	autre
ouvr. empl.	11	12	145	52
maîtrise	8	6	71	23
cadre	1	27	14	30

Testez l'hypothèse d'indépendance entre les deux caractères étudiés.

E.10.15 Le tableau suivant fournit, pour 300 étudiants de première année universitaire, l'âge d'entrée dans la faculté concernée (x) et le résultat en fin d'année (y) :

x_j	y_k			
	ajourné	satisfait	distinction	gr. dist.
18	90	63	30	12
19	39	21	12	3
20	21	6	3	–

Testez l'hypothèse d'indépendance entre les deux caractères étudiés.

CHAPITRE 11

L'ANALYSE DES SÉRIES CHRONOLOGIQUES

« Le temps est assez long pour quiconque en profite ;
Qui travaille et qui pense en étend la limite ».
François-Marie Arouet, dit Voltaire,
Sixième discours sur la nature de l'homme.

11.1 INTRODUCTION

Nous avons introduit dans le chapitre 2 le concept de ***série chronologique*** comme étant une série d'observations d'une variable — que nous supposons quantitative(1) — réalisées à des dates successives notées $t_1, t_2, \ldots, t_n$. Afin de pouvoir utiliser certains résultats présentés dans le chapitre 10, nous désignerons par y cette variable et par $\{y_{t_1}, y_{t_2}, \ldots, y_{t_n}\}$ la série observée. Pour simplifier l'écriture, nous ne considérerons que le cas où les dates d'observation sont équidistantes, ce qui permet de les représenter par les entiers $1, 2, \ldots, n$. Dans ces conditions, la série chronologique est notée $\{y_1, y_2, \ldots, y_n\}$ ou encore $\{y_t\,;\,, t = 1, \ldots, n\}$, ou même plus simplement $\{y_t\}$. Deux types de variables peuvent être envisagés.

a) Variables d'intensité

Les ***variables d'intensité***, encore appelées ***niveaux***, prennent leur valeur en des instants précis. Il en est ainsi de la température relevée dans un local tous les matins à 8 heures, du cours d'une action à la fermeture de la bourse, etc.

(1) Nous nous restreindrons à ce cas dans ce chapitre.

b) Variables de débit

Les ***variables de débit***, encore appelées ***flux***, concernent des intervalles de temps. C'est le cas, par exemple, de la quantité d'électricité consommée chaque jour par un ménage, du chiffre d'affaires annuel d'une entreprise...

Si, dans le premier cas, les dates d'observation correspondent effectivement aux instants de mesure, le second cas est moins évident. Il est cependant fréquent, pour utiliser une notation unique, d'affecter la valeur observée pour une période déterminée au centre de cette dernière ou à un autre instant plus représentatif. Ainsi, la consommation quotidienne d'électricité peut être affectée au milieu de la journée (à 12 heures), le chiffre d'affaire annuel au milieu de l'année (le 30 juin), etc.

D'autre part, des périodes de temps peuvent être de longueurs distinctes (il en est ainsi des mois). Dans ce cas, certaines corrections peuvent être envisagées pour mieux respecter l'hypothèse simplificatrice faite ci-dessus. Nous ne considérerons pas ce problème ici [(2)].

L'analyse d'une série chronologique peut répondre à des objectifs divers. Nous retiendrons essentiellement dans cet ouvrage trois d'entre eux : la *description* du phénomène étudié — et essentiellement sa ***décomposition*** —, son ***lissage*** et la détermination de *prévisions* empiriques. Nous évoquerons aussi le rôle de la ***modélisation***.

11.2 PREMIÈRE APPROCHE

Comme dans l'étude d'une série statistique, il est important de réunir le plus d'informations possibles sur une série chronologique qu'on désire étudier. Des questions doivent impérativement être posées : quelle est son origine ? Quel phénomène représente-t-elle ? La variable mesurée est-elle toujours la même qu'au moment du début de son observation ? N'y-a-t-il pas des modifications de mesure, des changements structurels, d'autres variables qui l'influencent... ? Il faut en fait s'assurer que les valeurs y_t $(t = 1, \ldots, n)$ sont comparables, ce qui n'est pas toujours certain.

Quel que soit l'objectif poursuivi, il est utile de commencer l'analyse par l'examen du graphique représentant la série. Nous avons déjà évoqué ce problème dans le chapitre 2.

EXEMPLE 11.1

Considérons la série chronologique relative au nombre mensuel d'intérimaires « hebdomadaires » employés par une entreprise dont l'activité est liée au tourisme. Cette série est présentée dans le tableau 11.1 et la figure 11.1.

---

(2) Cf. par exemple Ladiray [1996] ou Mélard [1995].

Tableau 11.1 *Présentation des données*

Année	Mois (y_t)											
	J	F	M	A	M	J	J	A	S	O	N	D
1992	3	3	5	7	8	12	15	13	11	7	6	6
1993	5	7	8	12	14	16	17	12	11	11	10	6
1994	7	8	11	13	15	18	23	20	15	13	11	9
1995	7	7	8	12	16	20	25	27	23	17	15	14

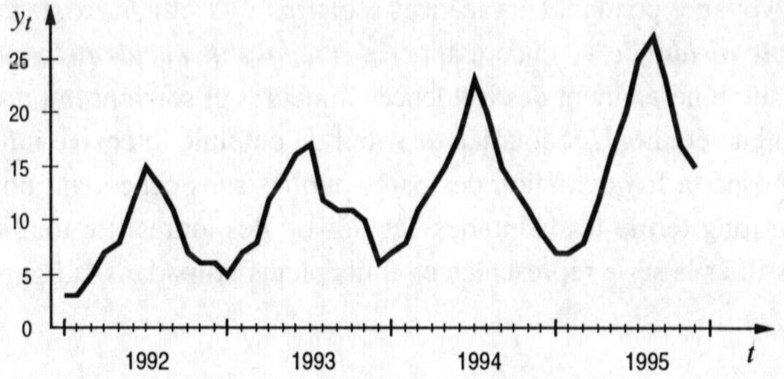

Figure 11.1 *Représentation graphique*

L'examen de la figure 11.1 nous montre que l'entreprise a tendance à employer de plus en plus d'intérimaires au fil des ans. De plus, ce nombre fluctue de mois en mois de telle façon que l'emploi est plus important durant les mois d'été que les mois d'hiver.

Analyser une série chronologique peut se réaliser de multiples façons. Notre objectif est de présenter dans ce chapitre quelques méthodes que l'on peut qualifier d'empiriques. Elles représentent des outils élémentaires et font souvent appel au bon sens. Nous évoquerons dans le paragraphe 11.11 d'autres approches que nous ne pouvons développer dans le cadre de cet ouvrage. En ce sens, ce chapitre peut être compris comme une invitation à approfondir cette matière dans d'autres livres [3].

11.3 DÉCOMPOSITION D'UNE SÉRIE CHRONOLOGIQUE

Il est usuel d'admettre qu'une série chronologique peut faire apparaître diverses ***composantes***, caractéristiques de l'évolution du phénomène étudié.

En examinant le graphique de la figure 11.2 où nous supposons que la série est mensuelle et observée sur plusieurs années, nous constatons empiriquement l'existence d'une évolution à long terme, appelée la ***tendance***, représentée par la ligne continue en grisé clair. On remarque aussi la présence d'une deuxième

(3) Cf. par exemple Coutrot et Droesbeke [1995], Droesbeke *et al.* [1988], Gourieroux et Monfort [1995], Mélard [1995] et Mills [1990].

composante à plus ou moins long terme (représentée par la ligne discontinue en grisé foncé) qui, contrairement à la tendance, est supposée *périodique* : c'est la ***composante cyclique***. Elle rend compte de mouvements importants, successivement à la hausse et à la baisse, du phénomène étudié. Une troisième composante, périodique elle aussi, se reproduit chaque année ; il s'agit de la ***composante saisonnière*** due, la plupart du temps, à des influences extérieures, naturelles ou non. Citons par exemple l'influence climatique des saisons [4] ou le résultat des us et coutumes, comme l'achat intensif des jouets en décembre, l'importance des voyages pendant les vacances scolaires... Enfin, il existe toujours une ***composante résiduelle*** — encore appelée ***composante accidentelle*** ou ***erreur*** — représentant généralement des influences mineures et souvent imprévisibles sur le phénomène étudié. Une journée de soleil ou de pluie intensive influencera de façon opposée la fréquentation des parcs publics sans cependant bouleverser à moyen ou long terme les habitudes des uns ou des autres. Le tout se combine pour constituer la série représentée en traits pleins noirs dans la figure 11.2.

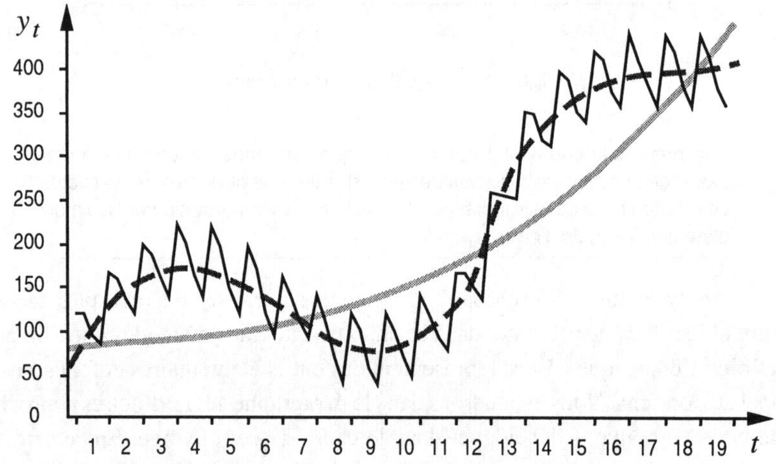

Figure 11.2 *Composantes d'une série chronologique*

Ces quatre composantes ne sont pas nécessairement présentes dans tous les cas et leur existence peut notamment dépendre de l'intervalle de temps entre deux dates d'observation successives. Ainsi une composante saisonnière est généralement inexistante dans une série de données annuelles. Par ailleurs, un phénomène stable en moyenne ne présentera pas de tendance [5]. En outre, la longueur de la série — c'est-à-dire son nombre d'observations — peut être un obstacle à la mise en évidence d'une composante. En particulier, une composante cyclique n'apparaîtra complètement que si l'intervalle entre la première date

[4] Qui a donné son nom à cette composante.

[5] On dira parfois que la tendance est constante.

d'observation et la dernière est au moins le double de la longueur de ce mouvement périodique. Dans le cas contraire, on peut être amené à ne pas pouvoir distinguer la composante cyclique de la tendance, comme le montre la figure 11.3. Sur la période d'observation indiquée entre les deux traits verticaux, on ne verra que la série en traits pleins, ce qui peut nous faire croire à une tendance qui décroît au début pour ensuite remonter. Dans ces conditions, on ne peut pas distinguer ces deux composantes. Elles sont alors réunies sous la dénomination d'une ***composante conjoncturelle*** ou ***extra-saisonnière***.

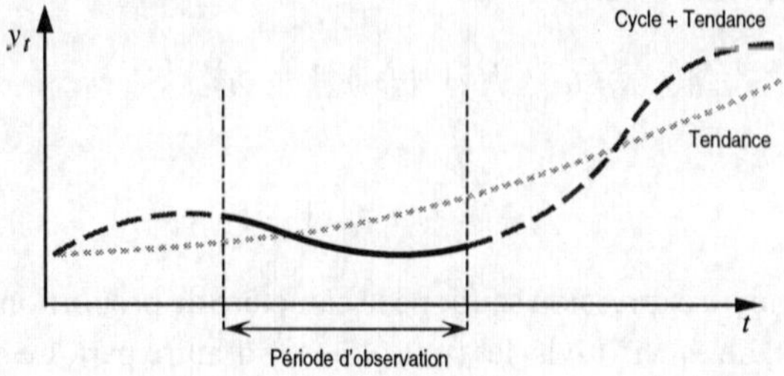

Figure 11.3 *Influence de la longueur de la série*

Il faut donc être extrêmement prudent afin de ne pas tirer de conclusions hâtives sur l'existence ou non de ces diverses composantes.

11.4 MODÈLES EMPIRIQUES D'AGRÉGATION

Désignons les quatre composantes introduites ci-dessus par les lettres respectives T (tendance), C (cycle), S (saisonnier) et E (erreur). Si l'on ne désire pas —ou si l'on ne peut pas— distinguer T de C, nous noterons par f la composante jointe (extra-saisonnière ou conjoncturelle). Il y a de multiples façons d'agréger ces composantes. Deux d'entre elles sont particulièrement simples. Elles consistent à les ajouter ou à les multiplier. Nous examinerons ces deux cas.

11.4.1 Modèle additif

Si l'on indice les composantes par la date d'observation t $(t = 1, \ldots, n)$, le ***modèle additif*** s'énonce sous la forme

$$y_t = T_t + C_t + S_t + E_t \tag{11.1}$$

ou encore

$$y_t = f_t + S_t + E_t \tag{11.2}$$

où $t = 1, \ldots, n$. Dans ce cas, les composantes agissent de façon « indépendante », ce qui donne généralement un comportement semblable à celui que nous voyons dans la figure 11.4.

11.4.2 Modèle multiplicatif

Le ***modèle multiplicatif*** se présente sous la forme

$$y_t = T_t \times C_t \times S_t \times E_t = f_t \times S_t \times E_t \tag{11.3}$$

où $t = 1, \ldots, n$. Si l'on pose

$$S_t = 1 + s_t \qquad , E_t = 1 + e_t \tag{11.4}$$

le modèle peut encore s'écrire

$$y_t = f_t \left(1 + s_t\right)\left(1 + e_t\right) \tag{11.5}$$

ou encore

$$y_t = f_t + f_t s_t + f_t \left(1 + s_t\right) e_t. \tag{11.6}$$

Cette dernière expression souligne le caractère de proportionnalité entre s_t et f_t d'une part, de e_t vis-à-vis de f_t et $(1 + s_t)$ d'autre part. Le comportement de la série adopte dès lors une allure dont la variabilité se modifie dans le temps, comme dans le cas de la figure 11.5.

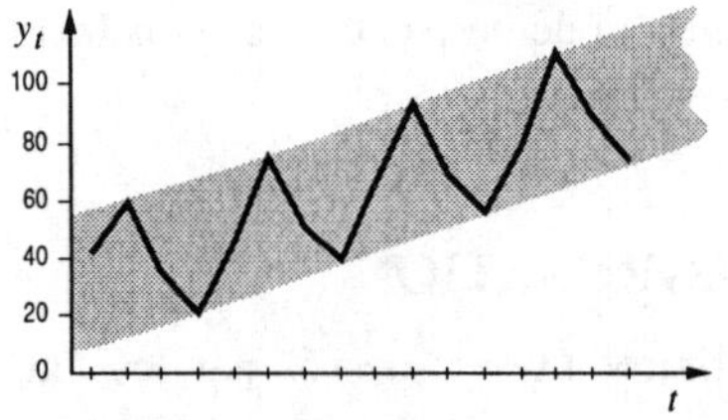

Figure 11.4
Modèle additif

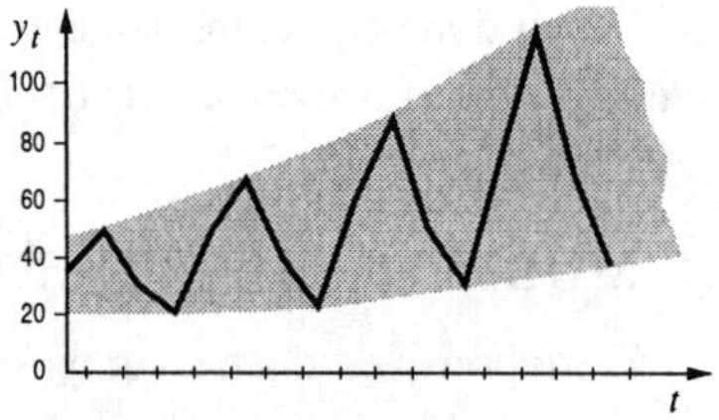

Figure 11.5
Modèle multiplicatif

Afin de faciliter la lecture et l'usage des données d'une série chronologique présentant un caractère saisonnier de longueur J, il est utile de les présenter dans un tableau à double entrée où les colonnes correspondent aux ***saisons*** $j = 1, \ldots, J$ et où les lignes correspondent aux ***périodes*** successives que nous noterons $i = 1, \ldots, I$. Dans ce cas, les modèles (11.2) et (11.5) peuvent être réécrits en désignant l'observation y_t par y_{ij}, la composante conjoncturelle f_t par f_{ij}, et ainsi de suite. Nous utiliserons cette notation dans le paragraphe 11.6.

11.5 ANALYSE DE LA TENDANCE

11.5.1 Approche exploratoire

L'étude du graphique des données observées constitue généralement la manière d'aborder ce problème. Ainsi l'examen des figures 11.4 et 11.5 fait clairement apparaître une tendance croissante. La mise en évidence d'un type de croissance particulier peut cependant être gênée par un nombre trop restreint de données (une série plus longue faciliterait habituellement la tâche) ou par des fluctuations trop importantes de la série. Pour rencontrer ce dernier problème, il est possible de recourir à l'usage de moyennes arithmétiques d'observations successives qui permettent d'atténuer ces fluctuations. Ainsi, dans le cas de données mensuelles, les moyennes des 12 observations de chaque année ne sont en principe pas influencées par des variations saisonnières (6) portant sur 12 mois. Dans ce cas, cependant, le nombre de moyennes est 12 fois plus réduit que celui des observations, ce qui peut nuire à l'analyse du problème. Il est alors préférable de recourir à l'usage de *moyennes mobiles*, que nous présentons dans le paragraphe suivant.

11.5.2 Moyennes mobiles

On peut atténuer les variations d'une série chronologique en calculant la moyenne arithmétique d'un nombre fixé k de valeurs successives, que l'on affecte à la moyenne arithmétique des dates d'observation. Ainsi, la figure 11.6 nous montre la façon de procéder si $k = 5$. On prend tout d'abord la moyenne des 5 premières observations $y_1, \ldots, y_5$ que l'on attribue à la date 3, valeur centrale des 5 premières dates d'observation. Cette moyenne est notée

$$\overline{y}_3 = \frac{y_1 + y_2 + y_3 + y_4 + y_5}{5}. \tag{11.7}$$

On recommence la procédure sur le groupe des observations $\{y_2, \ldots, y_6\}$ ce qui nous donne une moyenne $\overline{y}_4$, et ainsi de suite.

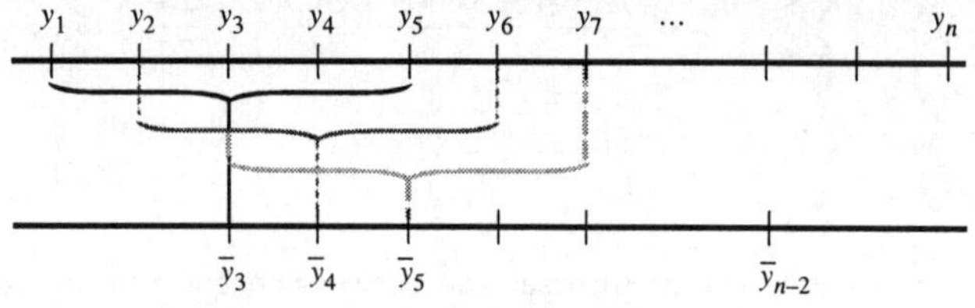

Figure 11.6 *Moyennes mobiles d'ordre 5*

Dans la mesure où le groupe de valeurs est chaque fois décalé d'un rang vers la droite sur l'axe du temps, on parle de ***moyenne mobile***, que l'on désigne plus brièvement par les lettres MM. Le nombre k d'observations utilisées à chaque fois est appelé l'***ordre de la moyenne mobile***. La valeur de k est généralement choisie en fonction de notre objectif de lisser la série. Lorsqu'une composante saisonnière est présente, on constate aisément qu'il est judicieux de choisir sa longueur comme valeur de k.

(6) Cf. le paragraphe 11.5.3.

EXEMPLE 11.2

Considérons le tableau 11.2 présentant les recettes quotidiennes d'un restaurateur, dont le restaurant est ouvert sept jours sur sept, pendant quatre semaines consécutives.

Tableau 11.2 *Recettes quotidiennes*

Semaines	Jours						
	Lu	Ma	Me	Je	Ve	Sa	Di
1	12.5	11.5	28.5	16.5	31.0	40.5	34.5
2	9.5	7.5	23.5	10.5	26.0	34.5	28.5
3	5.5	5.5	16.5	7.5	21.0	25.5	23.5
4	6.5	6.0	17.5	4.0	21.0	26.0	24.0

Le graphique de la figure 11.7 nous montre l'existence d'une composante saisonnière dont la longueur est la semaine.

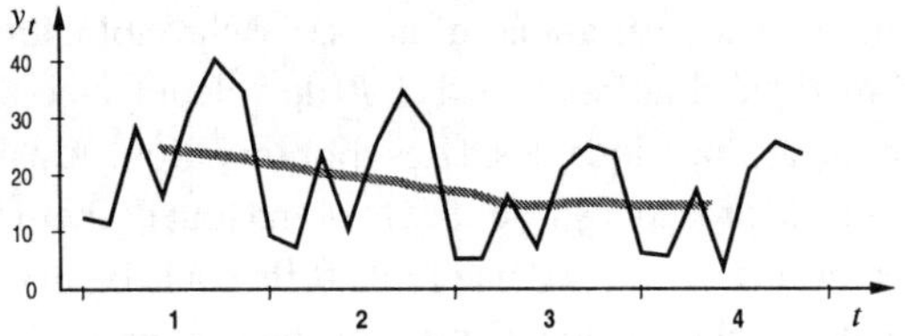

Figure 11.7 *Données brutes et moyennes mobiles*

Calculons dès lors les moyennes mobiles d'ordre 7 :

$$\overline{y}_t = \frac{y_{t-3} + y_{t-2} + y_{t-1} + y_t + y_{t+1} + y_{t+2} + y_{t+3}}{7} \tag{11.8}$$

où t=4,...,25. Ainsi, par exemple :

$$\overline{y}_4 = \frac{1}{7}\sum_{t=1}^{7} y_t = \frac{12.5 + 11.5 + \cdots + 34.5}{7} = \frac{175}{7} = 25\,,$$

$$\overline{y}_5 = \frac{1}{7}\sum_{t=2}^{8} y_t = \frac{11.5 + \cdots + 34.5 + 9.5}{7} = \frac{172}{7} = 24.57\,.$$

Remarquons qu'il n'est pas nécessaire de recalculer chaque moyenne selon (11.8). Le lecteur peut trouver, en effet, dans l'exercice T.11.1, une manière plus simple de procéder.

Tableau 11.3 *Moyennes mobiles d'ordre 7*

Semaines	Jours						
	Lu	Ma	Me	Je	Ve	Sa	Di
1	–	–	–	25.00	24.57	24.00	23.29
2	22.43	21.71	20.86	20.00	19.43	19.14	18.14
3	17.71	17.00	15.71	15.00	15.14	15.21	15.36
4	14.86	14.86	14.93	15.00	–	–	–

Le tableau 11.3 contient les moyennes mobiles qui sont représentées en grisé sur le graphique de la figure 11.7. On vérifie ainsi que le lissage de la série souligne bien le caractère décroissant de la tendance (si l'on veut bien admettre que 4 semaines d'observations représentent « du long terme ! »).

Au vu de l'exemple 11.2, on peut énoncer les remarques suivantes.

Remarque 11.1 Si l'ordre k est impair, les moyennes mobiles sont affectées à des dates d'observations.

Remarque 11.2 Si $k = 2p + 1$, la série des moyennes mobiles d'ordre k, construite à partir d'une série chronologique de n observations, contient $(n-2p)$ valeurs. Elle est donc plus courte que cette dernière.

Remarque 11.3 Comme, d'une part, toute les observations interviennent avec le même poids[7] dans le calcul de $\overline{y}_t$ et que, d'autre part, on utilise en l'instant t autant d'observations passées que futures, la moyenne mobile est dite ***symétrique simple***. En posant à nouveau $k = 2p + 1$, elle s'exprime sous la forme

$$\overline{y}_t = \frac{1}{k} \sum_{j=-p}^{p} y_{t+j} \tag{11.9}$$

où $t = p + 1, \ldots, n - p$. Une moyenne mobile symétrique simple d'ordre k impair est représentée par la notation MM(k)[8].

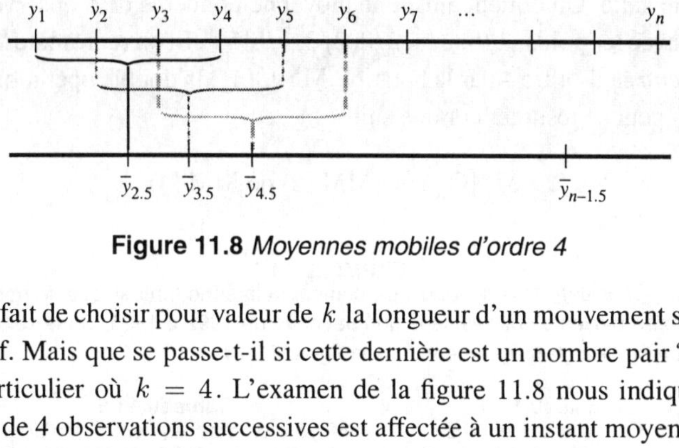

Figure 11.8 *Moyennes mobiles d'ordre 4*

Le fait de choisir pour valeur de k la longueur d'un mouvement saisonnier est intuitif. Mais que se passe-t-il si cette dernière est un nombre pair ? Prenons le cas particulier où $k = 4$. L'examen de la figure 11.8 nous indique que la moyenne de 4 observations successives est affectée à un instant moyen qui n'est pas une date d'observation :

$$\frac{y_1 + y_2 + y_3 + y_4}{4} = \overline{y}_{2.5}; \qquad \frac{y_2 + y_3 + y_4 + y_5}{4} = \overline{y}_{3.5}; \qquad \ldots \tag{11.10}$$

(7) Cf. par exemple (11.7) ou (11.8).

(8) On peut aussi la décrire par l'ensemble des coefficients de pondération intervenant dans (11.9), à savoir $[1/k, 1/k, \ldots, 1/k]$ ou, plus simplement $[k \times 1/k]$. Le premier facteur (k) indique que le second $(1/k)$ intervient k fois.

Afin de faciliter la comparaison entre valeurs observées et moyennes calculées, on recourt à une procédure de « centrage » en déterminant une moyenne d'ordre 2 des moyennes d'ordre 4 calculées ci-dessus. La figure 11.9 indique clairement que cette opération assigne le résultat à une date d'observation.

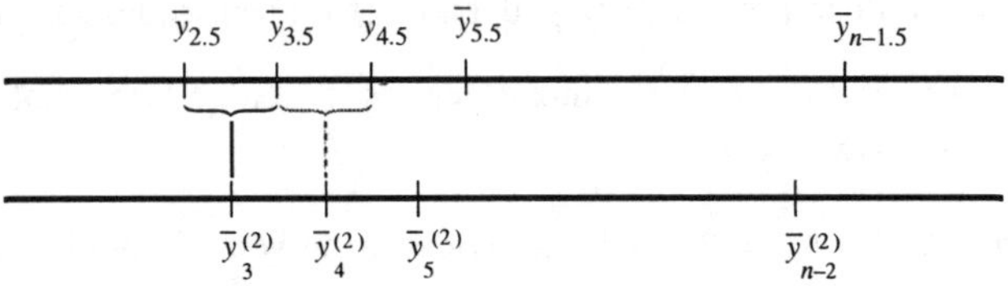

Figure 11.9 *Centrage des moyennes*

Si l'on désigne le résultat du centrage par

$$\overline{y}_t^{(2)} = \frac{\overline{y}_{t-0.5} + \overline{y}_{t+0.5}}{2} \tag{11.11}$$

on constate par exemple, à partir de (11.10), que

$$\overline{y}_3^{(2)} = \frac{y_1 + 2y_2 + 2y_3 + 2y_4 + y_5}{8} \tag{11.12}$$

$$\overline{y}_4^{(2)} = \frac{y_2 + 2y_3 + 2y_4 + 2y_5 + y_6}{8} \tag{11.13}$$

et ainsi de suite. On obtient ainsi une moyenne pondérée de 5 observations successives avec les poids $[1/8, 2/8, 2/8, 2/8, 1/8]$ [9]. Si on représente la ***moyenne mobile centrée*** d'ordre 4 par la notation $\text{MMC}(4)$, la double opération effectuée ci-dessus peut se résumer comme suit :

$$\text{MMC}\,(4) = \text{MM}\,(2) \text{ de } \text{MM}\,(4)\,. \tag{11.14}$$

EXEMPLE 11.3

— Considérons le tableau 11.4 contenant la série trimestrielle du nombre horaire moyen d'entrées dans une patinoire de 1992 à 1995. Cette série est représentée graphiquement dans la figure 11.10.

Tableau 11.4
Données observées

Années	Trimestres			
	1	2	3	4
1993	18	30	4	24
1994	30	46	16	44
1995	52	56	30	58
1996	68	72	50	74

Tableau 11.5
Moyennes mobiles centrées d'ordre 4

Années	Trimestres			
	1	2	3	4
1993	–	–	20.50	24.00
1994	27.50	31.50	36.75	40.75
1995	43.75	47.25	51.00	55.00
1996	59.50	64.00	–	–

(9) Ce qu'on peut encore noter $[1/8, 3 \times 2/8, 1/8]$.

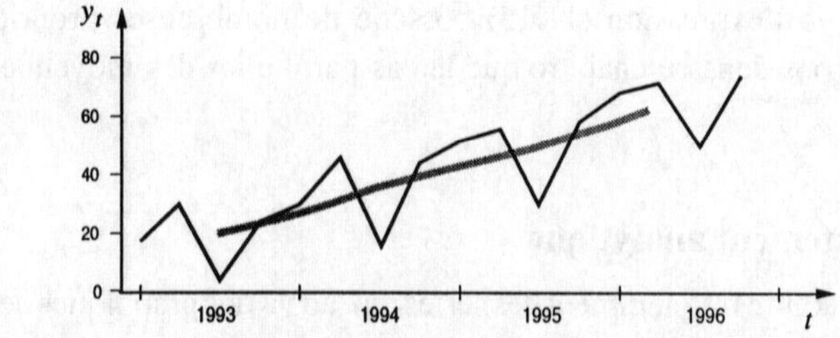

Figure 11.10 *Observations et moyennes mobiles centrées d'ordre 4*

Il existe manifestement une composante saisonnière de longueur $J = 4$. Le calcul des MMC(4) définies par (11.14) conduit au tableau 11.5.

Illustrons à nouveau l'obtention des premières valeurs $\overline{y}_t^{(2)}$ $(t = 4, 5, \ldots)$. Compte tenu de (11.12) et (11.13), nous avons :

$$\overline{y}_3^{(2)} = \frac{1}{8}y_1 + \frac{1}{4}\sum_{t=2}^{4} y_t + \frac{1}{8}y_5 \quad = \quad 20.5$$

$$\overline{y}_4^{(2)} = \frac{1}{8}y_2 + \frac{1}{4}\sum_{t=3}^{5} y_t + \frac{1}{8}y_6 \quad = \quad 24.0$$

et ainsi de suite [(10)].

De même, une moyenne mobile centrée d'ordre 12

$$\text{MMC}\,(12) = \text{MM}\,(2) \quad \text{de} \quad \text{MM}\,(12)$$

peut être utile pour lisser de nombreuses séries mensuelles contenant une composante saisonnière portant sur 12 mois.

Remarque 11.4 Les exemples des moyennes mobiles centrées d'ordre 4 et d'ordre 12 ne sont que des cas particuliers d'une ***moyenne mobile symétrique pondérée*** qui peut s'exprimer sous la forme

$$\overline{y}_t = \sum_{j=-p}^{p} w_j y_{t+j} \tag{11.15}$$

où les coefficients de pondération w_j sont tels que

$$\sum_{j=-p}^{p} w_j = 1; \quad w_j = w_{-j} \quad \text{pour} \quad j = 1, \ldots, p. \tag{11.16}$$

(10) Remarquons que ces valeurs peuvent aussi s'obtenir comme suit :

$$\overline{y}_3^{(2)} = \frac{\sum_{t=1}^{4} y_t + \sum_{t=2}^{5} y_t}{8} = \frac{76 + 88}{8} = 20.5 \quad ; \quad \ldots$$

Bien que l'expression (11.15) possède de nombreuses propriétés, nous ne considérerons dans ce chapitre que le cas particulier des moyennes mobiles centrées.

11.5.3 Ajustement analytique

On rencontre fréquemment des séries qui, au vu des graphiques des données observées et de celui de moyennes mobiles judicieusement choisies, semble présenter une tendance dont la forme est proche d'une courbe définie analytiquement (une droite, une exponentielle...). On peut dès lors être tenté d'*ajuster* cette série par une courbe qui représente son évolution à long terme. Il est usuel de déterminer cette courbe d'ajustement à partir de valeurs $\widetilde{y}_i$ $(i = 1, \ldots, m)$ qui ne sont plus influencées par la présence d'une composante périodique dans la série $\{y_t\}$. On peut ainsi considérer une série de moyennes mobiles, de moyennes annuelles... Dans ce cas, le problème s'étudie en deux étapes.

Étape 1. On choisit une courbe particulière d'équation $y = \phi(x)$, où x représente le temps. Le choix de $\phi(x)$ repose d'abord sur l'examen du graphique de la série $\{y_t\}$ et de séries transformées[(11)].

Étape 2. Si $a_1, \ldots, a_r$ désignent les paramètres intervenant dans la fonction $\phi(x)$ qui définit cette courbe, il faut déterminer leurs valeurs de manière à ajuster au mieux les points observés $\{(x_i, \widetilde{y}_i); i = 1, \ldots, m\}$, où x_i désigne la date à laquelle $\widetilde{y}_i$ est affectée. Nous distinguerons le cas où la tendance est supposée linéaire du cas contraire.

a) Tendance linéaire

Plaçons-nous dans le cas où les valeurs à ajuster semblent se répartir autour d'une droite. La détermination d'une ***droite de tendance*** s'apparente au problème que nous avons développé dans l'étude de la régression linéaire lors de l'étude d'une série d'observations bivariée $\{(x_i, y_i)\}$. Si la tendance est supposée linéaire, les résultats du paragraphe 10.4.2 permettent de déterminer l'équation de la *droite de tendance au sens des moindres carrés*. Dans la mesure où le choix de l'origine des dates est relativement arbitraire, il est judicieux de le réaliser de telle façon que la moyenne $\overline{x}$ des dates x_i soit nulle. Si l'on se replace dans le cas d'une tendance linéaire d'équation

$$y = a + bx, \tag{11.17}$$

où a et b sont les paramètres inconnus, les expressions (10.33) qui résultent de

---

(11) Par exemple les moyennes mobiles, $\{\log y_t\}$, les différences premières ∇y_t (cf. exercice T.11.3).

l'application du critère des moindres carrés deviennent dans ce cas :

$$a = \overline{y}; \quad b = \frac{\sum_i x_i \widetilde{y}_i}{\sum_i x_i^2}. \tag{11.18}$$

EXEMPLE 11.3 (suite 1)

L'examen de la figure 11.10 rend plausible l'hypothèse d'une tendance linéaire sur la période d'observation 1993-1996. Soit y_{ij} la donnée relative au trimestre j de l'année $i\,(i = 1, \ldots, 4; j = 1, \ldots, 4)$. Déterminons les moyennes annuelles

$$\overline{y}_i = \frac{1}{4}\sum_{j=1}^{4} y_{ij} \qquad i = 1, \ldots, 4.$$

On suppose que les données trimestrielles sont affectées au milieu du trimestre correspondant $(15/2, 15/5, 15/8, 15/11)$. Les moyennes $\overline{y}_i$ sont imputées au milieu de chaque année $(1/7)$. Choisissons la moyenne des 4 dates d'imputation comme origine : le 1/1/1995. Comme le nombre d'années d'observation est pair, prenons la demi-année pour unité de temps, afin d'avoir des valeurs x_i qui soient entières, comme on peut le constater dans le tableau 11.6.

Tableau 11.6 *Ajustement des* $\overline{y}_i$

Dates	x_i	$\overline{y}_i$	x_i^2	$x_i\overline{y_i}$
1/7/93	−3	19	9	−57
1/7/94	−1	34	1	−34
1/7/95	1	49	1	49
1/7/96	3	66	9	198
Totaux	0	168	20	156

Tableau 11.7 *Valeurs de tendance* (T_{ij})

Années (i)	**Trimestres** (j)			
	1	**2**	**3**	**4**
1	12.75	16.65	20.55	24.45
2	28.35	32.25	36.15	40.05
3	43.95	47.85	51.75	55.65
4	59.55	63.45	67.35	71.25

Il résulte du tableau 11.7 et de (11.18) que

$$a = \frac{168}{4} = 42; \quad b = \frac{156}{20} = 7.8.$$

La droite de tendance a donc pour équation

$$y = 42 + 7.8x\,. \tag{11.19}$$

Les *valeurs de tendance* s'obtiennent en calculant les valeurs de y fournies par (11.19), dans lesquelles on remplace x par les abscisses de chaque date d'observation : $x = -3.75$ pour le 15/2/93, $x = -3.25$ pour le 15/5/93, ..., $x = 3.75$ pour le 15/11/96. Le tableau 11.7 contient ces valeurs de tendance. Nous les désignerons par T_{ij} $(i = 1, \ldots, 4; j = 1, \ldots, 4)$ [(12)].

Comme nous l'avons détaillé dans l'exemple 11.3, la valeur de tendance T_{ij} correspond à l'ordonnée de la courbe de tendance pour la date d'observation (i, j). Elle fournit une estimation de la partie de l'observation y_{ij} due au mouvement à long terme.

b) Tendance non linéaire

La possibilité de déterminer une courbe de tendance non linéaire repose sur une démarche analogue. À partir de l'examen du graphique des données observées ou des données transformées, on recherche une courbe d'ajustement qui semble décrire raisonnablement le comportement à long terme de la série. Dans cette démarche empirique, il est conseillé de retenir des courbes définies avec peu de paramètres, à condition qu'elles soient acceptables au vu de l'évolution du phénomène étudié. Citons quelques exemples intéressants :

- *Ajustement exponentiel* :

$$y = 10^{a+bx} \; ; \tag{11.20}$$

- *Ajustement quadratique* :

$$y = a + bx + cx^2 \; ; \tag{11.21}$$

- *Ajustement logistique* :

$$y = \frac{k}{1 + b\mathrm{e}^{-ax}} \qquad (a, b, k > 0) \; ; \tag{11.22}$$

- *Ajustement de Gompertz* :

$$y = ab^{k^x} \qquad (a, b > 0, 0 < k < 1). \tag{11.23}$$

Nous ne développerons pas le problème de l'estimation des paramètres de ces courbes ici [(12)]. Nous illustrerons seulement le premier cas (11.20) par un exemple.

(12) Nous désignons les années 1993 à 1996 par $i = 1, \ldots, 4$ et les trimestres par $j = 1, \ldots, 4$.
(12) Cf. par exemple Mélard [1995] ou l'exercice T.11.5.

EXEMPLE 11.4

Considérons la production annuelle d'électricité d'un pays de 1985 à 1995, exprimée en millions de Kw/h. La série observée est contenue dans le tableau 11.8 (valeurs au 1/7 de chaque année) et représentée graphiquement dans la figure 11.11.

Tableau 11.8 *Production d'électricité*

Année (t)	85	86	87	88	89	90	91	92	93	94	95
Production (y_t)	320	325	340	355	380	395	425	450	485	520	560
$\log_{10} y_t$	2.505	2.512	2.531	2.550	2.580	2.597	2.628	2.653	2.686	2.716	2.748

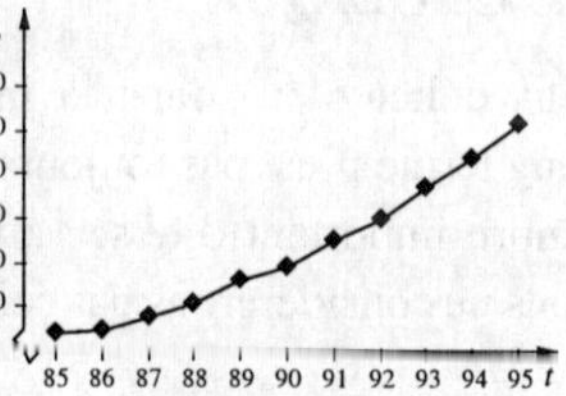

Figure 11.11
Production d'électricité

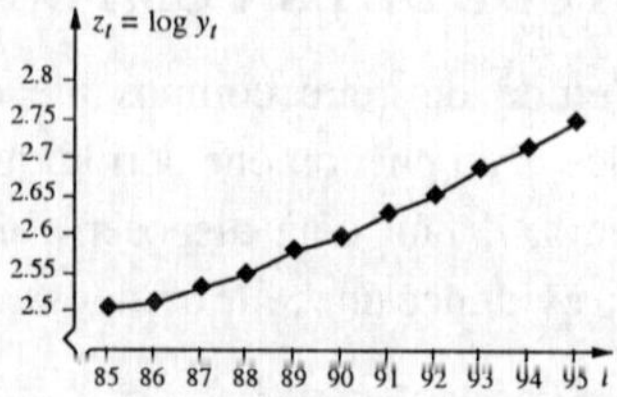

Figure 11.12
Comportement de $z_t = \log y_t$

L'examen du graphique de la série (figure 11.11) fait penser à un comportement exponentiel de la tendance décrite par l'équation (11.20). Si l'on définit $z = \log_{10} y$, il découle de (11.20) que

$$\log_{10} y = a + bx. \tag{11.24}$$

On établit ainsi une relation linéaire entre z et x.

Le caractère exponentiel de la tendance est confirmé en examinant le graphique de la figure 11.12 exprimant l'évolution des valeurs $z_t = \log_{10} y_t$, présentées dans le tableau 11.8. L'examen de ce graphique nous suggère en effet une croissance linéaire. Un ajustement linéaire de $\{z_t = \log_{10} y_t\}$ nous donne (voir tableau 11.9), en prenant pour origine le 1/7/90 et pour unité l'année :

$$a = \overline{z} = \frac{28.706}{11} = 2.610 \quad ; \quad b = \frac{\sum_t x_t z_t}{\sum_t x_t^2} = \frac{2.75}{110} = 0.025.$$

Tableau 11.9 *Ajustement de* $\{\log_{10} y_t\}$

	x_t											Total
	-5	-4	-3	-2	-1	0	1	2	3	4	5	
z_t	2.305	2.512	2.531	2.550	2.580	2.597	2.628	2.653	2.686	2.716	2.748	28.706
x_t^2	25	16	9	4	1	0	1	4	9	16	25	110
$x_t z_t$	−12.53	−10.05	−7.59	−5.10	−2.58	0	2.63	5.31	8.06	10.86	13.74	2.75

Nous sommes donc amenés à ajuster y_t par la courbe d'équation

$$y = 10^{2.61+0.025x}$$

Les valeurs de tendance sont présentées dans le tableau 11.10.

Tableau 11.10 *Valeurs de tendance*

t	85	86	87	88	89	90	91	92	93	94	95
T_t	305	324	343	363	385	407	432	457	484	513	543

On peut aisément se convaincre qu'un ajustement linéaire de $\{y_t\}$ aurait donné des valeurs de tendance plus éloignées des observations que dans le cas exponentiel.

11.6 ÉTUDE DE LA COMPOSANTE CYCLIQUE

L'étude de cette composante est plus délicate[13] dans la mesure où l'existence d'un phénomène périodique à long terme n'est pas toujours certaine. Par ailleurs, il faut déjà disposer d'un nombre important d'observations pour mettre en évidence une telle composante. Nous ne considérerons pas ce problème ici.

11.7 ÉTUDE DE LA COMPOSANTE SAISONNIÈRE

Supposons à nouveau que J désigne la période de la composante saisonnière et que l'on dispose d'une série chronologique $\{y_t\}$ sous la forme présentée dans le tableau 11.11. Dans ce dernier, y_{ij} désigne la valeur observée pour la i-ème *période* et la j-ème *saison.*

Tableau 11.11 *Présentation des données*

i	j				
	1	$\cdots$	j	$\cdots$	J
1	y_{11}	$\cdots$	y_{1j}	$\cdots$	y_{1J}
$\vdots$	$\vdots$		$\vdots$		$\vdots$
i	y_{i1}	$\cdots$	y_{ij}	$\cdots$	y_{iJ}
$\vdots$	$\vdots$		$\vdots$		$\vdots$
I	y_{I1}	$\cdots$	y_{Ij}	$\cdots$	y_{IJ}

Le souhait de déterminer la composante saisonnière S a engendré plusieurs méthodes empiriques. Nous en présenterons deux d'entre elles, selon que l'on suppose que la série est décrite par un modèle additif ou un modèle multiplicatif. Nous évoquerons aussi l'usage de méthodes moins empiriques dans le paragraphe 11.11.

[13] Cf. par exemple Mélard [1995].

11.7.1 Cas d'un modèle additif

Compte tenu des notations introduites ci-dessus, le modèle (11.2) peut encore s'écrire

$$y_{ij} = f_{ij} + S_{ij} + E_{ij} \tag{11.25}$$

où $f_{ij} = T_{ij} + C_{ij} (i = 1, \ldots, I; j = 1, \ldots, J)$. On ne peut déterminer autant de termes S_{ij} qu'il y a d'observations. C'est pourquoi on suppose généralement que le mouvement saisonnier est *rigide*. C'est-à-dire qu'à chaque période, la composante associée à une saison particulière est la même. Formalisons cette hypothèse.

Hypothèse de rigidité de $S(H_r)$. S est rigide si

$$S_{ij} = S_j \qquad i = 1, \ldots, I; j = 1, \ldots, J\,. \tag{11.26}$$

Dans ce cas, le nombre de ***coefficients saisonniers*** inconnus vaut J et le modèle (11.25) devient

$$y_{ij} = f_{ij} + S_j + E_{ij}. \tag{11.27}$$

Supposons par ailleurs que l'on puisse déterminer au préalable la composante extra-saisonnière f. Deux cas sont envisagés ici.

a) Détermination de *f* par courbe de tendance

Si on suppose que la composante cyclique n'existe pas et que la tendance T peut être obtenue par ajustement analytique selon une méthode présentée ou évoquée dans le paragraphe 11.3, on aura

$$f_{ij} = T_{ij} \qquad i = 1, \ldots, I; j = 1, \ldots, J \tag{11.28}$$

où T_{ij} est la valeur de tendance correspondant à la saison j de la période i.

b) Utilisation des moyennes mobiles

Cette manière de procéder repose sur l'hypothèse qu'une moyenne mobile d'ordre J élimine pratiquement la composante saisonnière et la composante accidentelle. Dans ces conditions, il est admissible, compte tenu de (11.27), d'estimer les valeurs de f_{ij} par

$$f_{ij} = M_{ij} \tag{11.29}$$

où M_{ij} est la moyenne mobile symétrique d'ordre J correspondant à la date (i, j).

Dans ces deux cas, le modèle (11.27) ne contient que J coefficients inconnus. Pour les déterminer, on peut utiliser la *méthode des moindres carrés* permettant de minimiser la part résiduelle dans ce modèle :

$$\begin{aligned} \text{Minimiser } Q(S_1, \ldots, S_J) &= \sum_i \sum_j E_{ij}^2 \\ &= \sum_i \sum_j (y_{ij} - f_{ij} - S_j)^2 . \end{aligned} \quad (11.30)$$

L'application des méthodes classiques d'optimisation [(14)] permet de montrer que les coefficients saisonniers sont alors égaux à

$$S_j = \frac{1}{I} \sum_j (y_{ij} - f_{ij}) . \quad (11.31)$$

Lorsque l'extra-saisonnier f_{ij} est déterminé par (11.28), on parle de ***méthode de comparaison à la tendance***. Si on recourt à (11.29), il s'agit de la ***méthode de comparaison à la moyenne mobile***. Remarquons que dans ce cas, le nombre de comparaisons $(y_{ij} - f_{ij})$ vaut $J-1$, étant donné l'inexistence des f_{ij} au début et à la fin de la période d'observation, ce qui implique que

$$S_j = \frac{1}{I-1} \sum_i (y_{ij} - M_{ij}) . \quad (11.32)$$

EXEMPLE 11.3 (suite 2)

Reprenons la série observée présentée dans la figure 11.10. L'examen du graphique nous autorise à supposer qu'il n'y a pas de composante cyclique et que la tendance est linéaire. Dans ce cas, les coefficients saisonniers S_1, S_2, S_3 et S_4 peuvent être déterminés grâce à (11.31), en utilisant le tableau 11.12, construit lui-même à partir des tableaux 11.4 et 11.7.

Tableau 11.12 *Valeurs $(y_{ij} - T_{ij})$ et détermination des S_j (I)*

Années (i)	**Trimestres** (j)			
	1	**2**	**3**	**4**
1	5.25	13.35	−16.55	−0.45
2	1.65	13.75	−20.15	3.95
3	8.05	8.15	−21.75	2.35
4	8.45	8.55	−17.35	2.75
Totaux	23.40	43.80	−75.80	8.60
S_j	5.85	10.95	−18.95	2.15

D'autre part, le recours à la méthode de comparaison à la moyenne mobile repose sur le tableau 11.13, issu des tableaux 11.4 et 11.5 et fournissant les valeurs de S_j définies par (11.32).

(14) Cf. exercice T.11.6.

Tableau 11.13 *Valeurs* $(y_{ij} - M_{ij})$ *et détermination des* S_j *(II)*

Années (i)	Trimestres (j)			
	1	2	3	4
1	–	–	-16.50	0.00
2	2.50	14.50	-20.75	3.25
3	8.25	8.75	-21.00	3.00
4	8.50	8.00	–	–
Totaux	19.25	31.25	-58.25	6.25
S_j	6.42	10.42	-19.42	2.08

On constate aisément que les coefficients obtenus par ces deux méthodes sont du même ordre de grandeur. Dans la mesure où ces procédures sont empiriques, on pourrait d'ailleurs éviter de fournir des coefficients avec deux décimales.

Afin de pouvoir comparer les coefficients obtenus par des méthodes distinctes, on souhaite généralement que ces coefficients satisfassent à l'***hypothèse de conservation des aires***. Celle-ci consiste à supposer que les coefficients saisonniers se compensent sur la longueur du mouvement saisonnier :

$$\frac{1}{J}\sum_{j=1}^{J} S_j = 0. \tag{11.33}$$

Il est intéressant de remarquer que cette hypothèse est satisfaite pour le tableau 11.12, mais pas tout à fait par les résultats obtenus dans le tableau 11.13 au moyen de la deuxième méthode. Il est dès lors possible de *corriger* les coefficients saisonniers de manière à ce que (11.33) soit toujours satisfaite. Si

$$\sum_{j=1}^{J} S_j = S, \tag{11.34}$$

les coefficients S_j sont remplacés par

$$S'_j = S_j - \frac{S}{J}, \tag{11.35}$$

ce qui implique (11.33).

Remarquons par ailleurs que les résultats obtenus peuvent être relativement instables en raison du petit nombre d'années d'observation. Ainsi, la présence d'une valeur aberrante pourrait influencer de façon significative la détermination des coefficients saisonniers. Il peut alors être plus judicieux de recourir à l'usage de *médianes* plutôt que de *moyennes arithmétiques* pour calculer ces derniers [15].

[15] Cf. par exemple Crivisqui [1995] ou Mélard [1995].

c) Cas d'un modèle multiplicatif

Supposons pouvoir écrire que

$$y_{ij} = f_{ij}\,(1 + s_j)\,(1 + e_{ij}) \tag{11.36}$$

compte tenu de (11.5) et en utilisant une hypothèse de rigidité du mouvement saisonnier selon laquelle $1 + s_{ij} = 1 + s_j \;\; (i = 1, \ldots, I; j = 1, \ldots, J)$.

Afin de déterminer les coefficients saisonniers $1 + s_j$, deux voies empiriques sont généralement proposées.

1°. Transformation logarithmique des données. Si l'on pose $z_{ij} = \log y_{ij}$, on peut écrire le modèle (11.36) sous la forme

$$z_{ij} = \log f_{ij} + \log(1 + s_j) + \log(1 + e_{ij})\,. \tag{11.37}$$

Cette transformation nous permet donc de nous ramener au cas d'un modèle additif.

2°. Adaptation des méthodes additives. Si f_{ij} est déterminée par calcul des valeurs de tendance ou par moyennes mobiles selon les expressions (11.28) ou (11.29), on peut déterminer les coefficients saisonniers par une expression adaptée de (11.31) :

$$1 + s_j = \frac{1}{I} \sum_i \frac{y_{ij}}{f_{ij}}\,. \tag{11.38}$$

Dans la mesure où il s'agit d'une approche empirique, l'expression hybride (11.38) est parfois appliquée. Notons que dans ce cas, l'hypothèse de conservation des aires s'énonce :

$$\frac{1}{I} \sum_j (1 + s_j) = 1. \tag{11.39}$$

Au cas où cette relation ne serait pas satisfaite par le résultat de (11.38), on peut recourir aux coefficients corrigés

$$1 + s'_j = (1 + s_j)\,\frac{J}{S} \qquad j = 1, \ldots, J. \tag{11.40}$$

Nous laissons au lecteur le soin d'utiliser ces méthodes, par exemple dans le cas de l'exemple 11.1.

11.7.2 Données désaisonnalisées

Il est fréquent, dans certains milieux économiques, de fournir des ***données désaisonnalisées***, encore appelées *données corrigées des variations saisonnières*. Elles sont particulièrement utiles lorsqu'une série chronologique est utilisée à des fins stratégiques et qu'on ne désire pas prendre de décisions qui seraient influencées par l'existence d'un mouvement saisonnier.

Dans le cadre du recours à un modèle empirique additif, les données désaisonnalisées d_{ij} sont définies par

$$d_{ij} = y_{ij} - S_j. \tag{11.41}$$

Pour un modèle multiplicatif, nous avons

$$d_{ij} = \frac{y_{ij}}{1 + s_j}. \tag{11.42}$$

EXEMPLE 11.3 (suite 3)

Reprenons la série du tableau 11.4 et les coefficients saisonniers obtenus par comparaison à la tendance dans le tableau 11.12.

L'application de (11.41) nous donne les données désaisonnalisées présentées dans le tableau 11.14 et dans la figure 11.13.

Tableau 11.14 *Données désaisonnalisées* (d_{ij})

Années (i)	Trimestres (j)			
	1	2	3	4
1993	12.15	19.05	22.95	21.85
1994	24.15	35.05	34.95	41.85
1995	46.15	45.05	48.95	55.85
1996	62.15	61.05	68.95	71.85

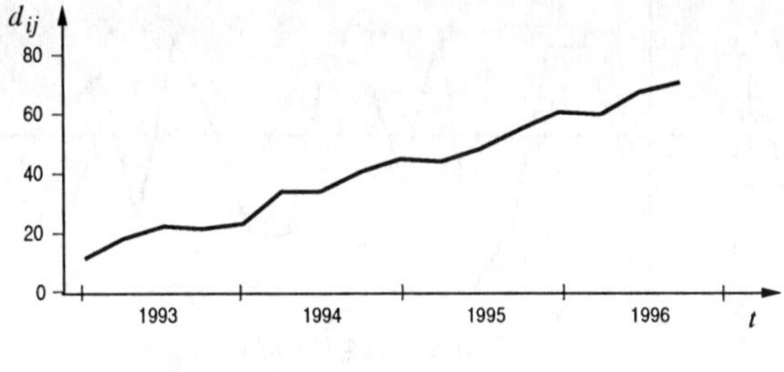

Figure 11.13 *Données désaisonnalisées*

La figure 11.13 nous montre bien l'évolution de la série dont on a éliminé — ou tout au moins fortement atténué — la composante saisonnière.

On aurait pu aussi utiliser les coefficients saisonniers obtenus par comparaison à la moyenne mobile. Une méthode fort utilisée est basée sur ce principe. Elle porte le nom de *méthode X-11 du Bureau of Census*[16]. Signalons aussi

[16] Cf. Mélard [1995]. Il existe aussi une méthode X-12 plus élaborée et d'autres méthodes semblables.

l'usage des *différences saisonnières* dans le processus de désaisonnalisation, que nous ne présenterons pas ici [17].

11.8 ÉTUDE DE LA COMPOSANTE ACCIDENTELLE

Comme nous l'avons déjà souligné dans le chapitre 10, l'étude des résidus est souvent très instructive. Dans le cas d'un modèle additif, elle résulte d'une détermination préalable de f_{ij} et de S_j :

$$E_{ij} = y_{ij} - f_{ij} - S_j = d_{ij} - f_{ij} \qquad i = 1, \ldots, I; j = 1, \ldots, J. \quad (11.43)$$

EXEMPLE 11.3 (suite 4)

Reprenons les coefficients saisonniers obtenus par comparaison à la tendance. Dans ce cas, les résidus (11.43) s'obtiennent à partir des tableaux 11.7 et 11.14. Ils sont contenus dans le tableau 11.15.

Tableau 11.15 *Résidus* (E_{ij})

Années (i)	**Trimestres** (j)			
	1	**2**	**3**	**4**
1	-0.6	2.4	2.4	-2.6
2	-4.2	2.8	-1.2	1.8
3	2.2	-2.8	-2.8	0.2
4	2.6	-2.4	1.6	0.6

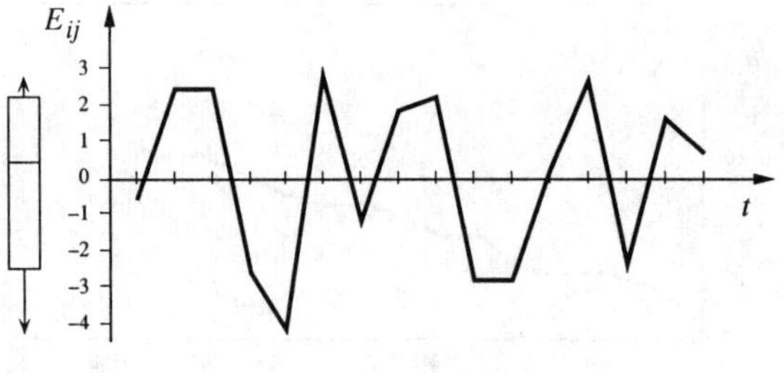

Figure 11.14 *Résidus*

La figure 11.14 nous indique le comportement des variations accidentelles dans le temps. Une boîte à moustaches nous montre la distribution observée des E_{ij}. Le calcul de

$$\overline{E} = 0, s_E^2 = 5.3$$

nous permet de quantifier la position centrale et la dispersion de cette dernière. Au vu de ce graphique, rien ne nous permet de mettre en évidence une structure des résidus qui n'aurait rien d'accidentel (pas de périodicité, pas de valeurs aberrantes...) !

[17] Cf. exercice E.11.23.

Il faut cependant relativiser les conclusions qu'on peut tirer de ce type de développement et nous rappeler qu'il s'agit d'une approche empirique [18]. Nous reviendrons sur cette composante dans le paragraphe 11.11.

11.9 COEFFICIENT D'AUTOCORRÉLATION

Dans la mesure où une série chronologique est une suite de valeurs observées qui, par nature, sont généralement dépendantes les unes des autres, notamment en raison de l'existence des composantes T, C ou S, il peut être intéressant de mesurer la corrélation entre des observations distantes d'un intervalle de temps fixé *a priori*. Dans ce but, on peut calculer le coefficient de corrélation de Bravais-Pearson de la série bivariée

$$\{(y_t, y_{t+k}), t = 1, \ldots, n-k, k \in \mathbb{N}\}$$

appelé le ***coefficient d'autocorrélation d'ordre k*** et noté r_k :

$$r_k = \frac{\dfrac{1}{n-k}\displaystyle\sum_{t=1}^{n-k}(y_t - \overline{y}_1)(y_{t+k} - \overline{y}_2)}{\sqrt{\left[\dfrac{1}{n-k}\displaystyle\sum_{t=1}^{n-k}(y_t - \overline{y}_1)^2\right]\left[\dfrac{1}{n-k}\displaystyle\sum_{t=1}^{n-k}(y_{t+k} - \overline{y}_2)^2\right]}}. \tag{11.44}$$

D'autres expressions peuvent être envisagées [19]. Dans cette expression, $\overline{y}_1$ est la moyenne des valeurs $y_1, \ldots, y_{n-k}$ et $\overline{y}_2$ celle de $y_{k+1}, \ldots, y_n$. Remarquons que l'expression (11.44) peut encore s'écrire, compte tenu de (10.2) :

$$r_k = \frac{\dfrac{1}{n-k}\displaystyle\sum_{t=1}^{n-k} y_t y_{t+k} - \overline{y}_1\overline{y}_2}{\sqrt{\left(\dfrac{1}{n-k}\displaystyle\sum_{t=1}^{n-k} y_t^2 - \overline{y}_1^2\right)\left(\dfrac{1}{n-k}\displaystyle\sum_{t=1}^{n-k} y_{t+k}^2 - \overline{y}_2^2\right)}} \tag{11.45}$$

EXEMPLE 11.5

Considérons la série fictive composée des valeurs $\{0, 1, 2, 1, 0, 1, 2, 1, 0, 1, 2, 1, 0, 1\}$. Elle présente une composante périodique de longueur 4 — et rien d'autre! Le tableau 11.16 et l'expression (11.45) nous permettent de déterminer les coefficients d'autocorrélation r_k, pour $k = 1, 2$.

---

[18] Accordons plus d'attention à l'ordre de grandeur des résultats qu'à leur valeur précise.
[19] Cf. Coutrot et Droesbeke [1995] ou Mélard [1995].

Tableau 11.16 *Détermination de r_k*

t	$k=1$					$k=2$				
	y_t	y_{t+1}	y_t^2	y_{t+1}^2	$y_t y_{t+1}$	y_t	y_{t+2}	y_t^2	y_{t+2}^2	$y_t y_{t+2}$
1	0	1	0	1	0	0	2	0	4	0
2	1	2	1	4	2	1	1	1	1	1
3	2	1	4	1	2	2	0	4	0	0
4	1	0	1	0	0	1	1	1	1	1
5	0	1	0	1	0	0	2	0	4	0
6	1	2	1	4	2	1	1	1	1	1
7	2	1	4	1	2	2	0	4	0	0
8	1	0	1	0	0	1	1	1	1	1
9	0	1	0	1	0	0	2	0	4	0
10	1	2	1	4	2	1	1	1	1	1
11	2	1	4	1	2	2	0	4	0	0
12	1	0	1	0	0	1	1	1	1	1
13	0	1	0	1	0	--	--	--	--	--
Totaux	12	13	18	19	12	12	12	18	18	6

$$r_1 = \frac{\frac{12}{13} - \left(\frac{12}{13} \times \frac{13}{13}\right)}{\sqrt{\left[\frac{18}{13} - \left(\frac{12}{13}\right)^2\right]\left[\frac{19}{13} - \left(\frac{13}{13}\right)^2\right]}} = 0$$

$$r_2 = \frac{\frac{6}{12} - \left(\frac{12}{12} \times \frac{12}{12}\right)}{\sqrt{\left[\frac{18}{12} - \left(\frac{12}{12}\right)^2\right]\left[\frac{18}{12} - \left(\frac{12}{12}\right)^2\right]}} = -1\,.$$

Par analogie, on peut vérifier que $r_3 = 0$, $r_4 = 1$, $r_5 = 0$, $r_6 = -1, \ldots$ Le caractère périodique (strict) de $\{y_t\}$ implique que le coefficient d'autocorrélation dont l'ordre est égal à la longueur du mouvement périodique, vaut 1. La figure 11.15 présente le ***corrélogramme*** exprimant le comportement de r_k en fonction de k.

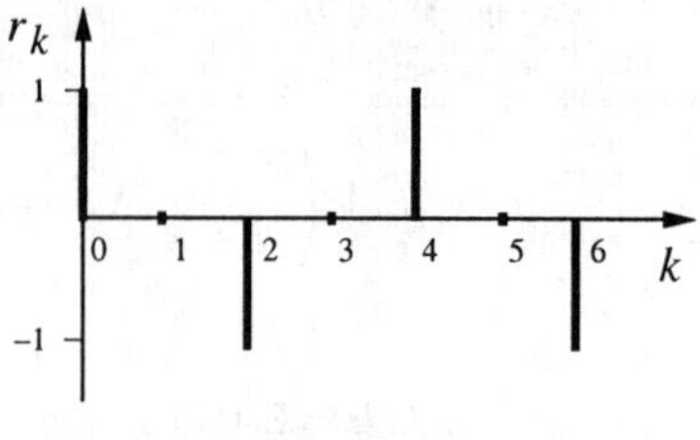

Figure 11.15 *Corrélogramme*

Pour des séries plus réelles, le comportement de r_k est plus complexe, mais le corrélogramme aura tendance à présenter un pic en $k = J$, si J est la longueur d'une composante périodique. Un tel graphique est utilisé aussi bien pour l'étude de $\{y_t\}$ que de séries créées par l'analyse, comme par exemple la série des résidus $\{E_t\}$.

11.10 MÉTHODES EMPIRIQUES DE PRÉVISION

11.10.1 Introduction

La prévision est un problème très ancien. Savoir de quoi demain sera fait, ou en tout cas essayer de le cerner, est une préoccupation de nombreux scientifiques ou gestionnaires. Dans sa conception la plus simple, ce problème peut se présenter comme suit.

Soit T l'***origine de la prévision***, c'est-à-dire l'instant en lequel on veut construire cette dernière, à partir d'un ***historique*** $\{y_1, \ldots, y_T\}$. Par rapport à la série $\{y_1, \ldots, y_n\}$ dont on dispose, T peut être égal à n ou à une date antérieure. De même, il n'est pas obligatoire d'utiliser les premières observations de la série.

EXEMPLE 11.6

Considérons la série chronologique du nombre d'acheteurs (en milliers) d'une revue habitant dans une ville. Elle est présentée dans le tableau 11.17 et représentée dans la figure 11.16.

Il apparaît clairement que l'histoire des 4 premières périodes est curieuse, au vu de la suite du mouvement. Il faut bien sûr tenter d'en comprendre la raison (la mesure du phénomène était-elle correcte ? n'a-t-on pas intégré des informations concernant d'autres revues ? S'agit-il d'une campagne de promotion mal gérée ou mal comprise... ?) En tout cas, au vu de la régularité du mouvement qui va suivre, il semble inopportun d'utiliser l'historique avant la période 4 pour prévoir la vente de cette revue dans le futur.

Tableau 11.17 *Nombre d'acheteurs d'une revue*

t	1	2	3	4	5	6	7	8	9	10	11	12	13	14	15
y_t	12.5	26.2	25.1	11.2	15.7	15.8	16.3	16.7	17.1	17.3	18.3	18.5	19.0	19.3	20.0

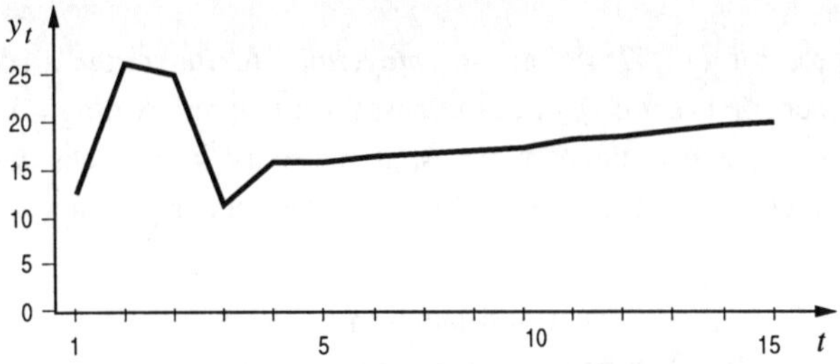

Figure 11.16 *Nombre d'acheteurs d'une revue*

Plaçons-nous dans la situation où l'on désire prévoir la valeur de la variable y pour un ***horizon*** h, c'est-à-dire, quand on se trouve en T, pour l'instant $(T+h)$.

Désignons par $\widehat{y}_t(h)$ cette valeur prédite.

On peut imaginer un certain nombre de méthodes extrapolatives simples qui utilisent l'historique de la série observée.

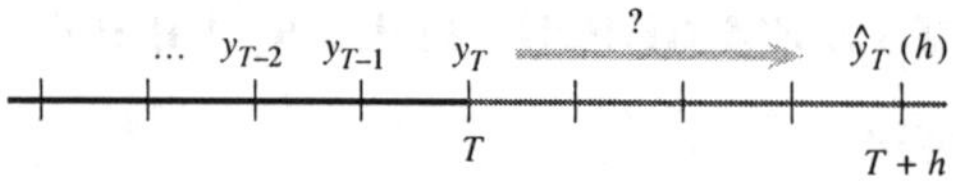

Figure 11.17 *Problème de la prévision*

Nous examinerons tout d'abord le cas où $h = 1$ [prévision faite en T pour l'instant $(T+1)$]. Nous évoquerons aussi le cas général où h est supérieur à 1.

11.10.2 Prévision naïve

Une manière d'agir, tout compte fait assez fréquente, consiste à choisir

$$\widehat{y}_T(1) = y_T. \tag{11.46}$$

Si cette manière particulièrement simple —certains diront simpliste— peut parfois se défendre par un horizon $h = 1$, elle est généralement à déconseiller dans le cas où h est plus grand.

11.10.3 Prévision par moyenne mobile simple unilatérale

Nous avons vu en (11.9) que le concept de moyenne mobile symétrique simple permet de lisser une série observée à des fins de description. Nous pouvons reprendre le même principe en utilisant les observations $y_T, y_{T-1}, \dots, y_{T-p}$ situées d'un seul côté de l'instant T :

$$\widehat{y}_T(1) = \frac{1}{p+1}\left[y_T + y_{T-1} + \cdots + y_{T-p}\right]. \tag{11.47}$$

L'expression (11.47) définit une ***moyenne mobile simple unilatérale*** qui utilise le présent de la série (y_T) et son passé. Cette manière d'agir ne se conçoit empiriquement que si le phénomène est stable, c'est-à-dire sans comporter de composantes telles que tendance, cycle ou mouvement saisonnier.

EXEMPLE 11.7

Considérons la série du nombre quotidien de communications téléphoniques reçues par une personne à son domicile (cf. tableau 11.18 et figure 11.18).

Tableau 11.18 *Nombre de communications téléphoniques*

t	1	2	3	4	5	6	7	8	9	10	11	12	13	14	15
y_t	4	6	5	7	3	5	6	4	7	5	4	5	3	6	5

Le calcul de la moyenne des 15 observations peut fournir une prévision acceptable pour les jours à venir, tout au moins si la vie apparemment routinière de notre individu n'est pas bouleversée par des événements nouveaux :

$$\widehat{y}_{15}(1) = \frac{1}{15}\sum_{j=0}^{14} y_{15-j} = \frac{75}{15} = 5.$$

Cette valeur peut aussi nous fournir $\widehat{y}_{15}(2), \widehat{y}_{15}(3), \ldots$ à condition de ne pas envisager un horizon trop élevé.

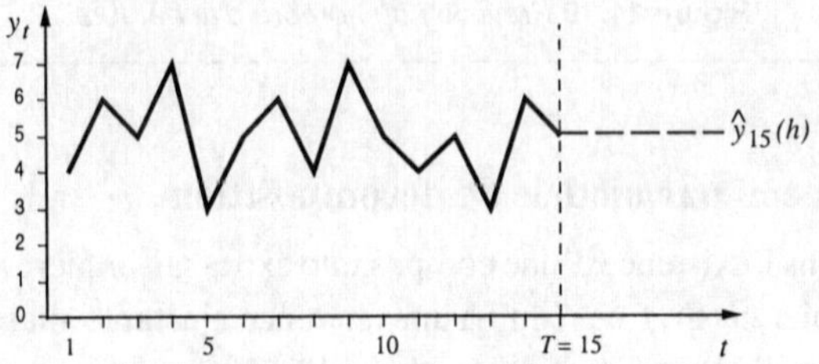

Figure 11.18 *Nombre de communications téléphoniques*

Remarquons que dans l'exemple ci-dessus, la prévision par moyenne mobile simple unilatérale est plus stable que la prévision naïve, même si en l'occurrence, elles sont identiques en $T = 15$.

11.10.4 Prévision par courbe de tendance

Considérons le cas d'une série ne présentant ni cycle ni mouvement saisonnier. S'il s'avère acceptable de définir l'extra-saisonnier f — qui est alors la tendance — par un ajustement analytique, on prendra pour valeur prédite

$$\widehat{y}_T(h) = f(T + h) \qquad (11.48)$$

où $f(T + h)$ est l'ordonnée de la courbe de tendance correspondant à l'instant $(T + h)$. Ici aussi, plus h est grand, plus on est à la merci de modifications du comportement du phénomène étudié.

EXEMPLE 11.6 (suite 1)

La série $\{y_5, \ldots, y_{15}\}$ issue du tableau 11.17 peut raisonnablement être ajustée linéairement. Le recours à la procédure présentée dans le paragraphe 11.5.3 nous donne pour équation de la droite de tendance :

$$y = 13.24 + 0.44t. \qquad (11.49)$$

Les prévisions pour $t = 16, 17, 18, \ldots$ sont alors (cf. figure 11.19) :

$$\widehat{y}_{15}(1) = 13.24 + (0.44 \times 16) = 20.3;$$

$$\widehat{y}_{15}(2) = 13.24 + (0.44 \times 17) = 20.7 \; ; \; \ldots$$

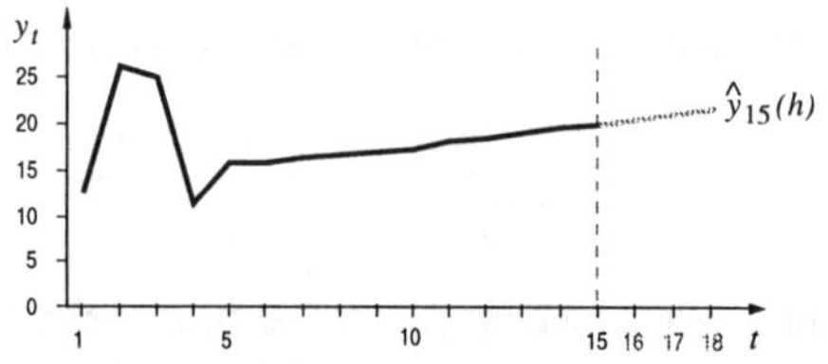

Figure 11.19 *Prévision du nombre d'acheteurs*

11.10.5 Prévision par modèle de décomposition

Supposons l'existence d'une composante extra-saisonnière f et d'un mouvement saisonnier S. Si f se réduit à une tendance ajustable analytiquement, on peut, dans le cas d'un modèle d'agrégation additif, proposer une valeur prédite

$$\widehat{y}_T(h) = f(T + k) + S_{T+h} \tag{11.50}$$

où S_{T+h} est le coefficient saisonnier de la saison correspondant à la date $(T+h)$. Une expression analogue à (11.50) peut être envisagée dans le cas d'un modèle multiplicatif.

EXEMPLE 11.3 (suite 5)

Reprenons la série présentée dans la figure 11.10. Nous avons supposé l'existence d'une tendance linéaire dont l'équation (11.19) est

$$y = 42 + 7.8x.$$

Rappelons que l'origine des temps est le 1/1/1995 et l'unité vaut la demi-année. Par ailleurs, les coefficients saisonniers obtenus par comparaison à la tendance valent respectivement 5.85, 10.95, -18.95 et 2.15 (cf. tableau 11.12). Dans ces conditions, l'utilisation de (11.50) permet de déterminer, par exemple, les valeurs prédites pour les deux premiers trimestres de 1997 correspondant à $x = 4.25$ et $x = 4.75$:

$$\begin{aligned} \widehat{y}\,(1^{\text{er}} \text{ trimestre } 97) &= 42 + (7.8)(4.25) + 5.85 = 81.0; \\ \widehat{y}\,(2^{\text{e}} \text{ trimestre } 97) &= 42 + (7.8)(4.75) + 10.95 = 90.0. \end{aligned}$$

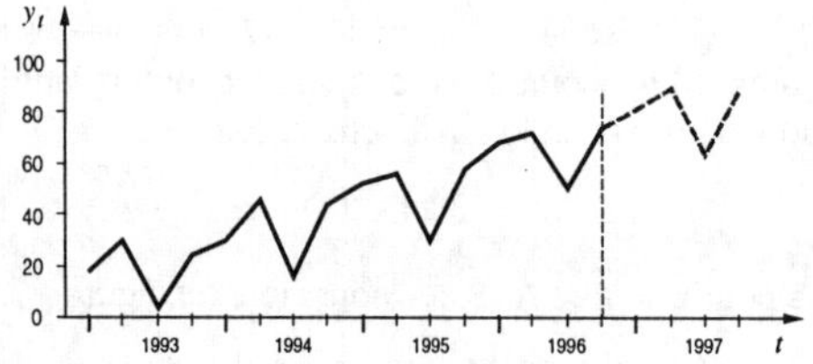

Figure 11.20 *Prévision du nombre horaire moyen d'entrées*

11.10.6 Prévision par lissage exponentiel

Reprenons l'exemple 11.7 dans lequel la prévision reposait sur l'utilisation d'une moyenne mobile simple unilatérale (11.47), c'est-à-dire d'une moyenne où toutes les valeurs présentes (relatives à T) et passées (avant T) interviennent avec le même coefficient de pondération $1/(p+1)$. On pourrait cependant supposer que plus une observation est ancienne, moins elle intervient dans la détermination d'une prévision. Ce type de raisonnement est utilisé dans le ***lissage exponentiel simple*** qui consiste à définir une valeur prédite $\widehat{y}_T(1)$ au moyen de l'expression

$$\widehat{y}_T(1) = w_0 y_T + w_1 y_{T-1} + w_2 y_{T-2} + \dots \qquad (11.51)$$

où les coefficients w_j sont

$$w_j = \alpha(1-\alpha)^j \qquad j = 1, 2, \dots \qquad (11.52)$$

Le coefficient α intervenant dans (11.52) est un paramètre réel compris entre 0 et 1. On constate ainsi que l'observation y_{T-j} a un poids w_j d'autant plus faible que j est grand. Le tableau 11.19 en montre un exemple pour $\alpha = 0.9$.

Tableau 11.19 *Coefficients* w_j $(\alpha = 0.9)$

j	0	1	2	3	4	5	...
w_j	0.9	0.09	0.009	0.0009	0.00009	0.000009	...

L'expression (11.51) peut alors s'écrire sous la forme :

$$\widehat{y}_T(1) = \sum_{j \geqslant 0} \alpha\,(1-\alpha)^j\, y_{T-j}\,. \qquad (11.53)$$

On peut aisément vérifier que $\widehat{y}_T(1)$ est une ***moyenne mobile pondérée unilatérale*** car [20]

$$\sum_{j \geqslant 0} w_j = \sum_{j \geqslant 0} \alpha(1-\alpha)^j = 1\,. \qquad (11.54)$$

Par ailleurs, la détermination de $\widehat{y}_T(1)$ se fait aisément grâce à la relation de récurrence suivante :

$$\widehat{y}_T(1) = \alpha y_T + (1-\alpha)\widehat{y}_{T-1}(1)\,. \qquad (11.55)$$

Si on désigne par

$$e_T = y_T - \widehat{y}_{T-1}(1) \qquad (11.56)$$

[20] Cf. exercice T.11.8.

l'*erreur de prévision* faite en l'origine $(T-1)$ pour l'instant T, l'expression (11.55) peut encore s'écrire

$$\widehat{y}_T(1) = \widehat{y}_{T-1}(1) + \alpha e_T. \qquad (11.57)$$

L'interprétation de (11.55) nous indique que la valeur prédite $\widehat{y}_T(1)$ fait intervenir le présent (y_T) avec un poids α et le passé de la série [représenté par $\widehat{y}_{T-1}(1)$] avec le poids complémentaire $(1-\alpha)$. Par ailleurs, l'utilisation de (11.55) nécessite de définir une valeur initiale $\widehat{y}_0(1)$ —souvent choisie égale à y_1 où à la moyenne des deux ou trois premières observations— et de sélectionner une valeur pour α [(21)].

On peut aisément se rendre compte que cette méthode de prévision est intéressante dans le cas d'une série ne présentant ni tendance, ni cycle, ni mouvement saisonnier. Elle est supérieure à la méthode par moyenne mobile quand la série a une moyenne qui est constante sur des périodes déterminées, mais variable entre ces périodes distinctes.

EXEMPLE 11.8

Considérons la série d'observations $\{y_t; t = 1, \ldots, 15\}$ présentée dans la première colonne du tableau 11.20 et relative à la valeur d'une action (en euros) étudiée sur une période de 15 mois.

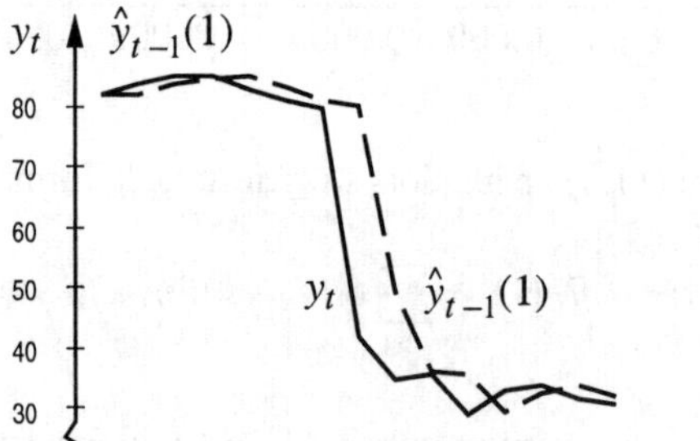

Figure 11.21 *Évolution d'une action*

La figure 11.21 nous indique très clairement une chute de cette action entre la 7e et la 9e date d'observation. Nous allons réaliser un lissage exponentiel de paramètre $\alpha = 0.9$, en utilisant la relation (11.57). À cette fin, nous posons $\widehat{y}_0(1) = y_1 = 82$. Le tableau 11.20 contient les valeurs de $\widehat{y}_t(1)$, pour $t = 1, \ldots,$. Rappelons à cet effet que l'erreur de prévision e_t est définie en tout instant t par

$$e_t = y_t - \widehat{y}_{t-1}(1). \qquad (11.58)$$

(21) Cette dernière est parfois choisie de manière à minimiser la somme des carrés des erreurs de prévision.

Tableau 11.20 *Détermination des valeurs prédites*

t	y_t	$\widehat{y}_{t-1}(1)$	e_t	αe_t	$\widehat{y}_t(1)$
0	–	–	–	–	82.00
1	82	82.00	0.00	0.00	82.00
2	84	82.00	2.00	1.80	83.80
3	85	83.80	1.20	1.08	84.88
4	85	84.88	0.12	0.11	84.99
5	83	84.99	−1.99	−1.79	83.20
6	81	83.20	−2.20	−1.98	81.22
7	80	81.22	−1.22	−1.10	80.12
8	42	80.12	−38.12	−34.31	45.81
9	35	45.81	−10.81	−9.73	36.08
10	36	36.08	−0.08	−0.07	36.01
11	29	36.01	−7.01	−6.31	29.70
12	33	29.70	3.30	2.97	32.67
13	34	32.67	1.33	1.20	33.87
14	32	33.87	−1.87	−1.68	32.19
15	31	32.19	−1.19	−1.07	31.12

On constate que la méthode de prévision par lissage exponentiel absorbe très rapidement la chute des 7e et 8e périodes. Le temps de réaction serait bien sûr un peu plus long si α avait été plus petit.

On peut aussi envisager la détermination de prévisions par lissage exponentiel en présence d'une tendance et d'un mouvement saisonnier. Nous ne considérerons pas ces cas ici [22].

11.11 MODÉLISATION STOCHASTIQUE

L'approche que nous avons considérée jusqu'ici est uniquement empirique. Si l'on veut affiner l'analyse, il est nécessaire de considérer un cadre plus formel qui permette d'utiliser des concepts aux propriétés plus riches.

La manière la plus commode d'atteindre cet objectif consiste à supposer que chaque valeur observée y_t est une valeur d'une variable aléatoire Y_t possédant une loi de probabilité. Dans ces conditions, la série $\{y_1, \ldots, y_n\}$ est un n-uple observé de la v.a. n-variée définie par $Y_1, \ldots, Y_n$. Cependant, dans la mesure où nous sommes susceptibles d'évoquer le passé et le futur de l'historique, il est plus judicieux de supposer que la série chronologique $\{y_1, \ldots y_n\}$ est une *réalisation* — entre l'instant 1 et l'instant n — d'une famille de v.a. $\{\ldots, Y_1, \ldots, Y_t, \ldots, Y_n, \ldots\}$, encore notée $\{Y_t, t \in \mathbb{Z}\}$ et appelée ***processus stochastique discret*** [23]. L'analyse de la série $\{y_t\}$ repose alors sur l'étude du comportement du processus générateur $\{Y_t\}$. Une manière de procéder consiste

(22) Cf. par exemple Coutrot et Droesbeke [1995] ou Mélard [1995].

(23) Nous n'évoquons pas le cas d'un processus continu $\{Y_t, t \in \mathbb{R}\}$.

à imaginer des ***modèles*** décrivant la façon dont Y_t se comporte. Leurs propriétés sont à la base des méthodes d'analyse.

À titre d'illustration, considérons le cas de la série présentée dans l'exemple 11.7 dont nous avons souligné l'inexistence d'une tendance (cette dernière est supposée constante) ainsi que l'absence de composantes périodiques. On peut dès lors imaginer que le processus générateur est composé d'une part d'un terme constant auquel s'ajoute un résidu aléatoire :

$$Y_t = \mu + \varepsilon_t, . \tag{11.59}$$

Dans la mesure où le résidu ne semble pas avoir de structure évoluant dans le temps, on suppose généralement qu'il constitue un ***bruit blanc***, c'est-à-dire que $\{\varepsilon_t\}$ est un processus satisfaisant aux hypothèses suivantes :

$$\begin{aligned} &E(\varepsilon_t) = 0 \quad , \quad V(\varepsilon_t) = \sigma^2 \qquad t \in \mathbb{Z} \\ &\mathrm{Cov}\,(\varepsilon_t, \varepsilon_{t+k}) = 0 \qquad k \neq 0,\ t \in \mathbb{Z} . \end{aligned} \tag{11.60}$$

Le recours à une telle modélisation permet de mieux définir nos objectifs, comme par exemple la recherche de prévisions optimales.

On peut évidemment généraliser le modèle (11.59) afin d'y inclure des composantes à long terme ou des mouvements saisonniers. Il est aussi commode de prendre en compte des classes de processus stochastiques dont les propriétés sont bien connues, comme celle des ***processus autorégressifs*** ou ***moyennes mobiles***. Nous ne pouvons cependant pas les envisager dans le cadre de cet ouvrage et invitons le lecteur à se référer à la bibliographie adéquate [24].

11.12 ÉTUDE DES SÉRIES BIVARIÉES ET MULTIVARIÉES

Nous pouvons aussi considérer le cas des ***séries chronologiques bivariées*** portant sur l'étude de deux variables x et y :

$$\{(x_1, y_1), x_2, y_2), \ldots, (x_n, y_n)\} .$$

Comme dans le cas des séries statistiques, il est intéressant d'analyser les liens existant entre les deux variables par l'intermédiaire de ***coefficients de corrélation croisée***, avec ou sans retard :

$$r_{xy,k} = \frac{\dfrac{1}{n-k}\displaystyle\sum_{t=1}^{n-k}(x_t - \overline{x}_k)(y_{t+k} - \overline{y}_k)}{\sqrt{\left[\dfrac{1}{n-k}\displaystyle\sum_{t=1}^{n-k}(x_t - \overline{x}_k)^2\right]\left[\dfrac{1}{n-k}\displaystyle\sum_{t=1}^{n-k}(y_{t+k} - \overline{y}_k)^2\right]}} \tag{11.61}$$

(24) Cf. par exemple Coutrot et Droesbeke [1995], Droesbeke *et al.* [1988], Gouriéroux et Monfort [1995], Mélard [1995] ou Tenenhaus [1994].

où nous avons posé

$$\overline{x}_k = \frac{1}{n-k}\sum_{t=1}^{n-k} x_t \quad , \quad \overline{y}_k = \frac{1}{n-k}\sum_{t=1}^{n-k} y_{t+k}\,. \tag{11.62}$$

On peut aisément vérifier que l'expression (11.61) peut encore s'écrire sous la forme

$$r_{xy,k} = \frac{\dfrac{1}{n-k}\displaystyle\sum_{t=1}^{n-k} x_t y_{t+k} - \overline{x}_k\overline{y}_k}{\sqrt{\left(\dfrac{1}{n-k}\displaystyle\sum_{t=1}^{n-k} x_t^2 - \overline{x}_k^2\right)\left(\dfrac{1}{n-k}\displaystyle\sum_{t=1}^{n-k} y_{t+k}^2 - \overline{y}_k^2\right)}}\,. \tag{11.63}$$

EXEMPLE 11.9

Considérons la série bivariée présentée dans le tableau 11.21 et la figure 11.22. La recherche des coefficients de corrélation croisée repose sur le tableau 11.21 et les expressions (11.62) et (11.63). Nous constatons tout d'abord que

$$\overline{x}_0 = \frac{3}{10} \quad , \quad \overline{x}_1 = \frac{1}{3} \quad , \quad \overline{x}_2 = \frac{1}{4} \quad , \quad \overline{x}_3 = \frac{1}{7} \quad , \quad \ldots$$

$$\overline{y}_0 = \frac{4}{10} \quad , \quad \overline{y}_1 = \frac{1}{3} \quad , \quad \overline{y}_2 = \frac{1}{4} \quad , \quad \overline{y}_3 = \frac{2}{7} \quad , \quad \ldots$$

Ensuite, nous pouvons vérifier que

$$r_{xy,0} = \frac{\dfrac{-1}{10} - \left(\dfrac{3}{10} \times \dfrac{4}{10}\right)}{\sqrt{\left(\dfrac{9}{10} - \dfrac{9}{100}\right)\left(1 - \dfrac{16}{100}\right)}} = -0.27\,.$$

De même,

$$r_{xy,1} = 0.12 \quad , \quad r_{xy,2} = 1.00 \quad , \quad r_{xy,3} = 0.10 \quad , \quad \ldots$$

Nous constatons une corrélation linéaire parfaite entre les séries $\{x_t\}$ et $\{y_t\}$ décalées de 2 unités de temps.

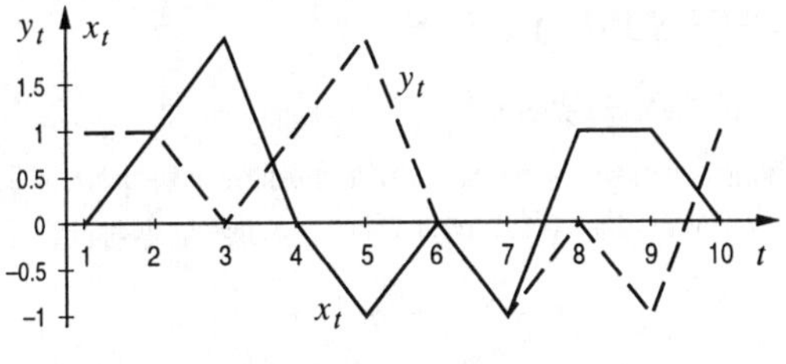

Figure 11.22 *Série bivariée*

Tableau 11.21 *Série bivariée*

t	x_t	y_t	x_t^2	y_t^2	$x_t y_t$	x_t	y_{t+1}	x_t^2	y_{t+1}^2	$x_t y_{t+1}$
1	0	1	0	1	0	0	1	0	1	0
2	1	1	1	1	1	1	0	1	0	0
3	2	0	4	0	0	2	1	4	1	2
4	0	1	0	1	0	0	2	0	4	0
5	−1	2	1	4	−2	−1	0	1	0	0
6	0	0	0	0	0	0	−1	0	1	0
7	−1	−1	1	1	1	−1	0	1	0	0
8	1	0	1	0	0	1	−1	1	1	−1
9	1	−1	1	1	−1	1	1	1	1	1
10	0	1	0	1	0	–	–	–	–	–
	3	4	9	10	−1	3	3	9	9	2

t	x_t	y_{t+2}	x_t^2	y_{t+2}^2	$x_t y_{t+2}$	x_t	y_{t+3}	x_t^2	y_{t+3}^2	$x_t y_{t+3}$
1	0	0	0	0	0	0	1	0	1	0
2	1	1	1	1	1	1	2	1	4	2
3	2	2	4	4	4	2	0	4	0	0
4	0	0	0	0	0	0	−1	0	1	0
5	−1	−1	1	1	1	−1	0	1	0	0
6	0	0	0	0	0	0	−1	0	1	0
7	−1	−1	1	1	1	−1	1	1	1	−1
8	1	1	1	1	1	–	–	–	–	–
9	–	–	–	–	–	–	–	–	–	–
10	–	–	–	–	–	–	–	–	–	–
	2	2	8	8	8	1	2	7	8	1

Il est aussi possible d'étendre la méthodologie évoquée dans le paragraphe 11.11 pour analyser des séries bivariées et multivariées. C'est dans cette voie que s'est notament développée l'*économétrie*[25]. À nouveau, cette extension sort du cadre de cet ouvrage.

11.13 EN GUISE DE CONCLUSION

Par sa spécificité, le traitement des séries chronologiques constitue un domaine important de l'analyse statistique. Nous avons pris l'option de ne traiter ici que des approches simples et empiriques dont le seul avantage est de présenter un certain nombre de questions importantes. Le lecteur intéressé pourra prolonger son étude en consultant la bibliographie adéquate.

11.14 EXERCICES PROPOSÉS

11.14.1 Exercices théoriques

T.11.1 Recherchons une moyenne mobile symétrique simple d'ordre $k = 2p+1$. Si on désigne par $_{t,p}$ la somme considérée dans (11.9) pour définir $\overline{y}_t$, démontrez que

$$\overline{y}_{t+1} = \frac{1}{k}\left(_{t,p} - y_{t-p} + y_{t+1+p}\right). \tag{11.64}$$

[25] Cf. par exemple Coutrot et Droesbeke [1995], Gourieroux et Monfort [1995] ou Spanos [1990].

T.11.2 Déterminez le résultat de l'application des moyennes mobiles successives suivantes, en utilisant la notation présentée dans la note en bas de page 8 (page 421) :

(a) ***Moyenne de Van Hann***: $[2 \times (1/2)]\,[2 \times (1/2)]$;

(b) $[6 \times (1/6)]\,[2 \times (1/2)]$; (c) $[12 \times (1/12)]\,[2 \times (1/2)]$;

(d) ***Moyenne de Spencer***:

$[4 \times (1/4)]\,[4 \times (1/4)]\,[5 \times (1/5)]\,[(-3/4), (3/4), 1, (3/4), (-3/4)]$.

T.11.3 Soit une série chronologique $\{y_1, \ldots, y_n\}$ et ∇y_t la ***différence première***

$$\nabla y_t = y_t - y_{t-1}\,. \tag{11.65}$$

(a) Déterminez le comportement de ∇y_t si les observations se situent sur une droite d'équation $y = a + bt$.

(b) Quel est celui des ***différences secondes***

$$\nabla^2 y_t = \nabla y_t - \nabla y_{t-1}?$$

T.11.4 Si $y_t = a + bt + ct^2$, déterminez le comportement de ∇y_t et $\nabla^2 y_t$.

T.11.5 Si $y = \dfrac{k}{1 + be^{-ax}}$, où a, b et k sont trois paramètres positifs, démontrez que

$$z^*_{t+1} = \alpha + \beta z^*_t \tag{11.66}$$

où z^*_t est l'inverse de l'ordonnée y^*_t de cette courbe logistique, en $x = t$. Donnez l'expression de α et β en fonction de a et k.

T.11.6 Considérons le modèle additif (11.27). Si f_{ij} est déterminé au préalable, démontrez que la méthode des moindres carrés ayant pour objectif de minimiser (11.30) nous donne l'expression (11.31).

T.11.7 Considérons le modèle additif (11.27) dans lequel nous supposons que $f_{ij} = f_i$ $(i = 1, \ldots, I; j = 1, \ldots, J)$. Démontrez que, si l'hypothèse de conservation des aires (11.33) est satisfaite, les coefficients S_j et f_i qui minimisent l'expression (11.30) ont pour valeur :

$$f_i = \overline{y}_i \qquad i = 1, \ldots, I \qquad , \qquad S_j = \frac{1}{N} \sum_j \left(y_{ij} - \overline{y}_i\right) \qquad j = 1, \ldots, J$$

où $\overline{y}_i = \dfrac{1}{I} \sum_j y_{ij}$ $(i = 1, \ldots, I)$.

T.11.8 Démontrez les expressions (11.54) et (11.55).

T.11.9 Appelons ***fonction de prévision*** la valeur définie par

$$\overline{y}_T(h) = a_0^{(T)} \qquad h = 1, 2, \ldots$$

Déterminez la valeur de $a_0^{(T)}$ qui satisfait au ***critère des moindres carrés escomptés*** consistant à minimiser l'expression

$$Q\left[a_0^{(T)}\right] = \sum_{j \geqslant 0} \alpha\,(1 - \alpha)^j \left[y_{t-j} - a_0^{(T)}\right]^2 \tag{11.67}$$

où $\alpha \in (0, 1)$ et $\{y_t\}$ est une série chronologique.

11.14.2 Exercices pratiques

Les 26 premiers exercices qui suivent ont tous le même objectif. Il s'agit d'analyser les séries proposées, d'en déterminer empiriquement les composantes — si elles existent — et de réaliser des prévisions à court terme. Justifiez dans tous les cas les choix que vous serez amenés à faire.

E.11.1 Poids (en kg) d'un enfant né un 25 juillet, pendant le mois d'août qui a suivi sa naissance :

t	1	2	3	4	5	6	7	8	9	10
y_t	3.56	3.56	3.58	3.61	3.64	3.69	3.67	3.75	3.81	3.90

t	11	12	13	14	15	16	17	18	19	20
y_t	3.95	4.00	4.04	4.08	4.19	4.20	4.24	4.27	4.30	4.40

t	21	22	23	24	25	26	27	28	29	30	31
y_t	4.41	4.50	4.52	4.60	4.68	4.68	4.74	4.76	4.85	4.87	4.90

E.11.2 Chiffre d'affaire annuel des petites et moyennes entreprises de supermarchés d'un pays, sur 7 années consécutives :

t	1990	1991	1992	1993	1994	1995	1996
y_t	217	236	254	260	275	295	310

E.11.3 Production annuelle d'électricité pour les entreprises publiques d'un pays :

t	1	2	3	4	5	6	7	8	9	10	11
y_t	372	393	420	397	433	436	443	419	473	504	513

E.11.4 Indice annuel de production d'une entreprise (Base : 1981=100) :

t	1982	1983	1984	1985	1986	1987	1988	1989	1990	1991	1992
y_t	102	104	108	113	118	124	130	129	125	119	115

E.11.5 Dividendes complémentaires annuels en pourcentage de la valeur nominale d'une action :

t	1988	1989	1990	1991	1992	1993	1994	1995	1996
y_t	0.100	0.196	0.380	0.704	1.250	1.960	2.700	3.700	4.000

E.11.6 Determinez les différences ∇y_t et $\nabla^2 y_t$ des séries présentées dans les exercices E.11.1 à E.11.5. Que tirez-vous de leur analyse ?

E.11.7 Analysez la série chronologique présentée dans l'exercice E.2.22.

E.11.8 Analysez la série chronologique représentée dans la figure 11.4 :

Années	Trimestres			
	1	2	3	4
1	42	60	35	21
2	46	75	51	40
3	66	94	70	56
4	80	111	89	74

E.11.9 Analysez la série chronologique représentée dans la figure 11.5 :

Années	Trimestres			
	1	2	3	4
1	36	50	31	21
2	50	68	40	24
3	62	90	51	31
4	78	120	70	38

E.11.10 Ventes trimestrielles d'une entreprise de fabrication de raquettes de tennis :

Années	Trimestres			
	1	2	3	4
1991	4	10	9	1
1992	7	13	12	4
1993	5	15	19	3
1994	5	17	24	2
1995	6	18	15	3

E.11.11 Nombre d'hôtels ouverts dans une région :

Années	Trimestres			
	1	2	3	4
1993	2	7	12	7
1994	6	7	16	11
1995	8	11	18	11
1996	6	13	22	11

E.11.12 Nombre d'entrées par trimestre (en milliers) observées dans un bassin de natation pendant 5 ans consécutifs :

Années	Trimestres			
	1	2	3	4
1	12	20	42	30
2	17	23	60	40
3	19	30	70	45
4	27	35	80	50
5	28	41	89	56

E.11.13 Nombre de magasins ouverts dans une station de sports d'hiver :

Années	Trimestres			
	1	2	3	4
1992	30	15	5	30
1993	36	18	9	37
1994	43	15	10	60
1995	48	16	8	72
1996	54	18	9	57

E.11.14 Valeurs trimestrielles de parapluies de marque M... dans un pays à climat méditerranéen :

Années	Trimestres			
	1	2	3	4
1992	30	15	5	30
1993	36	18	9	36
1994	45	15	10	60
1995	48	16	8	72
1996	54	18	9	45

E.11.15 Volume des prélèvements pour des périodes de 4 mois au guichet automatique de la banque GD'SOUS :

Années	Périodes		
	janv-avril	mai-août	sept-décembre
1992	17	29	23
1993	20	32	26
1994	23	35	29
1995	26	38	32

E.11.16 Ventes bimensuelles d'une entreprise durant 5 années consécutives :

Années	Dates					
	1er février	1er avril	1er juin	1er août	1er octobre	1er décembre
1991	2	3	9	11	6	5
1992	3	7	10	13	9	7
1993	4	8	11	14	8	6
1994	5	10	13	14	8	7
1995	7	12	15	16	9	8

E.11.17 Ventes d'un magasin dont les jours de fermeture sont le samedi et le dimanche :

Semaines	Jours				
	Lu	Ma	Me	Je	Ve
1	4	14	5	8	5
2	4	15	7	9	6
3	5	20	11	10	8
4	6	16	11	13	10
5	9	24	13	14	11

E.11.18 Reprenez et analysez les données des exemples 11.1 et 11.2.

E.11.19 Température mensuelle moyenne observée à L... pendant 3 années consécutives :

Années	Mois											
	J	F	M	A	M	J	J	A	S	O	N	D
1	2.0	4.6	7.8	8.2	11.9	14.5	17.6	16.1	12.2	9.5	5.6	4.7
2	3.2	3.1	6.0	6.9	12.9	17.2	17.5	19.2	15.4	9.5	5.4	3.1
3	6.0	4.9	6.4	10.4	12.2	15.4	15.8	17.2	13.0	7.0	6.8	7.1

E.11.20 Nombre moyen d'appels téléphoniques par unité de temps, à destination d'un quartier, pendant 4 années consécutives :

Années	Mois											
	J	F	M	A	M	J	J	A	S	O	N	D
1	5.00	5.82	6.72	7.60	8.01	9.50	11.00	12.36	13.52	15.40	15.00	16.32
2	17.34	17.82	18.43	18.60	19.32	20.90	21.85	25.68	27.00	28.60	28.35	28.56
3	28.42	28.20	29.76	30.40	29.04	32.30	35.00	38.52	39.59	41.80	42.90	40.00
4	41.00	42.84	40.85	40.02	40.06	43.70	49.35	49.44	51.45	55.00	53.55	52.00

E.11.21 Nombre mensuel de lunettes solaires vendues dans un magasin pendant 5 années consécutives :

Années	Mois											
	J	F	M	A	M	J	J	A	S	O	N	D
1	1	2	2	8	5	7	12	18	14	5	2	8
2	3	1	2	7	5	9	11	17	15	7	2	5
3	2	1	3	8	4	9	14	20	16	7	4	8
4	2	2	2	6	6	8	15	20	17	8	4	9
5	2	2	3	8	5	9	14	20	16	7	4	8

E.11.22 Données dont la représentation graphique est la figure 11.2 :

Année	Trimestres				Année	Trimestres				Année	Trimestres			
	1	2	3	4		1	2	3	4		1	2	3	4
1	120	120	95	87	7	162	140	112	94	13	260	258	253	253
2	168	160	137	121	8	141	112	73	42	14	352	350	320	312
3	200	188	162	140	9	120	102	58	40	15	398	389	351	340
4	222	202	164	140	10	121	99	73	49	16	422	412	374	358
5	220	198	152	120	11	142	120	93	79	17	441	412	381	358
6	197	171	120	96	12	168	167	150	137	18	440	422	381	359
										19	439	417	380	360

E.11.23 Déterminez les coefficients d'autocorrélation des séries présentées dans les exercices E.11.8 à E.11.18. Représentez graphiquement en fonction du temps les ***différences saisonnières***

$$\nabla_s y_t = y_t - y_{t-s} \tag{11.68}$$

où s est la longueur du mouvement saisonnier.

E.11.24 Effectuez un lissage exponentiel simple d'ordre $\alpha = 0.3$ et ensuite d'ordre $\alpha = 0.8$ de la série suivante :

t	1	2	3	4	5	6	7	8	9	10	11	12	13	14	15	16
y_t	7	8	7	6	12	19	20	23	20	21	12	4	7	6	5	6

E.11.25 Effectuez un lissage exponentiel simple de la série suivante relative à la valeur d'une action, en prenant succesivement $\alpha = 0.1$ et $\alpha = 0.9$:

t	1	2	3	4	5	6	7	8	9	10	11	12	13	14
y_t	40	41	40	39	77	70	40	17	25	39	40	32	33	32

E.11.26 Effectuez un lissage exponentiel simple de la série mensuelle des ventes de savon d'une entreprise pendant 16 mois consécutifs (26), avec $\alpha = 0.3$:

Années	**Mois**											
	Janv.	**Fév.**	**Mars**	**Avril**	**Mai**	**Juin**	**Juil.**	**Août**	**Sept.**	**Oct.**	**Nov.**	**Déc.**
1	1293	1209	1205	1273	1220	1290	1243	1203	1390	1360	1353	1343
2	1364	1330	1377	1332	–	–	–	–	–	–	–	–

E.11.27 Analysez le comportement de la corrélation croisée entre les deux composantes x_t et y_t de la série bivariée suivante

t	1	2	3	4	5	6	7	8	9	10
x_t	0	1	0	0	1	0	1	1	0	1
y_t	0	1	1	0	1	0	1	0	0	1

E.11.28 Analysez le comportement de la corrélation croisée entre la série présentée dans l'exercice E.11.14 et celle relative à la pluviosité (moyennes sur 3 mois du nombre mensuel de cm d'eau) présentée ci-dessous.

Années	**Trimestres**			
	1	**2**	**3**	**4**
1994	5	2	1	6
1995	4	2	1	7
1996	4	2	1	6

(26) Exemple tiré de la 2e édition [1990] de l'ouvrage de Coutrot et Droesbeke [1995].

CHAPITRE 12

LA PRATIQUE STATISTIQUE

« On ne voit agir les autres qu'autant qu'on agit soi-même ; dans l'école du monde [. . .], il faut commencer par pratiquer ce qu'on veut apprendre ».

Jean-Jacques Rousseau,
Julie ou la Nouvelle Héloïse
Seconde partie - lettre 17.

Ce dernier chapitre sera très bref. Il doit essentiellement nous permettre de revenir sur les différentes parties de cet ouvrage en nous interrogeant sur la façon de les utiliser lorsqu'on se trouve devant un problème concret.

Nous avons déjà évoqué la manière de développer une stratégie d'analyse dans le premier chapitre. Il est cependant bon d'y revenir à la lumière de ce que nous avons considéré jusqu'ici. Il nous semble qu'une façon intéressante de procéder est de reprendre et de compléter les sept règles de comportement présentées dans le paragraphe 1.8.

12.1 SAVOIR CE DONT IL S'AGIT

Plus on connaît un problème, meilleure sera son analyse et son interprétation. N'hésitez pas à interroger les commanditaires de l'étude, à lire des rapports ou des articles sur le sujet qui vous intéresse, à consulter des experts. . . , à faire en sorte d'être le moins étranger au problème qui vous occupe. Le temps que vous passez dans ce but ne peut jamais être considéré comme perdu. Il va aussi de soi que l'analyse elle-même vous permettra d'accroître cette connaissance.

En outre, il est essentiel de maîtriser les objectifs, d'étudier la manière de les atteindre. Ici encore, les différentes phases de l'étude peuvent permettre de le faire.

12.2 CONNAÎTRE L'ORIGINE DES DONNÉES

L'utilisateur de la méthodologie statistique sait combien sont diverses les origines des données à analyser. Nous ne pouvons qu'inciter le lecteur à s'interroger sur la manière dont ces données ont été obtenues. Prenons quelques situations courantes.

1. *On trouve les données dans une publication statistique* (bulletins d'instituts de Statistique, publications d'Eurostat ou des Nations Unies, bulletins ou revues d'organisations professionnelles...). Il est utile de se renseigner sur le caractère exhaustif ou non de l'information, sur la manière de définir les variables mesurées, sur la fiabilité des informations rassemblées, sur la méthode de sondage éventuellement appliquée... Il est souvent possible d'obtenir différents renseignements auprès des responsables des organismes chargés de ces publications. N'oublions pas que le traitement qu'on en fera est fonction d'un certain nombre d'hypothèses de travail qui peuvent ou non être satisfaites. Autant essayer de le savoir, si cela est possible !

2. *On tire les données d'une publication scientifique*. Il est utile de lire le protocole décrivant la façon dont ont procédé les auteurs de l'étude dans l'élaboration des données, et même d'en discuter avec eux s'ils sont facilement accessibles.

3. *On réalise soi-même —individuellement ou plus fréquemment au sein d'une équipe de recherche— une enquête ou une expérimentation.* On doit alors être en mesure de connaître réellement les caractéristiques des données qu'on aura à traiter.

4. *On trouve ces données dans un journal, une publicité, un tract...* La plupart du temps, on est alors dans l'incapacité totale de savoir comment les personnes qui ont élaboré ces données ont réellement travaillé. Parfois, on peut même émettre des doutes réels sur la probité des fournisseurs de données ou le sérieux de la méthode de collecte.

Il est évident que nous ne pouvons pas traiter toutes ces informations de la même façon. Même si l'on part du principe que tout ensemble de données mérite qu'on s'y intéresse, il ne faut pas hésiter à en rejeter certains après un premier examen sérieux. Nous allons expliciter ceci dans la règle suivante.

12.3 APPRÉCIER L'INFORMATION CONTENUE DANS LES DONNÉES

Il s'agit de savoir ce qui se cache derrière ces données. Concernent-elles des individus, des objets, des groupes, des expériences... ? Quelle sont les variables dont elles constituent les valeurs et quel est leur rôle ? Quelle est la pertinence des échelles de mesure utilisées ? L'information recueillie est-elle susceptible de nous éclairer pour atteindre nos objectifs ? Etc.

Ici aussi la pratique nous apprend que toutes ces questions n'ont pas toujours de réponses très claires. Il ne faut cependant pas renoncer à y répondre pour mieux maîtriser ces données et choisir ultérieurement la manière de les traiter.

12.4 REGARDER LES DONNÉES

Nous avons suffisamment insisté dans cet ouvrage sur le rôle fondamental que peut jouer une analyse exploratoire. Certains l'appelleront aussi un *examen initial*[1]. D'autres encore une *analyse préliminaire*[2]. Ne rentrons pas dans ces discussions de terminologie même si chaque expression ne recouvre pas nécessairement les mêmes opérations. L'essentiel est de savoir qu'il existe des méthodes simples, souvent structurées, reposant pour beaucoup d'entre elles sur l'usage de *représentations graphiques*. Ces méthodes ont pour but de nous permettre de nous pencher sur la qualité des données, sur leurs *particularités* et leur *structure*, sur l'existence de *valeurs atypiques*, voire *aberrantes*, sur la pertinence de leur *précision*, sur la structure des *liaisons* entre variables, ... Il ne faut pas hésiter à retourner ces données dans tous les sens car, souvent, elles ont des choses à montrer[3]. Un examen graphique peut aussi faire apparaître l'existence de *données manquantes* qui posent un problème spécifique et intéressant dans l'analyse de données.

Rappelons aussi qu'un examen graphique peut être utile à tous les niveaux des opérations présentées dans le schéma de la figure 1.2, que ce soit au début de l'étude, dans les procédures de description et de synthèse ou dans l'application de certaines techniques confirmatoires.

12.5 RENONCER AUX RECETTES

Ce n'est pas parce qu'un logiciel offre une méthode de traitement qu'il faut l'utiliser. Ce n'est pas parce qu'un ouvrage contient un chapitre important sur une méthode particulière qu'elle doit être appliquée. Derrière ces méthodes, il y a toujours des *a priori*, des hypothèses de travail plus ou moins contraignantes, des objectifs qui ne sont pas nécessairement les vôtres. Être capable d'apprécier le bon ou le mauvais usage d'une méthode d'analyse est une qualité essentielle d'un utilisateur. Ici, aussi, il faut savoir renoncer à interpréter des résultats d'une

---

(1) Cf. Chatfield [1983].
(2) Cf. Cox et Snell [1981].
(3) Même si la conclusion à laquelle on arrive est qu'elles sont inutiles pour notre propos !

analyse dont on sait qu'elle n'est pas pertinente pour diverses raisons. Trop souvent, on rencontre des personnes qui « essaient le maximum de méthodes, cela ne peut qu'être intéressant ! ».

Dans ce contexte, il est utile d'évoquer l'usage des techniques confirmatoires. Celles que nous avons présentées dans les chapitres 8 et 9 sont intéressantes à plusieurs égards. Leur exposé est relativement simple. Elles permettent de bien montrer leur logique et leur déroulement. Elles ne sont cependant ni universelles, ni exhaustives ! Nous les avons retenues en fonction de la diversité des problèmes évoqués (paramètres de position et de dispersion d'une variable quantitative, cas de variables qualitatives, comparaison de populations. . .). Le lecteur pourra en trouver d'autres dans la littérature. Elles permettent cependant de se poser quelques-unes des questions qu'un praticien rencontre souvent. Les données peuvent-elles être considérées comme faisant partie d'un échantillon aléatoire simple ? Les hypothèses sous-jacentes à la méthode que l'on désire appliquer semblent-elles satisfaites ? L'utilisation de cette méthode contribue-t-elle vraiment à nous éclairer sur le problème étudié ? Et il existe bien d'autres questions encore.

Il n'est pas rare de rencontrer des personnes qui utilisent un test reposant sur l'hypothèse que la population étudiée admette une distribution normale, alors que cette supposition semble douteuse. Il y en a aussi qui recourent à un test à partir des données fournies par la population tout entière. On voit même des intervalles de confiance pour accompagner des sondages bien peu aléatoires. Si de tels exercices peuvent parfois être la source de réflexions intéressantes sur les données elles-mêmes, il ne faut pas en faire l'argument majeur de décisions ou d'interprétations ultérieures. N'oublions pas qu'il existe éventuellement d'autres méthodes — peut être plus adaptées à votre problème — que celles présentées ici. Ces diverses procédures font l'objet de nombreux travaux de recherche, mais on sait qu'il faut toujours un certain temps pour appliquer des résultats récents et pour changer des habitudes. L'inférence non paramétrique, les méthodes robustes, etc., que nous n'avons pas voulu présenter explicitement dans cet ouvrage[(4)], constituent des compléments de formation souhaitables. Mais là, c'est un autre objectif !

12.6 ASSURER LA COHÉRENCE DE L'ÉTUDE

Le va-et-vient, le retour aux données, la comparaison des résultats, leur signification. . . Voilà des mots-clés qui doivent vous éviter de réaliser une étude incohérente. Rappelons-nous à nouveau le graphique de la figure 1.2 qui souligne ces possibilités de questionnements répétés. Confrontez les résultats obtenus

(4) Bien qu'elles n'y soient pas totalement absentes.

avec ce que vous savez du problème : vous aurez parfois des surprises et vous constaterez qu'une étude ne se réalise pas en une seule étape.

12.7 RECOURIR AU BON SENS

Rien n'empêche de réfléchir sur la manière de traiter des données. Bien souvent, l'utilisateur oublie qu'un peu de bon sens au service du savoir et du savoir-faire est à la base d'une bonne utilisation de la méthodologie statistique.

12.8 CONCLUSION

On pourrait compléter cette liste commentée par de nombreuses autres questions. Quel est le rôle de la modélisation ? Quand doit-on recourir à une méthode confirmatoire ? Quels logiciels sont les plus performants ? Quel est le rôle de la démarche statistique dans le processus de recherche ? Etc. Autant de questions qui pourraient à elles seules constituer un ou plusieurs autres chapitres. Elles n'ont pas nécessairement une réponse unique et simple. Elles ont été ou seront certainement traitées par ailleurs. L'essentiel est d'être conscient de leur existence et de leur importance. Néanmoins, si le lecteur a bien compris les concepts présentés dans cet ouvrage, nous pensons qu'il est à même de maîtriser et d'utiliser la plupart des méthodes que nous n'avons pas développées ici. Pour nous, l'essentiel étant d'inviter l'utilisateur à comprendre un certain nombre de principes. Si la lecture de cet ouvrage vous a permis de le faire, alors nous pouvons penser qu'il n'a pas été vain.

ANNEXE 1
LES ENSEMBLES

A.1.1 DÉFINITIONS

Toute collection d'individus, d'objets... est appelée un ***ensemble***. Ces individus ou objets, pris isolément, sont des ***éléments***. En général, les ensembles sont désignés par des lettres majuscules $(A, B, \ldots)$ et les éléments par des lettres minuscules $(a, b, \ldots)$.

Si a est un élément de A, on l'indique par la notation : $a \in A$. Cette expression se lit : « *l'élément a appartient à l'ensemble A* ». Si b est un élément qui n'appartient pas à A, on écrit : $b \notin A$.

Certains ensembles sont désignés par des lettres bien précises. Par exemple :

$\mathbb{N}$: ensemble des entiers *naturels*, c'est-à-dire $\{0, 1, 2, \ldots\}$;
$\mathbb{N}_0$: ensemble des *entiers strictement positifs*, c'est-à-dire $\{1, 2, 3, \ldots\}$;
$\mathbb{Z}$: ensemble des *entiers relatifs*, c'est-à-dire $\{\ldots, -2, -1, 0, 1, 2, \ldots\}$;
$\mathbb{R}$: ensemble des (*nombres*) *réels* ;
$\mathbb{R}_0$: ensemble des *réels non nuls* ;
$\mathbb{R}^+$: ensemble des *réels positifs* ;
$\mathbb{R}_0^+$: ensemble des *réels strictement positifs*.

Les ensembles sont généralement définis au moyen d'une proposition s'exprimant par des mots ou par une propriété formulée mathématiquement (***définition en compréhension***), ou encore sous une forme indiquant explicitement les éléments de l'ensemble entre deux accolades (***définition en extension***). Quel que soit le mode de définition utilisé, il doit être très précis.

EXEMPLE A.1.1

Indiquons le mode de définition des ensembles suivants et proposons éventuellement une autre façon de les définir.

1. $A = \{1, 2, 3, 4, 5\}$: *définition en extension.* Autres façons de définir A :
   - ensemble des entiers strictement positifs inférieurs ou égaux à 5 ;
   - $\{x | x \in \mathbb{N}_0, x \leqslant 5\}$.
2. $B = \{a, b, c\}$: *définition en extension.* Autre façon de définir B :
   - ensemble constitué par les trois premières lettres de l'alphabet.
3. C = ensemble des entiers relatifs divisibles par 3 : *définition en compréhension.* Autres façons de définir C :
   - $C = \{\ldots, -9, -6, -3, 0, 3, 6, 9, \ldots\}$;
   - $C = \{x | x = 3y, y \in \mathbb{Z}\}$.

Un ensemble peut contenir un nombre *fini* ou non d'éléments. Les ensembles A et B de l'exemple considéré ci-dessus sont finis. L'ensemble C ne l'est pas. Il en est de même pour $\mathbb{N}$, $\mathbb{Z}$ ou $\mathbb{R}$.

Si un ensemble A contient n éléments distincts, nous disons que A est de *cardinalité* égale à n. Le ***cardinal*** de A est alors noté par $\#(A)$: $\#(A) = n$.

Deux ensembles A et B sont *égaux* ($A = B$) s'ils contiennent les mêmes éléments. Par ailleurs, si A est un ensemble dont chaque élément appartient aussi à un ensemble B, on dit que : A est un *sous-ensemble* ou une *partie* de B. A est *contenu* dans B, ce qu'on note $A \subset B$.

Tout ensemble A comprenant au moins un élément contient les sous-ensembles particuliers suivants :

1. l'ensemble vide, noté $\varnothing$, qui ne comprend aucun élément ;
2. des singletons ne contenant qu'un seul élément ; ils sont notés par $\{a\}$, où $a \in A$;
3. l'ensemble A lui-même.

EXEMPLE A.1.2

Soit $A = \{1, 2, 3, 4\}$. On peut dresser la liste de tous les sous-ensembles de A :

1. l'ensemble vide $\varnothing \subset A$;
2. les 4 singletons $S_1 = \{1\}$, $S_2 = \{2\}$, $S_3 = \{3\}$, $S_4 = \{4\}$;
3. les sous-ensembles à deux éléments : $D_1 = \{1, 2\}$, $D_2 = \{1, 3\}$, $D_3 = \{1, 4\}$, $D_4 = \{2, 3\}$, $D_5 = \{2, 4\}$, $D_6 = \{3, 4\}$;
4. les sous-ensembles à trois éléments : $T_1 = \{1, 2, 3\}$, $T_2 = \{1, 2, 4\}$, $T_3 = \{1, 3, 4\}$, $T_4 = \{2, 3, 4\}$;
5. A lui-même.

L'ensemble des parties de A, noté $\mathcal{P}(A)$, est l'ensemble de tous les sous-ensembles de A. Dans notre exemple, nous avons :

$$\mathcal{P}(A) = \{\varnothing, S_1, S_2, S_3, S_4, D_1, D_2, D_3, D_4, D_5, D_6, T_1, T_2, T_3, T_4, A\}.$$

Remarquons que si $a \in A$, il n'est pas vrai que a soit un élement de $\mathcal{P}(A)$. Par contre $\{a\} \in \mathcal{P}(A)$.

Il est souvent utile de représenter un ensemble par un *diagramme de Venn* dans lequel les ensembles sont représentés par des courbes fermées et les éléments par des points intérieurs à ces dernières.

EXEMPLE A.1.2. (suite 1)

En reprenant l'exemple A.1.2, représentons par un diagramme de Venn les ensembles A, S_1, D_1, D_6 et T_4.

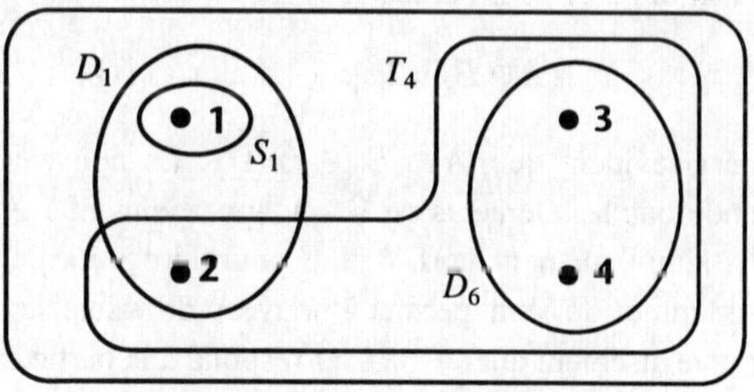

Figure A.1.1 *Diagramme de Venn*

On constate ainsi aisément que :

$$S_1 \subset D_1 \subset A; D_6 \subset T_4 \subset A.$$

A.1.2 OPÉRATIONS SUR LES ENSEMBLES

Deux opérations sont essentielles lorsqu'on traite de problèmes utilisant des ensembles : la ***réunion*** et l'***intersection***.

Considérons un ensemble de référence Ω et deux sous-ensembles A et B [A et $B \in \mathcal{P}(\Omega)$].

1. La ***réunion*** de A et B, notée $A \cup B$, est définie par :

$$A \cup B = \{x | x \in A \text{ ou } x \in B\}.$$

Il est clair que $A \cup B \in \mathcal{P}(\Omega)$. Ce nouveau sous-ensemble comprend donc les éléments de Ω qui appartiennent à A ou à B. Cette alternative n'est pas exclusive : il suffit qu'un élément appartienne à *au moins* un des deux sous-ensembles A ou B pour faire partie de $A \cup B$. L'usage des diagrammes de Venn permet de visualiser cette opération. On constate aisément que $A \cup B$ correspond à la partie grisée du graphique de la figure A.1.2.

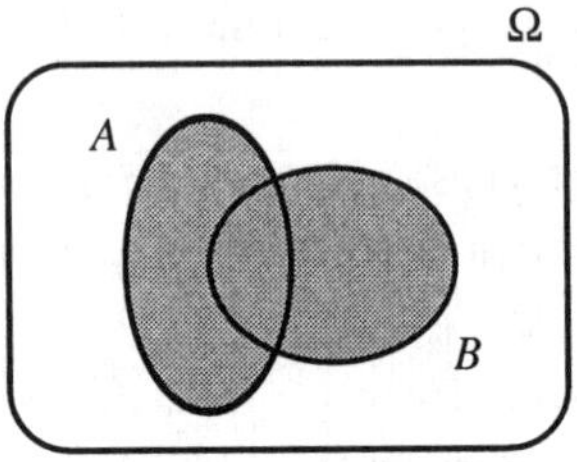

Figure A.1.2 *Réunion*

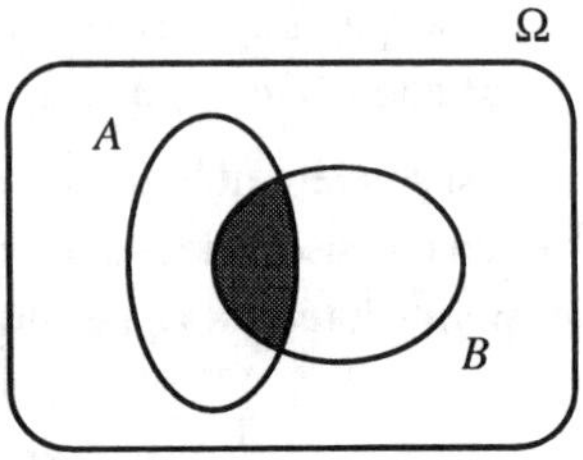

Figure A.1.3 *Intersection*

2. L'***intersection*** de A et B, notée $A \cap B$, est définie par :

$$A \cap B = \{x | x \in A \text{ et } x \in B\}.$$

Il est aussi évident que $A \cap B \in \mathcal{P}(\Omega)$. Le nouveau sous-ensemble comprend donc les éléments de Ω qui appartiennent à A et à B : il faut donc être simultanément dans A et B pour faire partie de $A \cap B$. L'usage des diagrammes de Venn permet à nouveau de visualiser cette opération. On constate aisément que $A \cap B$ correspond à la partie en grisé foncé du graphique de la figure A.1.3.

Ces opérations de base permettent de définir les concepts importants suivants.

1. Deux sous-ensembles A et $B \in \mathcal{P}(\Omega)$ sont ***disjoints*** ssi $A \cap B = \varnothing$. Ceci revient à dire qu'ils n'ont pas d'éléments communs.
2. Deux sous-ensembles A et $B \in \mathcal{P}(\Omega)$ sont ***complémentaires*** (par rapport à Ω) ssi $A \cup B = \Omega$ et $A \cap B = \varnothing$. Dans ce cas, B est encore noté $\overline{A}$.
3. La ***différence*** entre un sous-ensemble $A \in \mathcal{P}(\Omega)$ et un autre sous-ensemble $B \in \mathcal{P}(\Omega)$, notée $A \backslash B$, contient tous les éléments de A qui n'appartiennent pas à B :

$$A \backslash B = \{x | x \in A \text{ et } x \notin B\} = A \cap \overline{B}.$$

On peut aisément étendre les opérations de réunion et d'intersection à plus de deux sous-ensembles.

EXEMPLE A.1.2 (suite 2)

Reprenons les données de l'exemple A.1.2 et en particulier le diagramme de Venn de la figure A.1.1. Au vu de cette dernière on constate aisément que :

1. $S_1 \cup D_6 = \{1, 3, 4\} = T_3$;
2. $D_1 \cup D_6 = \{1, 2, 3, 4\} = A$;

3. $D_1 \cap D_6 = \varnothing$: D_1 et D_6 sont disjoints ;
   [N.B. au vu de 2. et 3., on constate que D_1 et D_6 sont complémentaires (par rapport à A)].
4. $D_1 \backslash T_4 = \{1\} = S_1$;
5. $\overline{D_1} = \{3,4\} = D_6$;
6. $\overline{D_1 \cap T_4} = \overline{\{2\}} = \{1,3,4\} = T_3$;
   N.B. on constate ainsi que $D_1 \cap T_4$ et $S_1 \cup D_6$ sont complémentaires [voir 1. et 6.] ;
7. $\overline{S_1 \cup D_6} = \overline{\{1,3,4\}} = \{2\} = S_2$;
8. $\overline{D_1 \cup D_6} = \overline{\{A\}} = \varnothing$.

Nous pouvons aussi envisager des ensembles définis en compréhension.

EXEMPLE A.1.3

Considérons l'ensemble de référence $\Omega = \mathbb{N}_0$ et les sous-ensembles de Ω suivants (dans lesquels les nombres mentionnés sont entiers et positifs) :

- $P = \{\text{nombres pairs}\} = \{x|x = 2y, y \in \mathbb{N}_0\}$
- $I = \{\text{nombres impairs}\} = \{x|x = 2y - 1, y \in \mathbb{N}_0\}$
- $A = \{\text{multiples de 3}\} = \{x|x = 3y, y \in \mathbb{N}_0\}$
- $B = \{\text{nombres inférieurs à 10}\} = \{x|x < 10, x \in \mathbb{N}_0\}$
- $C = \{\text{multiples de 5}\} = \{x|x = 5y, y \in \mathbb{N}_0\}$
- $D = \{\text{nombres supérieurs à 5}\} = \{x|x > 5, x \in \mathbb{N}_0\}$.

1. $B \cup D = \mathbb{N}_0$, $B \cap D = \{6,7,8,9\}$.
2. $P \cap I = \varnothing$, $P \cup I = \mathbb{N}_0 \Rightarrow P$ et I sont complémentaires.
3. $A \cup C = \{\text{multiples de 3 ou de 5}\} = \{x|x = 3y \text{ ou } x = 5y,\ y \in \mathbb{N}_0\}$, $A \cap C = \{\text{multiples de 3 et de 5}\} = \{\text{multiples de 15}\} = \{x|x = 15y,\ y \in \mathbb{N}_0\}$.
4. $P \cap A = \{\text{multiples de 3 et de 2}\} = \{\text{multiples de 6}\} = \{x|x = 6y,\ y \in \mathbb{N}_0\}$.
5. $A \cap B = \{3,6,9\}$.
6. $B \cap C = \{5\}$.
7. $\overline{D} = \{1,2,3,4,5\} = \{x|x \leqslant 5, x \in \mathbb{N}_0\}$.
8. $B \backslash P = \{1,3,5,7,9\} = B \cap I$.
9. $P \cap B \cap D = \{6,8\}$.
10. $(A \cap C) \cap (B \cap D) = \varnothing$.

A.1.3 PRODUIT CARTÉSIEN DE DEUX ENSEMBLES

Soient A et B deux ensembles donnés. Le ***produit cartésien de 2 ensembles*** $A \times B$ est défini comme étant l'ensemble des couples distincts tels que la première composante de chaque couple est un élément de A et la seconde un élément de B :

$$A \times B = \{(x,y) \mid x \in A, y \in B\}.$$

EXEMPLE A.1.4

Soient les ensembles $A = \{1, 2, 3\}$ et $B = \{1, 2\}$. On vérifie aisément que :

1. $A \times B = \{(1,1); (1,2), (2,1), (2,2), (3,1), (3,2)\}$
2. $B \times B = B^2 = \{(1,1), (1,2), (2,1), (2,2)\}$.

Ces produits admettent les représentations graphiques de la figure A.1.4.

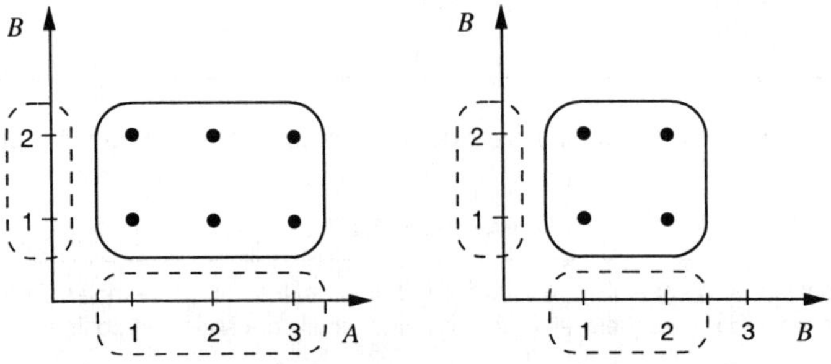

Figure A.1.4 *Produits cartésiens*

A.1.4 EXERCICES PROPOSÉS

E.A.1.1 Écrivez chacun des ensembles suivants en extension :

(a) l'ensemble des entiers compris entre -1 et 3 ;
(b) l'ensemble des entiers positifs inférieurs à 5 ;
(c) l'ensemble des entiers négatifs supérieurs à -4 ;
(d) l'ensemble des diviseurs positifs de 16 ;
(e) $\{x | x \in \mathbb{N}, x < 7\}$;
(f) $\{x | x \in \mathbb{Z}, -3 < x < 3\}$;
(g) $\{x | x \in \mathbb{N}, x - 4 < 0\}$;
(h) $\{x | x = 5y, y \in \mathbb{N}, 1 \leqslant y \leqslant 5\}$.

E.A.1.2 Écrivez en extension :

(a) l'ensemble des jours de la semaine ;
(b) l'ensemble des mois de l'année ;
(c) l'ensemble de vos ascendants vivants ;
(d) l'ensemble des cours que vous suivez cette année ;
(e) l'ensemble de vos amis (les vrais !).

E.A.1.3 Considérons les quatre éléments suivants : 0, $\{0\}$, $\varnothing$, $\{\varnothing\}$. Quels sont ceux qui sont des ensembles ? Y en a-t-il qui soient égaux ?

E.A.1.4 Considérons les ensembles suivants :

(a) $A = \{1, 2, 3, 4\}$, $B = \{2, 4, 6\}$, $C = \{3, 4, 5, 6\}$;

(b) $A = \{a, b, c, d\}, B = \{b, c, e\}, C = \{a, c, e, f\}$;

(c) $A = \{x | x \in \mathbb{N}, x < 5\}, B = \{x | x \in \mathbb{N}, x > 2\}, C = \{2, 4, 6\}$.

Trouvez, pour chacun des cas :

1°) $A \cup B$; 2°) $A \cup B \cup C$; 3°) $A \cap B$;
4°) $A \cap B \cap C$; 5°) $A \cap (B \cup C)$; 6°) $A \cup (B \cap C)$;
7°) $(A \cap B) \cup (A \cap C)$; 8°) $A \backslash B$; 9°) $A \backslash (B \cap C)$;
10°) $(A \cup B) \backslash C$.

E.A.1.5 Déterminez si les ensembles suivants sont finis ou infinis :

a) $\{1, 2, 3, 4\}$; b) $\{a, b, \ldots, z\}$; c) $\mathbb{N}$; d) $\{x | x \in \mathbb{N}, 4 < x < 10\}$;
e) $\{x | x = 2y, y \in \mathbb{N}\}$; f) {multiples de 5} ;
g) l'ensemble des points de la droite réelle ;
h) l'ensemble des étudiants d'une université ;
i) l'ensemble des droites du plan parallèles à une droite donnée.

E.A.1.6 Soit un ensemble   et trois sous-ensembles A, B, C. Vérifiez, en utilisant des diagrammes de Venn, que :

(a) si $A \subset B$, $A \cup B = B$ et $A \cap B = A$;

(b) si $A \subset B$, $A \cup (B \backslash A) = B$;

(c) si $A \cap B = \varnothing$, $A \subset \backslash B$;

(d) $(\backslash A) \backslash (\backslash C) = C \backslash A$;

(e) $A \cap (B \backslash C) = (A \cap B) \backslash (A \cap C)$;

(f) $(A \backslash B) \cup (B \backslash A) = (A \cup B) \backslash (A \cap B)$;

(g) $A \cap (B \cup C) = (A \cap B) \cup (A \cap C)$;

(h) $A \cup (B \cap C) = (A \cup B) \cap (A \cup C)$.

E.A.1.7 Une ***partition*** d'un ensemble   est un ensemble de parties non vides $R_1, R_2, \ldots, R_p$ de   (voir figure A.1.5) telles que :

$$R_i \cap R_j = \varnothing \quad (i \neq j), \qquad R_1 \cup R_2 \cup \cdots \cup R_p = \;.$$

Construisez une partition en 4 sous-ensembles des ensembles suivants :

(a) $= \{1, 2, 3, 4\}$;

(b)   = l'ensembles des faces d'un dé ;

(c)   = l'ensemble des cartes d'un jeu complet (52 cartes) ;

(d) $= \{x | x \in \mathbb{N}, x < 100\}$;

(e)   = l'ensemble des points du plan.

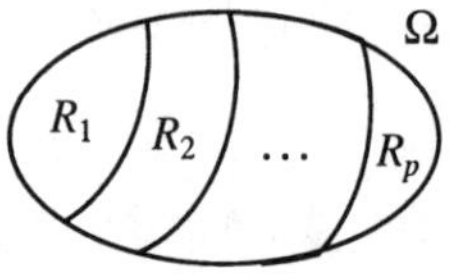

Figure A.1.5 *Partition*

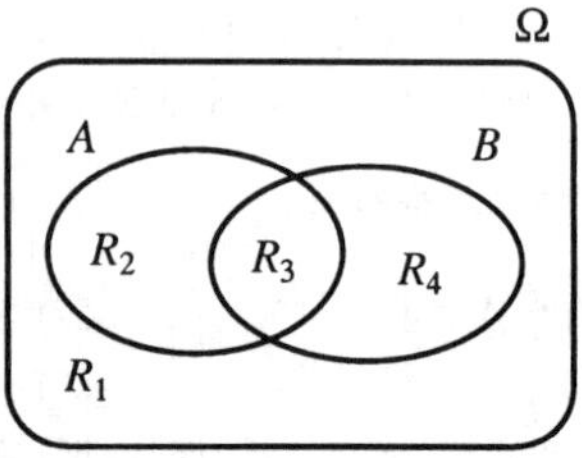

Figure A.1.6 *Exercice E.A.1.8*

E.A.1.8 Considérons la figure A.1.6 et la partition de formée par R_1, R_2, R_3 et R_4. Exprimez les « régions » R_1, R_2, R_3 et R_4 en fonction de A et B.

E.A.1.9 Trois cents étudiants de différentes facultés sont réunis dans une salle de cours. Il leur est demandé de préciser s'ils suivent un cours de droit (D), d'histoire (H) ou de statistique (S). En relevant les réponses, on constate que :

- 250 étudiants suivent le cours S ;
- 200 étudiants suivent le cours D ;
- 150 étudiants suivent le cours H ;
- 150 étudiants suivent à la fois les cours D et S ;
- 130 étudiants suivent à la fois les cours H et S ;
- 120 étudiants suivent à la fois les cours D et H.

On sait en outre qu'aucun étudiant ne suit le cours H sans suivre D ou S. Utilisez la théorie des ensembles pour connaître le nombre d'étudiants qui :

(a) suivent à la fois D, H et S ;
(b) suivent D, mais pas S ;
(c) suivent S, mais pas D ;
(d) suivent D, mais ni H ni S ;
(e) suivent S, mais ni D ni H ;
(f) ne suivent pas D ;
(g) suivent D ou S, mais pas H.

E.A.1.10 Déterminez l'ensemble des parties de $A = \{1, 2\}$ et $B = \{1, 2, 3\}$.

E.A.1.11 Construisez le produit cartésien de :

(a) $A = \{1, 2\}$ et $B = \{1, 2, 3\}$;
(b) $A = \{1, 2\}$ et $B = \mathbb{R}$;
(c) $A = \mathbb{Z}$ et $B = \mathbb{Z}$;
(d) $A = \mathbb{R}$ et $B = \mathbb{R}$.

ANNEXE 2

LES FONCTIONS

A.2.1 DÉFINITION D'UNE FONCTION

Soient A et B deux ensembles donnés. Supposons qu'à chaque élément $a \in A$, on associe un élément $b \in B$. L'ensemble de ces associations définit une ***fonction*** ou ***application*** de A dans B, ce qu'on écrit :

$$f : A \to B \quad \text{ou} \quad A \xrightarrow{f} B$$

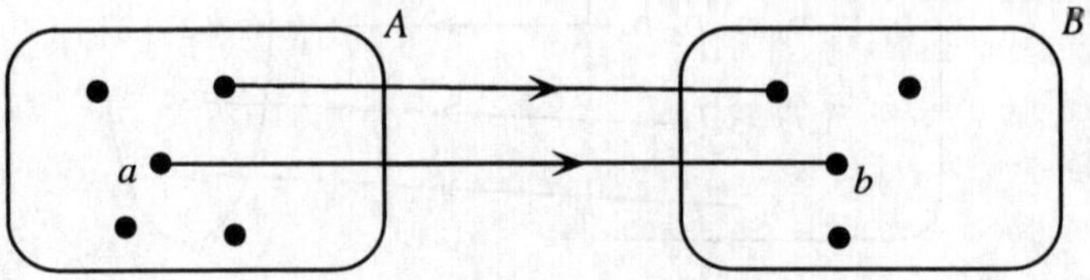

Figure A.2.1 *Graphe d'une fonction*

Si $a \in A$ est associée à $b \in B$, on écrit : $b = f(a)$; b est appelé l'*image* de a. À chaque fonction $f : A \to B$ correspond le sous-ensemble de $A \times B$ défini par :

$$\{(x, y) \mid x \in A, y = f(x) \in B\}. \qquad \text{(A.2.1)}$$

EXEMPLE A.2.1

Soient $A = \{1, 2\}$ et $B = \{1, 2, 3, 4\}$. Définissons la fonction f qui associe à tout élément x de A une valeur y de B égale au double de x. Au vu de la figure A.2.2, on constate que f est défini par le sous-ensemble de $A \times B$ suivant :

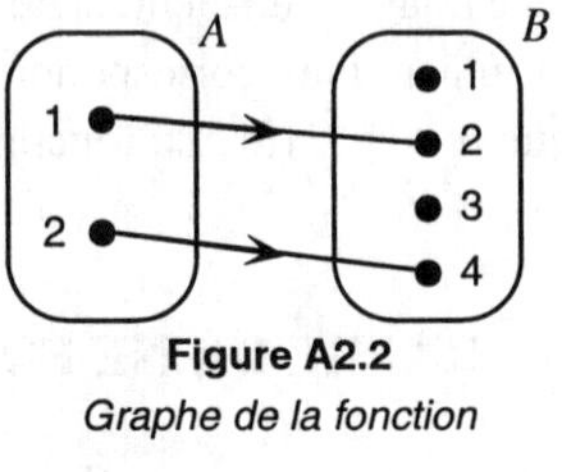

Figure A2.2
Graphe de la fonction

$$f = \{(1, 2), (2, 4)\} = \{(x, y) | y = 2x, x \in A\}$$

ce qu'on énonce encore en disant que f est défini par

$$y = 2x, \quad \text{où} \quad x \in \{1, 2\}.$$

Un cas particulier intéressant est celui où le *domaine de définition* de f, noté A ci-dessus, est l'ensemble $\mathcal{P}(\Omega)$ des parties d'un ensemble de référence Ω. On parle alors de ***fonction d'ensembles***.

EXEMPLE A.2.2

Reprenons l'exemple A.1.2, de l'annexe 1, dans lequel $\Omega = \{1, 2, 3, 4\}$. Nous pouvons définir sur $\mathcal{P}(\Omega)$ une fonction f qui associe à chaque sous-ensemble E de Ω le nombre d'éléments qu'il contient :

$$f : \mathcal{P}(\Omega) \to \mathcal{V} = \{0, 1, 2, 3, 4\}.$$

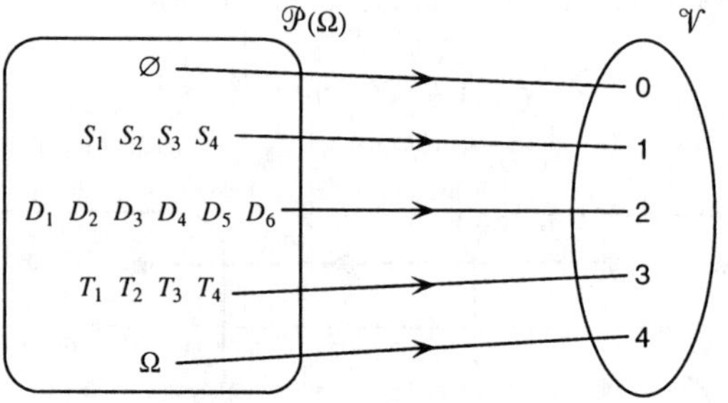

Figure A.2.3 *Graphe de* f

Ainsi, par exemple :

$$f(\varnothing) = 0, \quad f(S_2) = 1, \quad f(D_4) = 2, \quad f(T_3) = 3, \quad f(\Omega) = 4.$$

Soit $f : A \to B$. Si les images de deux éléments distincts de A sont des éléments distincts de B, f définit une ***injection***. Si, de plus, chaque élément de B est une image d'un élément de A, on parle de ***bijection***. Dans ce cas, à chaque $b \in B$, on peut faire correspondre un élément $a \in A$ tel que $b = f(a)$. On écrit alors que $a = f^{-1}(b)$. La fonction $f^{-1} : B \to A$ est dite ***fonction inverse***.

A.2.2 GRAPHE D'UNE FONCTION

On appelle ***graphe d'une fonction*** f la représentation graphique des couples (x, y) définis par (A.2.1). Lorsque A est fini, on peut utiliser les diagrammes de Venn ou une représentation dans un repère. Un cas particulier important est celui où $A = \mathbb{R}$ et $B = \mathbb{R}$; f est alors définie par un sous-ensemble de $\mathbb{R}^2$.

EXEMPLE A.2.3

Reprenons l'exemple A.2.1 en remplaçant A et B par $\mathbb{R}$: $f = \{(x, y)|y = 2x, x \in \mathbb{R}\}$. Prenons quelques couples particuliers de cet ensemble :

x	-2	-1	0	1	2	3
y	-4	-2	0	2	4	6

f définit ainsi une droite passant par l'origine 0.
On peut remarquer que la fonction f est bijective. La fonction inverse f^{-1} est dès lors définie par :

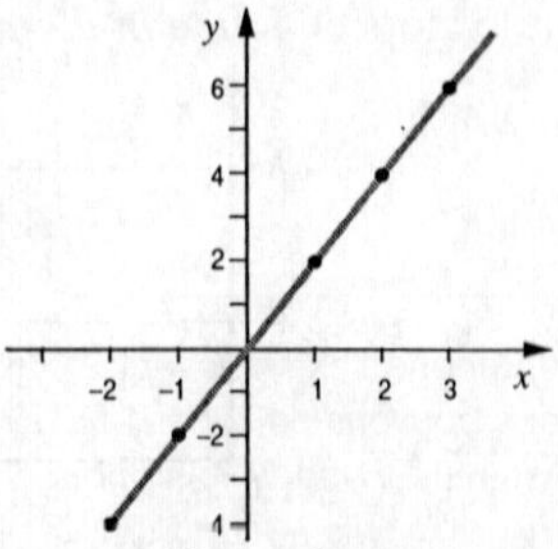

Figure A2.4
Représentation d'une droite

$$f^{-1} = \{(y, x)|x = y/2, y \in \mathbb{R}\}.$$

La représentation graphique d'une droite dans un plan s'effectue en définissant un repère (ou système de coordonnées cartésiennes). On considère deux droites réelles orthogonales se coupant en un point 0, appelé *origine*. On oriente chaque droite comme dans la figure A.2.4. On définit une échelle sur chaque axe ainsi construit en choisissant une *unité* sur chacun d'eux et en les graduant ensuite. Un point du plan (x, y) est alors représenté de telle sorte que la projection de ce point sur l'axe $0x$ correspond à la graduation x (*abscisse* du point) et que la projection de ce point sur l'axe $0y$ correspond à la graduation y (*ordonnée* du point).

EXEMPLE A.2.4

Représentons graphiquement la droite d'équation

$$y = 2x + 1,$$

où $x \in \mathbb{R}$. Considérons quelques valeurs particulières des couples (x,y) définies par cette équation :

x	-2	-1	$-1/2$	0	1	2
y	-3	-1	0	1	3	5

En joignant ces points par une droite, on obtient le graphique de la figure A.2.5.

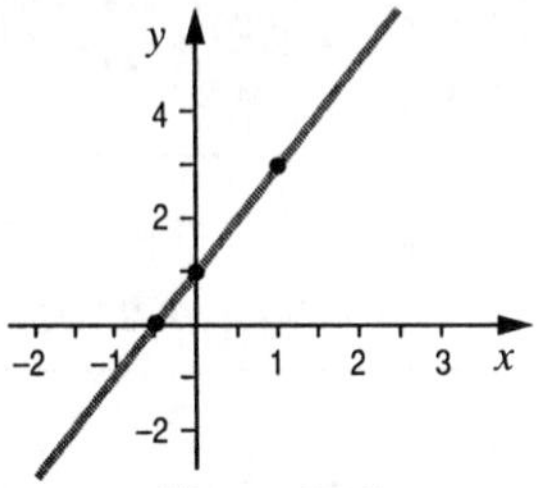

Figure A2.5
Représentation de $y = 2x + 1$

Si on considère l'équation générale d'une droite $y = a + bx$, où $x \in \mathbb{R}$, a et b étant deux constantes réelles, on constate que :

1. l'***ordonnée à l'origine*** a est égale à la valeur de y pour laquelle $x = 0$ (intersection de la droite et de l'axe $0y$) ;

2. le ***coefficient angulaire*** b mesure l'accroissement de y correspondant à un accroissement unitaire de x ; b est encore appelé la ***pente*** de la droite.

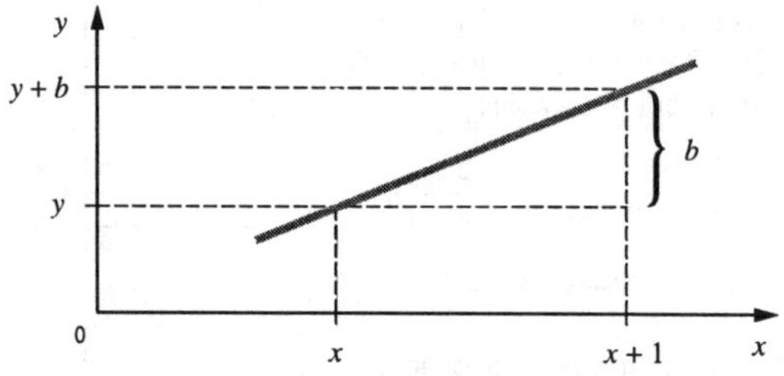

Figure A.2.6 *Représentation de* $y = a + bx$

Remarquons enfin qu'une droite est définie dès que l'on connaît deux de ses points. Ainsi, on peut montrer que la droite passant par les points (x_1, y_1) et (x_2, y_2) est définie par l'équation

$$y - y_1 = \frac{y_2 - y_1}{x_2 - x_1}(x - x_1)\,. \tag{A.2.2}$$

EXEMPLE A.2.5

La droite passant les points $(2, 2)$ et $(4, 3)$ a pour équation :

$$y - 2 = \frac{3-2}{4-2}(x-2) \Rightarrow y = 0.5x + 1\,.$$

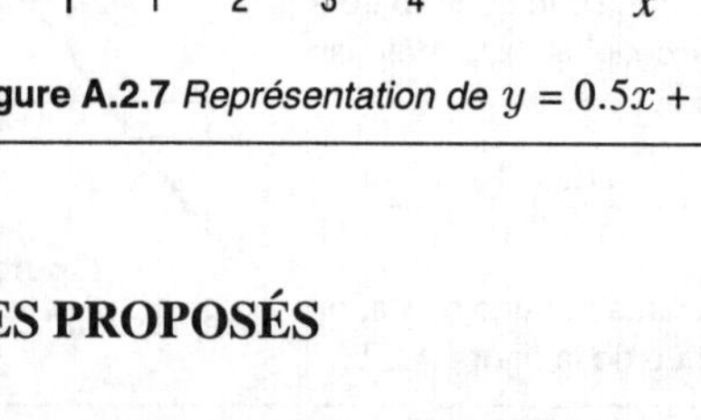

Figure A.2.7 *Représentation de* $y = 0.5x + 1$

A.2.3 EXERCICES PROPOSÉS

E.A.2.1 Soient $A = \{1,2\}$ et $B = \{1,2,3,4,5,6\}$. Définissez le sous-ensemble de $A \times B$ qui correspond à la fonction $f : A \to B$ associant à tout élément x de A une valeur y de B égale au triple de x.

E.A.2.2 Soit $= \{a, b, c\}$. Définissez la fonction d'ensemble f qui, à tout sous-ensemble E de , fait correspondre le nombre d'éléments de E.

E.A.2.3 Soit $= \{(x, y) | x \in \{1, 2\}$ et $y \in \{1, 2, 3\}\}$. Définissez la fonction d'ensemble f qui, à tout sous-ensemble E de , fait correspondre le nombre d'éléments de E tels que $x < y$.

E.A.2.4 Soient $A = \mathbb{R}$ et $B = \mathbb{R}$. Définissez et représentez graphiquement la fonction f décrite à l'exercice E.A.2.1.

E.A.2.5 Définissez et représentez graphiquement les fonctions suivantes de $\mathbb{R}$ dans $\mathbb{R}$:

(a) à chaque nombre, f associe son cube ;

(b) à chaque nombre, g associe le nombre 5 ;

(c) à chaque nombre strictement positif, h associe son carré et à chaque nombre non positif, h associe le nombre 6.

Trouvez aussi les valeurs prises par chaque fonction pour $x = 4$, $x = -2$ et $x = 0$.

E.A.2.6 Représentez graphiquement les fonctions suivantes :

(a) $f : \mathbb{R} \to \mathbb{R}$, définie par $y = f(x) = x^2 + x - 6$;

(b) $g : \mathbb{R} \to \mathbb{R}$, définie par $y = g(x) = x^2 + 3$.

E.A.2.7 Tracez, dans un système de coordonnées cartésiennes, les droites d'équation [1] :

(a) $D_1 : y = x + 2$;

(b) $D_2 : y = -2x + 1$;

(c) $D_3 : y = 3$.

E.A.2.8 Tracez, dans un système de coordonnées cartésiennes, les droites d'équation :

(a) $D_1 : y = -x + 4$;

(b) $D_2 : y = -2x + 3$;

(c) $D_3 : y = 1/2x + 3/4$;

(d) $D_4 : y = 5/2$;

(e) $D_5 : x = 4$.

E.A.2.9 Déterminez l'équation de la droite passant par les points :

(a) $(0, 0)$ et $(2, 4)$;

(b) $(-1, -1)$ et $(1, 1)$;

(c) $(1, 2)$ et $(4, 5)$;

(d) $(2, 3)$ et $(4, 3)$;

(e) $(4, 5)$ et $(6, -2)$.

---

[1] On indique qu'une droite D est d'équation $y = a + bx$ par la notation $D : y = a + bx$.

ANNEXE 3

LE SIGNE DE SOMMATION

A.3.1 DÉFINITION ET PROPRIÉTÉS

L'analyse statistique recourt souvent à la sommation de valeurs définies à partir des observations. Le signe de sommation Σ permet de simplifier l'écriture d'une telle opération.

Une série statistique[(1)] a pour caractéristique le fait que les n valeurs observées sont représentées d'une part au moyen d'une lettre rappelant le nom de la variable $(x, y, \ldots)$ et, d'autre part, d'une autre lettre $(i, j, k, \ldots)$ placée en indice et permettant d'identifier l'élément considéré :

$$\{x_1, x_2, x_3, \ldots, x_i, \ldots, x_n\} .$$

La sommation de ces nombres peut s'écrire

$$x_1 + x_2 + x_3 + \cdots + x_i + \cdots + x_n.$$

Quand le nombre de termes est élevé, cette écriture devient fastidieuse. Il est alors conseillé d'utiliser une formulation plus synthétique qui repose sur la constatation suivante : les termes de la somme ne se distinguent que par les *indices* et, en outre, ces derniers sont les *entiers successifs* compris entre 1 et n. La connaissance de la première et de la dernière valeur de cet indice nous permet d'en déduire les autres. C'est pourquoi, la somme des valeurs $x_1, x_2, \ldots, x_n$ est généralement présentée sous la forme

$$x_1 + x_2 + \cdots + x_i + \cdots + x_n = \sum_{i=1}^{n} x_i.$$

Cette expression se lit comme suit : *on somme les* x_i, *où* i *prend les valeurs entières comprises entre* 1 (chiffre indiqué sous le Σ) *et* n (chiffre apparaissant au-dessus du Σ). Cette écriture a beaucoup de souplesse. Nous en présentons quelques exemples.

(1) Ce qui suit peut aussi être appliqué aux distributions observées et groupées.

1. $\sum_{i=1}^{3} x_i = x_1 + x_2 + x_3$;

2. $\sum_{j=3}^{5} x_j = x_3 + x_4 + x_5$;

3. $\sum_{j=1}^{4} y_j^2 = y_1^2 + y_2^2 + y_3^2 + y_4^2$.

Nous pouvons aussi exclure une des valeurs possibles de l'indice :

$$\sum_{\substack{i=1 \\ i \neq 4}}^{5} x_i = x_1 + x_2 + x_3 + x_5.$$

Lorsqu'une somme porte sur tous les termes d'une série $\{x_1, \ldots, x_n\}$, il est fréquent de remplacer

$$\sum_{i=1}^{n} x_i \quad \text{par} \quad \sum_{i} x_i$$

afin d'alléger l'écriture. Il est alors sous-entendu que i varie de 1 à n.

Par ailleurs, on peut utiliser des indices distincts pour représenter les mêmes expressions :

$$\sum_{i=1}^{n} x_i = \sum_{j=1}^{n} x_j = \sum_{k=1}^{n} x_k = \cdots$$

Cette possibilité est surtout utile quand on fait intervenir dans une même expression un ou plusieurs facteurs sous forme de sommation. Par exemple :

$$\sum_{j=1}^{n} \left(x_j \sum_{i=1}^{n} x_i \right) = \left(\sum_{i=1}^{n} x_i \right) \left(\sum_{j=1}^{n} x_j \right) = \left(\sum_{j=1}^{n} x_j \right)^2.$$

Enfin, on peut énoncer un certain nombre de propriétés algébriques dont les plus utilisées sont les suivantes.

Propriété A.3.1 Si a est une constante,

$$\sum_{i=1}^{n} a = na. \tag{A.3.1}$$

Démonstration :

$$\sum_{i=1}^{n} a = \underbrace{a + a + \ldots + a}_{n \text{ termes}} = na.$$

Propriété A.3.2 Si a est une constante,

$$\sum_{i=1}^{n} ax_i = a \sum_{i=1}^{n} x_i. \qquad \text{(A.3.2)}$$

Démonstration :

$$\sum_{i=1}^{n} ax_i = ax_1 + \cdots + ax_n = a\,(x_1 + \ldots + x_n) = a \sum_{i=1}^{n} x_i.$$

Propriété A.3.3

$$\sum_{i=1}^{n} (x_i + y_i) = \sum_{i=1}^{n} x_i + \sum_{i=1}^{n} y_i. \qquad \text{(A.3.3)}$$

Démonstration :

$$\begin{aligned}\sum_{i=1}^{n} (x_i + y_i) &= (x_1 + y_1) + \cdots + (x_n + y_n) \\ &= (x_1 + \ldots + x_n) + (y_1 + \ldots + y_n) = \sum_{i=1}^{n} x_i + \sum_{i=1}^{n} y_i.\end{aligned}$$

Propriété A.3.4

$$\sum_{i=1}^{n} (ax_i + by_i)^2 = a^2 \sum_{i=1}^{n} x_i^2 + 2ab \sum_{i=1}^{n} x_i y_i + b^2 \sum_{i=1}^{n} y_i^2. \qquad \text{(A.3.4)}$$

Démonstration [(2)] :

$$\begin{aligned}\sum_{i=1}^{n} (ax_i + by_i)^2 &= \sum_{i=1}^{n} \left(a^2 x_i^2 + 2abx_i y_i + b^2 y_i^2\right) \\ &= \sum_{i=1}^{n} a^2 x_i^2 + \sum_{i=1}^{n} 2abx_i y_i + \sum_{i=1}^{n} b^2 y_i^2 \quad \text{(cf. A.3.3)} \\ &= a^2 \sum_{i=1}^{n} x_i^2 + 2ab \sum_{i=1}^{n} x_i y_i + b^2 \sum_{i=1}^{n} y_i^2. \quad \text{(cf. A.3.2)}\end{aligned}$$

Propriété A.3.5

$$\left(\sum_{i=1}^{n} x_i\right)^2 = \sum_{i=1}^{n} x_i^2 + \sum_{i=1}^{n} \sum_{\substack{j=1 \\ j \neq i}}^{n} x_i x_j. \qquad \text{(A.3.5)}$$

(2) Rappelons que si a et b sont deux quantités réelles, $(a + b)^2 = a^2 + 2ab + b^2$.

Démonstration :

$$\left(\sum_{i=1}^{n} x_i\right)^2 = (x_1+\cdots+x_n)^2 = (x_1+\cdots+x_n)(x_1+\cdots+x_n)$$

$$= x_1^2 + x_1(x_2+\cdots+x_n) + x_2x_1 + x_2^2$$
$$+x_2(x_3+x_4+\cdots+x_n) + x_3(x_1+x_2) + x_3^2$$
$$+x_3(x_4+x_5+\cdots+x_n)+\cdots$$
$$+x_n(x_1+x_2+\cdots+x_{n-1}) + x_n^2$$

$$= \sum_{i=1}^{n} x_i^2 + \sum_{i=1}^{n} x_i \sum_{\substack{j=1\\ j\neq i}}^{n} x_j = \sum_{i=1}^{n} x_i^2 + \sum_{i=1}^{n}\sum_{\substack{j\neq 1\\ j\neq i}}^{n} x_i x_j.$$

A.3.2 EXERCICES PROPOSÉS

E.A.3.1 Développez les expressions suivantes :

a) $\sum_{i=1}^{4}(x_i-a)^2$; b) $\sum_{i=1}^{5}(a-2x_i)^2$; c) $\sum_{i=2}^{4}(x_i-a)^2$;

d) $\sum_{i=1}^{5} a(x_i-b)$; e) $\sum_{i=1}^{4}(2x_i-3)^2$; f) $\sum_{i=1}^{4}(x_i-a)^3$;

g) $\frac{1}{n}\sum_{i=1}^{n}(x_i-a)$; h) $\frac{1}{n}\sum_{j=1}^{n}\frac{x_j-a}{b}$; i) $\frac{1}{n}\sum_{i=1}^{n}(x_i-a)^2$;

j) $\frac{1}{n}\sum_{i=1}^{n}\left(\frac{x_i-a}{b}\right)^2$; k) $\sum_{j=1}^{J} n_j(x_j-a)^2$; l) $\frac{1}{n}\sum_{j=1}^{J} n_j(x_j-a)^2$.

E.A.3.2 Considérons la série $\{x_1 = 1; x_2 = 4; x_3 = 2; x_4 = 3$ et $x_5 = 5\}$. Déterminez la valeur des sommes suivantes :

a) $\sum_{i=1}^{5} x_i$; b) $\frac{1}{5}\sum_{i=1}^{5} x_i$; c) $\sum_{i=1}^{5}(x_i-3)$; d) $\sum_{i=1}^{5} x_i^2$;

e) $\sum_{i=1}^{5} 4x_i$; f) $\frac{1}{5}\sum_{i=1}^{5}|x_i-3|$[3] ; g) $\frac{1}{5}\sum_{i=1}^{5}(x_i-3)^2$; h) $\frac{1}{5}\sum_{i=1}^{5}(x_i-3)^3$.

(3) Rappelons que la *valeur absolue* $|a|$ d'un nombre $a \in \mathbb{R}$ vaut a, si a est positif, et son opposé, si a est négatif. Exemples : $|4| = 4$; $|-3| = 3$.

E.A.3.3 Décomposez les expressions suivantes :

a) $\left[\sum_{i=1}^{n} x_i - \frac{1}{n}\sum_{j=1}^{n} x_j\right]$; b) $\left[\sum_{i=1}^{n} x_i - \frac{1}{n}\sum_{j=1}^{n} x_j\right]^2$.

E.A.3.4 Utilisez le signe de sommation pour écrire les expressions suivantes :

a) $y_1 + y_2 + \cdots + y_5$; b) $n_1x_1 + n_2x_2 + \cdots + n_Jx_J$;

c) $a_1x + a_2x^2 + \cdots + a_nx^n$; d) $x_1y_1 + x_2y_2 + \cdots + x_ny_n$;

e) $f_1(x_1 - a)^2 + f_2(x_2 - a)^2 + \cdots + f_J(x_J - a)^2$;

f) $1 + 2 + 3 + \cdots + 8$; g) $1 + 4 + 9 + 16 + 25$;

h) $-1 + 4 - 27 + 256 - 3125$.

E.A.3.5 Montrez au moyen d'exemples simples que :

(a) $\sum_{i=1}^{n} i = \frac{n(n+1)}{2}$;

(b) $\sum_{i=1}^{n} i^2 = \frac{n(n+1)(2n+1)}{6}$;

(c) $\sum_{i=1}^{n} (x_i - \overline{x}) = 0$, si $\overline{x} = \frac{1}{n}\sum_{j=1}^{n} x_j$;

(d) $\frac{1}{n}\sum_{i=1}^{n} (x_i - \overline{x})^2 = \frac{1}{n}\sum_{i=1}^{n} x_y^2 - \overline{x}^2$, si $\overline{x} = \frac{1}{n}\sum_{j=1}^{n} x_j$;

(e) $\sum_{i=1}^{n} (x_i + 1)^2 = \sum_{i=1}^{n} x_i^2 + 2\sum_{i=1}^{n} x_i + n$.

E.A.3.6 Considérons la matrice (voir annexe 5) :

$$\mathbf{X}_{J\times K} = \begin{bmatrix} x_{11} & \cdots & x_{1k} & \cdots & x_{1K} \\ \vdots & & \vdots & & \vdots \\ x_{j1} & \cdots & x_{jk} & \cdots & x_{jK} \\ \vdots & & \vdots & & \vdots \\ x_{J1} & \cdots & x_{Jk} & \cdots & x_{JK} \end{bmatrix}$$

Dites ce que représentent les expressions suivantes :

a) $\sum_{j=1}^{J}\sum_{k=1}^{K} x_{jk}$; b) $\sum_{j=1}^{J} x_{jk}$; c) $\sum_{k=1}^{K} x_{jk}$.

ANNEXE 4

LES LOGARITHMES

A.4.1 FONCTIONS EXPONENTIELLES ET LOGARITHMIQUES

Soit a une constante réelle positive. La fonction $f : \mathbb{R} \to \mathbb{R}$ qui associe à chaque valeur x une valeur y définie par

$$y = a^x$$

est dite ***exponentielle***. Elle est bijective.

EXEMPLE A.4.1

La fonction $y = 10^x$ est représentée graphiquement ci-dessous. Nous présentons dans la table suivante quelques couples particuliers (x, y) définis par f.

x	-2	-1.5	-1	-0.5	0	0.5	1	1.5	2	$\ldots$
y	0.01	0.03	0.10	0.32	1	3.16	10	31.62	100	

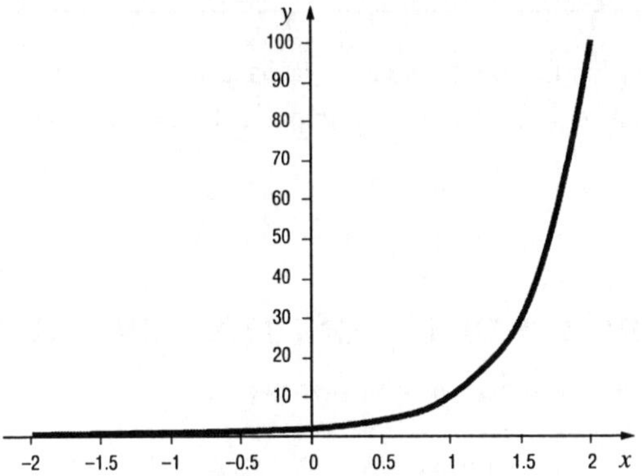

Figure A.4.1 *Courbe exponentielle*

La fonction inverse de f est dite ***logarithmique***. Elle est notée

$$x = \log_a y$$

où a est appelée *base*. Cette fonction n'est définie que si $y \in \mathbb{R}_0^+$.

EXEMPLE A.4.1 (suite 1)

La fonction $x = \log_{10} y$ est la fonction inverse de $y = 10^x$. Il suffit de permuter les lignes du tableau présenté ci-dessus pour obtenir quelques coordonnées de points de la courbe logarithmique :

y	0.01	0.03	0.10	0.32	1	3.16	10	31.62	100	...
x	−2	−1.5	−1	−0.5	0	0.5	1	1.5	2	

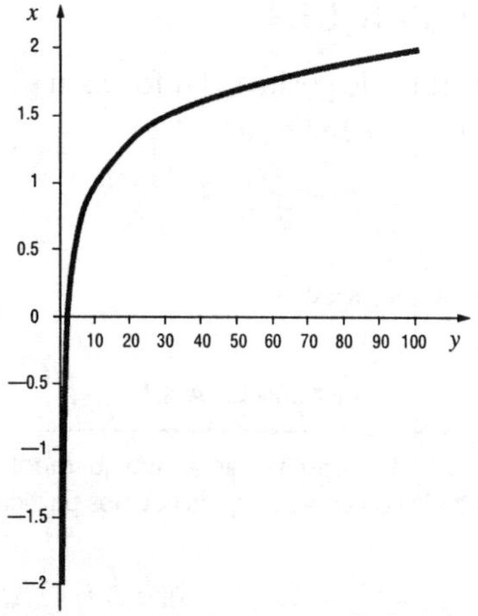

Figure A.4.2 *Fonction logarithmique*

Le cas le plus fréquent concerne la base $a = 10$. Si $a = \mathrm{e}$, où e est le nombre de Néper $(\mathrm{e} = 2.71828\ldots)$, on parle de *logarithmes népériens* :

$$x = \log_{\mathrm{e}} y = \ln y.$$

A.4.2 PROPRIÉTÉS DE LA FONCTION LOGARITHMIQUE

Quelle que soit la base a, nous avons :

$$\log_a 1 = 0 \quad \text{et} \log_a a = 1.$$

Par ailleurs, si b, p, p_1, p_2,..., sont des réels positifs :

$$\log_a (p_1 \times p_2) = \log_a p_1 + \log_a p_2;$$

$$\begin{aligned}\log_a\left(\frac{p_1}{p_2}\right) &= \log_a p_1 - \log_a p_2;\\ \log_a(p^n) &= n\log_a p;\\ \log_a p &= \log_a b \log_b p.\end{aligned}$$

EXEMPLE A.4.2

La moyenne géométrique de trois nombres positifs p_1, p_2 et p_3 est définie par (voir chapitre 3) :

$$G = \sqrt[3]{p_1 \times p_2 \times p_3} = (p_1 \times p_2 \times p_3)^{1/3}.$$

En utilisant les propriétés ci-dessus, nous pouvons écrire, en prenant par exemple les logarithmes en base 10 :

$$\begin{aligned}\log_{10} G &= \frac{1}{3}\log_{10}(p_1 \times p_2 \times p_3)\\ &= \frac{1}{3}(\log_{10} p_1 + \log_{10} p_2 + \log_{10} p_3).\end{aligned}$$

Ainsi, dans le cas où $p_1 = 8$, $p_2 = 16$ et $p_3 = 24$, le recours à des tables de logarithmes (voir table 2), ou une machine à calculer, nous indique que :

$$\begin{aligned}log_{10} G &= \frac{1}{3}(\log_{10} 8 + \log_{10} 16 + \log_{10} 24)\\ &= \frac{1}{3}(0.9031 + 1.2041 + 1.3802) = 1.1625\\ \Rightarrow G &= 10^{1.1625} = 14.54.\end{aligned}$$

Une ***échelle logarithmique*** consiste à représenter une valeur p sur une échelle graduée par un point dont la distance à l'origine vaut $\log_{10} p$. Ainsi les nombres 1, 10, 52, 100, 1000,. . . , sont représentés par les points de coordonnées 0, 1, 1.716, 2, 3,. . .

Cette échelle permet notamment de tasser vers le bas les valeurs élevées d'une variable [cf. (2.42)].

A.4.3 EXERCICES PROPOSÉS

E.A.4.1 Calculez la moyenne géométrique des nombres 8, 16 et 32, en recourant à des logarithmes en base 10 et en base 2.

E.A.4.2 Calculez la moyenne géométrique des nombres 105, 287, 345 et 456.

E.A.4.3 Représentez sur une échelle logarithmique les valeurs 2, 12, 151, 3 600 et 15 345.

E.A.4.4 Si x_1 et x_2 sont deux valeurs positives, comment peut-on déterminer $\log(x_2/x_1)$ sur une échelle logarithmique ?

ANNEXE 5

LES MATRICES

A.5.1 DÉFINITIONS

Une ***matrice*** est un tableau rectangulaire de nombres comportant par exemple n *lignes et* p *colonnes* où n et p sont des entiers positifs. Elle est généralement représentée par

$$\mathbf{A} = \begin{pmatrix} a_{11} & a_{12} & \cdots & a_{1p} \\ a_{21} & a_{22} & \cdots & a_{2p} \\ \vdots & \vdots & \cdots & \vdots \\ a_{n1} & a_{n2} & \cdots & a_{np} \end{pmatrix} = (a_{ij})$$

où a_{ij} représente l'élément situé en ligne i et en colonne j $(i = 1, \ldots, n; j = 1, \ldots, p)$. Les valeurs de n et p définissent la *dimension* de $\mathbf{A}$; cette matrice est dite « $n \times p$ », et notée parfois $\mathbf{A}^{n \times p}$. Une matrice est ***carrée*** si $n = p$. Si $n = 1$, elle est appelée un ***vecteur-ligne***. Si $p = 1$, on a un ***vecteur-colonne***.

EXEMPLE A.5.1

Un tableau individus × caractères contenant les valeurs x_{ij} de p variables auprès de n individus $(i = 1, \ldots, n; j = 1, \ldots, p)$ peut être représenté par une matrice $\mathbf{X}$ de dimension $n \times p$.

A.5.2 OPÉRATIONS ÉLÉMENTAIRES

a) *Transposer* une matrice consiste à alterner le rôle des lignes et des colonnes. La ***transposée*** de $\mathbf{A}$ est notée $\mathbf{A}'$.

EXEMPLE A.5.2

Si $\mathbf{A} = \begin{pmatrix} 1 & 3 & -1 \\ 4 & 1 & 2 \end{pmatrix}$, alors $\mathbf{A}' = \begin{pmatrix} 1 & 4 \\ 3 & 1 \\ -1 & 2 \end{pmatrix}$.

---

b) On peut *sommer* deux matrices $\mathbf{A} = (a_{ij})$ et $\mathbf{B} = (b_{ij})$ de mêmes dimensions : $\mathbf{A}+\mathbf{B} = (a_{ij}+b_{ij})$. Il suffit de sommer les éléments appartenant à la même ligne et à la même colonne.

EXEMPLE A.5.2 (suite 1)

$$\text{Si } \mathbf{A} = \begin{pmatrix} 1 & 3 & -1 \\ 4 & 1 & 2 \end{pmatrix} \quad \text{et } \mathbf{B} = \begin{pmatrix} -1 & -2 & 4 \\ 2 & 1 & 2 \end{pmatrix},$$

$$\mathbf{A}+\mathbf{B} = \begin{pmatrix} 0 & 1 & 3 \\ 6 & 2 & 4 \end{pmatrix}$$

c) *Multiplier* une matrice $\mathbf{A} = (a_{ij})$ par un ***scalaire*** k (c'est-à-dire un nombre réel) consiste à multiplier tous les éléments de $\mathbf{A}$ par k.

EXEMPLE A.5.2 (suite 2)

$$\text{Si } \mathbf{A} = \begin{pmatrix} 1 & 3 & -1 \\ 4 & 1 & 2 \end{pmatrix} \quad \Longrightarrow \quad 2\mathbf{A} = \begin{pmatrix} 2 & 6 & -2 \\ 8 & 2 & 4 \end{pmatrix}.$$

d) La *multiplication de deux matrices* $\mathbf{A}$ et $\mathbf{B}$ ne se conçoit que si le nombre de colonnes de $\mathbf{A}$ est égal au nombre de lignes de $\mathbf{B}$. Ainsi, le produit de $\mathbf{A}^{n\times p} = (a_{ik})$ par $\mathbf{B}^{p\times q} = (b_{kj})$ nous donne une matrice $\mathbf{C}^{n\times q} = (c_{ij})$ où

$$c_{ij} = \sum_{k=1}^{p} a_{ik}b_{kj} \quad i = 1,\ldots,n;\ j = 1,\ldots,q.$$

EXEMPLE A.5.2 (suite 3)

$$\text{Si } \mathbf{A} = \begin{pmatrix} 1 & 3 & -1 \\ 4 & 1 & 2 \end{pmatrix} \quad \text{et} \quad \mathbf{B} = \begin{pmatrix} -1 & 2 \\ 0 & 1 \\ -2 & 1 \end{pmatrix}, \text{ nous avons :}$$

$$\mathbf{C} = \mathbf{A}\times\mathbf{B} = \begin{pmatrix} 1 & 3 & -1 \\ 4 & 1 & 2 \end{pmatrix} \times \begin{pmatrix} -1 & 2 \\ 0 & 1 \\ -2 & 1 \end{pmatrix} = \begin{pmatrix} 1 & 4 \\ -8 & 11 \end{pmatrix}.$$

Ainsi l'élément $c_{11} = 1$ (*première ligne, première colonne*) est obtenu en sommant les produits des éléments de la *première ligne* de $\mathbf{A}$ par ceux de la *première colonne* de $\mathbf{B}$ qui occupent la « même position » :

$$1 = 1\times(-1) + 3\times 0 + (-1)\times(-2).$$

A.5.3 UTILISATION DE LA NOTATION MATRICIELLE DANS L'ANALYSE STATISTIQUE

Le recours à la notation matricielle permet de simplifier l'écriture. Prenons l'exemple suivant.

EXEMPLE A.5.3

Considérons le tableau individus × caractères relatif à une série bivariée où les éléments de la première colonne représentent les valeurs x_i de la première variable et ceux de la seconde colonne les valeurs y_i de l'autre variable :

$$\mathbf{X} = \begin{pmatrix} 2 & 7 \\ 4 & 10 \\ 5 & 9 \\ 6 & 13 \\ 8 & 11 \end{pmatrix}$$

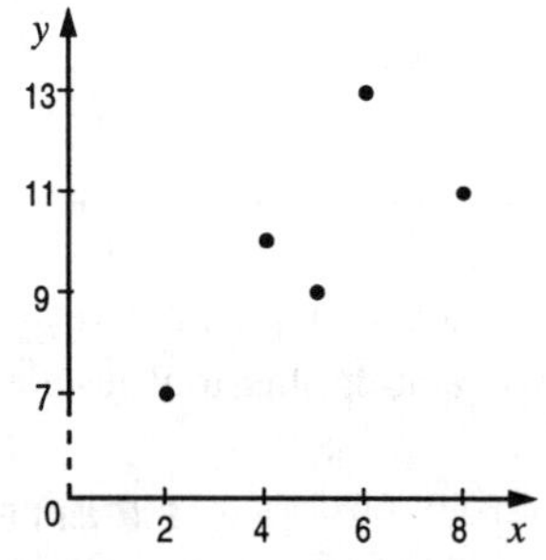

Figure A.5.1 *Série bivariée*

Les moyennes marginales valent :

$$\begin{cases} \overline{x} & = & \dfrac{2+4+5+6+8}{5} = 5\,; \\ \overline{y} & = & \dfrac{7+10+9+13+11}{5} = 10. \end{cases}$$

D'autre part, pour calculer les variances marginales, nous pouvons *centrer* les séries marginales en remplaçant les valeurs x_i par $w_i = x_i - \overline{x}$ et y_i par $z_i = y_i - \overline{y}$. Nous obtenons alors la ***matrice des valeurs centrées***

$$\mathbf{X}_c = \begin{pmatrix} -3 & -3 \\ -1 & 0 \\ 0 & -1 \\ 1 & 3 \\ 3 & 1 \end{pmatrix}$$

où les valeurs w_i et z_i sont contenues dans les colonnes de $\mathbf{X}_c$. Les variances marginales sont égales à

$$\begin{cases} s_x^2 & = & \dfrac{1}{n}\displaystyle\sum_i w_i^2 = \dfrac{9+1+0+1+9}{5} = 4; \\ s_y^2 & = & \dfrac{1}{n}\displaystyle\sum_i z_i^2 = \dfrac{9+0+1+9+1}{5} = 4. \end{cases}$$

Par ailleurs, la covariance vaut

$$s_{xy} = \frac{1}{4}\sum_i w_i z_i = \frac{9+0+0+3+3}{5} = 3.$$

Le coefficient de corrélation vaut, quant à lui :

$$r = \frac{s_{xy}}{s_x s_y} = \frac{3}{2 \times 2} = 0.75\,.$$

Tous ces résultats peuvent aisément être obtenus par la relation

$$\mathbf{V} = \frac{1}{n}\mathbf{X}'_c\,\mathbf{X}_c$$

où $\mathbf{V}$ est la ***matrice de variance-covariance*** de la série observée. En effet :

$$\frac{1}{5}\begin{pmatrix} -3 & -1 & 0 & 1 & 3 \\ -3 & 0 & -1 & 3 & 1 \end{pmatrix} \times \begin{pmatrix} -3 & -3 \\ -1 & 0 \\ 0 & -1 \\ 1 & 3 \\ 3 & 1 \end{pmatrix}$$

$$= \frac{1}{5}\begin{pmatrix} 20 & 15 \\ 15 & 20 \end{pmatrix} = \begin{pmatrix} 4 & 3 \\ 3 & 4 \end{pmatrix} = \begin{pmatrix} s_x^2 & s_{xy} \\ s_{xy} & s_y^2 \end{pmatrix} = \mathbf{V}.$$

Par ailleurs, en divisant les éléments $(x_i - \overline{x})$ de la première colonne de $\mathbf{X}_c$ par $s_x = 2$ et ceux de la seconde $(y_i - \overline{y})$ par $s_y = 2$, nous obtenons la ***matrice des valeurs centrées réduites*** :

$$\mathbf{X}_R = \begin{pmatrix} -3/2 & -3/2 \\ -1/2 & 0 \\ 0 & -1/2 \\ -1/2 & 3/2 \\ 3/2 & 1/2 \end{pmatrix}.$$

La matrice :

$$\mathbf{R} = \frac{1}{n}\mathbf{X}'_R\mathbf{X}_R = \begin{pmatrix} 1 & 0.75 \\ 0.75 & 1 \end{pmatrix} = \begin{pmatrix} 1 & r \\ r & 1 \end{pmatrix}$$

est alors la ***matrice de corrélation***.

L'intérêt de cette écriture est de pouvoir l'utiliser *quels que soient les nombres de variables et d'individus*.

A.5.4 DÉTERMINANT D'UNE MATRICE CARRÉE $\mathbf{A}_{p\times p}$

A.5.4.1 Définition

Le déterminant d'une matrice carrée est un nombre réel, noté $|\mathbf{A}|$, déterminé de façon récurrente comme suit :

- $p = 1$: Si $\mathbf{A} = a$, $|\mathbf{A}| = a$.
- $p = 2$: Si $\mathbf{A} = \begin{pmatrix} a_{11} & a_{12} \\ a_{21} & a_{22} \end{pmatrix}$, alors $|\mathbf{A}| = (a_{11}a_{22}) - (a_{12}a_{21})$.

- $p = 3$: Si $\mathbf{A} = \begin{pmatrix} a_{11} & a_{12} & a_{13} \\ a_{21} & a_{22} & a_{23} \\ a_{31} & a_{32} & a_{33} \end{pmatrix}$, alors

$$\begin{aligned} |\mathbf{A}| &= (a_{11}a_{22}a_{33}) - (a_{12}a_{21}a_{31}) - (a_{12}a_{22}a_{31}) \\ &\quad + (a_{13}a_{21}a_{32}) - (a_{11}a_{23}a_{32}) . \end{aligned}$$

- Quand $p > 3$, la définition d'un déterminant n'est plus utilisable pratiquement pour son calcul ; on recourt plutôt au résultat suivant.

A.5.4.2 Détermination de $|\mathbf{A}|$

Soit $\mathbf{M}_{ij}$ la sous-matrice carrée de $\mathbf{A}$ obtenue en *supprimant* la i-ème ligne et la j-ème colonne de $\mathbf{A}$; le ***cofacteur*** de a_{ij}, noté A_{ij}, est défini par

$$A_{ij} = (-1)^{i+j}|\mathbf{M}_{ij}| .$$

Dans ce cas, $|\mathbf{A}|$ peut être calculé par l'une quelconque des deux relations suivantes :

$$\begin{aligned} |\mathbf{A}| &= \sum_{j=1}^{p} a_{ij}A_{ij} \qquad i \in \{1, 2, \dots, p\} \\ |\mathbf{A}| &= \sum_{i=1}^{p} a_{ij}A_{ij} \qquad j \in \{1, 2, \dots, p\}. \end{aligned}$$

EXEMPLE A.5.4

$$\begin{vmatrix} -3 & 2 \\ 1 & -3 \end{vmatrix} = 9 - 2 = 7;$$

$$\begin{aligned} \begin{vmatrix} -1 & 1 & 2 \\ -1 & -2 & 1 \\ 2 & 1 & -3 \end{vmatrix} &= -1\begin{vmatrix} -2 & 1 \\ 1 & -3 \end{vmatrix} - \begin{vmatrix} -1 & 1 \\ 2 & -3 \end{vmatrix} + 2\begin{vmatrix} -1 & -2 \\ 2 & 1 \end{vmatrix} \\ &= (-1) \times 5 - 1 \times 1 + 2 \times 3 = 0. \end{aligned}$$

A.5.4.3 Propriétés

Les propriétés essentielles du déterminant $|\mathbf{A}|$ d'une matrice carrée $\mathbf{A} = (a_{ij})$ sont les suivantes :

1. $|\mathbf{A}| = |\mathbf{A}'|$.
2. Si $a_{ij} = 0$ $(j = 1, 2, \dots, p)$ ou si $a_{ij} = 0$ $(i = 1, 2, \dots, p)$, $|\mathbf{A}| = 0$.

3. Si $a_{ij} = a_{kj}$ $(j = 1, 2, \ldots, p)$ ou si $a_{ij} = a_{ik}$ $(i = 1, 2, \ldots, p)$, $|\mathbf{A}| = 0$.
4. Si $|\mathbf{A}|$ est diagonale, $|\mathbf{A}| = a_{11}a_{22}\ldots a_{pp}$.
5. Si $\mathbf{A}$ et $\mathbf{B}$ sont de même ordre, $|\mathbf{AB}| = |\mathbf{A}| \times |\mathbf{B}|$.
6. Si on multiplie les éléments d'une ligne (colonne) de $\mathbf{A}$ par $k \in \mathbb{R}$, $|\mathbf{A}|$ est multiplié par k.

A.5.5 INVERSE D'UNE MATRICE CARRÉE

A.5.5.1 Matrice adjointe

Soit $\mathbf{A}$ une matrice d'ordre p. On appelle ***matrice adjointe*** de $\mathbf{A}$ — et on la note adj $\mathbf{A}$ — la transposée de la matrice des cofacteurs des éléments de a_{ij} :

$$\text{adj}\,\mathbf{A} = (A_{ij})\,.$$

EXEMPLE A.5.4. (suite 1)

$$\text{adj}\begin{pmatrix} -3 & 2 \\ 1 & -3 \end{pmatrix} = \begin{pmatrix} -3 & -2 \\ -1 & -3 \end{pmatrix};$$

$$\text{adj}\begin{pmatrix} -1 & 1 & 2 \\ -1 & -2 & 1 \\ 2 & 1 & -3 \end{pmatrix} = \begin{pmatrix} 5 & 5 & 5 \\ -1 & -1 & -1 \\ 3 & 3 & 3 \end{pmatrix}.$$

A.5.5.2 Matrice inverse

On peut montrer qu'une matrice carrée $\mathbf{A}$ est inversible si et seulement si $|\mathbf{A}| \neq 0$. Elle est appelée dans ce cas non singulière et sa ***matrice inverse*** est telle que

$$\mathbf{A}^{-1} = \frac{1}{|\mathbf{A}|}\,\text{adj}\,\mathbf{A}\,.$$

EXEMPLE A.5.4 (suite 2)

$$\begin{pmatrix} -3 & 2 \\ 1 & -3 \end{pmatrix}^{-1} = \begin{pmatrix} -\frac{3}{7} & -\frac{2}{7} \\ -\frac{1}{7} & -\frac{3}{7} \end{pmatrix}.$$

La seconde matrice $\mathbf{A}_{3\times 3}$ n'est pas inversible car $|\mathbf{A}| = 0$. Elle est dite *singulière*.

A.5.5.3 Propriétés

Si $\mathbf{A}$ et $\mathbf{B}$ sont des matrices non singulières d'ordre p, alors

1. $\left(\mathbf{A}^{-1}\right)^{-1} = \mathbf{A}$;
2. $\left(\mathbf{A}'\right)^{-1} = \left(\mathbf{A}^{-1}\right)'$ ·;
3. $\left(\mathbf{AB}\right)^{-1} = \mathbf{B}^{-1}\mathbf{A}^{-1}$.

A.5.6 FORMES QUADRATIQUES

A.5.6.1 Définitions

a) Forme quadratique en *p* variables

Une forme quadratique en p variables $x_1, x_2, \ldots, x_p$ est une expression du type :

$$F(x_1, x_2, \ldots, x_p) = \sum_{i=1}^{p}\sum_{j=1}^{p} a_{ij}\, x_i\, x_j.$$

Si on pose :

$$\mathbf{x} = \begin{pmatrix} x_1 \\ x_2 \\ \cdots \\ x_p \end{pmatrix} \qquad \mathbf{A} = \begin{pmatrix} a_{11} & a_{12} & \cdots & a_{1p} \\ a_{21} & a_{22} & \cdots & a_{2p} \\ \vdots & \vdots & & \vdots \\ a_{p1} & a_{p2} & \cdots & a_{pp} \end{pmatrix},$$

on peut vérifier, en notant $F(\mathbf{x}) = F(x_1, x_2, \ldots, x_p)$, que

$$F(\mathbf{x}) = \mathbf{x}'\mathbf{A}\mathbf{x}.$$

De plus, on peut supposer que $\mathbf{A}$ est symétrique. En effet, si $a_{ij} \neq a_{ji}$, nous pouvons remplacer ces deux valeurs par

$$b_{ij} = b_{ji} = \frac{a_{ij} + a_{ji}}{2}.$$

EXEMPLE A.5.5

Ainsi, la forme quadratique

$$F(x) = 2x_1^2 + 2x_2^2 - 2x_3^2 + 4x_1x_3 + 2x_2x_3$$

s'écrit encore :

$$F(x) = (x_1\, x_2\, x_3)\begin{pmatrix} 2 & 0 & 2 \\ 0 & 2 & 1 \\ 2 & 1 & -2 \end{pmatrix}\begin{pmatrix} x_1 \\ x_2 \\ x_3 \end{pmatrix}.$$

b) Formes quadratiques définie et semi-définie positive

Une forme quadratique $\mathbf{x}'\mathbf{A}\mathbf{x}$ est ***définie positive*** si $\mathbf{x}'\mathbf{A}\mathbf{x} > 0$, $\forall \mathbf{x} \neq 0$. Elle est ***semi-définie positive*** si $\mathbf{x}'\mathbf{A}\mathbf{x} \geqslant 0$, $\forall \mathbf{x}$ et s'il existe au moins un $\mathbf{x} \neq 0$ tel que $\mathbf{x}'\mathbf{A}\mathbf{x} = 0$. Dans le premier cas, $\mathbf{A}$ est dite aussi *définie positive*. Dans le second, elle est dite *semi-défine positive*.

A.5.6.2 Propriété

Une forme quadratique $\mathbf{x}'\mathbf{A}\mathbf{x}$ est définie positive si et seulement si

$$a_{11} > 0, \begin{vmatrix} a_{11} & a_{12} \\ a_{21} & a_{22} \end{vmatrix} > 0; \begin{vmatrix} a_{11} & a_{12} & a_{13} \\ a_{21} & a_{22} & a_{23} \\ a_{31} & a_{32} & a_{33} \end{vmatrix} > 0 \quad ; \ldots ; |\mathbf{A}| > 0.$$

EXEMPLE A.5.5 (suite 1)

La matrice $\mathbf{A}$ de la forme quadratique est telle que

$$2 > 0, \begin{vmatrix} 2 & 0 \\ 0 & 2 \end{vmatrix} = 4 > 0, \begin{vmatrix} 2 & 0 & 2 \\ 0 & 2 & 1 \\ 2 & 1 & -2 \end{vmatrix} = -18 < 0.$$

Elle n'est donc pas définie positive.

A.5.7 EXERCICES PROPOSÉS

E.A.5.1 Considérons les matrices suivantes :

(a) $\mathbf{A} = \begin{pmatrix} 1 & 3 & 2 \\ 2 & -1 & 1 \end{pmatrix}$, $\mathbf{B} = \begin{pmatrix} 3 & 1 & 1 \\ -1 & 0 & 1 \end{pmatrix}$;

(b) $\mathbf{A} = \begin{pmatrix} 1 & -3 \\ 2 & 1 \end{pmatrix}$, $\mathbf{B} = \begin{pmatrix} 2 & -1 \\ 1 & 3 \end{pmatrix}$;

(c) $\mathbf{A} = \begin{pmatrix} 1 & -1 & 2 \end{pmatrix}$, $\mathbf{B} = \begin{pmatrix} 3 & -2 & -1 \end{pmatrix}$.

Calculez, dans chaque cas, $\mathbf{C} = 2\mathbf{A}$, $\mathbf{D} = \mathbf{A} - \mathbf{B}$, $\mathbf{E} = \mathbf{A}'\mathbf{B}$ et $\mathbf{F} = \mathbf{B}'\mathbf{A}$ en précisant à chaque fois si cette opération est possible.

E.A.5.2 Déterminez la matrice de variance-covariance et la matrice de corrélation des séries statistiques définies par le tableau individus × caractères suivant :

a) $\mathbf{X} = \begin{pmatrix} 1 & 2 \\ 2 & 1 \\ 3 & 4 \\ 4 & 3 \\ 5 & 5 \end{pmatrix}$; b) $\mathbf{X} = \begin{pmatrix} 1 & 7 \\ 2 & 6 \\ 3 & 4 \\ 4 & 5 \\ 5 & 3 \end{pmatrix}$;

c) $\mathbf{X} = \begin{pmatrix} 1 & 2 & 7 \\ 2 & 1 & 6 \\ 3 & 4 & 4 \\ 4 & 3 & 5 \\ 5 & 5 & 3 \end{pmatrix}$; d) $\mathbf{X} = \begin{pmatrix} 1 & 5 & 7 \\ 2 & 2 & 2 \\ 3 & 8 & 3 \\ 5 & 4 & 5 \\ 6 & 1 & 6 \end{pmatrix}$.

E.A.5.3 Peut-on affirmer que les matrices suivantes sont semi-définies positives ?

$$\mathbf{A} = \begin{pmatrix} 1 & 2 \\ 3 & 4 \end{pmatrix}; \qquad \mathbf{B} = \begin{pmatrix} -1 & 2 \\ -2 & 4 \end{pmatrix};$$

$$\mathbf{C} = \begin{pmatrix} 1 & 2 & 3 \\ 4 & 5 & 6 \\ 7 & 8 & 9 \end{pmatrix}; \qquad \mathbf{D} = \begin{pmatrix} 1 & 2 & 1 \\ 0 & -1 & 0 \\ 1 & 2 & -1 \end{pmatrix}.$$

E.A.5.4 Les matrices $\mathbf{A}$, $\mathbf{B}$, $\mathbf{C}$ et $\mathbf{D}$ présentées dans l'exercice E.A.5.3 sont-elles inversibles ? Dans l'affirmative, déterminez leur inverse.

ANNEXE 6

LOIS DE PROBABILITÉ

A.6.1 ANALOGIE D.O.1-D.P.1

D.O.1 $\{(x_j, f_j)\,;\, j = 1, \ldots, J\}$	**D.P.1** $\{(x_j, p_j)\,;\, j = 1, \ldots, J\}$
1. Paramètres de position	
a) Moyenne : $\overline{x} = \sum_j f_j x_j$	*a) Moyenne :* $\mu = \sum_j p_j x_j$
b) Quantile d'ordre $p^{(1)}$: $x_p = \begin{cases} x_j, \text{ si } F_{j-1} < p < F_j \\ \dfrac{x_j + x_{j+1}}{2}, \text{ si } F_j = p \end{cases}$	*b) Quantile d'ordre* $p^{(2)}$: $x_p = \begin{cases} x_j, \text{ si } F(x_{j-1}) < p < F(x_j) \\ \dfrac{x_j + x_{j+1}}{2}, \text{ si } F(x_j) = p \end{cases}$
c) Médiane = $x_{1/2}$	*c) Médiane* = $x_{1/2}$
d) Mode : valeur la plus fréquente (il peut y avoir plusieurs modes)	*d) Mode* : valeur la plus probable (il peut y avoir plusieurs modes)
2. Paramètres de dispersion	
a) Variance : $s^2 = \sum_j f_j (x_j - \overline{x})^2$	*a) Variance :* $V(X) = \sigma^2 = \sum_j p_j (x_j - \mu)^2$
b) Écart-type : $s = \sqrt{s^2}$	*b) Écart-type :* $\sigma = \sqrt{\sigma^2}$
c) Coefficient de variation : $\dfrac{s}{\overline{x}}$	*c) Coefficient de variation :* $\dfrac{\sigma}{\mu}$
d) Écart-moyen absolu : $\sum_j f_j \lvert x_j - \overline{x} \rvert$	*d) Écart-moyen absolu :* $\sum_j p_j \lvert x_j - \mu \rvert$
e) Écart interquartile : $x_{3/4} - x_{1/4}$	*e) Écart interquartile :* $x_{3/4} - x_{1/4}$
f) Écart interdécile : $x_{9/10} - x_{1/10}$	*f) Écart interdécile :* $x_{9/10} - x_{1/10}$

(1) F_j est la fréquence cumulée associée à x_j.

(2) Notons que x_p est tel que $F(x_p) \leqslant p$, où $F(x)$ est la fonction de répartition de la D.P.1.

A.6.2 LOIS DE PROBABILITÉ USUELLES

a) Lois discrètes

LOIS	$\{(x, p_x),\ x \in \mathcal{V}\}$	$M(t)$	μ, σ^2	μ_3, μ_4	γ_1, γ_2
Uniforme $\mathcal{U}(1, \cdots, n)$	$x \in \{1, 2, \ldots, n\}$ $p_x = \frac{1}{n}$	$\frac{1}{n} \sum_{x=1}^{n} \mathrm{e}^{tx}$	$\mu = \frac{n+1}{2}$ $\sigma^2 = \frac{n^2 - 1}{12}$	$\mu_3 = 0$ $\mu_4 = \frac{(n^2-1)(3n^2-7)}{20}$	$\gamma_1 = 0$ $\gamma_2 = -\frac{6(n^2+1)}{5(n^2-1)}$
Binomiale $\mathcal{B}(n, p)$ $0 < p < 1$ $q = 1 - p$	$x \in \{0, 1, 2, \ldots, n\}$ $p_x = \binom{n}{x} p^x q^{n-x}$	$\left(q + p\mathrm{e}^t\right)^n$	$\mu = np$ $\sigma^2 = npq$	$\mu_3 = npq(q - p)$ $\mu_4 = npq(1 - 6pq + 3npq)$	$\gamma_1 = \frac{q-p}{\sqrt{npq}}$ $\gamma_2 = \frac{1 - 6pq}{npq}$
Bernoulli $\mathcal{B}(1, p)$ $0 < p < 1$ $q = 1 - p$	$x \in \{0, 1\}$ $p_x = p^x q^{1-x}$	$q + p\mathrm{e}^t$	$\mu = p$ $\sigma^2 = pq$	$\mu_3 = pq(q - p)$ $\mu_4 = pq(1 - 3pq)$	$\gamma_1 = \frac{q-p}{\sqrt{pq}}$ $\gamma_2 = \frac{1-6pq}{pq}$
Hypergéométrique $\mathcal{H}(N, n, p)$ $Np \in \mathbb{N}$ $q = 1 - p$	$x \in \mathbb{N}$ et $\max(0, n - Nq) \leqslant x \leqslant \min(n, Np)$ $p_x = \frac{\binom{Np}{x}\binom{Nq}{n-x}}{\binom{N}{n}}$	$\ldots$	$\mu = np$ $\sigma^2 = \frac{N-n}{N-1} npq$	$\ldots$	$\ldots$

a) Lois discrètes (suite)

LOIS	$\{(x, p_x),\ x \in \mathcal{V}\}$	$M(t)$	μ, σ^2	μ_3, μ_4	γ_1, γ_2
Poisson $\mathcal{P}(\lambda)$ $\lambda > 0$	$x \in \mathbb{N}$ $p_x = \dfrac{e^{-\lambda}\lambda^x}{x!}$	$\exp\left[\lambda\left(e^t - 1\right)\right]$	$\mu = \lambda$ $\sigma^2 = \lambda$	$\mu_3 = \lambda$ $\mu_4 = \lambda + 3\lambda^2$	$\gamma_1 = \dfrac{1}{\sqrt{\lambda}}$ $\gamma_2 = \dfrac{1}{\lambda}$
Géométrique ***(Pascal)***	$x \in \mathbb{N}$ $p_x = pq^{x-1}$	$\dfrac{pe^t}{1 - qe^t}$	$\mu = \dfrac{1}{p}$ $\sigma^2 = \dfrac{q}{p^2}$	$\mu_3 = \dfrac{q(q+1)}{p^3}$ $\mu_4 = \dfrac{q\left(9q + p^2\right)}{p^4}$	$\gamma_1 = \dfrac{q+1}{\sqrt{q}}$ $\gamma_2 = 9 + \dfrac{p^2}{q}$
Binomiale négative $\mathcal{BN}(n, p)$ $0 < p < 1$ $q = 1 - p$	$x \in \mathbb{N}$ $p_x = \begin{pmatrix} n + x - 1 \\ n - 1 \end{pmatrix} p^n q^x$	$\left(\dfrac{p}{1 - qe^t}\right)^n$	$\mu = n\dfrac{q}{p}$ $\sigma^2 = n\dfrac{q}{p^2}$	$\mu_3 = n\dfrac{q}{p^3}(q+1)$ $\mu_4 = \dfrac{nq}{p^4}\left[(q+2) + 3(nq-1)\right]$	$\gamma_1 = \dfrac{q+1}{\sqrt{nq}}$ $\gamma_2 = \dfrac{(q+2)^2 + 3(nq-1)}{nq}$

b) Lois continues

LOIS	$f(x), x \in \mathbb{R}$	$M(t)$	μ, σ^2	μ_3, μ_4	γ_1, γ_2
Uniforme $\mathcal{U}[a, b]$ $a, b \in \mathbb{R}$ $a < b$	$\begin{cases} \dfrac{1}{b-a} & \text{si } a \leqslant x \leqslant b \\ 0 & \text{ailleurs} \end{cases}$	$\dfrac{e^{bt} - e^{at}}{(b-a)t}$	$\mu = \dfrac{a+b}{2}$ $\sigma^2 = \dfrac{(b-a)^2}{12}$	$\mu_3 = 0$ $\mu_4 = \dfrac{(b-a)^4}{80}$	$\gamma_1 = 0$ $\gamma_2 = -\dfrac{6}{5}$

b) Lois continues (suite 1)

LOIS	$f(x), x \in \mathbb{R}$	$M(t)$	μ, σ^2	μ_3, μ_4	γ_1, γ_2
Normale $\mathcal{N}\left(\mu, \sigma^2\right)$ $\mu \in \mathbb{R}$ $\sigma^2 \in \mathbb{R}_0^+$	$\frac{1}{\sigma\sqrt{2\pi}} \exp\left[-\frac{(x-\mu)^2}{2\sigma^2}\right]$	$\exp\left[t\mu + \frac{t^2\sigma^2}{2}\right]$	μ σ^2	$\mu_3 = 0$ $\mu_4 = 3\sigma^4$	$\gamma_1 = 0$ $\gamma_2 = 0$
Laplace $\mathcal{L}(\theta, \phi)$ $\theta \in \mathbb{R}, \phi \in \mathbb{R}_0^+$	$\frac{1}{2\phi} \exp\left[-\left\|\frac{x-\theta}{\phi}\right\|\right]$	$\frac{e^{t\theta}}{1+t^2\phi^2}$	$\mu = 0$ $\sigma^2 = 2\phi^2$	$\mu_3 = 0$ $\mu_4 = 24\phi^2$	$\gamma_1 = 0$ $\gamma_2 = 0$
Exponentielle négative $\mathcal{EN}[\lambda]$ $\lambda > 0$	$\begin{cases} 0 & \text{si } x < 0 \\ \lambda e^{-\lambda x} & \text{si } x \geqslant 0 \end{cases}$	$\frac{\lambda}{\lambda - t}$ (si $t < \lambda$)	$\mu = \frac{1}{\lambda}$ $\sigma^2 = \frac{1}{\lambda^2}$	$\mu_3 = \frac{2}{\lambda^3}$ $\mu_4 = \frac{9}{\lambda^4}$	$\gamma_1 = 2$ $\gamma_2 = 6$
Gamma $\gamma(p, \lambda)$ $p > 0$ $\lambda > 0$	$\begin{cases} 0 & \text{si } x < 0 \\ \frac{\lambda^p}{(p)} e^{-\lambda x} x^{p-1} & \text{si } x \geqslant 0 \end{cases}$ où $(p) = \int_0^\infty e^{-x} x^{p-1}\, dx^{(3)}$	$\frac{1}{\left(1 - \frac{t}{\lambda}\right)^p}$ (si $t < \lambda$)	$\mu = \frac{p}{\lambda}$ $\sigma^2 = \frac{p}{\lambda^2}$	**N.B. :** Si $p = 1$: Exponentielle négative Si $\lambda = 1$: Gamma standard Si $p = \frac{\nu}{2}$ $(\nu \in \mathbb{N}_0)$ et $\lambda = \frac{1}{2}$: loi khi-carré.	
Logistique	$\frac{e^{-x}}{\left(1 + e^{-x}\right)^2}$		$\mu = 0$ $\sigma^2 = \frac{\pi^3}{3}$		

(3) Rappel : $\Gamma(p) = (p-1)\Gamma(p-1)$, si $p > 1$; $\Gamma(p) = (p-1)!$ si $p \in \mathbb{N}_0$; $\Gamma(1/2) = \sqrt{\pi}$.

b) Lois continues (suite 2)

(Rappel : $\Gamma(p) = (p-1)\Gamma(p-1)$, si $p > 1$; $\Gamma(p) = (p-1)!$ si $p \in \mathbb{N}_0$; $\Gamma(1/2) = \sqrt{\pi}$)

LOIS	$f(x), x \in \mathbb{R}$	$M(t)$	μ, σ^2	μ_3, μ_4	γ_1, γ_2
Pareto $\mathcal{P}ar(\lambda, \theta)$ $\lambda > 1$ $\theta > 0$	$\begin{cases} 0 & \text{si } x < 0 \\ \dfrac{\lambda-1}{\theta}\left(\dfrac{\theta}{x}\right)^{\lambda} & \text{si } x \geqslant \theta \end{cases}$		$\mu = \dfrac{\lambda-1}{\lambda-2}\theta$ (si $\lambda > 2$) $\sigma^2 = \dfrac{\lambda-1}{(\lambda-3)(\lambda-2)^2}\theta^2$ (si $\lambda > 3$)		
Khi-carré χ^2_ν	$\begin{cases} \dfrac{1}{2^{\frac{\nu}{2}}\Gamma\left(\frac{\nu}{2}\right)} e^{-\frac{x}{2}} x^{\frac{\nu}{2}-1} & \text{si } x \in \mathbb{R}_0^+ \\ 0 & \text{ailleurs} \end{cases}$	$\dfrac{1}{(1-2t)^{\frac{\nu}{2}}}$	$\mu = \nu$ $\sigma^2 = 2\nu$	$\mu_3 = 8\nu$ $\mu_4 = 12\nu(\nu+4)$ **N.B. :** $\sqrt{2\chi^2_\nu} \approx \mathcal{N}\left(\sqrt{2\nu-1}\,;1\right)$	$\gamma_1 = \dfrac{4}{\sqrt{2\nu}}$ $\gamma_2 = \dfrac{12}{\nu}$
Student t_ν	$\dfrac{\Gamma\left(\frac{\nu+1}{2}\right)}{\sqrt{\nu\pi}\,\Gamma\left(\frac{\nu}{2}\right)}\left(1+\dfrac{x^2}{\nu}\right)^{-\frac{\nu+1}{2}}$ $x \in \mathbb{R}$		$\mu = 0$ ($\nu > 1$) $\sigma^2 = \dfrac{\nu}{\nu-2}$ ($\nu > 2$)	$\mu_3 = 0$ $\mu_4 = \dfrac{3\nu^2}{(\nu-2)(\nu-4)}$ ($\nu > 4$)	$\gamma_1 = 0$ $\gamma_2 = \dfrac{6}{\nu-4}$ ($\nu > 4$)
Fisher-Snédecor F_{ν_1,ν_2}	$\begin{cases} \dfrac{\Gamma\left(\frac{\nu_1+\nu_2}{2}\right)}{\Gamma\left(\frac{\nu_1}{2}\right)\Gamma\left(\frac{\nu_2}{2}\right)}\left(\dfrac{\nu_1}{\nu_2}\right)^{\frac{\nu_1}{2}} x^{\frac{\nu_1}{2}-1} \times \left(1+\frac{\nu_1}{\nu_2}x\right)^{-\frac{\nu_1+\nu_2}{2}} & \text{si } x \in \mathbb{R}_0^+ \\ 0 & \text{ailleurs} \end{cases}$		$\mu = \dfrac{\nu_2}{\nu_2-2}$ ($\nu_2 > 2$) $\sigma^2 = \dfrac{2\nu_2^2(\nu_1+\nu_2-2)}{\nu_1(\nu_2-2)^2(\nu_2-4)}$ ($\nu_2 > 4$)	**N.B. :** $F_{\nu_1,\nu_2} \approx \dfrac{\chi^2_{\nu_1}}{\nu_1}$ si $\nu_2 \to \infty$ $Z = \dfrac{1}{2}\ln F_{\nu_1,\nu_2} \approx \mathcal{N}\left[\dfrac{1}{2}\left(\dfrac{1}{\nu_2}-\dfrac{1}{\nu_1}\right);\dfrac{1}{2}\left(\dfrac{1}{\nu_2}+\dfrac{1}{\nu_1}\right)\right]$ si $\nu_1, \nu_2 \to \infty$	

ANNEXE 7

DÉRIVÉES, INTÉGRALES ET DÉVELOPPEMENTS EN SÉRIE

A.7.1 DÉRIVÉES DES FONCTIONS SIMPLES

Fonctions	Dérivées
Cte	0
x^m	mx^{m-1}
$\sqrt{x}$	$1/2\sqrt{x}$
$1/x$	$-1/x^2$
a^x	$a^x \operatorname{Log} a = \dfrac{a^x}{\log_a e}$
e^x	e^x
$\operatorname{Log} x$	$1/x$
$\log_a x$	$1/x \log_a e = 1/x \operatorname{Log} a$
$\sin x$	$\cos x$
$\cos x$	$-\sin x$
$\operatorname{tg} x$	$1/\cos^2 x = 1 + \operatorname{tg}^2 x$
$\operatorname{cotg} x$	$-1/\sin^2 x = -1 - \operatorname{cotg}^2 x$
$\arcsin x$	$1/\sqrt{1-x^2}$ $(-1 < x < +1)$
$\arccos x$	$-1/\sqrt{1-x^2}$ $(-1 < x < +1)$
$\operatorname{arctg} x$	$1/\left(1+x^2\right)$
$\operatorname{arccotg} x$	$-1/\left(1+x^2\right)$
$\operatorname{Log}\left(x+\sqrt{x^2+1}\right)$	$1/\sqrt{x^2+1}$
$\operatorname{Log}\left(x+\sqrt{x^2-1}\right)$	$1/\sqrt{x^2-1}$ $(x > 1)$
$\operatorname{Log}\sqrt{\dfrac{1+x}{1-x}}$	$\dfrac{1}{1-x^2}$ $(-1 < x < +1)$
$\operatorname{Log}\sqrt{\dfrac{x+1}{x-1}}$	$\dfrac{1}{1-x^2}$ $(x < -1 \text{ ou } > +1)$

A.7.2 DÉRIVÉES DES FONCTIONS COMPOSÉES

Fonctions	Dérivées
au	au'
u^m	$mu^{m-1}u'$
$u+v+w+\dots$	$u'+v'+w'+\dots$
uv	$vu'+uv'$
$\frac{u}{v}$	$\frac{vu'-uv'}{v^2}$
$y=f(u,v,w)$	$y'=f'_u u'+f'_v v'+f'_w w'$
u^v	$u'vu^{v-1}+v'u^v \operatorname{Log} u$
x^x	$x^x(1+\operatorname{Log} x)$
e^{mx}	me^{mx}

A.7.3 INTÉGRALES USUELLES

$$\int (x^m dx) = \frac{x^{m+1}}{m+1} \qquad \text{si } m \neq -1;$$

$$\int \frac{dx}{x} = \operatorname{Log} x;$$

$$\int \frac{dx}{x^2} = -\frac{1}{x};$$

$$\int \frac{dx}{2\sqrt{x}} = \sqrt{x}\,;$$

$$\int \frac{dx}{x^2+1} = \operatorname{arctg} x;$$

$$\int \frac{dx}{x^2+a^2} = \frac{1}{a}\operatorname{arctg}\frac{x}{a}\,;$$

$$\int \frac{dx}{x^2-1} = \frac{1}{2}\operatorname{Log}\frac{x-1}{x+1}, \qquad \text{avec } x<-1 \text{ ou } x>+1;$$

$$\int \frac{dx}{x^2-a^2} = \frac{1}{2a}\operatorname{Log}\frac{x-a}{x+a}, \qquad \text{avec } x<-a \text{ ou } x>+a;$$

$$\int \frac{dx}{1-x^2} = \frac{1}{2}\operatorname{Log}\frac{1+x}{1-x}, \qquad \text{avec } -1<x<+1;$$

$$\int \frac{dx}{a^2 - x^2} = \frac{1}{2a} \operatorname{Log} \frac{a+x}{a-x}, \qquad \text{avec } -a < x < +a;$$

$$\int a^x \, dx = \frac{a^x}{\operatorname{Log} a};$$

$$\int e^x \, dx = e^x;$$

$$\int \operatorname{Log} x \, dx = x\,(\operatorname{Log} x - 1).$$

$$\int \frac{dx}{\sqrt{1-x^2}} = \arcsin x, \qquad \text{avec } -1 < x < +1;$$

$$\int \frac{dx}{\sqrt{a^2 - x^2}} = \arcsin \frac{x}{a}, \qquad \text{avec } -a < x < +a;$$

$$\int \frac{dx}{\sqrt{x^2 \pm 1}} = \operatorname{Log}\left(x + \sqrt{x^2 \pm 1}\right), \qquad \text{avec } x > 1 \text{ pour } \sqrt{x^2 - 1};$$

$$\int \frac{dx}{\sqrt{x^2 \pm a^2}} = \operatorname{Log} \frac{x + \sqrt{x^2 \pm a^2}}{a}, \qquad \text{avec } x > a \text{ pour } \sqrt{x^2 - a^2};$$

$$\int \cos x \, dx = \sin x;$$

$$\int \sin x \, dx = -\cos x;$$

$$\int \frac{dx}{cos^2 x} = \operatorname{tg} x;$$

$$\int \frac{dx}{\sin^2 x} = -\operatorname{cotg} x;$$

$$\int \operatorname{tg} x \, dx = -\operatorname{Log} \cos x$$

$$\int \operatorname{cotg} x \, dx = \operatorname{Log} \sin x;$$

$$\int \frac{dx}{\sin x} = \operatorname{Log} \operatorname{tg} \frac{x}{2} = \frac{1}{2} \operatorname{Log} \frac{1 - \cos x}{1 + \cos x};$$

$$\int \frac{dx}{\cos x} = \operatorname{Log} \operatorname{tg}\left(\frac{\pi}{4} + \frac{x}{2}\right) = \operatorname{Log}\left(tgx + \frac{1}{\cos x}\right).$$

N.B. : Intégration par parties : $\int u\,dv = uv - \int v\,du$.

A.7.4 DÉVELOPPEMENT EN SÉRIE

A.7.4.1 Formules de Taylor et de Mac-Laurin

- $f(x+h) = f(x) + hf'(x) + \frac{h^2}{2!}f''(x) + \cdots + \frac{h^n}{n!}f^{(n)}(x) + R_n$,

  où $R_n = \frac{h^{n+1}f^{(n+1)}(x+\theta h)}{(n+1)!}$,

  avec $0 < \theta < 1$ ($R_n = 0$ pour un polynôme de degré n).

- $f(x) = f(0) + xf'(0) + \frac{x^2}{2!}f''(0) + \cdots + \frac{x^n}{n!}f^{(n)}(0) + R_n$,

  où $R_n = \frac{x^{n+1}f^{(n+1)}(\theta x)}{(n+1)}$,

  avec $0 < \theta < 1$ ($R_n = 0$ pour un polynôme de degré n).

A.7.4.2 Développements usuels

a) Développements valables quel que soit *x*

- $e^x = 1 + \frac{x}{1} + \frac{x^2}{2!} + \cdots + \frac{x^n}{n!} + \cdots$

  (N.B. : $e^x = \lim\left(1 + \frac{x}{m}\right)^m$ pour $m \to \infty$) ;

- $a^x = 1 + \frac{x \operatorname{Log} a}{1} + \frac{x^2 \operatorname{Log}^2 a}{2!} + \cdots + \frac{x^n \operatorname{Log}^n a}{n!} + \cdots$;
- $\cos x = 1 - \frac{x^2}{2!} + \frac{x^4}{4!} - \frac{x^6}{6!} + \cdots + \frac{x^{4n}}{(4n)!} - \frac{x^{4n+1}}{(4n+2)!} + \cdots$;
- $\sin x = x - \frac{x^3}{3!} + \frac{x^5}{5!} - \frac{x^7}{7!} + \cdots + \frac{x^{4n+1}}{(4n+1)!} - \frac{x^{4n+3}}{(4n+3)!} + \cdots$

b) Développements seulement valables pour $|x| < 1$

- $\frac{1}{1-x} = 1 + x + x^2 + \cdots + x^n + \cdots$
- $\frac{1}{1+x} = 1 - x + x^2 - x^3 + x^4 - \ldots + (-1)^{n-1} \times x^{n-1} + \cdots$
- $\frac{1}{1+x^2} = 1 - x^2 + x^4 - x^6 + \cdots + (-1)^n \times x^{2n} + \cdots$
- $\operatorname{Log}(1+x) = \frac{x}{1} - \frac{x^2}{2} + \frac{x^3}{3} - \frac{x^4}{4} + \cdots + (-1)^{n-1} \times \frac{x^n}{n} + \cdots$

- $\operatorname{Log} \dfrac{1+x}{1-x} = 2\left(x + \dfrac{x^3}{3} + \dfrac{x^5}{5} + \cdots\right)$

- $\operatorname{arctg} x = \dfrac{x}{1} - \dfrac{x^3}{3} + \dfrac{x^5}{5} - \ldots + (-1)^n \times \dfrac{x^{2n+1}}{2n+1} + \cdots$

- Binôme (m quelconque) :

$$(1+x)^m = 1 + \frac{mx}{1} + \frac{m(m-1)x^2}{2!} + \cdots + \frac{m(m-1)\ldots(m-p+1)x^p}{p!} + \cdots$$

- $$\frac{1}{\sqrt{1-x^2}} = 1 + \frac{1}{2}x^2 + \frac{1\times 3}{2\times 4}x^4 + \frac{1\times 3\times 5}{2\times 4\times 6}x^6 + \cdots + \frac{1\times 3\times 5\times\cdots\times(2n-1)}{2\times 4\times 6\times\cdots\times 2n}x^{2n} + \cdots$$

- $$\arcsin x = x + \frac{1}{2}\times\frac{x^3}{3} + \frac{1\times 3}{2\times 4}\times\frac{x^5}{5} + \cdots + \frac{1\times 3\times 5\times\cdots\times(2n-1)}{2\times 4\times 6\times\cdots\times 2n}\times\frac{x^{2n+1}}{2n+1} + \cdots$$

$$\left[-\frac{\pi}{2} < \arcsin x < \frac{\pi}{2}\right]$$

- $\operatorname{Log}\left(x + \sqrt{x^2+1}\right) = x - \dfrac{1}{2}\times\dfrac{x^3}{3} + \dfrac{1\times 3}{2\times 4}\times\dfrac{x^5}{5} - \ldots$

ANNEXE 8

SOLUTIONS

DE QUELQUES EXERCICES PRATIQUES

Nous présentons ci-dessous les solutions de quelques exercices pratiques proposés. Nous les avons choisis de manière à ce que le lecteur puisse vérifier la compréhension de la plupart des concepts présentés dans cet ouvrage.

E.2.9 (E.3.5) $\overline{x} = 2.28$; $x_{1/10} = 0.5$; $x_{1/4} = 1$; $x_{1/2} = x_M = 2$; $x_{3/4} = 3$; $x_{9/10} = 4$, $E = 5$; $e_m = 1.08$; $e_m^* = 1.02$; $s^2 = 1.74$; $s = 1.32$; CV = 57.9% ; $m_3 = 0.295$; $g_1 = 0.13$; $m_4 = 7.26$; $g_2 = -0.61$.

E.2.12 (E.3.5) $\overline{x} = 1.4$; $x_{1/10} = x_{1/4} = x_{1/2} = x_M = 1$; $x_{3/4} = x_{9/10} = 2$; $E = 3$; $e_m = 0.52$; $e_m^* = 0.40$; $s^2 = 0.36$; $s = 0.6$; CV = 42.9% ; $m_3 = 0.32$; $g_1 = 1.5$; $m_4 = 0.71$; $g_2 = 2.48$.

E.2.14 (E.3.5) $\overline{x} = 3.1$; $x_{1/10} = 1$; $x_{1/4} = 2$; $x_{1/2} = 3.5$; $x_{3/4} = x_{9/10} = x_M = 4$; $E = 5$; $e_m = e_m^* = 1.06$; $s^2 = 1.69$; $s = 1.3$; CV = 41.9% ; $m_3 = -1.73$; $g_1 = -0.79$; $m_4 = 8.29$; $g_2 = -0.10$.

E.2.15 (E.3.5) $\overline{x} = 4$; $x_{1/10} = 2$; $x_{1/4} = x_M = 3$; $x_{1/2} = 4$; $x_{3/4} = 5$; $x_{9/10} = 7.5$; $E = 8$; $e_m = e_m^* = 1.5$; $s^2 = 4$; $s = 2$; CV = 50% ; $m_3 = 4.56$; $g_1 = 0.57$; $m_4 = 45.76$; $g_2 = -0.14$.

E.2.16 (E.3.5 + E.3.8)

a) D.0.1 : $\overline{x} = 61.76$; $x_{1/10} = 54.5$; $x_{1/4} = 56$; $x_{1/2} = 59.5$; $x_{3/4} = 65$; $x_{9/10} = 73.5$; $x_M = 55$; $E = 34$; $s^2 = 58.58$; $s = 7.65$; CV = 12.4% ; $m_3 = 606$; $g_1 = 1.35$.

b) D.G.1 : $\ell_1^- = 53.5$; $\ell_7^+ = 88.5$; $h = 5$; $\overline{x} = 62$; $x_{1/10} = 54.6$; $x_{1/4} = 56.3$; $x_{1/2} = 59.75$; $x_{3/4} = 65.7$; $x_{9/10} = 73.5$; $s^2 = 54$; $s = 7.35$; CV = 11.9% ; $m_3 = 537$; $g_1 = 1.35$.

E.2.20 (E.3.5 + E.3.8)

a) D.0.1 : $\overline{x} = 174.95$; $x_{1/10} = 171$; $x_{1/4} = 173$; $x_{1/2} = 175$; $x_{3/4} = 177$; $x_{9/10} = 179$; $x_M = 174$; $E = 23$; $s^2 = 13.45$; $s = 3.67$; CV = 2.1% ; $m_3 = -22.87$; $g_1 = -0.46$; $S_k = 0.26$; $Y_k = 0$.

b) D.G.1 : $\ell_1^- = 161.5$; $\ell_8^+ = 185.5$; $h = 3$; $\overline{x} = 175$;
$x_{1/10} = 170.8$; $x_{1/4} = 173.05$; $x_{1/2} = 175.15$; $x_{3/4} = 177.3$;
$x_{9/10} = 179.1$; $s^2 = 12.8$; $s = 3.57$; CV = 2% ; $m_3 = -21.1$;
$g_1 = -0.46$; $S_k = -0.13$; $Y_k = 0.02$.

E.3.19 a) 4.45% ; b) 61.05.

E.3.20 a) 6.24 KB pour 1 KS ; b) 6.32 KB pour 1 KS ; c) 6.25 KB pour 1 KS.

E.3.23 a) $A_{87/77}(p) = 163\%$; $H_{87/77}(p) = 87\%$; $G_{87/77}(p) = 125\%$.

E.4.2 a) 0.6 ; b) 0.6 ; c) 0.2.

E.4.5 a) 0.2 ; b) 0.1 ; c) 0.7 ; d) 0.5 ; e) 0.5.

E.4.8 $125/216 \approx 0.579$.

E.4.11 $103/2704 \approx 0.038$.

E.4.14 a) 1/50 ; b) 3/4 ; c) 29/50 ; d) 0 ; e) 17/100 ; f) 11/20.

E.4.15 0.885.

E.4.17 $1/15 \approx 0.067$.

E.4.19 $1/225 \approx 0.004$.

E.4.21 a) 1/10 ; b) 5/6 ; c) 1/7.

E.4.23 a) 3/65 ; b) 4/663 ; c) 57/884 ; d) 32/221 ; e) 23/221.

E.4.26 0.707.

E.4.27 $75/154 \approx 0.487$.

E.4.29 $71/132 \approx 0.538$.

E.4.31 a) 3/5 ; b) 2/3.

E.4.33 $20/21 \approx 0.952$.

E.4.41 a) $27/64 \approx 0.42$; b) $9\,139/20\,825 \approx 0.44$.

E.4.45 a) 112/1615 ; b) 12/323 ; c) 56/969 ; d) 4/969 ; e) 605/969.

E.5.2 a) $p_x \geqslant 0,\ x = 1, 2, \ldots, 6$; $\sum_x p_x = 1$.
b) $E(X) = 3$; $V(X) = 2.2$.
c) (i) $Y = 2X : E(Y) = 6$; $V(Y) = 8.8$.
(ii) $Y = X/2 : E(Y) = 1.5$; $V(Y) = 0.55$.
(iii) $Y = X - 3 : E(Y) = 0$; $V(Y) = 2.2$.

E.5.4 $\mu = 7$; $\sigma^2 = 2$; $x_{1/4} = 6$; $x_{1/2} = 7$; $x_{3/4} = 8$; $\mu_3 = 0$.

E.5.6 $X \sim \mathcal{B}(3\,;\ 1/6)$; $E(X) = 1/2$; $V(X) = 5/12$; $\gamma_1 = 0.43$.

E.5.8 a) 0.4305 ; b) ≈ 0 ; c) 0.9950 ; d) 0.0004 ; e) 0.0046.

E.5.10 a) 0.0020 ; b) 0.8042 ; c) 0.01 ; d) 5.

E.5.12 $n = 5$.

E.5.15 a) 0.0498 ; b) 0.5768 ; c) 0.8153 .

E.5.19 a) 0.5 ; b) $\mu = 1.2$; $\sigma^2 = 0.56$.

E.5.21 0.096.

E.5.24 a) 0.4 ; b) 3.5.

E.5.27 a) 0.5 ; b) 0.0215 ; c) 0.9544 ; d) 0 ; e) 0.0456.

E.5.29 a) 1.78 ; b) 1.01 ; c) 2.5 ; d) -2 ; e) $-0,01$.

E.5.32 a) 35 ; b) 40 ; c) 22.5.

E.5.34 a) 15.87% ; b) 20.12 ans.

E.5.36 a) 0.0475 ; b) $x_{1/4} = 899$; $x_{3/4} = 1101$.

E.5.38 a) 30 secondes ; b) 0.9817.

E.5.42 a) $C = 2$; $\mu = 2/3$; $\sigma^2 = 1/18$; b) (i) $1/4$, (ii) $3/16$, (iii) $7/12$.

E.6.1 X et Y sont indépendants car $p_{jk} = p_{j.}p_{.k}$ $(j = 1,2; k = 1,2,3)$

E.6.3 Non (par exemple, nous avons $p_{22} = 2/36 \neq p_{2.}\ p_{.2} = (1/6) \times (10/36)$)

E.6.7 $k = 7$.

E.6.9 a) $E(X) = 3$, $E(X^2) = 11$; b) $E\left[(X+2)^2\right] = 27$.

E.6.11 a) 2.5 ; b) 2.5 ; c) $25/6$.

E.6.12 a) 1.782 ; b) 2.179.

E.6.13 a) 0.2266 ; b) 0.8750.

E.6.14 a) 0.7734 ; b) 0.7718.

E.6.17 a) $M(t) = \left(e^{5t}/972\right)\left(4 + 17e^{t} + 50e^{2t} + 101e^{3t} + 148e^{4t} + 176e^{5t} + 144e^{6t} + 159e^{7t} + 78e^{8t} + 75e^{9t}\right)$;

b) 1°) $101/972$; 2°) $1/3$.

E.6.25 a) 0.2981 ; b) 0.1353.

E.6.28 a) 0.0183 ; b) 0.4335.

E.6.32 a) 0.9977 ; b) 0.0793.

E.7.3 a) PEAR : $E(\overline{x}) = 30$; $V(\overline{x}) = 115$;
b) PESR : $E(\overline{x}) = 30$; $V(\overline{x}) = 76.67$;
c) STP : $E(\overline{x}) = 30$; $V(\overline{x}) = 30.5$.

E.7.6 a) $V(\widehat{\mu}_{\mathrm{PEAR}}) = 3.33$; b) $V(\widehat{\mu}_{\mathrm{PESR}}) = 3.13$; c) $V(\widehat{\mu}_{\mathrm{STP}}) = 0.43$;
d) $V(\widehat{\mu}_{\mathrm{STO}}) = 0.32$.

E.7.9 a) PEAR : $E(\widehat{\pi}) = 0.4$; $V(\widehat{\pi}) = 0.12$; b) PESR : $E(\widehat{\pi}) = 0.4$;
$V(\widehat{\pi}) = 0.09$.

T.8.6 $\widehat{\lambda} = \overline{x}$.

T.8.8 $\widehat{p} = 1/(\overline{x} + 1)$.

E.8.1 [49.84 ; 112.56].

E.8.7 a) [120.88; 129.12] ; b) $\alpha = 0.02$.

E.8.8

$1-\alpha$	PEAR(PESR-b)	PESR-a
0.95	47.02; 48.98	47.06; 48.94
0.99	46.71; 49.29	46.76; 49.24

E.8.10 a) $1-\alpha = 0.95$: [42.44; 43.56] ; b) $1-\alpha = 0.99$: [42.26; 43.74].

E.8.13 PEAR+PESR-b : [0.336; 0.384], PESR-a : [0.34; 0.38].

E.8.15 $n \geqslant 865$.

E.8.21 [−1.36; 5.36].

E.8.23 [0.009; 0.091].

E.9.1 a) RH_0 ; b) $\overline{R}H_0$.

E.9.7 a) $\alpha = 0.05$ et $\alpha = 0.01$: RH_0 ; b) $\alpha = 0.05$ et $\alpha = 0.01$: RH_0 ;
c) $\alpha = 0.05$: 0.5160 et 0.6406.

E.9.13 a) oui ; b) non.

E.9.15 a) RH_0 ; b) $\overline{R}H_0$.

E.9.18 Oui.

E.9.21 RH_0.

E.9.29 a) $\overline{R}H_0$.

E.9.32 a) $\overline{R}H_0$; b) $\overline{R}H_0$.

E.9.35 $\overline{R}H_0$.

E.10.1 (E.2.26) a) $r = 0.89$; b) $y = 2.95x - 17.77$.

E.10.1 (E.2.28) a) $r = 0.78$; b) $y = 0.65x + 2.2$.

E.10.3 a) $r = 0.50$; b) on peut le calculer ($y = 25x - 195$), mais $r^2 = 0.25$!

E.10.5 (E.2.26) RH_0.

E.10.5 (E.2.28) RH_0.

E.10.7 RH_0.

E.10.9 RH_0.

E.10.13 RH_0.

E.10.15 $\overline{R}H_0$.

E.11.2 Droite de tendance (origine : 01.07.1993 ; unité : 1 an) : $y = 263.9 + 14.9x$.

E.11.11 a) MMC(4) : $\{-, -, 7.50, 8.00, 8.50, 9.50, 10.25, 11.00, 11.75, 12.00, 11.75, 11.75, 12.50, 13.00, -, -\}$;

b) Droite de tendance (origine : 01.01.1995 ; unité : 6 mois) : $y = 10.5 + x$;

c) Coefficients saisonniers (modèle additif)
(i) Comparaison à la tendance : $\{-4.25, -0.75, 6.25, -1.25\}$;
(ii) Comparaison à la moyenne mobile : $\{-4.13, -1.05, 5.62, -0.46\}$.

E.11.18 (exemple 11.2)

a) Droite de tendance (origine : le dimanche de la 2e semaine, à minuit ; unité : demi-semaine) : $y = 18.75 - 1.75x$;

b) Coefficients saisonniers (modèle additif)
(i) Comparaison à la tendance : $\{-3.0, -0.7, 2.6, 4.4, -0.8, -2.5\}$
(ii) Comparaison à la moyenne mobile :
$\{-3.4, -0.5, 2.4, 4.3, -0.4, -2.4\}$.

E.11.25 a) $\alpha = 0.1 : \widehat{y}_{14}(1) = 38.5$; b) $\alpha = 0.9 : \widehat{y}_{14}(1) = 32.1$.

E.11.27 $r_{xy,0} = 0.60$, $r_{xy,1} = 0.55$, $r_{xy,2} = 0$, $r_{xy,3} = 0.42$, $r_{xy,4} = -0.71$, ...

E.A.1.1 a) $\{-1, 0, 1, 2, 3\}$; d) $\{1, 2, 4, 8, 16\}$; g) $\{0, 1, 2, 3\}$.

E.A.1.3 a) $\{0\}, \varnothing, \{\varnothing\}$; b) non.

E.A.1.8 a) $R_1 = \overline{A \cup B}$; $R_2 = A \backslash B$; $R_3 = A \cap B$; $R_4 = B \backslash A$.

E.A.1.10 a) $\mathcal{P}(A) = \left\{\varnothing, \{1\}, \{2\}, A\right\}$.

E.A.2.2 $f(\varnothing) = 0; f\left(\{a\}\right) = 1; \ldots; f\left(\{a,b\}\right) = 2; \ldots; f\,() = 3$.

E.A.2.9 a) $y = 2x$; c) $y = x + 1$; d) $y = 3$.

E.A.3.2 a) 15 ; c) 0 ; e) 60 ; g) 2.

E.A.3.4 b) $\sum_{j=1}^{J} n_j x_j$; e) $\sum_{j=1}^{J} f_j \left(x_j - a\right)^2$; h) $\sum_{i=1}^{5} (-1)^i i^i$.

E.A.4.2 147.

E.A.5.1 b) $\mathbf{C} = \begin{pmatrix} 2 & -6 \\ 4 & 2 \end{pmatrix}$, $\mathbf{D} = \begin{pmatrix} -1 & -2 \\ 1 & -2 \end{pmatrix}$,

$$\mathbf{E} = \begin{pmatrix} 4 & 5 \\ -5 & 6 \end{pmatrix}, \mathbf{F} = \begin{pmatrix} 4 & -5 \\ 5 & 6 \end{pmatrix}.$$

E.A.5.2 b) $\mathbf{V} = \begin{pmatrix} 2 & -1.8 \\ -1.8 & 2 \end{pmatrix}$, $\mathbf{R} = \begin{pmatrix} 1 & -0.9 \\ -0.9 & 1 \end{pmatrix}$.

ANNEXE 9

TABLES STATISTIQUES

Table 1 : *Notions diverses*

1. Alphabet grec

Nom grec	Lettre grecque minuscule	Lettre grecque majuscule	Nom grec	Lettre grecque minuscule	Lettre grecque majuscule
Alpha	α	A	Nu	ν	N
Bêta	β	B	Xi	ξ	Ξ
Gamma	γ	Γ	Omicron	o	O
Delta	δ	Δ	Pi	π	Π
Epsilon	ϵ	E	Rho	ρ	P
Zêta	ζ	Z	Sigma	σ	Σ
Eta	η	H	Tau	τ	T
Thêta	θ	Θ	Upsilon	υ	Υ
Iota	ι	I	Phi	ϕ	Φ
Kappa	κ	K	Khi	χ	X
Lambda	λ	Λ	Psi	ψ	Ψ
Mu	μ	M	Oméga	ω	Ω

2. Quelques formules algébriques

$(x+y)^2 = x^2+2xy+y^2$; $(x-y)^2 = x^2-2xy+y^2$; $(x-y)^3 = x^3-3x^2y+3xy^2-y^3$; $(x-y)^4 = x^4-4x^3y+6x^2y^2-4xy^3+y^3$;

$$(x+y)^n = x^n + \binom{n}{1}x^{n-1}y + \binom{n}{2}x^{n-2}y^2 + \binom{n}{3}x^{n-3}y^3 + \cdots + \binom{n}{n-1}xy^{n-1} + y^n.$$

3. Quelques notations

$\in$	:	appartient	$\notin$	:	n'appartient pas
$\subset$	:	est inclus	$\vert$	:	tel que
$\Rightarrow$	:	entraîne	$\Leftrightarrow$, ssi	:	si et seulement si
$\cup$	:	réunion	$\cap$	:	intersection
$\setminus$	:	différence	Σ	:	signe de sommation

4. Quelques constantes

$\pi = 3.1416\ldots$	$\mathrm{e} = 2.7183\ldots$
$\log_{10}\pi = 0.49715\ldots$	$\log_{10}\mathrm{e} = 0.43429\ldots$

Table 2 : ***Carrés, Racines carrées et logarithmes***

n	n^2	$\sqrt{n}$	$\sqrt{10n}$	$1/n$	$1/\sqrt{n}$	$1/\sqrt{10n}$	$\log_{10}(n)$	n
1	1	1.00000	3.16228	1.00000	1.00000	0.31623	0.00000	1
2	4	1.41421	4.47214	0.50000	0.70711	0.22361	0.30103	2
3	9	1.73205	5.47723	0.33333	0.57735	0.18257	0.47712	3
4	16	2.00000	6.32456	0.25000	0.50000	0.15811	0.60206	4
5	25	2.23607	7.07107	0.20000	0.44721	0.14142	0.69897	5
6	36	2.44949	7.74597	0.16667	0.40825	0.12910	0.77815	6
7	49	2.64575	8.36660	0.14286	0.37796	0.11952	0.84510	7
8	64	2.82843	8.94427	0.12500	0.35355	0.11180	0.90309	8
9	81	3.00000	9.48683	0.11111	0.33333	0.10541	0.95424	9
10	100	3.16228	10.00000	0.10000	0.31623	0.10000	1.00000	10
11	121	3.31662	10.48809	0.09091	0.30151	0.09535	1.04139	11
12	144	3.46410	10.95445	0.08333	0.28868	0.09129	1.07918	12
13	169	3.60555	11.40175	0.07692	0.27735	0.08771	1.11394	13
14	196	3.74166	11.83216	0.07143	0.26726	0.08452	1.14613	14
15	225	3.87298	12.24745	0.06667	0.25820	0.08165	1.17609	15
16	256	4.00000	12.64911	0.06250	0.25000	0.07906	1.20412	16
17	289	4.12311	13.03840	0.05882	0.24254	0.07670	1.23045	17
18	324	4.24264	13.41641	0.05556	0.23570	0.07454	1.25527	18
19	361	4.35890	13.78405	0.05263	0.22942	0.07255	1.27875	19
20	400	4.47214	14.14214	0.05000	0.22361	0.07071	1.30103	20
21	441	4.58258	14.49138	0.04762	0.21822	0.06901	1.32222	21
22	484	4.69042	14.83240	0.04545	0.21320	0.06742	1.34242	22
23	529	4.79583	15.16575	0.04348	0.20851	0.06594	1.36173	23
24	576	4.89898	15.49193	0.04167	0.20412	0.06455	1.38021	24
25	625	5.00000	15.81139	0.04000	0.20000	0.06325	1.39794	25
26	676	5.09902	16.12452	0.03846	0.19612	0.06202	1.41497	26
27	729	5.19615	16.43168	0.03704	0.19245	0.06086	1.43136	27
28	784	5.29150	16.73320	0.03571	0.18898	0.05976	1.44716	28
29	841	5.38516	17.02939	0.03448	0.18570	0.05872	1.46240	29
30	900	5.47723	17.32051	0.03333	0.18257	0.05774	1.47712	30
31	961	5.56776	17.60682	0.03226	0.17961	0.05680	1.49136	31
32	1024	5.65685	17.88854	0.03125	0.17678	0.05590	1.50515	32
33	1089	5.74456	18.16590	0.03030	0.17408	0.05505	1.51851	33
34	1156	5.83095	18.43909	0.02941	0.17150	0.05423	1.53148	34
35	1225	5.91608	18.70829	0.02857	0.16903	0.05345	1.54407	35
36	1296	6.00000	18.97367	0.02778	0.16667	0.05270	1.55630	36
37	1369	6.08276	19.23538	0.02703	0.16440	0.05199	1.56820	37
38	1444	6.16441	19.49359	0.02632	0.16222	0.05130	1.57978	38
39	1521	6.24500	19.74842	0.02564	0.16013	0.05064	1.59106	39
40	1600	6.32456	20.00000	0.02500	0.15811	0.05000	1.60206	40
41	1681	6.40312	20.24846	0.02439	0.15617	0.04939	1.61278	41
42	1764	6.48074	20.49390	0.02381	0.15430	0.04880	1.62325	42
43	1849	6.55744	20.73644	0.02326	0.15250	0.04822	1.63347	43
44	1936	6.63325	20.97618	0.02273	0.15076	0.04767	1.64345	44
45	2025	6.70820	21.21320	0.02222	0.14907	0.04714	1.65321	45
46	2116	6.78233	21.44761	0.02174	0.14744	0.04663	1.66276	46
47	2209	6.85565	21.67948	0.02128	0.14586	0.04613	1.67210	47
48	2304	6.92820	21.90890	0.02083	0.14434	0.04564	1.68124	48
49	2401	7.00000	22.13594	0.02041	0.14286	0.04518	1.69020	49
50	2500	7.07107	22.36068	0.02000	0.14142	0.04472	1.69897	50

Table 2 (suite) : *Carrés, Racines carrées et logarithmes*

n	n^2	$\sqrt{n}$	$\sqrt{10n}$	$1/n$	$1/\sqrt{n}$	$1/\sqrt{10n}$	$\log_{10}(n)$	n
51	2601	7.14143	22.58318	0.01961	0.14003	0.04428	1.70757	51
52	2704	7.21110	22.80351	0.01923	0.13868	0.04385	1.71600	52
53	2809	7.28011	23.02173	0.01887	0.13736	0.04344	1.72428	53
54	2916	7.34847	23.23790	0.01852	0.13608	0.04303	1.73239	54
55	3025	7.41620	23.45208	0.01818	0.13484	0.04264	1.74036	55
56	3136	7.48331	23.66432	0.01786	0.13363	0.04226	1.74819	56
57	3249	7.54983	23.87467	0.01754	0.13245	0.04189	1.75587	57
58	3364	7.61577	24.08319	0.01724	0.13131	0.04152	1.76343	58
59	3481	7.68115	24.28992	0.01695	0.13019	0.04117	1.77085	59
60	3600	7.74597	24.49490	0.01667	0.12910	0.04082	1.77815	60
61	3721	7.81025	24.69818	0.01639	0.12804	0.04049	1.78533	61
62	3844	7.87401	24.89980	0.01613	0.12700	0.04016	1.79239	62
63	3969	7.93725	25.09980	0.01587	0.12599	0.03984	1.79934	63
64	4096	8.00000	25.29822	0.01563	0.12500	0.03953	1.80618	64
65	4225	8.06226	25.49510	0.01538	0.12403	0.03922	1.81291	65
66	4356	8.12404	25.69047	0.01515	0.12309	0.03892	1.81954	66
67	4489	8.18535	25.88436	0.01493	0.12217	0.03863	1.82607	67
68	4624	8.24621	26.07681	0.01471	0.12127	0.03835	1.83251	68
69	4761	8.30662	26.26785	0.01449	0.12039	0.03807	1.83885	69
70	4900	8.36660	26.45751	0.01429	0.11952	0.03780	1.84510	70
71	5041	8.42615	26.64583	0.01408	0.11868	0.03753	1.85126	71
72	5184	8.48528	26.83282	0.01389	0.11785	0.03727	1.85733	72
73	5329	8.54400	27.01851	0.01370	0.11704	0.03701	1.86332	73
74	5476	8.60233	27.20294	0.01351	0.11625	0.03676	1.86923	74
75	5625	8.66025	27.38613	0.01333	0.11547	0.03651	1.87506	75
76	5776	8.71780	27.56810	0.01316	0.11471	0.03627	1.88081	76
77	5929	8.77496	27.74887	0.01299	0.11396	0.03604	1.88649	77
78	6084	8.83176	27.92848	0.01282	0.11323	0.03581	1.89209	78
79	6241	8.88819	28.10694	0.01266	0.11251	0.03558	1.89763	79
80	6400	8.94427	28.28427	0.01250	0.11180	0.03536	1.90309	80
81	6561	9.00000	28.46050	0.01235	0.11111	0.03514	1.90849	81
82	6724	9.05539	28.63564	0.01220	0.11043	0.03492	1.91381	82
83	6889	9.11043	28.80972	0.01205	0.10976	0.03471	1.91908	83
84	7056	9.16515	28.98275	0.01190	0.10911	0.03450	1.92428	84
85	7225	9.21954	29.15476	0.01176	0.10847	0.03430	1.92942	85
86	7396	9.27362	29.32576	0.01163	0.10783	0.03410	1.93450	86
87	7569	9.32738	29.49576	0.01149	0.10721	0.03390	1.93952	87
88	7744	9.38083	29.66479	0.01136	0.10660	0.03371	1.94448	88
89	7921	9.43398	29.83287	0.01124	0.10600	0.03352	1.94939	89
90	8100	9.48683	30.00000	0.01111	0.10541	0.03333	1.95424	90
91	8281	9.53939	30.16621	0.01099	0.10483	0.03315	1.95904	91
92	8464	9.59166	30.33150	0.01087	0.10426	0.03297	1.96379	92
93	8649	9.64365	30.49590	0.01075	0.10370	0.03279	1.96848	93
94	8836	9.69536	30.65942	0.01064	0.10314	0.03262	1.97313	94
95	9025	9.74679	30.82207	0.01053	0.10260	0.03244	1.97772	95
96	9216	9.79796	30.98387	0.01042	0.10206	0.03227	1.98227	96
97	9409	9.84886	31.14482	0.01031	0.10153	0.03211	1.98677	97
98	9604	9.89949	31.30495	0.01020	0.10102	0.03194	1.99123	98
99	9801	9.94987	31.46427	0.01010	0.10050	0.03178	1.99564	99
100	10000	10.00000	31.62278	0.01000	0.10000	0.03162	2.00000	100

Table 3 : ***Factorielles*** $(n!)$

n	$n!$
0	0
1	1
2	2
3	6
4	24
5	120
6	720
7	5 040
8	40 320
9	362 880
10	3 628 800
11	39 916 800
12	479 001 600
13	6 227 020 800
14	87 178 291 200
15	1 307 674 368 000
16	20 922 789 888 000
17	355 687 428 096 000
18	6 402 373 705 728 000
19	121 645 100 408 832 000
20	2 432 902 008 176 640 000
21	51 090 942 171 709 400 000
22	1 124 000 727 777 610 000 000
23	25 852 016 738 885 000 000 000
24	620 448 401 733 239 000 000 000
25	15 511 210 043 331 000 000 000 000

Table 4 : ***Logarithmes des factorielles*** $(\log_{10}(n))$

n	$\log_{10} n!$	n	$\log_{10} n!$	n	$\log_{10} n!$
255	504.525 155	340	714.707 644	425	934.203 510
260	516.583 221	345	727.384 096	430	947.360 717
265	528.682 968	350	740.091 974	435	960.543 145
270	540.823 612	355	752.830 830	440	973.750 504
275	553.004 396	360	765.600 229	445	986.982 512
280	565.224 592	365	778.399 745	450	1000.238 890
285	577.483 497	370	791.228 968	455	1013.519 370
290	589.780 433	375	804.087 497	460	1026.823 690
295	602.114 746	380	816.974 941	465	1040.151 580
300	614.485 803	385	829.890 920	470	1053.502 800
305	626.892 993	390	842.835 064	475	1066.877 100
310	639.335 723	395	855.807 013	480	1080.274 230
315	651.813 423	400	868.806 414	485	1093.693 950
320	664.325 537	405	881.832 926	490	1107.136 040
325	676.871 529	410	894.886 214	495	1120.600 270
330	689.450 878	415	907.965 951	500	1134.086 410
335	702.063079	420	921.071820		

Table 5 : *Coefficients binomiaux*

$$\binom{n}{r} = \frac{n!}{r!(n-r)!}$$

n	r = 0	1	2	3	4	5	6	7	8	9	10	11	12	13	14	15	n
1	1	1															**1**
2	1	2	1														**2**
3	1	3	3	1													**3**
4	1	4	6	4	1												**4**
5	1	5	10	10	5	1											**5**
6	1	6	15	20	15	6	1										**6**
7	1	7	21	35	35	21	7	1									**7**
8	1	8	28	56	70	56	28	8	1								**8**
9	1	9	36	84	126	126	84	36	9	1							**9**
10	1	10	45	120	210	252	210	120	45	10	1						**10**
11	1	11	55	165	330	462	462	330	165	55	11	1					**11**
12	1	12	66	220	495	792	924	792	495	220	66	12	1				**12**
13	1	13	78	286	715	1 287	1 716	1 716	1 287	715	286	78	13	1			**13**
14	1	14	91	364	1 001	2 002	3 003	3 432	3 003	2 002	1 001	364	91	14	1		**14**
15	1	15	105	455	1 365	3 003	5 005	6 435	6 435	5 005	3 003	1 365	455	105	15	1	**15**
16	1	16	120	560	1 820	4 368	8 008	11 440	12 870	11 440	8 008	4 368	1 820	560	120	16	**16**
17	1	17	136	680	2 380	6 188	12 376	19 448	24 310	24 310	19 448	12 376	6 188	2 380	680	136	**17**
18	1	18	153	816	3 060	8 568	18 564	31 824	43 758	48 620	43 758	31 824	18 564	8 568	3 060	816	**18**
19	1	19	171	969	3 876	11 628	27 132	50 388	75 582	92 378	92 378	75 582	50 388	27 132	11 628	3 876	**19**
20	1	20	190	1 140	4 845	15 504	38 760	77 520	125 970	167 960	184 756	167 960	125 970	77 520	38 760	15 504	**20**
21	1	21	210	1 330	5 985	20 349	54 264	116 280	203 490	293 930	352 716	352 716	293 930	203 490	116 280	54 264	**21**
22	1	22	231	1 540	7 315	26 334	74 613	170 544	319 770	497 420	646 646	705 432	646 646	497 420	319 770	170 544	**22**
23	1	23	253	1 771	8 855	33 649	100 947	245 157	490 314	817 190	1 144 066	1 352 078	1 352 078	1 144 066	817 190	490 314	**23**
24	1	24	276	2 024	10 626	42 504	134 596	346 104	735 471	1 307 504	1 961 256	2 496 144	2 704 156	2 496 144	1 961 256	1 307 504	**24**
25	1	25	300	2 300	12 650	53 130	177 100	480 700	1 081 575	2 042 975	3 268 760	4 457 400	5 200 300	5 200 300	4 457 400	3 268 760	**25**
26	1	26	325	2 600	14 950	65 780	230 230	657 800	1 562 275	3 124 550	5 311 735	7 726 160	9 657 700	10 400 600	9 657 700	7 726 160	**26**
27	1	27	351	2 925	17 550	80 730	296 010	888 030	2 220 075	4 686 825	8 436 285	13 037 895	17 383 860	20 058 300	20 058 300	17 383 860	**27**
28	1	28	378	3 276	20 475	98 280	376 740	1 184 040	3 108 105	6 906 900	13 123 110	21 474 180	30 421 755	37 442 160	40 116 600	37 442 160	**28**
29	1	29	406	3 654	23 751	118 755	475 020	1 560 780	4 292 145	10 015 005	20 030 010	34 597 290	51 895 935	67 863 915	77 558 760	77 558 760	**29**
30	1	30	435	4 060	27 405	142 506	593 775	2 035 800	5 852 925	14 307 150	30 045 015	54 627 300	86 493 225	119 759 850	145 422 675	155 117 520	**30**

Table 6 : *Nombres au hasard*

4774	6035	8977	1176	7861	9814	8491	4030	6708	5794	8140	4451	6401
3944	3774	3978	4469	8308	8486	5059	2926	3503	8295	1411	3983	2430
2791	3654	3943	9750	9967	0536	9688	9397	1389	2910	2150	4555	4480
5013	0002	2301	3292	9885	3648	6162	5537	6950	3093	2182	2700	6340
9545	5588	4326	3197	5394	6446	0707	4072	8735	6769	3236	6201	7614
5376	8708	1580	9939	6238	4335	0119	9231	3016	0428	5654	5170	0198
6925	1771	5665	3263	4608	1579	2203	5121	1297	2450	2258	6767	0141
4100	7279	9095	4564	5470	4069	8904	5195	3790	1859	7698	2580	5485
4058	7026	9839	0686	9934	4123	9009	0091	0863	9046	2338	7037	9803
0721	8086	4867	9725	7056	3263	8925	2622	8702	7659	7574	9943	8950
3924	3716	3371	6122	6073	4201	5245	1974	2133	1392	2610	3909	1923
5943	1972	6526	4411	7502	8341	2969	0117	1611	2546	9567	8683	1643
0039	2349	2550	6394	2649	8736	7104	9308	2163	2549	6221	2060	9274
6992	4537	6831	8074	1410	6759	1648	4899	8809	8426	8737	0619	2248
3623	8163	0869	6997	7588	7481	5214	7480	9099	6368	9761	0074	4656
0802	5922	1434	0076	9175	5090	1563	7182	0364	0010	3107	1579	4607
1068	9840	0168	0429	5801	8919	9927	6354	2432	6837	5827	9941	3777
1598	9137	9158	6964	1006	6610	3806	9136	9122	7600	0025	3796	9759
9304	4682	2186	9825	2601	1332	6941	6920	7996	8584	8650	1001	1090
1531	2014	4661	8676	2640	4214	9219	5865	2597	3073	0753	0972	2417
3896	7578	0126	9376	6311	6553	2781	6895	0302	0749	0680	1324	8061
7396	8117	7918	6179	1072	8258	0903	3358	4062	6003	9443	8152	1632
0061	7397	4913	8339	9964	6688	1299	4727	5125	8340	2826	4734	1516
0546	1115	3907	4000	8107	4211	8296	6853	3125	9611	2588	3305	2661
6146	9423	2501	2689	5372	1837	0878	6460	6107	4178	5409	7923	7716
4493	7145	8953	9672	1920	0528	6667	4382	2182	6421	3464	5651	8433
8840	0083	6783	0809	3022	9434	6610	8015	0404	6015	7567	1180	8534
0238	4363	7180	3706	3000	2564	8912	7200	9035	3576	5530	1349	6057
0557	3913	9483	5115	6780	2344	2701	2243	4426	4766	5691	2114	1203
7290	8363	4947	5864	9820	5518	7854	1520	3507	6491	9747	7136	8925
4456	1859	4141	8464	7306	8630	8423	5279	2094	0383	9823	9917	2004
2220	1596	3610	9194	6488	0732	8694	8011	1165	9073	8464	9307	3335
9350	2395	1552	9163	4118	7104	3191	2550	7149	4106	7155	9415	9178
4277	9656	3566	5626	5593	5812	9811	1986	0470	6853	6188	1802	6042
8366	1177	6743	0403	5017	8396	4501	2950	7549	9421	1598	8466	5854
4738	0088	5010	1299	9631	6136	0545	9723	0345	5726	5558	8560	6322
0306	2464	4126	0559	9974	6511	6642	0091	2925	8704	2384	1003	5459
4111	3886	6987	4759	8828	0443	4783	9879	8260	3560	9960	9865	1158
0961	2538	3361	8043	0124	9383	3340	1015	8649	3704	6397	1554	3622
2157	6141	4488	7214	9863	6793	3078	4205	2266	0359	0085	6002	0429
1228	8950	4614	4697	1947	7901	6573	4435	2631	3065	3636	2915	5326
3610	5128	9012	1175	2574	0360	6760	4599	4080	3531	0666	5515	6918
6595	5169	2214	3089	2157	6975	6716	5876	8146	8504	3436	3907	8876
0155	4024	4605	4178	2888	5240	7575	3315	2725	8326	1583	3314	6440
1771	4856	4526	2828	0912	5578	6349	8190	2016	0033	5343	9793	4655
0520	4588	4749	7933	5352	0450	4930	3371	4909	1852	5955	4800	2203
7886	3739	0201	4740	4111	9542	8269	1292	0493	3471	1861	1084	8998
4553	7647	4545	2897	0900	5297	9235	5034	2107	1936	8895	2128	9430
0209	9157	8536	6322	1471	8860	1628	7366	5466	9711	3056	9504	8906
1236	4965	6150	3023	3299	5405	3617	1867	7044	3835	9282	2962	5878

Table 7 : *Distribution binomiale (fonction de répartition)*

$$F(x) = \sum_{y=0}^{x} \binom{n}{y} p^y q^{n-y}$$

n	x	p .05	.10	.15	.20	.25	.30	.35	.40	.45	.50	1/6	1/3
		q .95	.90	.85	.80	.75	.70	.65	.60	.55	.50	5/6	2/3
2	0	.9025	.8100	.7225	.6400	.5625	.4900	.4225	.3600	.3025	.2500	.6944	.4444
	1	.9975	.9900	.9775	.9600	.9375	.9100	.8775	.8400	.7975	.7500	.9722	.8889
	2	1.000	1.000	1.000	1.000	1.000	1.000	1.000	1.000	1.000	1.000	1.000	1.000
3	0	.8574	.7290	.6141	.5120	.4219	.3430	.2746	.2160	.1664	.1250	.5787	.2963
	1	.9928	.9720	.9393	.8960	.8438	.7840	.7183	.6480	.5748	.5000	.9259	.7407
	2	.9999	.9990	.9966	.9920	.9844	.9730	.9571	.9360	.9089	.8750	.9954	.9630
	3	1.000	1.000	1.000	1.000	1.000	1.000	1.000	1.000	1.000	1.000	1.000	1.000
4	0	.8145	.6561	.5220	.4096	.3164	.2401	.1785	.1296	.0915	.0625	.4823	.1975
	1	.9860	.9477	.8905	.8192	.7383	.6517	.5630	.4752	.3910	.3125	.8681	.5926
	2	.9995	.9963	.9880	.9728	.9492	.9163	.8735	.8208	.7585	.6875	.9838	.8889
	3	1.000	.9999	.9995	.9984	.9961	.9919	.9850	.9744	.9590	.9375	.9992	.9877
	4		1.000	1.000	1.000	1.000	1.000	1.000	1.000	1.000	1.000	1.000	1.000
5	0	.7738	.5905	.4437	.3277	.2373	.1681	.1160	.0778	.0503	.0313	.4019	.1317
	1	.9774	.9185	.8352	.7373	.6328	.5282	.4284	.3370	.2562	.1875	.8038	.4609
	2	.9988	.9914	.9734	.9421	.8965	.8369	.7648	.6826	.5931	.5000	.9645	.7901
	3	1.000	.9995	.9978	.9933	.9844	.9692	.9460	.9130	.8688	.8125	.9967	.9547
	4		1.000	.9999	.9997	.9990	.9976	.9947	.9898	.9815	.9688	.9999	.9959
	5			1.000	1.000	1.000	1.000	1.000	1.000	1.000	1.000	1.000	1.000
6	0	.7351	.5314	.3772	.2621	.1780	.1176	.0754	.0467	.0277	.0156	.3349	.0878
	1	.9672	.8857	.7765	.6554	.5339	.4202	.3191	.2333	.1636	.1094	.7368	.3512
	2	.9978	.9842	.9527	.9011	.8306	.7443	.6471	.5443	.4415	.3438	.9377	.6804
	3	.9999	.9987	.9941	.9830	.9624	.9295	.8826	.8208	.7447	.6563	.9913	.8999
	4	1.000	.9999	.9996	.9984	.9954	.9891	.9777	.9590	.9308	.8906	.9993	.9822
	5		1.000	1.000	.9999	.9998	.9993	.9982	.9959	.9917	.9844	1.000	.9986
	6				1.000	1.000	1.000	1.000	1.000	1.000	1.000		1.000
7	0	.6983	.4783	.3206	.2097	.1335	.0824	.0490	.0280	.0152	.0078	.2791	.0585
	1	.9556	.8503	.7166	.5767	.4449	.3294	.2338	.1586	.1024	.0625	.6698	.2634
	2	.9962	.9743	.9262	.8520	.7564	.6471	.5323	.4199	.3164	.2266	.9042	.5706
	3	.9998	.9973	.9879	.9667	.9294	.8740	.8002	.7102	.6083	.5000	.9824	.8267
	4	1.000	.9998	.9988	.9953	.9871	.9712	.9444	.9037	.8471	.7734	.9980	.9547
	5		1.000	.9999	.9996	.9987	.9962	.9910	.9812	.9643	.9375	.9999	.9931
	6			1.000	1.000	.9999	.9998	.9994	.9984	.9963	.9922	1.000	.9995
	7					1.000	1.000	1.000	1.000	1.000	1.000		1.000
8	0	.6634	.4305	.2725	.1678	.1001	.0576	.0319	.0168	.0084	.0039	.2326	.0390
	1	.9428	.8131	.6572	.5033	.3671	.2553	.1691	.1064	.0632	.0352	.6047	.1951
	2	.9942	.9619	.8948	.7969	.6785	.5518	.4278	.3154	.2201	.1445	.8652	.4682
	3	.9996	.9950	.9786	.9437	.8862	.8059	.7064	.5941	.4770	.3633	.9693	.7414
	4	1.000	.9996	.9971	.9896	.9727	.9420	.8939	.8263	.7396	.6367	.9954	.9121
	5		1.000	.9998	.9988	.9958	.9887	.9747	.9502	.9115	.8555	.9996	.9803
	6			1.000	.9999	.9996	.9987	.9964	.9915	.9819	.9648	1.000	.9974
	7				1.000	1.000	.9999	.9998	.9993	.9983	.9961	1.000	.9998
	8						1.000	1.000	1.000	1.000	1.000	1.000	1.000

Table 7 (suite 1) : ***Distribution binomiale (fonction de répartition)***

n	x	p .05	.10	.15	.20	.25	.30	.35	.40	.45	.50	1/6	1/3
		q .95	.90	.85	.80	.75	.70	.65	.60	.55	.50	5/6	2/3
9	0	.6302	.3874	.2316	.1342	.0751	.0404	.0207	.0101	.0046	.0020	.1938	.0260
	1	.9288	.7748	.5995	.4362	.3003	.1960	.1211	.0705	.0385	.0195	.5427	.1431
	2	.9916	.9470	.8591	.7382	.6007	.4628	.3373	.2318	.1495	.0898	.8217	.3772
	3	.9994	.9917	.9661	.9144	.8343	.7297	.6089	.4826	.3614	.2539	.9520	.6503
	4	1.000	.9991	.9944	.9804	.9511	.9012	.8283	.7334	.6214	.5000	.9910	.8552
	5		.9999	.9994	.9969	.9900	.9747	.9464	.9006	.8342	.7461	.9989	.9576
	6		1.000	1.000	.9997	.9987	.9957	.9888	.9750	.9502	.9102	.9999	.9917
	7				1.000	.9999	.9996	.9986	.9962	.9909	.9805	1.000	.9990
	8					1.000	1.000	.9999	.9997	.9992	.9980		.9999
	9							1.000	1.000	1.000	1.000		1.000
10	0	.5987	.3487	.1969	.1074	.0563	.0282	.0135	.0060	.0025	.0010	.1615	.0173
	1	.9139	.7361	.5443	.3758	.2440	.1493	.0860	.0464	.0233	.0107	.4845	.1040
	2	.9885	.9298	.8202	.6778	.5256	.3828	.2616	.1673	.0996	.0547	.7752	.2991
	3	.9990	.9872	.9500	.8791	.7759	.6496	.5138	.3823	.2660	.1719	.9303	.5593
	4	.9999	.9904	.9901	.9672	.9219	.8497	.7515	.6331	.5044	.3770	.9845	.7869
	5	1.000	.9999	.9986	.9936	.9803	.9527	.9051	.8338	.7384	.6230	.9976	.9234
	6		1.000	.9999	.9991	.9965	.9894	.9740	.9452	.8980	.8281	.9997	.9803
	7			1.000	.9999	.9996	.9984	.9952	.9877	.9726	.9453	1.000	.9966
	8				1.000	1.000	.9999	.9995	.9983	.9955	.9893		.9996
	9						1.000	1.000	.9999	.9997	.9990		1.000
	10								1.000	1.000	1.000		
11	0	.5688	.3138	.1673	.0859	.0422	.0198	.0088	.0036	.0014	.0005	.1346	.0116
	1	.8981	.6974	.4922	.3221	.1971	.1130	.0606	.0302	.0139	.0059	.4307	.0752
	2	.9848	.9104	.7788	.6174	.4552	.3127	.2001	.1189	.0652	.0327	.7268	.2341
	3	.9984	.9815	.9306	.8389	.7133	.5696	.4256	.2963	.1911	.1133	.9044	.4726
	4	.9999	.9972	.9841	.9496	.8854	.7897	.6683	.5328	.3971	.2744	.9755	.7110
	5	1.000	.9997	.9973	.9883	.9657	.9218	.8513	.7535	.6331	.5000	.9954	.8779
	6		1.000	.9997	.9980	.9924	.9784	.9499	.9006	.8262	.7256	.9994	.9614
	7			1.000	.9998	.9988	.9957	.9878	.9707	.9390	.8867	.9999	.9912
	8				1.000	.9999	.9994	.9980	.9941	.9852	.9673	1.000	.9986
	9					1.000	1.000	.9998	.9993	.9978	.9941		.9999
	10							1.000	1.000	.9998	.9995		1.000
	11									1.000	1.000		
12	0	.5404	.2824	.1422	.0687	.0317	.0138	.0057	.0022	.0008	.0002	.1122	.0077
	1	.8816	.6590	.4435	.2749	.1584	.0850	.0424	.0196	.0083	.0032	.3813	.0540
	2	.9804	.8891	.7358	.5583	.3907	.2528	.1513	.0834	.0421	.0193	.6774	.1811
	3	.9978	.9744	.9078	.7946	.6488	.4925	.3467	.2253	.1345	.0730	.8748	.3931
	4	.9998	.9957	.9761	.9274	.8424	.7237	.5833	.4382	.3044	.1938	.9636	.6315
	5	1.000	.9995	.9954	.9806	.9456	.8822	.7873	.6652	.5269	.3872	.9921	.8223
	6		1.000	.9993	.9961	.9857	.9614	.9154	.8418	.7393	.6128	.9987	.9336
	7			.9999	.9994	.9972	.9905	.9745	.9427	.8883	.8062	.9998	.9812
	8			1.000	.9999	.9996	.9983	.9944	.9847	.9644	.9270	1.000	.9961
	9				1.000	1.000	.9998	.9992	.9972	.9921	.9807		.9995
	10						1.000	.9999	.9997	.9989	.9968		1.000
	11							1.000	1.000	.9999	.9998		
	12									1.000	1.000		

Table 7 (suite 2) : *Distribution binomiale (fonction de répartition)*

n	x	p .05	.10	.15	.20	.25	.30	.35	.40	.45	.50	1/6	1/3
		q .95	.90	.85	.80	.75	.70	.65	.60	.55	.50	5/6	2/3
13	0	.5133	.2542	.1209	.0550	.0238	.0097	.0037	.0013	.0004	.0001	.0935	.0051
	1	.8646	.6213	.3983	.2336	.1267	.0637	.0296	.0126	.0049	.0017	.3365	.0385
	2	.9755	.8661	.6920	.5017	.3326	.2025	.1132	.0579	.0269	.0112	.6281	.1387
	3	.9969	.9658	.8820	.7473	.5843	.4206	.2783	.1686	.0929	.0461	.8419	.3224
	4	.9997	.9935	.9658	.9009	.7940	.6543	.5005	.3530	.2279	.1334	.9488	.5520
	5	1.000	.9991	.9925	.9700	.9198	.8346	.7159	.5744	.4268	.2905	.9873	.7587
	6		.9999	.9987	.9930	.9757	.9376	.8705	.7712	.6437	.5000	.9976	.8965
	7		1.000	.9998	.9988	.9944	.9818	.9538	.9023	.8212	.7095	.9997	.9653
	8			1.000	.9998	.9990	.9960	.9874	.9679	.9302	.8666	1.000	.9912
	9				1.000	.9999	.9993	.9975	.9922	.9797	.9539		.9984
	10					1.000	.9999	.9997	.9987	.9959	.9888		.9998
	11						1.000	1.000	.9999	.9995	.9983		1.000
	12								1.000	1.000	.9999		
	13										1.000		
14	0	.4877	.2288	.1028	.0440	.0178	.0068	.0024	.0008	.0002	.0001	.0779	.0034
	1	.8470	.5846	.3567	.1979	.1010	.0475	.0205	.0081	.0029	.0009	.2960	.0274
	2	.9699	.8416	.6479	.4481	.2811	.1608	.0839	.0398	.0170	.0065	.5795	.1053
	3	.9958	.9559	.8535	.6982	.5213	.3552	.2205	.1243	.0632	.0287	.8063	.2612
	4	.9996	.9908	.9533	.8702	.7415	.5842	.4227	.2793	.1672	.0898	.9310	.4755
	5	1.000	.9985	.9885	.9561	.8883	.7805	.6405	.4859	.3373	.2120	.9809	.6898
	6		.9998	.9978	.9884	.9617	.9067	.8164	.6925	.5461	.3953	.9959	.8505
	7		1.000	.9997	.9976	.9897	.9685	.9247	.8499	.7414	.6047	.9993	.9424
	8			1.000	.9996	.9978	.9917	.9757	.9417	.8811	.7880	.9999	.9826
	9				1.000	.9997	.9983	.9940	.9825	.9574	.9102	1.000	.9960
	10					1.000	.9998	.9989	.9961	.9886	.9713	1.000	.9993
	11						1.000	.9999	.9994	.9978	.9935	1.000	.9999
	12							1.000	.9999	.9997	.9991	1.000	1.000
	13								1.000	1.000	.9999	1.000	1.000
	14										1.000	1.000	1.000
15	0	.4633	.2059	.0874	.0352	.0134	.0047	.0016	.0005	.0001	.000	.0649	.0023
	1	.8290	.5490	.3186	.1671	.0802	.0353	.0142	.0052	.0017	.0005	.2596	.0194
	2	.9638	.8159	.6042	.3980	.2361	.1268	.0617	.0271	.0107	.0037	.5322	.0794
	3	.9945	.9444	.8227	.6482	.4613	.2969	.1727	.0905	.0424	.0176	.7685	.2092
	4	.9994	.9873	.9383	.8358	.6865	.5155	.3519	.2173	.1204	.0592	.9102	.4041
	5	.9999	.9978	.9832	.9389	.8516	.7216	.5643	.4032	.2608	.1509	.9726	.6184
	6	1.000	.9997	.9964	.9819	.9434	.8689	.7548	.6098	.4522	.3036	.9934	.7970
	7		1.000	.9994	.9958	.9827	.9500	.8868	.7869	.6535	.5000	.9987	.9118
	8			.9999	.9992	.9958	.9848	.9578	.9050	.8182	.6964	.9998	.9692
	9			1.000	.9999	.9992	.9963	.9876	.9662	.9231	.8491	1.000	.9915
	10				1.000	.9999	.9993	.9972	.9907	.9745	.9408		.9982
	11					1.000	.9999	.9995	.9981	.9937	.9824		.9997
	12						1.000	.9999	.9997	.9989	.9963		1.000
	13							1.000	1.000	.9999	.9995		
	14									1.000	1.000		
	15												

Table 7 (suite 3) : ***Distribution binomiale (fonction de répartition)***

n	x	p .05	.10	.15	.20	.25	.30	.35	.40	.45	.50	1/6	1/3
		q .95	.90	.85	.80	.75	.70	.65	.60	.55	.50	5/6	2/3
16	0	.4401	.1853	.0743	.0281	.0100	.0033	.0010	.0003	.0001	.000	.0541	.0015
	1	.8108	.5147	.2839	.1407	.0635	.0261	.0098	.0033	.0010	.0003	.2272	.0137
	2	.9571	.7892	.5614	.3518	.1971	.0994	.0451	.0183	.0066	.0021	.4868	.0594
	3	.9930	.9316	.7899	.5981	.4050	.2459	.1339	.0651	.0281	.0106	.7291	.1659
	4	.9991	.9830	.9209	.7982	.6302	.4499	.2892	.1666	.0853	.0384	.8866	.3391
	5	.9999	.9967	.9765	.9183	.8103	.6598	.4900	.3288	.1976	.1051	.9622	.5469
	6	1.000	.9995	.9944	.9733	.9204	.8247	.6881	.5272	.3660	.2272	.9899	.7374
	7		.9999	.9989	.9930	.9729	.9256	.8406	.7161	.5629	.4018	.9979	.8735
	8		1.000	.9998	.9985	.9925	.9743	.9329	.8577	.7441	.5982	.9996	.9500
	9			1.000	.9998	.9984	.9929	.9771	.9417	.8759	.7728	1.000	.9841
	10				1.000	.9997	.9984	.9938	.9809	.9514	.8949		.9960
	11					1.000	.9997	.9987	.9951	.9851	.9616		.9992
	12						1.000	.9998	.9991	.9965	.9894		.9999
	13							1.000	.9999	.9994	.9979		1.000
	14								1.000	.9999	.9997		
	15									1.000	1.000		
	16												
17	0	.4181	.1668	.0631	.0225	.0075	.0023	.0007	.0002	.000	.000	.0451	.0010
	1	.7922	.4818	.2525	.1182	.0501	.0193	.0067	.0021	.0006	.0001	.1983	.0096
	2	.9497	.7618	.5198	.3096	.1637	.0774	.0327	.0123	.0041	.0012	.4435	.0442
	3	.9912	.9174	.7556	.5489	.3530	.2019	.1028	.0464	.0184	.0064	.6887	.1304
	4	.9988	.9779	.9013	.7582	.5739	.3887	.2348	.1260	.0596	.0245	.8604	.2814
	5	.9999	.9953	.9681	.8943	.7653	.5968	.4197	.2639	.1471	.0717	.9496	.4777
	6	1.000	.9992	.9917	.9623	.8929	.7752	.6188	.4478	.2902	.1662	.9853	.6739
	7		.9999	.9983	.9891	.9598	.8954	.7872	.6405	.4743	.3145	.9965	.8281
	8		1.000	.9997	.9974	.9876	.9597	.9006	.8011	.6626	.5000	.9993	.9245
	9			1.000	.9995	.9969	.9873	.9617	.9081	.8166	.6855	.9999	.9727
	10				.9999	.9994	.9968	.9880	.9652	.9174	.8338	1.000	.9920
	11				1.000	.9999	.9993	.9970	.9894	.9699	.9283		.9981
	12					1.000	.9999	.9994	.9975	.9914	.9755		.9997
	13						1.000	.9999	.9995	.9981	.9936		1.000
	14							1.000	.9999	.9997	.9988		
	15								1.000	1.000	.9999		
	16										1.000		
	17												
18	0	.3972	.1501	.0536	.0180	.0056	.0016	.0004	.0001	.000	.000	.0376	.0007
	1	.7735	.4503	.2241	.0991	.0395	.0142	.0046	.0013	.0003	.0001	.1728	.0068
	2	.9419	.7338	.4797	.2713	.1353	.0600	.0236	.0082	.0025	.0007	.4027	.0327
	3	.9891	.9018	.7202	.5010	.3057	.1646	.0783	.0328	.0120	.0038	.6479	.1017
	4	.9985	.9718	.8794	.7164	.5187	.3327	.1886	.0942	.0411	.0154	.8318	.2311
	5	.9998	.9936	.9581	.8671	.7175	.5344	.3550	.2088	.1077	.0481	.9347	.4122
	6	1.000	.9988	.9882	.9487	.8610	.7217	.5491	.3743	.2258	.1189	.9794	.6085
	7		.9998	.9973	.9837	.9431	.8593	.7283	.5634	.3915	.2403	.9947	.7767
	8		1.000	.9995	.9957	.9807	.9404	.8609	.7368	.5778	.4073	.9989	.8924
	9			.9999	.9991	.9946	.9790	.9403	.8653	.7473	.5927	.9998	.9567
	10			1.000	.9998	.9988	.9939	.9788	.9424	.8720	.7597	1.000	.9856
	11				1.000	.9998	.9986	.9938	.9797	.9463	.8811		.9961
	12					1.000	.9997	.9986	.9943	.9817	.9519		.9991
	13						1.000	.9997	.9987	.9951	.9846		.9999
	14							1.000	.9998	.9990	.9962		1.000
	15								1.000	.9999	.9993		
	16									1.000	.9999		
	17										1.000		
	18												

Table 7 (suite 4) : ***Distribution binomiale (fonction de répartition)***

n	x	p .05	.10	.15	.20	.25	.30	.35	.40	.45	.50	1/6	1/3
		q .95	.90	.85	.80	.75	.70	.65	.60	.55	.50	5/6	2/3
19	0	.3774	.1351	.0456	.0144	.0042	.0011	.0003	.0001	.000	.000	.0313	.0005
	1	.7547	.4203	.1985	.0829	.0310	.0104	.0031	.0008	.0002	.000	.1502	.0047
	2	.9335	.7054	.4413	.2369	.1113	.0462	.0170	.0055	.0015	.0004	.3643	.0240
	3	.9868	.8850	.6842	.4551	.2631	.1332	.0591	.0230	.0077	.0022	.6070	.0787
	4	.9980	.9648	.8556	.6733	.4654	.2822	.1500	.0696	.0280	.0096	.8011	.1879
	5	.9998	.9914	.9463	.8369	.6678	.4739	.2968	.1629	.0777	.0318	.9176	.3519
	6	1.000	.9983	.9837	.9324	.8251	.6655	.4812	.3081	.1727	.0835	.9719	.5431
	7		.9997	.9959	.9767	.9225	.8180	.6656	.4878	.3169	.1796	.9921	.7207
	8		1.000	.9992	.9933	.9713	.9161	.8145	.6675	.4940	.3238	.9982	.8538
	9			.9999	.9984	.9911	.9674	.9125	.8139	.6710	.5000	.9996	.9352
	10			1.000	.9997	.9977	.9895	.9653	.9115	.8159	.6762	.9999	.9759
	11				1.000	.9995	.9972	.9886	.9648	.9129	.8204	1.000	.9926
	12					.9999	.9994	.9969	.9884	.9658	.9165		.9981
	13					1.000	.9999	.9993	.9969	.9891	.9682		.9996
	14						1.000	.9999	.9994	.9972	.9904		.9999
	15							1.000	.9999	.9995	.9978		1.000
	16								1.000	.9999	.9996		
	17									1.000	1.000		
	18												
	19												
20	0	.3585	.1216	.0388	.0115	.0032	.0008	.0002	.000	.000	.000	.0261	.0003
	1	.7358	.3917	.1756	.0692	.0243	.0076	.0021	.0005	.0001	.000	.1304	.0033
	2	.9245	.6769	.4049	.2061	.0913	.0355	.0121	.0036	.0009	.0002	.3287	.0176
	3	.9841	.8670	.6477	.4114	.2252	.1071	.0444	.0160	.0049	.0013	.5665	.0605
	4	.9974	.9568	.8298	.6296	.4148	.2375	.1182	.0510	.0189	.0059	.7687	.1515
	5	.9997	.9887	.9327	.8042	.6172	.4164	.2454	.1256	.0553	.0207	.8982	.2972
	6	1.000	.9976	.9781	.9133	.7858	.6080	.4166	.2500	.1299	.0577	.9629	.4793
	7		.9996	.9941	.9679	.8982	.7723	.6010	.4159	.2520	.1316	.9887	.6615
	8		.9999	.9987	.9900	.9591	.8867	.7624	.5956	.4143	.2517	.9972	.8095
	9		1.000	.9998	.9974	.9861	.9520	.8782	.7553	.5914	.4119	.9994	.9081
	10			1.000	.9994	.9961	.9829	.9468	.8725	.7507	.5881	.9999	.9624
	11				.9999	.9991	.9949	.9804	.9435	.8692	.7483	1.000	.9870
	12				1.000	.9998	.9987	.9940	.9790	.9420	.8684		.9963
	13					1.000	.9997	.9985	.9935	.9786	.9423		.9991
	14						1.000	.9997	.9984	.9936	.9793		.9998
	15							1.000	.9997	.9985	.9941		1.000
	16								1.000	.9997	.9987		
	17									1.000	.9998		
	18										1.000		
	19												
	20												

Remarque : $p + q = 1$

Table 8 : *Distribution de Poisson (fonction de répartition)*

$$F(x) = \sum_{y=0}^{x} \frac{e^{-\lambda}\lambda^y}{y!}$$

n	λ									
	0.1	0.2	0.3	0.4	0.5	0.6	0.7	0.8	0.9	1.0
0	0.9048	0.8187	0.7408	0.6703	0.6065	0.5488	0.4966	0.4493	0.4066	0.3679
1	0.9953	0.9825	0.9631	0.9384	0.9098	0.8781	0.8442	0.8088	0.7725	0.7358
2	0.9998	0.9989	0.9964	0.9921	0.9856	0.9769	0.9659	0.9526	0.9371	0.9197
3	1.0000	0.9999	0.9997	0.9992	0.9982	0.9966	0.9942	0.9909	0.9865	0.9810
4		1.0000	1.0000	0.9999	0.9998	0.9996	0.9992	0.9986	0.9977	0.9963
5				1.0000	1.0000	1.0000	0.9999	0.9998	0.9997	0.9994
6							1.0000	1.0000	1.0000	0.9999
7										1.0000

	2	3	4	5	6	7	8	9	10
0	0.1353	0.0498	0.0183	0.0067	0.0025	0.0009	0.0003	0.0001	0.0000
1	0.4060	0.1991	0.0916	0.0404	0.0174	0.0073	0.0030	0.0012	0.0005
2	0.6767	0.4232	0.2381	0.1247	0.0620	0.0296	0.0138	0.0062	0.0028
3	0.8571	0.6472	0.4335	0.2650	0.1512	0.0818	0.0424	0.0212	0.0103
4	0.9473	0.8153	0.6288	0.4405	0.2851	0.1730	0.0996	0.0550	0.0293
5	0.9834	0.9161	0.7851	0.6160	0.4457	0.3007	0.1912	0.1157	0.0671
6	0.9955	0.9665	0.8893	0.7622	0.6063	0.4497	0.3134	0.2068	0.1301
7	0.9989	0.9881	0.9489	0.8666	0.7440	0.5987	0.4530	0.3239	0.2202
8	0.9998	0.9962	0.9786	0.9319	0.8472	0.7291	0.5925	0.4557	0.3328
9	1.0000	0.9989	0.9919	0.9682	0.9161	0.8305	0.7166	0.5874	0.4579
10		0.9997	0.9972	0.9863	0.9574	0.9015	0.8159	0.7060	0.5830
11		0.9999	0.9991	0.9945	0.9799	0.9467	0.8881	0.8030	0.6968
12		1.0000	0.9997	0.9980	0.9912	0.9730	0.9362	0.8758	0.7916
13			0.9999	0.9993	0.9964	0.9872	0.9658	0.9261	0.8645
14			1.0000	0.9998	0.9986	0.9943	0.9827	0.9585	0.9165
15				0.9999	0.9995	0.9976	0.9918	0.9780	0.9513
16				1.0000	0.9998	0.9990	0.9963	0.9889	0.9730
17					0.9999	0.9996	0.9984	0.9947	0.9857
18					1.0000	0.9999	0.9993	0.9976	0.9928
19						1.0000	0.9997	0.9989	0.9965
20							0.9999	0.9996	0.9984
21							1.0000	0.9998	0.9993
22								0.9999	0.9997
23								1.0000	0.9999
24									1.0000

Table 9 : ***Valeurs de la fonction de répartition de la distribution normale reduite*** $Z = \mathcal{N}(0,1)$

$$F(z) = P\,(Z \leqslant z) = \frac{1}{\sqrt{2\pi}} \int_{-\infty}^{z} e^{-u^2/2}\, du$$

z	0.00	0.01	0.02	0.03	0.04	0.05	0.06	0.07	0.08	0.09
0.0	0.5000	0.5040	0.5080	0.5120	0.5160	0.5199	0.5239	0.5279	0.5319	0.5359
0.1	0.5398	0.5438	0.5478	0.5517	0.5557	0.5596	0.5636	0.5675	0.5714	0.5753
0.2	0.5793	0.5832	0.5871	0.5910	0.5948	0.5987	0.6026	0.6064	0.6103	0.6141
0.3	0.6179	0.6217	0.6255	0.6293	0.6331	0.6368	0.6406	0.6443	0.6480	0.6517
0.4	0.6554	0.6591	0.6628	0.6664	0.6700	0.6736	0.6772	0.6808	0.6844	0.6879
0.5	0.6915	0.6950	0.6985	0.7019	0.7054	0.7088	0.7123	0.7157	0.7190	0.7224
0.6	0.7257	0.7291	0.7324	0.7357	0.7389	0.7422	0.7454	0.7486	0.7517	0.7549
0.7	0.7580	0.7611	0.7642	0.7673	0.7704	0.7734	0.7764	0.7794	0.7823	0.7852
0.8	0.7881	0.7910	0.7939	0.7967	0.7995	0.8023	0.8051	0.8078	0.8106	0.8133
0.9	0.8159	0.8186	0.8212	0.8238	0.8264	0.8289	0.8315	0.8340	0.8365	0.8389
1.0	0.8413	0.8438	0.8461	0.8485	0.8508	0.8531	0.8554	0.8577	0.8599	0.8621
1.1	0.8643	0.8665	0.8686	0.8708	0.8729	0.8749	0.8770	0.8790	0.8810	0.8830
1.2	0.8849	0.8869	0.8888	0.8907	0.8925	0.8944	0.8962	0.8980	0.8997	0.9015
1.3	0.9032	0.9049	0.9066	0.9082	0.9099	0.9115	0.9131	0.9147	0.9162	0.9177
1.4	0.9192	0.9207	0.9222	0.9236	0.9251	0.9265	0.9279	0.9292	0.9306	0.9319
1.5	0.9332	0.9345	0.9357	0.9370	0.9382	0.9394	0.9406	0.9418	0.9429	0.9441
1.6	0.9452	0.9463	0.9474	0.9484	0.9495	0.9505	0.9515	0.9525	0.9535	0.9545
1.7	0.9554	0.9564	0.9573	0.9582	0.9591	0.9599	0.9608	0.9616	0.9625	0.9633
1.8	0.9641	0.9649	0.9656	0.9664	0.9671	0.9678	0.9686	0.9693	0.9699	0.9706
1.9	0.9713	0.9719	0.9726	0.9732	0.9738	0.9744	0.9750	0.9756	0.9761	0.9767
2.0	0.9772	0.9778	0.9783	0.9788	0.9793	0.9798	0.9803	0.9808	0.9812	0.9817
2.1	0.9821	0.9826	0.9830	0.9834	0.9838	0.9842	0.9846	0.9850	0.9854	0.9857
2.2	0.9861	0.9864	0.9868	0.9871	0.9875	0.9878	0.9881	0.9884	0.9887	0.9890
2.3	0.9893	0.9896	0.9898	0.9901	0.9904	0.9906	0.9909	0.9911	0.9913	0.9916
2.4	0.9918	0.9920	0.9922	0.9925	0.9927	0.9929	0.9931	0.9932	0.9934	0.9936
2.5	0.9938	0.9940	0.9941	0.9943	0.9945	0.9946	0.9948	0.9949	0.9951	0.9952
2.6	0.9953	0.9955	0.9956	0.9957	0.9959	0.9960	0.9961	0.9962	0.9963	0.9964
2.7	0.9965	0.9966	0.9967	0.9968	0.9969	0.9970	0.9971	0.9972	0.9973	0.9974
2.8	0.9974	0.9975	0.9976	0.9977	0.9977	0.9978	0.9979	0.9979	0.9980	0.9981
2.9	0.9981	0.9982	0.9982	0.9983	0.9984	0.9984	0.9985	0.9985	0.9986	0.9986
3.0	0.9987	0.9987	0.9987	0.9988	0.9988	0.9989	0.9989	0.9989	0.9990	0.9990
3.1	0.9990	0.9991	0.9991	0.9991	0.9992	0.9992	0.9992	0.9992	0.9993	0.9993
3.2	0.9993	0.9993	0.9994	0.9994	0.9994	0.9994	0.9994	0.9995	0.9995	0.9995
3.3	0.9995	0.9995	0.9995	0.9996	0.9996	0.9996	0.9996	0.9996	0.9996	0.9997
3.4	0.9997	0.9997	0.9997	0.9997	0.9997	0.9997	0.9997	0.9997	0.9997	0.9998
3.5	0.9998	0.9998	0.9998	0.9998	0.9998	0.9998	0.9998	0.9998	0.9998	0.9998
3.6	0.9998	0.9998	0.9999	0.9999	0.9999	0.9999	0.9999	0.9999	0.9999	0.9999
3.7	0.9999	0.9999	0.9999	0.9999	0.9999	0.9999	0.9999	0.9999	0.9999	0.9999
3.8	0.9999	0.9999	0.9999	0.9999	0.9999	0.9999	0.9999	0.9999	0.9999	0.9999
3.9	1.0000	1.0000	1.0000	1.0000	1.0000	1.0000	1.0000	1.0000	1.0000	1.0000

Remarques : $F(-z) = 1 - F(z)$, $P(a \leqslant Z \leqslant b) = F(b) - F(a) \quad (a \leqslant b)$.
Pour $z > 4$, la précision de la table ne permet plus de connaître la valeur exacte de $F(z)$ **Exemples :**.
$F(4) = 0.9999683$; $F(4,5) = 0.9999966$; $F(5) = 0.999999713$, qui est donc arrondi à 1.

Table 10 : *Quantiles* z_p *de la variable* $Z = \mathcal{N}(0,1)$

$$F(z_p) = P(Z \leqslant z_p) = p \quad (0 < p < 1)$$

p	z_p	p	z_p	p	z_p	p	z_p
0.0001	−3.7190	0.15	−1.0364	0.51	0.0251	0.87	1.1264
0.0002	−3.5401	0.16	−0.9945	0.52	0.0502	0.88	1.1750
0.0003	−3.4316	0.17	−0.9542	0.53	0.0753	0.89	1.2265
0.0004	−3.3528	0.18	−0.9154	0.54	0.1004	0.90	1.2816
0.0005	−3.2905	0.19	−0.8779	0.55	0.1257	0.91	1.3408
0.0006	−3.2389	0.20	−0.8416	0.56	0.1510	0.92	1.4051
0.0007	−3.1947	0.21	−0.8064	0.57	0.1764	0.925	1.4395
0.0008	−3.1559	0.22	−0.7722	0.58	0.2019	0.93	1.4758
0.0009	−3.1214	0.23	−0.7389	0.59	0.2275	0.94	1.5548
0.001	−3.0902	0.24	−0.7063	0.60	0.2534	0.95	1.6449
0.002	−2.8782	0.25	−0.6745	0.61	0.2793	0.96	1.7507
0.003	−2.7478	0.26	−0.6434	0.62	0.3055	0.97	1.8808
0.004	−2.6521	0.27	−0.6128	0.63	0.3319	0.975	1.9600
0.005	−2.5758	0.28	−0.5828	0.64	0.3585	0.98	2.0537
0.006	−2.5121	0.29	−0.5534	0.65	0.3853	0.985	2.1701
0.007	−2.4573	0.30	−0.5244	0.66	0.4125	0.99	2.3263
0.008	−2.4089	0.31	−0.4959	0.67	0.4399	0.991	2.3656
0.009	−2.3656	0.32	−0.4677	0.68	0.4677	0.992	2.4089
0.01	−2.3263	0.33	−0.4399	0.69	0.4959	0.993	2.4573
0.015	−2.1701	0.34	−0.4125	0.70	0.5244	0.994	2.5121
0.02	−2.0537	0.35	−0.3853	0.71	0.5534	0.995	2.5758
0.025	−1.9600	0.36	−0.3585	0.72	0.5828	0.996	2.6521
0.03	−1.8808	0.37	−0.3319	0.73	0.6128	0.997	2.7478
0.04	−1.7507	0.38	−0.3055	0.74	0.6434	0.998	2.8782
0.05	−1.6449	0.39	−0.2793	0.75	0.6745	0.999	3.0902
0.06	−1.5548	0.40	−0.2534	0.76	0.7063	0.9991	3.1214
0.07	−1.4758	0.41	−0.2275	0.77	0.7389	0.9992	3.1559
0.075	−1.4395	0.42	−0.2019	0.78	0.7722	0.9993	3.1947
0.08	−1.4051	0.43	−0.1764	0.79	0.8064	0.9994	3.2389
0.09	−1.3408	0.44	−0.1510	0.80	0.8416	0.9995	3.2905
0.10	−1.2816	0.45	−0.1257	0.81	0.8779	0.9996	3.3528
0.11	−1.2265	0.46	−0.1004	0.82	0.9154	0.9997	3.4316
0.12	−1.1750	0.47	−0.0753	0.83	0.9542	0.9998	3.5401
0.13	−1.1264	0.48	−0.0502	0.84	0.9945	0.9999	3.7190
0.14	−1.0803	0.49	−0.0251	0.85	1.0364		
0.15	−1.0364	0.50	0.0000	0.86	1.0803		

Table 11 : *Quantiles $\chi^2_{\nu,p}$ de la variable χ^2_ν*

$$P\left(\chi^2_\nu \leqslant \chi^2_{\nu,p}\right) = p$$

ν	p											
	0.005	0.01	0.025	0.05	0.075	0.10	0.90	0.925	0.95	0.975	0.99	0.995
1	0.00	0.00	0.00	0.00	0.01	0.02	2.71	3.17	3.84	5.02	6.63	7.88
2	0.01	0.02	0.05	0.10	0.16	0.21	4.61	5.18	5.99	7.38	9.21	10.60
3	0.07	0.11	0.22	0.35	0.47	0.58	6.25	6.90	7.81	9.35	11.35	12.84
4	0.21	0.30	0.48	0.71	0.90	1.06	7.78	8.50	9.49	11.14	13.28	14.86
5	0.41	0.55	0.83	1.15	1.39	1.61	9.24	10.01	11.07	12.83	15.09	16.75
6	0.68	0.87	1.24	1.64	1.94	2.20	10.65	11.47	12.59	14.45	16.81	18.55
7	0.99	1.24	1.69	2.17	2.53	2.83	12.02	12.88	14.07	16.01	18.48	20.28
8	1.34	1.65	2.18	2.73	3.14	3.49	13.36	14.27	15.51	17.54	20.09	21.96
9	1.73	2.09	2.70	3.33	3.78	4.17	14.68	15.63	16.92	19.02	21.67	23.59
10	2.16	2.56	3.25	3.94	4.45	4.87	15.99	16.97	18.31	20.48	23.21	25.19
11	2.60	3.05	3.82	4.57	5.12	5.58	17.28	18.29	19.68	21.92	24.73	26.76
12	3.07	3.57	4.40	5.23	5.82	6.30	18.55	19.60	21.03	23.34	26.22	28.30
13	3.57	4.11	5.01	5.89	6.52	7.04	19.81	20.90	22.36	24.74	27.69	29.82
14	4.07	4.66	5.63	6.57	7.24	7.79	21.06	22.18	23.69	26.12	29.14	31.32
15	4.60	5.23	6.26	7.26	7.97	8.55	22.31	23.45	25.00	27.49	30.58	32.80
16	5.14	5.81	6.91	7.96	8.71	9.31	23.54	24.72	26.30	28.85	32.00	34.27
17	5.70	6.41	7.56	8.67	9.45	10.09	24.77	25.97	27.59	30.19	33.41	35.72
18	6.26	7.01	8.23	9.39	10.21	10.87	25.99	27.22	28.87	31.53	34.81	37.16
19	6.84	7.63	8.91	10.12	10.97	11.65	27.20	28.46	30.14	32.85	36.19	38.58
20	7.43	8.26	9.59	10.85	11.73	12.44	28.41	29.69	31.41	34.17	37.57	40.00
21	8.03	8.90	10.28	11.59	12.50	13.24	29.62	30.92	32.67	35.48	38.93	41.40
22	8.64	9.54	10.98	12.34	13.28	14.04	30.81	32.14	33.92	36.78	40.29	42.80
23	9.26	10.20	11.69	13.09	14.07	14.85	32.01	33.36	35.17	38.08	41.64	44.18
24	9.89	10.86	12.40	13.85	14.85	15.66	33.20	34.57	36.42	39.36	42.98	45.56
25	10.52	11.52	13.12	14.61	15.65	16.47	34.38	35.78	37.65	40.65	44.31	46.93
26	11.16	12.20	13.84	15.38	16.44	17.29	35.56	36.98	38.89	41.92	45.64	48.29
27	11.81	12.88	14.57	16.15	17.24	18.11	36.74	38.18	40.11	43.20	46.96	49.65
28	12.46	13.57	15.31	16.93	18.05	18.94	37.92	39.38	41.34	44.46	48.28	50.99
29	13.12	14.26	16.05	17.71	18.85	19.77	39.09	40.57	42.56	45.72	49.59	52.34
30	13.79	14.95	16.79	18.49	19.66	20.60	40.26	41.76	43.77	46.98	50.89	53.67
31	14.46	15.66	17.54	19.28	20.48	21.43	41.42	42.95	44.99	48.23	52.19	55.00
32	15.13	16.36	18.29	20.07	21.30	22.27	42.59	44.13	46.19	49.48	53.49	56.33
33	15.82	17.07	19.05	20.87	22.12	23.11	43.75	45.31	47.40	50.73	54.78	57.65
34	16.50	17.79	19.81	21.66	22.94	23.95	44.90	46.49	48.60	51.97	56.06	58.96
35	17.19	18.51	20.57	22.47	23.76	24.80	46.06	47.66	49.80	53.20	57.34	60.28
36	17.89	19.23	21.34	23.27	24.59	25.64	47.21	48.84	51.00	54.44	58.62	61.58
37	18.59	19.96	22.11	24.08	25.42	26.49	48.36	50.01	52.19	55.67	59.89	62.88
38	19.29	20.69	22.88	24.88	26.25	27.34	49.51	51.17	53.38	56.90	61.16	64.18
39	20.00	21.43	23.65	25.70	27.09	28.20	50.66	52.34	54.57	58.12	62.43	65.48
40	20.71	22.16	24.43	26.51	27.93	29.05	51.81	53.50	55.76	59.34	63.69	66.77
41	21.42	22.91	25.22	27.33	28.77	29.91	52.95	54.66	56.94	60.56	64.95	68.05
42	22.14	23.65	26.00	28.14	29.61	30.77	54.09	55.82	58.12	61.78	66.21	69.34
43	22.86	24.40	26.79	28.97	30.45	31.63	55.23	56.98	59.30	62.99	67.46	70.62
44	23.58	25.15	27.58	29.79	31.29	32.49	56.37	58.13	60.48	64.20	68.71	71.89
45	24.31	25.90	28.37	30.61	32.14	33.35	57.51	59.29	61.66	65.41	69.96	73.17
46	25.04	26.66	29.16	31.44	32.99	34.22	58.64	60.44	62.83	66.62	71.20	74.44
47	25.78	27.42	29.96	32.27	33.84	35.08	59.77	61.59	64.00	67.82	72.44	75.70
48	26.51	28.18	30.76	33.10	34.69	35.95	60.91	62.74	65.17	69.02	73.68	76.97
49	27.25	28.94	31.56	33.93	35.54	36.82	62.04	63.89	66.34	70.22	74.92	78.23

Table 11 (suite) : *Quantiles* $\chi^2_{\nu,p}$ *de la variable* χ^2_ν

ν	p											
	0.005	0.01	0.025	0.05	0.075	0.10	0.90	0.925	0.95	0.975	0.99	0.995
50	27.99	29.71	32.36	34.76	36.40	37.69	63.17	65.03	67.51	71.42	76.15	79.49
51	28.74	30.48	33.16	35.60	37.25	38.56	64.30	66.17	68.67	72.62	77.39	80.75
52	29.48	31.25	33.97	36.44	38.11	39.43	65.42	67.32	69.83	73.81	78.62	82.00
53	30.23	32.02	34.78	37.28	38.97	40.31	66.55	68.46	70.99	75.00	79.84	83.25
54	30.98	32.79	35.59	38.12	39.83	41.18	67.67	69.60	72.15	76.19	81.07	84.50
55	31.74	33.57	36.40	38.96	40.69	42.06	68.80	70.74	73.31	77.38	82.29	85.75
56	32.49	34.35	37.21	39.80	41.55	42.94	69.92	71.87	74.47	78.57	83.51	86.99
57	33.25	35.13	38.03	40.65	42.42	43.82	71.04	73.01	75.62	79.75	84.73	88.24
58	34.01	35.91	38.84	41.49	43.28	44.70	72.16	74.15	76.78	80.94	85.95	89.48
59	34.77	36.70	39.66	42.34	44.15	45.58	73.28	75.28	77.93	82.12	87.17	90.72
60	35.53	37.49	40.48	43.19	45.02	46.46	74.40	76.41	79.08	83.30	88.38	91.95
61	36.30	38.27	41.30	44.04	45.89	47.34	75.51	77.54	80.23	84.48	89.59	93.19
62	37.07	39.06	42.13	44.89	46.76	48.23	76.63	78.67	81.38	85.65	90.80	94.42
63	37.84	39.86	42.95	45.74	47.63	49.11	77.75	79.80	82.53	86.83	92.01	95.65
64	38.61	40.65	43.78	46.60	48.50	50.00	78.86	80.93	83.68	88.00	93.22	96.88
65	39.38	41.44	44.60	47.45	49.37	50.88	79.97	82.06	84.82	89.18	94.42	98.11
66	40.10	42.24	45.43	48.31	50.24	51.77	81.09	83.18	85.97	90.35	95.63	99.33
67	40.94	43.04	46.26	49.16	51.12	52.66	82.20	84.31	87.11	91.52	96.83	100.55
68	41.71	43.84	47.09	50.02	51.99	53.55	83.31	85.43	88.25	92.69	98.03	101.78
69	42.49	44.64	47.92	50.88	52.87	54.44	84.42	86.56	89.39	93.86	99.23	103.00
70	43.28	45.44	48.76	51.74	53.75	55.33	85.53	87.68	90.53	95.02	100.43	104.21
71	44.06	46.25	49.59	52.60	54.63	56.22	86.64	88.80	91.67	96.19	101.62	105.43
72	44.84	47.05	50.43	53.46	55.51	57.11	87.74	89.92	92.81	97.35	102.82	106.65
73	45.63	47.86	51.27	54.33	56.39	58.01	88.85	91.04	93.95	98.52	104.01	107.86
74	46.42	48.67	52.10	55.19	57.27	58.90	89.96	92.16	95.08	99.68	105.20	109.07
75	47.21	49.48	52.94	56.05	58.15	59.80	91.06	93.28	96.22	100.84	106.39	110.29
76	48.00	50.29	53.78	56.92	59.03	60.69	92.17	94.40	97.35	102.00	107.58	111.50
77	48.79	51.10	54.62	57.79	59.91	61.59	93.27	95.52	98.48	103.16	108.77	112.70
78	49.58	51.91	55.47	58.65	60.80	62.48	94.37	96.63	99.62	104.32	109.96	113.91
79	50.38	52.73	56.31	59.52	61.68	63.38	95.48	97.75	100.75	105.47	111.14	115.12
80	51.17	53.54	57.15	60.39	62.57	64.28	96.58	98.86	101.88	106.63	112.33	116.32
81	51.97	54.36	58.00	61.26	63.45	65.18	97.68	99.97	103.01	107.78	113.51	117.52
82	52.77	55.17	58.85	62.13	64.34	66.08	98.78	101.09	104.14	108.94	114.69	118.73
83	53.57	55.99	59.69	63.00	65.23	66.98	99.88	102.20	105.27	110.09	115.88	119.93
84	54.37	56.81	60.54	63.88	66.12	67.88	100.98	103.31	106.39	111.24	117.06	121.13
85	55.17	57.63	61.39	64.75	67.01	68.78	102.08	104.42	107.52	112.39	118.24	122.32
86	55.97	58.46	62.24	65.62	67.90	69.68	103.18	105.53	108.65	113.54	119.41	123.52
87	56.78	59.28	63.09	66.50	68.79	70.58	104.28	106.64	109.77	114.69	120.59	124.72
88	57.58	60.10	63.94	67.37	69.68	71.48	105.37	107.75	110.90	115.84	121.77	125.91
89	58.39	60.93	64.79	68.25	70.57	72.39	106.47	108.86	112.02	116.99	122.94	127.11
90	59.20	61.75	65.65	69.13	71.46	73.29	107.57	109.97	113.15	118.14	124.12	128.30
91	60.01	62.58	66.50	70.00	72.35	74.20	108.66	111.08	114.27	119.28	125.29	129.49
92	60.82	63.41	67.36	70.88	73.25	75.10	109.76	112.18	115.39	120.43	126.46	130.68
93	61.63	64.24	68.21	71.76	74.14	76.01	110.85	113.29	116.51	121.57	127.63	131.87
94	62.44	65.07	69.07	72.64	75.03	76.91	111.94	114.39	117.63	122.72	128.80	133.06
95	63.25	65.90	69.93	73.52	75.93	77.82	113.04	115.50	118.75	123.86	129.97	134.25
96	64.06	66.73	70.78	74.40	76.82	78.73	114.13	116.60	119.87	125.00	131.14	135.43
97	64.88	67.56	71.64	75.28	77.72	79.63	115.22	117.71	120.99	126.14	132.31	136.62
98	65.69	68.40	72.50	76.16	78.62	80.54	116.32	118.81	122.11	127.28	133.48	137.80
99	66.51	69.23	73.36	77.05	79.51	81.45	117.41	119.91	123.23	128.42	134.64	138.99
100	67.33	70.07	74.22	77.93	80.41	82.36	118.50	121.02	124.34	129.56	135.81	140.17

Table 12 : *Quantiles $t_{\nu;p}$ de la variable de Student t_ν*

$$F\left(t_{\nu;p}\right) = P\left(t_\nu \leqslant t_{\nu;p}\right) = p$$

ν	p												
	0.60	0.65	0.70	0.75	0.80	0.85	0.90	0.95	0.975	0.99	0.995	0.999	0.9995
1	0.325	0.510	0.727	1.000	1.376	1.963	3.078	6.314	12.706	31.821	63.657	318.31	636.62
2	0.289	0.445	0.617	0.817	1.061	1.386	1.886	2.920	4.303	6.965	9.925	22.327	31.599
3	0.277	0.424	0.584	0.765	0.978	1.250	1.638	2.353	3.182	4.541	5.841	10.215	12.924
4	0.271	0.414	0.569	0.741	0.941	1.190	1.533	2.132	2.776	3.747	4.604	7.173	8.610
5	0.267	0.408	0.559	0.727	0.920	1.156	1.476	2.015	2.571	3.365	4.032	5.893	6.869
6	0.265	0.404	0.553	0.718	0.906	1.134	1.440	1.943	2.447	3.143	3.707	5.208	5.959
7	0.263	0.402	0.549	0.711	0.896	1.119	1.415	1.895	2.365	2.998	3.500	4.785	5.408
8	0.262	0.399	0.546	0.706	0.889	1.108	1.397	1.860	2.306	2.897	3.355	4.501	5.041
9	0.261	0.398	0.543	0.703	0.883	1.100	1.383	1.833	2.262	2.821	3.250	4.297	4.781
10	0.260	0.397	0.542	0.700	0.879	1.093	1.372	1.813	2.228	2.764	3.169	4.144	4.587
11	0.260	0.396	0.540	0.697	0.876	1.088	1.363	1.796	2.201	2.718	3.106	4.025	4.437
12	0.259	0.395	0.539	0.695	0.873	1.083	1.356	1.782	2.179	2.681	3.055	3.930	4.318
13	0.259	0.394	0.538	0.694	0.870	1.080	1.350	1.771	2.160	2.650	3.012	3.852	4.221
14	0.258	0.393	0.537	0.692	0.868	1.076	1.345	1.761	2.145	2.625	2.977	3.787	4.141
15	0.258	0.393	0.536	0.691	0.866	1.074	1.341	1.753	2.131	2.603	2.947	3.733	4.073
16	0.258	0.392	0.535	0.690	0.865	1.071	1.337	1.746	2.120	2.584	2.921	3.686	4.015
17	0.257	0.392	0.534	0.689	0.863	1.069	1.333	1.740	2.110	2.567	2.898	3.646	3.965
18	0.257	0.392	0.534	0.688	0.862	1.067	1.330	1.734	2.101	2.552	2.878	3.611	3.922
19	0.257	0.391	0.533	0.688	0.861	1.066	1.328	1.729	2.093	2.540	2.861	3.579	3.883
20	0.257	0.391	0.533	0.687	0.860	1.064	1.325	1.725	2.086	2.528	2.845	3.552	3.850
21	0.257	0.391	0.532	0.686	0.859	1.063	1.323	1.721	2.080	2.518	2.831	3.527	3.819
22	0.256	0.390	0.532	0.686	0.858	1.061	1.321	1.717	2.074	2.508	2.819	3.505	3.792
23	0.256	0.390	0.532	0.685	0.858	1.060	1.320	1.714	2.069	2.500	2.807	3.485	3.768
24	0.256	0.390	0.531	0.685	0.857	1.059	1.318	1.711	2.064	2.492	2.797	3.467	3.745
25	0.256	0.390	0.531	0.684	0.856	1.058	1.316	1.708	2.060	2.485	2.787	3.450	3.725
26	0.256	0.390	0.531	0.684	0.856	1.058	1.315	1.706	2.056	2.479	2.779	3.435	3.707
27	0.256	0.389	0.531	0.684	0.855	1.057	1.314	1.703	2.052	2.473	2.771	3.421	3.690
28	0.256	0.389	0.530	0.683	0.855	1.056	1.313	1.701	2.048	2.467	2.763	3.408	3.674
29	0.256	0.389	0.530	0.683	0.854	1.055	1.311	1.699	2.045	2.462	2.756	3.396	3.659
30	0.256	0.389	0.530	0.683	0.854	1.055	1.310	1.697	2.042	2.457	2.750	3.385	3.646
31	0.256	0.389	0.530	0.682	0.853	1.054	1.310	1.696	2.040	2.453	2.744	3.375	3.634
32	0.255	0.389	0.530	0.682	0.853	1.054	1.309	1.694	2.037	2.449	2.739	3.365	3.622
33	0.255	0.389	0.530	0.682	0.853	1.053	1.308	1.692	2.035	2.445	2.733	3.356	3.611
34	0.255	0.389	0.529	0.682	0.852	1.053	1.307	1.691	2.032	2.441	2.728	3.348	3.601
35	0.255	0.389	0.529	0.682	0.852	1.052	1.306	1.690	2.030	2.438	2.724	3.340	3.591
36	0.255	0.388	0.529	0.681	0.852	1.052	1.306	1.688	2.028	2.435	2.720	3.333	3.582
37	0.255	0.388	0.529	0.681	0.851	1.051	1.305	1.687	2.026	2.431	2.715	3.326	3.574
38	0.255	0.388	0.529	0.681	0.851	1.051	1.304	1.686	2.024	2.429	2.712	3.319	3.566
39	0.255	0.388	0.529	0.681	0.851	1.050	1.304	1.685	2.023	2.426	2.708	3.313	3.558
40	0.255	0.388	0.529	0.681	0.851	1.050	1.303	1.684	2.021	2.423	2.705	3.307	3.551
41	0.255	0.388	0.529	0.681	0.850	1.050	1.303	1.683	2.020	2.421	2.701	3.301	3.544
42	0.255	0.388	0.528	0.680	0.850	1.049	1.302	1.682	2.018	2.419	2.698	3.296	3.538
43	0.255	0.388	0.528	0.680	0.850	1.049	1.302	1.681	2.017	2.416	2.695	3.291	3.532
44	0.255	0.388	0.528	0.680	0.850	1.049	1.301	1.680	2.015	2.414	2.692	3.286	3.526
45	0.255	0.388	0.528	0.680	0.850	1.049	1.301	1.679	2.014	2.412	2.690	3.282	3.520
46	0.255	0.388	0.528	0.680	0.850	1.048	1.300	1.679	2.013	2.410	2.687	3.277	3.515
47	0.255	0.388	0.528	0.680	0.849	1.048	1.300	1.678	2.012	2.408	2.685	3.273	3.510
48	0.255	0.388	0.528	0.680	0.849	1.048	1.299	1.677	2.011	2.407	2.682	3.269	3.505
49	0.255	0.388	0.528	0.680	0.849	1.048	1.299	1.677	2.010	2.405	2.680	3.265	3.500

Table 12 (suite) : *Quantiles $t_{\nu;p}$ de la variable de Student t_ν*

ν	p												
	0.60	0.65	0.70	0.75	0.80	0.85	0.90	0.95	0.975	0.99	0.995	0.999	0.9995
50	0.255	0.388	0.528	0.679	0.849	1.047	1.299	1.676	2.009	2.403	2.678	3.261	3.496
51	0.255	0.388	0.528	0.679	0.849	1.047	1.298	1.675	2.008	2.402	2.676	3.258	3.492
52	0.255	0.387	0.528	0.679	0.849	1.047	1.298	1.675	2.007	2.400	2.674	3.255	3.488
53	0.255	0.387	0.528	0.679	0.848	1.047	1.298	1.674	2.006	2.399	2.672	3.251	3.484
54	0.255	0.387	0.528	0.679	0.848	1.047	1.297	1.674	2.005	2.397	2.670	3.248	3.480
55	0.255	0.387	0.527	0.679	0.848	1.046	1.297	1.673	2.004	2.396	2.668	3.245	3.476
56	0.255	0.387	0.527	0.679	0.848	1.046	1.297	1.673	2.003	2.395	2.667	3.242	3.473
57	0.255	0.387	0.527	0.679	0.848	1.046	1.297	1.672	2.003	2.394	2.665	3.240	3.470
58	0.255	0.387	0.527	0.679	0.848	1.046	1.296	1.672	2.002	2.392	2.663	3.237	3.466
59	0.254	0.387	0.527	0.679	0.848	1.046	1.296	1.671	2.001	2.391	2.662	3.234	3.463
60	0.254	0.387	0.527	0.679	0.848	1.046	1.296	1.671	2.000	2.390	2.660	3.232	3.460
61	0.254	0.387	0.527	0.679	0.848	1.045	1.296	1.670	2.000	2.389	2.659	3.229	3.457
62	0.254	0.387	0.527	0.678	0.847	1.045	1.295	1.670	1.999	2.388	2.658	3.227	3.455
63	0.254	0.387	0.527	0.678	0.847	1.045	1.295	1.669	1.998	2.387	2.656	3.225	3.452
64	0.254	0.387	0.527	0.678	0.847	1.045	1.295	1.669	1.998	2.386	2.655	3.223	3.449
65	0.254	0.387	0.527	0.678	0.847	1.045	1.295	1.669	1.997	2.385	2.654	3.220	3.447
66	0.254	0.387	0.527	0.678	0.847	1.045	1.295	1.668	1.997	2.384	2.652	3.218	3.444
67	0.254	0.387	0.527	0.678	0.847	1.045	1.294	1.668	1.996	2.383	2.651	3.216	3.442
68	0.254	0.387	0.527	0.678	0.847	1.044	1.294	1.668	1.996	2.382	2.650	3.215	3.439
69	0.254	0.387	0.527	0.678	0.847	1.044	1.294	1.667	1.995	2.382	2.649	3.213	3.437
70	0.254	0.387	0.527	0.678	0.847	1.044	1.294	1.667	1.994	2.381	2.648	3.211	3.435
71	0.254	0.387	0.527	0.678	0.847	1.044	1.294	1.667	1.994	2.380	2.647	3.209	3.433
72	0.254	0.387	0.527	0.678	0.847	1.044	1.293	1.666	1.994	2.379	2.646	3.207	3.431
73	0.254	0.387	0.527	0.678	0.847	1.044	1.293	1.666	1.993	2.379	2.645	3.206	3.429
74	0.254	0.387	0.527	0.678	0.847	1.044	1.293	1.666	1.993	2.378	2.644	3.204	3.427
75	0.254	0.387	0.527	0.678	0.846	1.044	1.293	1.665	1.992	2.377	2.643	3.203	3.425
76	0.254	0.387	0.527	0.678	0.846	1.044	1.293	1.665	1.992	2.376	2.642	3.201	3.423
77	0.254	0.387	0.527	0.678	0.846	1.044	1.293	1.665	1.991	2.376	2.641	3.200	3.421
78	0.254	0.387	0.527	0.678	0.846	1.043	1.293	1.665	1.991	2.375	2.640	3.198	3.420
79	0.254	0.387	0.527	0.678	0.846	1.043	1.292	1.664	1.991	2.375	2.640	3.197	3.418
80	0.254	0.387	0.527	0.678	0.846	1.043	1.292	1.664	1.990	2.374	2.639	3.195	3.416
81	0.254	0.387	0.526	0.678	0.846	1.043	1.292	1.664	1.990	2.373	2.638	3.194	3.415
82	0.254	0.387	0.526	0.677	0.846	1.043	1.292	1.664	1.989	2.373	2.637	3.193	3.413
83	0.254	0.387	0.526	0.677	0.846	1.043	1.292	1.663	1.989	2.372	2.636	3.191	3.412
84	0.254	0.387	0.526	0.677	0.846	1.043	1.292	1.663	1.989	2.372	2.636	3.190	3.410
85	0.254	0.387	0.526	0.677	0.846	1.043	1.292	1.663	1.988	2.371	2.635	3.189	3.409
86	0.254	0.387	0.526	0.677	0.846	1.043	1.292	1.663	1.988	2.371	2.634	3.188	3.407
87	0.254	0.387	0.526	0.677	0.846	1.043	1.291	1.663	1.988	2.370	2.634	3.187	3.406
88	0.254	0.387	0.526	0.677	0.846	1.043	1.291	1.662	1.987	2.370	2.633	3.185	3.405
89	0.254	0.387	0.526	0.677	0.846	1.043	1.291	1.662	1.987	2.369	2.632	3.184	3.403
90	0.254	0.387	0.526	0.677	0.846	1.042	1.291	1.662	1.987	2.369	2.632	3.183	3.402
91	0.254	0.387	0.526	0.677	0.846	1.042	1.291	1.662	1.986	2.368	2.631	3.182	3.401
92	0.254	0.387	0.526	0.677	0.846	1.042	1.291	1.662	1.986	2.368	2.630	3.181	3.399
93	0.254	0.387	0.526	0.677	0.846	1.042	1.291	1.661	1.986	2.367	2.630	3.180	3.398
94	0.254	0.387	0.526	0.677	0.845	1.042	1.291	1.661	1.986	2.367	2.629	3.179	3.397
95	0.254	0.386	0.526	0.677	0.845	1.042	1.291	1.661	1.985	2.366	2.629	3.178	3.396
96	0.254	0.386	0.526	0.677	0.845	1.042	1.290	1.661	1.985	2.366	2.628	3.177	3.395
97	0.254	0.386	0.526	0.677	0.845	1.042	1.290	1.661	1.985	2.365	2.628	3.176	3.394
98	0.254	0.386	0.526	0.677	0.845	1.042	1.290	1.661	1.985	2.365	2.627	3.176	3.393
99	0.254	0.386	0.526	0.677	0.845	1.042	1.290	1.660	1.984	2.365	2.626	3.175	3.392
100	0.254	0.386	0.526	0.677	0.845	1.042	1.290	1.660	1.984	2.364	2.626	3.174	3.391
200	0.254	0.386	0.525	0.676	0.843	1.039	1.286	1.653	1.972	2.345	2.601	3.132	3.340
500	0.253	0.386	0.525	0.675	0.842	1.038	1.283	1.648	1.965	2.334	2.586	3.107	3.310
∞	0.253	0.385	0.524	0.674	0.842	1.036	1.282	1.645	1.960	2.326	2.576	3.090	3.291

Table 13 : *Distribution de Fisher Snédecor*

Quantiles d'ordre .95

ν_2 \ ν_1	1	2	3	4	5	6	8	10	12	15	20	30	60	∞
1	161.45	199.50	215.71	224.58	230.16	233.99	238.88	241.88	243.91	245.95	248.01	250.10	252.20	254.31
2	18.51	19.00	19.16	19.25	19.30	19.33	19.37	19.40	19.41	19.43	19.45	19.46	19.48	19.50
3	10.13	9.55	9.28	9.12	9.01	8.94	8.85	8.79	8.74	8.70	8.66	8.62	8.57	8.53
4	7.71	6.94	6.59	6.39	6.26	6.16	6.04	5.96	5.91	5.86	5.80	5.75	5.69	5.63
5	6.61	5.79	5.41	5.19	5.05	4.95	4.82	4.74	4.68	4.62	4.56	4.50	4.43	4.37
6	5.99	5.14	4.76	4.53	4.39	4.28	4.15	4.06	4.00	3.94	3.87	3.81	3.74	3.67
7	5.59	4.74	4.35	4.12	3.97	3.87	3.73	3.64	3.57	3.51	3.44	3.38	3.30	3.23
8	5.32	4.46	4.07	3.84	3.69	3.58	3.44	3.35	3.28	3.22	3.15	3.08	3.01	2.93
9	5.12	4.26	3.86	3.63	3.48	3.37	3.23	3.14	3.07	3.01	2.94	2.86	2.79	2.71
10	4.96	4.10	3.71	3.48	3.33	3.22	3.07	2.98	2.91	2.85	2.77	2.70	2.62	2.54
11	4.84	3.98	3.59	3.36	3.20	3.09	2.95	2.85	2.79	2.72	2.65	2.57	2.49	2.40
12	4.75	3.89	3.49	3.26	3.11	3.00	2.85	2.75	2.69	2.62	2.54	2.47	2.38	2.30
13	4.67	3.81	3.41	3.18	3.03	2.92	2.77	2.67	2.60	2.53	2.46	2.38	2.30	2.21
14	4.60	3.74	3.34	3.11	2.96	2.85	2.70	2.60	2.53	2.46	2.39	2.31	2.22	2.13
15	4.54	3.68	3.29	3.06	2.90	2.79	2.64	2.54	2.48	2.40	2.33	2.25	2.16	2.07
16	4.49	3.63	3.24	3.01	2.85	2.74	2.59	2.49	2.42	2.35	2.28	2.19	2.11	2.01
17	4.45	3.59	3.20	2.96	2.81	2.70	2.55	2.45	2.38	2.31	2.23	2.15	2.06	1.96
18	4.41	3.55	3.16	2.93	2.77	2.66	2.51	2.41	2.34	2.27	2.19	2.11	2.02	1.92
19	4.38	3.52	3.13	2.90	2.74	2.63	2.48	2.38	2.31	2.23	2.16	2.07	1.98	1.88
20	4.35	3.49	3.10	2.87	2.71	2.60	2.45	2.35	2.28	2.20	2.12	2.04	1.95	1.84
21	4.32	3.47	3.07	2.84	2.68	2.57	2.42	2.32	2.25	2.18	2.10	2.01	1.92	1.81
22	4.30	3.44	3.05	2.82	2.66	2.55	2.40	2.30	2.23	2.15	2.07	1.98	1.89	1.78
23	4.28	3.42	3.03	2.80	2.64	2.53	2.37	2.27	2.20	2.13	2.05	1.96	1.86	1.76
24	4.26	3.40	3.01	2.78	2.62	2.51	2.36	2.25	2.18	2.11	2.03	1.94	1.84	1.73
25	4.24	3.39	2.99	2.76	2.60	2.49	2.34	2.24	2.16	2.09	2.01	1.92	1.82	1.71
26	4.23	3.37	2.98	2.74	2.59	2.47	2.32	2.22	2.15	2.07	1.99	1.90	1.80	1.69
27	4.21	3.35	2.96	2.73	2.57	2.46	2.31	2.20	2.13	2.06	1.97	1.88	1.79	1.67
28	4.20	3.34	2.95	2.71	2.56	2.45	2.29	2.19	2.12	2.04	1.96	1.87	1.77	1.65
29	4.18	3.33	2.93	2.70	2.55	2.43	2.28	2.18	2.10	2.03	1.94	1.85	1.75	1.64
30	4.17	3.32	2.92	2.69	2.53	2.42	2.27	2.16	2.09	2.01	1.93	1.84	1.74	1.62
31	4.16	3.30	2.91	2.68	2.52	2.41	2.25	2.15	2.08	2.00	1.92	1.83	1.73	1.61
32	4.15	3.29	2.90	2.67	2.51	2.40	2.24	2.14	2.07	1.99	1.91	1.82	1.71	1.59
33	4.14	3.28	2.89	2.66	2.50	2.39	2.23	2.13	2.06	1.98	1.90	1.81	1.70	1.58
34	4.13	3.28	2.88	2.65	2.49	2.38	2.23	2.12	2.05	1.97	1.89	1.80	1.69	1.57
35	4.12	3.27	2.87	2.64	2.49	2.37	2.22	2.11	2.04	1.96	1.88	1.79	1.68	1.56
36	4.11	3.26	2.87	2.63	2.48	2.36	2.21	2.11	2.03	1.95	1.87	1.78	1.67	1.55
37	4.11	3.25	2.86	2.63	2.47	2.36	2.20	2.10	2.02	1.95	1.86	1.77	1.66	1.54
38	4.10	3.24	2.85	2.62	2.46	2.35	2.19	2.09	2.02	1.94	1.85	1.76	1.65	1.53
39	4.09	3.24	2.85	2.61	2.46	2.34	2.19	2.08	2.01	1.93	1.85	1.75	1.65	1.52
40	4.08	3.23	2.84	2.61	2.45	2.34	2.18	2.08	2.00	1.92	1.84	1.74	1.64	1.51
50	4.03	3.18	2.79	2.56	2.40	2.29	2.13	2.03	1.95	1.87	1.78	1.69	1.58	1.44
60	4.00	3.15	2.76	2.53	2.37	2.25	2.10	1.99	1.92	1.84	1.75	1.65	1.53	1.39
70	3.98	3.13	2.74	2.50	2.35	2.23	2.07	1.97	1.89	1.81	1.72	1.62	1.50	1.35
80	3.96	3.11	2.72	2.49	2.33	2.21	2.06	1.95	1.88	1.79	1.70	1.60	1.48	1.32
90	3.95	3.10	2.71	2.47	2.32	2.20	2.04	1.94	1.86	1.78	1.69	1.59	1.46	1.30
100	3.94	3.09	2.70	2.46	2.31	2.19	2.03	1.93	1.85	1.77	1.68	1.57	1.45	1.28
110	3.93	3.08	2.69	2.45	2.30	2.18	2.02	1.92	1.84	1.76	1.67	1.56	1.44	1.27
120	3.92	3.07	2.68	2.45	2.29	2.18	2.02	1.91	1.83	1.75	1.66	1.55	1.43	1.25
∞	3.84	3.00	2.60	2.37	2.21	2.10	1.94	1.83	1.75	1.67	1.57	1.46	1.32	1.00

Table 13 (suite 1) : *Distribution de Fisher Snédecor*

Quantiles d'ordre .975

ν_2 \ ν_1	1	2	3	4	5	6	8	10	12	15	20	30	60	∞
1	647.8	799.5	864.2	899.6	921.9	937.1	956.7	968.6	976.7	984.9	993.10	1001.40	1009.80	1018.30
2	38.51	39.00	39.17	39.25	39.30	39.33	39.37	39.40	39.42	39.43	39.45	39.47	39.48	39.50
3	17.44	16.04	15.44	15.10	14.89	14.74	14.54	14.42	14.34	14.25	14.17	14.08	13.99	13.90
4	12.22	10.65	9.98	9.60	9.36	9.20	8.98	8.84	8.75	8.66	8.56	8.46	8.36	8.26
5	10.01	8.43	7.76	7.39	7.15	6.98	6.76	6.62	6.52	6.43	6.33	6.23	6.12	6.02
6	8.81	7.26	6.60	6.23	5.99	5.82	5.60	5.46	5.37	5.27	5.17	5.07	4.96	4.85
7	8.07	6.54	5.89	5.52	5.29	5.12	4.90	4.76	4.67	4.57	4.47	4.36	4.25	4.14
8	7.57	6.06	5.42	5.05	4.82	4.65	4.43	4.30	4.20	4.10	4.00	3.89	3.78	3.67
9	7.21	5.71	5.08	4.72	4.48	4.32	4.10	3.96	3.87	3.77	3.67	3.56	3.45	3.33
10	6.94	5.46	4.83	4.47	4.24	4.07	3.85	3.72	3.62	3.52	3.42	3.31	3.20	3.08
11	6.72	5.26	4.63	4.28	4.04	3.88	3.66	3.53	3.43	3.33	3.23	3.12	3.00	2.88
12	6.55	5.10	4.47	4.12	3.89	3.73	3.51	3.37	3.28	3.18	3.07	2.96	2.85	2.72
13	6.41	4.97	4.35	4.00	3.77	3.60	3.39	3.25	3.15	3.05	2.95	2.84	2.72	2.60
14	6.30	4.86	4.24	3.89	3.66	3.50	3.29	3.15	3.05	2.95	2.84	2.73	2.61	2.49
15	6.20	4.77	4.15	3.80	3.58	3.41	3.20	3.06	2.96	2.86	2.76	2.64	2.52	2.40
16	6.12	4.69	4.08	3.73	3.50	3.34	3.12	2.99	2.89	2.79	2.68	2.57	2.45	2.32
17	6.04	4.62	4.01	3.66	3.44	3.28	3.06	2.92	2.82	2.72	2.62	2.50	2.38	2.25
18	5.98	4.56	3.95	3.61	3.38	3.22	3.01	2.87	2.77	2.67	2.56	2.44	2.32	2.19
19	5.92	4.51	3.90	3.56	3.33	3.17	2.96	2.82	2.72	2.62	2.51	2.39	2.27	2.13
20	5.87	4.46	3.86	3.51	3.29	3.13	2.91	2.77	2.68	2.57	2.46	2.35	2.22	2.09
21	5.83	4.42	3.82	3.48	3.25	3.09	2.87	2.73	2.64	2.53	2.42	2.31	2.18	2.04
22	5.79	4.38	3.78	3.44	3.22	3.05	2.84	2.70	2.60	2.50	2.39	2.27	2.14	2.00
23	5.75	4.35	3.75	3.41	3.18	3.02	2.81	2.67	2.57	2.47	2.36	2.24	2.11	1.97
24	5.72	4.32	3.72	3.38	3.15	2.99	2.78	2.64	2.54	2.44	2.33	2.21	2.08	1.94
25	5.69	4.29	3.69	3.35	3.13	2.97	2.75	2.61	2.51	2.41	2.30	2.18	2.05	1.91
26	5.66	4.27	3.67	3.33	3.10	2.94	2.73	2.59	2.49	2.39	2.28	2.16	2.03	1.88
27	5.63	4.24	3.65	3.31	3.08	2.92	2.71	2.57	2.47	2.36	2.25	2.13	2.00	1.85
28	5.61	4.22	3.63	3.29	3.06	2.90	2.69	2.55	2.45	2.34	2.23	2.11	1.98	1.83
29	5.59	4.20	3.61	3.27	3.04	2.88	2.67	2.53	2.43	2.32	2.21	2.09	1.96	1.81
30	5.57	4.18	3.59	3.25	3.03	2.87	2.65	2.51	2.41	2.31	2.20	2.07	1.94	1.79
31	5.55	4.16	3.57	3.23	3.01	2.85	2.64	2.50	2.40	2.29	2.18	2.06	1.92	1.77
32	5.53	4.15	3.56	3.22	3.00	2.84	2.62	2.48	2.38	2.28	2.16	2.04	1.91	1.75
33	5.51	4.13	3.54	3.20	2.98	2.82	2.61	2.47	2.37	2.26	2.15	2.03	1.89	1.73
34	5.50	4.12	3.53	3.19	2.97	2.81	2.59	2.45	2.35	2.25	2.13	2.01	1.88	1.72
35	5.48	4.11	3.52	3.18	2.96	2.80	2.58	2.44	2.34	2.24	2.12	2.00	1.86	1.70
36	5.47	4.09	3.50	3.17	2.94	2.78	2.57	2.43	2.33	2.22	2.11	1.99	1.85	1.69
37	5.46	4.08	3.49	3.16	2.93	2.77	2.56	2.42	2.32	2.21	2.10	1.97	1.84	1.67
38	5.45	4.07	3.48	3.15	2.92	2.76	2.55	2.41	2.31	2.20	2.09	1.96	1.82	1.66
39	5.43	4.06	3.47	3.14	2.91	2.75	2.54	2.40	2.30	2.19	2.08	1.95	1.81	1.65
40	5.42	4.05	3.46	3.13	2.90	2.74	2.53	2.39	2.29	2.18	2.07	1.94	1.80	1.64
50	5.34	3.97	3.39	3.05	2.83	2.67	2.46	2.32	2.22	2.11	1.99	1.87	1.72	1.55
60	5.29	3.93	3.34	3.01	2.79	2.63	2.41	2.27	2.17	2.06	1.94	1.82	1.67	1.48
70	5.25	3.89	3.31	2.97	2.75	2.59	2.38	2.24	2.14	2.03	1.91	1.78	1.63	1.44
80	5.22	3.86	3.28	2.95	2.73	2.57	2.35	2.21	2.11	2.00	1.88	1.75	1.60	1.40
90	5.20	3.84	3.26	2.93	2.71	2.55	2.34	2.19	2.09	1.98	1.86	1.73	1.58	1.37
100	5.18	3.83	3.25	2.92	2.70	2.54	2.32	2.18	2.08	1.97	1.85	1.71	1.56	1.35
110	5.16	3.82	3.24	2.90	2.68	2.53	2.31	2.17	2.07	1.96	1.84	1.70	1.54	1.33
120	5.15	3.80	3.23	2.89	2.67	2.52	2.30	2.16	2.05	1.95	1.82	1.69	1.53	1.31
∞	5.02	3.69	3.12	2.79	2.57	2.41	2.19	2.05	1.94	1.83	1.71	1.57	1.39	1.00

Table 13 (suite 2) : *Distribution de Fisher Snédecor*

Quantiles d'ordre .99

ν_2	ν_1													
	1	2	3	4	5	6	8	10	12	15	20	30	60	∞
1	4052.2	4999.5	5403.4	5624.6	5763.6	5859.0	5981.1	6055.8	6106.3	6157.3	6208.7	6260.6	6313.0	6365.9
2	98.50	99.00	99.17	99.25	99.30	99.33	99.37	99.40	99.42	99.43	99.45	99.47	99.48	99.50
3	34.12	30.82	29.46	28.71	28.24	27.91	27.49	27.23	27.05	26.87	26.69	26.51	26.32	26.13
4	21.20	18.00	16.69	15.98	15.52	15.21	14.80	14.55	14.37	14.20	14.02	13.84	13.65	13.46
5	16.26	13.27	12.06	11.39	10.97	10.67	10.29	10.05	9.89	9.72	9.55	9.38	9.20	9.02
6	13.75	10.93	9.78	9.15	8.75	8.47	8.10	7.87	7.72	7.56	7.40	7.23	7.06	6.88
7	12.25	9.55	8.45	7.85	7.46	7.19	6.84	6.62	6.47	6.31	6.16	5.99	5.82	5.65
8	11.26	8.65	7.59	7.01	6.63	6.37	6.03	5.81	5.67	5.52	5.36	5.20	5.03	4.86
9	10.56	8.02	6.99	6.42	6.06	5.80	5.47	5.26	5.11	4.96	4.81	4.65	4.48	4.31
10	10.04	7.56	6.55	5.99	5.64	5.39	5.06	4.85	4.71	4.56	4.41	4.25	4.08	3.91
11	9.65	7.21	6.22	5.67	5.32	5.07	4.74	4.54	4.40	4.25	4.10	3.94	3.78	3.60
12	9.33	6.93	5.95	5.41	5.06	4.82	4.50	4.30	4.16	4.01	3.86	3.70	3.54	3.36
13	9.07	6.70	5.74	5.21	4.86	4.62	4.30	4.10	3.96	3.82	3.66	3.51	3.34	3.17
14	8.86	6.51	5.56	5.04	4.70	4.46	4.14	3.94	3.80	3.66	3.51	3.35	3.18	3.00
15	8.68	6.36	5.42	4.89	4.56	4.32	4.00	3.80	3.67	3.52	3.37	3.21	3.05	2.87
16	8.53	6.23	5.29	4.77	4.44	4.20	3.89	3.69	3.55	3.41	3.26	3.10	2.93	2.75
17	8.40	6.11	5.19	4.67	4.34	4.10	3.79	3.59	3.46	3.31	3.16	3.00	2.83	2.65
18	8.29	6.01	5.09	4.58	4.25	4.01	3.71	3.51	3.37	3.23	3.08	2.92	2.75	2.57
19	8.18	5.93	5.01	4.50	4.17	3.94	3.63	3.43	3.30	3.15	3.00	2.84	2.67	2.49
20	8.10	5.85	4.94	4.43	4.10	3.87	3.56	3.37	3.23	3.09	2.94	2.78	2.61	2.42
21	8.02	5.78	4.87	4.37	4.04	3.81	3.51	3.31	3.17	3.03	2.88	2.72	2.55	2.36
22	7.95	5.72	4.82	4.31	3.99	3.76	3.45	3.26	3.12	2.98	2.83	2.67	2.50	2.31
23	7.88	5.66	4.76	4.26	3.94	3.71	3.41	3.21	3.07	2.93	2.78	2.62	2.45	2.26
24	7.82	5.61	4.72	4.22	3.90	3.67	3.36	3.17	3.03	2.89	2.74	2.58	2.40	2.21
25	7.77	5.57	4.68	4.18	3.86	3.63	3.32	3.13	2.99	2.85	2.70	2.54	2.36	2.17
26	7.72	5.53	4.64	4.14	3.82	3.59	3.29	3.09	2.96	2.82	2.66	2.50	2.33	2.13
27	7.68	5.49	4.60	4.11	3.78	3.56	3.26	3.06	2.93	2.78	2.63	2.47	2.29	2.10
28	7.64	5.45	4.57	4.07	3.75	3.53	3.23	3.03	2.90	2.75	2.60	2.44	2.26	2.06
29	7.60	5.42	4.54	4.04	3.73	3.50	3.20	3.00	2.87	2.73	2.57	2.41	2.23	2.03
30	7.56	5.39	4.51	4.02	3.70	3.47	3.17	2.98	2.84	2.70	2.55	2.39	2.21	2.01
31	7.53	5.36	4.48	3.99	3.67	3.45	3.15	2.96	2.82	2.68	2.52	2.36	2.18	1.98
32	7.50	5.34	4.46	3.97	3.65	3.43	3.13	2.93	2.80	2.65	2.50	2.34	2.16	1.96
33	7.47	5.31	4.44	3.95	3.63	3.41	3.11	2.91	2.78	2.63	2.48	2.32	2.14	1.93
34	7.44	5.29	4.42	3.93	3.61	3.39	3.09	2.89	2.76	2.62	2.46	2.30	2.12	1.91
35	7.42	5.27	4.40	3.91	3.59	3.37	3.07	2.88	2.74	2.60	2.44	2.28	2.10	1.89
36	7.40	5.25	4.38	3.89	3.57	3.35	3.05	2.86	2.72	2.58	2.43	2.26	2.08	1.87
37	7.37	5.23	4.36	3.87	3.56	3.33	3.04	2.84	2.71	2.56	2.41	2.25	2.06	1.85
38	7.35	5.21	4.34	3.86	3.54	3.32	3.02	2.83	2.69	2.55	2.40	2.23	2.05	1.84
39	7.33	5.19	4.33	3.84	3.53	3.30	3.01	2.81	2.68	2.54	2.38	2.22	2.03	1.82
40	7.31	5.18	4.31	3.83	3.51	3.29	2.99	2.80	2.66	2.52	2.37	2.20	2.02	1.80
50	7.17	5.06	4.20	3.72	3.41	3.19	2.89	2.70	2.56	2.42	2.27	2.10	1.91	1.68
60	7.08	4.98	4.13	3.65	3.34	3.12	2.82	2.63	2.50	2.35	2.20	2.03	1.84	1.60
70	7.01	4.92	4.07	3.60	3.29	3.07	2.78	2.59	2.45	2.31	2.15	1.98	1.78	1.54
80	6.96	4.88	4.04	3.56	3.26	3.04	2.74	2.55	2.42	2.27	2.12	1.94	1.75	1.49
90	6.93	4.85	4.01	3.54	3.23	3.01	2.72	2.52	2.39	2.24	2.09	1.92	1.72	1.46
100	6.90	4.82	3.98	3.51	3.21	2.99	2.69	2.50	2.37	2.22	2.07	1.89	1.69	1.43
110	6.87	4.80	3.96	3.49	3.19	2.97	2.68	2.49	2.35	2.21	2.05	1.88	1.67	1.40
120	6.85	4.79	3.95	3.48	3.17	2.96	2.66	2.47	2.34	2.19	2.03	1.86	1.66	1.38
∞	6.63	4.61	3.78	3.32	3.02	2.80	2.51	2.32	2.18	2.04	1.88	1.70	1.47	1.00

Table 14 : *Quantiles $r_{\nu,\alpha}$ de r (population normale)*

$(\nu = n - 2)$

ν	α				
	.1	.05	.02	.01	.001
1	.98769	.99692	.999507	.999877	.9999988
2	.90000	.95000	.98000	.990000	.99900
3	.8054	.8783	.93433	.95873	.99116
4	.7293	.8114	.8822	.91720	.97406
5	.6694	.7545	.8329	.8745	.95074
6	.6215	.7067	.7887	.8343	.92493
7	.5822	.6664	.7498	.7977	.8982
8	.5494	.6319	.7155	.7646	.8721
9	.5214	.6021	.6851	.7348	.8471
10	.4973	.5760	.6581	.7079	.8233
11	.4762	.5529	.6339	.6835	.8010
12	.4575	.5324	.6120	.6614	.7800
13	.4409	.5139	.5923	.6411	.7603
14	.4259	.4973	.5742	.6226	.7420
15	.4124	.4821	.5577	.6055	.7246
16	.4000	.4683	.5425	.5897	.7084
17	.3887	.4555	.5285	.5751	.6932
18	.3783	.4438	.5155	.5614	.6787
19	.3687	.4329	.5034	.5487	.6652
20	.3598	.4227	.4921	.5368	.6524
25	.3233	.3809	.4451	.4869	.5974
30	.2960	.3494	.4093	.4487	.5541
35	.2746	.3246	.3810	.4182	.5189
40	.2573	.3044	.3578	.3932	.4896
45	.2428	.2875	.3384	.3721	.4648
50	.2306	.2732	.3218	.3541	.4433
60	.2108	.2500	.2948	.3248	.4078
70	.1954	.2319	.2737	.3017	.3799
80	.1829	.2172	.2565	.2830	.3568
90	.1726	.2050	.2422	.2673	.3375
100	.1638	.1946	.2301	.2540	.3211

Table 15 : *Quantiles $r_{s;p}$ du coefficient de corrélation de rang de Spearman r_s*

$$P\left(r_s \leqslant r_{s;p}\right) = p$$

n	p					
	.900	.950	.975	.990	.995	.999
4	.8000	.8000				
5	.7000	.8000	.9000	.9000		
6	.6000	.7714	.8286	.8857	.9429	
7	.5357	.6786	.7450	.8571	.8929	.9643
8	.5000	.6190	.7143	.8095	.8571	.9286
9	.4667	.5833	.6833	.7667	.8167	.9000
10	.4424	.9515	.6364	.7333	.7818	.8667
11	.4182	.5273	.6091	.7000	.7455	.8364
12	.3986	.4965	.5804	.6713	.7273	.8182
13	.3791	.4780	.5549	.6429	.6978	.7912
14	.3626	.4593	.5341	.6220	.6747	.7670
15	.3500	.4429	.5179	.6000	.6536	.7464
16	.3382	.4265	.5000	.5824	.6324	.7265
17	.3260	.4118	.4853	.5637	.6152	.7083
18	.3148	.3994	.4716	.5480	.5975	.6904
19	.3070	.3895	.4579	.5333	.5825	.6737
20	.2977	.3789	.4451	.5203	.5684	.6586
21	.2909	.3688	.4351	.5078	.5545	.6455
22	.2829	.3597	.4241	.4963	.5426	.6318
23	.2767	.3518	.4150	.4852	.5306	.6186
24	.2704	.3435	.4061	.4748	.5200	.6070
25	.2646	.3362	.3977	.4654	.5100	.5962
26	.2588	.3299	.3894	.4564	.5002	.5856
27	.2540	.3236	.3822	.4481	.4915	.5757
28	.2490	.3175	.3749	.4401	.4828	.5660
29	.2443	.3113	.3685	.4320	.4744	.5567
30	.2400	.3059	.3620	.4251	.4665	.5479

N.B. : Pour $n > 30$, $r_{s;p} = \dfrac{z_p}{\sqrt{n-1}}$, où z_p est le quantile d'ordre p de $Z = \mathcal{N}(0, 1)$.

Table 16 : *Quantiles $\tau_{a,p}$ de la variable de Kendall*

n	p				
	.90	.95	.975	.99	.995
1	.900	.950	.975	.990	.995
2	.684	.776	.842	.900	.929
3	.565	.636	.708	.785	.829
4	.493	.565	.624	.689	.734
5	.447	.509	.563	.627	.669
6	.410	.468	.519	.577	.617
7	.381	.436	.483	.538	.576
8	.358	.410	.454	.507	.542
9	.339	.387	.430	.480	.513
10	.323	.369	.409	.457	.489
11	.308	.352	.391	.437	.468
12	.296	.338	.375	.419	.449
13	.285	.325	.361	.404	.432
14	.275	.314	.349	.390	.418
15	.266	.304	.338	.377	.404
16	.258	.295	.327	.366	.392
17	.250	.286	.318	.355	.381
18	.244	.279	.309	.346	.371
19	.237	.271	.301	.337	.361
20	.232	.265	.294	.329	.352
21	.226	.259	.287	.321	.344
22	.221	.253	.281	.314	.337
23	.216	.247	.275	.307	.330
24	.212	.242	.269	.301	.323
25	.208	.238	.264	.295	.317
26	.204	.233	.259	.290	.311
27	.200	.229	.254	.284	.305
28	.197	.225	.250	.279	.300
29	.193	.221	.246	.275	.295
30	.190	.218	.242	.270	.290
31	.187	.214	.238	.266	.285
32	.184	.211	.234	.262	.281
33	.182	.208	.231	.258	.277
34	.179	.205	.227	.254	.273
35	.177	.202	.224	.251	.269
36	.174	.199	.221	.247	.265
37	.172	.196	.218	.244	.262
38	.170	.194	.215	.241	.258
39	.168	.191	.213	.238	.255
40	.165	.189	.210	.235	.252
Approximation pour $n > 40$	$\frac{1.07}{\sqrt{n}}$	$\frac{1.22}{\sqrt{n}}$	$\frac{1.36}{\sqrt{n}}$	$\frac{1.42}{\sqrt{n}}$	$\frac{1.63}{\sqrt{n}}$

BIBLIOGRAPHIE

AFFICHARD, J. *et al* (éds) [1987], *Pour une histoire de la statistique*, Tome 2, Paris, Economica, INSEE.

AGRESTI, A. and B.F. AGRESTI [1986], *Statistical Methods for the Social Sciences*, 2nd edition, San Francisco, Dellen.

ANSCOMBE, F.J. [1973], Graphs in Statistical Analysis, *The American Statistician*, **27**, 17-21.

BARNETT, V. [1973], *Comparative Statistical Inference*, London, Wiley.

BEDARIDA, F. *et al* (Ed.) [1987], *Pour une histoire de la statistique*, Tome 1, Paris, Economica, INSEE.

BERNARD, Cl. [1865], *Introduction à l'étude de la médecine expérimentale*, Paris, Baillière.

BERTIN, J. [1977], *La graphique et le traitement graphique de l'information*, Paris, Flammarion, Nouvelle Bibliothèque Scientifique.

BLANCHET, A., R. GHIGLIONE, J. MASSONNAT et A. TROGNON [1992], *Les techniques d'enquête en sciences sociales : observer, interviewer, questionner*, Paris, Dunod.

BOUROCHE, J.-M. et G. SAPORTA [1994], *L'analyse des données*, 6e édition, Paris, Presses Universitaires de France, Que sais-je ?, **1854**.

BOURSIN, J. L. [1986], *Les structures du hasard : les probabilités et leurs usages*, Paris, Editions du Seuil.

CALOT, G. [1975], *Cours de statistique descriptive*, 2e édition, Paris, Dunod.

CAPÉRÀA, P. et B. VAN CUTSEM [1989], *Méthodes et modèles en statistique non paramétrique*, Paris, Dunod, Québec, Presses de l'Université Laval.

CERESTA [1986], Aide-mémoire pratique des techniques statistiques, *Revue de Statistique Appliquée*, **34**, Numéro spécial.

CHAMBERS, J.M., W.S. CLEVELAND, B. KLEINER and P.A. TUKEY [1983], *Graphical Methods for Data Analysis*, Pacific Grove, Wadsworth and Brooks Cole Publ. Company.

CHATFIELD, C. [1985], The Initial Examination of Data, *Journal of the Royal Statistical Society A*, **148**, 214-253.

CHATFIELD, C. [1988], *Problem Solving : A Statistician's Guide*, London, Chapman and Hall.

CLARKE, G.M. and D. COOKE [1983], *A Basic Course in Statistics*, 2nd edition, London, E. Arnold.

CONOVER, W.J. [1980], *Practical Nonparametric Statistics*, 2nd edition, New York, J. Wiley.

COUTROT, B. et J.-J. DROESBEKE [1995], *Les méthodes de prévision*, 3e édition corrigée, Paris, PUF, 3e édition, Que sais-je ?, **2157**.

COX, D.R. [1978], Some Remarks on the Role in Statistics of Graphical Methods, *Applied Statistics*, **27**, 4-9.

COX, D.R. and E.J. Snell [1981], *Applied Statistics : Principles and Examples*, London, Chapman and Hall.

CRAMÉR, H. [1974], *Mathematical Methods of Statistics*, 13th printing, Princeton, Princeton University Press.

CRIVISQUI, E. [1994], L'analyse exploratoire des séries chronologiques et des distributions de variables observées à intervalles réguliers, *Methodologica*, **3**, 1-78.

DAGNELIE, P. [1986], *Théorie et méthodes statistiques*, 2e édition, 2 volumes, Gembloux, Duculot.

DAGNELIE, P. [1992], *Statistique théorique et appliquée. Tome 1 : les bases théoriques*, Gembloux, Presses Agronomiques de Gembloux.

DAGNELIE, P. [1997], Introduction à la planification des expériences et à l'analyse de la variance, dans Droesbeke, J.-J., J. Fine et G. Saporta (éds), *Les plans d'expériences : applications à l'entreprise*, Paris, Technip (à paraître).

DAVID, F.N. [1955], Dicing and Gaming : A Note on the History of Probability, *Biometrika*, **42**, 1-15.

DE FINETTI, B. [1978-79], *Theory of Probability : A Critical Introductory Treatment*, 2 volumes, repr., New York, Wiley.

DEROO, M., et A.-M. DUSSAIX [1980], *Pratique et analyse des enquêtes par sondage*, Paris, PUF.

DESROSIÈRES, A. [1993], *La politique des grands nombres : histoire de la raison statistique*, Paris, La Découverte.

DEVORE, J.-L. [1991], *Probability and Statistics for Engineering and the Sciences*, Pacific Grove, Brooks-Cole.

DROESBEKE, J.-J. [1994], Le vice et la vertu au pays du graphique, *Cahiers du CERO*, **36**, 77-104.

DROESBEKE, J.-J. [1996a], *Une présentation synthétique des quelques méthodes d'inférence statistique importantes*, Bruxelles, Université Libre de Bruxelles, Publications du Laboratoire de Méthodologie du Traitement des Données.

DROESBEKE, J.-J. [1996b], *Méthodes statistiques appliquées aux sciences sociales*, Bruxelles, Université Libre de Bruxelles, Publications du Laboratoire de Méthodologie du Traitement des Données.

DROESBEKE, J.-J. [1997], *Les graphiques en statistique*, Bruxelles, Université Libre de Bruxelles, Publications du Laboratoire de Méthodologie du Traitement des Données.

DROESBEKE, J.-J., B. FICHET et Ph. TASSI (éds) [1987], *Les sondages*, Paris, Economica.

DROESBEKE, J.-J., B. FICHET et Ph. TASSI (éds) [1988], *Séries chronologiques : théorie et pratique des modèles ARIMA*, Paris, Economica.

DROESBEKE, J.-J. et J. FINE (éds) [1996], *Inférence non paramétrique : les statistiques de rangs*, Bruxelles, Editions de l'Université de Bruxelles, Paris, Ellipses.

DROESBEKE, J.-J., J. FINE et G. SAPORTA (éds) [1997], *Les plans d'expériences : applications à l'entreprise*, Paris, Technip.

DROESBEKE, J.-J., J. FINE et G. SAPORTA (éds) [2001], *Méthodes bayésiennes en statistique*, Paris, Technip.

DROESBEKE, J.-J. et P. LAVALLÉE [2002], *Comprendre les sondages*, Bruxelles, Editions de l'Université de Bruxelles (à paraître).

DROESBEKE, J.-J. et M. PETITFRÈRE [1972], *Exercices de statistique générale*, 2 vol., Bruxelles, Presses Universitaires de Bruxelles (épuisé).

DROESBEKE, J.-J. et Ph. TASSI [1996], *L'histoire de la statistique*, 2e édition, Paris, Presses Universitaires de France, Collection Que sais-je ?, **2527**.

DROESBEKE, J.-J. et G. THOVERON [1990], *Au royaume des sondages*, Bruxelles, Editions de l'Université de Bruxelles.

DUSSAIX, A.-M. et J.-M. GROSBRAS [1992], *Exercices de sondages : avec aide-mémoire et solutions*, Paris, Economica.

EHRENBERG, A.S.C. [1986], *A Primer in Data Reduction : An Introductory Statistics Textbook*, 2nd edition, New York, Wiley.

ERICKSON, B.H. and T.A. NOSANCHUK [1992], *Understanding Data : An Introduction to Exploratory and Confirmatory Data Analysis for Students in the Social Sciences*, 2nd edition, Buckingham, The Open University Press.

ESCOFIER, B. et J. PAGÈS [1990], *Analyses factorielles simples et multiples : objectifs, méthodes et interprétation*, 2e édition, Paris, Dunod.

FESTY, P. [1995], L'évolution démographique récente, *Population*, **50**(3), 723-744.

GAY STERBOUL, S. [1974], Confucius, ses disciples et la population, *Population*, **4-5**, 771-794.

GHIGLIONE, R. et B. MATALON [1992], *Les enquêtes sociologiques : théories et pratique*, 4e édition, Paris, Armand Colin, Collection U.

GIBBONS, J. D. [1992], *Nonparametric Statistical Inference*, New York, Dekker.

GILCHRIST, W. [1984], *Statistical Modelling*, Chichester, Wiley.

GOURIÉROUX, Ch. et A. MONFORT [1995], *Séries temporelles et modèles dynamiques*, 2e édition, Paris, Economica.

GRAIS, B. [1974], *Les techniques statistiques*, 3 volumes, Paris, Dunod.

GROSBRAS, J.-M. [1987], *Méthodes statistiques des sondages*, Paris, Economica.

GRUN-REHOMME, M. et D. LADIRAY [1996], Les effets de calendrier dans l'analyse des séries temporelles, *Methodologica*, **4**, 81-99.

GUENTHER, W.C. [1973], *Concepts of Statistical Inference*, 2nd edition, New York, McGraw Hill.

HALD, A. [1970], *Statistical Tables and Formulas*, 8th printing, New York, Wiley.

HAMMAD, P. [1984], *Cours de probabilités*, Paris, Cujas.

HECHT, J. [1987], L'idée de dénombrement jusqu'à la révolution, dans Affichard, J. (Ed.), *Pour une histoire de la statistique*, Paris, Economica, 21-81.

HUNTSBERGER, D.V. and P. BILLINGSLEY [1977], *Elements of Statistical Inference*, Boston, Allyn and Bacon.

INTERNATIONAL STATISTICAL INSTITUTE [1996], *Multilingual Glossary of Statistical Terms*, Voorburg, ISI (à paraître).

JAVEAU, C. [1992], *L'enquête par questionnaire : manuel à l'usage du praticien*, 4e édition revue, Bruxelles, Editions de l'Université de Bruxelles, Editions d'Organisation.

JESSEN, R.J. [1978], *Statistical Survey Techniques*, New York, J. Wiley.

KENDALL, M.G. [1960], Where shall the History of Statistics begin ?, *Biometrika*, **47**, 447-449.

KENDALL, M.G. and R.L. PLACKETT [1970], *Studies in the History of Statistics and Probability*, Vol. 2, London, Charles Griffin.

KENDALL, M.G. and A. STUART [1967], *The Advanced Theory of Statistics*, vol. 2, 2nd edition, London, Griffin.

KONIJN, H.S. [1973], *Statistical Theory of Sample Survey Design and Analysis*, Amsterdam, North-Holland Publishing Company.

KOTZ, S. and N.L. JOHNSON [1982-1988], *Encyclopaedia of Statistical Science*, 9 vol., New York, Wiley.

KRUSKAL, W.H. and J.M. TANUR (éds) [1978], *International Encyclopaedia of Statistics*, New York, Macmillan and Free Press.

LAMBIN, J.-J. [1993], *La recherche marketing : analyser, mesurer, prévoir*, Paris, Ediscience.

LEBART, L., A. MORINEAU et J.-P. FENELON [1982], *Traitement des données statistiques*, 2e édition, Paris, Dunod.

LEBART, L., A. MORINEAU et M. PIRON [1995], *Statistique exploratoire multidimensionnelle*, Paris, Dunod.

LECOUTRE, J.-P. [1990], *Statistique descriptive : exercices corrigés avec rappels de cours*, Paris, Masson.

LECOUTRE, J.-P. [1991], *Probabilités : exercices corrigés avec rappels de cours*, Paris, Masson

LECOUTRE, J.-P., S. LEGAIT et Ph. TASSI [1987], *Statistiques : exercices corrigés avec rappels de cours*, Paris, Masson.

LEROY FOLKS, J. [1981], *Ideas of Statistics*, New York, Wiley.

LINDLEY, D.V. [1965], *Introduction to Probability and Statistics from a bayesian Viewpoint*, 2 vol., Cambridge, Cambridge University Press.

MÉLARD, G. [1995], *Méthodes de prévision à court terme*, 2e édition, Bruxelles, Paris, Editions de l'Université de Bruxelles, Ellipses.

MÉLARD, G. et M. PETITFRÈRE [1989], *Manuel d'inférence statistique univariée et bivariée*, 3e édition, Presses Universitaires de Bruxelles.

METIVIER, M. [1979], *Notions fondamentales de la théorie des probabilités*, Paris, Dunod.

MEYNAUD, H. et D. DUCLOS [1985], *Les sondages d'opinion*, Paris, La Découverte.

MILLS, T.C. [1990], *Time Series Techniques for Economists*, Cambridge, Cambridge University Press.

MONFORT, A. [1996], *Cours de probabilité*, 3e édition, Paris, Economica.

MOORE, D.S. and G.P. MCCABE [1989], *Introduction to the Practice of Statistics*, New York, W.H. Freeman and Company.

NATIONS UNIES [1995a], *Aperçu de la situation démographique dans le monde en 1993*, New York, Nations Unies.

NATIONS UNIES [1995b], *Aperçu de la situation démographique dans le monde en 1995*, New York, Nations Unies.

NEVEU, J. [1970], *Bases mathématiques du calcul des probabilités*, Paris, Masson.

OWEN, D.B. (ed.) [1976], *On the History of Statistics and Probability*, New York, M. Dekker, Statistics Textbooks and Monographs, **17**.

PASCAL, B. [1963], *Œuvres complètes*, Paris, Editions du Seuil, Coll. L'Intégrale.

PEARSON, E.S. and M.G. KENDALL (éds) [1977], *Studies in the History of Statistics and Probability*, Vol. 1, London, Charles Griffin.

PHÉLIZON, J.F. [1979], *Traitement statistique des données*, Paris, Economica.

PRIOUX, F. [1995], La fréquence de l'union libre en France, *Population*, **50**(3), 828-844.

PY, B. [1990], *Statistique descriptive : nouvelle méthode pour bien comprendre et réussir*, 3e édition, Paris, Economica.

QUENEAU, R. [1961], *Cent mille milliards de poèmes*, Paris, Gallimard.

QUETELET, A. [1835], *Sur l'homme et le développement de ses facultés ou Essai de physique sociale*, 2 vol., Paris, Bachelier.

RAKTOE, B.L. and J.J. HUBERT [1979], *Basic Applied Statistics*, New York, M. Dekker, Statistics Textbooks and Monographs, **27**.

RATKOWSKI, D.A. [1983], *Non Linear Regression Modelling*, New York, M. Dekker, Statistics Textbooks and Monographs, **48**.

REY, A., M. TOMI, T. HORDÉ et Ch. TANET [1992], *Dictionnaire historique de la langue française*, Paris, Dictionnaire Le Robert.

ROHATGI, V.K. [1984], *Statistical Inference*, New York, Wiley.

SACHS, L. [1984], *Applied Statistics : A Handbook of Techniques*, New York, Springer Verlag.

SALMON, P. [1987], *Histoire et critique*, Bruxelles, Editions de l'Université de Bruxelles.

SAPORTA, G. [1990], *Probabilités, analyse des données et statistique*, Paris, Technip.

Soir (Le) [1987], *Le Soir, 100 ans : un siècle d'actualités*, Bruxelles, Rossel.

SPANOS, A. [1990], *Statistical Foundations of Econometric Modelling*, 4th printing, Cambridge, Cambridge University Press.

STIGLER, S.M. [1986], *The History of Statistics : The Measurement of Uncertainty before 1900*, Cambridge, Harvard University Press.

TASSI, P. [1989], *Méthodes statistiques*, 2e édition, Paris, Economica.

TENENHAUS, M. [1994], *Méthodes statistiques en gestion*, Paris, Dunod.

TRICOT, C. et J.M. PICARD [1969], *Ensembles et statistique*, Montréal, McGraw-Hill.

TUFTE, E.R. [1993], *The Visual Display of Quantitative Information*, 13e édition, Cheshire, Graphics Press.

TUKEY, J.W. [1977], *Exploratory Data Analysis*, Reading, Addison-Wesley.

WESTERGAARD, H. [1969], *Contributions to the History of Statistics*, The Hague, Mouton.

WILLIAMSON, E. and M.H. BRETHERTON [1963], *Tables of the negative Binomial Probability Distribution*, New York, Wiley.

WONNACOTT, T.H. and R.J. WONNACOTT [1990], *Introductory Statistics for Business and Economics*, 4th ed., New York, Wiley.

YEOMANS, K.A. [1979-80], *Statistics for the Social Scientist*, 2 vol., Harmondsworth, Penguin.

INDEX

QUELQUES NOTATIONS ET ABRÉVIATIONS

QUELQUES NOTATIONS UTILISÉES

α	niveau de probabilité, risque de première espèce ;
β	risque de seconde espèce, coefficient de régression ;
C	composante cyclique ;
D^2	mesure d'association (ou Khi-deux) ;
E	composante accidentelle, résiduelle (S.C.) ;
$E[\cdot]$	espérance mathématique ;
f	extra-saisonnier (S.C.) ;
f_j, F_j, F_j^*	fréquences, fréquences cumulées, fréquences cumulées à droite ;
G	centre de gravité, moyenne géométrique ;
H	moyenne harmonique ;
n, n_j, Nj, N_j^*	effectif total, effectifs cumulés, effectifs cumulés à droite ;
$P(\cdot)$	probabilité ;
r	coefficient de corrélation ;
S	composante saisonnière (S.C.) ;
s, S, σ	écarts-types ;
s^2, S^2, σ^2	variances ;
T	statistique de test, variable de décision ;
T	tendance (S.C.) ;
U	population ;
$V[\cdot]$	variance ;
X, Y, Z	variables aléatoires ;
$\overline{x}, \overline{y}, \overline{z}$	moyennes arithmétiques ;
$x_{1/2}, y_{1/2}, z_{1/2}, \ldots$	médianes ;
x_M, y_M, $z_M, \ldots$	modes ;
x_p, y_p, $z_p, \ldots$	quantiles d'ordre p.

PRINCIPALES ABRÉVIATIONS UTILISÉES

D.C. :	distribution conditionnelle ;
D.G.1 :	distribution groupée à une dimension ;
D.M. :	distribution marginale ;
D.O.1 :	distribution observée à une dimension ;
D.O.2 :	distribution observée à deux dimensions ;
D.P. :	distribution de probabilité o u loi de probabilité ;
EAS. :	échantillon aléatoire simple ;
I.A. :	intervalle d'acceptation ;
I.C. :	intervalle de confiance ;
I.N.R. :	intervalle de non-rejet ;
MM(k) :	moyenne mobile (d'ordre k) ;
MMC(k) :	moyenne mobile centrée (d'ordre k) ;
M.V. :	maximum de vraisemblance ;
PEAR :	tirage à probabilités égales avec remise ;
PESR :	tirage à probabilités égales sans remise ;
S.C. :	série chronologique ;
SCD :	somme des carrés dans les groupes ;
SCE :	somme des carrés entre les groupes ;
SCT :	somme des carrés totale ;
ST :	(échantillon) stratifié ;
STO :	(échantillon) stratifié optimal ;
STP :	(échantillon) stratifié proportionnel ;
v.a. :	variable aléatoire.

GLOSSAIRE FRANÇAIS-ANGLAIS

Nous ne mentionnons ci-dessous que les mots les plus importants et leur traduction anglaise.

A

addition (loi de ~), *addition rule*
ajustement analytique, *analytic regression*
aléatoire, *random*
échantillon ~ , *random sample*
expérience ~ , *random trial*
variable ~ , *random variable*
analyse à plusieurs variables, multivariée, *multivariate analysis*
~ confirmative, *confirmatory analysis*
~ de la variance, *analysis of variance, variance analysis*
~ des données, *data analysis*
~ exploratoire des données, *exploratory data analysis*
aplatissement, *kurtosis*
association, *association*
asymétrie, *skewness, asymmetry*
asymptotique, *asymptotical*
distribution ~ , *asymptotic distribution*
autocorrélation, *autocorrelation*
axiome, *axiom*

B

base de sondage, (*sample*) *frame*
biais, *bias*
binomiale (loi), *binomial distribution*
~ négative (loi), *negative binomial distribution*
boîte à moustaches, *box plot*
bruit blanc, *white noise*

C

camembert, *pie diagram*
cartogramme,*cartogram*
catégorie, *category*
changement, *change*
~ d'origine, *change of working zero*
~ d'unité, *of unit*
chi-carré (chi-deux), *chi-squared*
loi ~ , *chi-squared distribution*
test ~ , *chi-squared test*
classe, *class*
coefficient, *coefficient*
~ d'association, *coefficient of association*
~ d'autocorrélation, *autocorrelation coefficient*
~ de Bravais-Pearson, *product moment correlation coefficient*
~ de contingence, *coefficient of contingency*
~ de corrélation, *correlation coefficient, coefficient of correlation, product moment correlation*
~ de corrélation de Bravais-Pearson, *Bravais correlation coefficient*
~ de corrélation de rang, *coefficient of rank correlation*
~ de détermination, *coefficient of determination*
~ de pondération, *weight, weighting coefficient*
~ de variation, *coefficient of variation*
combinaison, *combination*
composante cyclique, *cyclic component*
~ saisonnière, *seasonal component*
conditionnel, *conditional*
fréquence conditionnelle, *conditional relative frequency*
contingence (tableau de ~), *contingency (table)*
correlation, *correlation*
~ croisée, *cross correlation*
~ de rang, *rank correlation*
matrice de ~ , *matrix correlation*
rapport de ~ , *correlation ratio*
corrélogramme, *correlogram*
covariance, *covariance*
courbe,
~ cumulative, *cumulative frequency curve*
~ de densité, *density curve*
~ de puissance, *power curve*
~ de régression, *regression curve*
~ de répartition, (*cumulative*) *distribution curve*
~ exponentielle, *exponential curve*
~ logistique, *logistic curve*

D

décile, *decile*
décomposition, *decomposition*
degré de liberté, *degrees of freedom*
dénombrement *counting*
densité (courbe de ∼), *density curve*
diagramme,
∼ en barres ou tuyaux, *bar chart*
∼ en bâtons, *bar diagram*
∼ en boîtes, *box plot*
∼ en branches et rameaux, *stem-and-leaf*
∼ en tiges et feuilles, *stem-and-leaf*
∼ en secteurs, (camembert), *pie diagram*
différence, *difference*
dispersion, *dispersion*
dissymétrie, *asymmetry*
distribution
∼ asymétrique ou dissymétrique, *asymetrical distribution*
∼ asymptotique, *asymptotic distribution*
∼ bidimensionnelle ou bivariée, *bivariate distribution*
∼ binomiale, *binomial distribution*
∼ conditionnelle, *conditional distribution*
∼ de Bernoulli, *Bernoulli distribution*
∼ de fréquence, *frequency distribution*
∼ de Poisson, *Poisson distribution*
∼ de probabilité, *probability distribution*
∼ de Student, *Student distribution*
∼ du chi-deux, chi-carré, *chi-squared distribution*
∼ d'échantillonnage, *sampling distribution*
∼ exponentielle, *exponential distribution*
∼ géométrique, *geometric distribution*
∼ marginale, *marginal distribution*
∼ multidimensionnelle, *joint distribution*
∼ multivariée, *joint (multivariate) distribution*
∼ normale, *normal distribution*
∼ normale bidimensionnelle, *bivariate normal distribution*
∼ observée, *frequency distribution*
∼ observée à deux dimensions, *bivariate distribution*
∼ uniforme, *uniform ditribution*
données, *data*
∼ groupées, *grouped data*
∼ qualitatives, *qualitative data*
droite de régression, *regression line*

E

écart-interquartile, *interquartile range*
écart-moyen absolu, *mean deviation, average deviation*
écart-quadratique moyen, *mean square deviation*
écart-type, *standard deviation*
∼ (d'un estimateur), *standard error*
échantillon, *sample*
∼ aléatoire, *random sample*
∼ avec remise, *with replacement sample*
∼ en grappes, *cluster sample*
∼ par (la méthode des) quotas *quota sample*
∼ probabiliste, *probability sample*
∼ sans remise, *without replacement sample*
∼ stratifié, *stratified sample*
∼ systématique, *systematic sample*
échelle, *scale*
∼ de rapports, *ratio scale*
efficacité, *efficiency*
effectif, *frequency*
∼ cumulé, *cumulative frequency*
∼ théorique, *expected frequency*
effet de sondage, *design effect*
empan, *range*
enquête, *survey*
∼ par sondage, *sample survey*
ensemble, *set*
∼ fondamental, *sample space*
équations normales, *normal equations*
erreur
∼ aléatoire, *random error*
∼ d'échantillonnage, *sampling error*
∼ de première espèce, *error of first kind, type I error* ou *alpha error*
∼ de seconde espèce, *error of second kind, type II error*
espace fondamental, *sample space*
espérance mathématique, *expectation (expected value)*
estimateur, *estimator*
∼ convergent, *consistent estimator*
∼ efficace, *efficient estimator*
∼ sans biais (non biaisé), *unbiaised estimator*
estimation, *estimation*
∼ par intervalle, *interval estimation*
∼ ponctuelle, *point estimation*
étendue, *range*
événement, *event*
∼ complémentaire, *complementary event*
∼ élémentaire, *elementary event*
événements,
∼ indépendants, *independent events*
∼ mutuellement exclusifs, *mutually exclusive events*

expérience aléatoire, *random trial*
exponentiel, *exponential*

F

factorielle n, *factorial n*
fonction, *function*
~ de densité (de probabilité), *(probability) density function*
~ d'ensembles, *set function*
~ de puissance, *power function*
~ de répartition, *cumulative distribution (probability) function*
~ de répartition empirique, cumulative, *empirical distribution function*
fractile, *fractile*
fréquence, *relative frequency*

G

géométrique (loi), *geometric distribution*
graphique de dispersion, *scatter diagram*
graphique des quantiles, *quantile plot*

H

hasard (nombre au ~), *random number (digit)*
histogramme, *histogram*
hypergéométrique (loi), *hypergeometric distribution*
hypothèse,
~ alternative, *alternative hypothesis*
~ nulle, *null hypothesis*

I

indépendance, *independence*
indice, *index number*
individu, *individual*
intersection, *intersection*
intervalle,
~ d'acceptation, *acceptance interval*
~ de confiance, *confidence interval*

K

khi-carré (khi-deux), *chi-squared*

L

lissage, *smoothing*
~ exponentiel, *exponential smoothing*
loi,
~ d'addition, *addition rule*
~ de multiplication, *multiplication rule*
~ de probabilité, *probability distribution*: voir distribution

M

marginal, *marginal*
matrice, *matrix*
~ de corrélation, *correlation matrix*
~ de données, *data matrix*
~ de variance-covariance, *variance-covariance matrix*
médiane, *median*
méthode,
~ d'estimation, *estimation method*
~ des moindres carrés, *least squares method*
~ des moments, *moment method*
~ du maximum de vraisemblance, *maximum likelihood method*
~ non paramétrique, *distribution-free method*
mode, *mode*
modèle additif, *additive model*
moindres carrés, *least squares*
moment, *moment*
moustache, *whisker*
moyenne, *average*
~ arithmétique, *arithmetic mean*
~ arithmétique pondérée, *weighted average*
~ géométrique, *geometric mean*
~ harmonique, *harmonic mean*
~ mobile, *moving average*
multinomiale (loi), *multinomial distribution*
multiplication (loi de ~), *multiplication rule*

N

niveau de confiance, *confidence level*
~ de probabilité (test), *significance level*
~ de signification, *level of significance*
normale (loi), *(gaussian) normal distribution*
normale centrée réduite, *standard(ized) normal distribution*

P

paramètre, *parameter*
~ d'une distribution de probabilité, *parameter of probability distribution*
~ de dispersion, *measure of variability*
~ de position, *measure of location, location parameter*
peigne, *summaries*
percentile, *percentile*
permutation, *permutation*
poids, *weight*
polygone des effectifs, *frequency polygon*
population, *population, universe*
prévision, *forecasting*

probabilité, *probability*
~ a posteriori, *posterior probability*
~ a priori, *prior probability*
processus stochastique, *stochastic process*
profil, *conditional relative frequency*
puissance, *power*

Q

quantile, *quantile*
quartile, *quartile*
quotas (méthodes des ~), *quota sampling*

R

rang, *rank*
rapport de corrélation, *correlation ratio*
recensement, *census*
rectangulaire (loi), *rectangular distribution*
régression linéaire, *linear regression*
~ non linéaire, *non-linear regression*
représentation en secteurs, *pie diagram*
résidu, *residual*
résultat, *outcome*
réunion, *union*
robustesse, *robustness*

S

série chronologique, *time series*
somme des carrés, *sum of squares*
somme des carrés des erreurs, *error sum of squares*
sondage,
~ aléatoire, *random sampling*
~ aléatoire simple, *simple random sampling*
~ avec remise, *sampling with replacement*
~ sans remise, *sampling without replacement*
~ stratifié, *stratified sampling*
stratification, *stratification*
statistique (discipline), *statistics*
~ descriptive, *descriptive statistics*
stéréogramme, *stereogram*
strate, *stratum*

T

tableau (table) de contingence, *contingency table*
taille, *size*
taux de sondage, *sampling ratio*
tendance, *trend*
~ linéaire, *linear trend*
test du chi-deux, chi-carré, *chi-squared test*
~ bilatéral, *two tail test*
~ d'hypothèse, *hypothesis test (significance test)*
~ unilatéral, *one-tail test*
théorème central limite, *central limit theorem*

U

uniforme (loi), *uniform distribution*
unité de sondage, *sampling unit*

V

valeur,
~ aberrante, *outlier*
~ adjacente, *adjacent value*
~ critique, *critical value*
~ extrême, *extreme value*
validité de l'ajustement, *goodness of fit*
variable, *variable*
~ aléatoire, *random variable*
~ aléatoire continue, *continuous random variable*
~ aléatoire discrète, *discrete random variable*
~ centrée réduite, *standardized variable*
~ continue, *continuous variate*
~ discrète, *discrete variate*
~ explicative, *cause variable, explanatory variable, independent variable*
~ indicatrice, *dummy variable*
~ qualitative, *qualitative variate*
~ quantitative, *quantitative variate*
variance, *variance*
~ résiduelle, *residual variance*

ENGLISH-FRENCH GLOSSARY

Only the more important English references and their French translation are listed.

A

alpha error, *erreur de première espèce*
absolute frequency, *effectif*
acceptance interval, *intervalle d'acceptation*
additive model, *modèle additif*
addition rule, *loi d'addition*
adjacent value, *valeur adjacente*
alternative hypothesis, *hypothèse alternative*
analysis of variance, *analyse de variance*
analytic regression, *ajustement analytique*
arithmetic mean, *moyenne arithmetique*
association, *association*
asymetrical distribution, *distribution asymétrique* ou *dissymétrique*
asymmetry, *dissymétrie, asymétrie*
asymptotic distribution, *distribution asymptotique*
autocorrelation coefficient, *coefficient d'autocorrélation*
axiom, *axiome*
average, *moyenne*
∼ deviation, *écart moyen absolu*

B

bar chart, *diagramme en barres ou tuyaux*
bar diagram, *diagramme en bâtons*
Bernoulli distribution, *distribution de Bernoulli*
bias, *biais*
binomial distribution, *loi binomiale*
bivariate distribution, *distribution observée à deux dimensions*, or *bivariée* or *bidimensionnelle*
bivariate normal distribution, *distribution normale bidimensionnelle*
box plot, *boîte à moustaches*
Bravais correlation coefficient, *coefficient de corrélation de Bravais-Pearson*

C

cartogram, *cartogramme*
category,*catégorie*
cause variable, *variable explicative*
census, *recensement*
central limit theorem, *théorème central limite*
change
∼ of unit, *changement d'unité*
∼ of working zero, *changement d'origine*
chi-squared, *khi-carré, khi-deux*
∼ distribution, *distribution du chi-deux, chi-carré*
∼ test, *test du chi-deux, chi-carré*
class, *classe*
cluster sampling, *échantillonnage en grappes*
coefficient
∼ of association, *coefficient d'association*
∼ of contingency, *coefficient de contingence*
∼ of correlation, *coefficient de corrélation*
∼ of determination, *coefficient de détermination*
∼ of rank correlation, *coefficient de corrélation de rang*
∼ of variation, *coefficient de variation*
combination, *combinaison*
complementary event, *événement complémentaire*
conditional, *conditionnel*
∼ distribution, *distribution conditionnelle*
∼ relative frequency, *profil, fréquence conditionnelle*
confidence interval, *intervalle de confiance*
∼ level, *niveau de confiance*
confirmatory analysis, *analyse confirmative*
consistent estimator, *estimateur convergent*
contingency table, *table, tableau de contingence*
continuous random variable, *variable aléatoire continue*
continuous variate, *variable continue*
correlation, *correlation*
∼ coefficient, *coefficient de corrélation*
∼ matrix, *matrice de corrélation*
∼ ratio, *rapport de corrélation*
correlogram, *corrélogramme*
counting, *dénombrement*
covariance, *covariance*
critical value, *valeur critique*

cross-correlation, *corrélation croisée*
cumulative
~ distribution (probability) function, *fonction de répartition*
~ frequency, *effectif cumulé*
~ frequency curve, *courbe cumulative*
cyclic component, *composante cyclique*

D

data, *données*
~ analysis, *analyse des données*
~ matrix, *matrice de données*
decile, *décile*
decomposition, *décomposition*
degrees of freedom, *degré de liberté*
density curve, *courbe de densité*
~ function, *fonction de densité*
descriptive statistics, *statistique descriptive*
design effect, *effet de sondage*
difference, *différence*
discrete random variable, *variable aléatoire discrète*
~ variate, *variable discrète*
dispersion, *dispersion*
distribution curve, *courbe de répartition*
distribution-free method, *méthode non paramétrique*
dummy variable, *variable indicatrice*

E

efficiency, *efficacité*
efficient estimator, *estimateur efficace*
elementary event, *événement élémentaire*
empirical distribution function, *fonction de répartition empirique, cumulative*
error of first kind (type I), *erreur de première espèce*
error of second kind (type II), *erreur de seconde espèce*
error sum of squares, *somme des carrés des erreurs*
estimation, *estimation*
~ method, *méthode d'estimation*
estimator, *estimateur*
event, *événement*
expectation, *see expected value*
expected frequency, *effectif théorique*
~ value, *espérance mathématique*
explanatory variable, *variable explicative*
exploratory data analysis, *analyse exploratoire des données*
exponential, *exponentiel*
~ curve, *courbe exponentielle*
~ distribution, *distribution exponentielle*
~ smoothing, *lissage exponentiel*
extreme values, *valeurs extrêmes*

F

factorial n, *factorielle n*
forecasting, *prévision*
fractile, *fractile*
frame, *base de sondage*
frequency, *effectif, fréquence*
~ distribution, *distribution observée, distribution de fréquences*
~ polygon, *polygone des effectifs*
function, *fonction*

G

Gaussian distribution, *loi normale*
geometric distribution, *loi géométrique*
~ mean, *moyenne géométrique*
goodness of fit, *validité de l'ajustement*
grouped data, *données groupées*

H

harmonic mean, *moyenne harmonique*
histogram, *histogramme*
hypergeometric distribution, *loi hypergéométrique*
hypothesis test (significance test), *test d'hypothèse*

I

independence, *indépendance*
independent events, *événements indépendants*
~ variable, *variable explicative*
index number, *indice*
individual, *individu*
inter-quartile range, *écart interquartile*
intersection, *intersection*
interval estimation, *estimation par intervalle*

J

joint distribution, *distribution multidimensionnelle, conjointe*

K

kurtosis, *aplatissement*

L

least squares, *moindres carrés*
~ method, *méthode des moindres carrés*

level of signification, *niveau de signification*
linear regression, *régression linéaire*
~ trend, *tendance linéaire*
location parameter, *paramètre de position*
logistic curve, *courbe logistique*

M

marginal distribution, *distribution marginale*
maximum likelihood method, *méthode du maximum de vraisemblance*
mean, *moyenne*
~ deviation, *écart-moyen absolu*
~ square deviation, *écart quadratique moyen*
measure
~ of location, *paramètre de position*
~ of variability, *paramètre de dispersion*
median, *médiane*
method of moments, *méthode des moments*
mode, *mode*
moment, *moment*
~ method, *méthode des moments*
moving average, *moyenne mobile*
multinomial distribution, *loi multinomiale*
multiplication rule, *loi de multiplication*
multivariate analysis, *analyse à plusieurs variables, multivariée*
~ distribution, *distribution multivariée*
mutually exclusive events, *événements mutuellement exclusifs*

N

negative binomial distribution, *loi binomiale négative*
non-linear regression, *régression non linéaire*
normal distribution, *loi normale, distribution normale*
~ equations, *équations normales*
null hypothesis, *hypothèse nulle*

O

one-tail test, *test unilatéral*
outcome, *résultat*
outlier, *valeur aberrante*

P

parameter, *paramètre*
~ of probability distribution, *paramètre d'une loi*
percentile, *percentile*
permutation, *permutation*
pie diagram, *diagramme en secteurs, camembert*
point estimation, *estimation ponctuelle*
Poisson distribution, *distribution de Poisson*
population, *population*
posterior probability, *probabilité a posteriori*
power, *puissance*
~ curve, *courbe de puissance*
~ function, *fonction de puissance*
prior probability, *probabilité a priori*
probability, *probabilité*
~ density function, *fonction de densité de probabilité*
~ distribution, *distribution de probabilité*
~ sampling, *échantillon probabiliste*
product-moment correlation (coefficient), *coefficient de corrélation de Bravais-Pearson*

Q

qualitative data, *données qualitatives*
~ variate, *variable qualitative*
quantile, *quantile*
~ plot, *graphique des quantiles*
quantitative variate, *variable quantitative*
quartile, *quartile*
quota sampling/sample, *échantillonnage (par la méhode des quotas)*

R

random, *aléatoire*
~ error, *erreur aléatoire*
~ number, *nombre au hasard*
~ sample, *échantillon aléatoire*
~ trial, *expérience aléatoire*
~ variable, *variable aléatoire*
range, *étendue, empan*
rank, *rang*
~ correlation, *corrélation de rang*
ratio scale, *échelle de rapports*
rectangular distribution, *loi rectangulaire*
regression curve, *courbe de régression*
~ line, *droite de régression*
relative frequency, *fréquence*
residual, *résidu*
~ variance, *variance résiduelle*
robustness, *robustesse*

S

sample, *échantillon*
~ space, *espace fondamental*
~ survey, *enquête par sondage*
sampling, *sondage*
~ distribution, *distribution d'échantillonnage*
~ error, *erreur d'échantillonnage*
~ quota, *sondage par quotas*

~ random, *sondage aléatoire*
~ ratio, *taux de sondage*
~ unit, *unité de sondage*
~ with replacement, *sondage avec remise*
~ without replacement, *sondage sans remise*
scale, *échelle*
scatter diagram, *graphique de dispersion*
seasonal componant, *composante saisonnière*
set, *ensemble*
~ function, *fonction d'ensembles*
significance level, *niveau de probabilité (test) (signification)*
simple random sampling, *sondage aléatoire simple*
size, *taille*
skewness, *asymétrie*
smoothing, *lissage*
stochastic process, *processus stochastique*
standard deviation, *écart-type*
~ error, *écart-type (d'un estimateur)*
~ normal distribution, *loi normale centrée réduite*
standardized variate, *variable centrée réduite*
~ normal distribution, *loi normale centrée réduite*
~ variable, *variable centrée réduite*
statistics, *statistique (discipline)*
stem-and-leaf (diagram), *diagramme en tiges et feuilles (branches et rameaux)*
stereogram, *stéréogramme*
stratification, *stratification*
stratified random sampling, *sondage aléatoire stratifié*
~ sample, *échantillon stratifié*
~ sampling, *sondage stratifié*
stratum, *strate*
Student's distribution, *distribution de Student*
summaries, *peigne*
sum of squares, *somme des carrés*
survey, *enquête*
systematic sample, *échantillon systématique*

T

time series, *série chronologique*
trend, *tendance*
two-tail test, *test bilatéral*
type I error, *erreur de première espèce*
type II error, *erreur de seconde espèce*

U

unbiased estimator, *estimateur sans biais (non biaisé)*
uniform distribution, *loi uniforme*
union, *réunion*
universe, *population*

V

variance, *variance*
~ analysis, *analyse de variance*
variance-covariance matrix, *matrice de variance-covariance*
variate, *variable*

W

weight, *coefficient de pondération, poids*
weighted average (mean), *moyenne arithmétique pondérée*
weighting coefficient, *coefficient de pondération*
whisker, *moustache*
white noise, *bruit blanc*